工程经济学理论与实践

李景宗　王海政　等　编著

黄 河 水 利 出 版 社

·郑州·

内 容 提 要

本书系统介绍了工程经济学的基本理论、方法和应用实例，反映了当前一些最新理论的发展，注重对实际分析能力和应用能力的培养。书中还介绍了必要的经济管理知识、使用的工程经济分析技能及工程项目经济评价的基本原理和方法，体系完整，思路清晰，案例丰富。

本书可供从事工程项目规划、工程项目经济分析的专业人士阅读和参考。

图书在版编目(CIP)数据

工程经济学理论与实践／李景宗，王海政等编著. —郑州：黄河水利出版社, 2008.5
ISBN 978-7-80734-364-6

Ⅰ.工… Ⅱ.①李… ②王… Ⅲ.工程经济学 Ⅳ. F40

中国版本图书馆 CIP 数据核字(2008)第 067284 号

出 版 社:黄河水利出版社
地址:河南省郑州市金水路 11 号　　邮政编码:450003
发行单位:黄河水利出版社
发行部电话：0371—66026940　　传真：0371—66022620
E-mail:hhslcbs@126.com
承印单位:河南省瑞光印务股份有限公司
开本:787 mm×1 092 mm　1／16
印张:31.00
字数:716 千字　　印数:1—1 200
版次:2008 年 5 月第 1 版　　印次:2008 年 5 月第 1 次印刷

定价:80.00 元

前言

工程经济学是一门建立在工程技术学科、经济学与管理学基础之上的实用性科学，同时也是一门适应投资决策科学化而兴起的研究如何有效利用资源、提高经济效益的多学科交叉的新兴边缘学科。该学科的发展对推动我国工程投资决策的科学化起到了积极的作用。

迅猛发展的中国经济，急需的是既懂工程技术又懂经济知识的复合型人才。工程技术人员必须学习一些经济管理知识，才能适应我国未来科技、经济和社会发展的要求。工程经济学正是介于两者之间的边缘学科。工程技术和经济是密切联系在一起的，任何一个工程项目的建设都是以取得一定的经济效果为目的的，脱离了经济效果的尺度，工程项目的优劣、先进与否都难以判断。一般来讲，工程项目的先进性与合理性多体现于它的经济效果上。只有用较少的投入获得较多的产出的项目，才是社会所需要的。凡是不能带来经济效益或经济效益很低的项目，均意味着不能对国民经济的发展作出应有贡献，实质上是对社会资源的一种浪费，是社会所不需要的。工程经济就是运用有关理论和方法，通过对工程项目的经济效果进行全面系统的分析，评价工程的经济合理性，以实现工程项目在技术、经济与社会等方面协调发展。

本书以工程项目决策为主线，力求完整体现工程经济分析的内容和方法，完整体现本学科的基本内容和最新发展，在充分吸收国内外同类专著的基础上，结合作者长期从事科研和生产的丰富经验，经提炼完成。本书立足于适应 21 世纪社会主义市场经济条件下对复合型人才的需要，努力培养工程技术人员的市场观念、竞争意识和经济意识，提高工程师运用经济与管理的基本原理和方法分析与解决现实问题的能力。本书具有以下几个特点：

(1)内容全面。这体现在本书的理论和方法体系比较完整，不仅阐述了工程经济分析的各个领域，而且对工程经济分析的理论和知识背景进行了充分介绍。

(2)反映学科的最新进展。本书广泛吸收了工程经济学研究领域的最新内容，以及作者在本学科领域的最新研究成果与生产实际成果，适应我国财税体制、投资体制改革的新要求。

(3)紧密结合工程实践。工程经济分析是一门应用性很强的学科。在编写过程中，作者始终坚持理论联系实际，注重方法的可操作性，编入了作者在工程实践中的有关工程经济学的大量实例。

(4)工程经济学是与工程技术学、经济学及管理学有着紧密联系的新兴边缘学科，在编写过程中，作者在集中反映本学科知识的系统性、内容和方法的实用性的同时，又力求突出学科之间的交叉性。

全书共分为十一章。李景宗编写第二章、第三章第一、二、四、五节、第十一章，王海政编写第一章、第七章、第九章，郑富龙编写第三章第三节、第四章、第十章，张迎华编写第五章、第六章，谭浩瑜编写第八章。全书由李景宗和王海政统稿。

在本书的编写过程中，得到了作者所在单位领导与同事的大力支持和帮助，在此，谨向他们致以诚挚的谢意！同时，感谢黄河水利出版社为本书出版所付出的辛勤劳动。本书有些内容参考或引用了有关单位和个人研究成果，均已在参考文献中列出，在此一并致谢。

鉴于工程经济学这门学科目前仍处于不断研究和探索之中，尚未形成成熟的学科体系，加上编著者水平有限，错误和缺点在所难免，欢迎广大读者批评指正。

作　者

2007 年 10 月

目　录

第一章　工程经济学概论

一、工程技术与经济的关系

(一)工程

工程一般是指土木建筑或其他生产、制造部门用比较大而复杂的设备来进行工作，如土木工程、机械工程、交通工程、化学工程、采矿工程、水利工程等。

一项工程要被人们接受，必须具备两个条件，即技术上的可行性和经济上的合理性。在技术上无法实现的项目是不可能存在的，因为人们还没有掌握它的客观规律；而一项工程如果只讲技术上可行，而忽略其经济合理性也同样是不能被接受的。人们发展技术、应用技术的根本目的，正是在于提高经济活动的合理性，取得更大的经济效益。因此，为了保证工程技术更好地服务于经济，最大限度地满足社会需要，就必须研究、寻找技术与经济的最佳结合点，在具体目标和条件下，获得投入产出的最大效益。

(二)技术

一般认为，技术是人类在利用自然和改造自然的过程中积累起来并在生产劳动中体现出来的经验和知识。也可以这样理解，技术是生产和生活领域中，运用各种科学所揭示的客观规律进行各种生产和非生产活动的技能，以及根据科学原理改造自然的一切方法。它具体表现为产品(或结构、系统及过程)开发、设计和制造中所采用的方法、措施、技巧，运用劳动工具(包括机械设备等)，正确有效地使用劳动对象和保护资源与环境，有目的地加工生产，更好地改造世界，为人类造福。技术一般包括自然技术和社会技术两方面。自然技术是根据生产实践和自然科学原理发展形成的各种工艺操作方法、技能和相应的生产工具及其他物质装备。社会技术是指组织生产及流通等技术。

(三)经济

现代汉语中所使用的“经济”一词，源于19世纪后期，由日本学者从英语“economy”翻译而来，如无特殊说明，一般不含古汉语中“经邦济世”、“经国济民”的意思。

经济是一个多义词，通常有以下四方面的含义：

(1)经济是指生产关系。经济是人类社会发展到一定阶段的社会经济制度，是生产关系的总和，是政治和思想意识等上层建筑赖以建立起来的基础。

(2)经济是指一国国民经济的总称，或指国民经济的各部门，如工业经济、农业经济、运输经济等。

(3)经济是指社会生产和再生产，即指物质资料的生产、分配、交换、消费的现象和过程。

(4)经济是指节约或节省。

在经济学中，经济的含义是指从有限的资源中获得最大的利益。

(四)工程技术与经济

工程技术和经济具有非常密切的关系。技术进步是经济发展的重要条件，人类社会的经济发展离不开各种技术手段的运用；而任何技术手段的运用，都必须消耗或占用人力、物力、财力等资源，需要考虑资源的合理分配。因此，在人类社会进行物质生产活动中，经济和技术不可分割，二者既相互促进又相互制约。经济发展是技术进步的动力和方向，而技术进步则是推动经济发展、提高经济效益的重要条件和手段。

在技术和经济的关系中，经济起决定作用。技术进步是为经济发展服务的，技术是人类进行生产活动和改善生活的手段，它的产生具有明显的经济目的。因此，任何一种技术，在推广应用时，首先要考虑其经济效益问题。一般情况下，技术的发展会带来经济效益的提高，技术不断发展的过程也正是其经济效益不断提高的过程。随着技术的进步，人类能够用越来越少的人力、物力和时间消耗获得越来越多的产品和劳务。在这个意义上，技术和经济是统一的，技术的先进性和其经济合理性是相一致的。绝大多数先进技术大都具有较高的经济效益，这是因为具有较高的经济效益才能说明该技术的先进性。但是，有时新技术缺少社会条件的经济适应性，与经济又是相互矛盾、相互对立的。例如，有的技术在发达国家的社会综合条件下是先进的，但在发展中国家，由于电力、运输、原料质量，特别是技术管理水平与技术工人的操作水平等方面与新技术不协调、不适应，而使新技术发挥不出应有的经济效益。此外，有的技术本身不算很先进，但在一定条件下采用时，经济效益却不错。这是因为任何技术的应用都必然受到当时、当地具体自然条件和社会条件的约束，条件不同，技术带来的经济效益也就不同。随着条件的变化，技术的经济效益也会发生变化，原来经济效益不好的技术会变得较好，原来经济效益好的技术可以发展为更好或变得不好。工程经济学的主要任务，就是研究技术和经济之间的合理关系，找出其协调发展的规律，促进技术进步和提高经济效益。

二、工程经济学简介

(一)工程经济学的概念

一般来讲，工程经济学(Engineering Economics)是指工程技术学与经济学的交叉学科，是一门研究如何有效利用资源、提高经济效益的学科。

有关工程经济学的定义还有很多种，归纳起来主要有以下几种观点：

(1)工程经济学是研究技术方案、技术政策、技术规划、技术措施等经济效果，通过经济效益的计算以求找到最好的技术方案的学科。

(2)工程经济学是研究技术与经济的关系，以期达到技术与经济最佳结合的学科。

(3)工程经济学是研究生产、建设中各种技术经济问题的学科。

(4)工程经济学是研究技术因素与经济因素最佳结合的学科。

总之，工程经济学是利用经济学的理论和分析方法，研究经济规律在工程问题中的应用，是分析工程项目方案、技术方案和技术政策等经济效果的一类应用经济学的分支。

经济学的一个基本假定是资源具有稀缺性。由于资源稀缺，就需要对资源进行合理配置，并对各种资源配置方案进行评价。本学科的任务就在于根据一定的判据标准选择恰当的方案。

(二)工程经济学的产生与发展

工程经济学已产生了 100 多年，其标志是 1887 年美国的土木工程师亚瑟·惠灵顿出版了著作《铁路布局的经济理论》。1930 年，E.L.格兰特教授出版了《工程经济学原理》，从而奠定了经典工程经济学的基础。1982 年，J.L.里格斯出版的《工程经济学》把工程经济学的学科水平向前推进了一大步。近代工程经济学的发展侧重于用概率统计方法进行风险性、不确定性的新方法研究，以及对非经济因素的研究。

工程经济学在我国的研究和应用发展过程大致分为三个阶段。20 世纪 50 年代初，是雏形阶段，侧重于经济分析方法，经济分析方法开始应用于工程技术中；60 年代初至 70 年代初为第一阶段，侧重于经济效果学阶段，经济分析方法在工程建设和其他许多领域得到广泛应用；70 年代为第二阶段，基本处于停滞、涣散状态；80 年代以后为第三阶段，是蓬勃发展阶段，工程经济学的原理和方法在经济建设的项目评价中得到系统、广泛的应用，学科体系、理论与方法、性质与对象的研究不断深入，形成了较完整的学科体系。

现在，在项目投资决策分析、项目评估和管理中，工程经济学的原理和方法已经得到了广泛的应用。

(三)工程经济学的研究对象

目前，工程经济学作为一门新兴学科得到了很大发展。但是，对于工程经济学的研究对象却存在着以下不同认识：

(1)研究工程技术实践的经济效益，寻求提高经济效益的途径与方法。

(2)研究如何最有效地利用技术和资源，促进经济增长的规律。

(3)研究工程技术发展与经济发展的相互推动、最佳结合的规律及实现方法。

本书作者认为，工程经济学就是研究采用何种方法、建立何种方法体系，才能正确评价工程项目的有效性，寻求技术与经济的最佳结合点，所以工程经济学的研究对象是具体的工程项目、技术方案和技术政策。研究对象主要是工程项目，即以工程项目为主体，以技术—经济系统为核心，研究各种工程技术方案的经济效益，通过对经济效果的计算，以求找到最优的工程技术方案，作为决策部门进行工程技术决策的依据。

(四)工程经济学的研究内容

实践中经常碰到的工程经济问题主要包括以下内容：

(1)如何计算某方案的经济效果?

(2)几个相互竞争的方案应该选择哪一个?

(3)在资金有限的情况下，应该选择哪一个方案?

(4)正在使用的技术、设备是否应该更新换代?

(5)公共工程项目的预期效益多大时，才能接受其建设费用?

(6)是遵从安全而保守的行动准则，还是从事能够带来较大潜在收益的高风险活动?

据此，工程经济学研究的主要内容包括如下一些方面：

(1)方案评价方法。研究方案的评价指标，以分析方案的可行性。

(2)投资方案选择。投资项目往往具有多个方案，所以分析多个方案之间的关系、进行多方案选择是工程经济学研究的重要内容。

(3)筹资分析。随着社会主义市场经济体制的建立，建设项目资金来源多元化已成为必然。因此，要研究在市场经济体制下，如何建立筹资主体和筹资机制，怎样分析各种筹资方式的成本和风险。

(4)财务分析。研究项目对各投资主体的贡献，从企业财务角度分析项目的可行性。

(5)经济分析。研究项目对国民经济的贡献，从国民经济角度分析项目的可行性。

(6)社会分析。研究项目对社会发展目标的贡献，从社会福利角度分析项目的可行性。

(7)风险和不确定性分析。任何一项经济活动，由于各种不确定性因素的影响，会使期望的目标与实际状况发生差异，可能会造成经济损失。为此，需要识别和估计风险，进行不确定性分析。

(8)建设项目后评估。项目后评估是在项目建成后，衡量和分析项目的实际情况与预测情况的差距，为提高项目投资效益提出对策措施。因此，需要研究怎样进行建设项目后评估，采用什么样的方法和指标。

(9)技术选择。为了实现一定的经济目标，要考虑客观因素的制约，对各种可能得到的技术手段进行分析比较，选取最佳方案。因此，需要研究各种客观条件是如何影响技术选择的，怎样对技术手段分析比较来选取最佳方案。

(五)工程经济学的特点

工程经济学是工程技术和经济相结合的综合性的边缘学科。因此，它具有边缘学科的特点，即具有综合性、系统性、可预测性、实践性等特点。工程经济学必须以自然规律为基础，但不同于技术科学研究自然规律本身，又不同于其他经济科学研究经济规律本身，而是以经济科学作为理论指导和方法论。工程经济学的任务不是创造和发明新技术，而是对成熟的技术和新技术进行经济性分析、比较和评价，从经济的角度为技术的采用和发展提供决策依据。工程经济学也不去研究经济规律，它是在尊重客观规律的前提下，对工程方案的经济效果进行分析和评价。

工程经济学具有如下特点：

(1)工程经济学强调的是技术可行性基础上的经济分析。它为技术可行性提供经济依据，并为改进技术方案提供符合社会采纳条件的改进方案和途径。

(2)工程技术的经济分析和评价与所处的客观环境关系密切。技术方案的择优过程必然受到自然环境和社会环境的客观条件制约。工程经济学是研究技术在某种特定的社会经济环境下的效果的科学，是把技术问题放在社会的政治、经济与自然环境的大系统中加以综合分析、综合评价的科学。因此，工程经济学的特点之一是系统的综合评价。

(3)工程经济学是对新技术的各种可行方案的未来“差异”进行经济效果分析比较的科学。工程经济学的着眼点，除研究各方案可行性与合理性之外，还要放在各方案之间的经济效果差别上，把各方案中相等的因素在具体分析中略去，以简化分析和计算。

(4)工程经济学所讨论的经济效果问题几乎都和“未来”有关。着眼于“未来”，也就是对技术政策、技术措施制定后，或技术方案被采纳后，将要带来的经济效果进行计算、分析与比较。工程经济学关心的不是某方案已经花费了多少代价，它不考虑过去发生的、在今后决策过程中已无法控制的、已用去的那一部分费用的多少，而只考虑从现在起为获得同样使用效果的各种机会或方案的经济效果。既然工程经济学讨论的是各方案未来的经济效果问题，那就意味着它们会有“不确定性因素”与“随机因素”的预测与估计，这将关系到技术效果评价的结果。因此，工程经济学是建立在预测基础上的科学。

综上所述，工程经济学具有很强的技术和经济的综合性、技术与环境的系统性、方案差异的对比性、对未来的预测性及方案的择优性等特点。

三、工程经济学的理论基础及与其他学科的关系

(一)理论基础

工程经济学虽然是边缘学科，融合了经济学、管理学、数学、工程技术学、社会学等很多学科的知识，但也有其坚实的理论基础。其基本理论主要包括经济效益理论、工程技术经济比较理论、工程经济评价理论、工程经济决策理论、资金时间价值理论、技术选择理论等。

(二)工程经济学与相关学科的关系

1. 工程经济学与西方经济学

工程经济学是西方经济学的重要组成部分。它研究问题的出发点、分析问题的方法和主要指标内容都与西方经济学一脉相承。西方经济学是工程经济学的理论基础，而工程经济学则是西方经济学的具体化和延伸。

2. 工程经济学与技术经济学

工程经济学与技术经济学既有许多共同点而又有所不同。工程经济学与技术经济学的主要区别在于对象和研究内容不同。后者主要研究技术与经济最佳结合、协调发展的条件、规律、效果及实现途径。

3. 工程经济学与投资项目评估学

工程经济学侧重于方法论科学，而投资项目评估学侧重于实用性科学。投资项目评估学具体研究投资项目应具备的条件，工程经济学为投资项目评估学提供分析方法和依据。

4. 工程经济学与投资效果学

投资效果学研究投资效益在宏观和微观上的不同表现形式和指标体系。

工程经济学与投资效果学采用的经济指标存在重大区别。前者均为一般经济指标，这些指标要么不含有对比关系，如果有对比关系，也只是一种绝对对比关系；而后者则必须在同一指标中包含投入与产出内容，反映投入与产出的相对对比关系。

(三)工程经济学的发展及其重要性

从理论体系上看，工程经济学的理论体系和方法论基础尚不够完善，许多工程技术与经济相互作用的规律性问题有待进一步认识、研究(如科学技术进步的渐进性和突变性与经济环境、经济发展的关系和规律，技术创新在不同经济环境下实现的规律等)，需要形成自己的方法论基础。

从社会实践的广度看，科技发展、科技成果的转化、创新、扩散将形成新的生产力和经济实力。如技术创新、投资决策、投资方案的选择、评价等都是有关工程技术与经

济的问题，也是市场经济条件下的重要研究问题。从深度方面看，科技与经济的一体化、高新技术的创造应用及其产业化、技术创新活动在我国不同企业中的运行规律等，都需要在理论探讨和评价方法方面进行深入的研究，特别是技术扩散的规律性和应用方法研究，对我国国民经济的发展来说，更具有特殊的意义。此外，目前应用的工程技术经济评价方法也都有待进一步完善。

四、工程经济分析的基本原则

这里总结了七项基本原则供大家参考，将有助于做出正确的工程经济分析。

(一)资金的时间价值原则——今天的1元钱比未来的1元钱更值钱

工程经济学中一个最基本的概念是资金具有时间价值，即今天的1元钱比未来的1元钱更值钱。投资项目的目标是为了增加财富，财富是在未来的一段时间获得的，能不能将不同时期获得的财富价值直接加总来表示方案的经济效果呢?显然不能。由于资金时间价值的存在，未来时期获得的财富价值从现在看来没有那么高，需要打一个折扣，以反映其现在时刻的价值。如果不考虑资金的时间价值，就无法合理地评价项目的未来收益和成本。

(二)现金流量原则——投资收益不是会计账面数字，而是当期实际发生的现金流

衡量投资收益用的是现金流量而不是会计利润。现金流量是项目发生的实际现金的净得，而利润是会计账面数字，按“权责发生制”核算，并非手头可用的现金。

(三)增量分析原则——从增量角度进行工程经济分析

增量分析符合人们对不同事物进行选择的思维逻辑。对不同方案进行选择和比较时，应从增量角度进行分析，即考察增加投资的方案是否值得，将两个方案的比较转化为单个方案的评价问题，使问题得到简化，并容易进行。

(四)机会成本原则——排除沉没成本，计入机会成本

企业投入一些自己拥有的资源，如厂房、办公楼、设备、人工等，因为是自有要素，企业不许未使用它们而发生任何实际支出，但这并不意味着使用自有要素没有成本。如果将楼房出租或出售给其他企业就能够取得一定的收益，这种收益构成了企业使用自有要素的机会成本。沉没成本是决策前已支出的费用或已承诺将来必须支付的费用，这些成本不因决策而变化，是与决策无关的成本。

(五)有无对比原则——有无对比而不是前后对比

“有无对比法”将有这个项目和没有这个项目时的现金流量情况进行对比，“前后对比法”将某一项目实现以前和实现以后所出现的各种效益费用情况进行对比。

(六)可比性原则——方案之间必须可比

进行比较的方案在时间上、金额上必须可比。因此，项目的效益和费用必须有相同的货币单位，并在时间上匹配。

(七)风险收益的权衡原则——额外的风险需要额外的收益进行补偿

投资任何项目都是存在风险的，所以必须考虑方案的风险和不确定性。不同项目的风险和收益是不同的，对风险和收益的权衡取决于人们对待风险的态度。但有一点是肯定的，选择高风险的项目，往往有较高的收益。

五、工程经济分析的重要意义

要使技术能够有效地应用于国家经济建设，就必须对各种技术方案的经济效益进行计算、分析和评价，即进行工程经济分析。工程经济分析的重要意义主要体现在以下三个方面。

(一)工程经济分析是提高社会资源利用效率的有效途径

人类生活在一个资源有限的世界上，工程师们所肩负的一项重大社会和经济责任，就是要合理分配和有效利用现有的资源，包括资金、劳动力、原材料、能源等，来满足人类的需要。因此，如何使产品以最低的成本可靠地实现产品的必要功能是工程师必须考虑和解决的问题，而要作出合理分配和有效利用资源的决策，则必须同时考虑技术与经济各方面的因素，进行工程经济分析。

(二)工程经济分析是企业生产出物美价廉产品的重要保证

现代社会要求企业的产品具有较高的竞争力，不仅技术要过硬，价格上也要有吸引力。如果只考虑提高质量，不考虑成本，产品价格很高，产品也就卖不出去。降低成本，增加利润，是工程师的重要任务，也是经济发展对工程师提出的要求。如果工程技术人员不懂经济，不能正确处理技术与经济关系，就做不到这一点。

(三)工程经济分析是降低项目投资风险的可靠保证

决策科学化是工程经济分析方法的重要体现。在工程项目投资前期进行各种技术方案的论证评价，一方面可以在投资前发现问题，并及时采取相应措施；另一方面对于技术经济论证不可行的方案，及时否定，从而避免不必要的损失，使投资风险最小化。如果盲目从事或凭主观意识发号施令，到头来只会造成人力、物力和财力的浪费。只有加强工程经济分析工作，才能降低投资风险，使每项投资获得预期收益。

六、项目发展周期

(一)项目及其特征

1. 项目的含义及分类

所谓项目，就是以一套独特而相互联系的任务为前提，有效地利用资源，为实现一个特定的目标所做的一次性努力。

一次性是指每个项目都有其确定的终点。当一个项目已经实现其预期的目标，或已经明确看到时，那么该项目就达到了它的终点。如建一个发电站，当建筑工程、安装工程结束，并将该电站移交给电力生产部门时，发电站建设项目就告一段落了。

项目有不同的分类方法，即便同一项目也会有不同的名称。根据项目的生产性质可以分为工业项目、农业项目、环境保护项目、交通运输项目等。按照项目的盈利性，可以分为盈利项目和非盈利项目。前者以财务上取得利润为经营目的，如工业项目、高科技项目等；而后者以保持财务上的收支平衡同时增加社会福利为目的，如公办学校、公办医院等。根据项目的规模(产量或投资额)可分为大型项目、中型项目和小型项目。同一个项目从不同的角度考察又可以称为投资项目(侧重于项目的投资额)、工程项目或建设项目(侧重于项目的施工工程)。

2. 项目的特征

任何一个项目都具有以下特征。

1)项目具有明确的目标和约束条件

任何一个项目，都有一个明确界定的目标、一个期望的结果或产品。同时，在完成目标的过程中又会受到来自各方面的约束，如预算、竣工时间、质量等级等。一个项目的目标通常依照工作范围、进度计划和成本来定义。

2)项目具有独特性

项目与一般工业产品生产是不同的，它没有重复性。也就是说，活动的过程是不可逆的，活动的结果也是不重复的。独特性是指其产品或服务在某些特殊的方面有别于其他类似的产品或服务。由此可见，一个产品或服务尽管它所属的类别相同，它仍然可以是独特的。

3)项目的系统性

项目是一个复杂的、开放的系统，这是项目的一大特点。一个项目要取得好的效益，如果只考虑某一阶段工作的优化，则整体不一定最优。要把组成项目的各个环节作为一个整体，作为一个系统来考虑，处理好局部优化与整体优化的关系。因此，项目管理要解决项目建设全过程的组织、计划、协调和控制问题。由此可见，项目作为一个系统，其整体性的规律是不能违背的，有的项目建设产生失误，从理论上来分析，一般都是由于不遵守甚至破坏了项目的系统性而导致的。

4)项目的风险性

这也是相对于工业产品生产而言的。一般工业产品经过试制成功后，可投入批量、重复生产。而项目产品是一次性的，无类似项目的经验可借鉴，要求一次成功，所以风险较大，回避或减少风险是项目管理中的关键问题。

因此，一个项目开始前，应当在一定的假定和预算基础上准备一份计划。用文件记录这些假定是很重要的，因为它们将影响项目预算、进度计划和工作范围的发展。项目是以一套独特的任务、任务所需的时间估计、各种资源和这些资源的有效性及性能为假定条件，并以资源的相关成本估计为基础。这种假定和预算的组合产生了一定程度的不确定性，影响项目目标的成功实现。例如可能到预定日期完成项目，但是可能会由于最初低估了某些资源的成本，导致最终成本高于预计成本。在项目进行之中，一些假定将会被精简掉或被实际资料所取代。

5)项目结合部的管理

项目需运用各种资源来执行任务，资源可能包括不同的人力、组织、设备、原材料和工具。另外，项目涉及的单位和参加项目建设的单位比较多，加上项目的阶段性和土建工程的依附性，造成结合部多，所以协调工作亦多，这就增加了管理上的难度。可以说项目管理成功的诀窍在于搞好结合部的控制与协调。

6)每个项目都有客户

客户是提供必要的资金以达成目标的实体，它可能是一个人或一个组织，或由两个或更多的人构成的一个团队，或是许多个组织。客户一词具有十分广泛的涵义，它不仅包括目标资助人(公司管理层)，而且包括其他利害关系方。

(二)项目发展周期

工程经济分析的对象是项目。一个项目从设想的产生，直到项目生产期(服务期)终止，往往要经历一个相当长的时间，对于工业项目而言，这个时间通常有10～30年不等。通常把项目产生一直到终止的时间称为项目发展周期。

一般项目发展周期必须经过项目设想、项目初选、项目准备和拟定、项目评估和审批、项目实施和监督、项目投产经营、项目评价总结等七个工作阶段。每一阶段工作相互衔接，最后阶段工作的结束是新的项目设想和选择产生的开始。

项目发展周期的工作过程大致可分为三个时期：投资前期、投资时期和生产时期。每个时期又可分为若干个阶段：投资前期亦称建设前期，它包括项目设想、项目初选、项目准备与拟定和项目评估与审批四个阶段；投资时期即建设时期，指项目实施与监督阶段；生产时期包括项目投产经营和评价总结两个阶段。

建设前期(即投资前期)主要是指开拓投资项目，并对项目进行规划、研究和作出决策的时期。在此时期，初步选择产品及技术方案，编制投资规划，进行项目可行性研究和资金筹措活动。因此，可行性研究是建设前期工作的重要内容，建设前期的工作是建设时期和生产时期的基础，它对于投资项目的经济效益和项目对国民经济所产生的影响，起着决定性的作用，可以说是决定项目投资命运的关键时期。一项投资活动的最后成败主要取决于投资前研究和分析是否适当。

建设时期(即投资时期)主要工作包括谈判及签订合同、工程项目设计、施工安装、职工培训和试车投产。这个时期工作重点是控制建设周期和投资费用，一般通过项目全过程的管理来实现，项目经理在这一时期起到了非常重要的作用。项目经理管理水平的高低直接影响建设周期的长短和投资总额的高低。缩短建设周期和防止项目投资总额的突破都是为了提高项目经济效益，及早发挥投资效果。

生产时期主要保证企业在整个寿命期内达到预期的经济效益和社会效益。它不仅反映了建设前期可行性研究工作质量和建设时期的工作质量，而且也要受到生产时期管理水平的影响。因此，在这一时期内既有生产技术的应用和设备运行与更新改造等技术问题，也有产品销售、生产成本、投资回收、税收和利润等经济问题。首先，生产时期要掌握和管理好生产技术与设备运行，使企业尽快达到设计生产能力和各项技术经济指标；其次，应根据市场变化和技术进步情况考虑企业的技术改造措施，其目的是为了加强资金偿还能力和提高企业经济效益，这一时期生产管理将贯穿始终。

项目发展周期各阶段工作的主要内容简述如下。

1. 项目设想

投资项目的建设是为了解决国家、社会或企业所面临的特殊问题，满足某种特殊需要。因此，要想提出一个成功有效的建设项目，必须弄清这些问题和需要，制定项目建设目标，分析项目能获得的收益，确定项目的适应性与可取性。项目设想阶段就是要规定项目应达到的目标，这种目标的设想可来自国家和地方各级政府部门的规划与计划安排，来自市场调查研究和预测的结果，来自某种自然资源的出现和开发，等等。产品的需求和市场销售预测是项目设想的必要前提，人们根据有效的社会需求，在一定时间内，在特定的市场范围内，按一定预测价格对拟建项目的产品总需求量进行分析研究，把握最佳时机，及时提出项目投资的设想，明确规定项目的建设目标，包括项目应达到的经济目标、社会目标和时间目标，并考虑项目可能承担的风险。同时，可提出两个以上的项目设想方案，编写项目建议书。

2. 项目初选

投资者在项目建议书获得批准后，应对拟建项目的各种预选技术方案和建设方案进行筛选，最后选定投资少、收益高和风险低的项目。在项目筛选过程中，必须收集准确和完善的基本数据(包括自然资源，人力资源，社会、经济和市场需求资料)，对项目进行价值测定，大致确定项目的成本与效益，对项目从技术上和经济上进行综合分析，找出某些不利因素和不确定因素，然后进行项目可行性研究前的决策分析，写出项目初选报告或初步可行性研究报告。

3. 项目拟定和准备

项目准备阶段的主要内容是进行可行性研究，在准备阶段需提出技术方面和组织方面可供选择的方案，测定各种方案的价值，比较它们的成本效益，进一步证明被选择的项目方案在技术上是先进可行的，在经济上是能盈利的。由此可见，可行性研究是较彻底和全面的研究，以明确项目在技术、经济和社会等方面是否适宜，是否较为完善，为项目决策提供牢固的依据。

可行性研究应包括项目的内部结构和项目外部环境的研究。因为每个项目的研究都要以其所处的社会、经济、技术、体制和政治因素为基础，而项目的内部结构和外部环境都要受这些因素的制约。所以应对项目的所有基本技术、社会经济特点进行分析，详细估算项目的成本和收益、估计项目的间接和直接影响，并将各种可替代方案从定性和定量方面进行优劣比较，选择最佳有效方案，最后编写可行性研究报告。

4. 项目评估与审批

投资者在完成项目准备工作后，投资决策部门授权于财政金融机构(银行)、咨询公司或组织专家组，对上报项目的可行性研究报告进行详细全面的审核和评估工作。投资决策部门根据国家政策目标、部门规划与地区规划，以及市场状况和建设方针来考察项目的要点、目标和理由，根据国家和当地的物质、人力、资金等资源的供应能力，以及部门间、产业间、项目间的关系来考虑项目投入和产出。同时，根据项目评估结果，可在不同部门之间、同一部门的不同项目之间排出优先次序，按照项目投资效果大小顺序进行投资建设。申请贷款的项目应由银行或财政部门根据贷款或投资政策与计划进行评估。被批准的项目的投资贷款，必须符合财政计划，并具备偿还能力，在规定的期限内归还贷款本息，或为贷款投资取得盈余。对于国外提供贷款的项目，主要应考虑接受国的信誉及偿还能力。对于非盈利性项目所能产生的非货币效益，也应考虑补偿社会亏损的能力。

5. 项目实施与监督

项目经过评审并批准后，即进入项目的实施阶段，一直到投产竣工为止，即为项目投资时期。在这一时期的主要工作内容是建立项目执行管理机构、进行项目的招标与投标、签订各种合同、组织设计施工以及试车运转工作。工程建设、设备安装和试运转均应按照施工计划和工艺设计要求进行。项目实施阶段的全过程中，对项目必须从成本、时间进度和工程质量上进行严密的监督和有效的控制，以保证承包者严格执行项目的规格、标准和时间进度的安排，这一时期的一切活动都要按照预定的计划和目标进行。

6. 项目投产与经营

项目在设备安装后，经过试车运转达到设计生产能力，并通过验收交付使用后，就进入项目的生产经营时期。凡经过上述项目工作程序建成投产的项目，一般能达到预期的经济目标和时间目标，获得一定的经营收益。项目投资决策的成败，最终就要在生产时期的生产经营过程中具体体现出来。项目经济效益的好坏同时也取决于生产时期企业的经营管理水平。

7. 项目的后评估与总结

企业经过一定时间的生产经营后，或在贷款偿还前后，应对项目进行总结评价（即后评估），评估项目的实质就是确定这一项目是否达到了预先设计和期望的目标，并编写出“项目完成报告”或“项目后评估报告”。从后评估中可吸取正、反两方面的经验教训。根据项目实际投资费用与生产成本和收益资料，重新估算项目在财务和经济方面的成绩，这是属于事后的成本效益分析，它是与事前评估相对应的。事前评估要对未来的事态和数量进行预测和估算，而事后评估则以项目的实际收支与事前的期望值作比较。事前和事后无论在内部结构还是在外部环境方面，由于前后时期的间隔总会产生差异，有时还会有较大差距。事后评估的结果，应反馈给企业投资者和贷款者银行，作为改进今后项目设计和投资管理工作的参考，作为新建项目的初选和评估等工作的参考。

七、关于投资的解释

前面已经给工程经济分析下了一个定义，即它是一门建立在工程学和经济学之上，在有限资源条件下，运用有效方法对多种可行方案进行评价和决策，从而确定最佳方案的学科。简单地说，工程经济分析实质上就是经济学的原理在投资问题上，主要是工程投资问题上的应用。工程投资决策的准确性将直接影响未来项目投资的效果，那么，为提高项目投资的准确性，就需要我们掌握更多的分析手段与工具。所以，这里有必要对投资及其相关概念作进一步的解释。

所谓投资，是指为未来取得更多的回报，需要现期支出的一笔资金。如果是开办工厂、购买房地产，这类投资称作实物投资；如果是购买股票、债券等有价证券，这类投资称作金融投资。

工程投资属于实物投资，而且工程投资需要一次性支出资金。由于资金来源不同，项目的性质也就有所不同。如果资金来源于政府部门或公共部门，这类投资就是公共投资，如修建高速公路、城市供水工程，这类项目就称作公共投资项目；如果资金来源于私人，这类投资就是私人投资，如某公司购买10辆自卸货车、新建一条流水生产线，这类项目就称作私人投资项目。

而经济学家却认为，投资是为了获得将来更多的消费而放弃现期的消费。一般而言，投资的收益高于成本是项目上马的前提条件。

(一)三种类型的投资方案

1. 互斥方案

在进行投资项目决策时，往往有两个或两个以上的备选方案可供选择，如果仅有一个备选方案可被采纳，其余的方案不得不被放弃，那么，这些方案就属于互斥方案。显然，这一类型的方案之间只有互不相容、互相排斥的性质。

2. 独立方案

独立方案是指作为决策对象的各个方案之间的现金流量是独立的，不具有相关性，而且，任一方案的采用与否都不影响其他方案是否被采用的决策。

3. 相关方案

有时，项目方案之间也可能是相互依存的，如果接受某一方案，就会显著改变其他方案的现金流，或者会影响其他方案的接受，这些方案就是相关方案。

(二)私人投资与公共投资

按照不同的资金来源，投资可以区分为私人投资和公共投资。私人投资项目往往是以项目的货币收益作为项目取舍的标准，并且在评价项目时，直接运用市场价格进行计算。例如，在存在劳动力大量失业的国家里，劳动力的成本仍然是由劳动力市场决定的劳动者的工资表示。私人部门投资通常不包括基础设施类投资项目。也就是说，它们一般不涉及公路、城市管网、教育等以改善社会福利为目的的项目。

公共投资涉及领域广泛，它可以包括航天计划，也可以包括建设一座桥梁。但是，公共项目的共同特点就是项目资金来自于公共部门，同时，它们都是对社会有益的。正是因为这个原因，公共投资就不能单纯以项目的货币收益作为项目取舍的评价标准，还应该包括评价项目对社会的贡献大小。

为了更为准确地得出评价结果，在计算项目的货币收益时，需引入影子价格这一概念。影子价格反映了一项投资中投入物的真实社会成本。例如，对于劳动力的成本，我们用影子工资代替常用的名义工资；对于贸易品，用影子汇率来代替常用的汇率。因此，公共投资项目的评价要比私人投资项目的评价困难得多。

公共投资有时比私人投资管理的范围广泛。像美国的哥伦比亚河或者埃及的尼罗河这样的河流开发项目，其管理的复杂性远非私人公司的能力所及，因为如此大的项目所包含的风险是私人公司所不愿承受的。但是，这并不是说所有大型项目都必须由政府来建设，例如，H 国的铁路系统就是由私人公司建立起来的。然而，毫无疑问，政府通常比私人公司更倾向承担大型的项目，如我国的西气东输工程、三峡工程等。

基础设施项目几乎都是公共项目，而且一般都是由公共部门管理和经营。一个城市的下水管道系统、街道和公路，甚至司法系统及其所有建筑几乎都是公共的。港口和机场大部分是由国家拥有和经营，它们属于公共部门。大部分提供运输、教育、司法服务及人民和国家安全也是属于公共部门的。

由于公共项目的投资决策取决于社会成本和社会收益的比较结果，所以对公共项目的分析需要考虑更多的问题，如外部效果。

(三)外部效果

所谓外部效果是指所讨论的费用或收益是外部的。也就是说，不作为会计账目中应包含的内容。

对于外部效果，不同的人有不同的反映，有的喜欢，有的反感。以大城市的空气污染问题为例，空气污染的产生与发电、使用汽车等交通工具和工业废气排放等因素有关，然而它从来没有以货币的形式显示于电力公司、公交系统或任何一个工厂的账本上，而且也末反映在汽车使用者的家庭账本上。尽管没有人会否认空气污染是一种费用，但这种费用在任何地方都没有显示出来。电力公司的原料费用、公交公司的司机工资或汽车使用者的汽油费用都清清楚楚地记录在各自的会计账目上。因此，这些费用属于他们的内部费用。相对于这些内部费用，空气污染的费用则是一种外部费用。

那么，外部效果与投资有什么关系呢？要想使社会评价有价值，就必须将外部效果包括于其中。首先必须识别它们。在公共项目的投资分析中这一点是十分重要的。因为私人项目并不考虑外部效果，比方说，他并不希望出租车公司会把空气污染作为一种费用记在账本上。然而，公共项目分析中，就不得不进行纠正。如果你正在研究一个地铁项目的成本与收益，你就不应该忽视交通拥挤所带来的“收益”，显然，它是由建设地铁而产生的，虽然这项收益永远不会全部显示在任何公司或家庭的会计账目上。

总之，为了更为全面地分析投资的效果，就不能单单考虑投资的货币效益，而应该考虑涉及社会成本和社会收益的正面的与负面的外部效果。也就是说，项目需要从更为宏观的角度分析项目的收益和成本时，即需要考虑社会收益与社会成本时，就应当分析外部效果。

(四)社会收益与社会成本

社会收益与社会成本往往用于满足社会公众利益的公共项目，即社会项目。社会收益指的是项目的完成会对国家、公共部门或企业所带来的真实经济与社会收益；而社会成本是指为了项目的完成，国家、公共部门或企业所付出的真实经济与社会收益。例如，因能源生产造成空气污染，那么空气污染的费用必须通过某种方式加到能源成本中去。

用市场价格计算得到的实际收益与实际代价，就是我们通常用到的收益与成本。社会收益和社会成本与它们有所不同，因为它们是经济资源数量的价值形式的反映，而社会收益与社会成本计算中所用的价格必须是各种不同资源的真实价格。也就是说，需要调整市场价格成为社会价格。

之所以会产生市场价格偏离社会价格，一个原因就是外部效果。从上面关于外部效果的讨论可知，一些收益和成本根本没有在市场中显示出来。因此，这就需要将其作为新内容加入分析之中。

但是，并非所有的社会收益与社会成本都是因外部效果而与市场的收益与成本相偏离的。这就涉及产生市场价格偏离社会价格的另一个原因——政府价格管制。例如，美国政府从 20 世纪 70 年代初开始控制石油的价格；墨西哥政府在 20 世纪的几十年中一直控制着主要粮食产品，如大豆的价格。这两种商品的真实社会价格与不受控制的或市场的价格相比都会高一些。因此，我们也必须把管制价格调整加入到我们的分析之中。

(五)机会成本

机会成本是经济学中的一个重要概念。同样，在工程经济分析中，机会成本也是相当重要的，因为它有助于选择合适的投资方案。

如果必须在几种资源或投资方案中选择其一，而且这些资源或方案对我们都是有效益的，那么由于我们只能选择其一而放弃其他资源或方案，也就相应地放弃了其他资源或方案所能带来的效益。如果所放弃的效益也可以考虑为一种成本的话，那么这种成本显然有别于表示耗费的成本，如生产成本、销售成本。

例如，一吨煤炭如果用于发电，就不得不放弃将它用于取暖所获得的效益；再如，某人有一亩地，如果用来种小麦，就不得不放弃种玉米、蔬菜所获得的效益。这种被放弃的效益就是使用某种资源或采用某个方案的机会成本。

劳动力是一种社会资源，劳动力的机会成本就是由于用于本项目而损失的原在别处可以获得的最大净收益。如果劳动力是失业者，一般可认为其机会成本为零。如果劳动力来源于其他企业，那么由于劳动力转移而使原企业损失的效益，即为该劳动力的机会成本。

土地也是一种社会资源，项目用土地的机会成本等于该土地的替代用途所能获得的最大效益。如果该土地原来用于种植农作物，那么其机会成本即为种植该农作物的净收益。

(六)资金成本

资金成本即资金的机会成本，它常常是我们投资决策中的主要考察对象之一。但是，在投资分析中，我们往往还用到另一个成本概念，即资金的财务成本。为比较两个成本概念的区别，我们举一个例子。

假设一个投资商现有几个备选的投资方案，但是他没有足够的资金对其选择的方案进行投资，于是，他以10%的年利率从一家银行借款，这家银行10%的年利率就是他的资金的财务成本。假如，他正在考虑的投资方案能够获得20%的年收益率，如果他不投资他已选择的方案，这就意味着他将放弃每年20%的收益，这20%年收益率就是他的资金的机会成本。

当然，资金的机会成本通常要超过资金的财务成本。这是因为正常情况下，一个人进行投资是不会借钱，除非他预期用借来的钱能够赚取更多的利润。如果一个人预期到这些资金的投资收益率只有10%，那么他是不会借钱进行投资的。

资金的机会成本也称作折现率，或者最低期望收益率、边际收益率，它在经济分析中扮演着重要角色。

(七)所得税与通货膨胀

所得税与通货膨胀是工程经济分析中的两个重要变量，因为它们直接关系到投资收益的大小。

所得税是对一定时期(往往是一年)的劳动净成果或劳动所得征收的一种税。对投资者来说，所得税是成本，所以在任何经济分析中，必须考虑所得税对投资收益的影响。例如，两个具有相同投资额的项目，一个项目的所得税税率为33%，而另一个项目的所得税率可能为15%，显然，对于项目的决策者而言，税率成为项目选择中的关键变量。

一个国家往往采取相同的所得税税率，但是投资项目不同，项目享受到的所得税税率也可能不同。这取决于项目是否满足国家经济发展的急需，是否得到国家产业政策的扶持，如高科技项目、农业项目，往往会享受到所得税的优惠政策。

与项目投资收益有关的另一个重要变量是通货膨胀。它意味着一定时期的商品价格或服务价格的上涨。通货膨胀的大小通常用消费者价格指数(*CPI*)的变化率来表示。通货紧缩正好与通货膨胀相反，它是指一定时期的商品价格或服务价格的下跌。在某一年份，不同国家可能会有不同的通货膨胀水平；即使在同一个国家，不同时期也会有着不同的通货膨胀水平。

在工程经济分析中，通货膨胀之所以重要，是因为它的出现会使同样数量的货币购买力下降，从而造成货币贬值。因为最终对我们项目投资收益有影响的是货币购买力，而不是货币面值，所以我们必须选择一种使购买力不变的方法。也就是说，我们必须去掉通货膨胀的影响，只与购买力不变的货币打交道，从而保证项目选择的科学性与正确性。

第二章　资金时间价值及等价计算

资金的价值与时间因素密切相关。一定数额的资金在不同时点上具有不同的价值。为了使建设项目或技术方案发生在不同时间的现金流量具有可比性，必须依据资金时间价值原值对项目或方案在不同时点上发生的现金流量进行等值换算。现金流量的等值换算是对工程技术方案进行动态分析及计算动态经济评价指标的基础。

第一节　资金时间价值

任何项目的建设与运行，任何技术方案的实施，都有一个时间延续过程，资金的投入与收益的获取往往构成一个时间上有先有后的现金流量序列。要客观地评价技术方案的经济效益，必须把现金流入与流出的数额与其发生的时间结合起来考虑。

在不同时点上付出或得到相同数额的资金在价值上是不等的。也就是说，资金的价值会随时间的延续而发生变化。今天可以用来投资的一笔资金，即使没有通货膨胀，也比将来可获得的同样数额的资金更有价值。用通俗的话说，今天的一元钱比未来的一元钱更值钱。因为当前可用的资金能够用来投资并带来收益，而将来才能取得的资金则无法用于当前投资。不同时间发生的等额资金在价值上的差别称为资金的时间价值。

资金的时间价值是指资金在不断运动过程中随时间的推移而产生的增值，也就是资金随时间变化而产生的资金价值的变化量。影响资金时间价值的因素是多方面的，从投资角度来看主要有：投资利润率，即没有通货膨胀和风险情况下的单位投资所能取得的利润；通货膨胀补偿率，即对因通货膨胀货币贬值造成的损失所应作的补偿；风险补偿率，即对因风险的存在可能带来的损失所应作的补偿。资金时间价值概念有广义和狭义之分。广义的资金时间价值，是指随时间的变化因上述所有因素引起的资金价值的变化量；狭义的资金时间价值，是指扣除风险和通货膨胀因素后资金价值的真实变化量。工程经济分析中通常指后一种含义。

资金的时间价值可以用绝对数表示，也可以用相对数表示。前者如利息额、利润额等，后者如利息率、利润率等。由于资金时间价值的计算方法与银行利息的计算方法相类似，所以常以利息和利率来说明资金的时间价值。

应当指出，资金增值的实质在于资金在运动过程中同劳动相结合，由劳动创造了价值。资金如果不与劳动者的劳动相结合，闲置的时间再长也不会产生时间价值。树立资金时间价值观念的重要意义，就是要求全社会最大限度地、合理地、充分有效地利用资金，以取得最好的经济效益和社会效益。

对于资金的时间价值，可以从两个方面理解。

首先，资金随着时间的推移，其价值会增加。这种现象叫资金增值。资金是属于商品经济范畴的概念，在商品经济条件下，资金是不断运动着的。资金的运动伴随着生产与交换的进行，生产与交换活动会给投资者带来利润，表现为资金的增值。资金增值的实质是劳动者在生产过程中创造了剩余价值。从投资者的角度来看，资金的增值特性使资金具有时间价值。

其次，资金一旦用于投资，就不能用于现期消费。牺牲现期消费是为了能在将来得到更多的消费，个人储蓄的动机和国家积累的目的都是如此。从消费者的角度来看，资金的时间价值体现为对放弃现期消费的损失所应作的必要补偿。

资金时间价值的大小取决于多方面的因素。从投资角度来看主要有：投资收益率，即单位投资所能取得的收益；通货膨胀因素，即对因货币贬值造成的损失所应作的补偿；风险因素，即对因风险的存在可能带来的损失所应作的补偿。

在工程经济分析中，对资金时间价值的计算方法与银行利息的计算方法相同。实际上，银行利息也是一种资金时间价值的表现方式。

第二节　利息与利率

一、利息和利率

利息是指占用资金所付出的代价，或放弃使用资金所得到的补偿。如果将一笔资金存入银行(这笔资金称为本金)，经过一段时间之后，储户可在本金之外再得到一笔利息。这一过程可以表示为

$$F_n=P+I_n \tag{2-1}$$

式中　F_n——本利和；

P——本金；

I_n——利息。

下标 n 表示计算利息的周期数。计息周期是指计算利息的时间单位，如年、月、日等。

利息是社会利润的一部分，是资金时间价值的一种表现形式，也是衡量资金时间价值的一种尺度。在日常生活中，一般把通过银行信贷而付出的代价或得到的报酬称为利息，而把资金在生产经营活动中产生的增值称为利润。前者是一种狭义的利息概念。在工程经济学中，利息和利润都是资金的时间价值，可统称为广义的利息。

利息通常根据利率来计算。利率是指一个计息周期内所得到的利息额与本金之比，一般用百分数(或千分数)表示。由于计息周期的不同，利率有年利率、季利率、月利率之分。工程经济分析中常用年利率。

利率也有广义和狭义之分。狭义的利率仅指银行利率。广义的利率是指资金时间价值率，泛指由于资金运动所产生的各种收益率，如投资收益率、资金利润率以及银行利率等。工程经济学中用的正是这种广义的利率概念。

利率是衡量资金时间价值的相对尺度。利率这一概念在工程经济学中是一条贯穿始终的基线，它提供了对不同时间的现金流量进行比较的途径，是资金等值的重要条件，

是平衡现在与未来的杠杆。

二、单利与复利

利息的计算有单利计息和复利计息两种方法。

单利计息是指仅用本金计算利息，利息不再生息。单利计息时，每期利息额相等。设 i 代表利率，则本金 P 在 n 期后的利息额 I_n 为

$$I_n=Pin \tag{2-2}$$

复利计息时，不仅本金计算利息，而且利息还要生息，即用本金与前期累计利息之和计算利息。复利计息的本利和公式为

$$F_n=P(1+i)^n \tag{2-3}$$

上式的推导过程如表 2-1 所示。

表 2-1　复利计息的本利和公式推导过程

计息周期	期初本金	本期利息	期末本利和 F_n
1	P	Pi	$F_1=P+Pi$
2	$P(1+i)$	$P(1+i)i$	$F_2=P(1+i)+P(1+i)i=P(1+i)^2$
3	$P(1+i)^2$	$P(1+i)^2i$	$F_3=P(1+i)^2+P(1+i)^2i=P(1+i)^3$
⋮	⋮	⋮	⋮
n	$P(1+i)^{n-1}$	$P(1+i)^{n-1}i$	$F_n=P(1+i)^{n-1}+P(1+i)^{n-1}i=P(1+i)^n$

复利计息比较符合资金在社会再生产过程中运动的实际状况，因而工程经济分析中一般采用复利计息。

复利计息有间断复利和连续复利之分。如果计息周期为一定的时间区间(如年、季、月等)，并按复利计息，称为间断复利；如果计息周期无限缩短，则称为连续复利。从理论上讲，资金是在不停地运动，每时每刻都通过生产和流通在增值，因而应该采用连续复利计息。但在实际使用中都采用较为简单的间断复利计息。

三、名义利率与实际利率

在工程经济分析中，通常是按年计息的。但有时也会遇到计息周期短于一年的情况，如按半年、季、月计息。当利率的时间单位与计息周期的时间单位不一致时，就产生了名义利率与实际利率的区别。

实际利率是计算利息时实际采用的有效利率。例如，月利率 1%，每月计息一次，则 1%是月实际利率，年实际利率应为$(1+1\%)^{12}-1=12.68\%$。用计息周期的实际利率乘以一年内计息次数得到的年利率，称为年名义利率。如上例中，$1\%\times12=12\%$，这里的12%即为年名义利率。实际计算利息时不用名义利率，而用实际利率。名义利率只是习惯上的表示方法。如“月利率 1%，每月计息一次”，也可以表示为“年利率 12%，每月计息一次”。

设 r 表示年名义利率，i 表示年实际利率，m 表示一年中计息次数，则计息周期的实际利率为 r/m。根据复利计息公式，本金 P 在一年后的本利和为

$$F = P\left(1+\frac{r}{m}\right)^m \tag{2-4}$$

一年中得到的利息为

$$F - P = P\left[\left(1+\frac{r}{m}\right)^m - 1\right] \tag{2-5}$$

则年实际利率为

$$i = \frac{F-P}{P} = \frac{P\left[\left(1+\frac{r}{m}\right)^m - 1\right]}{P} = \left(1+\frac{r}{m}\right)^m - 1 \tag{2-6}$$

即

$$i = \left(1+\frac{r}{m}\right)^m - 1 \tag{2-7}$$

从上式中可看出，当 $m=1$ 时，$i=r$；当 $m>1$ 时，$i>r$；当 $m\to\infty$ 时，有

$$i = \left(1+\frac{r}{m}\right)^m - 1 = \left[\left(1+\frac{1}{m/r}\right)^{m/r}\right]^r - 1 \tag{2-8}$$

由于 $\lim\limits_{n\to\infty}\left(1+\frac{1}{n}\right)^n = \mathrm{e}$，所以 $\lim\limits_{m\to\infty}\left(1+\frac{1}{m/r}\right)^{m/r} = \mathrm{e}$，将该式代入上述公式，则连续复利的实际利率为

$$i = \mathrm{e}^r - 1 \tag{2-9}$$

式中　e——自然对数的底。

【例 2-1】某人年初存款 10 000 元，年利率为 12%，每季度计息一次，年末本利和为多少？

解：12%是年名义利率，每季度计息一次，每年计息次数 $m=4$。由计算公式得年实际利率为

$$i = \left(1+\frac{12\%}{4}\right)^4 - 1 = 12.55\%$$

年末本利和为

$$F = P(1+i)^n = 10\,000\times(1+12.55\%) = 11\,255\text{ 元}$$

年名义利率为 12%，不同计息周期的实际利率如表 2-2 所示。

表 2-2　年名义利率为 12%时不同计息周期的实际利率表

计息周期	年计息次数	各期利率 r/m(%)	年实际利率 I (%)
年	1	12.000 0	12.000
半年	2	6.000 0	12.360
季	4	3.000 0	12.551
月	12	1.000 0	12.683
周	52	0.230 8	12.734
日	365	0.032 9	12.747
连续	∞	—	12.750

第三节　现金流量

在工程技术方案的实施与运行过程中，不同时间点上会引起一系列复杂的资金运动。实际发生的资金支出与收入称为现金流量。分析和估算技术方案的现金流量，是进行工程方案经济评价和做好投资决策的基础，也是工程经济分析中最重要的方法。本节将从财务分析的角度，讨论技术方案现金流量的构成和分析估算方法，为进一步学习以后各章奠定基础。

一、现金流量及表示法

(一)现金流量

技术方案的实施与运行过程，从物质形态来看，通常表现为人们利用各种工具和设备，消耗一定的资源，将各种原材料加工、转化成所需要的产品；从货币形态来看，表现为投入一定的资金，花费一定量的成本费用，通过销售产品或提供劳务获取一定量的货币收入。投入的资金、花费的成本费用和获取的收入，都以货币形式表现为资金流出或资金流入。在工程经济分析中，要把分析的对象(可以是一个技术方案、一个投资项目、一个企业，也可以是一个地区、一个部门或一个国家)视做一个独立的经济系统，该系统在其整个寿命期(或计算期)各时点上实际发生的资金流出和资金流入称为现金流量。流入该系统的资金(货币)称为现金流入，流出该系统的资金(货币)称为现金流出，系统在某一时点上发生的现金流入与现金流出的差额称为净现金流量。现金流入、现金流出与净现金流量的关系可用公式表示为

$$NCF_t=CFI_t-CFO_t \tag{2-10}$$

式中　NCF_t——第 t 时刻的净现金流量；

CFI_t——第 t 时刻的现金流入；

CFO_t——第 t 时刻的现金流出。

正确判别现金流量的标准，是看系统是否发生了实际的现金流入或流出活动。如果仅仅是系统内部的资金转移，如提取折旧、摊销已发生的费用等，只是在会计账面上有

所反映，而并未发生实际的现金流入或现金流出，则折旧费和摊销费就不属于现金流量。此外，现金流量中的现金，不仅指现钞，还包括转账支票等结算凭证，是货币资金的概念。而会计学中的现金仅指现钞，即库存现金。

工程经济系统的现金流入与现金流出的过程，构成了系统的资金流动。为了区别现金流入与现金流出，现金流入通常以正数表示，现金流出以负数表示。因此，净现金流量也就有可能是正值、负值或者为零。分析技术方案的现金流量，必须弄清其资金流动的内容、流动的方向、发生的时间和实际发生的数额。

现金流量表达了技术方案整个寿命期内资金运动的全貌。不同技术方案的经济性比较实际上就是现金流量的比较。因此，正确分析和准确估计技术方案的现金流量，是做好经济评价和投资决策的关键，同时也是最重要、最困难的工作。

(二)现金流量表示法

在建设项目或技术方案的经济评价中，现金流量一般以年为时间单位，用现金流量表或现金流量图来表示。现金流量表是反映建设项目或技术方案在整个寿命期内所有的现金流入和现金流出情况的报表。在现金流量表中，应按时间先后顺序分项列出项目的全部现金流入与流出项目。现金流量表的内容与格式参见建设项目经济评价附表。

现金流量图是表示建设项目或技术方案整个寿命期内的现金流量与时间之间对应关系的图形，是反映项目在一定时期内资金运动状况的图解。它可以很方便地把系统的现金流量与时间之间的对应关系直观、形象地表示出来，是进行技术方案动态分析的有效工具。其形式如图 2-1 所示。

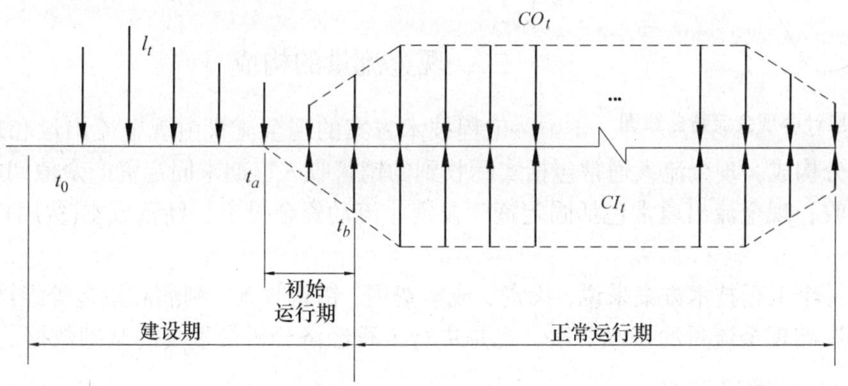

图 2-1　现金流量图

现金流量图的画法如下：

(1)以水平线代表时间轴，表示技术方案整个寿命周期(或计算期)。在轴上画出等分间隔，一般以年为单位，并由左向右依次用 0、1、2、3、…、n 编号，表示各年年末。零点表示资金运动的起点，并作为分析计算的起点。某年年末时点同时也是下一年度年初时点。

(2)在时间轴的每个时点上，相对于时间轴画垂直箭线代表现金流量。箭头向上表示现金流入，箭头向下表示现金流出。箭头的长度依据现金流量的大小按比例画出(不严格要求)，并注明现金流量的数额。

(3)为便于分析计算，常把具体的资金运动加以简化，即假定所有的现金流量均发生在年初或年末。一般假定投资支出发生在年初，其余均视为发生在年末。

建设项目在同一年度内往往既有现金流入又有现金流出，在现金流量图上可仅画出项目的净现金流量。

上面介绍的现金流量图的画法，称之为箭线表示法。在分析问题时，为了简化，现金流量图也可用直接标注法表示，即在时间轴上用带有正、负号的数据表示现金流量，现金流入为正(一般省略正号)，现金流出为负。如果在同一时点上既有流入又有流出，则应标注净现金流量，如图 2-2 所示。

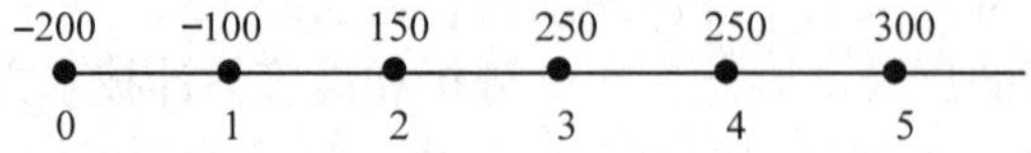

图 2-2　用标注法表示的现金流量图

为了综合反映投资项目在整个寿命周期内累计净现金流量随时间变化的趋势，以分析和计算有关评价指标，可绘制累计净现金流量曲线图，如图 2-3 所示。

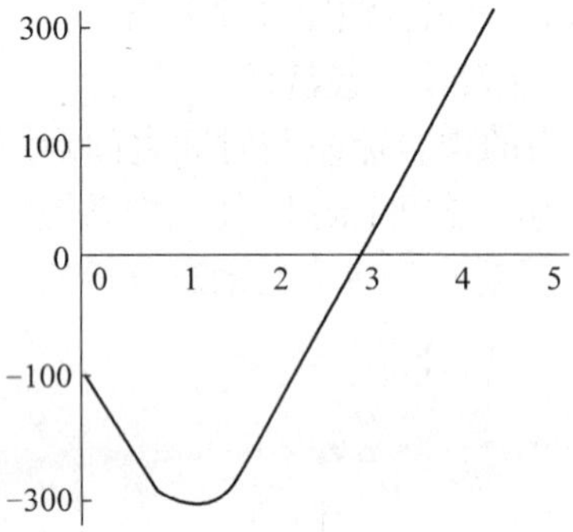

图 2-3　累计净现金流量曲线图

现金流量图是一个建设项目所有现金流动信息的标示，它既简单形象，又有利于进行资金等值换算，是一种很有用的分析工具。在利用现金流量图进行动态资金分析时，尚需在图上注明资金时间价值率(利率)。因此，现金流量图应包括三个要素：现金流量发生的时点、各时点上发生的现金流量数额和资金时间价值率(利率)。

二、现金流量的构成

工程技术方案的现金流量由现金流出量和现金流入量两部分构成。现金流入通常包括实际收到的销售收入、期末固定资产余值回收和流动资金回收；现金流出通常包括固定资产投资、流动资金投资、经营成本(费用)和税金支出等。

对于一个工程技术方案来说，投资、成本费用、销售收入、利润和税金等经济要素，是构成或影响现金流量的基本要素，也是进行工程经济分析最重要的基础数据。

三、现金流量分类

在工程技术方案的经济分析中，除按资金流动的方向将现金流量分为现金流出量和现金流入量以外，为了分析、评价或估算的需要，还有其他分类。如从技术方案的投资角度，可把现金流量分为全部投资现金流量和自有资金现金流量；按现金流量发生的时间，可分为初始现金流量、营业现金流量和终结现金流量。

(一)全部投资现金流量与自有资金现金流量

全部投资现金流量是指不考虑技术方案的资金来源构成和借款偿还，假定方案的全部投资均为自有资金，站在技术方案本身的角度计算的现金流量。在此意义下，全部投资就是指技术方案的固定资产投资与流动资金投资之和。自有资金现金流量是指考虑技术方案的资金来源构成和借款偿还，站在方案投资主体的角度计算的现金流量。在此意义下，自有资金就是指投资主体用其主权资本投入到技术方案中的资金，即投资者的出资额，它属于所有者权益，无需偿还。

全部投资现金流量与自有资金现金流量的主要区别在于对借贷资金的处理上。因为技术方案本身的经济效益是由方案的建设与生产速度、投资、产量、成本费用、产品价格和市场环境决定的，即由方案本身的特性决定的，它与资金来自何方及如何偿还并无关系。而技术方案的投资主体获得的效益如何，不仅与技术方案本身的盈利能力有关，也与其资金来源、借贷资金的偿还即财务条件有关。因此，在对技术方案进行财务分析时，须从两个角度考察经济效益。首先，排除财务条件的影响，把全部资金都看成是自有资金，考察技术方案自身的盈利能力，这就需要分析、计算全部投资现金流量。其次，为显示财务条件的影响，考察投资主体的盈利效果，必须分析资金来源与还本付息因素，这就需要分析、计算自有资金的现金流量。

在全部投资现金流量和自有资金现金流量中，现金流入项目完全相同，现金流出项目有所不同。全部投资现金流出包括全部固定资产投资、全部流动资金投资、经营成本(费用)、税金等项目。自有资金现金流出包括自有资金投入、借款本金偿还、借款利息支付、经营成本(费用)、税金支出等项目。至于收到银行借款的现金流入，因其立即作为投资支出，两者相互抵销，故不再反映在现金流量之中。

(二)初始现金流量、营业现金流量与终结现金流量

初始现金流量是指在寿命期初为使工程建成和投入使用而发生的现金流量。它主要涉及购买资产和使之正常运行所必需的现金流出，包括固定资产投资、流动资金投资和与其有关的其他投资费用，如项目建设管理费、职工培训费、专利使用费、注册费等。

如果技术方案是旧资产更新方案，则初始现金流量还应包括原有旧资产的变现收入以及旧资产出售所带来的纳税效应。

出售旧资产可能涉及以下三种纳税情形：

(1)旧资产出售价格高于该资产的账面净值。此时旧资产出售价格与其折旧后的账面净值之间的差额属于应税收入，应缴纳所得税。例如，旧资产最初购买价格为 15 000 元，目前账面价值为 10 000 元，市场出售价格为 12 000 元，若所得税率为 33%，则该资产出售后超出账面值的收益为 2 000 元，应纳税额为 660 元(2 000 元 × 33%)。此时，旧资产出售的税后净收入为 12 000 元–660 元＝11 340 元。

(2)旧资产出售的价格等于资产折旧后的账面净值。此时，资产出售没有带来收益或损失，这种情况下无需纳税，在考虑更新方案时以实际出售价格作为旧资产继续使用的投资支出。

(3)旧资产出售的价格低于其折旧后的账面价值。此时，折旧后的账面价值与资产售价之间的差额属于应税损失，可以用来抵减应税收入而减少纳税。例如，旧资产折旧后的账面价值为 10 000 元，目前可以 8 000 元的价格出售，则损失 2 000 元，若所得税率为 33%，则资产出售产生的节税所带来的现金流入为 660 元(2 000 × 33%)，旧资产出售的实际税后收入应为 8 660 元。

营业现金流量是指技术方案投入使用后，在其寿命期内因生产经营而产生的现金流量，也称经营现金流量或方案使用期内现金流量。营业现金流入主要包括销售产品或提供劳务所得到的现金收入以及各种费用的节省所带来的现金收入。营业现金流出主要包括经营成本(费用)和税金支出。对于新建项目方案，其全部投资税后营业净现金流量可用下式计算

$$年营业净现金流量=年销售收入-年经营成本-年销售税金-所得税 \quad (2\text{-}11)$$

或

$$年营业净现金流量=税后净利+折旧 \quad (2\text{-}12)$$

上式中假定销售收入全部当期收回。否则，公式中的销售收入应为实际收到的收入。至于更新项目的营业现金流量，其计算方法较为复杂。

终结现金流量是指技术方案终结时所发生的现金流量，也称期末现金流量。它主要包括固定资产余值回收、清理费用、流动资金的回收以及相关的纳税支出或节约。期末与固定资产余值相关的纳税效应，同期初计算旧资产出售时的纳税效应相类似。

四、现金流量分析中应注意的问题

分析技术方案的现金流量，其目的是确认和计算方案引起的现金支出和现金收入增加的数量。为此，需要正确判断哪些收支不会引起现金流量的变动。在进行这种判断时，要注意以下几个问题。

(一)现金流量与会计中的财务收支及利润的区别

工程经济学中的现金流量同会计学中的财务收支和利润有重要的区别。财务会计按权责发生制计算企业的收入和成本，并以收入减去成本后的利润作为净收益，用来评价企业的经济效益。在投资决策中则不能以这种方法计算的收入和支出作为评价项目经济效益高低的基础，而应按收付实现制，以现金流入作为项目的收入，以现金流出作为项目的支出，以净现金流量作为项目的净收益，并在此基础上评价项目的经济效益。

利润与现金流量的差异主要表现在以下几个方面：

(1)购置固定资产付出大量现金时不计入成本。

(2)将固定资产或无形及递延资产的价值以折旧或摊销的形式逐期计入成本时，却又不需付出现金。

(3)计算利润时不考虑垫支的流动资金的数量和时间。

(4)只要销售行为已经确定，就计算为当期的销售收入，尽管其中有一部分并未于当期收到现金。

(5)项目寿命终了时，以现金的形式收回的固定资产残值和回收的流动资金在计算利润时得不到反映。

(6)利润的计算没有一个统一的标准，在一定程度上要受存货估价、费用分摊和折旧计提方法的影响，使利润计算具有更大的主观随意性。利润反映的是某一会计期间“应计”的现金流量，而不是实际发生的现金流量。

总之，利润遵循权责发生制，不考虑实际收到或付出现金的时间；现金流量遵循收

付实现制，需要明确每笔资金的实际收现或付现时间。投资决策中研究的重点是现金流量，而把利润放在次要地位。分析现金流量有利于科学地考虑资金的时间价值，使投资决策更符合客观实际。技术方案的现金流动状况比盈亏状况更重要。

(二)只有增量现金流量才与投资决策相关

在研究技术方案的投资决策问题时，应遵循的最基本原则，是只有增量现金流量才是与方案投资决策相关的现金流量，即只有那些由于采纳某个技术方案引起的现金支出的增加额才是该方案的现金流出，只有那些由于采纳某个技术方案引起的现金流入的增加额才是该方案的现金流入。增量现金流量的确定方法，是对比有或没有这个新方案的现金流量，即采用“有无对比法”。考虑增量现金流量要特别注意从现有产品中转移的现金流和新方案附属或连带的现金流。例如，推出一种新产品方案，这种新产品也许会和现有产品构成竞争，并有可能减少现有产品的销售，在确定与该新产品投资相关的现金流量时，必须考虑其造成的现有产品现金流入的损失。当然，如果新产品的销售是从其他竞争对手那里抢来或保持了本来会被竞争对手抢走的市场份额，则会带来增量现金流量。在有些情况下，新方案也会促进现有产品的销售。如某航空公司开通了一条新航线，且并入了现有航线系统，一方面直接创造了收入，另一方面又会增加相关航线的收入。与原有产品配套使用的新产品投资方案也具有这种情形。对这种连带效果，应考虑在增量现金流量之中。

(三)考虑净流动资金的需求

实施新的项目或技术方案往往需要追加流动资金，以满足原材料、产成品的储备和应收账款等流动资产增加的需求。另一方面，应付账款与一些应付费用等流动负债也会同时增加，而且降低对流动资金的实际需要。因此，实际需求的是净流动资金，即增加的流动资产与增加的流动负债(应付账款)之间的差额，它应作为项目或方案的现金流出。流动资金通常在项目的寿命期内持续，当项目终止时，有关的存货和应收账款变为现金，应付账款和应付费用也随之偿还，当初增加的净流动资金可以收回，作为项目寿命期末的现金流入。

(四)现金流量不应包括沉没成本

只有受新项目决策影响的现金流量才是与该项目相关的现金流量，而沉没成本不受新项目决策的影响，因而不应包括在新项目的现金流量中。判断是否为沉没成本的方法是回答这样两个问题：一是如果实施这个项目，该现金流会发生吗？二是如果拒绝这个项目，该现金流会发生吗？若对第一问的回答是肯定、而对第二问的回答是否定的现金流，则是项目的增量现金流，相反则为沉没成本。如新项目决策之前所做的市场调研支出，就属于沉没成本。因为无论你做出什么样的决策，市场调研支出都已经发生，与该项目目前的决策无关。

(五)不要忽视机会成本

现金流量不考虑沉没成本，但考虑机会成本。例如，在更新决策中，对于继续使用旧设备的方案来说，其旧设备目前可变现的价值，即为继续使用旧设备方案的机会成本，应作为旧设备的投资支出，计为现金流出。又如某投资项目需占用已有的库房，乍一看，不需任何现金支出，但实际上如果库房不被此项目占用，企业可将其出租每年获得一笔租金收入，用库房会失去这笔收入，这就是该投资项目的机会成本，应作为现金流出在投资决策中加以考虑。实际中，机会成本表现方式比较复杂，分析起来难度较大，但在可能的情况下，应尽可能考虑，以便做出正确的决策。

(六)合理分配相关的间接费用

新项目往往与其他项目共同发生一些间接费用，如供热费、水电费、租金等，此时应对这些相关的间接费用进行合理分摊。新项目分摊的间接费用作为其现金流出。间接费用分摊的依据并不是看项目的效益是否来自这些间接费用，而是看间接费用是否与项目的实施有关。

(七)财务现金流量要考虑纳税效应

税金是项目的现金支出，它包括在现金流量之中。对于项目收入应直接缴纳的税金，很容易理解并加以考虑；而对于项目实施引起的间接税金支出或节省，往往容易被忽略。除了前面讨论的旧资产出售引起的纳税效应外，所有可冲减应税收入的费用都具有节税作用，从而产生现金流入；所有可增加应税收入的收入都会增加税金支出，从而产生现金流出。对此应仔细考虑，不应忽略。

(八)考虑未来可能发生的变化

投资决策中的现金流量是对项目未来现金支出与收入的预计。因此，估计现金流量要充分考虑未来情况的变化，以避免过分乐观而高估现金流入，或考虑不周而低估现金流出，造成项目决策的风险。如某非垄断性项目，其产品目前市场上无竞争对手，因而售价较高。但估计现金流量时不能仅根据目前售价考虑。因为在市场经济条件下，盈利很高的项目必然引来许多厂商投资而产生竞争。竞争可能会使将来产品售价和销售量降低。对此应给予重视。当然，也要考虑通货膨胀因素。

(九)投资现金流量与融资现金流量分开考虑

在评价新项目和确定现金流量时，往往需要将投资决策与融资决策分开，即从全部投资角度来考虑。此时，利息支出和项目的其他融资现金流量不应包括在该项目的现金流量中，以便评价项目本身的经济性。至于融资成本，可在折现率中考虑。实际中，人们通常是先确定项目本身的盈利如何，然后再寻求最佳融资方式。但在自有资金现金流量分析中，不受此限制。

第四节　现金流量的等值换算

一、资金等值

如果两事物的作用是相同的，则称它为等值的。资金等值是考虑时间因素的等值。即发生于不同时点的金额相等的两笔资金，其价值并不一定相等；反之，不同时点上发生的金额不等的两笔资金，其价值可能相等。资金等值包括三个要素：资金数额相等、金额发生的时间点、折算率大小(或利率)。图 2-4 表示在利率 i=8%的情况下，各时点的资金是等价的。

利用资金等值概念，将不同时点上的资金额按一定的资金时间价值率换算为等值资金过程，称为资金的等值换算。资金等值和等值换算在技术方案的经济分析中，是很重要的概念和计算方法。

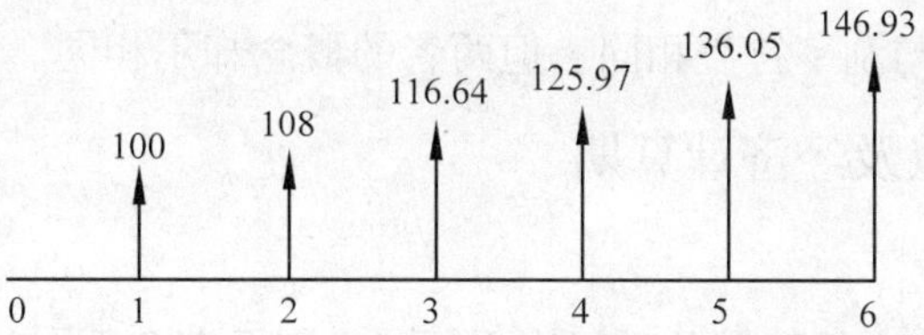

图 2-4　同一利率下不同时点的资金等值图

进行资金等值换算还需阐明以下几个概念。

(一)时值

资金的时值是指资金在其运动过程中处于某一时点的价值。

(二)现值

现值是指资金现在的价值，是资金处于资金运动起点时刻的价值，又称“本金”，以符号 P 表示。现值是将在分析期不同时间发生的收支金额折算成同一基准时间的价值。基准年可以是现在，也可以是指定的任何时间，所以现值并不一定都是现时的价值。

(三)终值

终值是指资金经过一定时间的增值后的资金值，是现值在未来时点上的等值资金。相对现值而言，终值又称为将来值、本利和，以符号 F 表示。

(四)等年值

等年值是指分期等额收付的资金值。由于各期间隔通常为一年，且各年数额相等，故又称为年金，以符号 A 表示。

(五)等差递增(减)年值

等差递增(减)年值指现金流量逐期等差递增(或递减)时相邻两期资金的差额，以符号 G 表示。

(六)等比递增(减)率

等比递增(减)率指等比序列现金流量逐期递增(或递减)的百分比，以符号 Q 表示。

(七)贴现与贴现率

将终值换算为现值的过程叫贴现或折现。贴现时所用的利率称为贴现率或折现率。比如水利工程的投资一般是多次性的，并分散在较长时期内，一般情况下，施工期间的投资多一些，工程建成以后，每年投入的管理运行费就少一些。工程的效益则是初期小一些，后期大一些。因此，在进行工程方案经济比较时，必须将不同时期的投资和效益，都折算到一个共同的基础上才能进行比较。通常是折算到同一基准时间的现值。这个基准时间可以是“现在”(及分析开始的时间)，也可以定为任何其他时间。这种折算方法就叫贴现。它的基本原理就是将未来不同时期发生的货币值折算成现值。贴现计算实质上就是复利计算的逆运算，计算公式如下

$$P=\frac{F}{(1+i)^n} \tag{2-13}$$

式中　P——现值；

F——未来值，即终值；

n——期数；

i——贴现率，与利率符号相同，但两者的概念却不相同。

二、计算基准点及经济计算期

(一)计算基准点

由于资金流入或流出的数量及时间均不相同，因而存在不同时间流入或流出等量资金其价值不同的问题。为了统一核算，便于综合分析与评价，常须引入计算基准点的概念，相当于图解计算中须首先确定坐标轴及原点，即计算基准点是对不同时期的资金进行等价折算时的时间参考点。计算基准点可以选择在正常运行期开始之初，也可以选择在施工期开始之初，甚至可以任意选定某一点作为计算基准点，这完全取决于习惯与计算方便，对评价结论并无影响。目前习惯上都是将基准点选择在施工开始年的年初。

从理论上讲基准年，可以任意选择，但在实际应用时主要考虑折算方便和使用习惯两个方面。从一项工程建设的全过程来看，有三个时间在工程投资和效益上有其明显的特点：首先，是工程的开工时间，这是使用投资的开始年份；其次，是工程开始产生经济效益的第一年，从这年起工程开始发挥效益，同时尚需继续进行投资；最后，工程达到设计水平年，这时工程基本建设全部完成，投资过程结束，工程效益达到了设计水平，以后将进入正常运行。针对工程建设过程的三个阶段，可以选用任一个作为基准年，对资金等效折算都不会有什么影响。欧美国家习惯以工程投入运行的第一年作为基准年，我国目前也采用工程开工的第一年初为基准年。

(二)经济计算期

工程经济是研究一项工程从建设到运行全过程的投资费用和经济效益问题的学科。工程投资发生在建设期，随着工程的全面建成，基建投资就告结束，它的总投资额可以通过财务结算核定出来。但是，在工程投产后，为维持它的正常运行，每年仍需耗费一定的运行管理和维修费用，它将随时间增长而不断地增大。另一方面，工程每年将产生一定的经济效益，它也随时间不断地增加。所以运行费用的多少和经济效益的大小都随着时间的延长而增大。这样在进行经济计算时，采用的计算时间越长，获得的经济效益和支出的运行费用也就越大；反之，则越小。所以，计算时间的长短，在工程投资一定的条件下，将对工程经济效益的好坏产生直接的影响。在计算工程经济效益时，这个计算时间到底应该取多长才比较合理呢?

在工程运行初期，它的维修费用很小，但随着运行年数的增长，因工程老化和陈旧，每年耗费的维修费用将逐年增大，当到达一定年限后，支出的年运行费用增至等于收入的年效益。如果再继续延长工程的使用年限，将会出现年运行费用大于年效益，这时工程不仅没有盈利，反而发生亏损。

实际上，理论上的经济计算期，在工程中很难计算。这里因为任何一项工程产生的经济效益，都是各种建筑物、机器设备等综合应用的结果，它们各自的经济计算期可能相差很大。如一座坚固的建筑物——钢筋混凝土大坝，可以工作长达 100 年，甚至更长的时间；而某种机器设备——水轮发电机组，因工作时受到泥沙的磨损，在短时期内就可能失去正常工作的功能。所以，一项大型工程，特别是大型水利水电工程，它的经济计算期总是针对工程发挥效益的主要建筑物而言的，对那些次要的和局部的机械设备，认为可以通过经常性的维修或更换，来保证工程的正常运行。

经济计算期到底应该怎样选取，主要可以从这样两个方面考虑：由于大型工程往往需要投入大量的资金，为了能回收这部分资金，并从工程中获得较大的盈利，要使工程能充分地发挥出它的经济效益，这样就要求工程有较长的运行时间；但是，从经济效益的贴现来说，在未来很长时间里产生的效益，贴现到现值进行等效计算时，它对经济计算的影响甚微。例如，我们把将来 100 年后产生的 100 元经济效益，以 8%的贴现率进行现值折算，其结果仅等于 0.05 元。也就是说，100 年后产生的 100 元经济效益，即等效于今天的 5 分钱。可见选用太长的计算年限，并没有什么实际的经济意义。因此，目前国内外在水利水电工程经济计算中，一般根据工程规模的大小，以 30～50 年作为经济计算期，对大型工程可取上限，中小型工程则取下限。

经济计算期不等于工程的使用期，这是因为有些坚固耐用的建筑物，在经济计算期后仍完好无损，可以继续正常运行，并不需要太多的维修费用。如果将这些建筑物或设备，在经济计算期后报废，它们本身仍有一定的价值，这就是残值。

工程中的任何一种物质(如设备、机械、各类建筑物等)，在使用的过程中，一方面受到磨损的损耗，另一方面受自然界的各种因素侵蚀，使它们逐渐地失去正常工作的功能，直至失去工作能力为止，这时它们只能报废。这个过程所持续的时间，称为物质寿命，也称使用寿命或使用年限。

在今天科学技术迅速发展的时代，产品设备更新，特别是电子产品的更新越来越快。对某种设备，如以功能来衡量，它仍然能正常工作，但因技术的发展，已制造出同类的新设备，由于新设备的高速度、高精度和高效率能创造出更好的经济效益，其结果必然会将原来的设备淘汰。这种被淘汰的设备不是因为使用年限的限制，而是因技术的改进或发展所造成的，人们把这种设备的使用周期称为技术寿命。

以上讲述的三种物质寿命，对于各种设备、机械和建筑物等都可能有很大的差别。一般说来，物质使用寿命最长，技术寿命最短，经济寿命介于两者之间。它们周期年限的确定，会受到很多因素的影响，下面我们主要从工程的角度进行分析。

例如一辆载重汽车，在工程施工中，由于使用强度大，工作条件差，可能只要几年就达到了使用年限而报废。但是，一座坚固的钢筋混凝土重力坝，可能使用上百年，甚至更长的年限仍可使用。所以，在确定设备、机械和建筑物的使用寿命时，要根据它们的特性和使用条件，进行具体分析。

水利水电工程与其他工厂企业一样，必须重视经济效益，所以考虑物质使用寿命没有实际意义。具有特殊意义的是经济寿命，或称经济计算(分析期)。技术寿命对水利水电工程的影响不大，虽然有些先进的机电设备和电子仪表，可能因技术进步，在短期内要进行更新。就总体来说，形成工程固定资产的大多是主要建筑物，它们的经济效益决定于经济计算期。

(三)如何确定项目计算期

项目计算期是经济分析中为进行动态分析所设定的期限，包括建设期和生产经营期

(或使用期)。一般以年为单位。

建设期是指项目资金正式投入工程开始，至项目建成投产止所需的时间。包括征用土地、场地准备、“三通一平”、施工图设计、设备订货、土建施工、设备安装调试、实物试车、试生产考核、竣工验收各阶段，具体年限根据项目实施计划确定。引进技术及设备项目则自引进合同签订生效时开始。

生产经营期分投产期及达产期两个阶段。投产期是指项目投入生产，但生产能力尚未完全达到设计能力时的过渡阶段，生产负荷的提高受市场开拓、生产技术管理、工人操作熟练程度、原材料供应等诸多因素的影响。达产期是指生产经营达到设计预期水平后的期间。

生产经营期的年限，可根据产品寿命、主体装置的经济寿命等因素综合考虑确定。中外合资、中外合作、股份制企业也可以以合同章程规定的经营期作依据，但要取经济寿命期和合同经营期较短者。

项目计算期不宜定得太长，特别是新财务制度规定折旧年限缩短后，生产经营期一般以 12 ~ 15 年为佳，个别行业最长一般不宜超过 30 年，因为 30 年后的净收益金额按折现法折算的现值数值相对较小，不致影响评价结论。对折旧年限较长的房屋建筑物，生产经营期末可将其未折旧完的余额作为固定资产余值回收。

三、等价计算公式

在工程经济中，工程在建设和运行阶段以货币价值表示投入的投资费用和产出的经济效益通称为资金。等效资金的概念，其实质是将不同时间的资金，考虑时间价值因素后，能以等效价值进行相互之间的比较。资金随时间不断地增加，是人们在各种经济活动中追求的主要目的。如资金投入商业、贸易和企业等经济活动可以获取利润，存入银行则能获得利息，进行工程投资则可获得经济效益等，这都可达到使资金增值的目的。时间价值就是资金在使用流通过程中产生的增值。今天，在以市场经济为导向的经济活动中，资金的时间价值受到了高度重视。

在工程建设中，资金的投入产出具体表现在工程的投资费用和经济效益两个方面。投资于工程建设的资金，在时间上总是先于工程运行后产生的经济效益，这就是说，必须要先有资金的投入，然后才能有经济效益的产生。很明显，投资与效益在时间上存在着前后差异，所以当衡量投资与效益的资金价值时，必须考虑时间价值因素。例如，因建设工程向银行贷款，必须支付一定的利息，在还清贷款前的这段时期内，所支付的利息加上初期贷款的数额，要大于最初的贷款值；相反，工程投入运行后，能够获得的经济效益值，与建设时期的投资来比较，这是未来可能获得的经济价值，而未来的收益要与当前投入资金比较，两者之间从资金投入到效益产出有一段建设期时间过程。所以，在工程经济比较中，只有考虑资金不同时期的时间价值，形成等效资金，才能进行相互比较。只有在无偿使用资金的条件下，才能不考虑资金的时间价值因素，直接进行相互比较。

经济计算在工程规划设计中，尤其是在水利水电工程建设中具有重要的经济意义。众所周知，工程规划设计的主要任务，是要选择方案及其规模。因为采用不同的工程方案和规模，需要投入的资金和产出的经济效益都不相同，在获得同样的经济效益情况下，往往要求投入不同的资金；相反，当投入同样的资金时，可能获得完全不同的经济效益。在经济建设中，可能会遇到十分复杂的各种工程经济问题。为了能选择出最优的工程方案，往往需要进行大量的经济计算。同时，在考虑时间价值的影响时，需要考虑多种因素之间的相互关系，使经济计算变得更加复杂。

把不同时间的资金折算成等效资金时，首先涉及如何选取时间标准问题，只有将不同时间的资金折算到同一个标准时间，才能够形成可相互比较的等效资金。

资金时间价值的大小与时间长短成比例变化，随着时间的增长，时间价值的变化也大，以银行贷款为例：一定数量的贷款，需要支付的利息随着时间的增长而不断地增加；同时，利息的多少除与贷款期的长短有关外，还与贷款利率的高低有直接关系；另外，与贷款的支付或偿还的方式也有很大的影响，而采用单利或复利计算也相差很大。等效资金折算，就是体现工程经济中具体时间价值的计算。由于资金时间价值并非与时间成简单的关系，它同时还受到许多非时间因素的影响，在工程经济中，将会遇到各种情况的资金折算。

为便于讨论，先定义等价折算公式常用的几个符号：

i——利率或贴现率(折现率)，常以%计。

n——期数，通常以年数计。

P、F、A 的定义见前文。

(一)一次收付期值公式

已知本金现值 P，求与其等价的 n 年后的期值 F，见图 2-5。

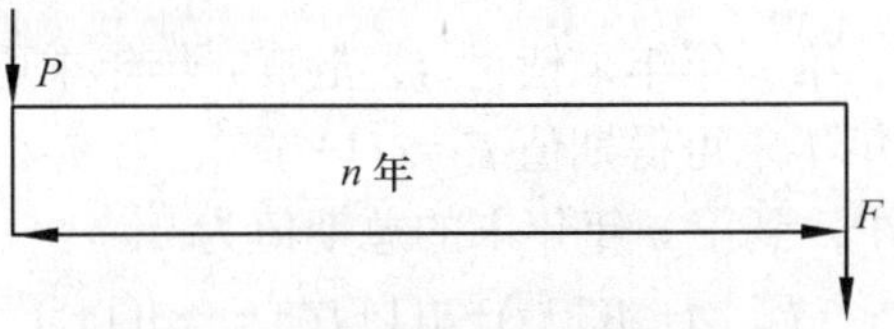

图 2-5　一次收付期值计算资金流程

设年利率为 i，则第一年年末的本利和为 $F=P(1+i)$，第二年年末的本利和为 $F=P(1+i)(1+i)=P(1+i)^2$，以此类推，可求出第 n 年年末的本利和

$$F=P(1+i)^n \tag{2-14}$$

这个问题相当于银行整存整取，式中的$(1+i)^n$ 称为一次整付复利因子(Sing payment Compound Amount Factor)，缩写成($SPCAF$)或称为一次收付期值因子，以符号[F/P，i，n]表示。

【例 2-2】已知本金现值 10 000 元，年利率 10%，问 10 年后的本利和(期值)为多少?

解：根据 i=10%，n=10，查表或由计算得：

$$[SPCAE]=(1+i)^n=(1+0.1)^{10}=2.593\ 7$$

故　$F=P\times[SPCAE]=10\ 000\times2.593\ 7=25\ 937$

如果年利率 i=10%不变，但要求半年计息一次，则 10 年后的本利和(期值)可按以下方法计算：

因要求半年计息一次，故 10 年共有 20 个计息期，每期的利率为 10%÷2=5%，根据 i=5%，n=20，查表并计算，得到

$[SPCAE]=(1+i)^n=(1+0.1)^{20}=2.653\ 3$

故 10 年后的本利和为

$$F=100\ 000\times 2.653\ 3=26\ 533$$

由此可见，虽然本金与年利率相同，但由于计息期不同，因而所求出的利息及本利和均不相同。

(二)一次收付现值公式

已知 n 年后的期值 F，反求现值 P。

由式(2-14)，即可求出

$$P = F/(1+i)^n \tag{2-15}$$

式中　$1/(1+i)^n$—— 一次收付现值因子(Sing payment Present Worth Factor)，缩写成 $[SPPWF]$，或以 $[P/F，i，n]$ 表示。

这种把未来值(期值)折算为现在价值(现值)的方法，称为贴现法和折现法。

【例 2-3】 已知 10 年后某工程可获得年效益 100 000 元，i=10%，问相当于现在的价值(现值)为多少？

解： $P = F[SPPWF] = 100\ 000\times\left[\dfrac{1}{(1+10\%)^{10}}\right] = 38\ 544$

(三)分期等付期值公式

已知一系列每年年末偿付等额年金值 A，求 n 年后的本利和(期值)F。这个问题相当于银行的零存整取。

由图 2-6 及上式可知，第一年年末偿付 A，至第 n 年年末可得期值 $F_1=A(1+i)^{n-1}$，第二年年末偿付 A，至第 n 年年末可得期值 $F_2=A(1+i)^{n-2}$，第 n–1 年年末偿付 A，至第 n 年年末可得期值 $F_{n-1}=A(1+i)^1$，到第 n 年年末的总期值为

$$F=F_1+F_2+\cdots+F_n=A+A(1+i)+A(1+i)^2+\cdots+A(1+i)^{n-2}+A(1+i)^{n-1}$$

将上式两边同乘以(1+i)，得

$$F(1+i)=A(1+i)+A(1+i)^2+A(1+i)^3+\cdots+A(1+i)^{n-1}+A(1+i)^n$$

将上述两式相减，得

$$F(1+i)-F=A(1+i)^n-A$$

即
$$F=A\left[\frac{(1+i)^n-1}{i}\right] \tag{2-16}$$

式中　$\left[\dfrac{(1+i)^n-1}{i}\right]$——分期等付期值因子(Uniforn Series Compund Amount Factor)，缩写成 $[USCAF]$，或以 $[F/A，i，n]$ 表示。

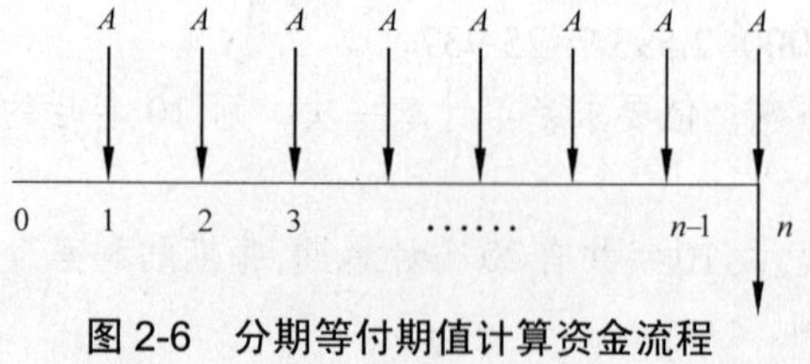

图 2-6　分期等付期值计算资金流程

【例 2-4】设每年年末贷款 100 000 元，年利率 $i=10\%$，求第 10 年末的贷款累计(期值)为多少？

解：根据 $i=10\%$，$n=10$，查表或由计算得

$$[USCAF]=\left[\frac{(1+i)^n-1}{i}\right]=\left[\frac{(1+10\%)^{10}-1}{10\%}\right]=15.937$$

第 10 年末贷款累计(期值)

$$F=A[USCAF]=100\ 000\times 15.937=1\ 593\ 700$$

(四)基金存储公式

设已知 n 年后需更新机器设备，费用为 F，为此须在 n 年内每年年末预先存储一定的基金 A。关于 A 值的求算，实际上就是分期等付期值公式的逆运算，即

$$A=F\left[\frac{i}{(1+i)^n-1}\right] \tag{2-17}$$

式中 $\left[\frac{i}{(1+i)^n-1}\right]$——基金存储因子(Sinking Fund Deposit Factor)，缩写成 $[SFDF]$，或以 $[A/F,\ i,\ n]$ 表示。

【例 2-5】已知 25 年后水电站须更换设备的费用为 100 000 元，i=10%，在它的经济寿命 25 年内，问每年年末须为更新提存多少基本折旧基金？

解：$A=F\left[\frac{i}{(1+i)^n-1}\right]=F[SFDF]$

因为 $\left[\frac{i}{(1+i)^n-1}\right]=\frac{10\%}{(1+10\%)^{25}-1}=0.010\ 17$

所以，每年年末须提存基本折旧基金

$$A=100\ 000\times 0.010\ 17=1\ 017 \text{ 元。}$$

(五)本利摊还公式

设现在借入一笔资金 P，年利率为 i，要求在 n 年内每年年末等额摊还本息 A，保证在 n 年后清偿全部本金和利息。其本利摊还流程如图 2-7 所示。

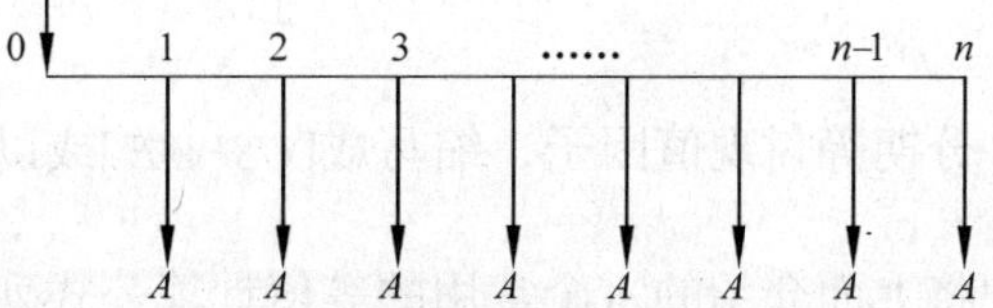

图 2-7 本利摊还计算资金流程

由图 2-7 可知：第一年年末偿还本息 A，相当于现值 $P_1=\frac{A}{(1+i)}$；第二年年末偿还本息 A，相当于现值 $P_2=\frac{A}{(1+i)^2}$……第 n 年年末偿还本息 A，相当于现值 $P_n=\frac{A}{(1+i)^n}$。在 n 年内共偿还本息总和相当于现值 $P=P_1+P_2+\cdots+P_n$，即

$$P=\frac{A}{(1+i)}+\frac{A}{(1+i)^2}+\cdots+\frac{A}{(1+i)^n}$$

即

$$P(1+i)^n=A(1+i)^{n-1}+A(1+i)^{n-2}+\cdots+A$$

$$P(1+i)^{n+1}=A(1+i)^n+A(1+i)^{n-1}+\cdots+A(1+i)$$

上述两式相减得

$$P\left[(1+i)^{n+1}-(1+i)^n\right]=A\left[(1+i)^n-1\right]$$

故

$$A=P\left[\frac{(1+i)^{n+1}-(1+i)^n}{(1+i)^n-1}\right]=P\left[\frac{i(1+i)^n}{(1+i)^n-1}\right] \tag{2-18}$$

式中 $\left[\frac{i(1+i)^n}{(1+i)^n-1}\right]$——本利摊还因子(Capital Recovery Factor)，缩写成[*CRE*]，或以 $[A/P，i，n]$表示。

【例 2-6】某发电厂 2000 年年底贷款筹措建设资金 100 000 元，规定于 2001 年起每年年底等额偿还本息 A，于 2020 年年底清偿全部本息，按复利 i=10%计息，问每年偿还金额为多少？

解：

$$A=P\left[\frac{i(1+i)^n}{(1+i)^n-1}\right]=100\ 000\times\left[\frac{0.1\times(1+0.1)^{20}}{(1+0.1)^{20}-1}\right]=11\ 746$$

(六)分期等付现值公式

已知某工程投入运行后每年年末获得收益 A，经济寿命为 n 年，问在整个经济寿命期内的总收益(折算为现值)P 为多少？

当已知分期等付的年值 A，求现值 P，实际上可由本利摊还公式的逆运算求得，即

$$P=A\left[\frac{(1+i)^n-1}{i(1+i)^n}\right] \tag{2-19}$$

式中 $\left[\frac{(1+i)^n-1}{i(1+i)^n}\right]$——分期等付现值因子，缩写成[*USPWF*]或以 $[P/A，i，n]$表示。

为了便于记忆，现将上面介绍的六个常用的等值计算公式列于表 2-3。

表 2-3　六个常用的等值计算公式

系数名称	已知项	所求项	符号	因子计算公式
一次支付终值因子	P	F	$[F/P，i，n]$	$(1+i)^n$
一次支付现值因子	F	P	$[P/F，i，n]$	$(1+i)^{-n}$
分期等付现值因子	A	P	$[P/A，i，n]$	$\dfrac{(1+i)^n-1}{i(1+i)^n}$
本利摊还 (资金回收因子)	P	A	$[A/P，i，n]$	$\dfrac{i(1+i)^n}{(1+i)^n-1}$
分期等付期值因子	A	F	$[F/A，i，n]$	$\dfrac{(1+i)^n-1}{i}$
偿债基金因子 (基金存储因子)	F	A	$[A/F，i，n]$	$\dfrac{i}{(1+i)^n-1}$

四、利率及经济寿命的分析

在上述各个基本计算公式中，有现值 P、期值(终值)F、年值 A、利率 i 及经济寿命 n (年)等参变数。现拟对利率 i 及经济寿命 n (年)作进一步的讨论。

(一)利率的确定

我国计算银行存款利息时，一般按单利计算，以月利率计息。例如某单位(企事业、机关团体)年初向银行存款 10 000 元，定期一年(n=12 个月)，月利率 0.7%，则年终可获本利和 $F=P(1+ni)=10\ 000\times(1+12\times0.007)=10\ 840$。因月利率 0.7%，相当于年利率 8.4%，相应计算期按年数计，定期一年，即 n=1，则 $F=P(1+ni)=10\ 840$。

国外则常按复利计息。如已知 P=10 000 元，月利率 i=0.7%，则一年后可获本利和 $F=P(1+i)^n=10\ 000\times(1+0.007)^{12}=10\ 873$。

在国外市场上，还有按“周”、“日”计算复利的。如年利率为 8.4%，相应月利率为 0.7%，周利率为 0.084/52=0.001 615，日利率为 0.084/365=0.000 230 1。假定已知本金 P，年利率为 i，如果要求在一年内计算利息 m 次，且按复利计算，则 n 年到期后的本利和可按下式计算

$$F=P\left(1+\frac{i}{m}\right)^{m\times n} \tag{2-20}$$

令 $m=i\times k$，代入上式，则得

$$F=P\left(1+\frac{i}{i\times k}\right)^{n\times i\times k}=P\left[\left(1+\frac{1}{k}\right)^{k}\right]^{n\times i} \tag{2-21}$$

假定在一年内计算利息的次数无限增多(相当连续计算)，即 $m\to\infty$，因 $m=i\times k$，年利率 i 为一已知常数，故 $k\to\infty$，即

$$\lim\left(1+\frac{1}{k}\right)^{k}=2.718\ 28\cdots=\mathrm{e}$$

故上述式子变为

$$F=Pe^{ni} \tag{2-22}$$

或

$$P=Fe^{-ni} \tag{2-23}$$

此外，当本金为 P，年利率为 i，在一年内按复利计息 m 次，则一年后的利息为

$$F=P\left(1+\frac{i}{m}\right)^m-P$$

根据定义，利息与本金之比为利率，故实际利率为

$$i'=\frac{P\left(1+\frac{i}{m}\right)^m-P}{P}=\left(1+\frac{i}{m}\right)^m-1$$

展开上式，得

$$i'=i+\frac{m(m-1)}{2}\left(\frac{i}{m}\right)^2+\cdots \tag{2-24}$$

故 $i'>i$

令 $m=i\times k$，则

$$i'=\left(1+\frac{i}{i\times k}\right)^{i\times k}-1 \tag{2-25}$$

当 $k\to\infty$ 时

$$i'=\lim\left[\left(1+\frac{1}{k}\right)^k\right]^i-1=e^i-1$$

上式表示，当年利率为 i 时，在连续计息情况下，实际利率为 i'。在任何情况下，$i'>i$，而且 i 值愈大，i'与 i 两者相差也愈大。表 2-4 给出不同 i'与 i 的大小关系。

表 2-4　实际利率 i'与年利率 i 之间的关系

i	0.03	0.05	0.10	0.15	0.20
i'	0.030 45	0.051 27	0.105 17	0.161 83	0.221 39

应该说明，即使在国外市场上，采用连续计息方式还是比较少的，但对企业决策，制定数学模型甚为重要。尤其是某些工程或企业在整个生产活动中，资金的投入及收益并非集中于某一固定日期上，而是均匀分布在整个时期，在此种情况下，采用连续计息公式较为合理。

(二)项目经济计算期

工程的经济寿命(年)，一般均低于工程的实际使用寿命。例如大坝、隧洞、渠道、厂房等土建工程实际上可以使用 100 年以上，但在经济分析时一般采用 50 年。主要因为在工程正常运行期间，其年效益可认为等于常数，当将各年效益折算到基准点时，其总效益现值的相对值可用分期等付现值因子[*USPWF*]表示。由分期等付现值公式可知，随

着分析期 n 的增长，$[USPWF]\approx 1/i$=常数，即当 n 很大时，有

$$\lim[USPWF]=\lim_{n\to\infty}\frac{(1+i)^n-1}{i\cdot(1+i)^n}=\lim_{n\to\infty}\frac{1-\frac{1}{(1+i)^n}}{i}=\frac{1}{i} \tag{2-26}$$

因此，计算分析期不必取得很长，精度即已满足要求。对于某些机器设备，由于科学技术的迅速发展，为了考虑无形折旧损失，计算分析时，经济寿命(年)更要求比实际使用寿命缩短一些。现将[*USPWF*]与 i、n 之间的关系列于表 2-5，供参考。

表 2-5　分期等付现值因子[*USPWF*]与 i、n 之间的关系

i	[*USPWF*]				
	n=20	n=30	n=50	n=100	$n\to\infty$
0.07	10.594 0	12.409 0	13.801 0	14.269 0	14.286 0
0.08	9.818 1	11.258 0	12.233 0	12.494 0	12.500 0
0.10	8.513 6	9.426 9	9.914 8	9.999 3	10.000 0

第三章　工程经济学基本理论与方法

工程经济学是一门研究工程技术与经济学最佳结合、协调发展的条件、规律、效果及实现途径的科学。研究并阐述工程技术方案与经济的相互作用关系，探讨技术与经济实现最佳结合与协调发展的条件、规律及效果，是工程经济学的基本任务，也是工程经济学的基本理论。下文中提到的技术，也可用工程、工程技术、技术方案、工程方案等替代。

第一节　经济效益理论与经济效益指标

任何技术实践活动都需投入一定的资源(资本、劳动力、技术等生产要素)，才能获得一定的产出(产品或劳务)。工程经济学研究的一个基本问题，是如何利用有限的资源生产出尽可能多的符合社会需要的产品或劳务，或者说是如何以最少的投入取得尽可能多的产出。这是各种技术活动所追求的经济目标。因此，人们非常关注技术活动的经济效果。于是技术活动的经济效益和评价理论自然成为工程经济学研究的基本理论。

一、经济效益概念

经济效益是指工程技术经济活动中的有效成果与劳动消耗的对比关系，或符合社会需要的产出与投入的对比关系，简称为“成果与消耗之比”或“产出与投入之比”。理解和运用经济效益概念，应遵循以下三条基本原则。

(一)有效成果原则

有效成果是指对社会有用的劳动成果，即对社会有益的产品或劳务。有效成果可用使用价值或价值表示。使用价值可以考察产品或劳务的有用性；价值可以考察产品或劳务对社会的贡献。

(二)全部消耗原则

劳动消耗或投入应包括技术方案消耗的全部人力、物力、财力。所谓全部消耗，包括生产过程中的直接劳动消耗、劳动占用及间接劳动消耗三部分。直接劳动消耗是指技术方案在运行中的物化劳动消耗和活劳动消耗。劳动占用是指技术方案从开始实施到停止运行为止长期占用的劳动量，间接劳动消耗是指与技术方案实施在经济上相关单位或部门所发生的消耗。由于国民经济是一个有机整体，各部门紧密联系、相互制约、相互依存，所以，一项技术方案的实施，不仅需要本部门进行一定的资源投入，往往也需要相关部门进行一定的资源投入，即这里有一个相关投资和相关费用问题。这部分消耗称为间接消耗。

(三)有效成果与劳动消耗相联系原则

在进行经济效益分析时，必须将技术方案的成果与消耗、产出与投入结合起来进行比较，而不能单独使用成果或消耗指标。注意有效成果应与获得该项成果的有关全部消耗相比较，绝不能考虑与该项成果无关的消耗。用同样多的劳动消耗取得尽可能多的有效成果，或用尽可能少的劳动消耗取得同样多的有效成果，是衡量技术方案经济效益高低的标准。

二、经济效益分类

由于人们考察问题的角度不同，以及经济效益自身的可计量性不同，可将经济效益作如下分类。

(一)直接经济效益和相关经济效益

这是从技术方案采纳者角度所作的分类。所谓直接经济效益，是指方案采纳者通过方案实施可以直接得到的经济效益；所谓相关经济效益，是指与方案采纳者经济上相关的单位可以从方案实施中间接得到的经济效益。

对于方案采纳者来说，前者一般是看得见的，评价方案时不易被忽略。但从全社会角度以及方案采纳者长远利益出发，则更应强调后者，因为相关经济效益是从更高层次对方案能否实施作出决策的重要依据。

(二)企业经济效益和国民经济效益

这是根据受益范围大小所作的分类。企业经济效益(财务效益)是技术方案为企业带来的效益，国民经济效益是技术方案为国家所作的贡献。

对技术方案的分析，不仅要分析企业经济效益，还要分析国民经济效益，尤其是对国民经济全局有重大影响的技术方案更是如此。对技术方案的取舍，应主要取决于国民经济评价的结果。

(三)有形经济效益和无形效益

这是根据能否用货币计量所作的分类。把能用货币计量的称为有形经济效益，不能用货币计量的称为无形效益。

技术方案的无形效益有经济方面的，也有社会方面的，如生态、环境、教育、政治、文化等。因此，不应忽视对无形效益的分析。无形效益不能或不易用货币计量，目前多采用定性分析方法或定性与定量分析相结合的方法描述。

(四)绝对经济效益和相对经济效益

这是根据经济评价用途所作的分类。绝对经济效益是指某技术方案本身所取得的经济效益；相对经济效益是指一方案与另一方案相对比所得到的经济效益。

分析和优选技术方案时，在绝对经济效益可行的基础上，才可以比较其相对经济效益。

三、经济效益的一般表达式

在不同的分析运用场合，经济效益可以有多种计量方法。这里给出的是定量计算经济效益的最一般形式。对它的要求，一是能够完全反映出经济效益的内涵，二是表达式中的各指标应具有普遍意义。据此要求，其表示方法有三种。

(一)差额表示法

这是一种用有效成果与劳动消耗之差表示经济效益大小的方法。表达式为

$$E=B-C \tag{3-1}$$

式中 E——经济效益，也称做净效果指标；

B——有效成果；

C——劳动消耗。

式中的 E、B、C 必须使用相同的计量单位，$B-C>0$ 是技术方案可行的经济界限。当 B、C 都以货币单位计量时，计算的经济效益常称为净收益。这种方法一般不易用来衡量技术装备水平和内外部条件差异较大的技术方案。

(二)比值表示法

这是一种用有效成果与劳动消耗之比表示经济效益大小的方法。表达式为

$$E=B/C \tag{3-2}$$

这里的 E 也可称做效果耗费比。B、C 可使用不同的计量单位。当计量单位相同时，$B/C>1$ 是技术方案可行的经济界限。

(三)差额——比值表示法

这是一种用差额表示法与比值表示法相结合来表示经济效益大小的方法。表达式为

$$E=\frac{B-C}{C} \tag{3-3}$$

这里的 E 也可称做净效果耗费比，它表示单位劳动消耗所取得的净效果，在技术经济分析中更为常用。$\frac{B-C}{C}>0$ 是技术方案可行的经济界限。

以上三种表达式是建立经济效益评价指标的基础，也是定量分析经济效益的重要依据，一般均结合起来加以应用。

四、经济效益评价指标

对各种技术经济活动，首先要解决技术与经济结合的方式，即设计技术方案，然后分析方案的技术可行性、经济合理性，并从技术与经济等方面优选方案。预计技术方案实施后经济效益，是决定方案取舍及选优的基础。评价技术方案的经济效益，涉及评价的指标及指标体系以及评价的标准等问题。

所谓经济效益评价指标，是用于衡量经济效益大小的尺度。根据经济效益的概念，可把其中用于衡量有效成果(产出)的指标，称为效果指标；用于衡量劳动消耗(投入)的指标，称为耗费指标；用于衡量二者对比关系的指标，称为经济效益指标。

(一)效果指标

效果指标的用途有两个：一是和耗费指标结合在一起，用于衡量经济效益；二是在耗费一定时，单独用于衡量经济效益。具体内容包括以下三方面。

1. 数量效果指标

社会需要首先表现在产出的数量方面。投入一定时，产出的数量越多越好。数量效果指标既可表现为实物形态，如产量、销量等；又可表现为价值形态，如销售收入、总产值、净产值等。

2. 质量效果指标

社会对产出数量的需求总是建立在对其质量需求基础之上的。质量效果和数量效果

是不可分割的两个方面。技术方案的产出质量包括单个产品质量和总体产品质量两方面。单个产品质量主要是指产品所具有的功能和技术性能，如产品的寿命、可靠性、精度等；总体产品质量主要是指产品的经济性能指标，如品种、合格品率、优等品率、返修率、废品率等。

质量指标的计量单位各不相同，不能直接相加减，这给定量分析带来一定困难。目前可用评分法、功能评价法、定性与定量分析相结合的方法等，对质量效果指标进行量化。

3. 时间效果指标

社会需要在尽可能短时间内提供数量多、质量好的产品。因此，产出的时间也是衡量经济效果的重要指标，包括产品设计和制造周期、工程项目建设期、工程项目达产期等。在进行经济效益分析时，可单独使用。但也经常通过时间价值的折算转化为数量效果指标。

(二)耗费指标

耗费指标的用途与上述效果指标类似。耗费指标可分为劳动消耗指标(直接劳动消耗和间接劳动消耗)和劳动占用指标两种。

1. 劳动消耗指标

劳动消耗指标既可用实物形态表示，如技术方案在运行中所消耗的材料、燃料、动力、生产设备等物化劳动消耗以及劳动力等活劳动消耗；又可用价值形态表示，如相应的原材料费、燃料费、动力费、折旧费及工资费用等。这些单项消耗指标都是产品制造成本的构成部分，因而产品制造成本是衡量劳动消耗的综合性价值指标。

2. 劳动占用指标

劳动占用指标通常也有实物形态和价值形态两种。实物形态的劳动占用指标，通常是指技术方案为正常进行生产而长期占用的厂房、设备、货币资金和各种物料的数量；价值形态的劳动占用指标是实物占用量的货币表现，通常分为固定资金和流动资金两部分。因此，技术方案投资是衡量劳动占用的综合性价值指标。

(三)经济效益指标

经济效益指标可分为价值性指标、比率性指标、时间性指标三类。

1. 价值性指标

价值性指标，是反映效果与耗费之差的指标。如静态差额指标有利润额、利税额、附加值等；动态差额指标有净现值、净年金、净终值等。这类指标数值越大越好。

2. 比率性指标

比率性指标是反映效果与耗费之比，或净效果与耗费之比的指标。

从静态角度考察，反映经济效益的指标，主要有投资收益率、投资利润率、投资利税率、投资效果系数、追加投资效果系数、成本利润率等。从动态角度考察，主要指标有内部收益率、外部收益率、净现值率等。

3. 时间性指标

时间性指标是从时间上反映效果与耗费相比较的指标，常用的有贷款偿还期、投资回收期等。这两个指标既可用静态计算，也可用动态计算。

技术方案的内容多种多样，因而对于一个具体的技术方案来说，单项指标只能反映其经济效益的某一侧面而不能反映整体。只有将多种指标综合使用，才能作出全面的评价。

根据经济效益表达式及其反映的内容，可将上述各项指标归纳为如下的经济效益评价指标体系，如图 3-1 所示。

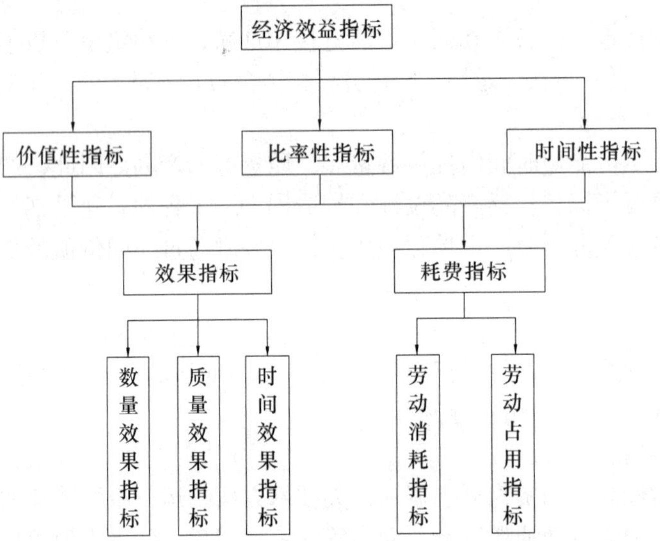

图 3-1　经济效益评价指标体系

五、经济效益评价标准

评价和优选方案时，遇到的首要问题是经济效益评价的标准问题。评价标准是选择和取舍方案的依据。

一般来讲，一个技术方案应满足以下几方面评价标准的要求。

(一)政治标准

技术方案的制订应服从国家发展的方针和政策，如关于引进技术的政策、节约能源的政策、产业政策等。

(二)社会标准

技术方案应有利于社会的安定，有利于增加就业、保护生态环境、维持生态平衡、改善人民生活等。

(三)技术标准

技术方案应满足技术体系、技术结构合理的要求，做到既先进又适用。

(四)经济标准

技术方案只有在经济上合理，才可以被采纳。一般来说，只有当技术方案能满足政治、社会和技术等方面的标准要求时，经济标准在评价中才可以起决定性作用。对于价值性指标，方案可行的评价标准是价值性指标大于零，不同方案优选时应取价值性指标最大者为优；对于比率性指标及时间性指标，如内部收益率、投资利润率、投资利税率、投资回收期等，国家对这类指标按不同部门或行业分别规定了不同的评价标准，如基准收益率、基准投资利润率及基准投资回收期等。对于价值性指标和比率性指标，计算出的指标值大于基准数值时，方案可行；对于时间性指标，计算出的指标值小于基准数值时，方案可行。

六、经济效益评价程序

经济效益评价一般可按下列程序进行。

(一)明确评价目标

经济效益评价目标既可以是宏观经济目标，如产业布局、投资方向、技术政策等；也可以是微观目标，如企业规模、设备选择、新产品开发等。

(二)粗选方案

对备选方案的主要优缺点及实施的可行性作分析论证，对存在严重缺陷且不能克服的方案应予以删除，以保留具有较大优势的少数方案作进一步研究。

(三)建立评价指标体系

指标体系的建立应注意兼顾方案系统自身的特性及系统对外部环境(诸如对政治、社会、环境等)的影响作用，能量化的指标必须量化，不能量化的可作定性描述。

(四)综合评价

综合评价是依据评价指标体系，根据多方案比较的原则，运用科学方法评价各方案的过程。通过评价，选出最优方案。

(五)完善方案

根据需要和可能，对所选方案作进一步完善。

七、工程项目的建设及经济效益

(一)工程项目建设的目的和要求

为适应国家经济发展的需要，每年都要进行许多工程项目建设。数量、规模及投入运行的时间要求，是由国家根据各部门和各地区提出的需要计划统一安排的。凡是列为建设计划的工程项目，都必须获得国家有关部门的批准。由于工程项目的重要性、投资和工程规模大小的不同，审批的机关也不同。例如，长江三峡水利枢纽工程，是经过全国人民代表大会批准的；有些大型钢铁企业、石化公司、飞机场、大型水利枢纽工程、矿山基地等，都由国家发展和改革委员会审批；一些一般性的工程项目可以直接由各部委和省市有关部门审批；较小的还可由地方主管单位直接审批，然后报上级备案。

一个工程项目是否能通过审批，主要取决于它的建设目的是否明确、选择是否合理以及经济指标是否优越。例如，我国实行改革开放以来，工农业生产持续高速增长，经济获得了迅速发展，各行各业的生产规模不断扩大，人民生活水平也得到了相应的提高，由此产生了对电力的大量需求，这样就必须加速发展电力工业的建设。

为了满足生产和生活的电能需求，必须要大力建设各类电力工程。目前一般都以火电站、水电站(包括抽水蓄能电站)、核电站作为动力工程的建设对象。但因各地区所具有的资源条件不同，而各电站对技术条件的要求也有很大的差别，这对各电站的经济指标产生了很大的影响。为此，在选择电力工程项目时，除了要考虑项目建设能满足用电需要外，还必须考虑优先开发当地能源资源，用最低的投资费用来获得电力能源。

由于各种工程项目建设都是为了满足整个社会对生产物质和生活资料不断扩大的需要。所以社会各个阶段的经济发展计划就是工程项目建设的基本依据。也可以说，建设工程项目的根本目的就是为社会经济发展提供可靠的物质基础。

工程建设受到许多因素的影响。资源是建设项目要考虑的首要条件，能否获得资源的可靠保证，是项目建设能否取得成功的关键。就广义来说，资源包括原材料、资金、科学技术、设备和劳力等，所有这些方面，根据社会主义市场经济的观点，都是可以通过市场的渠道来获得的。资金对能否实现项目具有十分重要的作用，在计划经济体制条件下，它完全依靠国家基建投资拨款，那时各类工程项目建设都必须列入国家基建计划，然后才能开工建设。在社会主义市场经济体制下工程项目建设，除由国家和地方财政投资的重点工程项目外，大多数计划以外的项目主要通过多层次和多渠道的筹资方式来获得所需要的资金。在激烈的市场经济的竞争中，高质量和低成本的产品是占领市场的重要因素。但是要生产出这样的产品，必须具备掌握高科技的各种专业人才和先进的生产设备，而要具备这些条件，本身就需要投入更多的资金。由此可见，资金在工程项目建设中有着非常重要的作用。资金对工程项目的作用，应同时从投资费用和经济效益两方面来认识。下面将重点介绍工程项目经济效益的相关内容。

(二)工程项目的经济效益

1. 概述

建设工程项目的根本目的是为了获得经济效益。经济效益是由工程产生的产品通过市场价格向用户销售后以货币价值量来体现的，所以任何一项工程，虽然它生产的产品形式可能各种各样，但经过市场价格的转换，都可以变成共同的货币价值。这在工程经济计算中非常重要。若没有以货币价值量表示的统一经济效益形式，就无法进行工程方案的经济比较和选择。

影响工程经济效益的因素主要有产品的质量、数量和市场销售价格。在工程建设时期，对产品质量的要求都以额定的标准为依据，可以认为经济效益的好坏主要取决于工程每年产品的数量和市场价格。

工程每年生产的产品数量决定于工程规模的大小，一般年产量与工程规模成正比，而工程规模与投资成正比。从这里可以看出，工程的经济效益必须与投资费用结合起来统一考虑。工程每年的产品数量要通过对工程规模的设计及其投资的经济性来决定。

工程项目的生产条件，对产品的生产也有很大的影响，有时甚至起控制性作用。在设备生产能力相同的前提下，充分发挥生产设备的能力，就能生产出更多的产品，达到提高经济效益的目的。在某些特殊情况下，由于工作条件的限制，生产能力不能得到发挥。一个在电力系统峰荷工作的电厂，因受系统用电要求的限制，它的设备容量就不能获得充分利用的工作机会，若该类电厂的上网电价与一般电厂相同，那么这个电厂的经济效益就会降低。

在产品数量和质量都保持相同的前提条件下，经济效益的好坏则完全由产品市场销售价格来决定。单位产品的销售价格越高，能获得的经济效益就越大；反之，则越小。众所周知，按照价值法则原理，产品价格形成的基础是它的价值；除此之外，还要受到其他许多因素的影响。

工程项目的经济效益，按它获得的方式还可分为直接效益和间接效益。由工程项目产生的产品转换成货币价值，称为直接经济效益。为了适应国家和地方经济发展的需要，对各种物质和商品的需求量会不断增大，或者为了开发某些新产品，这都要求扩大建设规模，不断地建设新的工程。所以直接经济效益主要是依靠建设新的工程项目来获得的。间接经济效益是由工程项目建设带来的额外效益。这部分经济效益相当复杂，有些可以计算出来，另一些很难具体计算。例如，铁路交通的建设，它的直接经济效益来自旅客、货物量的运输直接收取的运输费用。另外，有些地方的产品，如苹果、梨等水果，在没有修建铁路交通之前很难外运，结果在当地销售价格低，经济效益差；方便的交通运输既可大量外销，又提高了销售价格，从而增加了经济效益，这部分经济效益，就可以认为是铁路工程产生的间接(或称附加)效益。这种效益虽然不直接属于铁路部门，但增加了社会其他部门的收益。还有其他的一些附加经济效益，如因铁路交通带来的客货流通，促进了沿线经济的发展，加快了该地区经济的增长速度，从而获得了经济效益。

在考虑工程产生货币经济效益的同时，还必须考虑到工程的非货币价值形式的效益，通常称为无形效益。由于这种效益不能以货币价值来衡量，所以无法计算出它的具体经济价值。在水资源工程项目中，对生态环境和社会的影响都属于这类效益，它们可能出现有利的影响，也可能出现不利的影响。由于这种影响的存在，特别是不利影响的存在，它们有可能直接影响到价值经济效益的实现。

2. 经济效益计算的目的

工程经济效益计算，在工程规划设计、施工建设和运行的各个阶段，都具有很重要的意义。虽然各阶段要达到的目的和完成的任务不同，但方案的选择，施工进度的安排和运行计划的制定都要以经济效益作为基本依据。

在工程项目的规划论证阶段，可供建设的工程方案很多，到底首先选择哪个方案来实施，其他方案的前后次序又如何安排，在没有特殊要求的条件下，总是按照各项工程方案中的经济效益的优劣来决定。不同方案之间的比较，其实质就是经济效益好坏的竞争，所以首先开发的总是那些经济效益较好的工程项目。只有当那些经济效益好的工程逐渐被开发后，才会进一步去开发那些原来被认为经济效益较差的项目。规划设计阶段经济效益计算，就是为各方案比较提供经济指标，以便选择出最佳方案。

根据规划阶段选择出优先开发的工程项目之后，就进入了设计阶段（一般包括项目建议书、可行性研究、初步设计等阶段，有些工业项目分为预可研、可研阶段），这时要对工程方案的规模再次进行不同方案的经济比较，因为工程规模的大小归根到底由经济效益来决定。在绝大多数情况下，工程规模都可能有相当大的变化范围，对不同规模的经济效益，进行相互之间的比较，从中选定经济效益最好的工程规模这就是设计阶段经济效益计算要达到的目的，也是最终完成的任务。

工程建设阶段，一般说来，只要工程最后选定的方案不发生重大的变化，这时只要对工程经济效益进行可靠性的校核，看用来计算经济效益的基本资料是否有改变。假如变化不大，只需作些局部修改；当变化较大时，应该进行详细的经济效益复核计算，最后确定出切实的工程经济效益。这是因为，一项工程从初步设计开始至开工建设，其中相隔有一段时期，特别是那些规模很大的工程，由于资金筹集、工程征地以及淹没人口迁移等原因，可能拖延相当长的时间。在这段时间内，一方面随着工程研究的深入，收集的基本资料更加全面，更加切合实际；另一方面，因各类产品价格的调整可能直接影响到工程产品的价格，从而引起工程经济效益较大的变动。因此需要作进一步的校核性计算。

该阶段的另一种经济计算，虽与经济效益没有直接关系，但也有一定的联系，那就是选择施工方案的经济计算。最佳的施工方案，可以节约工程的总投资。另外，好的施工方案，能缩短工期或提前投入运行，这都有很现实的经济意义。

制订最优的工程运行方案，就是要最大限度地实现工程规划设计阶段预定的经济效益。工程投入运行表明它已形成生产产品的能力，只有这个阶段才实现了工程的真正经济效益。它所执行的工程运行方案，应能最大限度地利用工程各类建筑物和生产设备，充分发挥其潜力，生产出更多的产品。在工程固定资产已定的情况下，生产的产品越多，经济效益就越好。这是工程运行阶段力求实现的目标。

3. 经济效益计算的一般步骤

工程经济效益是由它生产的产品最终形成的货币价值表现出来，这里只讨论那些能转化为货币价值的经济效益计算。工程的种类繁多，生产的产品种类、形式也多种多样。例如钢铁企业，每年生产的各种型号的钢材，就是它的产品；矿产开采的产品是开采出各种矿石；纺织联合企业生产的产品是棉布或化纤等。有些工程的经济效益不能直接以产品表示，而只能通过中间的传递或输送，从中产生经济效益，如交通运输、邮政和电信等。另有些工程是靠保护其他工程或财产而产生经济效益的，防洪工程中形成的水库大坝、堤防等就属于这种类型。但是不管哪种类型的工程，它们都能产生出具有货币价值的经济效益。

在上面曾经提到过，工程经济效益计算贯穿在各个阶段，但就效益计算的一般过程来讲，有其共同性。以工程设计阶段为代表，经济效益计算一般步骤如下：

根据工程的性质，弄清产生经济效益的形式，按设计要求定出工程生产的规模。这就可以定出工程的年平均生产水平或运输能力等额定指标。

收集资料，进行市场调查研究，预测工程投入运行后所产生产品的单位价格，以及可能变化的趋势。由于工程建设期可能延续相当长的一段时间，考虑产品价格的调整是完全必要的，有时甚至要考虑到通货膨胀的影响。不过，未来价格受通货膨胀的影响很难具体确定，一般只能对某些不定性因素产生变动的可能性进行初步分析，对价格变动幅度做些预测。

根据工程确定的产品设计指标和单价，可计算出相应工程的经济效益。

4. 影响工程经济效益的主要因素

从以上对工程经济效益的分析可以看出，因产生效益的形式不同，影响效益的因素也是各种各样的，必须针对具体工程对象进行分析。直接生产产品的工程的效益，主要决定于它的生产规模和生产成本以及产品市场销售价格。生产规模越大，产品数量就越多，可能获得的经济效益就越大。在产品数量一定的条件下，生产产品的单位成本越低，市场价格越高，获得的经济效益就越好。但是低成本的产品，往往需依靠现代化生产设备和高科技投入才能实现，这就意味着对工程要有较多的资金投入，所以这是相互矛盾和制约的。同样，产品销售价格的高低主要决定于它的质量好坏，生产高质量产品也需要具备现代化生产设备，并投入较多的资金。因此，工程经济效益必须结合投入与产出两方面同时考虑，否则很难得出正确的结论。

交通运输经济效益主要决定于运输能力的大小和对单位旅客、货物收取费用的多少，这在本质上也与生产产品的工程相类似。

保护对象产生的效益主要决定于保护区域内的经济价值。工程规模大小决定于被保护区需减灾的程度，更主要决定于保护对象的重要性。对于同一个地区，保护工程的标准越高，遭受损失的价值就越小，而保护工程本身的投入也就越大。可见，工程效益可能受到哪些因素影响，需要结合具体工程，从投入产出方面进行全面分析研究。

第二节　工程方案的经济分析方法

一、工程方案(或项目)的经济分析原则和任务

(一)概述

经济分析对于选定工程方案具有非常重要的意义。人们通常所指的经济分析，就是从经济的观点去衡量，为满足国民经济发展需要，所必须进行建设的工程项目(或方案)是否能获得最佳的经济效益。任何一项工程经济效益的好坏，都是由投入产出，即投资费用与经济效益两者之间的关系来体现的。我们总希望选择的方案能以最小的投入获得尽可能大的产出，而工程方案的投入产出可能存在着不同的形式，一般这两者之间的关系可用下列三种形式来表示。

第一种形式，当进行不同的工程方案选择时，要求达到额定的产出水平，即产出的经济效益为常数。在这种情况下，则以投入最小作为最优的工程方案，因为只有满足这个条件，才能使工程产品生产成本最低。

第二种形式，当进行不同的工程方案选择时。它们的投入水平为额定的常数，则应以产出最大作为最优的工程方案，因为只有满足这个条件，才能使投入的资金获得最大的经济效益。

第三种形式，与以上两种情况不同，当比较的不同工程方案，所需要的投入与获得的产出都随着两者而变化时，则最优的工程方案，必须同时考虑投入产出的最佳组合。对于这种情况，应同时考虑它们之间的相对变化关系。例如可采用产出与投入的比值最大或产出与投入之差的绝对值最大，来作为选择最优工程方案的经济依据。

工程方案分析可分为经济分析和财务分析两种情况。所谓工程经济分析，是从国家的宏观经济角度为出发点，采用影子价格和社会折现率来评价工程方案投资可能给整个国民经济带来的经济效果，以此来确定工程方案在经济上的合理性。所谓财务分析，是从经营企业的微观经济角度出发，按照现行的财税制度和现行的市场价格，用以核算工程方案的效益和费用，来考察获利能力、偿还贷款的年限以及外汇效果等，以此来判断工程方案在财务上的可行性。

工程在可行性研究、初步设计以及施工阶段都必须进行经济计算，但因不同阶段所掌握基本资料的精度不同，以及对设计在广度上和深度上的要求不同，在计算中也采取相应的经济计算方法。

(二)经济分析的目的和任务

国民经济的发展，要求各部门不断地扩大生产能力，这就促使国家每年必须要进行基本建设投资，用以新建和扩建各类工程。这样必然会给工程技术人员提出许多问题，诸如国家的资源怎样才能获得充分合理的利用、工程应该选择在什么地方最好、规模多大才最合适，等等，所有这些问题的解决都是非常困难的，要考虑许多极为复杂的因素。如果除去其他各种因素，仅就经济效益方面去考虑，可以把以上不同形式的资源利用(或称综合规划)、工程地址(或称选点)和工程规模选择等，统称工程方案的经济分析。这里可以用一个具体的例子说明，为了满足某个地区电力系统用电负荷增长的需要，要求建一个发电厂，作为一个规划设计的工程技术人员，在考虑发电厂的建设时，应怎样做。

首先，要弄清该地区有哪些能源资源。当该地区具有丰富的水能资源时，应优先进行开发利用，建设水电站比较有利；相反，当该地区具有大量煤炭资源时，则建设火电站较为有利。假如该地区水能资源和煤炭资源都相当丰富，那么是建水电站好，还是建火电站好，则就必须通过经济计算分析，来对水、火电方案进行经济比较后，才能最后作出决定。况且，在实际的电站建设中还可能有另外的方案可供比较选用，这里就不进一步叙述。

其次，电站方案确定后，还需要进行电站位置的选定。火电站的地点可以建在煤矿附近，发电后把电能送入电力系统，然后再通过电网把电能分配给城市和农村的电力用户。同样，也可以将火电站建设在大城市工业和居民用电中心，把发电所需的煤炭燃料运输到电站所在地。水电站只能建造在河流上，但一条河流很长，特别是大江、大河往往长达几千公里，能建站的地方很多，水电站到底应在什么地方修建，有许多地点可供选择。一般大江、大河都采用梯级开发方式，选择就更复杂了。

第三，电站的形式决定后，还要选择电站规模的大小。特别是水电站的规模，要是选大了，河流没有那么多水能可供利用，造成设备的利用率低，使投入的资金得不到充分的利用；相反，要是选小了，河流多余的水能会白白地浪费掉了，水能资源没有得到分利用。

最后，对选定工程技术方案，分析其对国民经济的贡献和对企业的财务盈利，为国家、地方或企业次等工程是否兴建提供依据。

事实上，工程方案经济计算的任务是十分繁重的，除了要进行大量的经济效益和费用计算外，尚需要对经济计算成果的各种主客观影响，以及与经济计算有密切联系的基本资料进行收集、整理和分析研究，所有这些对于工程方案经济计算的可靠性都有很大的影响。

工程方案经济分析的基本任务，是要对被列出的每一个工程方案，计算出投资费用和经济效益。另外，由于工程建设是为了适应国民经济发展的需要，所以它的建设必然会受到经济发展规模和速度的制约，这就需要对未来一段时期内经济增长的速度进行预测。工程经济效益的实现，必须要有资源作保证，并充分合理地利用资源，通常资源的合理利用方式与工程方案经济分析有密切的联系。

(三)经济分析的基本原则

上面已经指出，工程方案经济分析的最终目的，是从许多方案中，通过经济比较和分析选择出最优的工程。实际上，由于各工程的具体条件各有优劣，受到许多因素的影响，往往难以用某一个指标或标准来衡量，从不同的角度和观点出发，可能得出完全相反的结论。为保证对工程方案经济分析能进行科学的、正确的评价，经济分析的基本原则如下。

1. 动态分析与静态分析相结合，以动态分析为主

是否考虑资金的时间价值，是动态分析与静态分析的根本区别。动态分析方法，就是把不同的工程方案或建设项目经济计算中的投资费用和经济效益折算成同一时间的等效价值，在等同价值基础上进行比较。相反，静态分析方法，则是利用工程方案不同时段的投资费用和经济效益进行直接的比较，不计未来时间对工程价值的影响。

现代工程项目的规模往往很大，这就要求投入大量的资金，同时要求较长的基本建设阶段，使资金产生长期积压，严重影响资金的周转使用。为工程建设而筹集的资金，在有偿使用的条件下，需要支付的资金利息相当可观，有时甚至可能超过资金的数额。另一方面，大型工程的有效使用期一般长达30～50年，甚至更长，为此，它可能提供巨大的经济效益，但它只能在未来的时间里才能实现。显然，只有利用动态分析才能正确反映出工程方案，在未来相当长一段时期内投资费用和经济效益的实际情况，对投资决策有很重要的经济意义。

2. 定量分析与定性分析相结合，以定量分析为主

工程方案的定量分析，是指工程建设和运行过程中，对它所需要的各种投入和产出，通过计算能给出切实的货币(或实物)价值，以此来作为工程方案和参数比较选择的基本经济依据。而定性分析是指除定量分析以外，分析那些因经济因素复杂、难以确切表示出来的宏观经济效益，或无形的经济效益。

目前，国内的工程建设资金都实行有偿使用，这样，工程投资是否具有偿还能力就成为工程选取的重要条件之一。同时，为了扩大再生产，还要求能创造一定的利税，亦是工程建设要达到的重要目标。由此可见，定量分析对工程方案的经济评价起着关键性作用。但在很多情况下，定量经济分析难以实现自身偿还能力相创造利税的要求，又具有很大的宏观经济效果和无形价值。因此，在工程方案经济分析时，要尽量正确地计算定量经济效益，同时亦要充分地表达出它的无形价值。

3. 阶段性经济效益分析与全过程经济效益分析相结合，以全过程分析为主

在工程方案的经济评价中，不同工程对阶段性经济效益的体现是不一样的，大致可以分为两种情况：一种为建设一个工程项目与另一个工程项目，在经济效益只与自身条件有关，其阶段性经济效益主要表现为建设阶段的投资多少和运行阶段的效益大小；另一种情况为，一个建设工程项目与另一个工程项目存在着相互之间的经济联系，这种类型的工程项目，其经济效益除与自身规模大小有关之外，尚对其他工程项目的经济效益产生影响。例如，水电站梯级开发，上级电站的经济效益除与自身不同规模有关外，尚对下级各电站的经济效益产生影响。所以对梯级水电站经济效益的分析，既要考虑水电站自身在建设和运行过程中的经济效益，更要考虑梯级开发过程中的整体经济效益。这是因为一个水电站的经济效益最大，并不一定是整个梯级经济效益最大。

工程项目建设的根本目的，是要求能生产出价廉物美的产品，而产品的成本是由基建投资折旧和运行费两部分组成的。很明显，工程项目的经济效益不能单纯以建设期投资最小来决定，往往基本建设投资低的工程项目，需要较高的运行费用；相反，当采用先进技术设备时，要求较高的基建投资，但能够节约大量的运行费用。所以强调任何一个阶段性的经济效益，都可能有片面性，这就是要从全过程进行经济效益分析的原因。

4. *宏观效益分析与微观效益分析相结合，以宏观效益分析为主*

前面已经指出，工程项目要求同时进行经济分析和财务分析，其实质就是要从宏观效益和微观效益两方面同时考虑。从另一个角度来说，宏观和微观经济分析，还可以体现整体利益与局部利益之间的关系。这是因为一项工程从局部利益衡量可能是有利的，但是，从整体衡量则不利。由于宏观与微观效益之间可能有矛盾，这就要求在考察工程项目的经济效益时，主要从宏观经济角度分析国家对它付出的经济代价，和它对国家经济所作出的贡献。同时，以经济效益为中心，对任何一项工程都必须强调其经济偿还能力和获利能力。当然我们应该选取那些在宏观和微观经济分析中同时最有利的工程项目，而放弃两者均不利的工程项目。对那些财务上有利而经济上不利的工程项目，必须进行深入的研究分析。如果在经济上有利，而财务上难以满足要求的工程项目，应研究国家(或地区)可能采取的财税优惠措施，或提出实施的具体建议。只有这样，才能保证既在工程项目的决策上不出现宏观经济的失误，又能在微观上取得最有利的结果。

5. *价值量分析与实物量分析相结合，以价值量分析为主*

在经济分析和财务分析中，为了能从不同的方面反映出工程经济的特征，常采用价值量和实物量指标。但是，工程方案进行经济比较的基本条件，要求能把不同方案的效益以统一的经济指标表示，以便进行等效的方案比较。为此，只有将影响工程方案的实物因素、时间因素和劳力因素转换成统一的货币价值量指标，才能达到这个目的。工程方案的实物量指标，虽然能给人们直接的物质概念，但由于不同的工程方案往往存在着非同一性，造成相互之间难以进行比较。例如，在进行水电站与火电站两方案比较时，水电方案将会造成一定数量的农业耕地的淹没，而火电方案则产生煤炭资源的消耗，要把土地淹没与煤炭资源量消耗这两个不同形式的实物量指标进行比较，就会遇到很大的困难。

但是，价值量的计算也存在不少问题。目前，在我国社会主义市场经济的商品流通和交换中，还存在着商品价格与价值的背离，这有可能造成工程方案的价值量不能反映真实经济效益。同时，有的工程项目中的某些效益，无法以价值量来表示，如防洪工程，使保护区域内广大人民的生命和财产获得了安全可靠的保障，这些都难以进行价值定量。由此可见，针对各类工程方案，选用某些能确切反映方案特点的实物量指标是必要的。

6. *预测分析与统计分析相结合，以预测分析为主*

用于工程经济分析的基本资料，对工程方案的计算成果具有很大的影响。根据统计方法所提供的各种资料，虽然能较真实地反映过去的发展水平和目前状况，但是任何一项工程的建设，都是为将来经济的发展所作的准备。由于社会发展的不同时期，它的发展水平、经济结构和社会条件等许多因素，都可能存在着很大的差异。因此，就必须对未来一定时期的经济发展进行科学的预测，找出客观的经济发展规律，这样才能做到工程经济分析与经济发展水平基本相一致。

事实上，社会经济发展的预测受到多种因素变化的影响，不可能与将来实际发展过程完全一致。为此，在利用预测的投入产出对工程进行经济分析时，尚需对某些不确定性因素和风险性作出适当的判断。

二、工程方案(或项目)经济分析的价值性指标分析法

价值性指标分析法是比较各个技术方案在整个寿命期内的价值来选择最优方案的一种方法。可分为成本比较法和收益比较法两大类。费用现值法、年成本法属于前者，净现值法、净年值法属于后者。

(一)费用现值法

费用现值法是将投资方案逐年的投资与寿命期内各年的经营费用按基准收益率换算成期初的现值，然后对各方案的费用现值总和进行比较，以求出最优方案的一种方法，所以又称为现值成本比较方法。该法用于收益相同方案的比较选优。

当两方案的收益或使用寿命相同时，可直接用费用现值法比较优劣，且能把投资方案的优劣表示成较为直观的单一的现值。当两方案的经济寿命不同时，为使计算出的各个方案的总费用现值具有可比性，通常以两个方案经济寿命的最小公倍数作为统一的计算期，并假定每一方案在这一计算期内反复实施(重复假设)，然后把它们在计算期内的费用换算成现值，求其和进行比较。当对比方案的寿命期不同时，由于用现值成本法来判别方案的优劣较为烦琐，且易出错，故一般都不采用，而多用下面介绍的年成本法。

(二)年成本法

为了克服费用现值法的缺点，年成本法不仅把投资和年经营成本统一起来，而且还结合时间因素进行评价，从而对寿命期不同的方案进行评价时，不需在相同的年数间进行比较，就可得出正确的结论。其具体方法是：求出各方案的投资额、年经营费用和残值的等额折现年费用之和，选和值最小的方案为最优方案。

(三)净现值法

现值法与年值法的理论基础是一致的，都是把各方案资金流程中各年的收支现值折算至计算基准点，净效益现值最大的方案就是经济上最有利的方案。区别仅在于：现值法要求计算经济寿命期内总净效益的现值，年值法要求计算平均分摊在经济寿命期内的年净效益的现值。当各方案的经济寿命不一致时，用现值法比较麻烦。当某方案的经济寿命长于计算分析期时，须考虑该方案在计算分析期末的残值；当某方案的经济寿命短于计算分析期时，须于该方案经济寿命结束时，重置资金更新设备，修建相同规模的工程。

净现值是将技术方案整个计算期内各年的净现金流量，按某个给定的折现率，折算到计算基准点的现值总和。即

$$NPV=\sum_{t=1}^{n}\left(CI_t-CO_t\right)\left(1+i\right)^{-t} \tag{3-4}$$

式中 NPV——净现值；

CI_t——第 t 年资金流入；

CO_t——第 t 年资金流出；

n——方案的计算期；

i——给定的折现率。

在技术方案经济评价中，若 $NPV \geqslant 0$，则该方案在经济上可以接受；若 $NPV < 0$，则该方案在经济上不可以接受。

净现值是反映技术方案投资盈利能力的一个重要动态评价指标，被广泛用于技术方案的经济评价中。其优点是：首先，考虑了资金的时间价值和方案在整个寿命期内的费用和收益情况；其次，它直接以金额表示方案投资的收益性大小，比较直观。计算净现值时，有两点十分重要：

(1)由于净现值指标考虑了技术方案在计算期内各年的净现金流量，因此其预测的准确性至关重要，直接影响到技术方案净现值的大小。特别是对计算期比较长的方案，准确地预测计算期内各年净现金流量常常是一件困难的事情。

(2)折现率 i 的选取。对于某一特定的工程技术方案而言，净现金流量和计算期是确定的，此时净现值仅是折现率 i 的函数(称为净现值函数)。

一般地讲，折现率 i 的选取有三种情况：

(1)选取社会折现率 i_s，即 $i=i_s$。通常只有当下面两种方法的实施发生困难时，才采用此种方法。社会折现率通常是已知的。

(2)选取行业(或部门)的基准折现率 i_c，即 $i=i_c$。根据该技术方案的生产技术或企业的业务性质，选取相应行业(或部门)规定的基准折现率 i_c，可避免社会折现率 i_s 不考虑行业(或部门)差别的简单化，使 NPV 的计算更趋于合理。

(3)选取计算折现率 i_0，即 $i=i_0$。从代价补偿的角度，可用下式计算折现率

$$i_0=i_{01}+i_{02}+i_{03} \tag{3-5}$$

式中 i_0——计算折现率；

i_{01}——考虑时间因素补偿的收益率；

i_{02}——考虑社会平均风险因素应补偿的收益率；

i_{03}——考虑通货膨胀因素应补偿的收益率。

使用计算折现率 i_0，将使 NPV 的计算更加接近于客观实际。但求算 i_0 很困难。

(四)净年值(AW)法

净年值也常称净年金，是指技术方案计算期内各年净现金流量的年度等额。依资金的等值计算公式有

$$AW=NPV(A/P, i, n) \tag{3-6}$$

三、工程方案(或项目)经济分析的比率性指标分析法

比率性指标是反映投资使用效率高低的一类经济评价指标，以该类指标为核心，形成了一组评价方法，主要有投资利润(税)率、净现值率、效益费用比法、内部收益率等方法。

(一)投资利润率

投资利润率一般是指技术方案达到设计生产能力后的一个正常生产年份的年利润总额与方案的总投资之比。对生产期内各年的利润总额变化幅度较大的方案，应计算生产期内年平均利润总额与总投资的比率。其计算公式为

$$投资利润率=\frac{年利润总额或年平均利润总额}{总投资}\times 100\% \tag{3-7}$$

式中　总投资=固定资产投资+流动资金投资+建设期贷款利息；

年利润总额=年产品销售收入－年总成本费用－年产品销售税金及附加，其中：

年产品销售收入=年产品销售量×销售单价

年总成本费用=年产品制造成本+年销售费用+年管理费用+年财务费用

年产品销售税金及附加=年增值税+年营业税+年资源税+年城市建设维护税+年教育费附加

投资利润率是反映技术方案投资盈利程度的静态指标，它与投资利税率和内部收益率统称为财务三率。在技术方案经济评价中，计算出的投资利润率若大于或等于该行业或部门的标准投资收益率，则认为该方案是可接受的。

投资利润率是用于考核总投资经济效果的指标。

(二)投资利税率

投资利税率与投资利润率相类似，是一个衡量技术方案达到设计能力后的正常生产年份的年利税总额或生产期内各年平均利税总额与总投资的比值。其计算公式为

$$投资利税率=\frac{年利税总额或年平均利税总额}{总投资}\times 100\% \tag{3-8}$$

式中　年利税总额=年利润总额+年销售税金及附加=年产品销售收入–年总成本费用

在技术方案经济评价中，若求算出的投资利税率大于或等于该行业(或部门)的标准投资利税率，则认为该方案是可接受的。

投资利税率是用于考核总投资经济效果的指标。

(三)资本金利润率

资本金利润率是指项目达到设计生产能力后的一个正常生产年份的年利润总额或项目生产期内的年平均利润总额与资本金的比率,它反映投入项目的资本金的盈利能力，其计算公式如下

$$资本金利润率=\frac{年利润总额或年平均利润总额}{资本金} \tag{3-9}$$

(四)净现值率(*NPVR*)

净现值率又称为净现值指数，是指技术方案的净现值与投资现值之比，亦即单位投资现值的净现值。净现值率是相对指标，其经济含义是单位投资对国民经济或企业超额贡献的大小。其计算公式为

财务净现值率　$$FNPVR=\frac{FNPV}{I_P} \tag{3-10}$$

经济净现值率　$$ENPVR=\frac{ENPV}{I_P} \tag{3-11}$$

式中　I_P——投资现值；

$FNPVR$——财务净现值率；

$ENPVR$——经济净现值率；

$FNPV$——财务净现值；

ENPV——经济净现值。

净现值率表明单位投资的盈利能力或资金的使用效率，也称动态投资收益率。净现值指标仅反映一个技术方案所获净收益现值的绝对量大小，而没有考虑所需投资的使用效率。净现值大的方案，其净现值率不一定也大。因此，在多方案的评价与优选中，净现值率是一个重要的评价指标。

利用净现值来选择方案，往往趋于选择投资大且盈利相对多的方案；采用净现值率来选择方案，则往往会选择投资小的方案。在投资有一定限制条件下，投资小的方案更有吸引力。

(五)效益费用比法

效益费用比亦称益本比，用 R 表示。是指获得的效益与所支出的费用两者之间的比较，亦即在经济寿命期内现金流入量的折算现值与现金流出量折算现值的比较。

1. *R* 的计算方法

经济计算期为 n 年，折算率为 i，则 R 可表示为

$$R=\frac{CI_0}{CO_0} \tag{3-12}$$

式中 CI_0——n 年内资金流入量折算到基准点的现值总和，计算式为

$$CI_0=\sum_{t=1}^{n}CI_t(1+i)^{-t}$$

其中的 CO_0 为 n 年内资金流出量折算到基准点的现值总和，计算式为

$$CO_0=\sum_{t=1}^{n}CO_t(1+i)^{-t}$$

其中的 CO_t、CI_t 分别为第 t 年的资金流出量和流入量。

2. 评价准则

用 R 法对工程项目进行经济评价的准则是：对单方案进行评价时，$R\geqslant1$ 说明该方案是经济合理的；对多方案进行经济评价时，这组方案中 R 最大所对应的方案为经济上最佳方案。

3. 边际效益费用比(ΔR)

边际效益费用比用 ΔR 表示。它是指某方案规模增大时，所增加的效益和所增加的费用的比较。用下式表示

$$\Delta R=\frac{\sum_{t=1}^{n}\left[\Delta CI_t\cdot(1+i)^{-t}\right]}{\sum_{t=1}^{n}\left[\Delta CO_t\cdot(1+i)^{-t}\right]} \tag{3-13}$$

式中 ΔCO_t、ΔCI_t——方案规模增加后，第 t 年增加的资金流出量和流入量。

边际效益费用比的作用是评价一组互斥方案中方案投资大的方案是否有利。若 $\Delta R\geqslant1$ 说明增大方案规模有利；否则，增大方案规模无利。

(六)内部收益率法(*IRR*)

当工程资金来源不明确，不能确定所采用的 i 值，在此情况下，不能采用效益费用比法，可采用内部收益率法(简称 *IRR*)。所谓内部收益率法，是指工程在经济计算期 n

年内，现金流入总现值和现金流出的总现值相等时的折算率 i。由此可见，内部收益率即下式中的 i 值

$$\sum_{t=1}^{n}(CI_t - CO_t)(1+i)^{-t} = 0 \tag{3-14}$$

1. 内部收益率的经济含义

内部收益率可以理解为工程技术方案对占用资金的恢复能力(或可承受的最大投资贷款利率)。即对于一个技术方案来说，如果折现率(或投资贷款利率)取其内部收益率时，则该方案在整个计算期内的投资恰好得到全部回收，净现值等于零。也就是说，该方案的动态投资回收期等于方案的计算期。内部收益率越高，一般来说该方案的投资效益就越好。

2. 评价准则

用内部收益率法进行工程经济分析时，衡量工程和方案在经济上是否有利的判别准则为：在财务评价中 IRR 要大于等于行业其准收益率 i_c，在国民经济评价中 IRR 大于社会折现率 i_s。

3. 内部收益率的适用范围和局限性

通常都是采用上述步骤及公式求出内部收益率，但有时却不能得出正确的结论。前面所讲的内部收益率计算方法只适用于常规投资项目，即项目在寿命期内除建设期(或包括投产初期)净现金流量为负值外，均为正值，也就是这类项目的净现值函数曲线与横轴只有一个交点，且净现值函数为减函数。而非常投资项目是指项目在寿命期内，带负号的净现金流量或者只发生在带正号的净现金流量之后，或者是不仅发生在建设期(或生产初期)，而且分散在带正号的净现金流量之中，此时可能发生以下三种情况。

1)内部收益率不存在

这类项目的现金流量有三种情况，一般都不存在有明显经济意义的内部收益率，如图 3-2 所示。

2)非投资的情况

在这种情况下，项目先获得收入，然后再偿付有关费用，如租赁、转让、预收产品订金等。对类似这种现金流进行决策时，$IRR < MARR$(最低期望收益率)时，方案可行。如图 3-3 所示。

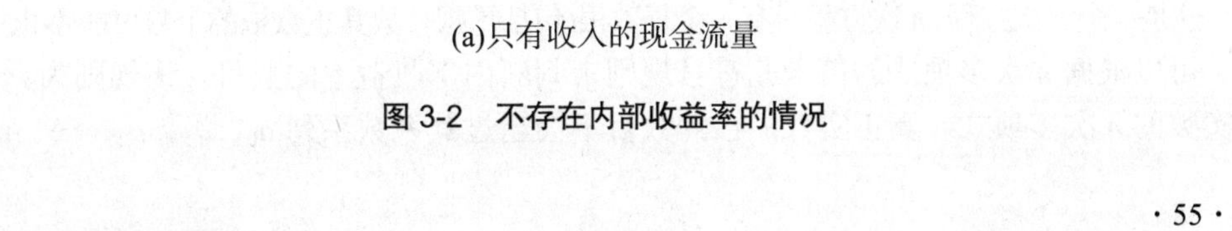

(a)只有收入的现金流量

图 3-2 不存在内部收益率的情况

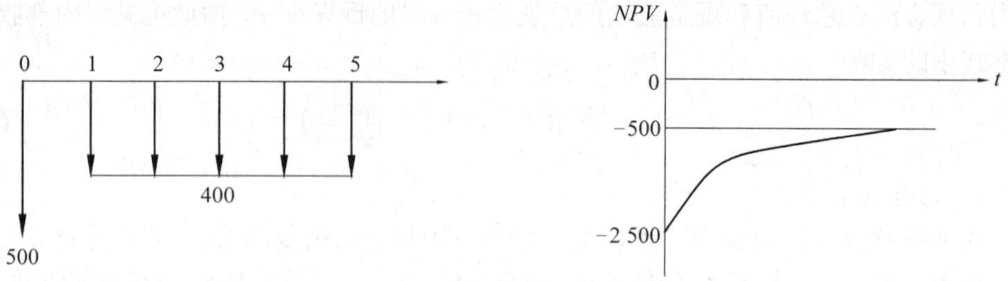

(b)只有支出的现金流量

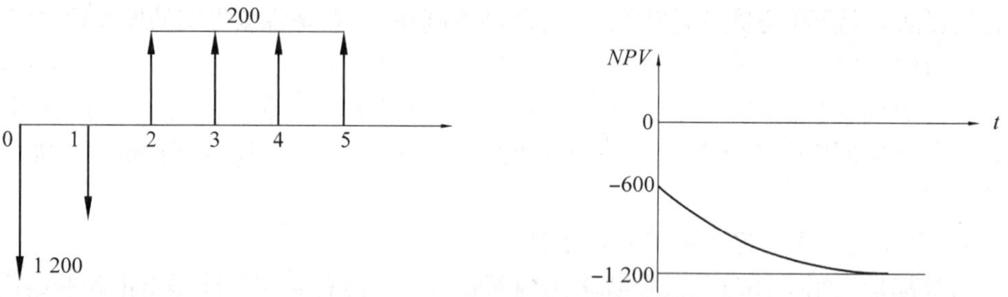

(c)累计支出大于收入的现金流量

续图 3-2

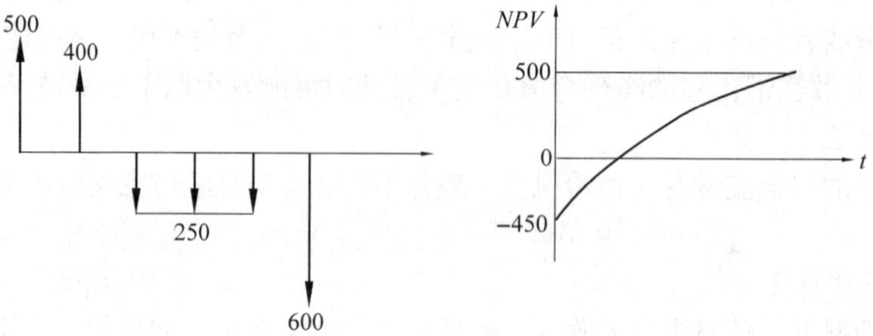

图 3-3　非投资情况

3)具有两个或两个以上的内部收益率

在上述情况中，不管是先产出后投入，还是先投入后产出，它们的收支都只交换了一次，即在现金流量中只出现一次“反号”。如果在现金流量中出现多次反号，则会得到多个内部收益率。这是由收益率计算公式的数学特性所决定的。计算内部收益率的公式是一个高次方程，若令

$$(1+IRR)^{-1}=x\text{，}\quad CI_t-CO_t=a_t\qquad (t=0、1、2、\cdots、n)$$

则内部收益率的计算公式变为

$$a_0+a_1x+a_2x^2+\cdots+a_nx^n=0 \tag{3-15}$$

这是一个 n 次方程，n 次方程必有 n 个复数根(包括重根)，故其正数根的个数可能不止一个。

可以根据 n 次多项式的笛卡儿符号规则来判断内部收益率的数目。该规则为：系数为实数的 n 次多项式，真正实数的根的数目不会超过其系数系列 a_0，a_1，a_2，…，a_{n-1}，

a_n中符号变更的次数(0 可视为无符号的)。依据上述规则，表 3-1 所示的四个方案中，甲、乙方案最多只有一个 *IRR*，丙方案最多有两个 *IRR*，丁方案最多有三个 *IRR*。

表 3-1　验证笛卡儿符号规则资料表

年末	甲方案	乙方案	丙方案	丁方案
1	–200	1 700	–300	–100
2	30	1 600	0	470
3	60	–1 000	400	–720
4	40	–800	0	360
5	90	–500	–100	0

丁方案的净现值函数曲线如图 3-4 所示。它有三个内部收益率，且当 $i<20\%$或 $50\%<i<100\%$时，其净现值为正值。

通过求解得到的上述三个正实数解是否都是内部收益率呢？需要用内部收益率的基本含义检验，即：在该利率下，项目寿命期内是否始终存在未被回收的投资且只在寿命期末才完全收回。以 i=20%为例，回收投资的现金流量图如图 3-5 所示。在图 3-5 中，第一年年末投资(100 万元)在第二年年末完全收回，且项目有净盈余 350 万元，第三年年末又有未收回的投资(300 万元)，第四年即寿命期末又全部收回。根据内部收益率的经济含义可知，第三年年初的 350 万元净盈余，其 20%的盈利率不是在项目之内，而是在项目之外获得的，故这 20%不是项目的内部收益率。同理，对于 50%、100%作类似计算，就会发现寿命期内(第一年)都存在初始投资不但全部收回且有盈余的情况，故它们也不是项目的内部收益率，而只是虚假的计算值，并无实际经济意义。

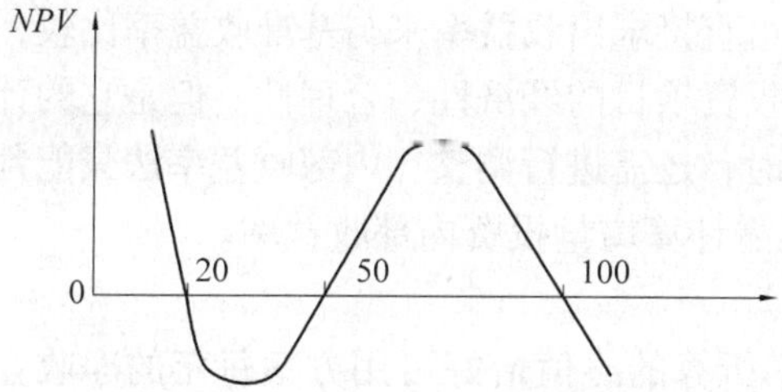

图 3-4　表中丁方案的净现值函数曲线

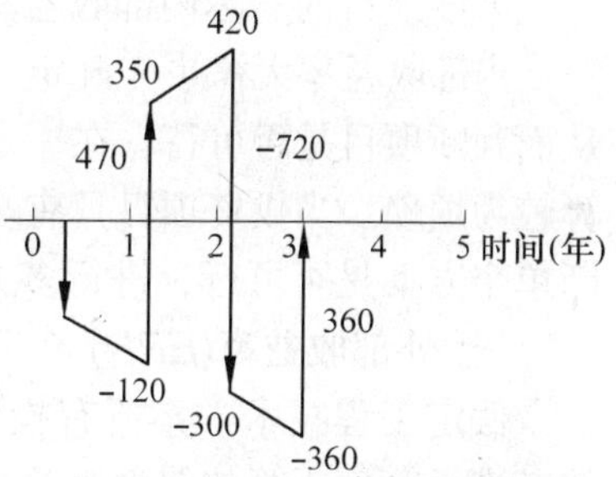

图 3-5 以利率回收投资的现金流量图

由上述分析可知，当出现两个或两个以上收益率时，其计算值往往均不是真正的内部收益率，因此要对其现金流量进行调整，使其符号改变一次。调整是通过基准收益率 *MARR* 来进行的。

【例 3-1】某项目的现金流量如表 3-2 所示，基准收益率为 8%，计算其内部收益率并判断本项目是否可行。

表 3-2 某项目的现金流量表

年序	1	2	3	4	5	6
净现金流量	-200	0	1000	0	0	–1 000

解：从表中的现金流量看出，其符号改变了两次，则项目至多有两个内部收益率的解。若不考虑 *MARR*，计算出两个内部收益率 i_1=9.8%、i_2=111.5%。通过检验，这两个值均不是真正的内部收益率，因此需要进行调整。其方法是将第三年末的现金流量折算到第六年末，并与该年的现金流量合并，得到一个新的只有一次变号的现金流量，如图 3-6 所示。

用 $i=MARR=8\%$，求得

$F=1\,000\times(1+8\%)^3=1\,260$

则 $-1\,000+1\,260=260$

由 $$NPV=\frac{260}{(1+IRR)^5}-200=0$$

解得 $IRR=5.4\%$

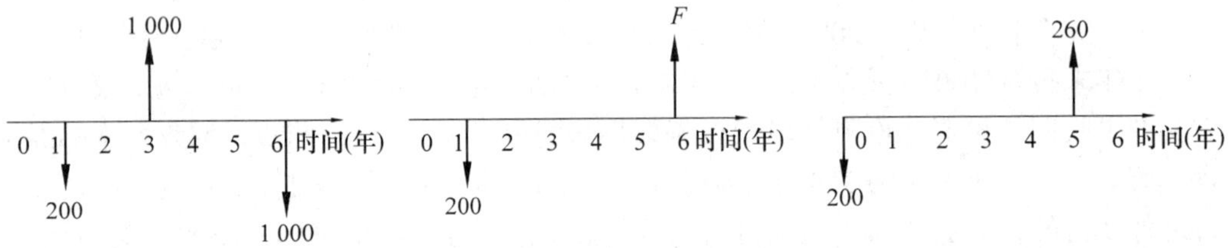

图 3-6 *MARR* 调整现金流程图

因该项目的实际内部收益率为 5.4%，且小于 *MARR*，故项目不可取。

内部收益率无需事先确定一个收益率，它可直接求出收益率来与基准收益率比较，从而判断项目是否可行，在一定程度上反映了投资项目的经济性、合理性。但是它的计算较为烦琐。当投资项目具有多个内部收益率时，还需进行调整。内部收益率法只能判断单个方案是否可行，进行多方案比选时，还需计算增量投资内部收益率。

(七)外部收益率(*ERR*)

假定工程技术方案所有投资按某个折现率折算的终值恰好可用方案每年的净收益按基准折算率折算的终值来抵偿时，这个折现率称为外部收益率。其计算公式为

$$\sum_{t=0}^{n}K_t(1+ERR)^{n-t}=\sum_{t=0}^{n}R_t(1+i_c)^{n-t} \tag{3-16}$$

式中 K_t——第 t 年的投资；

R_t——第 t 年的净收益。

外部收益率的经济含义可理解为：把一笔资金 K_0 投资于某一方案，在经济上无异于将这笔资金存入一个年利率为 *ERR* 且以复利计算的银行中所获得的价值。因此，与 *IRR* 一样，*ERR* 越大，说明方案投资的经济性越好。用于单方案经济评价时，若 $ERR\geqslant i_c$ 则方案可以接受；反之，则应该拒绝该方案。

【例 3-2】已知某方案的净现金流量(单位：元)如图 3-7 所示。若 i_c=10%，试求 *ERR*，并判断经济可行性。

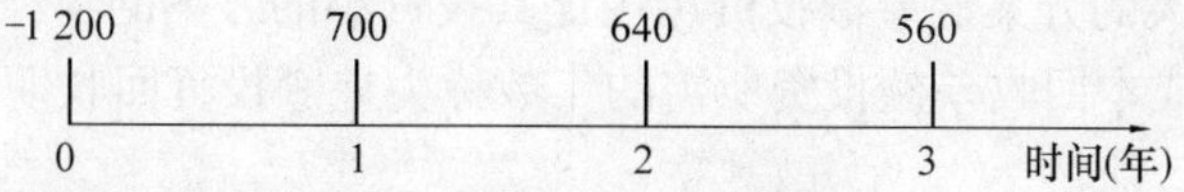

图 3-7 净现金流量图

解：据 *ERR* 计算公式有：

$$1\,200\times(1+ERR)^3=560+640\times(1+0.1)^1+700\times(1+0.1)^2$$

即 $(1+ERR)^3=1.759\,2$

计算得 $ERR=20.7\%$，显然 $ERR\geqslant i_c$，故该方案在经济上可行。

四、工程方案(或项目)经济分析的时间性指标分析法

(一)投资回收期的概念

所谓投资回收期，指工程建成后，用其自身的收益收回全部投资所需的年数，亦即各年累计现金流入和累计现金流出相等所需的时间。按是否考虑资金的时间价值，有动态投资回收期和静态投资回收期之分。

(二)静态投资回收期

静态投资回收期在计算时不考虑资金的时间价值。依其定义，其表达式为

$$\sum_{t=1}^{P_t}\left(CI_t-CO_t\right)=0 \tag{3-17}$$

式中 P_t——静态投资回收期，可用下式计算：

$$P_t=\left[\text{累计净现金流量开始出现正值年份数}\right]-1+\frac{\left|\text{上年累计净现金流量}\right|}{\text{当年净现金流量}}$$

工程项目的静态投资回收期应满足规定要求。

(三)动态投资回收期

动态投资回收期与静态投资回收期的区别仅在于计算时考虑资金的时间价值。动态投资回收期是净现值 $NPV=0$ 所对应的时间，即下式中的 P_{td}

$$\sum_{t=1}^{P_{td}}\left(CI_t-CO_t\right)\left(1+i\right)^{-t}=0 \tag{3-18}$$

一般都是利用现金流量表，按下式计算

$$P_{td}=\left[\text{累计净现值开始出现正值年份数}\right]-1+\frac{\left|\text{上年累计净现值}\right|}{\text{当年净现值}} \tag{3-19}$$

工程项目的动态投资回收期 P_{td} 应满足规定要求。

(四)静态差额投资回收期

一般来讲，在效益相同的情况下。投资大的方案年经营成本小，投资小的方案年经

营成本大，则投资大的方案的差额投资可用比其投资小的方案的年经营成本的节约来回收。用节约的经营成本回收差额投资所需的年数称为差额投资回收期，用 P_a 表示。其计算公式为

$$P_a = \frac{I_2 - I_1}{C_1 - C_2} \tag{3-20}$$

式中 I_2、I_1——投资大的和投资小的方案的投资；

C_1、C_2——投资小的和投资大的方案的年经营成本。

在工程经济分析中，$P_a \leqslant$ 基准回收期时，投资大的方案有利。

五、方案评价与比较基准折现率的选取

在项目评价和方案比较中，作为评价标准(基准)的财务基准收益率(财务评价)和社会折现率(国民经济评价)，是分别从部门(行业)和国民经济角度对资金的时间价值的估量，它反映了不同部门(行业)和整个国民经济的投资收益水平、资金机会成本及资金供需情况等因素。它还可作为计算净现值、净现值率、年值等指标的折现率。

基准折现率 i_0 是反映投资决策者对资金时间价值估计的一个参数，恰当地确定基准折现率是一个十分重要而又相当困难的问题。它不仅取决于资金来源的构成和未来的投资机会，还要考虑项目风险和通货膨胀等因素的影响。下面分析影响基准折现率的各种因素并讨论如何确定基准折现率。

(一)资金成本

资金成本(Cost of Captial)即使用资金进行投资活动的代价。通常所说的资金成本指单位资金成本，用百分数表示。

企业投资活动有三种资金来源，即借贷资金、新增权益资本和企业再投资资金。借贷资金是以负债形式取得的资金，如银行贷款、发行债券筹集的资金。权益资本指企业通过扩大资本金筹集的资金，增加权益资本的主要方式有接纳新的投资合伙人、增发股票等，按照国家规定将法定公积金转增资本金也是新增权益资本的一种方式。再投资资金指企业为以后的发展从内部筹措的资金，主要包括保留盈余、过剩资产出售所得资金、提取的折旧费和摊销费以及会计制度规定用于企业再投资的其他资金。

1. 借贷资金成本

借贷资金的资金成本用年利率表示，如果是银行贷款，税前资金成本即为贷款的年实际利率。如果是通过发行债券筹集资金，则税前资金成本等于令下面等式成立的折现率 I

$$P_0 = \sum_{t=1}^{n} \frac{I_t + P_t}{(1+i)^t} \tag{3-21}$$

式中 P_0——发行债券所得的实际收入；

I_t——第 t 年支付的利息；

P_t——第 t 年归还的本金；

n——债券到期的年限。

通常，债券到期才按票面额归还本金，所以上式中的 P_t 一般情况下除了 P_n 一项外，其余各项皆为零。

资金的利息可以用所得税税前利润支付，所以如果忽略债券发行费用，借贷资金的税后资金成本可由下式求得

$$K_d = K_b(1-i) \tag{3-22}$$

式中 K_d——借贷资金税后资金成本；

K_b——借贷资金税前资金成本；

i——所得税税率。

2. 权益资本成本

权益资本指企业所有者投入的资本金，对于股份制企业而言即为股东的股本资金。股本资金分优先股和普通股，优先股股息相对稳定，支付股息需要用所得税税后利润。这种股本资金的税后资金成本可用下式估算

$$K_s = \frac{D_P}{P_0} \tag{3-23}$$

式中 K_s——优先股股本资金的税后成本；

D_P——优先股年股息总额；

P_0——发行优先股筹集的资金总额。

由于普通股股东收入是不确定的，普通股股本资金的资金成本较难计算。从概念上讲，普通股股本资金的资金成本应当是股东进行投资所期望得到的最低收益率。这种期望收益率可以由股东在股票市场根据股票价格、预计的每股红利和公司风险状况所作的选择来反映。普通股股本资金的资金成本可以用下面两种方法近似估算。

第一种估算方法称为红利法。假定普通股账面价值的收益率为 r，公司每年支付红利后的保留盈余在税后盈利中的比例为 b，则普通股股本资金的税后成本可由下式求得：

$$K_e = \frac{D_0}{P_0} + rb \tag{3-24}$$

式中 K_e——普通股股本资金的税后成本；

D_0——基期每股红利；

P_0——基期股票的市场价格。

上式更一般的形式为

$$K_e = \frac{D_0}{P_0} + g \tag{3-25}$$

式中 g——预计每股红利的年增长率。

第二种估算方法即所谓“资本资产定价模型”，其常见的形式为

$$K_e = R_f + \beta(R_m - R_f) \tag{3-26}$$

式中 R_f——无风险投资收益率；

R_m——整个股票市场的平均投资收益率；

β——本公司相对于整个股票市场的风险系数。

一般可用国库券利率作为无风险投资收益率。β是一个反映本公司股票投资收益率对整个股票市场平均投资收益率变化响应能力的参数。$\beta=1$ 表示公司风险相当于市场平均风险，$\beta>1$ 表示公司风险大于市场平均风险，$\beta<1$ 表示公司风险小于市场平均风险。由此可知，用上式估算的股本资金成本包含了对公司整体风险的考虑。

在投资活动中使用借贷资金意味着企业要承担支付利息归还本金的法定义务。通过增加权益资本筹集投资活动所需资金虽然不必归还本金，但企业经营者有责任尽量满足股东的盈利期望。在这个意义上，对于进行投资决策的企业经营者来说，借贷资金和股本资金成本都是实际成本。

企业再投资资金是企业经营过程中积累起来的资金，它是企业权益资本的一部分。这部分资金表面上不存在实际成本，但是用这部分资金从事投资活动要考虑机会成本。投资的机会成本是指在资金供应有限的情况下，由于将筹集到的有限资金用于特定投资项目时不得不放弃其他投资机会所造成的损失，这个损失等于所放弃的投资机会中的最佳机会所能获得的风险与拟投资项目相当的收益。例如，某企业若因拟投资于项目 A 而不得不放弃与项目 A 风险相当的项目 B 和其他投资机会，在所放弃的投资机会中项目 B 最佳，内部收益率可达 16%，则认为投资于项目 A 的资金成本为 16%。

这里所说的投资机会成本有两个层次的涵义。第一个层次是股东投资的机会成本，是指股东投资于某公司实际上意味着放弃了投资于其他公司的机会和相应的投资收益，所以，股东所期望的最低收益率包含了对投资机会成本的考虑。第二个层次是企业进行项目投资决策时所考虑的投资机会成本，在资金有限的情况下，选择某些投资项目意味着放弃其他一些投资项目和相应的投资收益。从原理上讲，在进行项目投资决策时，企业再投资的资金成本应该是第二个层次意义上的机会成本，但是当再投资资金只是项目总投资的一部分时，为了便于分析，可以将再投资资金视同新增普通股本资金，即用股东期望的最低投资收益率作为其资金成本，这样做不会影响最终分析结果。

3. 加权平均资金成本

为一项投资活动筹措资金，往往不止一种资金来源，所有各种来源的资金成本的加权平均值即为全部资金的综合成本。综合资金成本中各种单项资金成本的权重是各种来源的资金分别在资金总额中所占的比例。税后加权平均资金成本的计算公式为：

$$K^* = \sum_{j=1}^{m} P_{\mathrm{d}j} K_{\mathrm{d}j} + P_{\mathrm{s}} K_{\mathrm{s}} + P_{\mathrm{e}} K_{\mathrm{e}} \tag{3-27}$$

式中 $K_{\mathrm{d}j}$——第 j 种借贷资金的税后成本；

K_{s}——优先股股本资金的税后成本；

K_{e}——普通股股本资金的税后成本；

K^*——全部资金税后加权平均成本；

$P_{\mathrm{d}j}$——第 j 种借贷资金在资金总额中所占的比例；

P_{s}、P_{e}——优先股和普通股股本资金在资金总额中所占的比例。

(二)最低希望收益率(*MARR*)

最低希望收益率(Minimum Attractice Rate of Return)又称最低可接受收益率或最低

要求收益率。它是投资者从事投资活动可接受的下临界值。

确定一笔投资的最低希望收益率，必须对该项投资的各种条件作深入的分析，综合考虑各种影响因素。主要考虑以下几个方面：

第一，一般情况下最低希望收益率应不低于借贷资金的资金成本，不低于全部资金的加权平均成本，对于以盈利为主要目的的投资项目来说，最低希望收益率也不应低于投资的机会成本。

第二，确定最低希望收益率要考虑不同投资项目的风险情况，对于风险大的项目最低希望收益率要相应提高。一般认为，最低希望收益率应该是借贷资金成本、全部资金加权平均成本和项目投资机会成本三者中的最大值再加上一个投资风险补偿系数(风险贴水率)，即

$$MARR = k + h_r \tag{3-28}$$

$$k = \max\left\{K_d,\ K^*,\ K_0\right\}$$

式中 $MARR$——最低希望收益率；

K_d——借贷资金成本；

K^*——全部资金加权平均成本；

K_0——项目投资的机会成本；

h_r——投资风险补偿系数。

不同投资项目的风险大小是不同的。例如，拿在市场稳定的情况下进行技术改造降低生产费用提高产品质量的项目、现有产品扩大生产规模、生产新产品开拓新市场的项目、开发高新技术项目等来比较，显然风险水平是依次递增的。投资决策的实质是对未来的投资收益与投资风险进行权衡。在确定最低希望收益率时对于风险大的项目应取较高的风险补偿系数。风险补偿系数反映投资者对投资风险要求补偿的主观判断，由于不同的投资者抗风险能力和对风险态度可能不同，对于同一类项目，他们所取的风险补偿系数也可能不同。

值得指出的是，风险补偿系数是确定最低希望收益率时在资金成本的基础上根据项目风险大小进行调整的一个附加值。在上式中，如果 k 所代表的资金成本没有考虑任何投资风险，h_r 就应该反映对项目投资全部风险所要求的补偿；如果 k 所代表的资金成本已经考虑了企业整体风险，h_r 所反映的就仅是项目投资风险与企业整体风险之间差异部分所要求的补偿。

第三，在预计未来存在通货膨胀的情况下，如果项目现金流量是按预计的各年即时价格估算的，据此计算出的项目内部收益率中就含有通货膨胀因素。通货膨胀率对 IRR 的影响可用下式表示

$$IRR_n = (1 + IRR_r)(1 + f) - 1 = IRR_r + f + IRR_r f \tag{3-29}$$

式中 IRR_n——内部收益率名义值，即含通货膨胀的内部收益率；

IRR_r——内部收益率实际值，即不含通货膨胀的内部收益率；

f——通货膨胀率。

因 IRR_r 与 f 一般均为小数，其积 $IRR_r \cdot f$ 很小，若将其忽略，上式可变成：

$$IRR_n = IRR_r + f \tag{3-30}$$

显然，在这种情况下，在确定最低希望收益率时就不能不考虑通货膨胀因素。

考虑通货膨胀因素不等于在最低希望收益率 *MARR* 计算公式的右端简单地加上一个通货膨胀率 f，要根据具体情况作具体分析。通常，在据以计算资金成本的银行贷款利率、债券利率和股东期望的最低投资收益率中已经包含了对通货膨胀的考虑，但可能不是通货膨胀影响的全部。因此，在确定最低希望收益率时，如果项目各年现金流量中含有通货膨胀因素，应在最低希望收益率 *MARR* 计算公式的右端再加上资金成本 k 中未包含的那部分通货膨胀率。

如果项目现金流是用不变价格估算的，则据此计算出的项目内部收益率就是实际值，相应的最低希望收益率也不应包含通货膨胀因素。

第四，企业的单项投资活动是为企业整体发展战略服务的，所以单项投资决策应服从于企业全局利益和长远利益。出于对全局利益和长远利益的考虑，对于某些有战略意义的单项投资活动来说，取得直接投资收益只是投资目标的一部分(甚至不是主要目标)。对这类项目，有时应取较低(甚至低于资金成本)的最低希望收益率。

(三)截止收益率(CORR)

截止收益率(Cut Off Rate of Return)是由资金的需求与供给两种因素决定的投资者可以接受的最低收益率。一般情况下，对于一个经济单位(企业、行业、地区或整个国家)而言，随着投资规模的扩大，筹资成本会越来越高。而在有众多投资机会的情况下，如果将筹集到的资金优先投资于收益率高的项目，则随着投资规模的扩大，新增投资项目的收益率会越来越低。当新增投资带来的收益仅能补偿其资金成本时，投资规模的扩大就应停止。使投资规模扩大得到控制的投资收益率就是截止收益率。截止收益率是资金供需平衡时的收益率，它是资金需求曲线和资金供给曲线交点所对应的收益率。

从经济学原理的角度看，当最后一个投资项目的内部收益率等于截止收益率时，边际投资收益恰好等于边际筹资成本，企业获得的净收益总额最大。此时资金的机会成本与实际成本也恰好相等。

截止收益率的确定需要两个条件：第一，企业明确全部的投资机会，能正确估算所有备选投资项目的内部收益率并将不同项目的收益率调整到同一风险水平上；第二，企业可以通过各种途径筹集到足够的资金，并能正确估算出不同来源资金的资金成木。

(四)基准折现率

基准折现率是投资项目经济效果评价中的重要参数，可以分别从两个角度提出确定基准折现率的原则：一是从具体项目投资决策的角度，所取基准折现率应反映投资者对资金时间价值的估计；二是从企业(或其他经济单位)投资计划整体优化的角度，所取基准折现率应有助于作出使企业全部投资净收益最大化的投资决策。从前面的分析可以看出，最低希望收益率主要体现投资者对资金时间价值的估计，而截止收益率则主要体现投资计划整体优化的要求。如果企业追求投资净收益总额最大化的假定成立，由于在确定最低希望收益率时考虑了投资的机会成本，在信息充分、资金市场发育完善的条件下，对于企业全部投资项目选择的最终结果来说，在项目评价中以最低希望收益率为基准折现率和以截止收益率为基准折现率效果是一样的。

在实际的投资项目评价活动中，要满足确定截止收益率所需要的两个条件并非易事，所以通常以最低希望收益率作为基准折现率。

还要说明的是，最低希望收益率是针对具有特定资金结构和投资风险的具体项目而言的。在投资项目评价实践中常有人用行业平均投资收益率或企业历史投资收益率作为基准折现率，严格讲是不适当的。但行业平均投资收益率和企业历史投资收益率可以在某种程度上反映企业投资的机会成本(并非严格意义上的边际投资机会成本)，当企业难以确定具体项目的投资机会成本时，如果行业平均投资收益率或企业历史投资收益率高于项目筹资成本，也可以作为确定基准折现率的参考值。

第三节　经济评价指标体系、关系及选择

一、经济评价的指标体系

(一)指标体系的概念及分类

工程项目或方案的经济评价是通过具体的经济指标来表明优劣的。例如，可以投资最小来作为评价工程项目的经济指标。全面的工程经济特性可表示为投资、运行费和效益三个方面。因此，除了以投资最小作为评价的经济指标外，尚可以利用运行费最小和效益最大来作为评价工程的经济指标。这时我们把工程经济的三个特征单独地作为衡量工程是否经济的指标。

实际上，当我们从工程方案的投入产出来分析其经济特征时，就可以把投资和一定时期的运行费合并在一起，看成是总的投入资金，将它作为评价工程的经济指标。与此同时，也可以把投入产出两者联系起来，形成相互联系的经济指标。如以两者之差，即形成经济效益减去投资费用所得的净效益作为经济指标。除此之外，还可以用其他形式来表示的各种经济指标。

投资费用和经济效益是工程项目中能以货币表示的价值量，而货币价值是通过用于工程的物资、材料、设备和劳动力的市场价格计算出来的。在不完全的市场经济条件下，因物资的价值与价格存在着不同程度的背离现象，不能完全反映出它们之间的真实关系，这样在进行不同工程项目的经济评价时，仅以货币经济指标为依据，很可能出现与实际情况不符的情况。为了避免这种情况的发生，需在经济评价中同时采用实物指标作补充，此即称实物指标。

除了用经济和实物指标外，还经常采用一些单位指标以表示工程项目所消耗的各种单位物资、资金等。如获得 $1m^3$ 水量需要耗费的混凝土方量、土石方量以及 1kW 装机淹没的人口和耕地数量、生产 1kW·h 电能要求投入的资金等。

从上述可以看出，进行工程项目评价的指标，可以用多种经济形式来表示，这种从各方面反映工程经济特性的指标，在工程规划设计的经济评价中，称之为经济指标体系。不过到目前，工程经济评价中的指标体系应该由哪些指标组成，还不是十分明确，主要是因为各类工程项目虽然都可以从投入产出两方面去研究它的经济效益，但由于它们的

投入所消耗的物资、材料和设备和产出的产品形式是多种多样的。因此，在进行工程方案的经济评价时，我们只能针对具体的工程对象，按其经济特性来选择不同的指标体系。根据指标体系的特性，一般可以将其分为下述几种类型。

1. 经济指标和财务指标

在对工程项目进行经济和财务评价时，由于出发点和要达到的最终目的不同，对同一项工程，虽然经济指标和财务指标可以是相同的形式，但最终的结果可能完全不相等。以工程项目的经济效益为例，产品以市场价格计算的财务指标和以影子价格计算的经济指标，就可能相差甚大。

2. 货币指标和实物指标

把工程所有的各种支出和收入按价格(市场价格或影子价格)换算成统一的货币价值来表示工程的各种指标，即为货币指标；如果直接用工程投入和产出的各种物资、材料、设备和产品数量表示，则称为实物指标。货币指标的最大优点是能以统一的形式表示，有利于不同工程项目之间的相互比较，它能直观地反映出工程的经济特性。因此，在工程经济评价中货币指标被普通采用。但是，它对各种物资消耗、需要设备的种类和数量以及劳动技能要求等，都不能直接体现出来，尤其是对工程需要消耗的紧缺和贵重物资。相反，实物指标能在这些方面得到直接体现，可以很好地反映出国家在一定时期，能对那些特殊的设备和材料的供应情况。但是，它的最大缺点是不能以统一的形式表示，对于各种工程项目难以直接进行相互之间的比较。一般在实际工程经济评价中，把实物指标作为货币指标的补充，或作附加指标使用。

3. 综合指标和单位指标

综合指标以货币价值量来综合反映工程经济特征。它以某些指标来表示投资、运行费和经济效益三者之间的关系。例如工程投资偿还年限、内部报酬率、效益费用比值等，都是在工程经济评价中被广泛应用的综合指标。

单位指标既可以货币形式表示，也可以实物形式表示。这种单位可以有各种各样的形式，主要与工程类型和性质有关。若以货币单位指标表示，如水电工程有 1kW 装机容量投资、1kW · h 电能投资，水利工程中则有每公顷灌溉面积投资等；若以实物单位指标表示，水电工程有 1kW 装机容量淹没的人口和耕地、1kW · h 电混凝土浇筑量，水利工程则有每灌溉 1 公顷地开挖的土石方量等。以此单位指标可对不同工程方案相互比较。

4. 绝对指标和相对指标

绝对指标可以看做由工程货币价值或实物总量来衡量的指标，表示工程项目投入产出数量的绝对大小。例如一项工程需要的总投资、可能获得总的经济效益，或者要求浇筑的混凝土总量、淹没的人口总数等，这种以总量表示的经济或实物指标，能给人们一个直接的总量概念，能使规划设计人员和决策机构在进行工程方案的经济评价时，更现实地考虑现有资金的供应能力和物资的承受能力。当一项工程要求投入大量的资金时，可能因财政能力的限制而无法实现；同样，对某些物资、设备的大量需求，也会因受到物资供应或制造技术条件的约束而被迫推迟建设日期。

相对指标是从相对的获利或消耗来衡量工程的货币或实物指标的另一种形式。绝对指标只能给出总体数量的概念，但是总量的多少不一定能表明工程在经济上肯定会有利，有时甚至会使人产生某种错误的概念。例如，当一项工程的投入需要资金 100 万元，而产出效益为 120 万元，则每年可获得净效益为 20 万元；另一项工程相应投入资金 80 万元，产出效益为 98 万元，每年获净效益为 18 万元。如果从净效益的绝对总量衡量，则前者 20 万元，大于后者的 18 万元。前者较为有利；但是，若按相对的资金利润率来衡量，那么，前者的资金利润率为 16.7%，后者则为 22.5%。显然后者每 1 元的获利能力大于前者，则后者工程投资较为有利。为此，应该把绝对指标与相对指标结合起来进行经济评价。

(二)指标体系计算及表示形式

从以上介绍的各种指标可以看出，指标体系的计算及表示形式大致可分为四类。

第一种是货币指标体系，它是根据设计计算出的各种工程量、材料、设备、劳动力和产品等为基础，然后乘以相应的市场价格或影子价格，最终获得总的货币指标体系，如总投资费用和经济效益等。它全部以折算成货币的形式表示，有利于在各方案之间进行统一的比较。

第二种是实物指标体系，它的计算主要根据工程规划设计方案，对它所需要消耗的物质和材料分别加以计算，如机械、设备、混凝土、土石方量等，都可以作为实物指标体系。由于各类工程的特征不同，用以表达的实物指标体系也可能有较大的区别。

第三种是综合指标体系，以货币表示工程投资、运行费和经济效益之间关系，同时考虑资金的时间价值和计算期等因素进行复利计算。这类指标体系考虑的因素较多，能够全面地反映出工程的经济特性，一般以投资偿还年限、效益费用比值等来表示。

第四种是单位指标体系，它通过工程方案的额定产量，分别除以实物量和货币的价值量而得到单位实物指标体系和单位指标体系。例如在上面已经提到的每 1kW 装机容量投资、每 1kW·h 电能投资、每 $1m^3$ 水量投资等。这种指标体系需要从两个方面进行计算：一方面计算工程投入的货币价值量和各种实物量；另一方面尚要计算工程的额定产品数量，如工程能够提供的工业和生活供水量、与电力系统提供的电力和电能等，这种指标都以单位货币或实物量来表示。

(三)指标体系在经济评价中的应用

工程经济所遇到的问题十分广泛，且其性质各异，大则可以影响到一个地区的经济发展和对资源开发利用的决策，小则仅可能限于工程方案的经济比较。但是，从经济的观点出发，都需要通过经济评价，来找出经济上最有利的工程方案。在工程规划设计中，当有许多方案可供选择时，必须建立与之相应的经济指标体系，进行相互之间的比较，逐步淘汰那些不利的方案，达到最终优化的目的。

指标体系的选用，必须符合一致性原则。否则，对于不同工程方案，就无法进行相互比较。最简单的方法是换算成统一的经济指标。除此之外，用许多实物指标也可以达到共同比较的目的。如修建不同方案的水库工程时，水库淹没指标就可进行比较；但是用不同材料建筑的水库大坝，如混凝土坝与堆石坝的工程量就无法相比，因为两者没有共同的性质。由此可见，在前面提到的许多指标体系中，可以划分为两种：一种是以货币为基础的指标体系，如绝对指标、相对指标和综合指标，因为它们具有以货币为基础的共同特征，所以可用于任何工程方案的比较；另一种是以实物为基础的指标体系，虽然在某些特殊情况下，有些指标可以进行相互比较，但在许多条件下，因它的非统一性而无法进行比较。

综上所述，在工程经济评价中，对指标体系的使用，是以综合经济指标体系为主的，对那些以各种形式表示的实物指标体系则是作为辅助指标加以应用的。

(四)指标体系中的无形价值

无形价值是指工程方案可能产生的、但又无法以货币价值和实物指标表示的各种经济效果，或者虽可以经济价值计算，但因实际关系复杂、因素较多，无法划分出属于工程方案的具体经济效益。前者可表现为因防洪工程的兴建，解除了洪泛区的洪水灾害，从而消除或减轻了洪泛区的生命、财产损失；后者则可以促进国家或地区的经济发展，为繁荣经济创造了有利的条件。

工程可能产生的无形效益是多方面的，随着各类工程可能产生不同的影响，它产生的无形价值也不完全相同。因此，工程到底能产生哪些无形效益，必须针对具体的工程进行分析。但是必须指出，无形价值在工程方案的综合经济评价中，往往具有十分重要的意义，必须给予极大的重视。

二、经济评价指标间的关系

前面讨论了工程技术方案经济评价的常用指标，这些指标之间既有区别又有联系，它们均能反映技术方案投资的直接经济效益的大小，区别仅在于反映技术方案投资直接经济效益的角度和程度不同。

(一)静态评价指标与动态评价指标间的关系

静态评价指标与动态评价指标是按计算中是否考虑资金时间价值来划分的。动态评价指标反映评价方案投资效益大小的“真实”程度要比静态指标好。

对于多个方案的经济比较与选择，采用静态投资回收期与动态投资回收期两个指标，评价结论是一致的。但是用于单方案投资决策时，两指标的结论未必一致。

(二)时间性评价指标与比率性评价指标间的关系

可以证明，对于初始投资为K_0、每年净收益为等额的技术方案而言，其投资回收期与简单投资收益率和内部收益率为倒数关系。这说明，时间性评价指标实际上也表示了比率的意义，故有人将时间性评价指标和比率性评价指标统称为效率指标。

$$T=\frac{K_0}{R}=\frac{1}{R/K_0}=\frac{1}{ROI} \tag{3-31}$$

$$-K_0+R(P/A,\ IRR,\ n)=0 \tag{3-32}$$

式中　ROI——简单投资收益率，是指工程技术方案投产后的年净收益与初始投资的比率。

由式(3-31)或式(3-32)可得

$$\frac{(1+IRR)^n-1}{IRR(1+IRR)^n}=\frac{K_0}{R}=T \tag{3-33}$$

当方案计算期很长时，有

$$\frac{1}{IRR}\approx T \tag{3-34}$$

(三)投资回收期、净现值与内部收益率的关系

可以证明，在技术方案投资决策时，采用投资回收期、净现值与内部收益率指标评价结果是不一致的。当用于多方案经济比较与选择时，用净现值和内部收益率两指标评选，结果也未必一致。

三、经济评价指标的选择

经济评价指标的应用，一是用于单方案投资经济效益的大小与好坏的衡量，以决定取舍；二是用于多方案经济性优劣的比较，以决定方案选优。

技术方案投资经济评价指标的选择，应根据技术方案的具体情况、评价的主要目标、指标的用途和决策者最为关心的问题进行。由于技术方案投资的经济效益是一个综合概念，必须从不同的角度去衡量才能清晰、全面。因此，作技术方案经济评价，应尽量考虑一个适当的评价指标体系，避免用某一两个指标来判断方案投资的经济性。

由于净现值指标反映了技术方案投资所获得净收益的现值价值大小，它的极大化与企业经济评价目标是一致的,所以净现值是技术方案经济评价时最常用的首选评价指标，并且常用来检验其他评价指标。

四、小结

前面阐述了从经济效果角度评价项目的常用指标，包括净现值、费用现值、净年值、费用年值、净现值指数、内部收益率、外部收益率、静态投资收益率、静态投资回收期和动态投资回收期。在这些指标中，净现值、内部收益率和投资回收期是最常用的技术方案评价指标，就指标类型而言，净现值、净年值、费用现值和费用年值是以货币表述的价值性指标，内部收益率、外部收益率、投资收益率和净现值指数则是反映投资效率的效率性指标。

在价值性指标中，就考察的内容而言，费用现值和费用年值分别是净现值和净年值的特例，即在方案比选时，前两者只考察项目方案的费用支出。就评价结论而言，净现值与净年值是等效评价指标，费用现值与费用年值是等效评价指标。

第五节　工程技术方案经济比较与选择

方案比较是寻求合理的经济和技术决策的必要手段，也是项目经济评价工作的重要组成部分。在项目可行性研究过程中，由于技术的进步，在实现某种目标时往往会形成多个方案。这些方案或是采用不同的技术、工艺和设备，或是不同的规模和坐落位置，或是利用不同的原料、燃料、动力和水资源，或是选择不同的环境保护措施，等等。因此，必须对提出的各种可能方案进行筛选，并对筛选出的 n 个方案进行经济计算。再将拟建项目的工程、技术、经济、环境、政治及社会等各方面因素联系起来进行综合评价，选择最佳方案。

一、替代方案

(一)替代方案概述

工程项目需要通过大量的方案比较，才能作出正确的选择。我们把能够用于相互比较的方案，称为替代方案。这就是说，为达到某个目标所需实施的工程项目，可以从许多方案中选取，而它们之间为实现同一个目标能够相互替代。之所以出现替代方案，是因为在人们的主观愿望中，总希望能实施的工程项目是最理想的方案，它能最有效地利用资金、物质和劳动力。另外，从客观上说，由于自然资源、技术、经济、环境以及社会等多种复杂条件，可能提供多种方案，以供比较选择。

实践经验表明，为适应经济发展而建设的工程项目，总是要通过反复的方案比较才能确定下来。这是因为复杂的技术、经济条件以及广泛的环境和社会影响，即使是那些具有丰富实践经验的工程技术人员，如果不经过不同的工程方案比较，也难以选择出经济合理的工程方案。

可见，替代方案在工程项目比较中，可以使人们在决策方案上避免片面性和盲目性，为正确选定工程方案提供了可靠的保证，能把有限的资金利用到最需要的地方，使资源获得合理的开发利用。所以，替代方案在工程方案比较中具有很高的经济意义和现实意义。

(二)替代方案的基本要求

经济发展是工程项目建设的客观要求，确定替代方案的实质，就是为项目选择提供多方案比较。由于可能提供的各种方案在实施中必然与自然、技术、环境和社会等条件相联系，彼此之间一定会出现这样或那样的矛盾，为了对各种替代方案能进行统一比较，就需要对替代方案提出一些共同的基本要求。下面就针对替代方案的基本要求进行分析。

1. 技术条件

很明显，方案的技术条件必须是成熟的，在建设过程中能够实现；或者当前虽然没有完全成熟，但通过研究和试验阶段，能在建设期加以使用。对某些关键技术、设备也可以采用引进的办法来解决，并且要有具体的措施。另外，在经济上要估计到它的额外支出，采用引进技术时还必须考虑到外汇支付能力。

2. 时间要求

国家或地区的经济发展，对工程项目的建设速度、投产时间和运行过程都有一定的要求。为此，在进行替代方案相互之间的比较时，能否满足这些条件要求，关系到能否保证实现经济发展提出的目标。大型工程项目建设，有可能遇到各种特殊的自然条件或复杂的设备安装和调试任务，这使工程的建设进度受到一定的客观条件限制，要求短期投入生产的方案都将难以实现。例如，大型水电工程建设，由于受到地形、地质条件限制，工程的施工进度受到很大的制约。

工程运行时间的长短，一方面反映出工程寿命的长短，另一方面也直接反映出工程创造总效益的多少。对于不同的替代方案，应该考虑到这方面存在的差别，这对方案比较时的投资费用和经济效益都有直接的影响。

由此可见，为了能全面地反映出各个替代方案在时间上的可比性，必须从工程建设和运行阶段的全过程进行比较。

3. 产品数量和质量要求

工程项目预期要达到的生产水平，则该工程在提供产品的数量和质量两个方面，都必须达到计划规定的标准。这可能存在以下两种情况。一种情况是，工程项目在生产产品时，采用不同的方案，所生产的数量都相等，但质量可能有差别。例如生产棉布的纺织厂，当采用不同技术方案时，都能达到生产相同数量的产品的要求，但由于采用不同的生产设备，棉布的产品质量可能不同。另一种情况是，工程项目本身就要消耗一定数量的产品，大家知道，一座火电厂与一座水电厂虽然生产同等数量的电能，但能够向用户供应的有效电能则不相等。这里因为火电厂本身在发电过程中所消耗的电能远超过水电厂自身的用电。如果要使两个站厂向用户提供的有效电能相同，那么火电厂实际的发电量要大于水电厂的发电量。

当采用不同替代方案而引起产品数量和质量上有差异时，需要考虑为达到等同要求可能采取的措施。一般来说，数量上的差异往往难以消除，尤其那些使用的技术设备较差的方案，如果达不到国家规定的质量标准，就不应该将这样的方案列为替代方案。

4. 可靠性要求

在不同的替代方案之间，由于它们所处的自然和工作条件不同，以及设备自动化程度的高低，工程在实际运行中可能出现的事故几率也将不同。事故几率较大的方案，相应地会降低设备的有效利用时间，同样会对完成额定产品数量造成影响。这方面最突出例子要算水电站和火电站方案。因火电站的工作条件差，设备系统又较复杂，故在发电的过程中，火电站出现故障的几率大大高于水电站。

替代方案之间因可靠性程度不同，对在产品数量上产生的差别应该采取相应的补救措施，克服可靠性较差的方案所带来的不利因素。

5. 基本资料要求

基本资料的精度对计算成果有很大的影响。在实际工程中，因各种方案所进行的前期工作，在广度和深度上存在着差别，所获得资料的详细程度可能会有很大的差别。在这种情况下，即便采用同样的计算方法和计算工具，得出的计算成果仍然会有较大的出入。为了能使相互之间的精度大致能达到同等的程度，对各替代方案进行计算时所使用的各种资料，都应该满足一定设计阶段对资料精度提出的要求。

6. 计算方法要求

对各种替代方案进行比较，都需要进行这样或那样的计算，以获得某些能表示出方案特征的量化指标。对于任何替代方案，为了能保证统一的指标，便于进行相互比较，要求采用同样的计算方法，这样既能保持计算成果的统一，又能达到同等精度的水平。如果对不同的替代方案采用不同的计算方法，有可能使获得的成果因精度不一，方案比较时会出现误差。

7. 环境和社会方面要求

在当今社会，环境影响已成为一个极为敏感的问题。工程建设对自然环境可能引起的各种变化，都会对环境产生不同程度的影响，这将在很大程度上决定方案的取舍。如果是产生有利的影响，就会使相应的方案处于有利的地位；相反，不利的影响就会给方案的实施带来困难。在工程建设中，环境造成的危害形式和程度也不完全相同。但必须指出，如因替代方案而引起了环境问题，则必须研究相应的改善措施，以及可能增加的资金投入。

工程方案的实施，有时也可能产生一些特殊的社会问题，在替代方案也会经常遇到。例如，水库工程引起大量土地、人口的淹没，就是一个突出的社会问题。因为移民的重新安置，除了需要消耗大量资金外，还要求必须有能容纳安置人口的相应空间，用以开垦土地、发展生产。如果没有这种条件，就会增加社会的不安定因素。这在水电、火电替代方案的比较中，是普遍存在的问题。

8. *其他方面的要求*

除了上面的要求之外，在其他方面，如规程、法规和资源利用等方面也都有相应的要求。

各种工程替代方案，大多是直接开发利用各种天然资源。随着科学技术的进步，经济建设的规模日益扩大，消耗的自然资源也越来越多。目前，世界各国普遍感到各类资源不足，有些资源已出现明显的短缺。在人们所利用的资源中，大部分都属于消耗性资源，如石油、煤矿以及各种矿产资源等。但是，也有一些是再生性的资源，这些资源可以重复循环不断利用，如水能资源就属于此类，可不断地加以利用。因此，在考虑替代方案时，应该使可再生的资源获得充分利用，尽可能优先开发。

国家各部门对各种资源开发利用制定了许多规程、法规，例如针对水资源开发利用制定了《中华人民共和国水法》、环保部门制定的有关环境保护法等。在工程项目选择的不同替代方案中，必须考虑这些规程和法规相应提出的要求。

(三)替代方案的形式

从对替代方案的要求可以看出，满足替代方案的必要条件是：要从根本上保证选择的工程方案能实现国家经济发展对产品数量和质量两方面提出的要求。凡是能实现这种目标的都可作为替代方案，它既可以用一个工程项目替代另一个工程项目，也可以用几个不同规模的工程项目来替代一个大型工程项目。

另外，替代方案一般来说应尽可能在本地区内选择，因为各地区都有它自已的经济发展规划，各类工程项目都是为了满足地区需要而建设的。但是，替代方案的实施往往有可能受到资源条件的限制或有经济方面的要求，也可能超越本地区的范围。这方面的典型例子是：水资源和能源资源因分布不均，需要进行跨地区的开发，当本地区的经济发展需要大量的电力供应而该地区又缺乏能源资源时，需要从其他地区输入，这时就可能利用各种可获得能源的相互替代方案。

(四)替代方案的比较

各替代方案之间，存在着技术、自然条件和资源利用条件等的差别，反映到方案的经济效益与投资费用之间的关系，以及各种经济指标上，则优劣相差很大。如果各替代方案都能满足对它提出的必要条件，也都符合比较方案的要求，在这种情况下，经济指标优越的方案，就应该是优先选择的方案。相反，虽然某个方案的经济指标十分优越，但在其他的一些条件方面，远不如另一替代方案，这时就不能仅以经济指标为条件，还需要结合对替代方案的全面要求进行综合比较，才能作出最终的决定。

必须指出，体现替代方案效益费用的经济指标，是决定方案的基本经济依据。所以，对已选定的替代方案，都必须进行全面的、详细的经济计算，并列出相应的经济指标体系。

(五)替代方案的选择原则

无论在什么情况下，为了解决技术经济问题，都必须进行方案比较，而进行方案比较必须要有“替代方案”，所以替代方案的合理选择是一个很重要的问题。如何合理地选择替代方案呢？我们认为应该遵循一个原则，这就是“一不漏、二不多、三选准”的原则。所谓一不漏，就是说对实际上有可能存在的替代方案都要很好考虑，不能漏掉一个，否则就会把好的方案漏掉了；所谓“二不多”，就是要求不可行的替代方案不要考虑进去，这样考虑多了，反而会影响经济比较的最后结果；所谓“三选准”，就是要求替代方案必须从实际情况出发选好选准，选准是最根本的要求。替代方案选不准，一切技术经济分析工作就会白做。要做到选准，只有多做调查研究，多依靠内行的专家。

(六)比较方案的选定原则

技术方案同替代方案要进行比较，替代方案之间也要进行比较，所以它们都可以叫做比较方案。这些比较方案的确定必须合理。所谓合理就是指它们必须是完整的具有可比性的。应该指出，在实际工作中常常有许多不完整的方案在做技术经济比较，这是值得注意的问题。

三、技术经济方案的可比原则

(一)方案间必须具有可比性

按照常理，技术方案相互之间进行经济比较，必须符合可比原则，或者说应该具备可比条件，不符合可比原则或不具备可比条件的就不能进行比较。技术经济的比较规则可以有很多，但是不能任意制定，它应该按照技术方案经济评价标准的要求进行制定。根据分析，方案间可比性要求包括四个方面，即满足需要方面、消耗费用方面、价格方面、时间方面。由于这个缘故，两个以上技术方案若互相进行经济效果的比较，必须具备以下四个可比原则和条件：满足需要上的可比、消耗费用上的可比、价格上的可比、时间上的可比。

1. 满足需要可比原理

实际上，没有一个技术方案不是以满足一定的客观需要为基础的。既然任何一个技术方案都有一定的目的，满足一定的需要，从技术经济观点来看，某一种方案若要和另一种方案比较的话，这两种方案都必须满足相同的需要，否则它们之间就不能互相代替，就不能够互相进行比较。因此，满足需要上的可比是一个最重要的可比原理。对于国民经济生产建设性质的技术方案来说，它们一般都是以自己的产量、劳务量、品种、质量、功能等指标来满足国民经济的发展要求和社会需要的，所以不同技术方案若要符合满足需要上的可比条件，那么，必须要求比较方案的产量、劳务量、品种、质量、功能等指标使之可比。

各个方案在产品数量、质量、时间、地点和可靠性方面，须同等程度地满足国民经济发展的需要。例如，为了满足某一地区的供电要求，可以修建水电站，也可以修建火电站，但要考虑水电站、火电站不同的厂用电要求(包括电力与电量两个方面)以及输变电损失。为了满足某一城市的供水要求，可以修建水库蓄水，然后输送到城市，经沉淀、过滤、消毒等水质处理措施后供给各个用户；也可以就地开凿深井，抽取地下水，分别供给各个用户。这两个方案的水量、水质等各个方面，均应满足规定的要求。

满足需要可比原理包括产量劳务量可比和质量功能可比两部分。在产量劳务量可比方面要求如下五个方面：

(1)要以不同技术方案的净产量、净完成工作量和净出力进行比较。如果技术方案毛产量相等，但在生产流通消费过程中损失不等(即真正到达用户满足需要的数量不等)，则不可比。

(2)有些技术方案被采用以后，能够提高原来生产能力和产量，有些方案则不能，比较时需要把后者的净生产能力和净产量调整到与前者相同时才能比较。

(3)综合利用方案应该同等满足相同需要的由各种单独的技术方案组成的联合方案进行比较，或者将综合利用方案进行分摊以后再同单独方案进行比较。

(4)生产规模不同的技术方案，要调整到相同净生产规模方可比较。

(5)除不同技术方案的直接产量劳务量要求可比外，间接引起的对其他部门的产量劳务量增加或减少也要考虑可比。在质量功能可比方面的要求主要有两个方面：

(1)对能够定量的质量功能指标，要根据最终满足需要的效果大小考虑可比。

(2)对难以定量的质量功能指标，可以采用评分方法进行评分，按所得的分数来考虑可比。

2. 满足费用的可比性

所谓费用，应包括工程一次性投资和经常性支出两个部分，且应包括主体工程、配套工程等全部费用。例如，在电力开发工程中，无论考虑水电站还是火电站方案，其费用都应从一次能源开发工程计算起，至二次能源转变完成并输送至负荷中心地区为止。因此，水电站方案的费用应包括水库、输水建筑物、电厂、输变电工程等各部分的费用；火电站方案的费用，则应包括煤矿、铁路、电厂、输变电工程等各部分的费用。

由于在技术方案的经济比较中，实际所比较的是满足相同需要的不同方案的经济效果，而经济效果包括满足需要和消耗费用两个方面，所以除了要求比较方案具有满足需要上的可比条件以外，还必须具有消耗费用上的可比条件。对于消耗费用必须采用统一的计算原则和方法，如果在计算甲方案时采用一种原则和方法，计算乙方案时又采用另一种原则和方法，则从技术经济观点来看，这两个方案就不可比。因此，消耗费用上的可比是一个决不可少的可比原则。

消耗费用可比原理包括以下六个内容：

(1)应从系统的观点以及社会全部消耗的观点出发，在技术方案的消耗费用中，既要考虑方案本身的消耗费用，又要考虑产出相关部门的消耗费用。

(2)不但应该考虑技术方案的直接消耗费用，而且要考虑投入相关部门的消耗费用。

(3)必须考虑技术方案所有直接的和间接的费用。

(4)对综合利用方案的全部消耗费用进行分摊以后，才能同某个只能满足单方面需要的技术方案进行经济比较。

(5)对于被比较的各个技术方案的消耗费用指标，无论是投资指标，还是成本指标，都应该具有可比性。

(6)经济比较时，对于原来已经花费的费用一般是不考虑的，只考虑由于方案所引起的新增费用。

3. 价格可比原理

在计算比较方案的经济效果(包括方案的经济效益和消耗费用)的时候，常常需要利用价格指标。如果对于不同的比较方案采用的价格指标不一致、不合理，那么，每个比较方案经济效果的计算和它们之间相互比较的结果就不正确。因此，价格上的可比在技术方案经济比较中必须予以重视。

价格可比原理包括以下三个方面：

(1)在效益计算中所采用的各种“产出”价格，必须采用统一的合理价格或者是广义的合理价格。“产出”的合理价格就是单位产出的社会全部消耗费用，或取某比较方案的具体数值，或取社会平均数值。“产出”广义合理价格是该产出的合理价格同该产出的经济效果系数两者之和，也就是影子价格。对于微观技术经济比较来说，“产出”必须采用统一的现行价格。

(2)消耗费用中所采用的各种“投入”价格，特别是成本费用中的燃料、动力、原料、材料等价格以及投资费用中的的设备、建筑和土地等价格，也应采用统一的合理价格或者是广义的合理价格。“投入”的合理价格是各种投入的生产部门单位产出的社会全部消耗费用，或取“投入”生产部门的具体数值，或取社会平均数值。“投入”的广义合理价格(即影子价格)是该投入的合理价格同该投入经济效果系数两者之和。对于微观技术经济比较来说，“投入”价格应该采取统一的现行价格。

(3)不同技术方案比较，应该采用相应时期的价格指标。比如：当远景的技术方案进行比较的时候，最好采用远景的价格指标，当近期的不同技术方案进行比较的时候，采用近期的价格指标。假使两个不同的技术方案，有一个采用现行的价格指标(没有考虑将来技术进步、劳动生产率提高等各种因素),而另一个采用远景的价格指标(考虑了将来技术进步、劳动生产率的提高等各种因素)，那么，这两个不同的技术方案就没有具备价格指标的可比条件。因此，它们不能互相进行比较。

4. 时间可比原理

所谓时间因素，就是要考虑资金的时间价值。由于各个比较方案的施工期及各年投资的分配比例不同，投入运行后各方案的经济寿命、各年效益和年运行费亦不相同，为了便于比较，必须把各年投资、运行支出、效益收入根据规定的利率(行业基准收益率、社会折现率)统一折算到同一个计算基准点，求出折现值或折算为平均年金值进行比较，这样各个方案才具有可比性。此外，还要求各个比较方案能同等程度地满足国民经济对自然资源利用、环境保护和生态平衡等方面的要求或者符合国家有关的规定。

我们知道，技术方案的经济效果除了有数量的概念以外，还具有时间的概念。比如有两个技术方案，它们的产品产量、投资、成本等都完全相同，但时间上有差别，一个投产早一个投产晚，或者一个早投资一个迟投资，在这种情况下，这两个方案的经济效果就不相同，不能简单地进行比较，必须考虑时间因素以后，才能互相进行经济比较。

时间可比原理主要有以下三个内容：

(1)不同技术方案经济比较应以相等的计算期作为比较基础，或者都以每年平均的费用和效益进行比较。不能对甲方案计算五年期间的经济效果，而对乙方案计算十年期间的经济效果，然后进行比较。

(2)应该考虑不同技术方案由于在人力、物力、财力等方面的投入以及效益发挥的时间先后不同，对整个国民经济所引起的经济影响。比如，同样数量的投入，早投入和晚投入是不可比的，必须考虑时间因素以后才能可比。

(3)投入和产出的时间可比，不仅指主要工程，而且包括配套工程(即相关部门建设)。比如，对于建设期来说，既要考虑主要工程的建设期，也要考虑配套工程的建设期，因为后者也会影响整个方案的建设期。

5. 满足环境保护、生态平衡等要求的可比性

修建工程无论采用哪个方案，都应同等程度地满足国民经济对环境保护、生态平衡等方面的要求，或者采取补偿措施，使各比较方案都能满足国家规定的要求。例如，水电站方案一般均有水库淹没损失，此时应考虑各种补偿投资费用，以便安置库区移民，使他们搬迁后的生产和生活水平不低于原来水平，对淹没对象应考虑防护工程费或恢复改建费。火电站方案当燃烧煤炭时，必然对四周环境产生污染，因此应及早考虑设置消烟、除尘、去硫设备以及灰碴清除工程，保证环境质量，为此增加的费用均应计入火电站的基本建设投资中。

6. 差异比较原则

所谓差异比较，就是在进行技术方案比较时，将经济效益方面等同的因素略去，而只比较在经济效益方面不同的因素。这样做的好处是可以减少计算工作量，又不会影响比较结果的可靠性。具体地说，当比较方案的耗费水平一定时，只需比较其效果水平。同样，当效果水平一定时，只需比较其耗费上的差异。即使比较方案的效益和耗费总的来看都不相同，但其中的某些指标的达成度可能是相同的，这样，就只需比较那些达成度不同的指标。

(二)动态分析与静态分析相结合，以动态分析为主

方案比较时，强调利用复利计算方法计算时间因素，进行价值判断。这种动态计算方法将不同时间内资金的流入和流出换算成同一时点的价值，为不同方案和不同项目的经济比较提供了同等的基础，并能反映出未来时期的发展变化情况。这样做对投资者和决策者树立资金周转观念、利息观念、投入产出观念以及合理利用建设资金提高经济效益都具有十分重要的作用。

静态指标一般比较简单、直观，使用起来较方便。在评价过程中，可以根据工作阶段和深度要求的不同，计算一些静态指标以进行辅助分析。

(三)定量分析与定性分析相结合，以定量分析为主

在过去的评价中，由于缺乏定量分析的方法和技术，对一些主要经济因素只能平行罗列，分别进行对比和做定性的描述。而目前采用的评价指标则力求正确反映项目的费用和效益两个方面，扩大经济因素的数量化范围。对于一些不能量化的经济因素，则应进行实事求是的、准确的定性描述，与定量分析结合进行评价。

(四)宏观效益分析与微观效益分析相结合，以宏观效益分析为主

方案比较原则上应通过国民经济评价来确定。对产出物基本相同，投入物构成基本一致的方案进行比选时，为了简化计算，在不会与国民经济评价结果发生矛盾的条件也可通过财务评价确定。

宏观和微观的效益分析都要以全过程分析为主，即分析项目在整个建设阶段和生产阶段全过程的经济效益大小。也就是说，不能只看投资大小、工期长短、造价高低，而对项目投产后流动资金多少、生产技术成本高低、经济效益如何不重视。要避免项目建成后不能充分发挥生产能力，甚至得不偿失。

三、技术方案间的类型、关系及分类

项目(方案)比较是寻求合理的经济和技术决策的必要手段，也是项目评价工作的重要组成部分。在建设项目可行性研究中，各项主要经济和技术决策(如工厂生产规模、产品结构、工艺流程和主要设备选择、原材料和燃料供应方式、厂区和厂址选择、工厂布置以及资金筹措等)均应根据实际情况提出各种可能的方案进行筛选，并对选出的几个方案进行经济计算，结合其他因素进行详细的论证、比较，做出抉择。因此，可以说方案比较是项目评价的前提。

(一)技术方案相关的类型

对单方案的评价，运用价值性指标、比率性指标及时间性指标得出的结论必然是一致的。但对于多方案的评价，采用不同类型的指标，得出的评价结论未必一致。这是因为在多方案的评选问题中，我们考察的对象不是单方案，而是一个方案群；我们所追求的目标不是单方案的局部最优，而是方案群的整体最优。因此，首先应明确方案间的相互关系，然后才能考虑用适宜的评价指标和方法进行方案比较。

在多个方案之间，如果接受(或拒绝)某一方案，会显著改变其他方案的现金流量，或者接受(拒绝)某一方案会影响对其他方案的接受(拒绝)，我们说这些方案是相关的。方案相关的类型主要有以下几种。

1. 完全互斥型

如果由于技术的或经济的原因，接受某一方案就必须放弃其他方案，那么从决策角度来看这些方案就是完全互斥的。这也是方案相关的一种类型。特定项目经济规模的确定、厂址方案的选择、特定水力发电站坝高方案的选择，等等，都是这类方案完全互斥的例子。

2. 相互依存型和完全互补型

如果两个或多个方案之间，某一方案的实施要求以另一方案(或另几个方案)的实施为条件，则这两个(或若干个)方案具有相互依存性，或者说具有完全互补性。紧密互补方案的经济效果评价通常应放在一起进行。

3. 现金相关型

即使方案间不完全互斥，也不完全互补，如果若干方案中任一方案的取舍会导致其他方案现金流量的变化，这些方案之间也具有相关性。即使这两个方案间不存在互不相容的关系，但任一方案的实施或放弃都会影响另一方案的收入，从而影响方案经济效果评价的结论。同样，也存在互补性的现金流相关方案。

当各方案的现金流量之间具有相关性，但方案之间并不完全互斥时，不能简单地按照独立方案或互斥方案的评价方法进行决策。而应当首先用一种“互斥方案组合法”，将各方案组合成互斥方案，计算各互斥方案的现金流量，再按互斥方案的评价方法进行评价选择。

4. 资金约束导致的方案相关

如果没有资金总额约束，各方案具有独立性质，但在资金有限的情况下，接受某些方案则意味着不得不放弃另外一些方案，这也是方案相关的一种类型。

在资金有限的情况下，局部看来不具有互斥性的独立方案也成了相关方案。如何对这类方案进行评价选择，以保证在给定资金预算总额的前提下取得最大的经济效果(即实现净现值最大化)，就是所谓“受资金限制的方案选择”问题。受资金限制的方案选择使用的主要方法有净现值指数排序法和互斥方案组合法。

1)净现值指数排序法

所谓净现值指数排序法，就是在计算各方案净现值指数的基础上，将净现值指数大于或等于零的方案按净现值指数大小排序，并依此次序选取项目方案，直至所选取方案的投资总额最大限度地接近或等于投资限额为止，本法所要达到的目标是在一定的投资限额约束下使所选项目方案的净现值最大。

按净现值指数排序原则选择项目方案，其基本思想是单位投资的净现值越大，在一定投资限额内所获得的净现值总额越大。这种方法由于投资项目的不可分性，净现值指数排序法在许多情况下，不能保证现有资金的充分利用，不能达到净现值最大的目标。只有在下述情况下，它才能达到或接近于净现值最大的目标：

(1)各方案投资占投资预算的比例很小。

(2)各方案投资额相差无几

(3)各入选方案投资累加额与投资预算额相差无几。

实际上，在各种情况下都能保证实现最优选择(净现值最大)的更可靠的方法是互斥方案组合法。

2)互斥方案组合法

互斥方案组合法的工作步骤如下：

第一步，对于 m 个非直接互斥的项目方案，列出全部的相互排斥的组合方案，共 (2^m-1)个。

第二步，保留投资额不超过投资限额且净现值或净现值指数大于等于零的组合方案，淘汰其余组合方案。保留的组合方案中净现值最大的即为最优可行方案。

5. 混合相关型

在方案众多的情况下，方案间的相关关系可能包括多种类型，称之为混合相关型。

(二)技术方案之间的朴素关系

下面着重研究同一投资项目内各备选方案之间的相互关系。

1. 互斥关系

对于两个方案来说，如果采纳其中一个方案就自动地(在技术上或经济上)排斥另一个方案，则这两个方案为互斥方案，这两个方案之间的关系即为互斥关系。互斥方案是为达到同一目标而设置的彼此可以相互替代的方案。因此，方案具有排他性，采纳方案组中的某一方案，就会自动排斥这组方案中的其他方案。互斥方案的比较可按各个方案所含的全部因素(相同因素和不同因素)计算各方案的全部经济效益和费用，进行全面的对比，也可以仅就不同因素计算相对经济效益和费用，进行局部的对比。方案比较的常用方法有净现值法、年等值法、差额投资内部收益率法、最小费用法等。

互斥关系的特点是方案之间具有排他性，在多个方案中只能选择一个，其他方案必须放弃而不能同时存在。互斥方案的效果之间不具有加和性。在同一投资项目内部的各备选方案之间存在互斥关系。互斥型方案可表示为

$$\sum_{i=1}^{N} X_i \leqslant 1 \tag{3-35}$$

式中 $X_i = \begin{cases} 1 & \text{表示选中了第}i\text{个方案} \\ 0 & \text{表示没选中第}i\text{个方案} \end{cases}$。

N——方案群中的方案数。

2. 依存关系(互补关系)

接受某个方案是以接受另一个方案为前提，则前者即为后者的从属方案。这样的方案之间的关系称为依存关系。

依存关系的特点是某一方案的采用是以另一方案的采用为前提。例如，计算机外围设备的投资是伴随主机投资发生的；环境污染严重的方案能否被采用，取决于“三废”治理方案的实施。依存型方案的效果之间显然具有加和性。一般常将依存的方案合并为一个方案处理。这是因为依存型方案之间具有不可分性。也就是说，在作投资决策时，常常是一个项目被否定了，整个项目的局部或一小部分也不应被采用。

3. 独立关系

如果采纳或放弃某一项目方案并不显著地改变另一项目方案的现金流量，或者采纳或放弃某一项目方案并不影响另一项目方案的取舍，那么这两个方案就是独立方案。

(三)技术方案的分类

在技术方案的优选、评价过程中，按有无约束条件和技术方案相互之间的经济关系，可分为有约束、无约束和互斥、互补等几类方案。如图 3-8 所示。

所谓无约束方案，是指没有资金、劳动力、材料、设备及其他资源拥有量限制的项目(方案)选择，最常见的是无资金约束的方案选择。这里所说的无资金约束，并不是说资金有无限多的数量，而是指在基准或要求达到的收益下，项目总是能筹集到所需要的资金。有约束方案是指有上述资源限制的项目(方案)选择。独立项目是指在经济上互不相关的项目，即接受或放弃某个项目，并不影响其他项目的取舍。

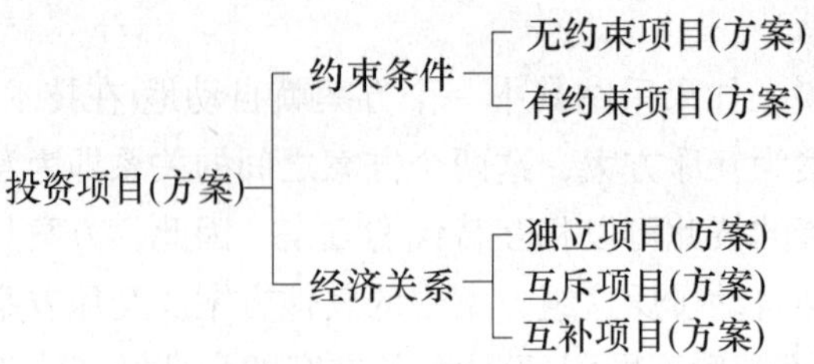

图 3-8　方案的分类

互斥方案是指同一项目的各个备选方案彼此可以相互替代，方案具有排他性，采纳方案组中的某一方案，就会自动排斥这组方案中的其他方案。方案之间有时会出现经济上互补的问题，它们之间的相互依存关系可能是对称的，也可能是不对称的。例如，开发某个煤炭基地的同时，必须建设铁路、供水、供电工程，它们无论是在建成时间、建设规模上都要彼此适应，缺少其中任何一个项目，其他项目就不能正常运行，它们之间是互补的，又是对称的。此外，还存在着大量经济互补的方案。经济上互补而又对称的方案，可以结合在一起作为一个“综合项目体”或称“项目集”来考虑。

在无约束条件下，一群独立项目的决策是比较容易的，这时项目评价要解决的问题是项目评价指标能否达到某一评价标准的问题。因为对于经济上彼此独立的常规项目(即逐年净现金流量只有一次由负值变为正值的变化，且流入总额大于流出总额的项目)，用静态投资效果系数、投资回收期、净现值法、净现值率法、内部收益率法等任何一种方法进行评价的结论都是一致的。例如某项目的 $FNPV(i_c)\geqslant 0$、$FNPVR(i_c)\geqslant 0$、$FIRR(i_c)\geqslant 0$ 或 $ENPV(i_c)\geqslant 0$、$ENPVR(i_c)\geqslant 0$、$EIRR(i_c)\geqslant 0$，则该项目在财务上或经济上就认为可以考虑接受。但是在若干可采用的独立项目中，如果有约束条件(比如受资金限制)，只能从中选择一部分项目实施，就出现了资金合理分配问题，通常要通过项目组合(满足约束条件的项目组合)来优选项目，各个项目组合是互斥的。因此，有约束条件的独立项目选择又成为互斥的项目组合的选择问题。这里着重讨论互斥方案的比较方法和有约束条件下的项目(方案)选择问题。

四、互斥技术经济方案的经济比较与选择

在对多个互斥方案进行比选时，只能选取其中之一。在互斥方案的决策结构形式下，经济效果评价包含了两部分内容：一是考察各个方案自身的经济效果，即进行绝对(经济)效果检验；二是考察哪个方案相对最优，即相对(经济)效果检验。两种检验的目的和作用不同，通常缺一不可。

互斥方案经济效果评价和比选时，参加比选的方案应具有可比性。主要应注意以下几方面：

(1)考察时间段及计算期的可比性。

(2)收益与费用的性质及计算范围的可比性。

(3)方案风险水平的可比性和评价所使用假定的合理性。

目前国内外常用的互斥方案比较方法(见图 3-9)有两类，即考虑资金时间价值的动态分析法和不考虑资金时间价值的静态分析法。我国在方案比较时以动态分析法为主。在

方案初选阶段，可采用静态分析法。

- 互斥方案经济比较方法
  - 动态分析方法
    - 差额投资内部收益率法
    - 现值比较法
    - 年值比较法
    - 最低价格法
    - 效益/费用法
  - 静态分析方法
    - 差额投资收益率法
    - 差额投资回收期法
    - 计算费用法

图 3-9　互斥方案的经济比较方法

对于一组互斥方案，只要方案的投资额在规定的投资额之内，均有资格参加比选。各互斥方案的经济效益比较，可采用价值性指标(如净现值)，也可采用比率性指标(如内部收益率)。但应注意，采用比率性指标时必须分析不同方案之间的增量(差额)现金流量，否则会导致错误判断。同时，并不排除使用静态指标分析，但应以动态指标分析为主。

(一)差额投资经济内部收益率法

差额投资经济内部收益率是两个方案各年净现金流量的差额的现值之和等于零的折现率。其表达式为

财务评价时

$$\sum_{i=1}^{n}\left[(CO-CI)_2-(CO-CI)_1\right]_t(1+\Delta FIRR)^{-t}=0 \tag{3-36}$$

式中　$\Delta FIRR$——差额投资财务内部收益率；

$(CO-CI)_2$——投资大的方案年净现金流量；

$(CO-CI)_1$——投资小的方案年净现金流量。

国民经济评价时

$$\sum_{i=1}^{n}\left[(CO-CI)_2-(CO-CI)_1\right]_t(1+\Delta EIRR)^{-t}=0 \tag{3-37}$$

式中　$\Delta EIRR$——差额投资经济内部收益率；

$(CO-CI)_2$——投资大的方案年净现金流量；

$(CO-CI)_1$——投资小的方案年净现金流量。

上述两个公式也可改写为

$$\sum_{i=1}^{n}(CO-CI)_{2t}(1+\Delta FIRR)^{-t}=\sum_{i=1}^{n}(CO-CI)_{1t}(1+\Delta FIRR)^{-t} \tag{3-38}$$

$$\sum_{i=1}^{n}(CO-CI)_{2t}(1+\Delta EIRR)^{-t}=\sum_{i=1}^{n}(CO-CI)_{1t}(1+\Delta EIRR)^{-t} \tag{3-39}$$

差额投资内部收益率是两方案净现值相等时的折现率，进一步可以认为两方案等值年金(或等额年成本)相等的折现率。

进行方案比较时，当$\Delta FIRR > i_c$(财务基准收益率)或$\Delta EIRR > i_s$(社会折现率)时，投资

大的方案所花的增量投资的内部收益率大于要求的最低值，以投资大的方案为优；反之，则以投资小的方案为优。

在局部方案比选中，同样可以采用差额投资内部收益率法进行方案比选。寿命期不同的方案采用差额投资内部收益率法进行方案比较，采用两方案年值相等时的折现率计算差额投资内部收益率更为方便。

进行两方案比较时，不是计算两方案的 *IRR* 指标进行比较，而是按上述公式计算差额投资内部收益率，并与基准收益率或设定的收益率 i_c 进行对比，当 $\Delta EIRR > i_s$ 时，以投资大的方案为优；当 $\Delta EIRR < i_s$ 时，以投资小的方案为优。因为比较内部收益率指标有时可能会与净现值发生矛盾。而差额投资内部收益率则与净现值保持一致。

例如有 A、B 两个方案，且 A 方案投资大于 B 方案，其净现值曲线如图 3-10 所示。设 A、B 两个方案的净现值曲线与横轴的交点坐标为 IRR_A 和 IRR_B，则 IRR_A 和 IRR_B 为两方案的内部收益率且 $IRR_A < IRR_B$。两曲线的交点 *C* 所对应的横坐标即为差额投资内部收益率(ΔIRR)。由于基准收益率或社会折现率一定(i_c 或 i_s)，当两方案净现值曲线的交点对应的横坐标 ΔIRR 大于 i_c 或 i_s 时，如图 3-10 所示两方案的净现值分别为 NPV_A 和 NPV_B 且 $NPV_A > NPV_B$；当两方案的净现值曲线的交点对应的横坐标 ΔIRR 小于 i_c 或 i_s 时，如图 3-11 所示两方案的净现值 $NPV'_A < NPV'_B$。

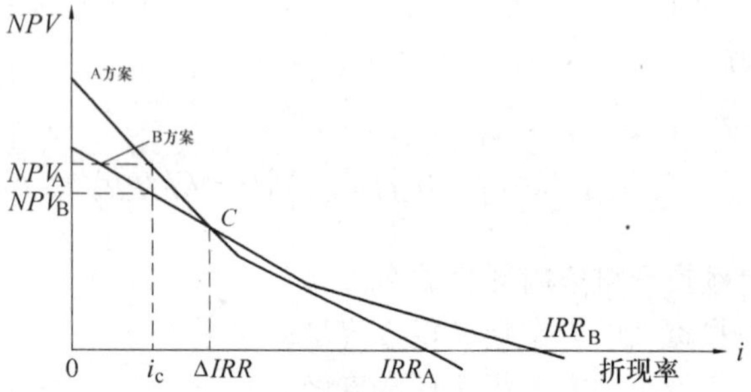

图 3-10　净现值—折现率关系曲线

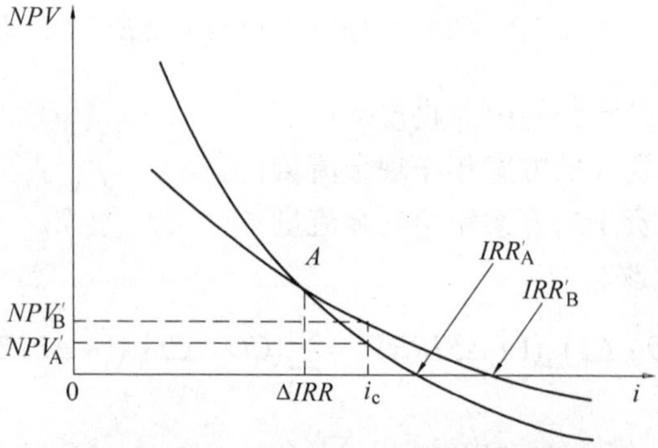

图 3-11　用于方案比较的增量内部收益率

当使用 *IRR* 指标来判断两方案的优劣时，两种情况下 $IRR_A < IRR_B$，B 方案优。当使用 *NPV* 指标来判断两方案时，就出现了两种情况：①$\Delta IRR > i_c$ 或 i_s 时，$NPV_A > NPV_B$，A 方案优，与使用 ΔIRR 指标判断的结论相反；②$\Delta IRR < i_c$ 或 i_s 时，$NPV'_A < NPV'_B$，B 方

案优，与使用ΔIRR指标判断的结论一致。因此，在方案比较中，一般不直接采用内部收益率指标，而采用差额投资内部收益率作为比较指标。

(二)现值比较法

现值比较法就是把方案经济寿命期内的一切收益和费用按行业基准收益率或社会折现率折算成单一的一笔现值来比较方案的优劣。按现值法使用的条件可分为净现值法、费用现值比较法、净现值率法。

1. 净现值法

净现值法即分别计算方案的净现值进行比较，以净现值大的方案为优方案。净现值表达式为

$$NPV(i)=\sum_{t=1}^{n}(S-I-C'+S_v+W)_t(P/F,\ i,\ t) \tag{3-40}$$

式中 S——年销售收入；

I——年全部投资(包括固定资产投资和流动资金)；

C'——年经营费用；

S_v——计算期末回收固定资产余值；

W——计算期末回收流动资金；

i——要求达到的折现率，财务分析时，用行业基准收益率，国民经济分析时用社会折现率；

$(P/F,\ i,\ t)$——第t年的现值系数。

2. 费用现值比较法

效益相同或效益基本相同，又难于具体估算效益的方案(在对某一局部方案进行比较时通常是达到相同目的的不同方案，效益视为相同)进行比较时，可采用费用现值(PC)比较法。各方案费用现值的表达式为

$$PC=\sum_{t=1}^{n}(I+C-S_v-W)(P/F,\ i,\ t) \tag{3-41}$$

在用费用现值进行方案比较时，可采用相同部分(费用及其发生的时间均相同)不参与比较的原则，只计算各方案相对效果，不反映某方案的绝对经济效果；必须在相同的比较时间内对各方案进行比较，否则将会得出错误的结论。

服务年限不同的投资方案现值比较法。在两方案服务年限不同时，可采用研究期法进行比较。确定研究期有两种方法：

(1)不考虑服务年限较短的方案在寿命终了后的未来事件及其经济效果。研究期间即为寿命较短方案的服务年限。

(2)需考虑服务年限较短的方案在寿命终了后可以预见到的接替工程项目，以弥补国民经济对产品的需要，对那些接替工程的投资、成本等均应与方案一并考虑。研究期为两方案寿命的最小公倍数。这种方法同样可以用于净现值法。

3. 净现值率法

净现值率($NPVR$)是净现值与投资现值之比，其计算式为

$$NPVR(i_c)=\frac{NPV}{I_r} \tag{3-42}$$

式中 I_r——方案全部初始投资的现值。

净现值率大，说明该方案单位投资所获得的超额净效益大。用净现值率进行方案比较时，以净现值率较大的方案为优。在有明显的资金总量限制，且项目占用资金远小于资金总拥有量时，以净现值率进行方案选优是正确的。应当指出，用净现值率比较方案所得的结论与用净现值法比较方案所得的结论不是总一致的。

(三)年值比较法

所谓年值比较法就是按行业基准收益率 i_c(财务分析时)或社会折现率 i_s(国民经济效益分析时)，将各方案经济寿命期内的收益和费用折算成一个等额序列年值，通过比较方案的年值选择较优方案。根据应用的条件不同，可分为年值比较法与年费用比较法。

1. 年值比较法

年值(A_w)的表达式为

$$A_w=\left[\sum_{t=1}^{n}(S-I-C'+S_v+W)_t(P/F,\ i,\ t)\right](A/P,\ i,\ n) \tag{3-43}$$

或

$$A_w=NPV(i)(A/P,\ i,\ n) \tag{3-44}$$

式中 $(A/P,\ i,\ n)$——资金回收系数。

2. 年费用比较法

若两方案效益相同或基本相同，但又难于估算时，可采用年费用比较法。例如生产过程中某一环节可能采用两种以上的不同设备都可满足生产的需要，这几种设备的选优就是这种情况，这时可采用年费用法进行比较。年费用(AC)较低的方案为较优方案。年费用的计算式为

$$AC=\left[\sum_{t=1}^{n}(I+C-S_v-W)_t(P/F,\ i,\ t)\right](A/P,\ i,\ n) \tag{3-45}$$

或

$$AC=PC(A/P,\ i,\ n) \tag{3-46}$$

(四)最低价格法

对产品产量(服务)不同、产品价格(服务)收费标准又难以确定的比较方案，当其产品为单一产品或能折合为单一产品时，可采用最低价格(最低收费标准)法，分别计算各比较方案净现值等于零时的产品价格并进行比较，以产品价格较低的方案为优。最低价格(P_{min})可按下式计算

$$P_{min}=\frac{\sum_{t=1}^{n}(I+C-S_v-W)_t(P/F,\ i,\ t)}{\sum_{t=1}^{n}Q_t(P/F,\ i,\ t)} \tag{3-47}$$

或

$$P_{min}=\frac{PC}{\sum_{t=1}^{n}Q_t(P/F,\ i,\ t)} \tag{3-48}$$

式中　Q_t——第 t 年的产品(或服务)量。

(五)效益/费用分析法

用现值比较和年值比较法进行设计方案的比较时，所有现金的支出与收入都在要求的折现率 i 下把它们化为当量现值或当量年成本进行代数相加，而在效益/费用分析法中，效益与费用是分别计算的，并通过效益(用现值或当量年值表示)与费用(当量年成本)比较。若设计方案所提供的效益胜过等值费用，即效益/费用大于 1，则这个方案在经济上是认为可以接受的；若效益与费用之比小于 1，则这个方案在经济上是不可取的。其标准是效益/费用等于 1，即效益的现值(或当量年值)必须大于或等于费用的现值(或当量年费用)。

这种方法一般用于评价公用事业的设计方案的经济效果。这里的效益不一定是项目承办者能得到的收益。它是承办者收益与社会效益之和。

以上几种方法进行方案比较时，须注意其使用条件，在不受资金约束的情况下(或在要求的收益率条件下，总是能筹集到资金)，一般可采用差额投资内部收益率法、净现值法或年值法，且比较的结论也总是一致的。在有明显的资金限制、且当项目占用资金远低于资金总拥有量时，宜采用净现值率法。

这里应当指出，有人主张通过直接比较各方案的内部收益率的大小，进行互斥方案的比选，并以内部收益率大的方案为优方案。这种做法有时会造成错误，这是因为内部收益率指标进行直接比较的结果不能说明投资的增量所能带来的经济效益，且往往与净现值指标比较的结果矛盾。

以增量投资内部收益率评价结果总是与按净现值指标评价的结果一致，而以项目内部收益率作判据进行方案比较，有时会得出错误的结论。

(六)静态差额投资回收期及静态差额投资收益率法

当两个方案产量相同或基本相同时，可采用静态差额投资收益率法(R_a)或静态差额投资回收期法(P_a)进行比较，静态指标比较方法是一种简便的比较方法，其计算公式分别为

$$P_a=\frac{I_2-I_1}{C_2'-C_1'} \tag{3-49}$$

$$R_a=\frac{C_2'-C_1'}{I_2-I_1} \tag{3-50}$$

式中　C_1'、C_2'——两方案的年经营成本；

I_1、I_2——两方案的全部投资。

当两方案产量不等时，在可以计算各方案的效益(B_1、B_2)时

$$P_a=\frac{I_2-I_1}{(B_2-C_2')-(B_1-C_1')} \tag{3-51}$$

$$R_a=\frac{(B_2-C_2')-(B_1-C_1')}{I_2-I_1} \tag{3-52}$$

目前，习惯上使用近似式

$$P_{\rm a}=\frac{i_2-i_1}{c_2'-c_1'} \tag{3-53}$$

$$R_{\rm a}=\frac{c_2'-c_1'}{i_2-i_1} \tag{3-54}$$

式中 i_1、i_2——两方案的单位能力投资；

c_1'、c_2'——两方案的单位产品经营成本。

静态投资回收期短于基准回收期时或静态投资收益率大于基准收益率或社会折现率时，投资大的方案为优方案；反之，投资小的方案为优方案。

(七)计算费用法

当有多个方案选择其中一个方案时，用静态差额投资收益率、静态投资回收期法进行方案经济比较时，要进行两两比较逐个淘汰，在进行多个方案比较时，只需计算各方案的计算费用，其中计算费用最低的方案为最优方案，计算费用($C_{\rm T}$)的计算公式为

$$C_{\rm T}=C'+\frac{1}{T_{\rm c}}\cdot I=C'+i_{\rm c}\cdot I \tag{3-55}$$

(八)寿命相同方案的比较与选择

只有服务寿命相同的方案，才能直接进行经济效益比较。若采用价值性指标，则选价值性指标最大者为最优方案；若采用比率性指标，则需考察不同方案之间增量(差额)投资的经济效益。

投资额不等的互斥方案比选的实质是判断增量投资(或称追加投资)的经济合理性，即投资大的方案相对于投资小的方案多投入的资金能否带来满意的增量收益。显然，若增量投资能够带来满意的增量收益，则投资额大的方案优于投资额小的方案；若增量投资不能带来满意的增量收益，则投资额小的方案优于投资额大的方案。

通过计算增量净现金流量评价增量投资经济效果，对投资额不等的互斥方案进行比选的方法称为增量分析法或差额分析法，这是互斥方案比选的基本方法。

净现值、净年值、投资回收期、内部收益率等评价指标都可用于增量分析。

【**例 3-3**】某企业为降低产品成本，拟订出三个互斥的技术方案，各方案的服务寿命均为 10 年，它们的净现金流量如表 3-3 所示。试在基准收益率为 15%的条件下选择经济上最有利的方案。

表 3-3　方案数据表

方案	初始投资(元)	每年净现金流量(元)	服务年限(年)
A_1	5 000	1 400	10
A_2	8 000	1 900	10
A_3	10 000	2 500	10

解：采用价值性指标。

(1)按全投资价值性指标评选(如取全投资净现值)。各方案全投资净现值如下。

$NPV_{A_1}=-5\,000+1\,400(P/A,0.15,10)=2\,026.23$

$NPV_{A_2}=-8\,000+1\,900(P/A,0.15,10)=1\,537.72$

$NPV_{A_3}=-10\,000+2\,500(P/A,0.15,10)=2\,547.00$

可见，$NPV_{A_3} > NPV_{A_1} > NPV_{A_2}$，故 A_3 为最优方案。若采用净终值或净年金指标，结论也是一致的。

(2)按增量投资价值性指标评选(如取增量投资净现值)。

按增量投资净现值评选方案的标准是：当基础方案可行时，保留投资额大且增量投资净现值大于或等于零的方案。按增量投资净现值进行方案比较的方法是环比法，步骤如下：

第一步，将各方案按投资额由小到大排列，并增设一个“维持现状”方案 A_0，作为计算增量投资经济效益的基础方案。“维持现状”方案是不投资方案或简称零方案，这时假设已有的资金用于其他方面的投资可以获得基准收益率。即不管投资额为多大，其 $IRR=i_c$，也即 $NPV(i_c)=0$。

第二步，以“维持现状”方案 A_0 作为临时基础方案，首先计算方案 A_1 相对于 A_0 方案的增量投资和逐年净现金流量之差，构成一个新的增量投资净现金流量，如图 3-12 所示。

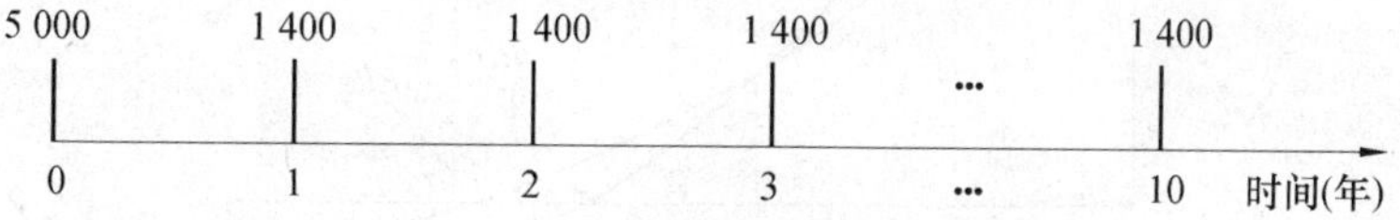

图 3-12　增量投资净现金流量图

然后计算 A_1 较 A_0 增量投资的净现值，以 $NPV_{A_1 \to A_0}$ 表示：

$NPV_{A_1 \to A_0} = -5\,000+1\,400\,(P/A,\ 0.15,\ 10)=2\,026.32$

由于 $NPV_{A_1 \to A_0} > 0$，说明 A_1 优于 A_0，应保留 A_1 方案作为下一步继续比较的基础方案。反之，若 $NPV_{A_1 \to A_0} < 0$，则应保留 A_0 方案。

第三步，仍以 A_1 作为基础方案，计算 A_2 方案较 A_1 方案增量投资净现值：

$NPV_{A_2 \to A_1}=520.68$

说明 A_2 方案的增量投资是合算的，应保留 A_2 方案，舍去 A_1 方案，故 A_2 方案为最优方案。

同样，也可用增量投资净终值和净年金指标，其结论是一致的。可见，对寿命相同互斥方案的经济效益进行比较，采用全投资价值性指标与采用增量投资价值性指标进行方案评价结论是一致的。需要指出的是，当各互斥方案的投资都能得以满足时，方案比较一般不考虑单位投资的使用效率，即不考虑投资额的不同。

通过以上实例分析，可以总结出投资不等互斥方案的净现值增量分析法。

设 A、B 为投资额不等的互斥方案，A 方案比 B 方案投资大，两方案的增量净现值可由下式求出：

$$\sum_{t=0}^{n}\left[(CI-CO)_{\mathrm{A}}-(CI-CO)_{\mathrm{B}}\right]_t(1+\Delta IRR)^{-t}=0 \tag{3-56}$$

式中　$(CI-CO)_{\mathrm{A}}$——A 方案 t 时刻的净现金流量；

$(CI-CO)_{\mathrm{B}}$——B 方案 t 时刻的净现金流量；

ΔIRR——增量内部收益率。

增量内部收益率定义的另一种表述方式是：两互斥方案净现值或净年值相等时的折现率，其计算方程式也可写成下式：

$$\sum_{t=0}^{n}(CI-CO)_{\mathrm{A}t}(1+\Delta IRR)^{-t}=\sum_{t=0}^{n}(CI-CO)_{\mathrm{B}t}(1+\Delta IRR)^{-t} \tag{3-57}$$

用增量内部收益率比选方案的判别准则是：若 $\Delta IRR > i_c$ (基准折现率)，则投资(现值)大的方案为优；若 $\Delta IRR < i_c$，则投资(现值)小的方案为优。用增量内部收益率进行比较的情形如图 3-13 所示。

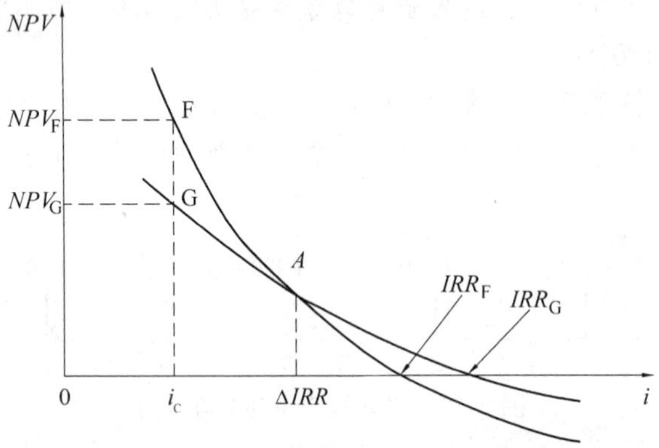

图 3-13　用于方案比较的增量内部收益率

图 3-13 中，A 点为 F、G 两方案净现值曲线的交点，在这一点两方案的净现值相等。A 点所对应的折现率为两方案的增量内部收益率 ΔIRR。由图中可以看出，当 $\Delta IRR > i_c$ 时，$NPV_F > NPV_G$；当 $\Delta IRR < i_c$ 时，$NPV_F < NPV_G$。用 ΔIRR 与 NPV 比选方案的结论是一致的。

由此可知，在对互斥方案进行比较选择时，净现值最大准则(以及净年值最大准则、费用现值和费用年值最小准则)是正确的判别准则，而内部收益率最大准则不能保证比选结论的正确性。

净现值最大准则的正确性，是由基准收益率——最低希望收益率的经济意义决定的。一般来说，最低希望收益率应该等于被拒绝的投资机会中最佳投资机会的盈利率。因此，净现值就是拟采纳方案较之被拒绝的最佳投资机会多得的盈利，其值越大越好，这符合盈利最大化决策目标的要求。

内部收益率最大准则只是在基准折现率大于被比较的两方案的增量内部收益率的前提下成立。也就是说，如果将投资大的方案相对于投资小的方案的增量投资用于其他投资机会，会获得高于增量内部收益率的盈利率，用内部收益率最大准则进行方案比选的结论就是正确的，如图 3-14 所示。如果所取的基准折现率 i_c 大于 ΔIRR，则用内部收益率最大准则与净现值最大准则比选方案的结论是一致的。但是，倘若基准折现率小于增量内部收益率，用内部收益率最大准则选择方案就会导致错误的抉择。由于基准折现率是独立确定的，不依赖于具体待比选方案的增量内部收益率，故用内部收益率最大准则比选方案是不可靠的。

用内部收益率评价互斥方案的步骤和方法如下：

第一步，根据各个方案自身的净现金流，计算每个方案的内部收益率，淘汰内部收益率小于基准折现率 i_c 的方案，即淘汰通不过绝对效果检验的方案。

第二步，按照投资从大到小的顺序排列经绝对效果检验保留下来的方案。首先计算前两个方案的 ΔIRR。若 $\Delta IRR > i_c$，则保留投资大的方案；若 $\Delta IRR < i_c$ 时，则保留投资小的方案。

第三步，将第二步得到的保留方案与下一个方案进行比较，计算两方案的增量内部收益率取舍，判据同上。依此类推，直至检验过所有可行方案，找出最优方案为止。

值得指出的是，ΔIRR 只能反映增量现金流的经济性(相对经济效果)，不能反映各方案自身的经济性(绝对经济效果)。故增量内部收益率只能用于方案间的比较(相对效果检验)，不能仅根据 ΔIRR 数值的大小判定方案的取舍。图 3-14 对此作了说明。

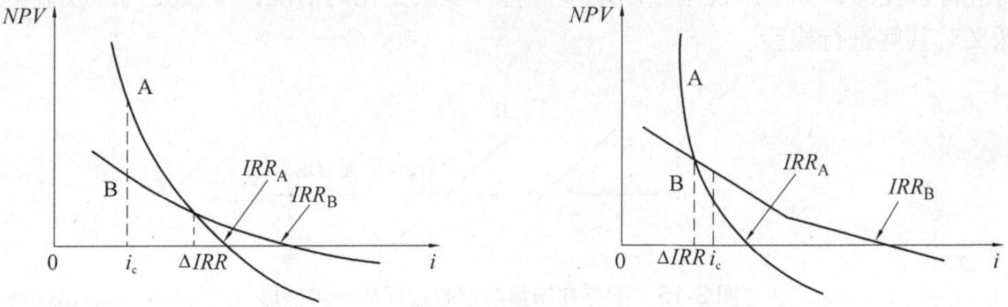

图 3-14 用内部收益率法比选方案示意图

图 3-14 中，在(a)、(b)所示的两种情况下，方案 A 与方案 B 均能通过绝对效果检验，可以根据 ΔIRR 与 i_c 的比较判定方案的取舍。(a)情况下，$\Delta IRR > i_c$ 时，投资大的方案 A 优于投资小的方案 B。(b)情况下，$\Delta IRR < i_c$ 时，方案 B 优于方案 A。

增量内部收益率也可用于仅有费用现金流的互斥方案比选，比选结论与费用现值法和费用年值法一致。在这种情况下，实际上是把增量投资所导致的对其他费用的节约看成是增量收益。计算仅有费用现金流的互斥方案的增量内部收益率的方程，可以比照常规的增量收益率计算公式，按两方案费用现值相等或增量费用现金流现值之和等于零的方式建立。

当两个互斥方案投资额相等时，用 ΔIRR 比选方案会出现无法利用前面所述判别准则进行判别的情况。这里再提出另一判别准则，供前述判别准则失效时使用。此判别准则为：在两个互斥方案的增量内部收益率 ΔIRR 存在的情况下，若 $\Delta IRR > i_c$，或 $-1 < \Delta IRR < 0$，则方案寿命期内“年均净现金流”大的方案优于“年均净现金流”小的方案。对于仅有费用现金流的互斥方案比选，若 $\Delta IRR > i_c$，或 $-1 < \Delta IRR < 0$，则方案寿命期内“年均净现金流”小的方案优于“年均净现金流”大的方案；若 $0 < \Delta IRR < i_c$，则“年均费用现金流”大的方案优于“年均费用现金流”小的方案。

设方案 j 的寿命期为 n 年，则

$$\text{方案的年均净现金流} = \frac{\sum_{t=0}^{n_j}\left(CI_j - CO_j\right)_t}{n_j} = \frac{\sum_{t=0}^{n_j} NPV_{jt}}{n_j} \tag{3-58}$$

对于只有费用现金流的方案

$$方案的年均费用现金流 = \frac{\sum_{t=0}^{n_j} CO_{jt}}{n_j} \tag{3-59}$$

用增量内部收益率比较互斥方案的相对优劣具有经济概念明确、易于理解的优点。但若比选的互斥方案较多，计算工作相对烦琐。这一方法的主要问题是，有时可能出现增量内部收益率不存在的情况，例如图 3-15 所示的情形。另外，如前所述，内部收益率方程在净现金流符号多次变化的情况下可能存在多个实数解。一般来说，增量净现金流较之单一方案的净现金流更易出现符号多次变化的情况。所以用增量内部收益率比选方案时应特别注意，如果出现增量净现金流符号多次变化的情况，应按照内部收益率的经济涵义对其解进行检验。

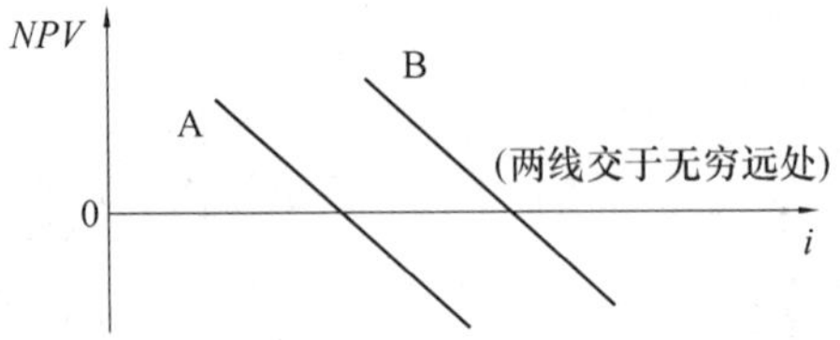

图 3-15　不存在增量内部收益率的一种情形

(九)寿命不同方案的比较与选择

实际工作中，相比较的备选方案的服务寿命常常是不同的。服务寿命不同的方案是不能直接进行比较的。因此，进行寿命不同方案比选时，必须首先解决各方案服务寿命不等问题，然后再按寿命相同方案的评选方法去评选方案优劣。解决服务寿命不等的处理方法常有四种：

(1)依据重复更新假设，以各备选方案服务寿命的最小公倍数作为各方案比较时的共同服务年限。在此年限内，当某方案寿命终了时，继续用同一方案更替，直到共同服务年限为止。重复更新假设意味着各方案的现金流量均以各方案的寿命为周期重复出现。

(2)以最短方案的服务寿命作为各方案的共同服务年限。可依据实际情况，令寿命较长方案在共同服务期末仍保留一定的未使用价值。对未使用价值的处理方式有三种：一是承认方案在服务期末存在未使用价值，但没必要回收；二是认为方案期末不存在未使用价值；三是预测方案未使用价值在共同服务期末的价值(残值)，并作为现金流入量。当对残值预测有困难时，可用回收固定资产余值(即净值)来处理。

(3)以最长方案的寿命作为各方案的共同服务年限。可令寿命较短方案在其寿命终了时继续以同一方案进行更替，直至达到共同服务年限为止，期末可存有一定的未使用价值。

(4)统一规定服务年限。这时在达到统一服务年限前，有的方案可能需要重复更替，有的方案在期满时可能尚存有一定的未使用价值。

以上的重复更新假设是以不考虑方案技术进步为前提的。若考虑技术进步的影响，可根据具体情形对方案进行更替。

共同服务年限究竟采用上述哪种方法为宜，取决于各备选方案的内部情况和市场等外部的情况。例如，可依据方案所生产产品的更新周期预测结果来确定。

对寿命不等的互斥方案进行比选，同样要求方案间具有时间可比性。为满足这一要求，需要解决两个方面的问题：一是设定一个合理的共同分析期；二是给寿命期不等于分析期的方案选择合理的方案持续假定或残值回收假定。

在对寿命不等的互斥方案进行比较时，年值法是最简便的方法，当参加比选的方案数目众多时尤其是这样。年值法使用的指标有净年值与费用年值。净年值最大且非负的方案为最优可行方案。用年值法进行寿命不等的互斥方案比选，实际上隐含着作出这样一种假定：各备选方案在其寿命结束时均可按原方案重复实施，或以与原方案经济效果水平相同的方案持续。因为一个方案无论重复实施多少次，其年值是不变的，所以年值法实际上假定了各方案可以无限次多次重复实施。在这一假定前提下，年值法以“年”为时间单位比较各方案的经济效果，从而使寿命不等的互斥方案具有可比性。对于仅有或仅需计算费用现金流的互斥方案，可以比照净年值指标的计算方法，用费用年值指标进行比选，判别准则是：费用年值最小的方案为最优方案。

计算期不同的方案之间怎样进行比较呢？方案比较时一般要求各方案具有可比性，计算期相同是方案可比的条件之一。然而许多情况下各方案的计算期并不一定相同，对计算期不同的方案进行比较时，采用年值法和年费用比较法较为简便。如果需要采用净现值法、费用现值法或其他方法时，则需对诸比较方案的计算期作适当处理后再进行比较。一般有两种处理方法：

(1)以诸方案计算期的最小公倍数作为比较方案的计算期，也称方案重复法。即将诸方案计算期各年净现金流量或费用流量进行重复，直到与最小公倍数计算期相等，然后计算各指标进行方案比较。

(2)以诸方案中最短的计算期作为比较方案的计算期。以净现值为例，其表达式为

$$NPV_1=\sum_{t=1}^{n_1}\left(S_1-I_1-C_1'+S_{v_1}+W_1\right)_t(P/F,\ i,\ t) \tag{3-60}$$

$$NPV_2=\left[\sum_{t=1}^{n_2}\left(S_2-I_2-C_2'+S_{v_2}+W_2\right)_t(P/F,\ i,\ t)\right](A/P,\ i,\ n_2)(P/A,\ i,\ n_1) \tag{3-61}$$

式中 NPV_1、NPV_2——两方案的净现值；

S_1、S_2——两方案的年收入；

I_1、I_2——两方案的年投资费用；

C_1'、C_2'——两方案的年总经营成本；

S_{V_1}、S_{V_2}——两方案计算期末回收的固定资产余值；

W_1、W_2——两方案计算期末回收的流动资金；

n_1、n_2——两方案的计算期($n_2>n_1$)；

$(P/F,i,t)$——现值系数；

$(A/P,i,n_2)$——资金回收系数；

$(P/A,i,n_1)$——年金现值系数。

（十）收益相同(或未知)互斥方案的比较与选择

在实际工作中，有些技术方案的收益相同、相近、未知或很难估计时，根据差异比较原则，只需比较其费用大小，费用最小的方案就是最优方案。这种方法称为最小费用法。如当火力发电与水力发电的效果相同时，就可只比较其费用。

采用这种方法只能评价方案间的相对优劣，不能证明方案在经济上是否可行。因为即使费用最小的方案，其费用现值也可能已超过其收益现值。

【例 3-4】企业在设备更新时，有两台功能相同的设备 A 和 B 可供选择，不同部分如下表 3-4 所示。

表 3-4 方案基本数据表

设备	初始投资(元)	预期寿命(年)	年 费 用(元)	残值(元)
A	3 000	6	2 000	500
B	4 000	9	1 600	0

解：方法一，采用现值费用法。方案各年发生的费用现值之和称为现值费用，记作 PC，在本例中，A、B 两设备的寿命不同，计算 PC 时，需取一合理的共同服务年限。

若取两设备寿命的最小公倍数(18 年)为共同服务年限，则有

$$PC_A = 2\ 000(P/A,15\%,18) + \sum_{K=0}^{2} 3\ 000(P/F,0.15,6K) - \sum_{K=1}^{3} 500(P/F,0.15,6K) = 16\ 763$$

$$PC_B = 1\ 600(P/A,15\%,18) + \sum_{K=0}^{1} 4\ 000(P/F,0.15,9K) = 14\ 942$$

由于 $PC_A > PC_B$，故应选择 B 设备。

方法二，采用年费用法。年费用也称年成本，记作 AC。实际上，年费用就是收益为零时的净年金。对于服务寿命不同的方案，在允许重复更新的前提下，使用年费用法最方便，只需计算一个周期内的年费用即可。

$$AC_A = 2\ 000 + 3\ 000(A/P,0.15,6) - 500(A/F,0.15,6) = 2\ 735.60$$

$$AC_B = 1\ 600 + 4\ 000(A/P,0.15,6) = 2\ 438.50$$

由于 $AC_A > AC_B$，故应选择 B 设备。

需要注意的是，当不允许重复更新时，对寿命不同方案应取一合理的公共服务年限再进行比较。

五、有约束条件的项目排队与选优

项目比较和选优过程中，最常见的约束是资金的约束。受资金总拥有量的约束，不可能采用所有经济上合理的项目。

(一)互斥方案组合解法

一般来说，全部入选项目的资金需要与当时的实际可能提供量不一致。假如项目是由一个大项目(需要较多的资金)和几个小项目所组成，在资金不足时，便可能产生在单

一大项目和若干个小项目之间的抉择问题。例如，方案 A、B、C 所需要的资金分别为 I_A、I_B和 I_C，设 $I_B=I_A+I_C$=能够筹集到的资金。由于项目的不可分性(即一个项目只能作为一个整体而被接受或放弃)，使决策不能再按项目的 *IRR* 从大到小的次序来考虑取舍了，对上述情况人们应当作出的抉择时选择项目 B 或项目 A、C。

因此，尽管项目 A、B、C 是互不相关的项目，即某一方案的接受并不影响其他的方案的接受，但在约束条件下(上例是资金，也可以是其他资源及劳动力等)，会成为相关的项目。在上例中则成为 B 和 A+C (以后简写成 AC)两个互斥的项目。如果接受项目 B 则必然排斥项目 AC；反之，接受项目 AC 就不得不放弃项目 B。

在资金存在约束的条件下，多个互不相关的项目经济评价不能再简单地用一个评价准则，如用ΔIRR 或用 $NPV(i_c)$、$NPVR(i_c)$来决定排序和取舍。一种简便的方法是把所有的可行的投资项目的组合列出来，每个组合都代表一个满足约束条件的项目总体中相互排斥的一个方案，这样我们就可以利用前述的互斥的经济评价方法来选出最好的组合。

在有约束条件下，不管项目间是互斥的或是独立的，它们的解法都一样，即把所有的满足约束条件的投资项目的组合列出来，然后进行排序和取舍。

我们可以容易地列出方案总体的项目组合，例如三个相互独立的项目方案总体是 A、B、C、AB、AC、BC 和 ABC。当然还有一个方案是什么也不做，即不进行投资。不难证明如方案总体数为 M，而不相关的项目数为 m，则除不投资外，存在着 $M=2^m-1$ 的关系。

当存在着约束条件时，由于某些组合被排斥，会使 M 的数目减少，而使问题稍为简化。所以在约束条件下，多个互不相关项目的经济评价问题，实质上是可行方案总体中，互斥的方案组的选优问题。因此在列出方案总体的项目组合基础上可以采用上面介绍过的互斥项目选择的方法来进行选择。具体进行的步骤是：

(1)形成所有可能的互斥的方案组总体。

(2)把各方案按约束的因素(在总投资有限制时则按各方案组的初始投资额)的大小，从小到大排序。

(3)除去那些不能满足约束条件的方案组。

(4)留待考虑的互斥的方案组，可用差额投资内部收益率法或增量投资净现值法和净现值率法等方法从中选出最优者。

(二)温嘎特纳(H.Weingtner)0—1 规划法

温嘎特纳提出以净现值最大为目标函数，以资金、人力、物力等约束和项目方案之间的相关关系为约束条件，建立一个 0—1 规划模型，通过该模型的求解，找出达到净现值最大、满足各约束条件与相关关系的最优方案组合，0—1 规划数学模型如下。

1. 目标函数

$$\max\sum_{j=1}^{m}\sum_{t=0}^{n}Y_{tj}\left(1+i\right)^{-t}X_j \tag{3-62}$$

式中 Y_{tj}——第 j 个方案在 t 年的净现金流量，$Y_{tj}=(CI-CO)_{tj}$；

m——候选项目方案的个数；

n——第 j 个项目方案的寿命周期；

i——要求达到的贴现率或基准收益率或社会折现率；

X_j——决策变量，为一布尔变量，$X_j=\begin{cases}0 & 拒绝第j个方案\\1 & 采纳第j个方案\end{cases}$。

2. 约束条件

约束条件可根据项目方案之间的相互关系及约束条件的实际情况确定，一般包括以下几类。

第一类：资源约束条件

$$\sum_{j=1}^{m} C_{tj}\left(X_j\right) \leqslant B_t \tag{3-63}$$

式中 C_{tj}——第 j 个方案在 t 年耗用的资源；

B_t——第 t 年可供应的某种资源，这些资源通常包括资金、人工、稀缺材料等。

第二类：互斥项目方案约束条件

$$\sum_{k\in R} X_k \leqslant 1 \tag{3-64}$$

式中 X_k——布尔变量为项目 R 第 1、2、…、k 个方案的决策变量 $X_k \in X_j$。

表示同属于项目 R 的不同方案共 k 个，若 R 项目被采纳，则只能采纳 k 个方案中的一个，此时 $\sum_{k\in R} X_k = 1$，若 R 项目被拒绝，则 R 项目的 k 个方案均被拒绝，此时 $\sum_{k\in R} X_k = 0$。

第三类：经济上从属项目的约束条件

$$X_{\mathrm{a}} \leqslant X_{\mathrm{b}} \tag{3-65}$$

或

$$X_{\mathrm{a}} - X_{\mathrm{b}} \leqslant 0 \tag{3-66}$$

式中 X_{a}、X_{b}——项目 a、b 的决策变量，表示项目方案 a 只有在项目 b 被采纳时才有意义，当然 b 被接受时，a 可以被采纳，则 a=b；也可以在 b 被接受时，拒绝采纳 a，则 a＜b(即 0＜1)

第四类：经济上严格(对称性)互补项目的约束条件

$$X_{\mathrm{c}} - X_{\mathrm{d}} = 0 \tag{3-67}$$

式中 X_{c}、X_{d}——c、d 项目的决策变量。

上式表示要么 $X_{\mathrm{c}}=X_{\mathrm{d}}=1$(两项目均被采纳)，要么 $X_{\mathrm{c}}=X_{\mathrm{d}}=0$(两项目均被拒绝)。也可以用一个项目综合体或项目集 X_{cd} 代替 X_{c} 和 X_{d}。

第五类：经济上非严格(非对称)互补项目的约束条件

$$X_{\mathrm{e}} + X_{\mathrm{ef}} \leqslant 1 \quad X_{\mathrm{f}} + X_{\mathrm{ef}} \leqslant 1 \tag{3-68}$$

式中 项目 e 和 f——非严格(非对称)互补项目。

有可能因联合生产项目减少生产环节和流通环节以及其他原因带来额外的节约与收益，对联合生产的效益要单独计算，上述式子也可写成

$$X_{\mathrm{e}} + X_{\mathrm{f}} + X_{\mathrm{ef}} \leqslant 1 \tag{3-69}$$

即项目 e 或项目 f 或项目 e 和项目 f 同时建设作为互斥项目，最多只采纳一种。

第六类：项目决策变量约束

$$X_{\mathrm{f}} = 0、1 \qquad (j=1、2、\cdots、m) \tag{3-70}$$

目标函数及上述一系列约束条件组成的 0—1 规划模型，当约束条件变量数不太大时，是不难求解的。

六、风险程度不同方案的比较

在项目建设中，不同建设方案比较时，常会遇到承担风险有较大差异的方案比较问题。例如在新技术开发方案的比较中，有的方案要探索新的工作原理，而有的方案是已有成熟技术的延伸、拓展；又如一个方案占用资金量很大，而另一个方案占用资金量很小。这时参加方案经济比较的各方案所承担的风险和投资者承受的风险是完全不同的。在这种情况下，就不可能直接用项目的净现值、差额投资回收期等指标进行方案比较。因为用净现值指标时，必须有一个事先确定的基准收益或要求达到的收益率，而风险不同的方案不可能有相同的基准收益率或要求达到的收益率。用差额投资收益率指标时，计算出的差额投资收益率，没有一个同一的要求达到的收益率作为差额投资收益率高低的判据。

(一)传统的风险分析方法

在项目评价和方案比较中，一般采用以下三种传统的方法考虑项目或方案的风险。

1. 基准投资回收期的修正

这是一种为了补偿风险，缩短投资回收期的方法。很显然，承担风险大的项目，基准或要求的投资回收期应短于风险较小的项目或方案。例如资源条件和产品市场需求量及价格多变的项目，投资特别大的项目，由于承担风险大，它的基准或要求的投资回收期，应短于资源条件稳定、产品市场需求量及价格形势趋好或稳定的项目以及投资较小，承担风险较小的项目的基准或要求达到的回收期。但是，对一个具体项目，回收期应缩短多少才是可接受的呢？这就很难作出有效的、客观的分析，容易产生相当大的随意性。

2. 收益率的风险修正

对投资者来说，风险增长，最低可接受的报酬率也必然上升。

因此，有风险的项目的贴现率应高于感到安全的项目。

(1)这里存在以下问题：两个方案比较时，由于各自承担风险不同，要求达到的收益率不同，就没有一项指标可作为方案优劣的判据。

(2)虽然有风险的项目的贴现率应高于一般项目是都能接受的概念，但是风险程度贴现率应增加多少呢？这在很大程度上是主观武断的。

(3)由于风险项目的贴现率增加，使未来收益的贴现值大为降低。例如，现值因数表中，贴现率从 1/10 增加到 1/5，5 年末的现金流量贴现值下降为 2/3，20 年末的现金流量贴现值下降为 1/7。显然，若风险贴现率调整不当，将失去项目的投资机会。

3. 对有风险的项目调整输入变量

这种方法也是在项目经济评价中常用的方法，即对有风险的项目的投资额、筹资方式、筹资成本、生产成本与费用、市场需求量、市场价格、产品质量等对项目效益有影响的变量，向保守方向估计一个数值。这种向保守方向的偏移到底偏移多少呢?也很难客观地估计到。而且，几个不是互相独立的输入变量交叉发生作用时，它们同时往保守方向偏移一个定值，将使输出结果(如收益率等)变得很低。由于输出结果比期望值低得很多，所以这种调整往往是不能被人接受的。这种方法在实践中采用的可能性较小。

以上这些对工程项目的一个或几个因素进行风险调整的传统方法，会遇到某些困难。主观武断的调整使一个投资方案变成了“坏的”，这里就隐含着破坏一个好的投资机会，从而不可避免地会拒绝一些本来经济上有利的投资机会。

项目评价指标的期望值与项目承担的风险是项目评价和方案比较中两个不同的概念，应该分开进行评价与计算。可以采用以下两种方法处理。

第一种方法，认为项目或技术方案的风险是由项目或方案的输入变量的不确定性与风险性造成的，只要能正确地估计输入变量的概率分布，也就能正确地估计出评价指标的概率分布，从而估计出项目或技术方案的风险程度。而项目评价的基准值或要求达到的值是衡量项目评价指标期望值高低的尺度。虽然不同方案的风险不同，项目评价的基准值或要求达到的值是相同的。

用于评价项目或方案风险程度的方法有以下两种：

(1)经济上亏损的概率，即评价指标低于最低可接受值或基准值的概率。例如，净现值小于零，内部收益率低于基准收益率的概率，如图 3-16 所示。

(2)保险下限值，即评价指标(内部收益率、净现值等)大于或等于该值的概率 95%以下(或小于该值的概率只有 5%)时，该值即为保险下限值，即认为低于该值的可能性小。如图 3-17 所示。

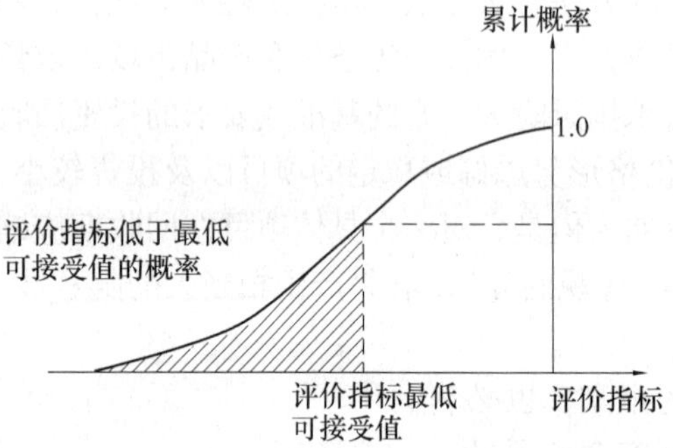

图 3-16　经济损失概率

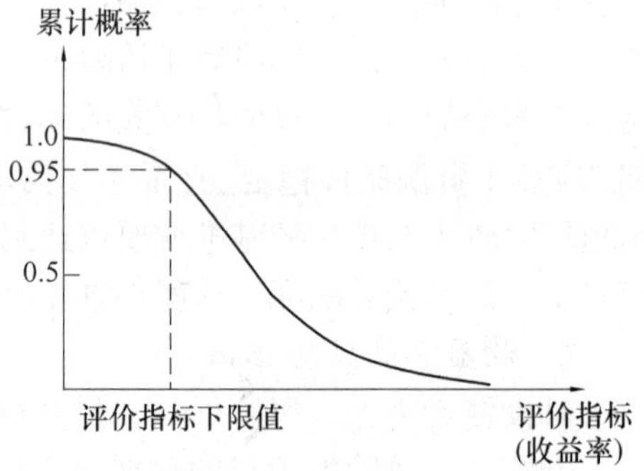

图 3-17　保险收益率

这种方法的优点是可以用前面叙述的评价指标(静态差额投资收益率，净现值等指标进行方案比较)，同时考虑各方案亏损的概率。但这种方法不能用于投资差额较大的两方案，因而影响投资决策者风险承受能力，进而影响投资者要求达到的收益率产生差异的方案比较。

第二种方法，当参加比较的几个方案投资额及筹资条件差异较大，因而影响投资者对各方案风险承受能力时，方案比较中，除了要考虑各方案评价指标的期望值，各评价方案的风险程度外，还应考虑投资者对风险的承受能力，这时就不能认为投资者对各方案要求达到的收益率都是相同的。在这种情况下，就不能根据事先确定的统一的基准收益率或要求达到的收益率计算净现值、年值等指标进行方案比较，而只能计算各方案达到的收益率、各方案的风险概率及投资者风险承受能力综合权衡确定。

(二)风险承受能力接近的决策树方法

技术方案的风险程度不同，但投资者对各方案风险的承受能力差别不大。在这种情况下，可认为各方案要求达到的收益率是相同的，这时可采用“决策树”计算各方案评价指标的期望值及亏损的概率。

决策树有单级决策、多级决策以及贝叶斯统计决策，可参见有关决策论方面的书籍。

(三)风险与收益综合权衡法

这种方法适用于技术方案的风险程度不同，且投资者的各方案风险的承受能力差别较大的情况。投资者总是希望有较高的期望收益率和最低的风险性。例如，A、B 两方案的期望收益率与 95%把握的下限收益率如表 3-5 所示。显然，A 方案优于 B 方案。

表 3-5　A、B 方案的期望收益率与 95%把握的下限收益率

方案	A	B
期望收益率（%）	25	20
亏损的概率（%）	15	18

但是在实践中往往是一个方案有较高的期望收益率，而另一方案有较低的风险性。例如，有 A、B 两个方案如表 3-6 所示。

表 3-6　A、B 两方案比较

方案	A	B
期望收益率（%）	21	26
亏损的概率（%）	10	15

这两个方案的优劣不很明显，要确定哪一个方案较优取决于许多因素，例如项目的投资占投资者拥有的总资本的比重、决策人对风险的态度等。投资者对期望收益率与风险的态度可以用效用函数来描述，虽然联合效用函数不能作为实际决策的工具，但在理论上应用它来分析风险分析的结果、选择最优方案是很重要的。联合效用函数应同时考虑期望收益率与风险性(比如亏损的概率)，并估计这两个指标的不同权重。当项目投资巨大、项目的亏损会造成投资者破产时，风险的增加比期望收益率更为重要，权重大得多；对一个谨慎的决策者而言，风险性的增加比期望收益率的增加更为重要。根据这种效用值绘制等效用线见图 3-18。

上例中的 A、B 方案，从直观上难于判别孰优孰劣，可将 A、B 方案的期望收益率与风险性(亏损的概率)指标绘制到等效用曲线图中，可看到 B 方案的效用高于 A 方案，应选择 B 方案。

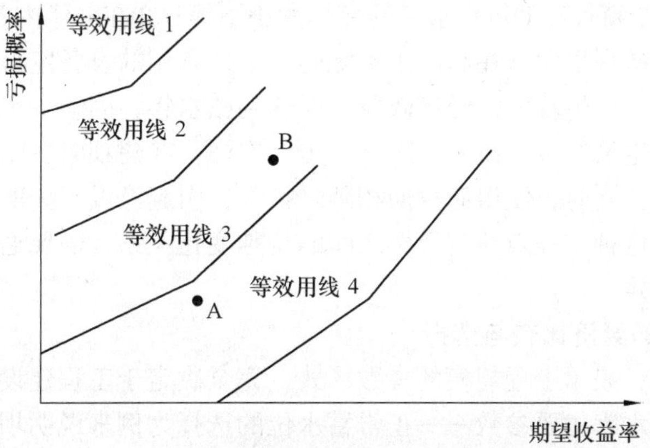

图 3-18　等效用线图

七、工程规模比较的分析方法

(一)工程规模(参数)与经济的关系

工程方案确定之后，接着要进行工程的初步设计，这时需要对工程规模的大小作进一步的经济校核计算。因为在工程方案经济比较时，由于方案众多，不可能对每个工程方案进行详细的经济计算，只能采用较为简化的方法，考虑与经济关系较密切、影响较大的主要因素，对那些次要因素往往忽略不予考虑；另一方面，在工程方案比较阶段，所收集的经济资料也较粗略，作为工程方案的相对经济比较完全能够满足要求。再说，在这个阶段要想进行详细的经济计算，往往在时间上也不允许，在经济上有时也不合算。

工程规模的经济比较，是要定出工程的最终规模或主要参数。所谓参数，是指决定工程规模大小的某些特征值，它对工程的经济效益和投资费用大小都起着决定性作用。由于这些特征值的变化，常常可能引起工程效益、费用的急剧改变。例如，一个工厂的生产规模，与厂房面积大小和设备能力高低以及生产工人多少，都有直接关系，这些就决定了工厂的生产规模，它们则被称之为工厂的主要参数，这些参数的变化对工厂的经济效益、投资费用都具有决定性影响。对于一般的工矿企业、工厂等生产单位，参数的变化与效益费用的关系，可以认为是呈直线的比例变化。

水利水电工程的主要参数，各部门都有不同的表示形式。如水利工程建设中的坝高或以挡水高程表示的正常蓄水位，它是主要参数之一，它对防洪、发电、灌溉和航运的经济效益都有很大的影响。众所周知，建筑的坝越高，形成水库的容积就越大，防洪、发电、灌溉和航运等部门的经济效益也越大；相反，建坝的投资和运行管理费也就越大。另外，对于各部门来说，能否充分发挥水库的作用，还取决于各部门的另一些参数。例如，为利用水库形成的水头和调节流量进行发电，必须安装相应的设备容量，所以水电站装机容量的大小，即为水电站的主要参数之一；灌溉面积大小，则为灌溉部门的主要参数。由此可见，参数对于不同部门可以用不同的特征值来表示。它们需要经过规模方案的经济比较，才能作出最后的选定。

水利水电工程主要参数的选择，在效益与费用方面受到水文和地形地质等自然条件变化的影响极大，工程效益与费用关系变化呈现出非直线的关系。任何一条河流的水文变化，主要都有两个特征：①每年水量的变化大小不等；②在一年内各季水量也不均匀，往往在洪枯水期的差别很大。在利用水资源时，如果利用的设备定得过大，虽然在丰水年可以多利用水量，产生较大的经济效益，但遇到枯水年，因缺少水量，设备不能得到充分利用，这时产生的经济效益大大降低。另一方面，在建坝时，随着坝的增高，投资成抛物线形状变化；同时，使得淹没面积随之扩大，引起淹没损失的相应增大，使工程总投资迅速增大。这种工程效益与费用之间的特殊变化关系，需要通过对工程规模进行增量经济计算来确定。

(二)工程规模的经济比较与选择

上面已经提到，表示工程规模的参数形式，完全决定于工程建设的目的。现以一个水力发电为目的的水库主要参数——正常蓄水位的选择为例来说明坝的高低变化而引起的水电站效益费用关系的变化，从经济的观点选择出最经济的水库正常蓄水位。

工程规模方案经济比较的一般步骤如下：

(1)对水库蓄水位高程由低到高，拟订出若干个正常蓄水位方案。

(2)对相应方案进行水电站经济效益计算，获得相应的经济效益。

(3)对相应方案进行水电站投资费用计算，得到相应的投资费用额。

(4)计算相邻两方案的效益和费用差值。

(5)对相应效益费用进行经济计算，可以选用上面讲过的任一种或几种方法，得出相应的结果。

(6)根据规定的经济标准，进行各方案的经济比较，即可选出最佳的工程规模方案。

在甲河流的某处建造一座水电站，已选定水库正常高水位为 360m，要求选择水电站装机容量的最优规模。经初步规划，水电站装机容量规模的变化范围在 50 万 ~ 80 万 kW 之间，故选取 50 万、55 万、60 万、65 万、70 万、75 万、80 万共七个方案进行经济比较，具体计算见表 3-7。

表 3-7　水电站装机容量选择计算表

<table>
<tr><td>装机容量(万 kW)</td><td colspan="2">50</td><td colspan="2">55</td><td colspan="2">60</td><td colspan="2">65</td><td colspan="2">70</td><td colspan="2">75</td><td colspan="2">80</td></tr>
<tr><td>装机容量差(万 kW)</td><td></td><td colspan="2">5</td><td colspan="2">5</td><td colspan="2">5</td><td colspan="2">5</td><td colspan="2">5</td><td colspan="2">5</td><td></td></tr>
<tr><td>增量效益(百万元)</td><td></td><td colspan="2">53.13</td><td colspan="2">54.66</td><td colspan="2">55.70</td><td colspan="2">57.40</td><td colspan="2">53.12</td><td colspan="2">51.54</td><td></td></tr>
<tr><td>增量费用(百万元)</td><td></td><td colspan="2">50.00</td><td colspan="2">50.50</td><td colspan="2">50.80</td><td colspan="2">52.40</td><td colspan="2">53.08</td><td colspan="2">54.04</td><td></td></tr>
<tr><td>增量效益费用比</td><td></td><td colspan="2">1.063</td><td colspan="2">1.082</td><td colspan="2">1.097</td><td colspan="2">1.095</td><td colspan="2">1.001</td><td colspan="2">0.954</td><td></td></tr>
<tr><td>增量净效益</td><td></td><td colspan="2">3.13</td><td colspan="2">4.16</td><td colspan="2">4.90</td><td colspan="2">5.00</td><td colspan="2">0.004</td><td colspan="2">−2.50</td><td></td></tr>
</table>

从表 3-7 可以看出，水电站装机容量每增加 5 万 kW 时，开始的增量经济效益呈上升趋势。当装机容量增加到 75 万 kW 时，则增量效益下降，出现容量增加相对效益减少的变化。这是因为水电站装机容量增加到 75 万 kW 时，由于可利用的水量逐渐减少，机组有效利用小时降低，故产生效益下降。相反，相应增量的费用随着容量的增加，则发生持续增大的变化。这是由于随着总装机容量的增大，机组及有关的设备增加，使引水建筑物的尺寸和结构强度都要发生变化，需要额外增加一定的费用。增加装机容量在效益与费用两者之间具有不同的变化规律，通过经济比较，选择出水电站装机容量最优的方案。

在一定折算率的条件下，表 3-7 计算出的各个增量方案结果表明，用增量效益费用比法来进行各方案的经济比较时，从 55 万 kW 增到 75 万 kW 的五个方案的增量效益费用比均大于 1，即$\Delta R>1$。只有最后一个方案，当容量由 75 万 kW 增至 80 万 kW 时，其增量效益费用比小于 1，即$\Delta R<1$。计算结果表明，装机容量增大到 80 万 kW 时，增量装机在经济上明显表现出不利。所有大于 1 的方案中，以 65 万 kW 增至 70 万 kW 的增量效益费用比最大，即$\Delta R=1.097$。因此，65 万 kW 装机容量为最佳方案。

如果用净效益增量来进行规模方案选择，同样，在表 3-7 中可以看出，前五个增量方案的净效益增量均为正值，即表明增加的效益大于费用，其中以 65 万 kW 增至 70 万 kW 时，增加的净效益增量为最大，即等于 5.00 百万元。从增加的净效益最大考虑，则应选择 70 万 kW 装机容量为最佳方案。当装机容量由 75 万 kW 增大到 80 万 kW 时，增量的净效益出现负值，这时增量效益已小于增量费用，显然在经济上为不利。

同样，若用增量内部收益率(表 3-5 未列出)来进行经济比较时，从表 3-7 计算结果中可以看出，当由 70 万 kW 增大至 75 万 kW 的方案中，增量效益约等于增量费用，即 $53.12\times10^6\approx53.08\times10^6$，则水电站装机容量最优方案应是 75 万 kW。

经济比较结果表明，利用三种不同的经济计算方法，选择出来的水电站装机规模都不相同，其中以增量效益费用法最小，增量内部效益率法最大，增量净效益居中。这样就给最后确定水电站装机容量规模带来困难。最终如何确定水电站装机容量，要通过综合经济论证分析来确定。

对其他部门可以用不同形式的参数表示，但工程规模经济计算的步骤和方法基本类似，都是通过相应参数增量的变化，引起效益与费用之间增量的改变，利用上述的经济计算方法，计算效益和费用之间所产生的结果，来进行比较选择，具体就不再重复。

八、独立方案的经济效果评价

所谓独立方案，是指作为评价对象的各个方案的现金流是独立的，不具有相关性，且任一方案的采用与否都不影响其他方案是否采用的决策。如果决策的对象是单一方案，则可以认为是独立方案的特例。

独立方案的采用与否，只取决于方案自身的经济性，即只需检验它们是否能够通过净现值、净年值或内部收益率指标的评价标准。因此，多个独立方案与单一方案的评价方法是相同的。

用经济效果评价标准(如 $NPV\geqslant0$，$NAV\geqslant0$，$IRR\geqslant i_0$)检验方案自身的经济性，叫“绝对(经济)效果检验”。凡通过绝对效果检验的方案，就认为它在经济效果上是可以接受的；否则，就应予以拒绝。

对于独立方案而言，经济上是否可行的判据是其绝对经济效果指标是否优于一定的检验标准。不论采用净现值、净年值和内部收益率当中哪种评价指标，评价结论都是一样的。

九、如何选用方案比较方法

方案比较是寻求合理的经济和技术方案的必要手段，是项目经济评价的重要组成部分。这是因为：

(1)方案比较方法是项目评价的重要方法。项目评价归根到底是多种方案比较，通过比较来选取最优方案。项目的优选和排队是通过项目(或方案)间的比较来进行。同一项目的多方案选优也是采用方案比较方法。尤其是那些效益或费用难以量化的非盈利性的基础设施项目。采用方案比较就更为合适。如项目评价所采用的“有无对比法”和最小费用法是方案比较的常用方法。技改项目经济评价采用“有无对比法”，实质上是一种“改”与“不改”的方案比较。

(2)方案比较贯穿于项目可行性研究的全过程。在项目可行性研究过程中进行各项主要经济和技术决策(如工厂规模、产品方案、厂址选择、工厂布局及资金筹措等)时，均应根据实际情况提出各种可能的方案进行筛选，并对筛选出的几个方案进行经济计算，结合其他因素详细论证比较，做出抉择。新建项目实质上是“建”与“不建”的比较，项目评价中大到项目本身，小到具体方案都要进行比较。

方案比较方法很多，常用的方法有净现值法、净现值率法、年等值法、差额投资内部收益率法、最小费用法等，所对应的判断指标有净现值、净现值率、年等值、差额投资内部收益率和费用现值及年费用。这些方法和指标可以用来比较各方案的经济合理性，一般可以选择其中一种方法进行比较。但是在不同的情况下，不同的指标会有所差异，有时甚至会出现矛盾。如净现值与净现值率两个指标在方案比较和项目排队中有时会导致相反的结论。例如：有 A、B 两个方案，投资现值分别为：I_A=200，I_B=340，净现值为 NPV_A=100，NPV_B=160。按净现值来进行比较，应选方案 B，而按净现值率进行比较则方案 A 较优。因此，应根据不同的情况选择合适的方案比较方法和指标。

选用方案比较方法一般应注意以下几点：

(1)比较的各方案是否有相同的产出效益。当多个方案都可以满足同样的需求，即产出效益相同，可以采用最小费用法。只比较各方案的不同因素，使得计算简单、明了。特别是在各方案的产出效益相同却很难估算的情况下，采用最小费用法最为简便。它只需计算各方案的费用，比较其大小，费用最小的方案为最优方案。

(2)有无资金限制条件。一般在无资金限制的条件下，应选用净现值法或年等值法；在有明确的资金限制条件下，应选用净现值率法。当两个方案的投资均满足资金的约束条件且两个方案自身的经济指标都满足要求时，比选这两个方案，应采用差额投资内部收益率法，判断差额投资部分是否满足基准的要求。差额投资内部收益率大于基准收益率时，投资大的方案为优；反之，投资小的方案为优。

(3)计算期是否相同。对计算期不同的方案，可以采用局部比较法，如年值法和年费用比较法，计算较为简便。

总之，方案比较方法的选用，应该根据各方案的特点和要求来确定。

第四章　综合利用工程投资费用分摊

第一节　概　述

国家或地区在制订经济发展规划时，要求各个部门或单位在不同时期都要求达到一定的经济目标。有许多部门可能对某种资源同时提出各自的要求，在这种情况下，对各部门的需求可分别进行单独开发，也可把各部门的需求结合起来统一考虑，进行综合性开发。前者在各部门之间所需的工程建设是独立的，相互之间没有经济上的联系。当进行综合性开发时，工程建设就要按各部门的需求来考虑，它们之间必然存在着经济上的相互联系，要求各部门在投资费用方面进行合理的分摊。

水资源开发最具有综合利用的代表性，为了满足防洪、灌溉、发电、航运和供水等部门的要求，一般说来，水资源综合利用开发，在充分利用资源和资金等方面都具有很大的优越性。但是，由于受到自然条件的影响，水资源在数量和时间分配上往往与各部门需求之间产生尖锐的矛盾。

为了解决防洪与兴利、兴利各部门来水与用水之间的矛盾，通常需要修建一个大的调节水库。然而，修建水库首先要具有良好的地质和地形条件，能够寻找到较理想的综合利用水利枢纽工程的坝址，它既有建造综合性工程的优越技术经济条件，又能适应坝址下游地区经济发展的需要，长江三峡综合利用水利枢纽工程就是一个极好的例子；其次，大型综合利用工程需要投入大量的资金，同时还会遇到需要妥善安置大量移民的困难。

显然，综合利用工程在建设过程中，需要投入大量的财力、物力和劳力，对哪一个部门都难以承受，必须在各个受益部门之间共同进行合理分摊。如果综合性工程投资费用不进行合理分摊，就会产生许多消极因素。例如那些不承担费用的部门，将会提出不切合实际的扩大规模的要求；由于个别部门负担加重，难以筹集资金，造成工程迟迟不能开工建设或拖延工期；由于缺少资金，只能缩小工程规模，使资源得不到充分利用等。

综合利用工程是指可以为多个不同部门服务的工程。对这些工程进行经济评价时，必须从全局和部门两个方面来分析。由于综合利用水利工程在建设与开发过程中具有普遍性与代表性，因此本章是以综合利用水利工程为例介绍综合利用水利工程投资费用分摊理论、方法与实践。

一、综合利用水利工程效益

综合利用水利工程总体的效益是指该开发方案各部门的效益之总和。公式表达如下：

$$B = \sum_{j=1}^{n} B_j \tag{4-1}$$

式中 B——综合利用水利工程的总体效益；

B_j——第 j 部门的效益；

n——兴利除害部门总数。

如果部门的效益不完全是水利工程的作用，即还包含其他非水利措施的功效，则上述公式中的部门效益是指与其他非水利部门进行效益分摊后的数值。若部门间的效益有一部分是重复的，则综合利用水利工程的总效益不能简单相加，要剔除其重复部分。例如洪和涝两种灾害有时交错在一起，很难分清，计算部门效益时就可能重复，因而在计算总效益时就应把重复的部分扣除。综合利用水利工程在获得正效益的同时，还可能对其他部门或国民经济造成损失与不利影响，这可称为负效益，负效益须从上面的效益计算中扣除。

二、综合利用水利工程费用

综合利用水利工程的费用包括投资和年运行费用两项，一般可用公式表示为

$$C = \sum_{j=1}^{n} C_j \tag{4-2}$$

$$K = \sum_{j-1}^{n} K_j \tag{4-3}$$

式中 C、K——综合利用水利工程的年运行费、总投资；

C_j、K_j——第 j 部门的年运行费、投资。

各个部门的投资(或年运行费用)总额，应是各部门专用工程投资(或年运行费用)、共用工程的分摊投资(或分摊年运行费用)以及补偿某一受害部门所需工程投资在部门间的分摊值之和。

这里必须指出，在补偿受害部门的投资中，如果还含有超过原有效益的投资，则其超过投资额应由原部门单独承担，综合利用水利工程不予负担。

如果兴建水利工程后，由于各种自然或经济条件的限制，使某些受害部门的效益不可能进行补偿时，则受害部门的效益应作为负效益值，在效益计算中扣除。在计算方法上究竟是采用补偿投资还是扣除负效益方式，应视具体情况分析确定，但要避免遗漏或重复。

在某些综合利用的水利枢纽中，有些专用工程本身也具有共用工程的作用(如河床式水电站的厂房，它同时又起到拦河大坝的作用)，对这类具有综合作用的工程投资也应在部门间进行分摊。一般是把其中替代共用工程的相当投资分出来由各受益部门(包括该专用部门，在上例中，则应包括发电部门在内)共同承担，其余投资则由发电部门即该专用工程部门负担。

第二节 投资构成分析与划分的方法

在水资源开发的规划设计中，综合性工程常有两种型式。一种是综合利用水库，或

称综合利用水利枢纽工程。因为它具有良好的调节性能，在解决各部门用水之间的矛盾时，可以起到很好的调节作用，这是国内外水利水电工程建设中广泛采用的综合性工程措施之一。另一种是大型输水工程，这在大型灌区或长距离的跨流域调水工程中常遇到。一个大型输水工程可以用于引水灌溉，也可用于城镇工业和居民生活用水，或用于发展水路交通运输。在地形条件复杂的地方，由跌水造成的相当大的落差，能用来进行水力发电。这类综合性工程，除要进行各部门之间的投资分摊外，还需要进行各地区之间的水量分配。

我们主要以综合利用水利枢纽工程为例来加以说明。

一、综合利用水利工程费用构成及其特点

综合利用水利工程是国民经济不同部门为了利用同一水资源而联合兴建的工程。从费用构成来说，它与一般水利水电工程的费用一样，由建筑工程、机电设备及安装工程、金属结构设备及安装工程、临时工程、水库淹没处理补偿费、其他费用、预备费等部分组成。按费用的服务性质来说，可以分为只为某一受益部门(或地区)服务的专用工程费用和配套工程费用以及为综合利用水利水电工程各受益部门(或其中两个以上受益部门)，或地区服务的共用工程费用。不同综合利用水利工程专用工程费用与共用工程费用的比例不同，不同综合利用部门的专用工程、配套工程费用多少及其投入时间也不相同。

(1)共用工程费用主要包括大坝工程投资和水库淹没处理费用，其大小主要取决于坝址的地质、地形条件和水库淹没区的社会经济条件，在不同自然条件和社会经济条件下建设相同规模的水利水电工程其投资费用可以相差数倍。共用工程费用投入时间较早，全部或绝大部分要在水库蓄水前投入。

(2)专用工程费用和配套工程费用各部门相差很大。某些水库防洪的专用工程费用较小(大坝既是防洪的主要工程措施，又为受益部门所共用)，基本上没有配套工程；发电部门的专用工程费用和配套工程费用都比较多；航运部门的专用工程费用比发电部门少，但配套设施的费用很大；灌溉部门的专用工程(主要是引水渠首)费用很小，配套工程费用大。

专用工程投资投入的时间，航运专用工程一般在水库蓄水前要全部投入，发电专用工程投资(主要是机电设备)大部分可在水库蓄水后随着装机进度逐步投入。配套工程投资可在水库蓄水后逐步投入。

综合利用水利水电工程费用的这些特点对费用分摊的结果影响甚大。例如，由于综合利用各部门的专用和配套工程投资多少不同，如果采用按各部门利用库容比例等方法分摊(包括共用、专用、配套工程在内的)枢纽总投资时，将使专用和配套工程投资少的部门分摊的投资偏多，而使专用和配套工程投资多的部门分摊的投资偏少，甚至出现本部门的专用和配套工程投资也要其他部门承担的明显不合理现象；由于综合利用水利工程各部门投资的投入时间不同，如果采用按各部门计算期折现效益的比例等方法分摊综合利用工程的静态投资时，将使投资投入时间较迟的部门分摊的投资偏多，而投资投入时间较早的部门分摊的投资偏少。因此，在采用不同方法进行综合利用水利水电工程费用分摊计算时，应认真研究和考虑综合利用水利水电工程费用的特点，计算分摊比例采

用的经济效益指标要与被分摊的投资(或费用)计算口径对应。

二、综合利用水利工程费用划分

综合利用水利工程的投资费用可写成如下一般形式，即

$$C = f\ (C_i)=C_1+C_2+\cdots+C_n \tag{4-4}$$

式中　C——综合利用水利枢纽工程的投资费用；

C_i(i=1、2、…、n)——综合利用各部门的投资费用。

综合性工程的投资费用由各部分组成，有些部分对某个部门可能是必须的，而对另一个部门则属不必要的。所以在进行投资分摊之前，首先必须对投资的构成进行分析。目前，对综合性工程的投资费用可按专门投资和公共投资以及可分费用和剩余费用两种方法来划分。

(一)按专门投资和公共投资来划分

1. 专门投资

专门投资是指综合性工程中仅为某一个部门服务，所必须修建的工程设施、建筑物及设备等方面所耗费的资金，它完全可以从综合性工程的总投资中单独划分出来。对综合性工程中每个部门的专用投资，应根据其相应的特点进行具体分析。

灌溉的渠首引水建筑物、闸门及启闭设备以及各级渠系上的渡槽、倒虹吸管、涵洞等的投资，均属于灌溉部门的专门投资。当然，如果灌溉干渠因考虑到其他部门(例如航运、供水等)的需要，进行扩大过水断面的设计，相应的投资则由这些部门承担。

水力发电的厂房、水轮机和发电机组、电气设备和升压站、有压和无压引水系统，以及进水口的金属结构设施等的投资，都应列为发电部门的专门投资。

航运方面的航道、船闸结构、导航设施、港埠码头及重船等，如果是为提高通航标准，是由航运部门要求设计建造的，那么这些都应列为航运专用投资。若是遇到另一种情况，即天然河道原来处于良好的通航状态，因修建水利工程而被隔断，为了恢复原来的通航能力，所需要耗费相应的投资，不应被认为是航运部门的专用投资，而应该由其受益部门来负担。但是，也有可能出现这种情况，即比原来的天然航道标准有所提高，这时应将提高运输能力所需要的投资作为航运部门的专门投资。对于这种投资的分配，可以按运输能力变化的比例来确定，或者将提高运输能力部分，采用其他最优替代运输方式所需的投资，作为航运部门应该承担的专用投资。

综合利用工程中防洪部门的专门投资部分是较难划分的，因为工程中所有的防洪设施、溢洪控制闸门以及启闭机等，即使没有防洪部门的要求，其他受益部门为了保证工程的安全，这些控制设施和设备也不能缺少。

对于城市工业和居民生活供水，如果也为综合利用水利枢纽工程的组成部门之一，当采用独立取水口和引水建筑物时，其相应的投资可作为供水部门的专门投资。大部分的情况是，供水部门用水所占的比重相对较小，都可以与发电或灌溉引水结合，这时应在它们的投资中扣去最优替代供水方案的投资，以此来作为供水部门应承担的专门投资。

水库为渔业的发展提供了良好的场所，但它一般不作为综合利用组成部门来考虑。所以，利用水库发展养鱼时，相应需要的投资，都由渔业部门另作规划，进行专门投资，

在综合枢纽工程的总投资中对此不予计算。

除了上述直接参加综合利用的各部门外，某些情况下，陆路交通的铁路和公路，在穿过河流时，可把枢纽建筑物作为桥梁使用，这时结构的强度要求有一定的提高，也会相应增加枢纽工程的投资，如数量较大，则应由交通部门补偿工程增加的投资。

经过分析计算出综合利用工程各参与部门的专门投资后，相加即可求得总的专用投资。

对于各个参与综合利用工程部门来说，为了能使相应部门的效益得以实现，尚需进行另一种形式的专门投资，或称配套工程投资。因为，如果没有相应的配套投资，它的效益就不可能实现。例如水电站，除了要有枢纽建筑物、厂房和水轮发电机组外，要想把发出的电送到用户，还必须要有升降压变电站、高压输电网等，才能把发、供、用电联结成一个完整的电网，使电站的效益得以实现，相应这部分的配套投资是不可缺少的。当然，因各部门的情况不同，它们所要求的投资大小不完全相等，要根据各部门的具体条件分析确定。

2. 公共投资

在综合利用水利枢纽工程中，虽然可以将专门投资划分出来。但是，其中有些投资不可能单独地划分给某个部门，我们把这部分投资称为公共投资，它等于综合利用水利枢纽工程总的投资减去各部门专用投资之差。

公共投资一般包括枢纽工程的主要建筑物、大坝和泄水溢洪道或隧洞等、水库淹没损失和移民补偿费用、金属结构和启闭设备、临时建筑物、施工围堰、生活设施、附属建筑物和不可预见费用等。实际上，除能单独划分出来的专门投资外，其余的都可以认为是公共投资，它应在各受益部门之间进行分摊。

上面讲的专门和公共投资，同样也可以用投资费用来代替。因为，综合利用工程投资是主要的，为了使计算简化起见，可仅以投资计算。如果要进一步详细计算，则可考虑投资和运行费来进行计算。

在投资分摊计算中，尚需考虑各个部门的最优替代工程方案。所谓最优替代工程方案是指在同等满足国民经济发展要求的具有同等效益的许多方案中，选择其中一个在技术上可行、经济上最有利的替代工程方案。例如水电站的最优替代工程方案，在一般情况下是凝汽式火电站；水库下游地区防洪的最优替代工程方案，可能是在沿河两岸修筑堤防或在适当地区开辟蓄洪、滞洪区；地表水自流灌溉的最优替代工程方案，可能是在当地抽引地下水灌溉等。

在具体研究综合利用水利工程投资构成时，还会遇到许多复杂的情况，例如：

(1)天然河道原来是可以通航的，由于修建水利工程而被阻隔，为了恢复原有河道通航能力而增加的投资，不应由航运部门负担，而应由其他受益部门共同承担。但是为提高通航标准而专门修建的建筑物，其额外增加的费用则应由航运部门负担。

(2)溢洪道和泄洪建筑物及其附属设备的投资，常占水利枢纽工程总投资相当大的比重，上述建筑物的任务包括两方面：一是为保证工程本身的安全，当发生稀遇洪水(例如千年一遇或万年一遇洪水)时，依靠泄洪建筑物的巨大泄洪能力而确保水库及大坝的安全；另一方面，当发生下游防洪标准以内的洪水，依靠上述建筑物及泄洪设备的控泄能力而能确保下游河道的防汛安全。前一部分任务所需的投资，应由各个受益部门共同负担；后一部分任务所需增加的投资，则应由下游防洪部门单独负担。

(3)灌溉、工业和城市生活用水，常须修建专用的取水口和引水建筑物，其所需的投资应列为有关部门的专用投资。当这些部门所引用的水量，与其他部门用水(例如发电用水)结合时，则在此情况下投资分摊计算比较复杂。但不论在上述何种情况下，一般认为任一部门所负担的投资，不应超过该部门的最优替代工程所需的投资，也不应少于专为该部门服务的专用建筑物的投资。

综上所述，综合利用水利水电工程的投资构成，一般可用下列公式表示：

$$K_{总}=K_{共}+\sum_{j=1}^{n}K_{专,\ j} \tag{4-5}$$

式中 $K_{总}$——工程总投资；

$K_{共}$——多个部门共用建筑物的投资；

$K_{专,j}$——第 j 部门的专用建筑物的投资。

也可用下式表示：

$$K_{总}=K_{剩}+\sum_{j=1}^{n}K_{分,\ j} \tag{4-6}$$

式中 $K_{剩}$——工程总投资减去各部门可分投资后所剩余的投资；

$K_{分,j}$——第 j 部门的可分离部分的投资(简称可分投资)。

(二)按可分费用和剩余费用来划分

为了减小由于分摊共用工程费用比例不精确而造成的误差，应用边际增量费用的原理把各部门的专用工程费用最大限度地划分出来由各部门自行承担，减少共用工程费用，即把综合利用水利工程费用划分为可分离费用与剩余共用费用，是综合利用水利水电工程费用分摊研究中的一项十分重要的基本工作。

可分离费用是指综合利用工程总费用与某部门不参加综合利用工程，而为获得与原来同等效益的其他部门的综合利用工程总费用之差，即为该部门的可分离费用。不可分离费用(又称剩余费用)是综合利用工程总费用与各部门可分离费用之和的差额。

可分离费用和不可分离费用(剩余共用费用)的划分一般在专用工程投资费用与共用工程投资费用划分的基础上进行，划分时需要大量的设计资料。为了减小工作量，应充分利用已有资料，并作适当简化。

1. 可分费用

这种费用的划分概念，实际上就是把组成综合利用水利枢纽工程中的某一个部门，假定将其划分出去时可以使该工程减去多少费用，依此作为相应部门的可分费用。它的具体计算是将综合利用工程中分别包括某个部门或不包括某个部门时，进行两种情况的费用计算，然后两者相减，即得该部门的可分费用。对综合利用工程中的其他部门，也可依次逐个进行类似的计算，即可求得各部门相应的可分费用，并将各部门可分费用相加，计算出综合利用工程总的可分费用。以防洪、发电、灌溉、供水和航运五个部门组成的综合利用水利枢纽工程为例，要确定发电部门的可分费用，可将包括发电部门在内的综合利用工程总的费用，减去不包括发电部门在内的其他四个部门总的费用之差，即为发电部门的可分费用。其他四个部门的可分费用，也可按同样的方法，依次计算出相应的可分费用。

2. 剩余费用

从综合利用工程总的费用中，减去各部门的可分费用，即得综合利用工程的剩余费用。

比较两种投资费用的划分方法，可以看出：因专门和公共投资费用划分时，它的综合利用工程规模不变，只能把各部门的专用投资费用划分出来；而可分和剩余费用的划分方法，在计算可分费用时，是以两种不同综合利用组成部门的总费用之差来表示的。所以在可分费用中，不仅包括了专门费用，而且包括了部分的公共费用在内，这样划分的结果，专门费用必然要小于可分费用；相反，公共费用则要大于剩余费用。很显然，在综合利用工程总的投资费用一定的条件下，最大限度地进行不可分费用划分后，余下的剩余费用必然降低到最小的限度，这就使得在各部门之间需要分摊的费用为最小。

经过对综合利用工程的投资费用具体划分后，就可将它明确地分成两部分，其中专门投资费用或可分费用，应由相应各部门来承担，只有公共费用或剩余费用，才需要在各受益部门之间进行分摊。

在跨地区或流域之间引水时，两个或三个以至多个地区，对于工程投资费用之间的分摊，可以遵循因扩展地区引水，所需增加工程的额外投资费用，由增加用水地区来负担的原则，进行合理分摊。

由于投资和年运行费用分摊原则和方法类同，所以下面仅介绍综合利用水利工程投资分摊方法。

第三节　投资费用分摊的原则与步骤

一、投资费用分摊的定义

投资分摊或投资费用分摊，是指在各受益部门之间、各受益地区之间合理分担综合利用水利工程的投资和年运行费用。

综合利用水利工程的费用中有一部分是只为某一受益部门(或某一受益地区)服务的专用工程费用(或可分离费用)，有一部分是为各受益部门(或各受益地区)共同服务的共用工程费用(或剩余费用)。费用分摊实质上是研究共用工程费用(或剩余费用)如何在各受益部门之间(或各受益地区之间)合理分摊的问题。但由于综合利用水利工程的专用工程费用与共用工程费用是统一计算的。因此，在实际做法上，有先将综合利用水利工程费用划分为专用工程费用和共用工程费用后分摊共用工程费用的，也有直接分摊综合利用水利工程总费用的。无论是先进行专用工程费用和共用工程费用划分后分摊共用工程费用，还是直接分摊总费用，基本问题是要求出各受益部门(或各受益地区)分摊枢纽工程投资费用的数额和比例，如分摊枢纽工程投资费用(包括工程投资和水库淹没处理补偿费用，不包括配套工程投资费用，因为配套工程投资费用容易划分，经济责任也明确)的数额和比例，分摊供(引)水工程总干渠投资费用的数额和比例等。

费用分摊一般是在综合利用水利工程参数优化的基础上，也就是参与综合利用各部门的开发规模、效益已经确定的情况下，计算各部门分摊的费用。根据综合利用水利工程的具体情况和所采用的分摊方法，可以同时进行投资和年运行费用的分摊；也可以先进行投资分摊，然后各部门根据分摊的投资和本部门与固定资产投资无关的其他经营成本计算年运行费用。

为满足动态经济分析的需要，除研究确定综合利用水利工程总费用在各受益部门(或受益地区)的合理分摊外，还需要研究确定各部门(或各地区)分摊投资费用在建设期内年度分配数额。

各受益部门或地区应承担的投资费用是配套工程投资费用、专用工程投资费用和分摊的共用工程投资费用之和。

二、投资费用分摊的目的

水是有限的宝贵资源，对人类具有特殊重要的意义，城乡人民生活和工农业发展、生态与环境保护都需要水，水资源的多寡是决定人类定居方式和经济活动的基本制约因素之一。水资源具有多种功能，如发电、灌溉、供水、航运、养殖、旅游，水过多时，也能给人类生活和工农业发展造成巨大的洪涝灾害。综合利用能使宝贵的水资源得到比较充分合理的利用。以较小的代价取得较大的综合效益，是我国水资源开发利用的基本原则。《中华人民共和国水法》(2002 年 10 月 1 日起执行)规定：“开发、利用水资源，应当坚持兴利与除害相结合，兼顾上下游、左右岸和有关地区之间的利益，充分发挥水资源的综合效益，并服从防洪的总体安排”。“开发、利用水资源，应当首先满足城乡居民生活用水，并兼顾农业、工业、生态环境用水以及航运等需要。在干旱和半干旱地区开发、利用水资源，应当充分考虑生态环境用水需要”。“国家鼓励开发、利用水能资源。在水能丰富的河流，应当有计划地进行多目标梯级开发。建设水力发电站，应当保护生态环境，兼顾防洪、供水、灌溉、航运、竹木流放和渔业等方面的需要”。

由于综合利用各部门的自身特点，对水资源各有其不同的要求。这些要求既有一致的一面，又有矛盾的一面。为了保证水资源的综合利用，除在规划中从整体利益出发，统盘考虑安排外，在综合利用各部门之间进行合理的费用分摊，把综合利用各部门的经济效益与经济责任联系起来也是保证水资源得到充分、合理利用的一条重要措施。

对综合利用水利工程进行投资分摊的目的，主要是：

(1)充分合理地开发和利用水利资源和各种能源资源，在满足国民经济各部门要求的条件下，使国家的总投资和年运行费用最少。

(2)协调国民经济各部门对综合利用水利工程的要求，选择经济合理的开发方式和发展规模；分析比较综合利用水利工程各部门的有关参数或技术经济指标。

(3)为计算各部门的经济评价指标，确定工程的合理开发规模提供费用依据。

(4)为研究工程项目建设资金的来源(筹资)和投资政策(如国家对防洪、供水、灌溉、发电的投资政策各不相同)提供参考依据。

(5)充分发挥投资的经济效果，只有对综合利用水利工程进行投资和年运行费分摊，才能正确计算防洪、灌溉、水电、航运等部门的效益与费用，以便加强经济核算，制订合理的价格，不断提高综合利用水利工程的经营和管理水平。

三、投资费用分摊的原则

任何涉及经济利益的事都是有争议的，综合利用水利水电工程费用分摊由于涉及不确定性因素多，更容易引起争论，目前还没有一个十全十美的方法能圆满解决各部门的矛盾，但为了使分摊的结果相对合理一些，提出若干费用分摊原则是必要的。费用分摊是否合理，不同于方案优选中的总效益最大或总费用最小，关键在于是否“公平”，即应遵守若干公平性原则。公平性原则主要有以下 10 条：

(1)各部门自身需要的专用工程费用和配套工程费用，应由相应部门承担。

(2)某个部门的效能因兴建本项目而受到影响时，为恢复其原有效能而采取的补救措施所需费用，应由建设单位负担。超过原有效能而增加的工程费用，应由该部门承担。

(3)各部门共同需要的共用工程的费用，应由各部门承担。其费用分摊应体现综合利用任务主次和效益大小，各受益部门分摊的费用，应具有合理的经济效果。

(4)各受益部门分摊的总费用，应不小于该部门的专用工程费用和配套工程费用。如果使用可分离费用—剩余效益法分摊时，各部门分摊的费用应不小于其可分离费用。同时，各部门分摊的费用，也不能大于相应部门替代方案的费用。

(5)各受益部门分摊的总费用，应小于该部门的效益。鉴于综合利用水利水电工程中有些部门没有直接财务收益或其财务收益不能反映其真实效益，其效益应采用各部门在国民经济评价中的效益。

(6)分摊到各部门的费用总和应等于工程的总费用。

(7)任意若干部门分摊的费用之和都应小于或等于这几个部门联合兴建一项综合利用工程的费用。

(8)计算费用分摊比例和数额时所采用的费用和计算分摊比例所用的经济效益指标要口径一致，避免犯逻辑上的错误。

(9)鉴于费用分摊问题的复杂性和综合利用水利工程各部门的效益具有不确定性，对重要工程，应采用多种方法进行计算，分析各部门费用分摊比例和数额的变化范围，再由各部门协商确定。

(10)由于综合利用水利工程各部门效益的稳定程度不同，财务收益不同，在确定各部门分摊费用的比例和数额时，还应考虑各部门的经济承受能力。

四、投资费用分摊的一般步骤

对综合利用水利工程费用分摊的研究，一般可按以下的步骤进行。

(一)确定参加费用分摊的部门

参加综合利用的部门有时有多个，一个比较完整的综合利用水利工程的综合效益有防洪、发电、灌溉、供水、航运、水产、旅游等，从一般原则上说，所有参加综合利用的部门都应参加费用分摊，但是由于参加综合利用的各部门在综合利用工程中所处的地位不同，如有的部门(一个或几个)在综合利用工程中处于主导地位，对综合利用工程的建设规模和运行方式都有一定的要求；有的部门则处于从属地位，对综合利用工程建设规模和运行方式都没有什么影响，主要是利用综合利用工程发挥本部门的效益；参加综合利用的各部门效益大小不同，效益发挥的快慢也不同，有些部门效益较大，有些部门效益相对较小，有些部门效益发挥较快，有些部门效益发挥较慢。因此，不一定所有参加综合利用的部门都要参与费用分摊，应根据参加综合利用各部门在综合利用水利水电工程中的地位和效益情况，分析确定参加费用分摊的部门。

(二)划分费用和进行费用的折现计算

根据费用分摊的需要，将综合利用水利工程的费用(包括投资和年运行费，划分为专用工程费用与共用工程费用，或可分离费用与剩余共用费用(具体划分原则和方法将在下面论述)，并进行折现计算。

(三)研究确定本工程采用的费用分摊方法

目前，国内外研究提出的费用分摊方法很多，但由于费用分摊问题十分复杂，涉及面广，到目前为止，还没有一种公认的可适用于各个国家和各种综合利用水利工程情况的费用分摊方法。因此，需根据设计阶段的要求和设计工程的具体条件(包括资料条件)，选择适当的费用分摊方法。有条件时，可由各受益部门根据工程的具体情况共同协商本工程采用的费用分摊方法。对特别重要的综合利用水利工程，应同时选用 2～3 种费用分摊方法进行计算，选取较合理的分摊成果。

(四)进行费用分摊比例的计算

根据选用的费用分摊方法，计算分析采用的分摊指标(亦称费用分摊媒介)，如各部门的经济效益，各部门等效替代工程或措施支出的费用，各部门利用的水库库容、水量等实物指标等；再根据经济分析确定分摊指标，计算各部门分摊综合利用水利水电工程费用的比例和数额。当采用多种方法进行费用分摊计算时，还应对按几种方法计算的成果进行综合计算与分析，确定一个综合的分摊比例和数额。

(五)对费用分摊的比例和数额进行合理性检查

合理性检查的原则是：各部门分摊的费用应不少于该部门的专用工程费用和配套工程费用，或可分离费用；各部门分摊的费用应不大于该部门等效替代工程或措施的费用；各部门分摊的费用应不大于该部门在工程运行期间可获得的经济效益，并有一定的经济效果。

(六)分析确定各部门分摊的费用在建设期内年度分配数额，即费用流程

为了满足动态经济分析的需要，费用分摊时除研究各部门分摊综合利用水利工程费用总的数额外，还应研究各部门分摊费用在建设期内的年度分配数额，即费用流程。由于共用工程费用与各部门专用工程费用和配套工程费用的投入时间和年度分配情况都不相同：如大坝、水库等共用工程费用在水库蓄水前要全部或大部分投入，各部门专用工程费用投入时间相差很大，航运工程费用一般在水库蓄水前要全部投入，而发电专用工程费用中的大部分机电费用可在蓄水发电后随着装机进度逐步投入。因此，不能按同一分摊比例估算各部门在建设期内各年度的费用，而应分别计算，其方法是：首先按各部门分摊共用费用比例乘共用费用在建设期内各年度的费用数额即得各部门的各年度的共用费用数额，再加本部门专用和配套工程费用在对应年度的费用数额，即为某部门分摊的费用在建设期各年度的数额。费用分摊研究流程见图 4-1。

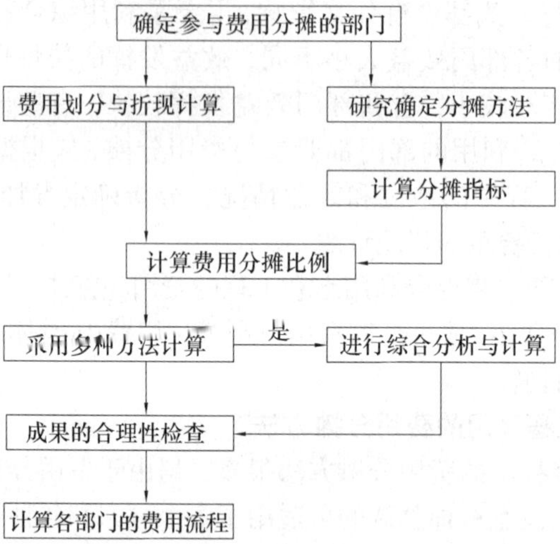

图 4-1　综合利用水利工程费用分摊研究流程图

第四节　投资费用分摊方法的发展与综合分类

一、投资费用分摊的发展简史

对于综合利用水利水电工程的费用分摊问题，国外已研究半个多世纪，美国最早开始研究。1933 年美国田纳西流域工程管理局为实现该流域控制洪水、改善航道和开发水电等多目标就提出了投资分摊问题。1936 年美国国会通过“防洪法案”后，美国修建了许多同时解决防洪、航运、灌溉、发电和供水等的综合利用工程。这些综合利用工程涉及联邦、州、市、私人企业及各部门之间的切身利益，为了协调它们之间的关系，联邦河流流域委员会成立了一个专业委员会，专门研究综合利用水利水电工程的投资效益计算方法和投资费用分摊方法。1938 年，美国田纳西河流域管理局顾问提出了综合利用水利水电工程投资费用分摊的“合理替代费用法”，随后，美国许多水利团体及一些专门委员会又提出了许多方法。1950 年美国联邦河流流域委员会推荐采用“可分离费用—剩余效益法”(SCRB)。1954 年 3 月，美国内务部、陆军部、联邦动力委员会共同达成协议，声明 SCRB 法是进行多目标利用水利水电工程投资费用分摊的有效方法，并说明在某些情况下，可以采用“合理替代费用法”及其他方法。1983 年 2 月，美国总统批准的水土资源工程实施研究的经济和环境评价原则，强调工程的财务费用要在工程所服务的目的间分摊，可分离费用由相应目的负担，共同费用由为之举办工程的目的间分摊。该原则列举的工程目的有城乡供水、城乡防洪、防止土壤冲蚀、农业排水溉溉、水力发电、内河及深水航运、旅游娱乐、渔业等。至今，SCRB 法和“合理替代费用法”仍然是美国和其他国家广泛采用的方法。

日本在 1952 年制定的“电源开发促进法”及 1953 年规定的附属法令，规定以“适当支出法”作为基准分摊方法，但当各部门之间需水迫切程度有很大差异时，也可采用主次地位分摊法。1967 年制订的“新分摊方式纲要”对分摊方法进行了重新审定，规定以“可分离费用—剩余效益法”代替“适当支出法”作为基准方法。当该方法计算出的结果明显不妥时，也可采用主次地位法，或根据参加部门协商制定的方法。

苏联从 20 世纪 50 年代开始对综合利用水利工程投资费用分摊方法进行研究。就共用工程的投资分摊提出了各种建议，如按部门费用比例，按盈利率相等原则(包括经济效果相等原则)分摊投资，或由工程的主要部门分摊全部或大部分共用工程投资。70 年代制订了《综合性水利工程各部门费用分摊规定》，规定以“等抵偿年限法”作为基准的分摊方法。这个方法在苏联和东欧国家获得了广泛应用。

随着“对策论(或博弈论)”科学的产生和发展，对策论科学工作者研究了“结合对策”与综合利用水利工程投资费用分摊之间的关系，于 20 世纪 50 年代将对策论应用于综合利用水利工程的投资费用分摊，提出了沙普利(Shapley)法，随后又提出了核子(Nucleous)法、最大最小费用(MCRS)。但由于这些方法计算比较复杂，一直没有得到广泛应用。

我国对综合利用水利工程投资费用分摊的研究和实践，最早见之于 1944 年编制的《扬子江三峡计划初步报告》，采用电力设备费用由发电部门承担，其余费用在电力、灌溉、防洪、航运、给水、游览等六个部门之间按效益的比例分摊的方法。新中国成立后，开展了大规模水利建设，对综合利用水利工程投资费用分摊方法也进行了研究，并在长江、黄河、淮海等流域规划和工程设计中应用，主要方法有：按各部门利用库容和水量的比例分摊，按各部门单目标开发投资比例分摊、按各部门专用工程(发电部门不包括机电设备)投资比例分摊共用工程投资。但由于投资是由国家拨款，并不涉及各部门的切身利益，实际上并没有按投资分摊的结果执行，只按水利项目或水电项目分列。进入 20 世纪 80 年代后，随着经济体制的改革，为了合理利用水资源，提高经济效益，加强了对综合利用水利水电工程投资费用分摊的研究和应用，一些规划设计单位对现有的各种费用分摊方法进行了全面的比较和分析；一些高等院校对费用分摊的基本理论和方法作了有益探索；主管部门颁发的有关规程规范都对综合利用水利工程的投资费用分摊问题作了专门规定。

二、投资费用分摊方法分类与综合

目前国内外使用的和学者们研究过的费用分摊方法很多。从计算各部门分摊费用使用的度量单位(费用分摊媒介)来说，有均等分摊法、主次单位分摊法、设施使用分摊法、经济效益分摊法、替代费用分摊法、抵偿年限法和计算支出分摊法、其他效益或费用分摊法、对策论法等，每一分摊方法中又有各种不同的具体做法；从被分摊的费用来说，有总费用、共用费用、剩余共用费用等。为了便于研究和比较，现将各种费用分摊方法分类整理如表 4-1 所示。

表 4-1　费用分摊方法分类汇总表

分摊媒介	分摊方法	分离费用方法		
		总费用	共用费用	剩余费用
均等分摊	平均分摊法	△	△	△
主次地位	优先使用权法	△	△	△
	主次地位法	△	△	△
	附加投资费用分摊法(增量法)	△		
设施使用量	库容比例分摊法	△	△	△
	水量比例分摊法	△	△	△
	库容与水量结合使用法	△	△	△
	耗用水能资源的比例分摊法		△	△
	综合权重法		△	
经济效益	年毛效益比例法	△	△	△
	年净效益比例法	△	△	△
	全效期净效益比例分摊法	△	△	△
	折算年毛效益比例分摊法	△	△	△
	经济分析期毛效益折现总值比例分摊法	△	△	△
替代费用	等效替代方案投资比例分摊法	△	△	△
	等效替代方案计算支出比例分摊法	△	△	△
	单目标开发投资比例分摊法	△	△	△
	等效替代方案费用折现总值比例分摊法	△	△	△
计算费用	经济效益或替代费用较小者的比例分摊法	△	△	△
节余效益	各部门替代工程费用与可分离费用差值的比例分摊法			△
	各部门替代工程费用与专用工程费用差值的比例分摊法		△	
剩余效益	可分离费用—剩余效益法			△
	修正的可分离费用—剩余效益法			△
	可分离费用—其他法			△
专用工程投资费用	按各部门专用工程投资费用比例分摊法		△	
可分离费用	按各部门可分离费用比例分摊法			△
投资效果	等抵偿年限分摊法		△	
	等计算支出分摊法		△	
	等经济效果系数分摊法			
	投资效益系数分摊法		△	△
对策论	沙普利法	△		
	核子法	△		
	最大最小费用法		△	
其他	“原则和标准”两步法和合理费用比例法			
	重要的立法(法规规定的方法)			

三、费用分摊方法的选择和应用

表4-2列出了国内外已提出和使用过的20多种方法，这里主要对实际工作中如何选择和应用费用分摊方法作进一步分析，以提高对各种费用分摊方法的应用水平，增强综合利用水利水电工程费用分摊计算成果的合理性和可靠性。

根据费用分摊的原则和条件，衡量一种费用分摊方法的优劣可采用以下标准：

(1)分摊结果应满足下列基本原则：各部门分摊的费用应不小于该部门的专用工程费用或可分离费用；各部门分摊的费用应小于(不应大于)该部门的最优等效替代方案费用；各部门分摊的费用应小于该部门的效益；各部门分摊的费用应公平合理。

(2)分摊结果有明确的经济意义。

(3)分摊程序直接了当，简明易懂，便于有争议的各方了解。

(4)进行分摊计算所需的信息量少且容易获得，即能充分利用工程已有的资料。

各综合利用水利水电工程可以根据上述标准，结合工程的具体条件，选择一个或几个费用分摊方法进行工程的费用分摊计算。

四、费用分摊时应注意的问题

为了做好综合利用水利水电工程的费用分摊工作，根据综合利用水利工程的特点和目前的实际情况，在进行综合利用水利水电工程费用分摊的计算研究时，应注意以下几个问题。

(一)部门不宜划分太细

综合利用水利水电工程的效益往往是多方面的，直接和间接受益的部门很多，但我国是社会主义国家，实行社会主义市场经济，现有的经济资料较少。因此，参与分摊的有关部门不宜划分太细，可根据国家管理体制，选几个主要受益部门参与分摊，次要的或只获得间接效益而且现在难以计算的部门，可以不参与分摊。在进行地区间的分摊时，也宜将地区范围尽可能划大些。

(二)逐步进行分摊

一般情况下，应根据工程的具体情况，将综合利用水利水电工程的费用细分为配套、专用和共用三部分或可分离费用与剩余共用费用两部分。其中配套和专用费用或可分离费用由各受益部门承担，然后按一定比例分摊共用费用或剩余共用费用，这样就可以把需要由各部门分摊的费用减少到最小限度，以减少分摊方法不完善而导致的误差和不公平。

(三)应考虑时间因素

由于综合利用水利水电工程各部门投资费用投入时间不同，各部门开始发挥效益和达到设计效益的时间不同，为了保证各部门用于分摊的所有效益和费用具有可比基础，费用分摊过程中使用的费用和效益均应考虑时间因素。为了便于从事此项分析工作的大多数人员查阅和易懂，应使用相同的折现率和分析期，一般可把工程费用和效益均折算成工程开工建设第一年的现值(总和)，这样分摊的费用和使用的效益(在现值基础上)具有统一的基础。

(四)应遵循费用与效益计算口径一致的原则

过去有些综合利用水利水电工程进行费用分摊计算时不注意遵循费用与效益计算口径一致的原则，导致出现有些部门分摊的费用大于该部门等效替代方案费用(或单目标开发费用)，有些部门分摊的费用小于该部门的专用工程费用或可分离费用的明显不合理现象。为了避免犯这些逻辑性错误，从根本上增强综合利用水利水电工程费用分摊成果的合理性(在定性上不出现明显错误)，在进行费用分摊计算时一定要十分注意费用与效益的计算口径要一致，即被分摊的费用或投资范围要与计算分摊指标的范围对应。如采用的效益指标是包括了配套工程的，则被分摊的范围也要包括配套工程费用；如采用的效益指标是只对应于共用工程部分的，则被分摊的费用只应是共用工程费用。

第五节　综合利用水利工程投资费用常用分摊方法

常用的综合利用水利工程共用部分费用分摊方法有以下几种。

一、平均分摊法

平均分摊法的特点是各受益部门承担共用工程的费用相同，其公式表示为

$$K_i = \frac{K}{n} \tag{4-7}$$

式中　K——综合利用工程中共用工程的总投资或费用；

n——受益部门的数目；

K_i——第 i 部门应承担的共用工程投资或费用；

i——受益部门代号。

这种分摊方法计算简单、方便，但往往对各受益部门不够公平合理。只有当各部门对综合利用工程的需求和效益相近的情况下，这种办法才是可行有效的。

二、主次分摊法

在综合利用水利工程中各部门所处的地位并不相同，往往某一部门占主导地位，要求水库的运行方式服从它的要求，其他次要部门的用水量及用水时间则处在从属的地位。在这种情况下，各个次要部门只负担为本身服务的专用建筑物的投资或可分离投资，其余部分的投资则全部由主导部门承担。这种投资分摊方法适用于主导部门的地位十分明确，工程的主要任务是满足该部门所提出的防洪或兴利要求的情况。

该方法的特点是按工程担负任务的主次来进行分摊。即主要部门负担单独举办最优等效替代工程的投资费用，次要部门负担增加的费用；附属部门不负担共用工程的投资和费用。如以灌溉为主的水库，该部门应承担单独兴建灌溉工程，并达到同等抗旱标准时所需的全部工程费用；发电部门仅承担由于发电需要而扩建的工程设施所需要的相应费用。这种按主次任务来进行费用分摊的方法，相对来说比较合理。

该方法在按主次部门分摊投资时，可采取下述三种方法。

(一)优先分摊投资法

根据对综合性工程中主次部门的分析，其中次要部门只承担本身的专用投资，公共投资完全由主要部门承担。很明显，只有当主要部门在综合性工程中占绝对优势时，它的使用才简单合理。

(二)最小投资分摊法

该分摊方法，是次要部门承担最优替代方案相应的投资，即为实现该部门功能所需要的最小投资，其余的投资全部由主要部门承担。此法次要部门当在综合性工程中占一定比重时，使用才较合适。

(三)按附加投资分摊法(或称增值法)

在已建工程上新增加某个部门时，或对原有的某个部门进行扩建时，一方面要增加投资，另一方面会对原有其他部门利益造成损害，必须采取相应措施加以补偿的额外投资，都应由新建或扩建部门来承担。

三、枢纽指标系数分摊法

该方法是根据各部门利用枢纽工程的某些技术经济指标的比值进行分摊，一般常以库容、用水量等作为分摊指标。

(一)基本原理和计算方法

水是水利工程特有的指标，综合利用各部门要从综合利用工程得到好处都离不开“水”，防洪需要利用水库拦蓄超额洪水，削减洪峰；发电需要利用水库来获得水头和调节流量；灌溉需要利用水库来储蓄水量和抬高水位；航运要利用水库抬高水位，淹没上游滩险和增加下游枯水期流量，提高航深……同时，水利工程费用也是与水库规模大小成正比的，水库越大(即水位越高，库容越大)，费用也越多，反之，费用则较小。因此，按各部门利用库容或水量的比例分摊综合利用工程的费用是比较合理的。但综合利用工程中只有大坝、水库等共用费用与水库规模联系密切，且各部门专用工程和配套工程费用的多少不同，如果按各部门利用库容(或水量、或水能指标)分摊总费用，则将把专用和配套工程费用多的部门的专用和配套工程费用中的一部分也分到专用和配套工程费用少的部门中去，这显然是不合理的。因此，只能用各部门利用库容、水量、耗用水能指标的比例分摊共用工程费用或剩余共用费用。

此法概念明确，简单易懂、直观，分摊的费用较易被有关部门接受，因而在世界各国获得了广泛的应用，适用于各种综合利用工程的规划设计、可行性研究及初步设计阶段的费用分摊。在实际应用时，应根据综合利用工程的具体情况单独使用或和其他方法结合使用。

此法存在的主要缺点和问题是：它不能确切地反映各部门用水的特点，如有的部门利用库容，不利用水量(如防洪)；有的部门既利用库容，又利用水量(如发电、灌溉)。同时，利用库容的部门其利用时间也不一样，使用水量的部门对季节的要求也不一样，水量保证程度也不一样(如工业供水的保证程度一般高于农业供水)。它不能反映各部门需水的迫切程度。由于水库水位是综合利用各部门利益协调平衡的结果，水库建成后又是在统一调度下运行的，因此不能精确划分出各部门利用的库容或者水量。为了克服上述缺点，可以适当计入某些权重系数，如时间权重系数、迫切程度权重系数、保证率权重系数等。例如，对共用库容和重复使用的库容(或水量)可根据使用情况和利用库容时间长短或主次地位划分；对死库容可按主次地位法、优先使用权法等在各部门之间分摊，并适当计入某些权重系数。

此法的计算表达式为

$$K_i = K \cdot \frac{V_i}{\sum_{i=1}^{n} V_i} \tag{4-8}$$

或

$$K_i = K \cdot \frac{W_i}{\sum_{i=1}^{n} W_i} \tag{4-9}$$

式中 V_i——第 i 受益部门占有综合利用水库工程的库容；

$\sum_{i=1}^{n} V_i$——各受益部门占用库容的总和；

W_i——第 i 受益部门需综合利用水利枢纽提供的年用水量；

$\sum_{i=1}^{n} W_i$——各受益部门需枢纽提供的总用水量；

K_i——第 i 受益部门分摊的投资；

K——工程总投资费用。

这种分摊方法具有一定的合理性，一般常在中、小型综合利用水利工程中采用。考虑到大中型水库有一定的垫底库容，其投资由主要部门负担。当次要部门不负担时，则上述公式可以写成如下的形式：

$$K'_i = K \cdot \frac{V_i + V_0\left(V_i \middle/ \sum_{i=1}^{n} V_i\right)}{\sum_{i=1}^{n} V_i + \sum_{i=1}^{n'} V'_i + V_0} \tag{4-10}$$

$$K''_i = K \cdot \frac{V'_i}{\sum_{i=1}^{n} V_i + \sum_{i=1}^{n'} V'_i + V_0} \tag{4-11}$$

式中 V_0——综合利用水库的垫底库容；

K'_i——综合利用水利工程中第 i 个主要受益部门的分摊投资；

K''_i——综合利用水利工程中，第 i' 个次要受益部门的分摊投资；

n、n'——主要和次要受益部门的总数目；

V_i、V'_i——主要部门 i 和次要部门 i' 占有的库容；

其他符号意义同前。

(二)计算步骤

一般可按下列步骤进行分摊计算：

(1)划分综合利用水利工程的专用工程费用和共用工程费用(或可分离费用和剩余共用费用)。

(2)分析确定各部门利用的库容(或水量、或耗用的水能指标)，并根据具体情况确定某些权重系数。

(3)按各部门利用的库容(或水量、或耗用的水能指标，必要时，均应计入适当权重系数)分摊共用工程费用(或剩余共用费用)。

(4)各部门分摊的共用工程费用(或剩余共用费用)加本部门的专用工程和配套工程费用(或可分离费用)即为该部门应承担的综合利用工程总费用的数额。

(三)计算案例

【例 4-1】 某水利枢纽，以灌溉为主，防洪次之。总库容为 6 300 万 m^3，其中兴利库容 4 500 万 m^3，防洪库容 1 100 万 m^3，死库容 700 万 m^3。共用工程的总投资为 12 500 万元。试用枢纽库容系数结合工程任务主次，分摊该枢纽共用工程的投资。

解： 该枢纽以灌溉为主，因此灌溉部门应负担兴建水库垫底库容即兴利库容的全部投资，防洪部门负担增加库容的投资。根据上述公式计算灌溉、防洪两部门各自应分摊的投资：

$$K_1' = K\cdot\left(\frac{V_0+V_1}{V_0+V_1+V_2}\right)=12\ 500\times\frac{700+4\ 500}{6\ 300}=10\ 317(\text{万元})$$

$$K_1'' = K\cdot\left(\frac{V_2}{V_0+V_1+V_2}\right)=12\ 500\times\frac{1\ 100}{6\ 300}=2\ 183(\text{万元})$$

因此，灌溉工程应分摊共用部分投资的 82.5%，即负担 10 317 万元；防洪工程应分摊共用部分投资的 17.5%，即 2 183 万元。

四、效益比例分摊法

根据综合利用各部门在经济分析期内折算的效益现值(或折算的效益年值)，与该综合利用工程各部门效益现值的总和(或各部门效益年值的总和)的比例来分摊共用工程的投资或运行费用。其计算公式可表示为：

$$K_i = K\cdot\frac{B_i}{\sum\limits_{i=1}^{n}B_i} \tag{4-12}$$

式中 B_i——第 i 受益部门在经济分析期内的效益现值或效益年值；

$\sum\limits_{i=1}^{n}B_i$——各受益部门在经济分析期内效益现值的总和或效益年值的总和；

其他符号意义同前。

如果各受益部门专用工程的年运行费用为已知时，上述公式中 B_i 及 $\sum\limits_{i=1}^{n}B_i$ 也可分别用 (B_i-C_i) 及 $\sum\limits_{i=1}^{n}(B_i-C_i)$ 来代替。其中，C_i 表示第 i 受益部门专用工程在经济分析期内的年运行费用现值或年值，$(B_i–C_i)$即为其相应的净效益现值或净效益年值。

兴建综合利用水利水电工程的基本目的是获得经济效益，因此按各部门获得经济效益的大小来分摊综合利用工程的费用是比较公平合理的，也易被接受，是目前国内外采用较多的方法之一。但如何正确使用此法，需注意以下两点：

(1)综合利用工程各部门的效益是由共用、专用、配套工程共同作用的结果，如果按各部门获得的总效益的比例分摊共用工程费用，则加大了专用和配套工程大的部门分摊的费用；如果要把对应于共用工程费用的效益从总效益中划分出来也比较困难，特别是共用与专用工程之间如何分摊效益不好分。因此，采用此法时必须遵循被分摊费用与计算分摊比例所采用的经济效益计算口径对应的原则，合理计算和划分各部门的经济效益和被分摊的费用。

(2)综合利用工程开始发挥效益和达到设计效益的时间长短不同，一般情况是防洪、发电部门开始发挥效益和达到设计效益的时间较快；灌溉部门因受配套工程建设的制约，航运部门因受货运量增长速度的影响，均要较长的时间才能达到设计效益。按各部门的年平均效益(无论是毛效益还是净效益)的比例分摊综合利用工程费用不能反映综合利用工程的这一特点，将使效益发挥慢的部门分摊的费用偏多，效益发挥快的部门分摊的费用偏少。因此，采用此法时各部门的效益和被分摊的费用均应采用综合利用工程在计算期的动态费用和动态效益，即费用和效益的现值。

【例 4-2】某综合利用水利工程总投资 2 亿元，其中专用工程设施的投资为 0.8 亿元，共用工程设施的投资为 1.2 亿元。各受益部门的效益年值及其专用工程的年运行费用见表 4-2。试用各受益部门获得的毛效益及净效益年值比例，对水库共用工程投资进行分摊。

表 4-2　综合利用水利工程各部门受益情况　(单位：万元)

项目	部门		
	防洪	灌溉	发电
各专用工程投资	3 500	1 500	3 000
毛效益年值	1 400	1 200	800
专用工程年运行费	280	350	200

解：根据上述公式列表进行计算，其成果列于表 4-3 中。

表 4-3　综合利用水利工程投资分摊计算　(单位：万元)

项目		序号	防洪	灌溉	发电	合计	备注
共用工程投资		(1)				12 000	
专用工程投资		(2)	3 500	1 500	3 000	8 000	
毛效益年值		(3)	1 400	1 200	800	3 400	
年运行费用		(4)	280	350	200	830	
净效益年值		(5)	1 120	850	600	2 570	(3)–(4)
净效益年值比例(%)		(6)	43.6	33.1	23.3	100	(5)/2 570
按净效益比例分摊	共用工程分摊投资	(7)	5 232	3 972	2 796	12 000	(1)×(6)
	各部门总投资	(8)	8 732	5 460	5 796	20 000	(2)+(7)

续表 4-3

项目		序号	防洪	灌溉	发电	合计	备注
毛效益年值比例(%)		(9)	41.2	35.3	23.5	100	(3)/3 400
按毛效益比例分摊	共用工程分摊投资	(10)	4 944	4 236	2 820	12 000	12 000 × (9)
	各部门总投资	(11)	8 444	5 736	5 820	20 000	(2)+(10)

在研究各受益部门投资比例时，用这种费用分摊法较为合适。但用这种方法，有时可能使效益小而实际占用投资大的部门掩盖了它在经济上没有开发价值的真相，从而违背了公平分配的原则，这是必需注意防止的。

五、最优等效替代方案费用现值比例分摊法

(一)基本原理和计算方法

此法的基本设想是：如果不兴建综合利用水利工程，则参与综合利用的各部门为满足自身的需要，就得举办可以获得同等效益的工程，其所需投资费用反映了各部门为满足自身需要付出代价的大小。因此，按此比例来分摊综合利用工程的投资费用是比较合理的。此法的主要优点是不需要计算工程经济效益，综合利用工程中有的部门效益不易计算或有无形效益时，采用此法是比较合适的；缺点是需要确定各部门的替代方案，各部门的替代方案可能是多个，要计算出各方案的投资费用，并从中选出最优方案，计算工作量是很大的。

采用此法时有两方面的问题必须进一步弄清，避免犯逻辑性错误。

1. 关于费用分摊系数 a_i 的计算问题

目前有四种做法和主张：①按各部门等效最优替代方案投资比例计算；②按各部门等效最优替代方案计算支出比例计算；③按各部门单目标开发投资的比例计算；④按各部门等效最优替代措施费用在综合利用工程经济分析期内折现总值的比例计算。

分析认为，由于各部门替代方案的投资和年运行费用的比例不同(如发电采用凝汽式火电站作为综合利用工程发电替代方案时，年运行费用比较多，而防洪的年运行费用就相对较少)，各部门替代方案投入的时间不同(效益发挥慢的部门的替代方案可以推迟投入)，如果只按各部门等效最优替代投资的比例(不考虑年运行费)计算费用分摊系数显然是不合理的；按各部门等效最优替代方案计算支出的比例计算费用分摊系数虽然考虑了投资和年运行费两方面的因素，但没有考虑各部门替代方案投入时间不同的特点，没有考虑各部门效益随时间变化的情况，仍然是不够合理的方法；按各部门单目标开发投资比例计算费用分摊系数存在与上述同样的问题。因此，采用此法时费用分摊系数以按各部门等效替代方案费用现值的比例计算比较合理。

2. 关于分摊费用的范围问题

替代方案替代了包括综合利用工程中共用、专用、配套工程的全部费用，如果按替代方案总投资费用比例来分摊综合利用工程分出专用和配套工程投资费用后的共用工程投资费用显然是不合逻辑的，因为这个比例中又含有与分摊的共用工程投资费用无关的

专用和配套工程投资费用。因此，采用此法时，一般应按替代方案在经济分析期内的总费用折现总值的比例分摊综合利用水利工程的总费用，然后再进一步分解到各部门分摊主体工程投资和年运行费用的比例和数额。

分摊总费用的计算表达式如下：

$$x_i = a_i \cdot C(N) \tag{4-13}$$

式中 x_i——第 i 部门分摊的总费用；

a_i——第 i 部门的费用分摊系数，$a_i = \dfrac{C_{i替}}{\sum\limits_{i=1}^{n} C_{i替}}$，$C_{i替}$为第 i 部门等效最优替代措施折现费用；

$C(N)$——综合利用工程总费用。

(二)计算步骤

计算步骤主要有：

(1)分析拟定各受益部门的替代方案，计算其投资和年运行费用并折算成现值。

(2)按各受益部门替代方案总费用现值之和的比例分摊综合利用水利工程的总费用现值(包括枢纽工程和配套工程)。

(3)计算各受益部门分摊综合利用水利工程枢纽工程费用(现值)的数额，并计算各部门分摊的比例。

(4)按各受益部门分摊枢纽工程费用现值的比例分摊综合利用水利工程枢纽工程投资数额。

该法与 SCRB 法的不同之处在于，本法用各部门专用工程的投资与年费用，代替上述的可分投资与可分年费用，其余计算方法和计算步骤与 SCRB 法基本相同。该法与 SCRB 法的另一相似之处为，某一部门投资的最小分摊额，就是该部门的专用投资或可分投资，某一部门投资的最大分摊额，就是相应替代工程的投资。虽然合理替代费用分摊法的计算工作量较小些，但 SCRB 法用各部门的可分投资代替前者的专用投资，可以使投资分摊的误差尽可能减小至最低程度，所以欧美、日本等国家现在比较广泛采用 SCRB 法，已逐渐取代其他投资分摊方法。

(三)计算案例

【例 4-3】某综合利用水利工程具有发电、防洪、航运等综合利用效益，枢纽工程投资 298 280 万元，其中工程投资 187 610 万元，水库淹没处理投资 110 670 万元；配套工程投资 105 540 万元，其中输变电工程投资 62 820 万元，航运配套工程投资 42 720 万元。试按等效最优替代方案投资费用比例法进行枢纽工程费用分摊。

解：(1)研究确定各部门的替代方案并进行费用计算

经研究比较，确定本综合利用工程各部门的替代方案如下，考虑各部门替代方案投资与年运行费用的比值不同，资金投入时间也不相同，因此将各部门的投资和年运行费均折算成现值，折算时取生产期 50 年，社会折现率 10%，并以综合利用工程开工年份为基准年，年初为基准点：

防洪替代方案及其费用：采用在综合工程防洪受益区进一步加固堤防、扩大并完善分蓄洪区及与上游水库联合运用的方案。经计算，经济分析期内的折现费用总值为63 752万元。

发电替代方案及其费用：采用在由综合利用工程电站供电的A区和B区建火电站的方案。经计算，经济分析期内的折现费用总值为205 000万元。

航运替代方案及其费用：采用航道整治与陆运分流相结合的方案。经计算，经济分析期内的折现费用总值为33 840万元。

(2)对综合利用工程投资和年运行费进行折现计算

为了与替代方案费用有相同的基础，需对综合利用工程的投资和年运行费用进行折现计算。计算结果，枢纽工程折现总费用为128 080万元；配套工程折现总费用为44 040万元，其中发电22 990万元，航运21 050万元。

(3)计算各部门分摊枢纽工程投资的比例和数额

首先按各部门替代方案折现费用总值的比例分摊综合利用工程的总费用；从各部门分摊综合利用工程总费用中减去各部门配套工程费用即为各部门分摊的枢纽工程费用；计算各部门分摊枢纽工程费用的比例，并以此比例分摊枢纽工程投资(采用各部门分摊枢纽工程费用的比例分摊枢纽工程投资虽有一定误差，但经验算，误差很小，精度在99%以上，可以近似采用)。按替代方案费用比例分摊，计算结果见表4-4。

表4-4　某综合利用水利工程费用分摊计算　　(单位：万元)

序号	项目	受益部门				备注
		防洪	发电	灌溉	合计	
(1)	枢纽工程投资				298 280	
(2)	综合利用工程总费用				172 120	
(3)	枢纽工程费用				128 080	
(4)	配套工程费用	0	22 990	21 050	44 040	
(5)	替代方案费用	63 752	20 500	42 309	311 061	
(6)	替代方案费用比例(%)	20.5	65.9	13.6	100.0	(5)/311 061
(7)	分摊总费用数额	35 285	113 427	23 408	172 120	(2)×(6)
(8)	分摊枢纽工程费用数额	35 285	90 437	2 358	120 180	(7)-(4)
(9)	分摊枢纽工程费用比例(%)	27.55	70.61	1.84	100.0	(8)/128 080
(10)	分摊枢纽工程投资	82 176	210 616	5 488	298 280	(9)×(1)

六、可分离费用—剩余效益法(SCRB法)

这种方法是将枢纽需分摊的总费用划分为可分离费用和共同费用两部分，并用剩余效益的比例来分摊共同费用。各部门的可分离费用及分摊后的共同费用之和，即为各部门应承担的分摊费用总值。下面先对这个方法中所引用的概念进行解释，然后再介绍其基本原理、计算方法和计算步骤。

(一)主要概念

可分离费用：综合利用水利工程中共用工程的总费用减去不包括某一部门在内的共

用工程总费用，其差值即为该部门的可分离费用。

共同费用：综合利用水利工程中，需要分摊的总费用减去各受益部门可分离费用之和，即为共同费用。

剩余效益：以某受益部门的极限费用(或称极限投资)和最优等效替代工程费用(或投资)中的较小者作为合适费用(或合适投资)，然后减去该部门的可分离费用或可分离投资，即为剩余效益。

(二)基本原理和计算方法

可分离费用—剩余效益法的基本原理是：将综合利用工程多目标综合开发与单目标各自开发进行比较，所节省的费用被看做是剩余效益的体现，所有参加部门都有权分享。其计算表达式如下：

$$x_i = SC_i + \frac{\min(B_i, C_i) - SC_i}{\sum_{i=1}^{n}\left[\min(B_i, C_i) - SC_i\right]} \times \left[C(N) - \sum_{i=1}^{n} SC_i\right] \tag{4-14}$$

由上式可知，剩余效益是指各部门的效益和合理替代方案费用两者之中的较小者与该部门的可分离费用之差的总和，即剩余效益为$\sum_{i=1}^{n}\left[\min(B_i, C_i) - SC_i\right]$。

此法应用边际费用的原理把各部门的专用投资费用最大限度地划分出来由各部门自行承担，从而减少了由于分摊比例计算不精确而造成的误差，是一种比较合理的方法，在美、日等国家得到广泛采用。

为了发挥此法的优点，克服其不足，有的学者和专家在 SCRB 法的基础上，提出了“修正 SCRB 法”和“可分离费用—某某法”。

修正 SCRB 法主要考虑到综合利用工程各部门的效益并不是立即同时达到设计水平的，而是有一个均匀增长过程，计算各部门效益时应考虑各部门的效益增长情况，在效益增长阶段分年进行折算，如增长是均匀的，则可运用增长系列复利公式计算；达到设计水平后则运用复利均匀系列公式计算。然后将两部分加起来，即可得出各部门在计算期的总效益现值。

“可分离费用—某某法”主要是考虑分离费用这一思路的合理性，近年来国内外开始将这一思路推广应用于按库容(或用水量)比例、按分离费用比例、按净效益比例、按替代方案费用比例、按优先使用权等方法分摊剩余共用费用。

(三)计算步骤

“可分离费用—剩余效益法”的计算步骤如下：

(1)计算各部门的可分离费用和剩余共用费用。

(2)计算各部门的效益和等效替代方案费用的现值，取两者中的较小值，作为该部门的合理费用(即合适效益)。

(3)各部门的合适费用减去可分离费用现值，即为该部门的剩余效益。

(4)按各部门剩余效益的比例分摊剩余共用费用。

(5)各部门分摊的剩余共用费用加各部门的可分离费用，即为各部门应承担综合利用工程的总费用。

为简化计算，分摊剩余共用费用，也可采用下列方法：

(1)按各部门的效益与可分离费用差值的现值的比例进行分摊。

(2)按各部门等效替代方案费用与可分离费用差值的现值的比例进行分摊。

(3)按各部门利用综合利用工程的某些指标(如水量、库容等)的比例进行分摊。

(4)按各部门的主次地位分摊。

这种分摊费用的方法，是以可分离费用作为各部门应承担综合利用共用工程费用的下限值，极限费用(或极限投资)或最优等效替代工程的费用(或投资)作为应承担分摊费用的上限值，两者之差是修建综合利用工程后各部门得到的效益，并以此作为分摊综合利用工程共同费用的指标。这种方法在各部门之间所需分摊的费用，仅是枢纽工程中的共同费用，它比原来要分摊的共用工程总费用小得多，所以可以缩小分摊误差，分摊方法也比较合理。分摊方法比较复杂，计算工作量较大。

(四)计算案例

下面以一实例，较为详细地说明该方法的要点与计算步骤：

(1)计算整个水利工程的投资、年费用和年平均效益，求出各部门的可分费用及其替代工程和专用工程的投资和年费用，见表 4-5。

表 4-5　各部门的投资、年费用和年效益表　(单位：万元)

项目		投资	年费用			年平均效益
			投资年回收值	年运行费	合计	
综合利用水利工程		20 000	1 635	1 000	2 635	3 000
可分费用	发电	10 000	817	600	1 417	2 000
	灌溉	4 000	327	150	477	1 000
替代工程	发电	14 000	1 144	1 000	2 144	
	灌溉	8 000	654	100	754	
专用工程	发电	7 000	572	520	1 092	
	灌溉	2 000	164	120	284	

注：投资年回收值=投资 × $[A/P, i, n]$，n=50，i=8%。

(2)确定本部门及其替代工程的投资年回收值时，须事先定出利率或折现率 i 以及各部门的经济寿命 n 年，参阅上表。

(3)各部门的年效益有两种表达方式：一是本部门的直接收益(例如发电部门的供电收益)；二是最优替代工程的年费用，例如修建水电站，可以替代相应规模的凝汽式火电站，从而后者的年费用(包括投资年回收值、年运行费及燃料费)可以节省下来，作为该水电站的年效益。

(4)在上述两者之中选择较小者作为本部门的选用年效益，见表 4-6 中的 1c。

(5)各部门的选用年效益减去其可分年费用，即得剩余效益，然后求出分摊百分比，见表 4-6 中的 1e 和 1f。

(6)整个水利工程的年费用，减去各部门的可分年费用，即得各部门的剩余年费用，按4-6表中的1f分摊，即得1g。

(7)各部门的年运行费的分摊，亦按上述步骤求得，见表4-6中的2b和2c。

(8)按上述步骤对各部门进行投资分摊，各部门的可分投资，加上所求得的剩余投资的分摊额，即得综合利用水利工程各部门应承担的投资额，计算结果见表4-6中的3c项。

表4-6 用SCRB法分摊计算

项目	内容	发电	灌溉	合计	备注
1.年费用分摊	a.年平均效益	2 000	1 000	3 000	
	b.替代工程年费用	2 144	754		
	c.选用年效益	2 000	754	2 754	选用a、b中小者
	d.可分年费用	1 417	477	1 894	
	e.剩余效益	583	277	860	c–d
	f.分摊百分比(%)	67.8	32.2	100	按1e比例
	g.剩余年费用分摊	502	239	741	(2 635–1 894)按1f分摊
	h.总分摊额	1 919	716	2 635	d+g
2.年运行费分摊	a.可分年运行费	600	150	750	
	b.剩余年运行费分摊	170	80	250	(1 000–750) 按1f分摊
	c.总分摊额	770	230	1 000	a+b
3.投资分摊	a.可分投资	10 000	4 000	14 000	
	b.剩余投资分摊	4 068	1 932	6 000	按1f分摊
	c.总分摊额	14 068	5 932	20 000	a+b

七、可分离费用法

为避免确定最优等效替代工程的困难，直接以可分离费用的比例法分摊综合利用工程中的共同费用的方法称为可分离费用法。这种方法计算比较简便，也较为合理。

八、合理替代费用分摊法

以综合利用工程与各部门最优替代方案比较，所获得的净效益比例，来分摊公共投资费用，是该方法的理论基础。其具体计算步骤如下：

(1)选择参加综合性工程各部门的最优替代方案。

(2)计算相应替代方案的费用。

(3)计算参加各部门的经济效益。

(4)比较(2)项与(3)项的数值，取其中最小值，以保证该部门分担的公共费用最合理。

(5)计算参加各部门的专门费用。

(6)将(4)项减去(5)项，得各部门的剩余效益。

(7)按(6)项中各部门所占比例分摊公共费用。

(8)将(7)项分得的费用，加上相应部门的专门费用，即得到各部门需承担的费用。

(9)按(8)项计算出各部门所承担费用的比例。

九、费用分摊的综合分析方法

(一)费用分摊综合分析方法的提出

由于费用分摊涉及工程特性、任务、水资源利用方式和经济效益计算等许多因素，不确定性程度较大，在理论和实践上，至今还没有一种能为各方面完全接受的最好方法，但许多方法都从不同侧面反映了费用分摊的合理性。同时，不同部门、不同人对不同的分摊方法又有不同的意见(有些部门可能从自身的利益出发，要求按对本部门有利的费用分摊方法进行费用分摊)，这就可能导致各部门、各研究人员对所选费用分摊方法的意见分歧。为了统筹解决这些问题，克服按单一分摊方法所得结果可能出现的片面性，提高费用分摊成果的合理程度，我国有关规程、规范和许多专家学者都建议，对重要的大、中型综合利用水利工程进行费用分摊时，采用多种方法进行费用分摊的定量计算，然后通过分析方法确定各部门应承担综合利用水利工程费用的数额。这里主要讨论如何在采用多种费用分摊方法计算的基础上，合理确定各部门承担综合利用水利工程费用的综合比例及其数额问题。

采用多种方法进行费用分摊计算后，求各部门综合分摊系数和份额的基本思路是根据各种费用分摊方法对该工程的具体适应情况，分别给予不同的权重(权分)，然后进行有关运算，得出其综合分摊结果；最后，再结合考虑其他情况(如各部门的经济承受能力)，确定其分摊比例和份额。

采用综合分析方法如同多目标方案综合评价一样，关键在于合理确定各种分摊方法权重系数。

(二)分摊方法权重系数的确定原则和方法

1. *费用分摊方法权重系数的特点及确定原则*

由于各综合利用水利工程水资源利用方式和具有基本资料的条件不同，不同费用分摊方法对不同综合利用水利工程的权重(权分)是不同的，需根据综合利用水利工程的具体情况研究确定。下面对几种常用费用分摊方法权重(权分)系数的确定原则分述如下：

(1)采用平均分摊法分摊共用工程费用或剩余共用费用，当各部门在综合利用工程中地位基本相等，各部门效益相差很小时，可取较(稍)高的权分，否则应取较低的权分；当采用平均分摊法分摊综合利用工程总费用时，应取较低的权分，甚至取0分。

(2)采用主次地位分摊法分摊共用工程费用或剩余共用费用，当参与综合利用各部门之间主次地位相差悬殊时，可取较(稍)高的权分，否则应取较低的权分；当按主次地位法分摊综合利用工程总费用时，应取较低的权分，甚至取0分。

(3)采用按各部门利用库容或水量的比例分摊共用工程费用或剩余共用费用，当各部门之间利用的水量或库容较易划分(如供水工程中工农业用水、各地区用水)时，可取较高的权分，否则应取较低的权分；当按各部门利用库容或水量的比例分摊综合利用工程的总费用时，应取较低的权分，甚至取0分。

(4)采用各受益部门经济效益的比例分摊综合利用工程费用或共用工程费用(被分摊的费用和计算分摊所采用的经济效益的计算口径应一致)，当经济效益计算比较准确时，可取较高的权分，否则应取较低的权分；若被分摊费用与计算效益口径不一致时，应取较低的权分，甚至取 0 分。

(5)采用按各部门等效最优替代方案费用比例分摊综合利用工程总费用，当替代措施较合理且替代措施费用计算较精确时，应取较高的权分，否则应取较低的权分。

(6)采用“可分离费用—剩余效益法”分摊时，一般应取高于上述五种方法的权分，但采用资料的可靠性差时，仍应取较低的权分。

2. 费用分摊方法权重系数的确定方法

目前使用和研究提出的费用分摊方法权重系数的确定方法主要有以下两种：

1)专家评分法

即邀请费用分摊专家或参与综合利用各部门的代表对各种费用分摊法对某一具体工程的适应程度和基本资料条件进行评分，一般可采用百分制：满足程度最好的为 100 分，良好的为 80 分，中等的为 60 分，较差的为 40 分，很差的为 20 分，完全不能适用的取 0 分。

2)以概率统计法为依据的权重系数确定方法——稳健估计法

近 20 年来，稳健估计理论和应用获得迅速发展。当观察值中存在一个异常值(或远离值)时，对样本均值的影响是敏感的。虽然可以采用特异值统计检验方法剔除个别异常值，但不同分摊方法求得的异常值，或许在一定程度上客观地反映出某些因素的实际影响，所以断然舍弃异常值可能不完全符合实际。然而，不加处理地直接予以引用，也是不恰当的。采用稳健估计可以对异常值作适当考虑，而且其估值能保证比样本算术平均值更接近于总体均值。

稳健估计理论对位置参数的估值有许多有效的方法。这里采用稳健估计中顺序统计量线性组合(L 估值法)方法计算综合分摊系数。

假定函数 $h(z)$为具有如下特性即 $h(z)>0$；$h(z)=h(1-z)$；$0\leqslant z\leqslant 1$；$\int_0^1 h(z)\mathrm{d}z=1$ 的任意函数。上述四个条件，是权重系数要求满足的基本性质和条件。当 $h(z)$满足以上四个条件时，则 $h(z)$为权重系数。设 $z=i/(1+n)$及 $h(z)=h[i/(1+n)]=f_i=nw$，则根据稳健估计理论，L 估值的表达式为

$$C_L=\sum_{i=1}^{n} w_i\cdot a_i' \tag{4-15}$$

式中 w_i——权重系数；

a_i'——用 i 种方法求出 a_i 值后，按由大到小的顺序重新排列的顺序统计量，$a_i'\leqslant a_n'$。

可见 C_L 是以 w_i 为权重系数的顺序统计量 a_i' 的加权和。其中 w_i 仅依赖于顺序统计量 a_i'，理论证明，该估值在某些条件下是渐近正态的。

根据 L 估值的基本规定，按照四个特性，本文提出综合分摊系数中权重系数的一个构造：

第一个条件：对于 $h(z)>0$，设 $b>0$，则可构造一个满足该条件的函数：$h(z)=b[z(1-z)]^2$。

第二个条件：$h(z)=h(1-z)$。

第三个条件：设 $z=i/(n+1)$，其中 n 表示方法的种数，$i=1,2,\cdots,n$。可见 $0\leqslant z\leqslant 1$ 的条件能满足。

由构造的函数可见：

$$h\left(\frac{i}{n+1}\right)=b\left[\frac{i(n+1)-i}{(n+1)^2}\right]^2 \tag{4-16}$$

第四个条件：关于条件 $\int_0^1 h(z)\mathrm{d}z=1$，当 $z=i/(n+1)$时，$h[i/(n+1)]$为离散值，积分式与下式相等。

$$\sum_{i=0}^{n} h\left(\frac{i}{n+1}\right)=\frac{b}{n}\sum_{i=0}^{n}\left[\frac{i(n+1-i)}{(n+1)^2}\right]^2=1 \tag{4-17}$$

由式(4-17)求出 b 值后，再由式(4-16)求出 $h\left(\frac{i}{n+1}\right)$。因为

$$\sum_{i=1}^{n}\left[i(n+1-i)\right]^2=\frac{1}{30}n(n+1)(n+2)\left(n^2+2n+2\right) \tag{4-18}$$

将上式代入式(4-17)得

$$b=\frac{30(n+1)^3}{(n+2)\left(n^2+2n+2\right)} \tag{4-19}$$

因 $w_i=h\left(\frac{i}{n+1}\right)\Big/n$，将此式代入式(4-19)得

$$w_i=\frac{30\left[i(n+1-i)\right]^2}{n(n+1)(n+2)\left(n^2+2n+2\right)} \tag{4-20}$$

(三)投资费用分摊综合分析法的应用

1. 综合分析法 1——加法

有了各种分摊方法的权分，可根据式(4-21)求出各部门应负担综合利用工程总费用的比例：

$$a_j=\frac{\sum_{k=1}^{m}P_{mk}\cdot a_{kj}}{\sum_{k=1}^{m}P_{mk}}\quad (j=1,2,\cdots,n) \tag{4-21}$$

式中 a_j——采用综合分析方法 1 分摊得出的第 j 部门应负担综合利用工程费用的比例；

P_{mk}——第 k 方法的分值；

a_{kj}——第 k 方法分摊的第 j 部门的综合利用工程费用比例；

m——本工程采用分摊方法的个数；

n——综合利用工程的参加部门数。

【例 4-4】某综合利用水利工程具有防洪、灌溉、发电等综合利用效益，经采用五种分摊方法计算求得各部门分摊枢纽工程费用的比例见表 4-7。从表中可知，采用各种分摊方法求出的分摊结果相差较大，为增强分摊结果的合理性和可靠性，试按综合分析方法 1 求各部门的综合分摊比例。

表 4-7　某综合利用水利工程费用分摊成果(分摊比例%)

分摊方法	防洪	灌溉	发电	合计
效益分摊法(M_1)	26.48	38.27	35.25	100.00
计算效益分摊法(M_2)	20.26	39.96	39.78	100.00
替代费用分摊法(M_3)	23.40	39.20	37.40	100.00
可分离费用—剩余效益分摊法(M_4)	18.05	47.34	34.61	100.00
库容比例分摊法(M_5)	35.10	31.57	33.33	100.00
最大相差(取绝对值)	17.05	15.77	6.45	

解：首先将按各种方法分摊综合利用工程费用的比例均换算成统一口径的分摊枢纽工程费用(包括工程费用和水库淹没处理费用)的比例，换算结果见表 4-8。

其次，专家评分，结果见表 4-8。

最后，按公式计算各部门分摊综合利用工程的综合分摊比例，下面说明防洪分摊比例的计算：

$$a_{防}=\frac{26.48\times70+20.26\times60+23.4\times50+18.05\times40+35.1\times30}{70+60+50+40+30}=24.06$$

其余依次类推，计算结果见表 4-8。

表 4-8　各种分摊方法取不同权分的结果比较

评分法	防洪	灌溉	发电	P_{M_1}	P_{M_2}	P_{M_3}	P_{M_4}	P_{M_5}
综合法(1)	24.06	39.50	36.44	70	60	50	40	30
综合法(2)	24.66	39.26	36.08	50	60	50	50	50
综合法(3)	25.26	39.02	35.71	30	40	50	60	70
综合法(4)	24.20	39.56	36.24	50	60	70	60	50
综合法(5)	25.30	38.85	35.84	50	40	30	40	50
最大相差(绝对值)	1.24	0.71	0.73					

从表 4-8 的计算结果可以看出，权分较大的变化，仅引起分摊结果的微小变化，这是由于采用的分摊方法较多，其分摊结果趋于稳定。

2. 综合分析法 2——L 估值法

下面以一例说明该方法的步骤：

某供水工程按 5 种方法进行投资费用分摊计算，计算结果见表 4-9。现用 L 估值法求各部门(各地区)的综合分摊系数。

表 4-9 投资费用分摊表

分摊方法	地区(部门)					
	1	2	3	4	5	6
1	12.1	25.1	3.8	9.8	40.8	8.4
2	15.6	19.1	8.7	8.2	34.0	14.4
3	24.4	16.2	6.2	12.5	19.7	21.0
4	23.5	13.0	8.3	12.6	20.0	22.6
5	23.7	15.1	5.1	11.2	21.8	23.1
L 估值	20.60	17.21	6.46	11.03	26.03	18.76

第一步，权重系数计算。

共有 5 种分摊方法，故 $n=5$。求 i=1 时的权重系数 w_1：

$$w_1=\frac{30\times(5+1-1)^2}{5\times(5+1)\times(5+2)\times(5^2+2\times5+2)}=0.097$$

相应求出其他权重系数：w_2=0.247，w_3=0.313，w_4=0.247，w_5=0.097。

第二步，顺序统计量的确定。

分别确定 a_i 的顺序统计量：

$a_1'=12.1\%$ 、$a_2'=15.6\%$ 、$a_3'=23.5\%$ 、$a_4'=23.7\%$ 、$a_5'=24.4\%$

第三步，综合分摊系数的计算

当 w_i 及 a_i' 已知后，按下式计算综合分摊系数如下：

C_L=0.097×12.1+0.247×15.6+0.313×23.5+0.247×23.7+0.09×24.4=20.6 %

第 2 地区(部门)至第 6 地区(部门)的 C_L 值，仿上述步骤计算。

十、组合分摊方法

该法是几种方法交叉的综合集成分摊方法。这里给出一例简单说明该方法的含义与应用。

【例 4-5】XJX 水利枢纽开发任务以生态环境供水与农田灌溉供水为主，结合防洪，兼顾水力发电，工程总库容为 16 565 万 m^3，为大Ⅱ型工程，工程总工期为 5 年零 9 个月，第 6 年只有一些尾工，第 6 年初工程即能全部生效发挥效益。XJX 工程建成后共发展灌溉面积 45 万亩，其中生态草原灌溉面积 30 万亩，农田生态防护林 2 万亩，城市防护林 1 万亩，农田灌溉灌区 12 万亩；将枢纽所在河流中下游河段现状洪水标准由 7 年一遇提高到 20 年一遇；结合生态环境供水与农田灌溉供水进行水力发电，装机容量 30MW，年发电量 9 927 万 kW·h。按 2003 年第一季度价格水平，XJX 工程静态总投资为 110 369 万元。试对该工程进行投资费用分摊。

解：投资费用分摊是建设项目资金筹措的依据，也是各功能成本核定及产品价格测算的基础，费用分摊包括投资分摊和年运行费分摊。

(1)共用工程投资分摊。

XJX 工程是以生态环境供水与农田灌溉供水为主，结合防洪，兼顾水力发电等综合利用，工程静态总投资 110 369 万元，其中水力发电专用工程投资为 19 750 万元，共用工程投资为 90 619 万元。

采用库容比例、部门用水量与功能主次地位分摊相结合法。该法是综合库容分摊法、部门用水量分摊法和各部门主次地位分摊法而成的方法，该法是考虑库容分摊法为主，在库容结合部门以部门供需水量分摊，对于居于服从地位的功能不参与共用工程分摊。XJX 工程静态投资分摊采用“库容比例法”，综合确定各功能部门合理的静态投资分摊比例。XJX 水库原始库容 16 565 万 m^3，其中死水位以下库容 1 313 万 m^3，正常蓄水位与死水位之间库容 14 413 万 m^3，正常蓄水位以上库容 839 万 m^3(520 万 m^3 是为控泄洪水，提高下游防洪标准而设置)。生态环境与农田灌溉供水是 XJX 的首要开发任务，居于主导地位，正常蓄水位与死水位之间库容由其共同承担，二者又按供水量分担，则生态环境供水分担专用库容 7 799 万 m^3，农田灌溉分担专用库容 6 614 万 m^3；正常蓄水位以上的库容(校核洪水位与防洪限制水位之间的库容)由防洪功能承担 520 万 m^3；水力发电功能居于从属地位，其运行方式完全服从其他兴利要求，按功能主次地位，不分担库容；死水位以下 1 313 万 m^3 库容以及正常蓄水位以上的 319 万 m^3 库容，合计共用库容 1 632 万 m^3，由生态环境、农田灌溉、下游防洪按照各功能部门已分担专用库容比例分担，则三部门分别分担 852 万 m^3、723 万 m^3、57 万 m^3。则生态环境、农田灌溉、下游防洪分担库容分别为 8 651 万 m^3、7 337 万 m^3、577 万 m^3，按库容比例分摊共用工程投资，则生态环境供水、农田灌溉供水、下游防洪分摊投资分别为 47 325 万元、40 137 万元、3 157 万元。水力发电不分担共用投资，只考虑其分担专用投资为 19 750 万元。

(2)年运行费分摊。

XJX 水利枢纽的材料费、库区维护费和其他费用，是按电站年发电量或装机容量为基数计算的，全部由电站承担；工程维护费按各功能部门分摊的投资计算；工资及福利费按各功能部门分摊人员计算。XJX 水库电站专用人员由电站承担，公共人员按各功能部门分摊共用工程投资的比例在各功能部门之间分摊。

XJX 工程年运行费用为 1 574 万元，其中供水分摊 1 156 万元，防洪分摊 42 万元，水力发电分摊 376 万元。

第六节　投资费用分摊合理性分析与检查

由于投资和年运行费用的分摊问题比较复杂，目前还难以找到一种公认的、适用于各种综合利用水利工程情况下的分摊计算方法，所以分摊计算的结果应作合理性检查。检查可从以下四方面进行：①各受益部门分摊到的费用应小于或等于最优等效替代工程的费用；②各受益部门至少应承担专为该部门服务的专用工程及配套工程的费用；③各部门分摊到的费用数额应小于该部门的效益；④各部门间分摊的费用应是公平合理的。

以上介绍的各种投资费用分摊方法中，由于考虑的因素不同，计算得出的结果可能会有较大的差别。但与综合性工程各组成部分的性质也有很大的关系，在某种情况下，利用较简单的分摊方法，也能取得较合理的结果。如在灌溉与供水部门之间按用水量比例进行分摊的结果，也能为双方所接受。当然，从理论上讲，可分费用—剩余效益分摊法是最合理的，它的计算也最复杂。这里不再对各种分摊方法进行具体分析比较。为了判断使用各种分摊方法的合理性，下面提出六条准则：

(1)作为费用分摊方法的基本理论依据，应按经济价值规律，获得效益多的部门应多承担费用，这点各部门都比较能够接受。

(2)应该全面分摊投资费用，才能考虑到不同部门在各阶段的经济特性。仅对投资进行分摊时，容易产生片面性。

(3)各部门的可分(或专门)费用，应由相应部门承担，每个部门所承担的最大费用，不应大于该部门单独开发时需要的费用(或效益)；同时，承担的最小费用，也不应小于该部门最优替代方案工程的费用。

(4)为了减小分摊中的不合理性，应最大限度地划分出各部门的可分费用，使被分摊的剩余费用降低到最小限度。

(5)对各部门经济效益的计算，要力求反映出各阶段的效益特征。

(6)分摊的最终结果，要有利于促进各部门的经济发展，并达到充分利用水资源的目的。

采用各部门替代工程的费用作为本部门相对效益，然后按其比例进行费用分摊的原则，迄今仍为各国所普遍采用。用各部门的直接收益(例如电费收入、农产品销售收入等)，作为本部门的绝对效益，然后按其比例进行费用分摊，在我国目前情况下是较难实行的，主要是因为某些产品的价格与价值存在严重的背离现象。此外，工农业产品价格之间还存在较大的差值，一般说来，某些主要农产品价格偏低，用货币表示的绝对效益人为地被缩小；某些工业产品的价格偏高，用货币计算出来的绝对效益偏大。但从理论上说，从发展方向上看，根据各部门的绝对效益按比例进行费用分摊的原则，仍然是我们努力的方向。

综合利用水利工程各受益部门所分摊的费用，除应从分摊原则分析其是否公平合理外，还应从下列各方面进行合理性检查：

(1)任何部门所分摊的年费用(包括投资年回收值和年运行费两方面)不应大于本部门最优替代工程的年费用。在某种情况下，某一部门所分摊的投资，有可能超过替代工程的投资，而分摊的年运行费可能小于替代工程的年运行费；在另一种情况下，也可能出现分摊的年运行费大于替代工程的年运行费，此时应调整分摊投资和替代工程费用，使总的分摊结果符合分摊费用小于替代工程费用的原则。有些文献认为，在任何情况下，某一部门分摊的投资都不应大于本部门最优替代工程的投资，看来这并不全面，还应考虑年运行费这一因素，年费用则包括了这两方面的因素，比较全面。

(2)各受益部门所分摊的费用，不应小于因满足该部门需要所须增加的工程费用(即可分离费用)，最少应承担为该部门服务的专用工程(包括配套工程)的费用。

如果检查分析时发现某部门分摊的投资和年运行费不尽合理，应在各部门之间进行适当调整。

在综合利用水利工程各部门之间进行费用分摊，应该采用动态经济分析方法，即应该考虑资金的时间价值。根据实际情况，分别定出各部门及其替代工程的经济寿命、折现率或基准收益率。

在初步设计阶段，对重要的大型综合利用工程进行费用分摊时，应尽可能采用按剩余效益分摊剩余费用法或 SCRB 法，虽然计算工作量稍大些，但此法使各部门必须分摊的剩余费用尽可能减少，有利于减小费用分摊的误差。

如果兴建水利枢纽而使某些部门受到损失，为此修建专用建筑物以恢复原有部门的效益，这部分工程所需的费用，应计入综合利用工程的总费用中，由各受益部门按其所得的效益进行费用分摊。例如在原来可以通航的天然河道上，由于修筑大坝而使航道遭受损失，为此修建过船建筑物，这部分费用应由其他受益部门分摊。但为了提高航运标准而额外增加各种专用设施，其所需费用应由航运部门负担。

筏运、渔业、旅游等部门一般可不参加综合利用工程的费用分摊，因为在水库内虽然可以增加木筏的拖运量，但却增加了过坝的困难；渔业、旅游等在水库建设中多属附属性质，因此可不分摊综合利用工程的费用，只须负担其专用设施的费用即可。

第五章　资金筹措与规划

第一节　企业筹资概述

财务管理是企业管理的核心，企业资金的筹集在财务管理中占有重要地位，企业的筹资管理是企业财务管理的一项重要内容。资金的筹集是企业生产经营能否正常运行的前提和基础。在社会主义市场经济条件下，企业有更多的渠道和机会筹集大量的资金，筹资的方式也灵活多样。但同时这也会给企业带来更多的挑战，风险将伴随着企业资金运动的全过程。

一、企业筹资的意义

要成立一个企业，就必须有相应的资本，否则企业的生产经营就无从谈起。企业持续的生产经营活动，不断地产生对资金的需求，这就需要筹措资金。企业筹集资金就是企业根据其各种需要，通过筹资渠道和资金市场，选择适当的筹资方式，经济、有效地筹措和集中资金。

(一)建立企业必须筹集资金

按照我国新财务制度规定，企业建立时，必须有法定的资本金，并不得低于国家规定的限额。企业的设立，必须以筹集一定数量的资金为前提。由此可见，在法律上均有最低资本的明确规定，以使企业设立之初就有一个较为坚实的基础，并能承担相应的经济责任。

(二)扩大企业经营规模必须筹集资金

企业在发展过程中，生产经营规模是不断扩大的，随着生产经营规模的扩大，对资金的需求也不断增多，需要不断筹集大量资金。而这些资金仅靠自身的积累是不够的，必须通过各种方式来筹集。一般来说，具有良好发展前景、处于成长时期的企业通常会需要筹措大量资金。例如，企业生产的产品供不应求，需要增加市场供应；企业可以开发生产适销对路的新产品；对外追加有利的投资规模等，在这些情况下，应根据企业扩张的具体情况，认真研究筹资的渠道和规模，进行认真的可行性研究，分析筹资项目的经济效益。

(三)调整资金结构、偿还债务必须筹集资金

企业资金的筹集，不仅仅是为了满足生产经营的需要，有时为了调整资金结构、偿还债务，也需要筹措相应的资金。一般而言，企业的资金来源有两方面：借入资金和自有资金。借入资金都有一定的到期日，到期必须归还。借入资金与自有资金之间应有一个恰当的比例，资金结构才能趋于合理，否则会影响企业资金的使用效益。这里有两种情形：一是以调整资金结构为目的的筹资，即企业现有足够的能力支付到期债务，但为了调整借入资金与自有资金的比率，仍然举债或筹集自有资金，从而使资金结构更加合理；二是以偿还债务为目的筹资，即企业的现有支付能力已不足以偿还到期债务，被迫筹资还债，这表明企业的财务状况已经恶化。

筹集资金是企业资金运动的起点，是决定资金运动规模和生产经营发展程度的重要环节。通过多种多样的资金渠道，采取一定的筹资方式，保证资金的供应，满足企业生产经营活动的需要，是企业筹资管理的必然要求。同时，我国目前资金来源丰富，资金市场日趋完善与发展，这将给企业筹资带来更大的便利。

二、企业筹资的要求

企业筹资是一项重要而复杂的工作，必须认真研究各种因素，讲求资金筹集的综合经济效益。具体要求包括以下几方面。

(一)合理确定资金需要，力求提高筹资效果

无论通过什么渠道、采取什么方式筹集资金，都应首先确定资金的需要量。这就是要求筹资有一个“度”。资金不足，会影响企业的生产经营和发展；资金过剩，不仅是一种浪费，也会影响资金使用的效果。在实际工作中，必须采取科学的方法预测与确定未来资金的需要量，以便选择合适的渠道与方式，筹集所需的资金。这样，可以防止筹资不足或筹资过剩，从而提高资金的使用效果。

(二)认真选择资金来源，力求降低资金成本

企业筹集资金可以采用的渠道和方式多种多样，不同渠道和方式筹资的难易程度、资金成本和风险各不相同。但任何渠道和方式的筹资都要付出一定的代价，包括资金占用费(借款利息、债券利息、股利等)和资金筹集费(股票、债券发行费)。因此，在筹资中，必须选择最经济方便的渠道和方式，以使综合的资金成本最低。

(三)适时取得资金，保证资金投放需要

筹集资金也有时间上的安排，这取决于投资的时间。合理安排筹资与投资，使其在时间上互相衔接，避免取得资金过早而造成投放前的闲置或取得资金滞后而耽误投资的有利时机。

(四)适当维持自有资金比例，正确安排举债经营

举债经营即企业通过借债开展生产经营活动。举债经营可以给企业带来一定的好处，因为借款利息可在所得税前列入成本费用，对企业净利润影响较小，能够提高自有资金使用效果。但负债的多少必须与自有资金和偿债能力的要求相适应，如负债过多，会发生较大的财务风险，甚至会由于丧失偿债能力而面临破产。因此，企业既要利用举债经营的积极作用，又要避免可能产生的债务风险。

三、企业筹资的渠道与方式

企业筹资需要通过一定的渠道，采用一定的方式，并使两者合理地配合起来。

(一)企业筹资的渠道

筹资渠道是指企业取得资金的来源，即企业可以从哪些渠道获取资金。20 世纪 80 年代以前，我国实行高度集中统一的计划经济体制，国有企业的资金来源比较单一，以国家财政资金为主，银行贷款为辅，企业留存资金数量很少。经济体制改革以后，企业拥有了完全的筹资自主权，可以根据生产经营的需要，自主进行筹资。加上近几年我国金融市场的不断发展，企业资金来源逐渐增加，使资金来源渠道更加多样化。企业资金来源主要有如下几种：

(1)国家财政资金。国家财政资金在企业资金来源中占有一定的比重。国家对企业的投资，历来是国有企业的主要资金来源。国家财政资金分为两种形式：一是无偿拨款。现有国有企业的资金来源大部分是过去由国家以拨款方式投资形成的。目前国家对企业仍然有一定数量的拨款，如挖潜改造拨款和科技三项费用拨款等。二是有偿使用周转金贷款。为了提高财政资金的使用效果，财政资金也进行了无偿拨款变为有偿使用的改革，如设立了工业交通企业周转金、新技术推广基金等。毋庸置疑，国家财政资金具有广阔的源泉和稳固的基础，今后仍将是国有企业筹集资金的重要来源。

(2)银行信贷资金。银行对企业的贷款是各类企业重要的资金来源。现有的中国工商银行、中国农业银行、中国建设银行等商业性银行可以向各类企业提供商业性贷款，现有的国家开发银行、中国农业发展银行和中国进出口信贷银行等政策性银行可以为特定企业提供政策性贷款。银行信贷资金有居民储蓄、单位存款等经常增长的来源，财力雄厚，贷款方式灵活多样，可以满足各类企业的多种资金需要。

(3)非银行金融机构资金。非银行金融机构主要有信托投资公司、租赁公司、保险公司、证券公司、企业集团的财务公司等。这些机构有的承担证券的推销或包销任务，有的开展融资融物业务，也有的专门集聚资金。它们可以为企业直接提供部分资金或为企业筹资提供服务，尽管其财力比银行小，但具有广阔的发展前景。

(4)其他企业资金。企业在生产经营过程中，往往有部分暂时闲置的资金，甚至可供长时期使用。另外企业之间为了一定目的也需要相互投资，从而形成被投资企业的资金来源。目前大多数上市公司设有法人股，这就是其他企业单位对这些公司投资而形成的。

(5)民间资金。企业职工和城乡居民的收入除用于个人消费外，还有大量的节余，形成民间闲置资金，可以为企业所利用。

(6)企业自留资金。这是企业的自我筹资渠道，主要是指企业利润形成的公积金，这是企业生产经营资金的重要的补充来源。由于计提折旧而形成的折旧基金能够增加企业周转使用的营运资金，也可满足生产经营的需要。

(7)外商资金。外商资金是外国投资者以及我国港、澳、台地区投资者投入的资金，是外商投资企业的重要资金来源。

(二)企业筹资的方式

筹资方式是指企业筹措资金所采取的具体形式。企业主要的筹资方式有吸收直接投资、发行股票、发行债券、银行贷款、商业信用、租赁筹资、其他。

(三)筹资渠道与筹资方式的配合

企业的筹资渠道与筹资方式既相互联系又有所不同。一定的筹资方式可能只适用于某一特定的筹资渠道，但同一渠道的资金往往可以采取不同的方式取得，而同一筹资方式又往往适用于不同筹资渠道。因此，企业在筹集资金时，必须考虑如何使两者合理配合。筹资方式与筹资渠道的配合情况见表 5-1。

表 5-1　筹资方式与筹资渠道的配合关系

筹资渠道	筹资方式					
	吸收投资	发行股票	发行债券	银行借款	商业信用	租赁筹资
国家财政资金	√	√				
银行信贷资金	√	√	√	√		
非银行金融机构	√	√	√			√
其他企业资金	√	√	√		√	
企业自留资金	√	√				
民间资金	√	√	√			
外商资金	√	√				√

四、企业筹资的类型

企业组织形式不同，生产经营所处的阶段不同，对资金的数量需求和性质要求也就不同。企业从不同筹资渠道和用不同筹资方式筹集的资金，由于具体的来源、方式、期限等的不同，形成不同的类型。不同类型资金的结合，构成企业具体的筹资组合。

(一)借入资金与自有资金

企业的全部资金来源，可以按资金权益性质的不同区分为自有资金和借入资金。合理安排借入资金与自有资金的比例关系，是筹资管理的一个基本要求。

借入资金，即负债，是指企业依法筹措并使用、应按期归还的资金。包括各种长短期借款、应付票据、应付债券等。借入资金具有如下性质：

(1)借入资金体现的是一种债权债务关系，有确切的债权人和到期日，属于企业的债务。

(2)企业的债权人无权参与企业的经营管理，对企业的经营状况也不承担责任，但有权按期索取本息。

(3)企业对借入资金在约定的期限内享有使用权，并有按期还本付息的义务。

(4)借入资金有的可按规定转化为自有资金，如可转换为股票的公司债券等。

自有资金，即所有者权益，是指企业依法筹集并长期拥有、自主支配运用的资金。企业自有资金包括实收资本、资本公积、盈余公积和未分配利润等，在数量上等于企业全部资产减去负债(即借入资金)后的余额。自有资金具有如下性质：

(1)自有资金体现的是一种所有权关系，是所有者对企业净资产的要求权。

(2)自有资金的所有者凭其所有权参与企业的经营管理和利润分配，并对企业的经营状况承担责任。

(3)企业对自有资金依法享有经营权，在企业存续期内，所有者除依法转让外，不得抽回资本。

(二)短期资金与长期资金

企业的资金来源，可以按期限的不同区分为短期资金与长期资金，两者构成企业全部资金的期限结构。

短期资金是指使用期限在一年以内的资金，一般可以通过短期借款、商业信用等方式来筹集，主要满足企业由于生产经营过程中资金周转的暂时短缺。

长期资金是指使用期限在一年以上的资金，主要用于购建固定资产、无形资产或进行长期投资，通常采用吸收直接投资、发行股票、发行债券或长期借款等方式筹集。

(三)内部资金与外部资金

企业全部资金来源，可以从企业内部和外部取得。

内部资金是指在企业内部通过计提折旧或留用利润而形成的资金。内部资金是在企业内部自然地形成的，一般无需花费筹资费用。但是，计提折旧并不增加企业的资金规模，只是资金的形态转化，增加了企业现金来源；留用利润则增加企业的资金总量，其数量取决于企业的可分配利润和利润分配政策。

外部资金是指企业向外部筹集而形成的资金。外部资金的筹集通常都需花费筹资费用，而且资金还有成本。

(四)直接资金与间接资金

企业的资金按其是否以金融机构为媒介来筹集可分为直接资金和间接资金。

直接资金是指企业不经过金融机构，而直接与资金供应者协商借款或发行股票、债券等办法筹集的资金。这种资金不用通过银行等金融机构，资金供求双方借助于一定的方式或手段直接实现资金的转移。

间接资金是指企业借助银行等金融机构而筹集的资金。这种资金以银行等金融机构为媒介。银行借款、非银行金融机构及租赁等方式筹集的资金均属于间接资金。

正确认识企业资金的不同分类，把握各种不同资金的属性，是降低企业资金成本、确定最佳资金结构的基础，也是进行筹资决策、搞好筹资管理的前提。

五、企业筹资管理的内容

企业筹资管理是指企业的财务管理人员根据企业生产经营的实际需要，按照筹资的要求，正确、及时、有效地进行资金筹集的财务活动。

(一)筹资方式的选择

企业用以筹集资金的方式多种多样，每一种方式都有自身的特点，如何根据企业需要选择最佳的筹资方式，是企业财务管理人员面临的基本问题。

(二)筹资中的财务策略

筹资中的财务策略就是指筹资过程中为满足筹资要求所采用的手段、技巧与方法等。正确选择筹资策略的要点包括：

(1)资金需要量的确定。企业财务管理人员应根据企业的实际情况，采用科学的方法预测企业的资金需要量，使资金筹集量与需要量达到平衡。

(2)努力提高筹资效果。是否要筹资、筹集多少资金取决于资金的用途。投资收益与资金成本互相权衡，决定筹资的效果，企业应确定有利的投资方向，避免不顾投资效果的盲目筹资，努力提高筹资效果。

(3)力求降低资金成本。不同来源、不同方式筹集的资金，资金成本有所不同。财务人员应研究资金来源的构成，求得最佳的资金组合，以力求降低综合的资金成本。

(4)筹资时间的选择。企业应根据资金的投放使用时间来安排筹资时间，使两者在时间上相互衔接。

(5)合理安排资金结构。企业应充分利用举债经营的好处，确定合理的资金结构，随时调整自有资金与借入资金的比例，大力提高筹资效果，为企业创造更大的效益。

第二节 资金筹集

一、自有资金筹集

自有资金是投资者投入企业的资本金及企业经营中所形成的资金积累，它反映所有者权益，又称主权资金。任何企业都必须拥有一定规模的自有资金。随着生产经营的发展，自有资金的规模还将扩大。企业自有资金的筹集方式，一般包括吸收直接投资、发行优先股和普通股以及企业内部积累等。

(一)企业资本金制度

资本金是企业长期稳定拥有的资金。资本金制度是国家对有关资本的筹集、管理以及企业所有者的责权利等所作的法律规范。实行企业资本金制度，有利于理顺产权关系，保证资本金的安全完整，维护投资人的权益。

1. 企业资本金的概念和种类

企业资本金的概念：企业资本金是指企业在工商行政管理部门登记注册的资金，是各种投资者为了企业生产经营而投入的资金。企业资本金具有下列特点：①资本金的性质是自有资金，与借入资本金不同，是投资者最初或追加投入的资金；②资本金具有营利性，企业是将本求利的经济组织，投资具有盈利性，投资者投入资金的目的就是使资金增值；③资本金必须是在工商部门登记的自有资金，一经登记，不得随意变更，如果追加或减少，必须办理变更登记手续。

《企业财务通则》规定，资本金按照投资主体，分为国家资本金、法人资本金、个人资本金和外商资本金。

国家资本金是指有权代表国家投资的政府部门或者机构以国有资产投入企业形成的资本金。这是国有企业最主要的资本金来源。

法人资本金是指其他法人单位以其依法可以支配的资产投入企业形成的资本金。由于其他法人单位也可能包含国家、个人、外商等的投资，所以法人资本金从其原始构成来看又分属于不同的投资主体。

个人资本金是指社会个人或者本企业内部职工以个人合法财产投入企业形成的资本金。在股份有限公司中，一般表现为公众或职工持有公司发行的股票。

外商资本金是指外国投资者以及我国港、澳、台地区投资者以其资金投入企业形成的资本金。

2. 企业资本金的筹集与管理

1)企业资本金筹集的数量要求

《中华人民共和国公司法》(以下简称《公司法》)就资本金的筹集规定了两条基本

要求：企业资本金的最低限额，无形资产出资额的最高比例。

对于固定资产投资项目，国务院关于固定资产投资项目试行资本金制度的通知中给予了规定。

2)企业资本金筹集方式与期限

企业根据国家法律、法规的规定，可以采用各种方式吸收各种资本金，企业筹集资本金既可以吸收货币资金的投资，也可以吸收实物、无形资产的投资，但吸收实物、无形资产筹集资本金的，应按照评估确认或者合同、协议约定的金额计价。同时，企业筹集的资本金，必须聘请注册会计师验资，出具验资报告，由企业据以发给投资者出资证明书。

企业应当按有关规定及时筹集资本金。关于资本金筹集期限的规定，一般有三种类型：实收资本制，即企业成立时，确定资本金总额，一次筹足，实收资本与注册资金数额一致，否则企业不能成立；授权资本制，即企业成立时，确定资本金总额，但是否一次筹足与企业成立无关，企业成立时的实收资本与注册资金可以不一致；折中资本制，即企业成立时，确定资本金总额，不一定一次筹足，但规定了首期出资的数额或比例及最后一期缴清资本的期限。

3)企业资本金的保全与管理

企业实行资本金保全原则，既是保证企业生产经营活动顺利进行的需要，也是保障企业所有者权益的需要。基本要求有：企业登记注册的资本金在财务制度规定的期限缴足；企业筹集的资本金，在生产经营期内，投资者除依法转让外，不得以任何方式抽走；在会计核算上，不应把应计入本期损益的收益和损失用来增减资本金，比如资产的盘盈、盘亏等均不应计入资本项目。

企业对资本金有权统筹安排使用。资金运用的自主权真正归属于企业，有利于企业灵活运用资金和调度资金，提高资金的使用效益。

3. 固定资产投资项目试行资本金制度

为了深化投资体制改革，建立投资风险约束机制，有效地控制投资规模，提高投资效益，促进国民经济持续、快速、健康发展，国务院决定对固定资产投资项目(以下简称“投资项目”)试行资本金制度，有关规定如下：

(1)从 1996 年开始，对各种经营性投资项目，包括国有单位的基本建设、技术改造、房地产开发项目和集体投资项目，试行资本金制度，投资项目必须首先落实资本金才能进行建设。个体和私营企业的经营性投资项目参照本通知的规定执行。

公益性投资项目不实行资本金制度。外商投资项目(包括外商独资、中外合资、中外合作经营项目)按现行有关法规执行。

(2)在投资项目的总投资中，除项目法人(依托现有企业的扩建及技术改造项目、现有企业法人即为项目法人)从银行或资金市场筹措的债务性资金外，还必须拥有一定比例的资本金。投资项目资本金，是指在投资项目总投资中，由投资者认缴的出资额，对投资项目来说是非债务性资金，项目法人不承担这部分资金的任何利息和债务；投资者可按其出资的比例依法享有所有者权益，也可转让其出资，但不得以任何方式抽回。

作为计算资本金基数的总投资，是指投资项目的固定资产投资与铺底流动资金之和，具体核定时以经批准的动态概算为依据。

(3)投资项目资本金可以用货币出资，也可以用实物、工业产权、非专利技术、土地使用权作价出资。对作为资本金的实物、工业产权、非专利技术、土地使用权，必须经过有资格的资产评估机构依照法律、法规评估作价，不得高估或低估。以工业产权、非专利技术作价出资的比例不得超过投资项目资本金总额的20%，国家对采用高新技术成果有特别规定的除外。投资者以货币方式认缴的资本金，其资金来源有：①各级人民政府的财政预算内资金、国家批准的各种专项建设基金、“拨改贷”和经营性基本建设基金回收的本息、土地批租收入、国有企业产权转让收入、地方人民政府按国家有关规定收取的各种规费及其他预算外资金；②国家授权的投资机构及企业法人的所有者权益(包括资本金、资本公积金、盈余公积金和末分配利润、股票上市收益资金等)、企业折旧资金以及投资者按照国家规定从资金市场上筹措的资金；③社会个人合法所有的资金；④国家规定的其他可以用做投资项目资本金的资金。

(4)投资项目资本金占总投资的比例，根据不同行业和项目的经济效益等因素确定，具体规定如下：交通运输、煤炭项目，资本金比例为35%及以上；钢铁、邮电、化肥项目，资本金比例为25%及以上；电力、机电、建材、化工、石油加工、有色、轻工、纺织、商贸及其他行业的项目，资本金比例为20%及以上。

投资项目资本金的具体比例，由项目审批单位根据投资项目的经济效益以及银行贷款意愿和评估意见等情况，在审批可行性研究报告时核定。经国务院批准，对个别情况特殊的国家重点建设项目，可以适当降低资本金比例。

(5)对某些投资回报率稳定、收益可靠的基础设施、基础产业投资项目，以及经济效益好的竞争性投资项目，经国务院批准，可以试行通过发行可转换债券或组建股份制公司发行股票方式筹措资本金。

(6)为扶持不发达地区的经济发展，国家主要通过在投资项目资本金中适当增加国家投资的比重，以信贷资金中适当增加政策性贷款比重以及适当延长政策性贷款的还款期等措施增强其投融资能力。

(7)投资项目的资本金一次认缴，并根据批准的建设进度按比例逐年到位。

(8)试行资本金制度的投资项目，在可行性研究报告中要就资本金筹措情况作出详细说明，包括出资方、出资方式、资本金来源及数额、资本金认缴进度等有关内容。上报可行性研究报告时须附有各出资方承诺出资的文件，以实物、工业产权、非专利技术、土地使用权作价出资的，还须附有资产评估证明等有关材料。

对投资项目概算要实行静态控制、动态管理。凡实际动态概算超过原批准动态概算的，投资项目资本金应按本规定的比例，以经批准调整后的概算为基数，相应进行调整，并按照国家有关规定，确定各出资方应增加的资本金。实际动态概算超过原批准动态概算10%的，其概算调整须报原概算审批单位批准。

(9)主要使用商业银行贷款的投资项目，投资者应将资本金按分年应到位数量存入其主要贷款银行；主要使用国家开发银行贷款的投资项目，应将资本金存入国家开发银行指定的银行。投资项目资本金只能用于项目建设，不得挪作他用，更不得抽回。有关银行承诺贷款后，要根据投资项目建设进度和资本金到位情况分年发放贷款。

有关部门要按照国家规定对投资项目资本金到位和使用情况进行监督。对资本金未按照规定进度和数额到位的投资项目，投资管理部门不发给投资许可证，金融部门不予贷款。对将已存入银行的资本金挪作他用的，在投资者未按规定予以纠正之前，银行要停止对该项目拨付贷款。

对资本金来源不符合有关规定，弄虚作假，以及抽逃资本金的，要根据情节轻重，有关责任者处以行政处分或经济处罚，必要时停缓建有关项目。

项目资本金制度对于建立现代企业制度和改善投资宏观调控等具有十分重要的现实意义。

项目资本金制度的出台，具有十分明确的历史背景，主要在于两方面：一是抑制投资膨胀，从而抑制通货膨胀；二是杜绝长期以来存在的无本或少本投资现象，从而力图在投资建设领域建立风险约束责任机制。

“八五”中后期的1993年、1994年和1995年，固定资产投资领域出现了比较严重的投资膨胀现象，个别年份的固定资产投资增长速度甚至超过50%。高速增长的固定资产投资尽管有力地促进了经济的增长，但后果也十分严重，不仅使得很多项目(几乎可以说是绝大多数固定资产投资项目，尤其是建设周期长、投资大的大中型项目)超概算，更导致经济领域出现了严重的通货膨胀现象。为有效抑制这种过高的投资增长速度和通货膨胀，实现经济的“软着陆”，必须从投资项目的资金源头上着手，降低或减少资金来源，其主要措施包括两项：其一，严格限制各商业银行贷款总规模(即对银行贷款总规模实行严格计划管理，各银行均不得超计划规模放贷)，防止银行资金过多流向投资建设领域；其二，也是更直接和有效的措施，就是对各类经营性投资项目实行资本金制度，凡资本金不落实或达不到要求的投资项目，一律不得开工建设。

在实行“拨改贷”和经营性基本建设基金制度时期(从1985年到1992年)，我国从各部门到各地区产生了大量的无本或少本经营的企业。这些企业债务负担沉重，效益不佳，究其原因，主要是这些企业先天不足，缺少资本金。实际上当时与经济过热问题并存的一个严重问题是我国企业，尤其是很多大中型国有企业债务过高。为了减少高负债企业的数量，必须从企业的源头，即项目开始就使企业具备一定比例的资本金。这就是项目资本金出台的第二个背景。

4. 项目资本金制度的意义

项目资本金制度的及时出台，可以说是比较迅速地抑制了投资膨胀和杜绝了无本投资，在当时来看具有十分重要的意义。尽管目前投资和经济形势与20世纪90年代中期相比发生了很大变化，但项目资本金制度在目前仍有一定的意义。

(1)适应了建立现代企业制度的要求。现代企业制度的核心之一是企业法人资本金制度，即设立企业必须要满足法定注册资本金的要求。项目资本金制度要求经营性固定资产投资项目也必须要有符合规定的项目资本金，因而从设立企业的源头，即从建设项目开始做到了与现代企业注册资本金制度的衔接(尽管这种衔接在实际操作工程中还存在不少问题)。此外，因投资者(股东)为项目支付了不用还本、付息和付租金的资本金，就理所当然地拥有项目资产的所有权，而项目法人只是投资者的代理人或具体操作者，也只是项目资产的管理者和使用者。从这点看，项目资本金制度无疑也适应了现代企业制度对于“产权明晰、权责明确”的要求。

(2)有助于建立风险约束责任机制。项目资本金制度要求项目的投资者必须为项目建设支付一定的“本钱”。这种“本钱”对于项目法人而言，是无偿使用的。这无疑将增加投资者和项目法人双方的责任和约束。一方面，使投资者要更加注重项目可行性的论证和各种投资风险的分析，以防止项目因决策失误导致“本钱无归”，同时也将在很大程度上“迫使”投资者更加慎重地组建称职的项目法人，并加强对项目法人的监管，以防项目法人侵害自己的利益；另一方面，项目法人因无偿使用了投资者的“本钱”而必然要受到投资者的约束，无疑要增加更好地建设、管理和经营项目的责任，以维护自己的声誉和利益。实际上，这种投资者与项目法人之间的代理与被代理、监督与被监督、约束与被约束的关系，就是风险约束责任机制或所谓的“游戏规则”。

(3)有利于政府的投资宏观调控。首先，项目资本金制度规定了各类经营性项目的最低资本金比例，这就从资金的源头上杜绝了投资者的少本甚至无本投资的现象（如前所述，这种现象在“拨改贷”和基建经营基金制期间大量存在，并产生了大量的“无本”企业）。同时项目资本金制度界定了项目资本金的各种合法来源，从而也控制了各种可作为项目资本金的资金的总量，这等于是间接地控制了经营性项目投资的总规模。当然，反过来，如果采取措施增加项目资本金的总量，就有可能带动投资总规模的增长。其次，项目资本金制度通过规定不同行业项目不同的资本金比例，调整了投资资金流向不同行业的难易程度，从而间接地调控了经营性投资的产业结构。因此，可以说实行项目资本金制度本身就是一种很重要的、经济性的投资宏观调控措施。

(4)有利于项目筹措贷款。按中国人民银行《贷款通则》的规定，若企业的资产负债率高于一定的比例(一般为 70%～80%)，商业银行有权不给企业发放贷款。随着银行商业化进程不断加快，银行将更加注重贷款的风险和回收，也将更加注重其贷款对象的经营业绩和资产负债率。实际上，除非特殊情况，或国务院另有规定，如果企业的资产负债率高于 70%～80%，金融机构，包括商业银行和政策性银行(如国家开发银行、中国进出口银行)，一般是不会提供贷款的。实行项目资本金制度使企业(项目)从建设开始就具备比较好的资产负债率，从而比较容易获得银行的贷款。

5. 对水利建设项目实施资本金制度的意见

水利是国民经济的基础设施和基础产业，但不像交通运输和邮电等基础设施和基础产业，水利建设项目的性质比较复杂。有的水利项目是经营性的，如城市供水和水力发电项目；有的水利项目又是非经营性的或公益性的，如防洪项目；还有的水利项目则兼有经营性和非经营性，如综合利用水利枢纽项目。这无疑大大增加了水利建设项目实施资本金制度的难度。

按照《水利产业政策》的规定，水利建设项目分为甲类和乙类。按照定义，甲类水利建设项目应属非经营性的，按照项目资本金制度的规定，这类投资项目不实行资本金制度。由于这类项目的投资责任主要在于政府，资金主要来源于政府的财政性资金（包括财政预算内投资和水利建设基金等，下同）。即使甲类水利建设项目实行资本金制度，由于其不能或很少产生“财务效益”而不具备偿还贷款的能力，故其项目资本金比例只能为 100%，或者说，即使使用贷款或别的债务性资金（如债券）建设这类水利项目，也只能由项目投资者，主要是政府或政府授权的政策性公司来偿还其债务。

乙类项目应属经营性投资项目，按照规定，这类项目应实行资本金制度，项目资本金比例应为20%及以上。但由于这类项目往往投资额很大，如果严格执行项目资本金比例的规定，可能很难筹措足够的项目资本金，从而影响这类水利项目的建设。而如果降低这类水利项目的最低资本金比例（如降为10%），则受财务费用（贷款利息）增加的影响，又会增加项目产品的成本。总之，这类项目落实资本金制度的困难不少，需要国家政策支持。

至于兼有经营性和非经营性的综合利用水利建设项目，不能简单地划分为甲类或乙类项目。对这类项目应首先明确划分其经营性投资和非经营性投资。对于非经营性的部分投资（包括其今后的运行维护费用），应由政府分摊，剩余的经营性部分的投资，可视为乙类项目并实行资本金制度。

从目前来看，水利建设项目的资本金来源受到很大限制，主要还是来自政府财政性资金，而一旦政府财政性资金对水利支持力度不够，水利投资建设步伐将受到很大影响。加大财政性资金对水利投资的支持，除尽可能增加预算内投资外，似还应积极加大水利建设基金的筹资力度。

(二)吸收直接投资

吸收直接投资是指非股份制企业以协议等形式吸收国家、其他企业、个人及外商等直接投入资金，形成企业资本金的一种筹资方式。吸收直接投资与发行股票、留用利润均属于企业筹集自有资金的方式，但发行股票有股票作中介，而吸收直接投资无需发行任何证券，其出资者都是企业的所有人，对企业具有经营管理权，可通过一定方式参与企业经营决策。有关各方按出资额的比例分享利润、承担损失。

1. 吸收直接投资的种类

企业采用吸收投资的方式筹集的资金可分为以下四类：

(1)吸收国家投资。吸收国家投资是国有企业自有资金的主要来源，主要是国家财政拨款形成的国家资本金。吸收国家投资一般具有以下特点：产权归属于国家；资金数额较大；只有国有企业才能采用。

(2)吸收法人投资。法人投资是指法人单位以其依法可以支配的资产投入企业，目前主要指法人单位在进行横向经济联合时所产生的联营和相互之间购买股票的投资。法人对企业的投资形成法人资本金。吸收法人投资一般具有如下特点：投资发生在法人单位之间；投资以参与企业利润分配为目的；投资方式灵活多样。

(3)吸收个人投资。吸收个人投资是指吸收企业内部职工和社会个人的直接投资，由此形成个人资本金。个人投资具有与法人投资相同的目的，即参与企业的利润分配，而且参加投资的人数较多，但每人投资的数额相对较少。

(4)吸收外商投资。随着我国改革开放的不断推进，吸收外商投资已成为企业筹集资金的重要方式。外商投资是指外国投资者以及我国港、澳、台地区投资者投入的资金。吸收外商投资一般具有以下特点：可以筹集外汇资金；出资方式比较灵活；一般只有中外合资、合作或外商独资经营企业才能采用。

2. 吸收直接投资的形式

吸收直接投资时，投资者可以采用多种方式向企业投资，主要有以下几种出资形式：

(1)现金投资：用货币资金对企业投资是直接投资中重要的出资方式。企业有了货币资金，可用以购置各种生产资料，支付各种费用，比较灵活方便。因此，企业应尽量动员投资者采用现金方式投资。外国公司法或投资法对现金投资在资金总额中的份额一般都有规定。我国《有限责任公司规范意见》中规定，现金出资不得少于公司法定注册资本最低限额的50%。其他各种组织形式的企业，需要在投资过程中由出资各方协商确定。

(2)实物投资：实物投资是指以房屋、建筑物、设备等固定资产和材料、燃料、商品等流动资产所引进的投资。

(3)无形资产投资：无形资产投资是指投资者以专利权、商标权、商誉、非专利技术、土地使用权等无形资产作价投入的资本。吸收无形资产投资也必须符合企业生产经营、科研开发的需要，在技术上能够消化应用，能促进企业改进产品质量，提高生产率，降低各种消耗，且作价比较合理等。我国现行法律规定企业吸收无形资产投资比例一般不得超过注册资本的20%，但特殊情况除外。

3. 吸收直接投资的特点

吸收直接投资是我国企业中实行最早，也是普遍采用的筹资方式。

(1)吸收直接投资的优点：吸收直接投资所筹集的资金属于企业的自有资金，能增强企业的资信和借款能力，对扩大企业规模、壮大发展实力具有重要意义；出资形式多种多样，不仅可以筹取现金，而且能够直接获得所需要的先进设备和技术，有利于尽快形成生产能力，开拓市场；吸收直接投资的财务风险较低，企业根据自已的经营状况向投资者支付报酬，支付的多少与企业经营状况的好坏存在直接的关系，比较灵活。

(2)吸收直接投资的缺点：吸收直接投资通常成本较高，因为向投资者支付的报酬是根据其出资数额和企业经营状况的好坏来确定的，所以在企业盈利较多时，支付资金成本较高；吸收直接投资不利于产权流动，吸收直接投资由于没有证券作媒介，产权关系有时不清晰，也不便于进行产权交易；吸收直接投资可能会分散企业控制权，投资者一般按其投资数量取得企业的经营管理权，如果外部投资者较多，则投资者对企业的控制权就比较分散。

(三)股票筹资

发行股票筹资是股份公司获取自有资金的基本方式。股票是股份公司发给股东证明其在公司投资入股并借以取得股息的一种有价证券。它代表持股人在公司中拥有的所有权。公司股东作为出资人按投入公司的资本额享有所有者的资产受益、公司重大决策和选择管理者的权利，并以其所持股份为限对公司承担责任。由于股票持有者从发行股票的股份公司那里获得一定的股息收入，因此股票属于有价证券，可以在资本市场上自由转让和流通。

二、短期借入资金筹集

任何企业在生产经营活动中，除了自有资金外，都必然要筹措和使用一定比例的借入资金。借入资金是企业依法筹措并依法使用，按期归还的资金。借入资金有些是自然形成的，有些是根据需要而筹措的，企业的借入资金一般分为短期借入资金和长期借入资金两大类。

(一)短期借入资金筹集概述

1. 短期借入资金筹集的特点

短期借入资金筹集又称为短期负债筹资，其特点主要有：

(1)筹资速度快，容易取得。长期负债的债权人为了保护自身利益，往往要对债务人进行全面的财务调查，所以筹资所需时间一般较长，且不易取得。而短期负债在较短时期内即可归还，所以债权人顾虑较少，容易取得。

(2)筹资富有弹性，举借长期债务，债权人或有关方面通常会向债务人提出许多限制性条件；而短期债务的限制则相对宽容些，使筹资企业的资金使用更为灵活，富有弹性，

(3)筹资成本较低。一般来说，短期债务的利率(或成本)要低于长期债务，其筹资的成本也就较低。

(4)筹资的风险较高，由于短期债务需要在短期内偿还，因而要求筹资企业在短期内拿出足够的资金偿还债务，如果企业到时资金安排不妥当，就会陷入财务危机。而且短期负债利率波动比较大，一时高于长期负债的水平也是可能的。

2. 短期借入资金筹集的形式

短期借入资金的形式有：

(1)短期借款。它是指期限在一年以内的借款。

(2)商业信用。它是指在商品交易中由于延期付款或预收货款所形成的企业间的借贷关系。

(3)发行短期融资券。它是指企业为筹措短期资金而发行无担保的短期期票。

(二)短期借款

银行借款是企业根据借款合同向银行或其他金融机构借入的款项，按其期限分为短期借款和长期借款。前者筹集的是短期借入资金，后者筹集的是长期借入资金。

1. 短期借款的种类与方式

1)短期借款的种类

短期借款是指期限在一年以内的借款。

短期借款从目的和用途来看，主要有生产周转借款、临时借款、卖方信贷等几种：

(1)生产周转借款。它是指企业为满足生产周转的需要，在确定的流动资金需要额缺乏足够的资金来源时向银行取得的借款。生产周转借款的需要量是企业计划年度流动资产的计划占用额与本年年末的营运资金之间的差额,企业可以在此范围内办理借款申请。借款期限可根据资金使用情况确定，一般不得超过一年。

(2)临时借款。它是指企业在生产经营过程中由于季节性、临时性需要向银行取得的借款。通常是为了解决以下几种资金需求：产品由于客观原因不能及时卖出；原材料的季节性储备；进口物资集中到货；为发展名、优产品或进行经济联合而需要资金。临时借款的期限应根据物资占用时间和销售收入情况来确定，一般不超过6个月。

(3)卖方信贷。它是指企业采取延期收款或分期收款方式销售产品时，为了垫付资金向银行申请的借款。借款的安排可根据销售收入回收的进度进行。

短期借款按照偿还方式不同可分为一次性偿还借款和分期偿还借款。一次性偿还借款是指到期一次性全部偿还的借款；分期偿还借款是指借款后，在约定期限内分若干次偿还借款。

短期借款按照利息支付方法不同可分为收款法借款、贴现法借款和加息法借款。收款法借款是指利息在借款到期时向银行支付的方式借款；贴现法借款是指利息在银行发放借款时从本金中扣除的借款；加息法借款是利息分期支付的借款。

2)短期借款的方式

(1)信用借款。信用借款是指完全凭借款人信用，无需提供经济担保和财产抵押的借款方式，这种方式一般对少数经营特别好、经济实力强、信誉高的企业适用。

(2)经济担保借款。经济担保借款是指要求借款人以第三方的经济信誉或财产担保作为还款保证而发放借款的方式。担保方一般是经济实力雄厚、具有法人资格的企业，财政、金融、主管部门可成为特殊信用担保人。银行要对担保方的资格、承保能力进行审查，并同借款人、担保方签订合法完整的借贷合同、担保合同，明确担保方的责任。担保方有责任监督借款人按期如数还款和代借款人偿还逾期借款本息。

(3)抵押借款。抵押借款是指借款人将自已的财产作为抵押物而取得银行借款的方式。借款人提供的抵押物，必须所有权明确、具有使用价值和价值、易于保管和变卖的金融资产或实物资产。银行应对抵押物进行估计审查，同意后签订抵押借款合同。当借款不能按期归还时，银行有权处理抵押物并优先受偿。

(4)贴现借款。贴现借款是指持有银行或商业承兑汇票的企业，以未到期票据向银行取得借款的方式。银行要按票据到期值扣除从贴现日到汇票到期日的利息，予以贴现。到期付款单位无力付款时，如果原贴现的票据是商业承兑汇票，则贴现银行将汇票及有关凭证退回借款企业，并从企业的账户中扣回款项。

2. 短期借款的利率

短期借款的利率多种多样，利息支付方法亦不统一。

1)短期借款利率的影响因素

银行贷款的利率变动范围很大，它受到许多因素的影响：

(1)银行贷款的利息政策受国家的经济形势和中央银行的信贷政策的直接影响，当经济景气时，银行贷款的利率会呈现偏高的局面；当经济不景气时，银行贷款的利率会呈现出普遍偏低的局面。

(2)利率的高低与通货膨胀有很大的关系。通货膨胀严重时，利率较高；反之，利率会相对较低。

(3)利率的高低与借款企业的信誉、规模和财力有关。信誉卓著、财力雄厚且经营状况好的企业，银行实行优惠利率，其借款利率较低；反之，借款利率较高。

(4)利率的高低与借款形式有很大的关系，借款形式不同，会导致名义利率和实际利率的极大差异。

2)短期借款利率的形式

银行根据借款企业的具体情况，在给予贷款时，可以采用不同的利率形式：

(1)优惠利率。优惠利率是银行向财力雄厚、经营状况好的企业贷款收取的名义利率，为贷款利率的最低限额。

(2)浮动优惠利率。浮动优惠利率是随其他短期利率的变动而浮动的优惠利率，即随市场条件的变化而随时调整的优惠利率。

(3)非优惠利率。非优惠利率是银行贷款给一般企业时收取的高于优惠利率的利率。它经常是在优惠利率的基础上加一定的百分比。比如银行按高于优惠利率的 1%的利率向某企业贷款，若当时最优利率为 9%，则向该企业贷款采用的利率即为 10%。非优惠利率与优惠利率之间差距的大小，由银行根据借款企业的信誉、与银行的往来关系及当时的信贷市场状况来决定。

3)短期借款利息的支付方法

一般来说，借款企业支付利息有三种方法可供选择。

(1)收款法。收款法是在借款到期时向银行支付利息的方法，这是普遍采用的方法。

(2)贴现法。贴现法是银行向企业发放贷款时，先从本金中扣除利息部分，而到期借款企业要偿还全部本金的一种计息方法。比如，某企业从银行取得借款 10 万元，期限 1 年，利率 12%，利息额 1.2 万元，按照贴现法付息，该企业实际从银行借得金额为 8.8 万元。

(3)加息法。加息法是银行发放分期等额偿还贷款时采用的利息收取方法，在分期等额偿还贷款的情况下，银行根据名义利率计算利息，加到贷款本金上计算本息和，要求企业在贷款期限内分期偿还本息和的金额。例如，某企业借入利率为 8%的贷款 50 000 元，分 12 个月等额偿还本息，则本息和为 54 000 元，每月须偿还 4 500 元。

3. 短期借款的成本

前已述及，贷款形式不同，利息支付方式不同，会导致名义利率和实际利率存在极大差异。因此，在考虑借款的成本时，仅仅考虑名义利率是不够的，必须重视实际利率。短期借款实际利率计算方法主要有以下几种：

1)单利法

企业向银行申请短期借款时，银行一般都按单利计算利息。企业按一年期借款，到年末连本带利一起偿还，则贷款的实际利率与名义利率一致，但如果借款的期限短于一年，其名义利率就会小于实际利率。两者的换算关系式为

$$i_{实}=\left(1+\frac{i_{名}}{n}\right)^{n}-1 \tag{5-1}$$

式中 $i_{实}$——实际利率；

$i_{名}$——名义利率；

n——每年贷款或还款的期数。

【例 5-1】借款人向银行借得利率(名义利率)为 10%的一年期单利贷款 80 000 元，试分析其贷款利息及实际利率。

解：借款人到期支付利息为

$$80\,000\times10\%=8\,000(元)$$

该项借款的实际利率为

$$i_{实}=\frac{利息费用}{实际借款金额}\times 100\%=\frac{8\ 000}{80\ 000}\times 100\%=10\%$$

亦可计算为

$$i_{实}=\left(1+\frac{i_{名}}{n}\right)^{n}-1=\left(1+\frac{10\%}{1}\right)^{1}-1=10\%$$

【例 5-2】假定名义利率为 10%，借款期限为 90 天，则 n 为 4，其实际利率为

$$i_{实}=\left(1+\frac{10\%}{4}\right)^{4}-1=10.38\%$$

2)贴现法

如果银行给予企业的是贴现贷款，则企业在借款时实际得到的借款数额小于其举借的数额，这样会提高贴现借款的实际利率，其计算公式为

$$i_{实}=\frac{利息费用}{借款金额-预扣利息费用} \tag{5-2}$$

也可表示为

$$i_{实}=\frac{名义利率}{1-名义利率}\times 100\% \tag{5-3}$$

【例 5-3】某企业从银行以贴现方式取得利率为 12%的一年期借款 20 万元，则其实际利率为

$$i_{实}=\frac{20\times 12\%}{20-20\times 12\%}\times 100\%=13.64\%$$

亦可计算为

$$i_{实}=\frac{12\%}{1-12\%}=13.64\%$$

3)分期付款利率

银行收取利息采用加息法，在分期等额偿还贷款的情况下，由于贷款分期均衡偿还，借款企业实际上只平均使用了贷款本金的半数，而利息并不减少，借款企业实际负担的利息费用相应加大。其计算公式为

$$i_{实}=\frac{利息费用}{借款总额/2}\times 100\% \tag{5-4}$$

【例 5-4】某企业向银行取得名义利率为 8%，期限一年的短期借款 10 万元，采用分期偿还方式，企业每月归还贷款本金的 1/12。则其实际利率计算为

$$i_{实}=\frac{10\times 8\%}{10\div 2}\times 100\%=16\% \tag{5-5}$$

4)有补偿性余额的实际利率

如果银行要求企业保持补偿性余额，就会提高借款的实际利率，其计算公式为：

$$i_{实} = \frac{利息费用}{借款金额 - 补偿性金额} \times 100\% \tag{5-6}$$

或

$$i_{实} = \frac{名义利率}{1 - 补偿性金额比率} \times 100\% \tag{5-7}$$

【例 5-5】某企业按名义利率 12%，向银行借得 1 年期借款 20 万元，银行要求维持贷款额 15%的补偿性余额，则该项银行借款的实际利率为

$$i_{实} = \frac{20 \times 12\%}{20 - 20 \times 15\%} \times 100\% = 14.12\%$$

亦可计算为

$$i_{实} = \frac{12\%}{1 - 15\%} \times 100\% = 14.12\%$$

4. 短期借款筹资评价

短期借款可以随企业的需要安排，便于灵活使用，且比较易于取得，但筹资风险高，实际成本也较高，特别是在带有许多附加条件的情况下尤其如此。

(三)商业信用

商业信用是由商品交易中钱与物在时间和空间上的分离而产生的。它产生于银行信用之前，但在银行信用出现之后，商业信用仍然存在。

1. 商业信用的概念与特征

商业信用是指在商品交易中以延期付款或预收货款方式进行购销活动而形成的企业之间的借贷关系。它是企业之间的直接信用行为。

在商品交易中，许多企业通常以赊购方式向其他企业进货，议定于若干天内付款。对于购货企业而言，这笔业务形成了一项负债，记录为应付账款。它在企业的短期负债中占有很大的比例。商业信用的主要形式是赊购商品和预收货款，具体表现为购货欠账和延期交货，或购货企业开出期票或商业汇票以示承诺等。

商业信用是一种自发性的资金来源，是企业短期负债筹资的一种重要形式。比如购货企业从供货商处赊购货物时，供货商将其货物赊销给购货企业，实质上就是将存货所含的资金让渡给购货企业使用。因此，企业取得商业信用就是获得某种资金的暂时使用权。

商业信用随着商品交易产生而产生，并且只在参与交易的双方交换商品与交换货币相分离时才会发生。

2. 商业信用的形式

利用商业信用筹资，主要有以下几种形式。

1)应付账款

应付账款是企业购买货物暂未付款而形成的对供货方的欠款，即供货方允许购贷方在购货店一定时期内支付货款的一种形式。这是最典型、最常见的商业信用形式。供货方利用赊销方式可以促销，而对购贷方来说，延期付款则等于向供货方借用资金购进商品，可以满足短期的资金需要。

应付账款这种信用形式，按其是否支付代价，可分为免费信用、有代价信用和展期

信用三种。

(1)免费信用。免费信用是指企业无需支付任何代价而取得的信用。一般包括法定付款期限和销售方允许的折扣期限。前者如银行结算办法规定允许有 3 天或 10 天的付款期限，即付款人可从收到付款通知的 3 天或 10 天内享受免费信用；后者为一定信用条件的折扣期内享受免费信用。

(2)有代价信用。有代价信用是指企业需要支付一定代价而取得的信用。在带有折扣的条件下，购货企业要想取得商业信用，则须放弃折扣，而所放弃的折扣就是取得此种信用所付出的代价。企业在选择是否延期付款时，应认真分析其资金成本的高低，以便决定取舍。

(3)展期信用。展期信用是指购货企业在销货企业提供的信用期限届满后，以拖延付款的方式强制取得的信用。展期信用隐含着两种成本：一是企业放弃现金折扣的机会成本，这与有代价信用相同；二是企业信誉可能受到损害的成本。企业若过度拖延时间付款而出现严重拖欠，则会降低其信用等级，给今后的各种筹资造成不利的影响。

应付账款的成本取决于信用期限和现金折扣。信用期限就是赊购业务的最后付款的时间。一般根据产品的经济性质、购销双方的财力情况加以确定。现金折扣是销货企业给予的一种优惠政策。

利用应付账款筹资在两种情况下没有成本，即享受免费信用：一是没有现金折扣的商业信用；二是有现金折扣但企业已享受了现金折扣，亦即在折扣期内付款。

如果销货企业提供了现金折扣，但购货企业没有加以利用，从而丧失了少支付货款的优惠条件，这部分多支付的货款就是购货企业利用应付账款筹资的机会成本。具体表现为隐含利息成本。

应付账款的成本可用下式计算：

$$\text{放弃现金折扣成本}=\frac{\text{现金折扣百分比}}{1-\text{现金折扣百分比}}\times\frac{360}{\text{信用期}-\text{折扣期}} \tag{5-8}$$

从应付账款成本的计算公式可以看出，放弃现金折扣的成本与折扣百分比的大小、折扣期的长短同方向变化，与信用期的长短反方向变化。如果购货企业放弃折扣而获得有代价信用，其代价是较高的。

由于应付账款的成本与折扣期同方向变化，与信用期反方向变化，假定折扣期一定，则信用期越长，应付账款的成本就越低。如果购货企业在允许的条件下延展信用，那么延展时间越长，其成本越小。

2)应付票据

应付票据是企业进行延期付款商品交易时开具的表明债权债务关系的票据。这种票据可由购货企业或销货企业开出，并由购货企业承兑或请求其开户银行承兑，两者分别为商业承兑汇票和银行承兑汇票。应付票据的付款期限由交易双方商定，一般为 1～6 个月，最长不超过 9 个月，遇有特殊情况可以适当延长。

应付票据对于购货企业来说，是一种短期负债筹资方式。

应付票据的成本。应付票据可分为带息票据和不带息票据。带息票据在票据上标有利率及计息日期，一般在到期日兑付时一并支付利息；不带息票据是在到期日只按票面金额兑付而不另给利息的票据。即使是带息票据，其利率一般也比银行借款的利率低，而且不用保持相应的补偿性余额和支付协议费，所以其筹资成本低于银行借款成本。

如果结算用的票据是不带息票据，则属于免费信用；如果结算用的票据是带息票据，则到期应承担的票据利息就是应付票据的成本。

3)预收账款

预收账款是指销货企业按照合同或协议规定，在交付货物之前向购货企业事先收取部分或全部货款的信用形式。这等于是销货企业向购货企业提供一笔款项，然后用货物抵偿。对于生产周期长、售价高的货物，可以采用预收账款的形式，以缓解企业资金占用过多的矛盾。

预收账款对销货企业来说，也是一种筹集短期资金的形式。而且这种筹资方式一般无需付出代价，完全属于免费信用。

4)应付费用

应付费用不属于商业信用，它是在非商品交易中产生的，但预先提取而未支付的费用或已经形成而未支付的款项。包括应付工资、应付税金、预提费用等。

应付费用使企业受益在前，费用支付在后，支付期迟于发生期，相当于享受了受款方的借款，一定程度上缓解了企业的资金需要，而且通常不用花费代价即可取得。

一般来说，影响应付费用利用程度的主要是应付费用的发生额和应付费用支付的间隔期。企业生产销售规模越大，应付费用发生额也就越大，可利用的自然形成的资金也就越多；应付费用从发生到支付的间隔时间越长，企业可利用资金的时间就越长。应付费用筹资额可按下式计算：

$$\text{应付费用筹资额}=\sum\left(\text{应付费用日平均发生额}\times\frac{\text{应付费用}}{2}\right) \tag{5-9}$$

3. 商业信用筹资评价

1)商业信用筹资的优点

(1)商业信用筹资最大的优越性在于非常方便，容易取得。商业信用是一种“自然性筹资”，伴随商品交易产生，无需另外办理正式筹资手续。

(2)成本相对较低。如果没有现金折扣，或者企业不放弃现金折扣，以及使用不带息应付票据，则企业采用商业信用筹资不发生实际成本。

(3)限制条件较少。与其他筹资形式相比，商业信用筹资限制条件较少，选择余地较大，条件比较优越。

2)商业信用筹资的缺点

(1)期限较短。比如应付账款，如果企业取得现金折扣，期限更短。

(2)有时成本较高。如果企业放弃现金折扣，必须付出非常高的资金成本。

(四)发行短期融资债券

短期融资券又称商业票据，是企业为筹措资金而发行的无担保短期期票。

1. 短期融资券的特征

短期融资券源于商业票据。商业票据是在商品和劳务交易中出现的，后来，有些企业根据商业票据筹资的特点，凭借自已的信誉，开始脱离商品交易过程来签发商业票据，以筹借短期资金。因此，商业票据与商品、劳务的交易相分离，演变成为一种在货币市场上融资的票据，发行者与投资者成为一种单纯的债权债务关系，而不是商品买卖或劳务供应关系。这样，通常把这种专门用于融资的票据称为短期融资券。

近年来，国外大量发行短期融资券。在我国企业发行短期融资券的工作于 1987 年在上海开始试行，1989 年在全国推行。我国企业使用这种筹资方式，必须满足下列条件：企业发行短期融资券只能在确实存在短期资金需要时，经批准方可使用；每次发行限额在 100 万～3 000 万元之间；短期融资券的期限有 3 个月、6 个月和 9 个月三种；利率以低于一年期定期储蓄存款利率为准，到期一次还本付息；短期融资券可以在证券交易柜台上进行交易，但不能作为货币手段用于流通。

2. 短期融资券的种类

按不同的标准，可以对短期融资券作不同的分类。

(1)按发行方式，可分为直接销售融资券和间接销售融资券。直接销售融资券是指发行人直接把融资券销售给最终投资者；间接销售融资券是指发行人先将融资券卖给经纪人，然后再由经纪人卖给最终投资者，又称经纪人代销的融资券。

(2)按发行人的不同，可分为金融企业的融资券和非金融企业的融资券。金融企业的融资券是指由各大公司所属的财务公司、各种信托投资公司、银行控股公司等发行的融资券，一般采用直接发行方式；非金融企业的融资券是指那些没有设立财务公司的公司和工商企业所发行的融资券，一般采用间接发行方式。

(3)按发行和流通范围，可分为国内融资券和国际融资券。国内融资券仅能在国内发行和流通，国际融资券则可向国外发行。

3. 发行短期融资券筹资评价

发行短期融资券筹资的成本较低，一般低于银行的同期贷款利率。筹集资金的数额比较多，而且采用这种方式筹资能提高企业的信誉。但发行短期融资券的风险比较大，弹性比较小，发行的条件比较严格。短期融资券到期必须归还，一般不能延期，也不能提前偿还。发行短期融资券筹资一般仅限于信誉好、实力强、效益高的企业采用。

三、长期借入资金筹集

长期借入资金的筹集意味着一家企业对资金的需求已远远地超出了短期或季节性、临时性需要的范围，一般不能完全由企业内部形成或借入的短期资金来满足，因此企业会通过各种金融市场来筹措大笔可供长期使用的资金。

(一)长期借入资金筹集概述

长期借入资金筹集又称长期负债筹资。长期负债是指企业由于过去的经营活动已经产生并且目前仍然存在、预计在一年或一个正常营业周期以上偿还的债务。

1. 长期借入资金筹集的概念及特点

1)长期借入资金的特点

从财务管理的角度来看，筹资期限在 1 年以内的资金属于短期资金；1～5 年期限的资金属于中期资金；超过 5 年期限的资金，属于长期资金。相应地，这些资金的筹集也分别称为短期负债筹资、中期负债筹资和长期负债筹资。中期负债与长期负债的期限均在 1 年以上，从会计角度来说，通称为长期负债。这里所采用的长期负债的概念是从会计角度来讲的。长期负债的特点包括：①一般情况下数额较大；②偿还期限较长、超过一年或一个营业周期，但需要在一年内偿还的长期负债应转为流动(短期)负债处理；③长期负债一般按其到期应付金额的现值进行计量，在资产负债表中予以反映。

2)长期借入资金筹集的概念

长期借入资金(即长期负债)包括中期负债和长期负债，那么长期借入资金的筹集亦包括中期负债筹集和长期负债筹集。因此长期借入资金筹集是指企业筹措期限在 1 年以上的借入资金的财务活动。它主要提供长期性的资金，以供企业长期使用。

3)长期借入资金筹集的特点

长期借入资金筹集的主要作用是为企业所有者提供长期资产所需要的那部分资金。与短期负债筹资相比，其特点主要有：①筹资速度慢，手续比较复杂，企业要想取得长期借入资金，必须具有良好的财务状况；②筹资成本较高，长期负债的利率一般高于短期负债，债权人要求的报酬率也高，所以其成本比较高；③筹资方式多种多样，但限制条件太多。

2. 长期借入资金筹集的形式

长期借入资金筹集的形式很多，主要有：

(1)长期借款。指借款期限在 1 年以上的银行借款。

(2)发行债券。指期限超过 1 年而向投资者发行的公司或企业债券。

(3)租赁筹资。指以租赁方式进行融资。

(4)期权筹资。主要指认股权证和可转换证券筹资。

(5)其他形式。包括长期应付票据、长期抵押借款等方式。

下面着重介绍长期借款和发行债券。

(二)长期借款

长期借款是短期借款的对称，也是一种很重要的长期负债筹资形式。

1. 长期借款的概念及种类

长期借款是指企业向银行或其他非银行金融机构借入的使用期超过 1 年的各种借款，它主要用于购建固定资产和满足长期资金占用的需要。长期借款在一定时期内可以被企业作为一种永续性借款，供企业长期占用。若没有特殊情况，在借款期限内，贷款机构一般不会随意抽回。

从不同的角度可以对长期借款进行不同的分类。

1)长期借款按提供贷款的机构分类

长期借款按提供贷款的机构，可以分为政策性银行贷款、商业性银行贷款和其他金融机构贷款。

(1)政策性银行贷款。政策性银行贷款是指执行国家政策性贷款业务的银行(通常称为政策性银行)向企业发放的贷款。比如：国家开发银行主要为满足企业承担国家重点建设项目的资金需要而提供贷款；进出口信贷银行为大型设备的进出口提供买方或卖方信贷。

(2)商业性银行贷款。商业性银行贷款是指由各商业银行向工商企业提供贷款。这类贷款主要为满足企业建设竞争性项目的资金需要。企业对贷款自行选择、自担风险、自负盈亏。它包括短期贷款和长期贷款。其中长期贷款一般具有下列特征：期限长于一年；借款利率有规定，既可固定，也可随基准利率的变动而调整；企业与银行之间必须签订合同，以确定双方的权利义务；偿还贷款主要采用分期偿还方式，一般每期偿还金额相等。

(3)其他金融机构贷款。其他金融机构贷款是指除银行以外的其他金融机构向企业提供的贷款，如保险公司、退休基金组织和信托投资公司等提供的贷款。这类贷款一般比银行贷款的期限更长，但要求的利率较高，对借款企业的选择和担保的要求比较严格。

2)长期借款按贷款的用途分类

长期借款按贷款的用途，可以分为固定资产投资贷款、更新改造贷款、科研开发和新产品试制贷款。

(1)固定资产投资贷款。固定资产投资贷款主要是指企业用于固定资产的新建、改建或扩建等基本建设项目的贷款，包括进行基本建设工程、购建固定资产和为以后若干年度基建工程储备材料和设备，又称为基本建设贷款。企业要想申请该类贷款，必须具备下列条件：建设条件已经具备，比如建设用地、机器设备、材料、施工力量等；生产条件业已落实，比如工艺设计能力、运输条件、燃料与原材料的取得方式等；建成后各方面条件成熟，能顺利投产；投产后生产的产品适销对路，在市场上有一定的竞争力；在财务上具有可行性，即项目投产后所创造的经济效益比所借款项要大，能按期还本付息。

(2)更新改造贷款。更新改造贷款是指企业主要用于对原有项目或设备进行更新或技术改造的贷款。比如，采用新技术对原有设备进行更新和重新建设房屋建筑物，以提高生产效率、提高产品质量、降低能耗和料耗为目的，对原有固定资产进行技术改造，等。

(3)科研开发和新产品试制贷款。这类借款主要是用于企业根据国家规定的任务采用新技术，研究、开发新产品。一般由国家有关部门根据需要下达贷款指标。

3)长期借款按贷款利率是否固定分类

长期借款按贷款利率是否固定，可以分为固定利率贷款、变动利率贷款和浮动利率贷款。

2. 长期借款的原因和目的

企业长期借款大都分期付息还本，这对于债权人和债务人都较为有利。企业利用长期借款筹资，主要出于以下几种原因与目的：

(1)企业不具备发行股票进行权益筹资的条件和能力，但又需要数额大、期限很长的资金，则可采用长期借款方式筹资。因为长期借款速度较快、效益高，资金到位及时，数额也比较大。

企业扩大生产能力，急需购置一定数量的固定资产或对原设备进行更新改造，可以采用长期借款筹资方式。

企业为了扩大经营能力，需要增加适量的持续使用的资金但又不想盲目扩大自有资金，则可采用长期借款方式。

(2)证券市场的利率水平过高。企业尽管有能力发行债券以筹集长期资金，但利率过高对企业不利，如果企业可以获得借款，则可采用长期借款方式。等到证券市场情况对企业有利时，再及时发行证券筹资，以取得资金归还借款。

(3)企业先取得长期借款以备未来需要。如果企业预测未来资金市场上，资金供应将日趋紧张，而目前资金市场上贷款利率还十分有利，这样，企业可先取得借款，以免未来筹资出现困难。若将来资金确有多余，则可进行对外证券投资或进行适当调度，也可暂时转借给其他企业。

总之，长期借款筹资适用于占用时间较长、需求量较大的资金筹集。

3. 长期借款的成本

长期借款的成本主要是其利息。长期借款的利率通常高于短期借款，具体的长期借款利率水平取决于当时的资本供求关系、企业的贷款金额、有无担保以及企业的资信状况等。

长期借款的利率可以分为固定利率和变动利率两种类型。

1)固定利率

按固定利率计算利息的长期借款，在订立借款合同时就约定，不管未来金融市场利率是否波动，借款企业均按照固定不变的利率支付利息。

在借款利率确定的情况下，长期借款利息的计算有两种方式：按单利计息和按复利计息。它们对企业偿还利息总额影响很大。

2)变动利率

按变动利率计算利息的长期借款，规定利率可以调整，一般根据金融市场行情定期进行。借款企业和贷款机构会将长期借款的利率定在超过各年的基本利率若干个百分点，即当基本利率发生变动时，长期借款中尚未清偿部分的利率也会按同比例相应涨跌。长期借款中变动利率的调整，通常为每年一次，也可半年或几个月调整一次。

变动利率一般有三种形式：

(1)定期调整利率。定期调整利率是指借款企业与贷款机构在借款合同中约定借款利率可在基本利率的基础上，根据金融市场的情况每半年或一年调整一次利率，没有归还的贷款利息按调整后的利率计算。

(2)浮动利率。浮动利率是指借款企业与贷款机构在借款合同中规定其利率可根据资金市场的变动情况而随时调整的利率。它通常在基本利率的基础上再加上若干个百分点构成。而基本利率可以市场上信誉较好的商业票据利率或国库券利率作为参考。当利率上升或下降时，定期借款的未偿还余额的利率也作相同幅度的调整。

(3)期货利率。期货利率是指借款企业与贷款机构在借款合同中约定到期的借款利率按照期货业务的利率计算。如果借款到期或在借款期内规定付息日的，应按当时期货市场利率计算利息额，到期按面值还本。

长期借款除须按期支付利息之外，银行还会向借款企业收取其他费用，如管理费、代理费、实行周转信贷协定所收取的承诺费及保持补偿性余额所形成的间接费用等。

4. 长期借款的偿还方式

企业应按合同的规定按期还本付息。长期借款偿还方式主要有：到期还本付息方式；定期付息、到期还本方式；定期等额偿还方式；分批偿还方式。

1)到期还本付息方式

在这种方式下，还款集中，借款企业必须于到期日前做好还款准备，以保证全部清偿贷款。到期应偿还金额等于借款本金加上应付利息，即

$$到期一次性还本付息额=借款本金+应付利息 \tag{5-10}$$

应付利息有两种计算形式：

(1)按单利计息。若按单利计息，长期借款到期利息为

$$应付利息=借款本金\times借款利率\times期限 \tag{5-11}$$

(2)按复利计息。若按复利计息，长期借款到期利息为

$$应付利息=借款本金\times\left[(1+贷款利率)^{期限}-1\right] \tag{5-12}$$

2)定期付息、到期还本方式

在这种方式下，利息每年支付一次，而且付息金额相等，到期时只偿还本金。

3)定期等额偿还方式

在这种方式下，贷款本息按某一相同的金额定期偿付，而不是到期一次还本付息。首先需要确定每期还本付息额，其计算公式为

$$每年期末还本付息额=\frac{借款本金}{年金现值系数} \tag{5-13}$$

每期末还本付息额中既包括当期应付利息，也包括当期还本额，应付利息是按照到期仍未偿还本金计算的。

4)分批偿还方式

在这种方式下，借款企业与贷款机构在借款合同中约定偿还贷款的批数及每批偿还的数额。每批偿还的数额可以不相等，以便企业灵活安排。

贷款到期，借款企业应自觉筹集款项以备还款。如果因客观原因，暂时不能归还，应在到期之前的3～5天，提出延期申请，经银行审查核实，可续签合同，但只能延期一次。逾期不能归还，银行可以没收抵押品或要求由担保单位归还。

5. 长期借款的评价

长期借款与股票、债券等长期资金筹集方式相比，既有优点，也有缺点。

1)长期借款的优点

(1)长期借款筹资比债券、股票快。发行股票、债券筹集长期资金所需时间一般较长，需做好发行前的准备工作，如印刷证券、申请批准等。发行也需一定时间，故耗时太长，程序复杂。向银行借款的手续比发行证券简单得多，一般所需时间较短，程序较为简单，可以快速获得资金。

(2)长期借款的成本较低。长期借款利率一般低于债券利率；由于借款属于间接筹资，筹资费用也极少；长期借款的利息可在所得税前列支，故可减少企业实际负担的成本，因此比股票的成本要低得多。

(3)长期借款的弹性较大。表现在三个方面：借款时，借款企业与银行直接交涉，通过协商确定借款的有关事项；借款期间，如果企业有关情况发生了变化，也可与银行进行协商，改变借款的数量和条件，但发行债券所面对的是社会公众投资者，协商改善筹资条件的可能性很小；借款到期后，若有正当理由，还可延期归还。所以，长期借款对企业具有较大的灵活性。

2)长期借款的缺点

长期借款的限制性条款较多。企业与银行签订的借款合同中，一般都有附加的限制性条款，这些条款约束了企业的生产经营和借款的使用，也会影响到企业的筹资和投资活动。

长期借款筹资的风险较高。长期借款与发行债券一样，必须定期还本付息，固定的利息负担和固定的偿付期限会带来一定的风险，特别在企业经营不善时，有可能引起破产。

(三)发行债券

发行债券筹资是企业作为债务人向债权人承诺在未来一定时期还本付息而发行有价证券的筹资方式。它是企业资金筹集经常使用的一种方法，其实质是企业向债券投资者获取资金的使用权，并支付一定的利息作为代价。

1. 发行债券筹资的原因和目的

企业筹资的方式很多，选择发行债券来筹资一般出于以下几个原因和目的：

(1)企业权益资本不能满足企业发展的资金需要，而银行借款却受到国家金融政策的制约，或受银行借款限额的限制等，企业只好另辟筹资渠道时，可以采取发行债券筹资方式。

(2)增加发行新股会分散原有股东对企业的控制权，而债券投资者只是定期获得利息，无权参与企业的经营管理，所以发行债券既筹集到资金，又不会让原有股东失去对企业的控制权。

(3)发行债券筹资能使企业少缴所得税，具有抵税作用，在一定程度上可降低企业筹资的实际成本。

(4)发行债券筹资能促使企业利用财务杠杆作用，提高企业的获利能力，增加每股净收益。只要企业投资报酬率高于债券利率，就能提高企业自有资金的盈利能力。这也是企业采用债券筹资的目的之一。

2. 债券的特征与基本要素

债券是债务人为筹集借入资金而发行的，约定在一定期限内向债权人还本付息的有价证券。在我国，非公司企业发行的债券称为企业债券，股份有限公司和有限责任公司发行的债券称为公司债券，二者没有本质的区别。

1)债券的特征

债券体现的是持券人与企业之间的债权债务关系，具有以下特征：

(1)流动性。流动性是指债券可以在证券市场上转让流通。

(2)收益性。收益性是指债券持有者可以定期从债券发行企业那里获得固定的债券利息。

(3)期限性。期限性是指债券具有一定的期限，发行企业必须还本付息。

(4)风险性，风险性是指债券有到期不能还本付息的可能性。

2)债券的基本要素

债券的基本要素是指发行的债券上必须载明的基本内容，主要包括：

(1)债券的面值。债券的面值是指债券的票面价值，包括币种和票面金额两方面。币种是指以何种货币作为债券价值的计量标准，它可以用本国货币，也可用外币，取决于发行企业的需要和债券的种类；票面金额是指票面所标明的金额的大小，从吸引投资者和便于流通的角度看，面值不宜过大，因为面值太大会使一般社会公众投资者力所难及，以致影响其销售和流通。债券的面值必须印在债券上，固定不变，到期必须足额偿还。

(2)债券的期限。债券的期限是指债券从发行之日起，到到期日之间的时间，债券上须载明偿还本金的期限。在确定债券期限时，要考虑下面几个因素：①债券资金的周转期，如果企业须长期占用此项资金，可适当延长偿还期；②市场利率的变动趋势，如果市场利率呈上升趋势，宜采用长期债券，如果市场利率呈下降趋势，宜采用较短期的债券，这样才能使企业由于利率的涨跌而不蒙受损失；③债券市场的发达程度，如果债券市场发达，债券流通顺畅，变现能力强，可适当延长债券的期限，如果债券市场不发达，应发行较短期的债券，这样有利于投资者选择。

(3)债券的利率。债券的利率是指债券利息与债券面值的比率，也是发行债券企业承诺以后一定时期支付给债券持有者资金使用报酬的计算标准。债券上通常都载明利率，一般为固定利率，债券的利率通常是年利率。

(4)债券的付息期。债券的付息期是指企业发行债券的利息什么时候支付。债券的利息可以是到期一次支付，或者 1 年、半年或 3 个月支付一次。由于债券票面上的利率是固定不变的，而且表现为年利率，所以不论什么时候支付利息，整个债券期限内的付息额是不变的，付息次数越多，每次付息额越小。

3)债券与股票的区别

债券与股票同属有价证券，筹集的资金都是长期资金，但二者具有明显的区别：

(1)性质不同。债券是一张债权债务的凭证，不拥有企业所有权，与企业之间是借贷关系。而股票是一张所有权证书，它表明对企业拥有一定份额的所有权，与企业之间是统一的投资关系，享有发行股票企业所规定的权利和义务。

(2)责任不同。债券持有者作为债权人按照约定的期限取得利息和收回本金，无权过问发行债券企业的经营管理，也不承担企业经营好坏的任何责任。而股票持有者是企业的股东，要通过一定形式，不同程度地参与企业的经营管理，并根据企业的经营状况取得股息和红利，相应地承担企业经营亏损的有限责任。

(3)筹资性质不同。股票筹集的资本是企业的股本，属自有资金，无需还本；而债券筹集的资金是企业的债务，属借入资金，到期必须偿还本金。

(4)发行主体不同。只有股份有限公司才能发行股票筹资；而债券筹资运用于各种类型的企业。债券按发行主体不同可以分为支付债券、金融债券和公司(企业)债券。

(5)风险程度不同。股票一经售出，就不能再从发行企业中退还，只能在证券市场上自由买卖，股利依企业经济效益高低及税后利润大小确定，不固定，对发行企业来说，财务风险较小；而债券利息固定，按期支付并还本，对发行企业来说，财务风险较大。

3. 债券发行的价格

公司债券的发行价格是指发行公司或其承销机构发行债券时所采用的价格，也就是债券原始投资者购入债券时应支付的市场价格。发行价格与债券的面值可能一致，也可能不一致。公司在发行债券之前，必须依据有关因素，运用一定的方法，确定债券的发行价格。

1)债券发行价格的影响因素

公司债券发行价格的高低，一般取决于下面四个因素：

(1)债券票面金额。这是决定债券发行价格的最基本因素。一般而言，债券面额越大，发行价格越高。债券发行价格的高低，从根本上取决于债券票面金额的大小，但二者不一定相等。

(2)票面利率，即债券券面上事先确定的名义利率。

(3)市场利率。市场利率是指债券发行时市场上的利率，它是衡量债券票面利率高低的参照物。一般来说，债券发行时的市场利率越高，债券的发行价格就低；反之，就越高。

(4)债券期限。债券期限越长，债权人的风险越大，要求的利息报酬就越高，其发行价格就可能较低；反之，可能较高。

债券的发行价格是上述四项因素共同作用的结果。

2)债券发行价格的确定方法

债券发行价格一般是由债券的面值和要支付的利息按发行当时的市场利率折算成现值来确定的，其基本计算公式为

$$\text{债券发行价格}=\frac{\text{债券面额}}{(1+\text{市场利率})^{n}}+\sum_{t=1}^{n}\frac{\text{债券年利息}}{(1+\text{市场利率})^{t}} \tag{5-14}$$

式中 n——债券期限；

t——付息期数；

市场利率——债券发售时的市场利率；

债券年利息——债券面额与票面利率的乘积。

债券的发行价格在实际中通常有三种情况，即等价、溢价、折价。

等价发行又叫面值发行，是指以债券的票面金额作为发行价格，多数公司债券采用等价发行。

溢价发行是指按高于债券面额的价格出售债券。

折价发行是指按低于债券面额的价格发行债券。

从债券发行价格的计算公式中可以看出，溢价或折价发行债券，主要是由于债券的票面利率与市场利率不一致所造成的。债券的票面利率在债券发行前已经参照市场利率确定下来，并标明于债券票面，无法改变，但市场利率经常发生变动。在债券发售时，如果票面利率与市场利率不一致，就需要调整发行价格，以调节债券购销双方的利益。一般来说，若市场利率与票面利率一致，就按面值发行；若市场利率大于票面利率，就应折价发行；若市场利率小于票面利率，就应溢价发行。

当然，并不是一定要按上述公式计算出来的价格作为债券实际的发行价格，但可以用此结果作为确定债券发行价格的基础，结合自身的信用情况及对资金的急需程度和对市场利率变化的发展趋势的预测等各项情况，合理地来确定最合适的债券发行价格。

4.债券筹资评价

发行债券筹集资金，对发行公司既有利也有弊，应认真分析进行选择。

1)债券筹资的优点

(1)资金成本较低。发行债券筹资的成本要比股票筹资的成本低，因为债券发行费用较低，其利息允许在所得税前支付，可以享受扣减所得税的优惠，所以公司实际上负担的债券成本一般低于股票成本。

(2)保证控制权。债券持有人无权干涉公司的管理事务，因此公司发行债券不会像增发股票那样可能会分散股东对公司的控制权。

(3)财务杠杆作用。发行债券的公司只需支付固定的利息，付息后的盈利可用于分配给股东或留归公司扩大营业，从而有利于增加股东财富和企业价值。

(4)便于调整资本结构。公司通过发行可转换债券，或在发行债券时规定可提前赎回债券，有利于公司主动地、合理地调整资本结构，确定负债与资本的有效比例。

2)债券筹资的缺点

(1)筹资数量有限。利用债券筹资有一定的限度，当公司的负债比率超出了一定程度后，债券筹资的成本要迅速上升。我国《公司法》规定，发行公司流通在外的债券累计总额不超过公司净资产的40%。

(2)财务风险较高。债券有固定的到期日，并需定期支付利息。利用债券筹资，要承担还本、付息的义务。若公司经营不善，会给公司带来更大的财务困难，有时甚至导致破产。

(3)限制条件较多。发行债券的限制条件一般要比长期借款、租赁筹资的限制条件要多而且严格，从而限制了公司对债券筹资方式的使用，甚至会影响公司以后的筹资能力。

(四)其他筹资形式

这里简单介绍一下租赁筹资与期权筹资。

1. 租赁筹资

利用租赁方式筹资是现代企业筹资的一种重要形式，它所筹集的资金一般也属于长期的借入资金。

租赁式指出租人以收取租金为条件，在契约或合同规定的期限内，将资产租让给承租人使用的一种经济行为。租赁行为在实质上具有借贷性质，但它直接涉及的是实物而不是资金。在租赁业务中，出租人主要是各种专业租赁公司；承租人主要是其他各类企业；租赁的对象大都是机器设备等固定资产。与其他筹资形式相比，租赁筹资的最大特点在于筹资与融资混为一体，在租赁期内企业取得的仅是固定资产的使用权，而不是所有权。

1)经营性租赁

经营性租赁通常是一种短期租赁，它是以满足承租人临时使用资产的需要为目的而发生的租赁业务，又称服务租赁或营运租赁。在这种租赁方式下，承租人租入资产的目的仅仅是为了满足生产经营上的短期的、临时的或季节性的需要，而不在于融通资金。但从承租人无需先筹资再购买设备而可直接享有设备使用权的角度来看，经营性租赁也有短期筹资的功效。

经营性租赁的主要特点有：①承租人根据需要可随时向出租人提出租赁资产的要

求；②租赁期限较短，只是资产使用寿命的一小部分，不涉及长期、固定的义务；③租赁协议一般比较灵活，订有解约的条款，在租赁期内，若有新设备出现或不需用租入设备时，承租人可以提前解除租赁合同，这样对承租人比较有利；④出租人不仅要向承租人提供设备的使用权，还要向承租人提供设备的维修、保险和其他专门性技术服务；⑤租赁期满或合同终止时，租赁设备由出租人收回，不涉及所有权的转移，出租人需承担设备过时的风险，所以租赁费较高。

采用经营性租赁有利于提高设备利用率，避免资产闲置浪费，减少设备过时的风险，使承租人得到出租人所提供的优质廉价的服务。

2)融资性租赁

融资性租赁通常是一种长期租赁，它是指出租人按照签订的租赁协议或合同，购置承租人需用的资产，并将其租赁给承租人长期使用，承租人可在资产的大部分使用寿命期内，获得资产的使用权，从而最终获取所租赁的资产所有权，也称为“财务租赁”。在这种方式下，首先由承租人自行向设备制造商或销售商选定货样，与租赁公司联系，然后由租赁公司向供应商购进设备，出租给承租人使用。

融资性租赁的主要特点有：①融资性租赁的目的不仅是为了获得租赁物的使用权，而且也是为了租赁物的所有权，租赁期满，租赁资产的所有权一般归承租方；②租赁资产一般由承租人亲自挑选，然后由出租人代为购买，承租人有权选择设备的供应商；③租赁期限比较长，租赁期大都在资产耐用年限的一半以上；④融资性租赁是一种不可解约的租赁，在合同的有效期内，不能单方面撤销合同，这有利于维护双方的权益；⑤由承租人负责设备的维修、保养和保险，但无权自行拆卸改装。

由上述特点可见，融资性租赁可以给承租人带来既可根据自己需要的意图选定最合适的生产设备，又可以解决企业资金上的困难，以及在需要继续租用或想拥有这项设备时，可以订立续租合同或按公平市价买下设备等好处。

3)租赁筹资的评价

与其他筹资方式相比，租赁筹资有以下优点：迅速获取所需资产；租赁筹资限制较少；保存企业的借款能力；避免设备陈旧过时的风险；租金在整个租期内分摊，不用到期归还大量资金；租金费用可在税前扣除，承租企业能享受税收上的优惠。

租赁筹资的缺点：成本较高；承租企业在经济不景气、财务困难时期，固定的租金支付成为沉重的财务负担；丧失资产残值；难于改良资产。

2. 期权筹资

期权是一种选择权，它是指允许持有人在某一特定的期间以某一既定的价格买卖某种特定资产契约的权利，但又无须实施这项权利的义务。

期权有看涨期权和看跌期权两种形式。看涨期权又称买入选择权，是指允许投资者以权利而不是义务，在期权契约有效期间内按某一具体履约价格买进某一特定资产的契约；看跌期权又称卖出选择权，是指允许投资者以义务而不是权利，在期权到期日当天或此之前，按某一具体履约价格卖出某一特定资产的契约。

企业采用期权筹资的形式主要有优先认股权筹资、认股权证筹资和可转换证券筹资。

第三节 资金需要量的预测

企业在筹资之前，必须用特定的方法来预测其所需资金的数量。只有这样，才能使所筹资金既能保证生产经营的需要，又不会产生不合理的闲置。企业资金需要量的预测既是企业筹资的数量依据，也是企业编制财务计划的基础。

一、资金需要量预测的方法

企业资金需要量的预测方法有两大类：定性预测法和定量预测法。

(一)定性预测法

定性预测法又称非数量分析法，是指由有关方面的专业人员根据个人经验和知识，结合预测对象的特点进行综合分析，对企业未来资金的需要量作出主观判断的预测方法。它一般不需要进行复杂的定量分析，仅适用于企业在缺乏完备的历史资料或有关变量间缺乏明显的数量关系等条件下的预测。

定性预测法由于主要依靠个人经验和知识，因此又称之为经验法或判断分析法。其一般程序是：首先由熟悉企业财务情况和生产经营的专家，根据过去所积累的经验进行分析判断，提出预测的初步意见；然后通过召开座谈会，对上述预测的初步意见进行修正补充，再得出最终的预测结果。

定性预测法的特点是：计算量较少，主要根据人们积累的实际经验和掌握的科学知识进行判断。在实际工作中应用较少。

(二)定量预测法

定量预测法又称数量分析法，它是指在完整掌握与预测对象有关的各种要素定量资料的基础上，运用现代数学方法进行数据处理，据以建立能够反映有关变量之间规律性联系的各类预测模型的方法。在资金需要量预测中，定量预测法有两类方法：趋势预测分析法和因果预测分析法。

趋势预测分析法的基本原理是：企业过去和现在存在的某种发展趋势将会延续下去，而且过去和现在发展的条件同样适用于未来，可以将未来视为历史的自然延续。

因果预测分析法是指根据变量之间存在的因果函数关系，按预测因素的未来变动趋势来预测对象未来水平的一种预测方法。在资金需要量预测中，主要根据资金数量与各有关因素的依存关系来预测企业未来的资金增长趋势，包括销售百分比预测法、资金习性预测法等。

二、资金需要量预测的内容

企业的资金筹集，可以按期限的不同区分为短期资金与长期资金。短期资金一般是指使用期限在一年以下的资金；长期资金是指使用期限在一年以上的资金。前者多为流动资金方面的投入；后者多为固定资产方面的投入。因此，资金需要量预测也分短期资金需要量预测和长期资金需要量预测，它们分别需要采用不同的预测方法。

(一)短期资金需要量的预测

短期资金需要量的预测通常可从资金需要总量、资金增长趋势和资金追加需要量三个方面进行预测。

1. 资金需要总量预测

资金需要总量的预测可以采用趋势预测分析法和销售百分比预测法。

1)趋势预测分析法

此法是根据以往资金需要情况推测未来。假定某企业的资金需要量的增长速度在最近几年都是10%，而且该公司业务发展呈长期稳定的上升趋势，这就可以推测该企业下一年度的资金需要量仍将以10%的速度增长。

2)销售百分比预测法

销售百分比预测法是根据销售规模与资金需要总量之间有着直接的关系来预测短期资金需要量的方法。同时，资金周转速度的快慢与资金需要量也有联系，资金周转速度越快，资金需要量越少；反之，需要较多的资金。可以采用下面的公式来测算：

$$\text{短期资金需要量}=\text{预测销售收入}\times\frac{\text{基期资金总量}}{\text{基期销售收入}}\times\left(1-\text{资金周转加速比}\right) \tag{5-15}$$

2. 资金增长趋势预测

资金增长趋势预测可以采用资金习性预测法进行分析、计量。

资金习性预测法又称线性回归分析法，它是假定资金需要量与业务量之间存在线性关系，通过建立数学模型，然后根据历史有关资料，用回归直线方法确定参数以预测资金需要量的方法。其基础是将全部资金划分为变动资金和固定资金。固定资金是指在一定的业务量范围内，不受业务量变动的影响而保持固定不变的那部分资金；变动资金是指随业务量变动而成同比例变动的那部分资金。其预测的基本模型为

$$y=a+bx \tag{5-16}$$

式中 y——资金需要量；

a——固定资金；

b——单位业务量所需要的变动资金；

x——业务量。

运用预测模型，在利用历史资料确定 a、b 数值的条件下，即可预测一定业务量 x 所需要的资金数量 y。

资金习性预测法包括总额法和分项法两种。

1)总额法

总额法是根据历史上企业资金占用总额与业务量之间的关系，把资金划分为固定和变动两部分，然后结合预计的业务量来预测资金需要量。

2)分项法

分项法是先根据各资金占用项目(如现金、存货、应收账款、固定资产)同业务量(如产销量)之间的关系，把各项目的资金都分成变动和固定两部分，然后汇总在一起，求出企业变动资金总额和固定资金总额，进而预测资金需要量。

3. 资金追加需要量的预测

资金追加需要量预测是指预测由于业务量的增加而必须相应增加的需要量，是企业现有资金的增加部分。前面通过各种方法预测出来资金需要总量，但资金追加需要量应等于资金需要总量扣除一些自然性筹资额和内部筹资额，也称之为外部筹资额。

所谓自然性筹资额，是指因企业生产经营过程中由于结算关系而形成的资金来源。所谓内部筹资额，是指企业留用利润和计提折旧所形成的资金来源。

资金追加需要量=资金需要总量−自然性筹资额−内部筹资额 (5-17)

在预测资金需要量时，采用销售收入与资金总量之间的依存关系，实际上资金占用的各种形式都可能与销售收入有这种依存关系。而且销售收入的变化，也会引起利润和内部筹资额的变化。

销售百分比预测法的主要优点是能为财务管理提供短期预测的财务报表，以适应外部筹资的需要，且易于使用；其缺点是：它假定预测年度非敏感项目、敏感项目及其与销售的百分比均与基年保持一致，倘若存在固定比率的假定失实，则据以预测就会存在较大误差。因此，在有关因素发生变动的情况下，必须相应地进行调整。

(二)长期资金需要量预测

长期资金需要量通常采用资本预算表和回归分析法等进行预测。

1. 资本预算表

资本预算是指对企业在未来一定时期内的长期资产投资进行的规划与预算。主要是用于厂房、机器设备等长期资产的新建、扩建、更新的支出和长期投资的支出，资本预算的编制过程就是分析各投产项目并决定其是否包括在资本预算中的过程，其编制的正确与否影响到企业今后的发展，在一定程度上决定着企业的生死存亡。

在编制资本预算前，应首先对市场的发展趋势进行科学预测，然后根据企业本身的实际条件，据以确定未来一定时期的销售量。根据销售量确定生产量，又根据生产规模来预计资本投资的数额。

资本预算的编制主要通过表格的形式来反映，一般可经过以下几个步骤：

(1)研究投资机会。研究投资机会就是对投资的客观需求或主观设想进行初步分析，然后根据有关市场信息、会计资料及其他经济资料分析其对企业发展的必要性和技术上的先进性及经济上的合理性。

(2)评价投资机会。对各种方案进行审查和计算，核对资料，评价各项目的风险。

(3)根据有关资料选择可行而经济合理的投资项目，并进一步调查研究，占有更为详尽的资料，组织预算编制小组，提出资本预算的初步方案。

(4)确定具体的资金需要量，编制正式的资本预算表，并制定其实施意见，包括筹资渠道、责任人、筹措资金的具体实施时间等。

2. 回归分析法

在进行长期资金需要量预测时，可根据过去一段时期内有关因素与长期资金的依存关系，采用回归分析方法来预测，比如利用产值与固定资产的关系等。

第四节　资金成本

资金成本是企业筹资管理的重要依据，也是投资管理的重要标准，企业从不同的渠道，采用不同的方式，筹集生产经营所需的各类资金，总是要付出一定的代价，比如借款要支付利息，发行债券要定期还本付息，股票筹资须支付股利等。企业在进行筹资时，有一个重要的要求，就是力求以最低的资金成本获得最大的收益。这实际上是将资金成本与投资收益进行比较。本节主要阐述资金成本及其最低成本的计算与应用。投资收益的分析即筹资效果(效益)分析将在后面介绍。

一、资金成本的意义

(一)资金成本的一般含义

资金成本是指企业为筹集和使用资金而付出的代价。从广义上讲，企业筹集和使用任何资金，不论是短期的还是长期的，都要付出代价。狭义的资金成本仅指筹集和使用长期资金的成本。长期资金也称为资本，所以长期资金的成本也称为资本成本。由于短期资金(主要指短期借入资金)如商业信用筹集的资金的成本在前面有关章节中已述及，因此本节仅讨论长期资金的成本。长期资金包括两部分：自有资本和长期借入资金。

(二)资金成本的构成内容

资金成本是资金使用人为获取资金而付出的代价，这一代价由两部分组成：资金筹集成本和资金使用成本。

(1)资金筹集成本。资金筹集成本是指在资金筹措过程中支付的各项费用。它主要包括向银行借款的手续费，发行股票、债券而支付的各项代理发行费用如印刷费、手续费、公证费、担保费、广告费等。资金筹集成本一般属于一次性费用，筹资次数越多，资金筹集成本也就越大。

(2)资金使用成本。资金使用成本又称资金占用费，是指资金使用人在生产经营、投资过程中因使用资本而支付给资金所有者的资金使用报酬，即占用资金支付的费用。它主要包括支付给股东的各种股利、向债权人支付的贷款利息以及支付给其他债权人的各种利息费用等。资金使用成本一般与所筹资金的多少以及所筹资金使用时间的长短有关，具有经常性、定期性支付的特征，是资本成本的主要内容。

资金筹集成本与资金使用成本是有区别的，前者是在筹措资金时一次支付的，在使用资金过程中不再发生，因此可作为筹资金额的一项扣除，而后者是在资金使用过程中发生的。

(三)资金成本的性质

资金成本是一个重要的经济范畴，它是在商品经济社会由于资金所有权与资金使用权相分离而产生的。

(1)资金成本是资金使用者向资金所有者和中介机构支付的占用费和筹资费。作为资金的所有者，它决不会将资金无偿让渡给资金使用者去使用；而作为资金的使用者，也不能无偿地占用他人的资金。因此，企业筹集资金以后，暂时地取得了这些资金的使用价值，就要为资金所有者暂时地丧失其使用价值而付出代价，即承担资金成本。

(2)资金成本与资金的时间价值既有联系，又有区别。资金的时间价值反映了资金随着其运动时间的不断延续而不断增值的性质，有一个重要的前提即资金参与任何交易活动都是有代价的。资金成本则是指资金的使用人由于使用他人资金而付出的代价，其基础是资金的时间价值。二者均以利息、股利作为其表现形式，是资金运动分别在其所有者及使用者身上的体现。资金成本与资金时间价值的区别主要表现在：资金成本既包括资金的时间价值，又包括投资风险价值。资金的时间价值一般表现为时间的函数，而资金成本除表现为时间的函数外，还表现为资金占用额的函数。

(3)资金成本具有一般产品成本的基本属性。资金成本是企业的耗费，企业要为占用资金而付出代价、支付费用，而且这些代价或费用最终也要作为收益的扣除额来得到补偿。但是资金成本中只有一部分具有产品成本的性质，即这部分耗费计入产品成本，而另一部分作为利润的分配，可直接表现为生产性耗费。

(四)资金成本的作用

资金成本是企业财务管理的一个重要概念，国际上将其列为一项“财务标准”。企业都希望以最小的资金成本获取所需的资金数额，分析资金成本有助于企业选择筹资方案，确定筹资结构以及最大限度地提高筹资的效益。主要有以下几点作用。

1. 资金成本是选择资金来源、筹资方式的重要依据

企业筹集资金的方式多种多样，如发行股票、债券、银行借款等。不同的筹资方式，其个别的资金成本也不尽相同。资金成本的高低可以作为比较各种筹资方式优缺点的一项依据，从而挑选最小的资金成本作为选择筹资方式的重要依据。但是，不能把资金成本作为选择筹资方式的唯一依据。

2. 资金成本是企业进行资金结构决策的基本依据

企业的资金结构一般是由借入资金与自有资金组合而成的，这种组合有多种方案，如何寻求两者间的最佳组合，一般可通过计算综合资金成本作为企业决策的依据。因此，综合资金成本的高低是比较各个筹资组合方案，作出资金结构决策的基本依据。

3. 资金成本是比较追加筹资方案的重要依据

企业为了扩大生产经营规模，增加所属资金，往往以边际资金成本作为依据。

4. 资金成本是评价各种投资项目是否可行的一个重要尺度

在评价投资方案是否可行的标准上，一般是以项目本身的投资收益率与其资金成本进行比较，如果投资项目的预期投资收益率高于其资金成本，则是可行的；反之，如果预期投资收益率低于其资金成本，则是不可行的。因此，国际上通常将资金成本视为投资项目的“最低收益率”和是否采用投资项目的“取舍率”，同时将其作为选择投资方案的主要标准。

5. 资金成本是衡量企业整个经营业绩的一项重要标准

资金成本是企业从事生产经营活动必须挣得的最低收益率。企业无论以什么方式取得的资金，都要实现这一最低收益率，才能补偿企业因筹资而支付的所有费用。如果将企业的实际资金成本与相应的利润率进行比较，可以评价企业的经营业绩。若利润率高于资金成本，可以认为经营良好；反之，企业经营欠佳，应该加强和改善生产经营管理，进一步提高经济效益。

二、资金成本的计算

(一)资金成本的影响因素

资金成本是指资金的价格。从筹资者来讲，它是指企业为获取资金所必须支付的最低价格(或代价)；从投资者来讲，它是指投资者提供资金时要求补偿的资金报酬率。

资金成本通常由两部分组成：无风险利率和风险报酬率。一般表示为

$$K=I+P \tag{5-18}$$

式中 K——资金成本；

I——无风险利率；

P——风险报酬率。

式(5-24)表明资金成本主要受两个因素影响。

1. 无风险利率

无风险利率是指无法支付的可能性即风险报酬率等于零时的资金成本，包括让渡资金使用权的报酬和因通货膨胀而造成的购买力下降的补偿。它受资本市场的供求关系和价格水平所制约，企业无法加以控制和决定，是影响资金成本的外部客观因素。我国目前一般采用国库券利率或中国人民银行公布的储蓄存款利率加保值率计算。

2. 风险报酬率

风险报酬率是指对不能按时支付本息的风险的一种补偿。这里有三种风险：经营风险、财务风险和市场风险。任何一种风险的增加，都将降低企业支付本息的能力，从而提高企业的资金成本。

(1)经营风险。经营风险是指企业因经营状况及环境的变化而影响企业按时支付本息能力的风险。企业经营状况及环境变动性越大，经营风险也就越大，资金成本也就越高。

(2)财务风险。财务风险是指企业因资金结构不同而影响企业支付本息能力的风险。在资金结构中，债务占股东权益的比重越大，企业支付能力降低的风险越大，为此投资者要求的收益率越高，因而资金成本就越高。

财务风险具体表现在：①举债程度，企业举债程度越高，财务风险越大，资金成本越高；②债务清偿顺序，若某一投资者对企业资产拥有优先受偿权，则对其他投资者便构成财务风险，投资者的债权排列顺序越靠后，无法收回本利的可能性越大，投资者就必然要求更高的收益率，因而使得资金成本增大；③收支匹配，若企业的现金流量与债务本利的支付不相匹配，财务风险就会上升，财务风险一般表现在企业内部，是企业唯一能直接控制的影响资金成本的主观因素。

(3)市场风险。市场风险是指在不影响企业证券价格的前提下，投资者在证券市场上转售企业证券可能出现的不确定性。如果证券转售容易，表明证券的流动性较好，企业就可以较低的资金成本推销其证券。因此，企业可通过增强其证券的流动性的措施，来降低市场风险。

综上所述，企业资金成本受无风险利率和风险报酬率两大因素的影响。企业无法直接控制无风险利率和经营风险，但可以通过科学的方法预测市场利率变动趋势，合理运用举债经营以及采取适当措施增强证券的流动性，来降低资金成本。

(二)资金成本的一般计算和表现形式

资金成本可以用绝对数来表示，也可以用相对数来表示。前者是将资金筹集成本和资金使用成本加总求解；后者是用资金使用成本与所筹资金之间的比率。所筹资金额应等于筹资总额扣除资金筹集成本后的差额。由于不同条件下所筹资金额不相同，为了便于对在不同条件下筹集的资金的资金成本进行分析和比较，资金成本一般用相对数来表示，称之为资金成本率。其一般计算公式如下：

$$K=\frac{D}{P-F} \tag{5-19}$$

或

$$K=\frac{D}{P(1-f)} \tag{5-20}$$

式中 K——资金成本率，以百分数表示；

D——资金使用成本；

P——筹资总额；

F——资金筹集成本；

f——筹资费用率，即资金筹集成本占筹资总额的比率。

资金成本有多种表现形式，分别应用于不同的场合。主要包括个别资金成本、综合资金成本和边际资金成本。个别资金成本是在比较各种筹资方式时使用的，比如长期借款成本、债券成本、股票成本等；在进行企业资金结构决策时，使用综合资金成本；若要进行追加筹资决策，可以使用边际资金成本。

(三)个别资金成本的计算

个别资金成本是指各种长期资金的成本。主要有长期借款、长期债券、优先股、普通股和留用利润等。一般将长期借款和长期债券的资金成本称为债务成本，而将优先股、普通股和留用利润的资金成本称为权益成本。两者的计算有较大的差别。

1. 债务资金成本的计算

一般来说，债务资金具有如下特点：①资金成本的具体表现形式是利息，其利息率的高低是预先确定的，不受企业经营业绩的影响；②在长期债务有效期内，一般利息率固定不变，并且应按期支付；③利息费用是税前的扣除项目；④债务本金须按期归还。由于债务资金成本的基本内容是利息费用，而利息费用一般允许在企业所得税前支付，因此企业实际负担的利息为：利息×(1–所得税税率)。

1)长期借款资金成本

企业长期借款的资金成本可按下列公式计算：

$$K_{\mathrm{L}}=\frac{I_{\mathrm{L}}\cdot(1-T)}{L\cdot(1-f_{\mathrm{L}})} \tag{5-21}$$

或

$$K_{\mathrm{L}}=\frac{R_{\mathrm{L}}\cdot(1-T)}{1-f_{\mathrm{L}}} \tag{5-22}$$

式中 K_{L}——长期借款资金成本；

I_L——长期借款年利息；

T——所得税率；

L——长期借款筹资额，即借款本金；

f_L——长期借款筹资费率；

R_L——借款的年利率。

如果长期借款有附加的补偿性余额，长期借款筹资额应扣除补偿性余额，从而其资金成本将会提高。

长期借款的筹资费用主要是借款手续费，一般数额相对很小，为了简化计算，也可忽略不计。这样，长期借款成本可按下列公式计算：

$$K_L=R_L\cdot(1-T) \tag{5-23}$$

2)公司债券资金成本

公司债券资金成本的计算与长期借款的资金成本计算基本相同。其基本要素包括债券利息的支付，债券筹资的费用以及债券发行与还本的方式等。

债券利息的支付方式一般有两种，即分次付息和到期一次还本付息，两种付息方式对资金成本的计算完全相同。公司债券的筹资费用往往高于长期借款的筹资费用，一般包括申请发行债券的手续费、债券注册费、印刷费以及上市推销费用等。这些费用的发生与债券发行量有一定的联系，有些费用按一定的标准(定额或定率)支付，有的无固定的标准，但二者不存在线性关系。

债券的发行价格有平价发行、溢价发行和折价发行三种，这是由债券的票面利率与市场利率的差异决定的。但不论债券以什么价格发行，在计算其资金成本时，债券利息按面值和票面利率确定，债券的筹资额应按具体发行价格计算。

债券成本的计算公式为

$$K_b=\frac{I_b\cdot(1-T)}{B\cdot(1-f_b)} \tag{5-24}$$

式中 K_b——债券的资金成本；

I_b——债券年利息；

T——所得税率；

B——债券筹资额，按具体发行价格确定；

f_b——债券筹资费费率。

【例 5-6】某公司发行总面额为 500 万元的 5 年期债券，其发行价格为 600 万元(溢价发行)，票面利率为 12%，发行费用占发行价格的 6%，公司所得税率为 33%。则该批债券的资金成本计算为

$$K_b=\frac{500\times12\%\times(1-33\%)}{600\times(1-6\%)}=7.13\%$$

若债券平价发行，则债券成本为

$$K_b=\frac{500\times12\%\times(1-33\%)}{500\times(1-6\%)}=8.55\%$$

若折价发行，总价格为 450 万元，则债券成本为

$$K_b = \frac{500 \times 12\% \times (1-33\%)}{450 \times (1-6\%)} = 9.50\%$$

一般而言，债券的成本高于长期借款成本，因为债券利率水平通常高于长期借款，同时债券发行费用较高。

2. 权益资金成本的计算

权益资金亦称自有资金，主要有优先股、普通股和留用利润三种形式。权益资金的成本也包含两大内容：投资者的预期投资报酬和筹资费用。其计算有下列特点：①权益资金的投资报酬即股利是以税后利润支付的，不会减少企业所得税；②权益资金的投资报酬完全由企业的经营效益所决定，这使得权益资金的成本计算具有较大的不确定性。

1)优先股资金成本

优先股是享有某种优先权利的股票，同时兼有普通股与债券的双重性质。优先股的投资报酬表现为股利形式，股利率固定，本金不需偿还。优先股的成本也包含两部分：筹资费用与预定的股利。可以按下式计算优先股资金成本：

$$K_p = \frac{D_p}{P_p \cdot (1-f_p)} \tag{5-25}$$

式中 K_p——优先股资金成本；

D_p——优先股年股利；

P_p——优先股筹资额；

f_p——优先股筹资费用率。

由于优先股股利在税后支付，不减少公司所得税。而且在企业破产时，优先股的求偿权位于债券持有人之后，优先股股东的风险比债券持有人的风险要大。因此，优先股成本明显高于债券成本。

2)普通股资金成本

普通股同优先股的资金成本计算方法基本相同，但普通股的股利是不固定的。从理论上分析，普通股的成本是普通股股东在一定的风险条件下所要求的最低投资报酬，而且在正常情况下，这种最低投资报酬应该表现为逐年增长的趋势。当企业资不抵债时，普通股持有人参与剩余财产分配的权利在优先股持有人之后，因而其投资风险最大，资金成本也最高。

普通股资金成本计算方法有如下两种：

(1)股利稳定增长模型方法。如果普通股的股利每年以固定比率G增长，则其成本的计算公式为

$$K_c = \frac{D_c}{P_c \cdot (1-f_c)} + G \tag{5-26}$$

式中 K_c——普通股资金成本；

D_c——第 1 年预期股利；

P_c——普通股筹资额；

f_c——普通股筹资费用率。

(2)资本资产定价模式方法。前一种方法是以股利为基础来计算普通股的资金成本，除这种方法外，还可以采用以风险大小为基础来计算普通股的成本。

资本资产定价模式的基本假定是：

(1)资产组合效应。即假定每一张普通股票的交易都对投资者产生资产组合效应。也就是投资者手中掌握着多个公司的股票，不同公司的股票价格会有升降，因此可以相互抵消，从而减小投资者资产收入的变动幅度，降低整个资产组合的风险。

(2)普通股票的预期收益等于预期的资本收益加股利，即等于无风险利率加适当的风险报酬率(也称风险溢价)。风险包括分散风险和不可分散风险。可分散风险也称非系统风险，它是指因企业自身的因素而造成的收益率变动，这种风险与单个企业相关联，当投资者购买多个公司股票时，各公司股票的风险会相互抵消，其股票组合总风险因分散化而降低，不可分散风险也称系统风险，它是指因总体因素而造成的收益率变动，其风险无法分散化，它影响所有的企业，根据上述基本假定，采用资本资产定价模式方法测定普通股成本的计算公式为

$$K_c=R+\beta\cdot(R_m-R) \tag{5-27}$$

式中 K_c——普通股资金成本；

R——无风险投资报酬率(通常以政府债券利率代替)；

β——某公司股票收益相对市场上所有股票收益的变动幅度(亦即发行该种股票的公司所在行业的风险系数)；

R_m——市场股票平均收益率。

式(5-27)表明，某公司普通股的资金成本等于无风险利率加上适当的风险溢价。而适当的风险溢价则等于经公司按β值调整后的市场风险溢价$\beta(R_m-R)$。β作为反映公司股票的收益相对市场上所有股票收益的变动幅度，仅体现不可分散的风险。如果β为1.2，则表明市场收益增长10%，公司股票的收益率将增长12%；反之，若市场收益率降低10%，公司股票的收益率将下降12%。所以β值表示公司股票收入随市场所有股票收入变动的速度。

3)留用利润资金成本

公司的留用利润是由公司税后净利扣除宣布派发股利后形成的。它属于普通股股东，包括提取的盈余公积金和未分配利润，既可以用做未来股利的分配，也可以作为企业扩大再生产的资金来源。从表面上看，公司使用留用利润好像不需要付出任何代价，但实际上，股东愿意将其留用于公司而不作为股利取出投资于别处，总会要求与普通股等价的报酬。因此，留用利润的使用也有成本，不过是一种机会成本。其确定方法与普通股成本基本相同，只是不考虑筹资费用。其计算公式为

$$K_r=\frac{D_c}{P_c}+G \tag{5-28}$$

式中 K_r——留用利润资金成本；

其他符号含义同前。

在公司全部资本中，普通股以及留用利润的风险最大，要求的报酬率相应最高，因此，其资金成本也最高。

需要说明的是，对于非股份公司的企业，权益资金主要由吸收直接投资和留用利润

构成。它们的成本确定方法与公司的股票成本及留用利润成本相比，具有明显的不同。主要表现在：①吸收投资的协议或合同中有的约定有固定的分配利润比率，这类似于公司优先股，但不同于普通股；②吸收投资及留用利润不能在证券市场上交易，无法形成公平的交易价格；③在未约定固定分配比率的情况下，吸收投资的成本及留用利润成本，可按优先股成本的计算方法予以确定。

(四)综合资金成本的计算

企业的资金不可能是来自于单一的渠道。对于大多数企业来讲，其正常经营所需的资金实际上是不同来源资金的组合。因此，要全面衡量一个企业的筹资成本，除了分别计算不同来源的资金成本以外，还要计算综合资金成本。

综合资金成本是指企业全部长期资金的总成本。它一般是以各种个别资金占企业全部资金的比重作为权数，对个别资金成本进行加权，从而确定综合资金成本。综合资金成本是由个别资金成本和加权平均权数两个因素决定的。其基本计算公式为

$$K_{\mathrm{w}}=\sum_{j=1}^{n}K_j\cdot w_j \quad (\text{其中}\sum_{j=1}^{n}w_j=1) \tag{5-29}$$

式中 K_{w}——综合资金成本，又称加权平均资金成本；

K_j——第 j 种个别资金成本；

w_j——第 j 种个别资金占全部资金的比重，即权数；

n——企业资金的种类。

在实际计算综合资金成本时，可分三个步骤进行：第一步，计算个别资金成本；第二步，计算各资金的权数；第三步，利用上述公式计算出综合资金成本。

式(5-29)中，w_j 可有几种不同的计算方法，可以按资金的账面价值计算资金的权数，也可以按市场价值计算资金的权数，甚至是利用资金的目标价值来计算资金的权数。下面分别介绍。

1. 按账面价值计算

按账面价值计算资金权数的方法称为账面价值法，它以账面价值作为依据，主要为了分析过去的筹资成本。

采用账面价值法，资料可直接从资产负债表上取得，数据真实。但是若债券和股票的市场价值已严重脱离账面价值许多，则计算出的综合资金成本就会偏离实际，不利于筹资决策。

2. 按市场价值计算

按市场价值计算，主要是指债券、股票及留用利润均以现行市场价值作为个别资金比重的计算依据，从而计算加权平均资金成本。

如果现行市场价格处于波动状态，则可选用平均的市场价格。

选用按账面价值和市场价值计算的权数，反映的是过去和现在的资本结构，据以确定的资金成本不一定适用于未来筹资决策。

3. 按目标价值计算

按目标价值计算，主要是指债券、股票等以未来预计的目标市场价值确定权数，从

而估计加权平均资金成本。这种方法适用于公司筹措新资。

使用目标价值来计算加权平均资金成本能够满足企业对未来筹资的决策需要，体现期望的资金结构。但是，目标市场价值难以客观合理地确定。一般来说，应以现行市场价值为基础，并对未来市场的变化趋势作出合理的估计，从而确定其目标价值。

从上述三种方法的介绍中可以看出，在个别资金成本既定的情况下，不同的方法将导致企业不同的资金结构，从而最终影响到综合资金成本的计算。因此，企业综合资金成本的两大决定因素是个别资金成本和企业资金结构。

(五)边际资金成本的计算

企业不可能以某一固定资金成本来筹措无限的资金，当其筹措的资金超过一定限度时，原来的资金成本就会增加。在企业追加筹资时，需要知道筹资额在什么数额上便会引起资金成本怎样的变化，这就要用到边际资金成本的概念。企业在追加筹资、投资的决策中应该考虑边际资金成本的高低以及相应的变动。

从狭义上看，边际资金成本是指资金每增加一个单位而增加的成本。但在实际工作中，边际资金成本被理解为企业因追加筹资所带来的资金成本，它也是按加权平均法计算的。边际资金成本主要受三个因素的影响：一是目标资金结构；二是各种筹资方式的分界点；三是筹资总额。

1. 边际资金成本的计算方法

在介绍边际资金成本的计算方法时，假定各项新增的资金成本仍然等同于原有同类资金成本，这样，其所增资金的加权平均资金成本取决于资金结构的变化。如果追加筹资仍然保持原有的资金结构，不管追加的筹资数额发生什么变化，加权平均边际资金成本都与原来的加权平均资金成本相等。如果新增资金改变了原有的资金结构，则加权平均资金成本就不同于原来的资金成本，这时可以重新确定新的资金结构来计算加权平均边际资金成本。下面举例说明。

【例 5-7】某公司原有资金结构为长期借款占 15%，公司债券占 20%，优先股占 8%，普通股占 35%，留用利润占 22%，公司现准备追加筹资 300 万元，仍保持原有的资金结构。各类资金成本见表 5-2。

解：由于追加的筹资不改变原有的资金结构，所以计算出的加权平均边际成本仍为 13.50%，计算过程见表 5-2。按加权平均法计算追加筹资 300 万元的边际资金成本如表 5-2 所示。

表 5-2　边际资金成本计算

资金种类	资金结构	追加筹款(万元)	个别资金成本	加权平均边际成本
长期借款	15%	45	6.71%	1.01%
公司债券	20%	60	7.13%	1.42%
优先股票	18%	24	14.51%	1.16%
普通股票	35%	105	17.63%	6.17%
留用利润	22%	66	17.00%	3.74%
合　计	100%	300		13.50%

【例 5-8】沿用上例，假定该公司新筹资的资金结构为长期借款 20%，公司债券 15%，

优先股 10%，普通股 40%，留用利润 15%，则重新计算的加权平均边际资金成本为 13.465%，见表 5-3。

表 5-3　边际资金成本计算

资金种类	资金结构	追加筹款(万元)	个别资金成本	加权平均边际成本
长期借款	20%	60	6.71%	1.342%
公司债券	15%	45	7.13%	1.070%
优先股票	10%	30	14.51%	1.451%
普通股票	40%	120	17.63%	7.052%
留用利润	15%	45	17.00%	2.550%
合　计	100%	300		13.465%

2. 边际资金成本规划

当追加筹资的资金成本随筹资额的增加而发生相应变化时，我们可以采用一定的方法计算边际资金成本，并以表或图的形式反映，以选择合理的筹资方式。

在这种情况下，可以按照下列步骤计算边际资金成本：

(1)根据资本市场的资金供求情况，确定各类资金的成本分界点。所谓资金的成本分界点，就是指使资金成本发生变化前的最大筹资额。

(2)确定目标资金结构。前已述及，追加筹资既可维持原有的资金结构，也可以改变原来的资金结构。如何选择合理的资金结构是企业财务人员需要研究的一个重要问题。

(3)根据各类资金的成本分界点以及目标资金结构计算筹资总额的分界点，其计算公式为

$$BP_j = \frac{TF_j}{w_j} \tag{5-30}$$

式中　BP_j——筹资总额分界点；

TF_j——第 j 种资金的成本分界点；

w_j——目标资金结构中第 j 种资金的比重。

根据筹资总额分界点，列出相应的筹资范围。

(4)计算边际资金成本。根据以上列出的筹资范围就可以分别计算每一个筹资范围的边际资金成本，以供决策所需。

【**例 5-9**】某企业目标的资金结构与资金成本如表 5-4 所示。

表 5-4　某企业资金结构与资金成本

资金种类	账面价值(万元)	所占比重	目前资金成本
长期借款	75	15%	6%
公司债券	100	20%	8%
优先股票	50	10%	9%
普通股票	275	55%	14%
合　计	500	100%	11.10%

为了满足追加投资需要，该企业拟筹措新资，试确定追加筹资的资金成本。

解：计算过程如下：

第一步，确定各类资金的成本。假定企业财务人员经过对资本市场的分析，得到下列有关各类资金的筹资数及成本分界点(见表 5-5)。

表 5-5 企业筹资资料 (单位：万元)

资金种类	筹资规模	资金成本
长期借款	45 以内 45 ~ 90 90 以上	5% 6% 7%
公司债券	100 以内 100 ~ 200 200 以上	6% 8% 10%
优先股票	60 以内 60 ~ 120 120 以上	9% 10% 11%
普通股票	220 以内 220 ~ 550 550 以上	12% 14% 16%

第二步，确定目标资金结构。假定企业财务人员经过分析确定目前的资金结构是最佳资金结构，在今后追加筹资时应予以保持，即长期借款 15%，公司债券 20%，优先股票 10%，普通股票 55%。

第三步，计算筹资总额分界点。

根据公式 $BP_j = \frac{TF_j}{w_j}$ 计算筹资总额分界点，如表 5-6 所示。

表 5-6 筹资总额分界点计算 (单位：万元)

资金种类	资金结构	资金成本	筹资规模	筹资总额分界点	筹资总额范围
长期借款	15%	5% 6% 7%	45 以内 45 ~ 90 90 以上	45/0.15=300 90/0.15=600	300 以内 300 ~ 600 600 以上
公司债券	20%	6% 8% 10%	100 以内 100 ~ 200 200 以上	100/0.20=500 200/0.20=1 000	500 以内 500 ~ 1 000 1 000 以上
优先股票	10%	9% 10% 11%	60 以内 60 ~ 120 120 以上	60/0.10=600 120/0.10=1 200	600 以内 600 ~ 1 200 1 200 以上
普通股票	55%	12% 14% 16%	220 以内 220 ~ 550 550 以上	220/0.55=400 550/0.55=1 000	400 以内 400 ~ 1 000 1 000 以上

表 5-6 显示了在目标资金结构的前提下，每一种资金成本变化的分界点及其相应的

筹资范围。以长期借款为例，当长期借款在 45 万元以内时，其成本为 5%，在目标资金结构中，长期借款的比重为 15%，表明在长期借款成本由 5%上升到 6%之前，企业最多可筹集到 300 万元资金。若超过 300 万元，长期借款成本就要上升到 6%。

根据上表中各种筹资总额分界点，可以整理出如下七组筹资总额的范围：300 万元以内；300 万～400 万元；400 万～500 万元；500 万～600 万元；600 万～1 000 万元；1 000 万～1 200 万元；1 200 万元以上。

第四步，计算边际资金成本。对上列七组筹资范围分别计算加权平均资金成本，从而得到各种筹资范围的边际资金成本。这可以通过表 5-7 来列示。

以上计算结果用图形表达，可以更形象地看出各筹资总额边际资金成本的变化(见图 5-1)，企业可依此作为追加筹资的规划。

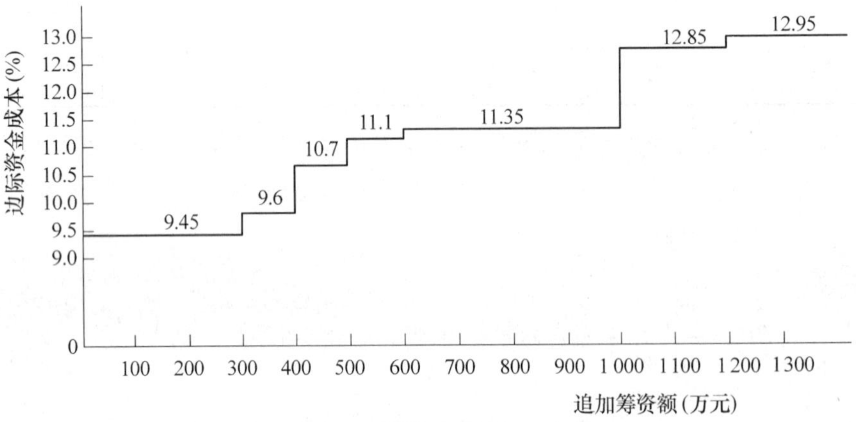

图 5-1　边际资金成本规划图

三、资金成本的运用

(一)单项筹资决策

单项筹资决策，是指在长期借款、公司债券和发行股票等几种基本筹资方式中选择其中的一种筹资方式。

不同筹资方式有着不同的资金成本。在选择单项筹资方式时，我们可以用资金成本作为衡量标准，但是不能把它当做唯一的依据。企业在选择筹资方式时要综合考虑筹资的成本、筹资风险、资金流动性以及筹资的可能性等因素。这可以用“因素加权法”进行决策。“因素加权法”是将不同筹资方式下各种因素对财务影响的大小确定不同的评分，通过加权，来判断不同筹资方式的优劣。

1. 因素的假定

将各种因素影响的项目分为经济性和非经济性两大类。经济性因素包括资金成本、筹资风险、经营收益、资金结构四项；非经济性因素包括筹资顺利程度、使用资金约束程度、筹资效应三项。

表 5-7 边际资金成本计算

序号	筹资总额范围	资金种类	资金结构	个别资金成本	边际资金成本
1	300 万元以内	长期借款	15%	5%	0.75%
		公司债券	20%	6%	1.20%
		优先股票	10%	9%	0.90%
		普通股票	55%	12%	6.60%
第一个范围的边际资金成本：0.75%+1.20%+0.90%+6.60%=9.45%					
2	300 万～400 万元	长期借款	15%	6%	0.90%
		公司债券	20%	6%	1.20%
		优先股票	10%	9%	0.90%
		普通股票	55%	12%	6.60%
第二个范围的边际资金成本：0.90%+1.20%+0.90%+6.60%=9.60%					
3	400 万～500 万元	长期借款	15%	6%	0.90%
		公司债券	20%	6%	1.20%
		优先股票	10%	9%	0.90%
		普通股票	55%	14%	7.70%
第三个范围的边际资金成本：0.90%+1.20%+0.90%+7.70%=10.70%					
4	500 万～600 万元	长期借款	15%	6%	0.90%
		公司债券	20%	8%	1.60%
		优先股票	10%	9%	0.90%
		普通股票	55%	14%	7.70%
第四个范围的边际资金成本：0.90%+1.60%+0.90%+7.70%=11.10%					
5	600 万～1 000 万元	长期借款	15%	7%	1.05%
		公司债券	20%	8%	1.60%
		优先股票	10%	10%	1.00%
		普通股票	55%	14%	7.70%
第五个范围的边际资金成本：1.05%+1.60%+1.00%+7.70%=11.35%					
6	1 000 万～1 200 万元	长期借款	15%	7%	1.05%
		公司债券	20%	10%	2.00%
		优先股票	10%	10%	1.00%
		普通股票	55%	16%	8.80%
第六个范围的边际资金成本：1.05%+2.00%+1.00%+8.80%=12.85%					
7	1 200 万元以上	长期借款	15%	7%	1.05%
		公司债券	20%	10%	2.00%
		优先股票	10%	11%	1.10%
		普通股票	55%	16%	8.80%
第七个范围的边际资金成本：1.05%+2.00%+1.10%+8.80%=12.95%					

2. 因素的评分

将七项指标分成正指标和负指标两类，对每一项因素在 0 ~ 10 分之间按照影响程度进行打分。

A 类是正效益指标，即对企业有利的指标。这类指标数值越高，越有利；反之，则不利。比如筹资效应，股票筹资的效应最好，故取值 9；借款的筹资效应最低，故取值 2。这类因素包括收益因素、结构因素、顺利程度、筹资效应。

B 类是负效益指标，即对企业不利的指标。这类指标数值越低，越有利；反之，则不利。比如成本因素，股票筹资成本较高，对企业不利，取值 2；债券的筹资成本一般，故取值 5；借款的资金成本较低，故取值 8。这类因素包括成本因素、风险因素和约束程度。

将评分区分为高、较高、相同、低、较低五个级，根据当时的具体情况对这些因素的影响按 0 ~ 10 分打分。现举例如表 5-8 所示。

表 5-8 筹资影响因素评分表

代号	筹资影响因素	股票		债券		借款	
		评分	印象	评分	印象	评分	印象
c	筹资成本	2	高	5	相同	8	低
u	风险因素	8	低	2	高	4	较高
i	收益因素	5	相同	5	相同	5	相同
k	结构因素	3	低	8	高	6	较高
l	顺利程度	2	低	3	较低	9	高
r	约束程度	8	低	4	较高	3	高
p	效应程度	9	高	7	较高	2	较低

3. 权数的确定

根据影响因素的大小确定不同的权数。设各项因素的权数为：W_c=0.1，W_u=0.08，W_i=0.02，W_k=0.1，W_l=0.3，W_r=0.1，W_p=0.3。

4. 计算不同筹资方式的 *E* 值

根据上述评分值与权数值，计算 *E* 值，公式为：

$$E=\text{分值}\times\text{权数} \tag{5-31}$$

$$E(\text{股票})=0.1\times2+0.08\times8+0.02\times5+0.1\times3+0.3\times2+0.1\times8+0.3\times9=5.34$$

$$E(\text{债券})=0.1\times5+0.08\times2+0.02\times5+0.1\times8+0.3\times3+0.1\times4+0.3\times7=4.96$$

$$E(\text{借款})=0.1\times8+0.08\times4+0.02\times5+0.1\times6+0.3\times9+0.1\times3+0.3\times2=5.42$$

5. 筹资方式的决策

计算结果表明，按照测算的分值分别为 5.34 分、4.96 分、5.42 分。因此，在进行单项筹资决策时，首先是银行借款，其次为股票，最后为债券筹资。

(二)组合筹资决策

组合筹资是指在筹资方案中有两种以上的筹资方式。组合筹资决策就是根据企业筹资的需要，在各种组合筹资方案中选择一种最优的方案。当企业准备筹集资金时，应当考虑生产经营资金的合理需要和各种筹资方式的利弊以及其他影响因素，选择恰当的筹资方式，以实现筹资的最佳组合。

在组合筹资决策中，一般运用比较各种筹资方案的综合资金成本率的方法来进行决策。

【例 5-10】某企业共采用四种不同的筹资方式，欲筹资 1 000 万元，设计了两套方案，每种筹资方式的资金成本和在筹资总额中所占的比重见表 5-9。

表 5-9 综合筹资方案

筹资方式	资金成本	第一方案		第二方案	
		筹资金额(万元)	所占比重	筹资金额(万元)	所占比重
长期借款	6.0%	200	10%	100	20%
公司债券	7.5%	300	30%	100	20%
优先股票	12.0%	100	20%	300	10%
普通股票	14.0%	400	40%	500	50%
合 计		1 000	100%	1 000	100%

根据以上资料计算加权平均的综合资金成本：

第一方案：

K_{w1}=6.0%×10%+7.5%×30%+12.0%×20%+14.0%×40%=10.85%

第二方案：

K_{w2}=6.0%×20%+7.5%×20%+12.0%×10%+14.0%×50%=10.90%

由于 $K_{w1}<K_{w2}$，因此企业应选择第一种筹资方案。

本例中的决策是在假定各种筹资方案中的资金结构是合理而且可行的前提下进行的。而且这种决策是已知每一种筹资方式的资金成本，企业只需从可能的组合中选择一个最佳方案。除此之外，还可能出现资金成本不确定以及每一种方案资金结构均不相同的情况。这里不再赘述。

(三)资金成本在投资决策中的运用

前已述及，资金成本是企业筹资、投资决策的主要依据，只有当投资项目的投资报酬率高于资金成本时，资金的筹集和使用才有利于提高企业价值。下面结合一个例子说明在投资决策中如何考虑资金成本。

【例 5-11】某企业目标的资金结构与资金成本如表 5-4 所示。该企业有如下一些可选择的投资机会，其分别的投资金额和投资报酬参见表 5-10 所示。

表 5-10 投资项目表 （单位：万元）

投资项目	A	B	C	D	E	F	G
投资金额	200	100	200	300	200	200	200
投资报酬率	14.0%	13.5%	13.0%	12.0%	10.0%	8.9%	8.5%

现可以将资金的边际成本和各投资项目的投资报酬率，绘制在同一个坐标系中，如图 5-2 所示。

在图 5-2 中，投资项目的投资报酬率是按从高往低的顺序排列的，随着筹资数额的增加，边际资金成本也不断提高。一般来说，凡投资报酬率明显高于资金成本的项目，如图中的A、B、C、D项目，都可进行投资。凡投资报酬率明显低于资金成本的项目，如图中的F、G项目，则不宜进行投资。至于二者相差不太大的投资项目，如图中D、E项目，则要经过仔细加以分析后才能作出决策。

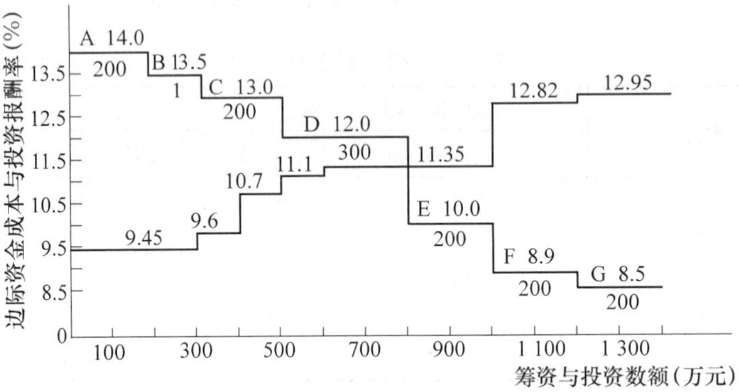

图5-2 资金成本与投资报酬率关系

第五节 资金结构

企业有多种筹资方式，它们的资金成本各不相同。每个企业都要研究全部资金中各种资金的构成问题。资金结构是企业筹资决策的核心问题，在企业筹资决策中，企业应综合考虑有关影响因素，运用适当的方法确定最佳资金结构，并在以后追加筹资中保持最佳结构。若企业现有的资金结构不合理，应通过筹资活动主动调整，使其趋于合理，以至达到最优化。

一、资金结构的含义和作用

(一)资金结构的含义

资金结构是指企业各种资金的构成及其比例关系，例如，某企业的资金总额为100万元，包括银行借款20万元，债券20万元，优先股10万元，普通股30万元，留存收益20万元，其比例分别为银行借款20%，债券20%，优先股10%，普通股30%，留存收益20%。由此可见，一个企业资金结构，可以用绝对数(金额)来表示，也可用相对数(比例)来反映。

资金结构有广义和狭义之分。广义的资金结构是指企业全部资金的构成，不仅包括长期资金，还包括短期资金。狭义的资金结构是指长期资金结构，即长期负债与自有资金的比例。

企业的资金结构是由企业采用各种筹资方式筹资而形成的。各种筹资方式不同组合类型决定着企业的资金结构及其变化，通常情况下，企业都采用债务筹资和权益筹资的组合，由此形成的资金结构又称“搭配资金结构”或“杠杆资金结构”，其搭配比率或杠杆比率(即债务、资本比率)表示资金结构中债务资本和权益资本的比例关系。因此，资金结构问题总的来说是债务资本比率问题，即债务资本在资金结构中安排多大的比例。

(二)资金结构中债务资本的作用

在资金结构决策中，合理地利用债务筹资，安排债务资本的比率，对企业具有重要的影响。

(1)使用债务资本在一定程度上可以降低企业资金成本。由于债务利息率通常低于股票股利率，而且债务利息从税前支付，企业可减少交纳所得税，从而，债务资本的成本明显低于权益资本的成本。因此，在一定的限度内合理提高债务资本的比率，就可降低企业的综合资金成本；反之，若降低债务资本的比率，综合资金成本就会上升。

(2)利用债务筹资可以获取财务杠杆利益。不论企业利润多少，由于债务利息通常都是固定不变的，当息税前利润增大时，每一元利润所负担的固定利息就会相对减少，从而可分配给企业股东或所有者的税后利润也会相应增加。因此，利用债务筹资可以发挥财务杠杆的作用，给企业所有者带来财务杠杆利益。这种由于固定财务费用的存在，使普通股每股利润的变动幅度大于息税前利润变动的现象，称财务杠杆。

(3)使用债务资本会加大企业的财务风险。运用债务筹资，虽然可以发挥财务杠杆的作用，获取财务杠杆利益，但同时也给企业带来一定的财务风险，包括定期付息还本的风险和可能导致所有者收益下降的风险。

由上所述，适当利用债务资本可降低企业资金成本。同时，由于财务杠杆的作用，会使每股利润增加，进而会提高股票的市场价格，但另一方面，债务的增加必然伴随一定的风险，这又会使资金成本上升和股票价格下跌。这样，就迫使企业财务人员在风险和报酬之间进行权衡，以作出资金结构决策。

二、影响资金结构的因素

在现实中，影响资金结构的因素很多，主要包括以下几种。

(一)企业的风险程度

企业的风险对融资方式有很大影响。如果企业风险大，举债筹资方式就不如发行股票理想。风险大的企业，发行股票可能更好，因为不用定期支付利息，按时偿还本金。因此，风险大的企业，不宜再冒很大的财务风险。

(二)各种筹资方式的资金成本

筹资方式不同，其资金成本也不一样。通常债务资本的成本低于权益资本的成本，但过多的负债会加重企业的负担，导致不能按时还本付息的风险，对企业的经营不利。不能说资金成本越低的筹资方式越好，要权衡利弊，选择最佳的筹资方式。

(三)企业的社会责任

大中型企业，尤其是与人们社会生活密切相关的企业，有责任持续地向社会提供产品和服务。因此，它们在制定资本结构决策时对财务杠杆的运用，必须确保不影响其长期稳定经营。

(四)企业所有者和管理人员的态度

企业所有者和管理人员的态度对资金结构也有重要影响，因为企业资金结构的决策最终是由他们作出的。

如果企业的所有者和管理人员不愿使企业的控制权旁落他人，则可能尽量采用债务筹资的方式来增加资本，而宁可不发行新股增资。与此相反，如果企业不愿承担财务风险，就可能较少利用财务杠杆，尽量减低债务资本的比例。

(五)贷款银行和信用评估机构的态度

虽然企业对如何适当地运用财务杠杆，进行资本结构决策有自已的分析判断，但在涉及较大规模的债务筹资时，贷款银行和信用评估机构的态度实际上往往成为决定企业财务结构的关键因素。通常情况下，企业在决定资本结构并付诸实施之前，都向贷款银行和评信机构咨询，并对他们提出的意见予以充分的重视。如果企业过高地安排债务筹资，贷款银行未必会接受大额贷款的要求，或者只有在抵押担保或相当高的利率条件下才同意增加贷款。此外，企业在增发新股调整资本结构时，还有必要与证券分析人员和潜在的投资者商讨。

(六)企业销售的稳定性和获利能力

企业的销售是否稳定对资金结构也有重要影响。如果公司的销售和盈余稳定，则可以较多地负担固定的财务费用，如果销售和盈余有周期性，则负担固定的财务费用将冒很大的风险。

企业的获利能力也制约着企业的资金结构。企业的息税前利润最低应满足债务利息的要求，否则不可能运用财务杠杆。在实际工作中，获利水平相当高的企业往往并不使用大量的债务资本，因为它可以利用较多的留用利润来满足增资需要。

(七)企业的现金流量状况

债务的利息和本金通常必须以现金支付，这就要涉及企业现金流量问题。企业现金流入量越大，举债筹资能力就越强。因此，企业产生现金的能力，对提高全部资金结构中债务资本比率有着重要的作用。

(八)行业差别

实际工作中，不同行业以及同一行业的不同企业，在运用债务筹资的策略和方法上大不相同，从而也会使资金结构产生差别。在资金结构决策中，应掌握本企业所处行业资金结构的一般水准，作为确定本企业资金结构的参照，分析本企业与同行业其他企业的差别，以便决定本企业的资金结构，同时还必须认识到，资金结构不会停留在一个固定的水准上，随着时间的推移，情况的发展变化，资金结构也会发生一定的变动。这就需要根据具体情况进行合理的调整。

(九)企业的增长率

在其他因素相同的条件下，如果企业的发展速度低，则可能只通过留用利润来补充资本，而发展较快的企业会在很大程度上依赖于外部筹资。由此相比而言，增长率高的企业会倾向于使用更多的债务资本。

(十)其他因素

除了上述因素外，还有一些因素也会影响企业的资金结构，主要有以下几方面。

1. 资产结构

资产结构会以多种方式影响企业的资金结构：拥有大量固定资产的企业主要通过长期负债和发行股票筹集资金；拥有较多流动资产的企业，则更多地依赖于流动负债来筹集资金；资产适于进行抵押贷款的公司举债较多，如房地产公司的抵押贷款就相当多；以技术开发研究为主的企业则负债很少。

2. 税收因素

债务的利息可以减税，而股票的股利不能减税。因此，一般而言，企业所得税税率越高，借款举债的好处就越大。由此可见，税收实际上对负债资本的安排产生一种刺激作用。

3. 利率水平的变动趋势

利率水平的变动趋势也会影响企业的资金结构。如果公司财务人员认为利率暂时较低，但不久的将来有可能上升的话，便会大量发行长期债券从而在若干年内把利率固定在较低水平上。

三、资金结构的决策

(一)最佳资金结构的含义

所谓最佳资金结构是指企业在一定时期一定条件下，使其加权平均资金成本最低，同时企业价值最大的资金结构。它应作为企业的目标资金结构。

根据现代资金结构理论分析，企业最佳资金结构是存在的，在资本结构的最佳点上，企业的加权平均资金成本达到最低，同时企业的价值达到最大。

用以衡量企业资金结构是否最佳的标准主要有：综合的资金成本最低，企业为筹资所花费的代价最小；股票市价上升，股东财富最大，企业总体价值最大；企业财务风险小，筹集的资金最充分，能确保企业长短期经营和发展的需要。

(二)资金结构决策的方法

资金结构决策的方法分为两大类：一是定量分析方法，二是定性分析方法。定性分析方法是企业财务人员在进行定量分析的同时，首先要认真考虑影响资金结构的各种因素，并根据这些因素通过财务人员的判断，来确定企业的资金结构的一种方法。它是以定量分析方法为基础的。下面主要结合实例说明定量分析方法。

1. 比较资金成本法

比较资金成本法是计算不同资金结构(或筹资方案)的加权平均资金成本，并以此为标准相互比较进行资金结构决策。

企业的资金结构决策，可分为初次利用债务筹资和追加筹资两种情况。前者可称为初始资金结构决策，后者可称为追加资金结构决策。

(1)初始资金结构决策：在实际中，企业对拟定的筹资总额，可以采用多种筹资方式来筹集，同时每种筹资方式的筹资数额亦可有不同安排，由此形成若干个资金结构(或筹资方案)可供选择。在若干筹资方案加权平均资金成本测算的基础上，比较各方案的高低，从而确定最佳筹资方案亦即最佳资金结构。

(2)追加资金结构决策。企业在持续的生产经营过程中，由于扩大生产或对外投资的需要，有时会增加筹集新资，即所谓追加筹资。因追加筹资以及筹资环境的变化，企业原有的资金结构就会发生变化，从而原定的最佳资金结构也未必仍是最优的。因此，企业应在资金结构不断变化中寻求最佳结构，保持资金结构的最优化。

一般而言，按照最佳资金结构的要求，选择追加筹资方案可有两种方法：一种方法是直接测算比较各备选追加筹资方案的边际资金成本，从中选择最优筹资方案；另一种方法是将备选追加筹资方案与原有最优资金结构汇总，测算各追加筹资条件下汇总资金结构的综合资金成本，比较确定最优追加筹资方案。

2. 每股利润分析法

每股利润分析法是利用每股利润无差别点来进行资本结构决策的方法。每股利润无差别点是指两种筹资方式下普通股每股利润等同时的息税前利润点，也称息税前利润平衡点，有人称之为筹资无差别点。根据每股利润无差别点，可以分析判断在什么情况下运用债务筹资来安排和调整资本结构。

3. 逐步测试法

以上我们以每股利润的高低和最低加权平均资金成本作为衡量标准对筹资方式进行了选择。这种方法的缺陷在于没有考虑风险因素。从根本上讲，财务管理的目标在于追求公司价值的最大化或股价最大化。然而只有在风险不变的情况下，每股利润的增长才会直接导致股价的上升，实际上经常是随着每股利润增长风险也加大。如果每股利润的增长不足以补偿风险增加所需的报酬，尽管每股利润增加，股价仍然会下降。所以，说到底公司的最佳资本结构应当是可使公司的总价值最高，而不一定是每股利润最大的资本结构。同时，在公司总价值最大的资金结构下公司的资金成本也是最低的。

公司的市场总价值 V 应该等于其股票的总价值 S 加上债券的价值 B。

为简化起见，设债券的市场价值等于它的面值。股票的市场价值通过税后利润和权益资金的成本来计算，其公式为

$$S=\frac{(EBIT-I)(1-T)}{K_S} \tag{5-32}$$

式中 $EBIT$——息税前利润；

I——年利息额；

T——公司所得税率；

K_S——权益资金的成本。

采用资本资产定价模型计算：

$$K_S=R_F+\beta\cdot(R_m-R_F) \tag{5-33}$$

式中 R_F——无风险报酬率；

β——股票的贝塔系数；

R_m——平均风险股票必要报酬率。

而公司的资金成本，则应用综合资金成本 K_W 来表示，公式为

$$K_W=K_b\cdot\left(\frac{B}{V}\right)\cdot(1-T)+K_S\left(\frac{S}{V}\right) \tag{5-34}$$

式中 K_b——税前的债务资金成本。

逐步测试法是根据有关资料，通过逐步测试来求出最佳资金结构的一种方法。

它从没有债务开始，通过逐步增加债务来测试企业加权平均的资金成本和总价值，从而得到企业的最佳资金结构，是一种比较好的方法，测试出来的结果比较准确。但这种方法测试的过程比较麻烦，最好通过电子计算机来进行。

应当指出，资金结构决策是企业财务决策中一项比较复杂的工作。比较资金成本法

和每股利润分析法直接以加权平均资金成本的高低或每股利润的大小为依据，虽然集中考虑了资金成本和财务杠杆利益，但没有考虑财务风险等因素，逐步测试法弥补了这一缺陷，比较准确。因此，在资金结构决策的具体实务中，要综合考虑各方面的因素，并总结实际工作经验，认真分析测算，以作出正确的决策。

四、资金结构理论

人们对资金结构前后有着若干不同的认识，主要有以下几种。

(一)净利法

净利法认为，负债可以降低企业的资金成本，负债程度越高，企业的价值越大。这是因为债务利息和权益资金成本均不受财务杠杆的影响，无论负债程度多高，企业的债务资金成本和权益资金成本都不会变化。因此，只要债务成本低于权益成本，那么负债越多，企业的综合资金成本就越低，企业的价值就越大。当负债比率为 100%时，企业综合资金成本最低，企业价值将达到最大值。如果用 K_b 表示债务资金成本、K_S 表示权益资金成本、K_W 表示综合资金成本、V 表示企业的市场总价值，净利法的理论可用图 5-3 来描述。

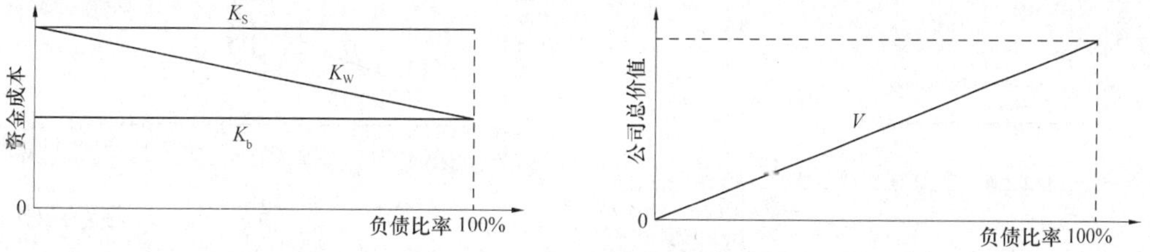

图 5-3　净利法原理图

(二)营业净利法

营业净利法认为，不论财务杠杆如何变化，企业综合资金成本都是固定的，因而企业的市场总价值也是固定不变的。这是因为企业利用财务杠杆时，即使债务成本本身不变，但由于加大了权益的风险，却会使权益成本上升，于是综合资金成本不会因为负债比率的提高而降低，而是维持不变，企业的市场总价值也就固定不变。用图形描述，如图 5-4 所示。

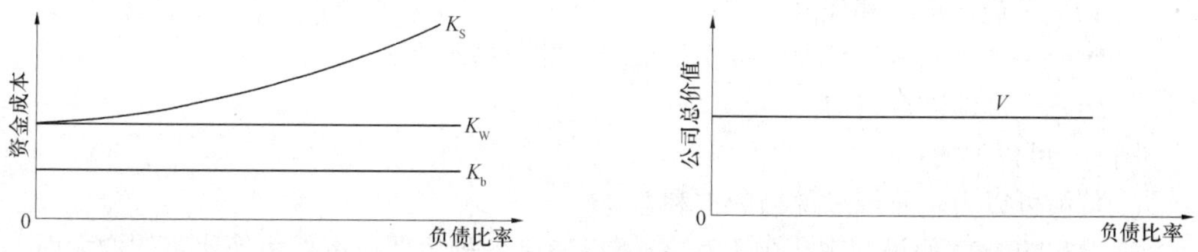

图 5-4　营业净利法原理图

按照这种理论推论，不存在最佳资金结构，筹资决策也就无关紧要。可见，营业净利法与净利法是完全相反的两种理论。

(三)传统法

传统法是一种介于净利法和营业净利法之间的理论。传统法认为，企业利用财务杠杆尽管会导致权益成本的上升，但在一定程度内却不会完全抵消利用成本率较低的债务所获得的好处，因此会使综合资金成本下降，企业的市场总价值上升。但是，越过一定程度的利用财务杠杆，权益成本的上升就不可能为债务的低成本所抵消，综合资金成本便会上升。此后，债务成本也会上升，它和权益成本的上升共同作用，使综合资金成本上升加快，综合资金成本从下降变为上升的转折点，是综合资金成本的最低点，这时的负债比率就是企业的最佳资金结构。这种理论可以用图 5-5 描述。

(四)MM 理论

所谓 MM 理论是指两位美国学者莫迪格利尼(Franco Modigliani)和米勒(Mertor Miller)提出的学说。最初的 MM 理论认为，由于所得税法允许债务利息费用在税前扣除，在某些严格的假设下，负债越多，企业的价值越大。但是在现实生活中有的假设是不能成立的，因此早期 MM 理论推导出的结论并不完全符合现实情况。此后，MM 理论有所发展，提出了如图 5-6 所描述的新内容。

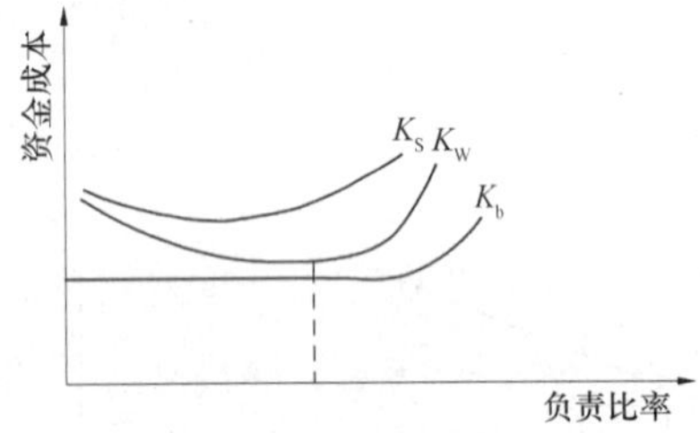

图 5-5　最佳资金结构

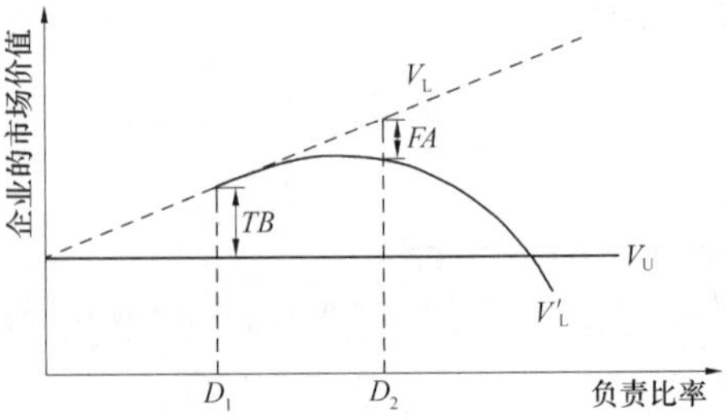

图 5-6　MM 理论示意图

图中　V_L——只有负债税额庇护而没有破产成本和代理成本的企业价值(破产成本：指与破产有关的成本；代理成本：指为保证符合投资者、债权人、管理人员之间达成的协议而发生的有关管理活动的成本)；

V_U——无负债时的企业价值；

V'_L——同时存在负债税额庇护、破产成本和代理成本的企业价值；

TB——负债税额庇护利益的现值；

FA——破产成本和代理成本；

D_1——破产成本和代理成本变得重要时的负债水平；

D_2——最佳资金结构。

图 5-6 可以说明：

(1)负债可以为企业带来税额庇护利益。

(2)最初的 MM 假设在现实中不存在。事实是：各种负债成本随负债比率的增大而上升，当负债比率达到某一程度时，息税前盈余会下降，同时企业负担破产成本的概念会增加。

(3)当负债比率未超过 D_1 点时，破产成本不明显；当负债比率达到 D_1 点时，破产成本开始变得重要，负债税额庇护利益开始被破产成本所抵消；当负债比率达到 D_2 点时，边际负债税额庇护利益恰好与边际破产成本相等，企业价值最大，达到最佳资本结构；负债比率超过 D_2 点后，破产成本大于负债税额庇护利益，导致企业价值下降。

资金结构理论为企业融资决策提供了有价值的参考，可以指导决策行为，但是也应指出，由于融资活动本身和外部环境的复杂性，目前仍难以准确地显示出存在于财务杠杆、每股利润、资金成本及企业价值之间的关系，所以在一定程度上融资决策还要依靠有关人员的经验和主观判断。

五、资金结构的分析

(一)资产负债表的绝对数对应分析

这是利用资产负债表上的“资产=负债+所有者权益”的平衡关系，分析资产结构与资金结构(乃至整个财务结构)的适应程度，通过对资产负债表左右关系的对比，测算和分析企业的所有者权益及长期负债能否保证企业固定资产等长期资产的资金需用量；在这个基础上，再进一步计算和分析流动负债与流动资产对应量的合理程度，以及对企业财务状况将可能产生的影响。

(二)资产负债表的相对数对应分析

这是指将资产负债表的左右两方分别以百分比反映，从百分比的对应关系上，分析资产结构与资金结构(乃至整个财务结构)的适应性。因此，该资产负债表通常叫做百分率资产负债表。

由于百分率资产负债表上的各个项目都是以结构比率显示的，其各项资产、负债及所有者权益的结构和相互关系可一目了然，因此使用该表比较方便。另外，百分率具有共同的可比性，从而消除了比较不同规模企业的各项目绝对金额的障碍，可以用来进行各个企业财务状况的比较和分析。

六、资金结构与财务风险

项目的全投资内部收益率一旦高于银行的贷款利率，投资者会尽量用银行资金投资。此时，项目的总投资由投资者的自有资金和银行贷款组成。于是投资者更关心的是自有资本的投资效益。投资者乐于使用银行贷款的动机之一是，贷款能改善自有资本的投资效益，即能利用贷款的杠杆作用，提高自有资本的内部收益率和净现值率，即下述不等式成立：$IRR_{自}>IRR_{全}$，$NPVR_{自}>NPVR_{全}$。总而言之，贷款对项目自有资本投资效益的杠杆作用具体表现在：当贷款利率低于项目全投资内部收益率时，使用贷款能提高该项目自有资本的内部收益率和自有资本的净现值率，提高的幅度，随贷款利率的降低和自有资本占总投资的比例下降而上升。

资金规划的主要内容是资金筹措与资金的使用安排。资金筹措包括资金来源的开拓和对来源、数量的选择；资金的使用包括资金的投入、贷款偿还、项目运营的计划。

这里所说的资金结构是指投资项目所使用资金的来源及数量构成，这里所说的财务风险是指与资金结构有关的风险。不同来源的资金所需付出的代价是不同的。选择资金来源与数量不仅与项目所需要的资金量有关，而且与项目的效益有关。因此有必要对资金结构加以分析。以下以自有资金与借款的比例结构为例说明资金结构和资金来源选择、使用量的关系。

一般说来，在有借贷资金的情况下，全部投资的效果与自有资金投资效果是不相同的。拿投资利润率指标来说，全部投资的利润率不等于贷款利息率。这两种利率差额共同作用后果将为企业所承担，从而使自有资金利润率上升或下降。

设全部投资为 K，自有资金为 K_0，贷款为 K_L，全部投资收益率(付息前)为 R，贷款利率为 R_L，自有资金收益率为 R_0，由投资收益率公式，可有

$$K=K_0+K_L \tag{5-35}$$

$$R_0=\frac{K\cdot R-K_L\cdot R_L}{K_0}=\frac{(K_0+K_L)\cdot R-K_L\cdot R_L}{K_0}=R+\frac{K_L}{K_0}\cdot(R-R_L) \tag{5-36}$$

由上式可知，当 $R>R_L$ 时，$R_0>R$；当 $R<R_L$ 时，$R_0<R$；而且自有资金收益率与全投资收益率的差别被资金构成比 K_L/K_0 所放大。这种放大效应称为财务杠杆效应。贷款与全部投资之比 K_L/K_0 称为债务比。

【例 5-12】某项工程有三种方案，全投资收益率 R 分别为 6%、10%、15%，贷款利息率为 10%，试比较债务比为 0(不借债)、0.5 和 0.8 时的自有资金收益率。

解：全部投资由自有资金和贷款构成，若债务比 $K_L/K=0.5$，则 $K_L/K_0=1$，余类推。利用上述公式计算结果列于表 5-11。

表 5-11　不同债务比下的自有资金收益率

方案	$K_L/K=0$ $K_L/K_0=0$	$K_L/K=0.5$ $K_L/K_0=1$	$K_L/K=0.8$ $K_L/K_0=4$
方案Ⅰ	6%	2%	–10%
方案Ⅱ	10%	10%	10%
方案Ⅲ	15%	20%	35%

方案Ⅰ: $R<R_L$，债务比越大，R_0 越低，甚至为负值；方案Ⅱ: $R=R_0$，R_0 不随债务比改变；方案Ⅲ: $R>R_L$，债务比越大，R_0 越高。

假设投资在 20 万～100 万元的范围内上述三个方案的投资收益率不变，贷款利息率为 10%，若有一企业拥有自有资金 20 万元，现在来分析该企业在以上两种情况下如何选择资金构成。

对于方案Ⅰ，如果全部投资为自有资金(20 万元)，则企业每年可得利润 1.2 万元；如果自有资金和贷款各 20 万元，则可得总利润 2.4 万元，在贷款偿还之前，每年要付利息 2 万元，企业获利 0.4 万元；如果除自有资金 20 万元以外又贷款 80 万元，则总利润为 6 万元，每年应付利息 8 万元，企业亏损 2 万元。显然，在这种情况下，企业是不宜贷款的，贷款越多，损失越大。

对于方案Ⅱ，贷款多少对企业的利益都没有影响。

对于方案Ⅲ，如果仅用自有资金投资，企业每年获利为 3 万元；如果贷款 20 万元，则在偿付利息后，企业可获利 4 万元；如果贷款 80 万元，在付利息后企业获利可达 7 万元。在这种情况下，对企业来说，有贷款比无贷款有利，贷款越多越有利。

可见，选择不同的资金结构对企业的利益会产生很大的影响。

以上是在项目投资效益具有确定性时的情形。当项目的效益不确定时，选择不同的资金结构所产生的风险是不同的。在上述例子中，若项目的投资收益率估计在6%～15%之间，企业如果选择自有资金和贷款各一半的结构，企业利润在0.4万～4万元；如果自有资金占20%，贷款占80%，则企业利润将在–2万～7万元。此时，使用贷款，企业将承担风险，贷款比例越大，风险也越大，当然，相应地获得更高利润的可能性也越大。对于这种情况，企业要权衡风险与收益的关系进行决策。采用风险分析方法对项目本身和资金结构作进一步分析，对企业决策会有所帮助。关于风险分析可以看前面的不确定分析部分的有关内容。

从资金供给者的角度来看，为减少资金投放风险，常常拒绝过高的贷款比例。企业在计划投资时，须与金融结构协商借款比例和数量。

七、资金平衡

项目的资金安排有两个任务：一是要满足项目实施与运转的需要，保证项目寿命期内资金运行的可行性；二是要寻求较好的资金分期投入和项目投产计划，以提高项目的经济效果。后一任务与项目实施计划紧密相连，在此不作详细讨论。下面主要讨论资金运行可行性问题。

项目的资金安排必须使每期(年、月或季)资金保证项目的正常运转，即每期的资金来源加上上期的结余必须足以支付本期的资金使用需要，否则，即使项目的经济效果很好，也无法实施。项目的资金安排集中体现在“资金来源与运用表”上，该表亦称为“资金平衡表”。资金来源与运用表由“资金来源”、“资金运用”、“盈余资金”、“累计盈余资金”四项构成，计算时不计资金的时间因素。不难看出，满足资金运行可行性的条件是各年的“累计盈余资金”≥0。

项目寿命期末的累计盈余资金表明项目经营的总效果。当其为正时，项目有盈余；当其为负时，项目亏损。在此，我们不仅要考察项目总效果，而且要考察各期运行情况。如果某期的累计盈余资金项出现负值，就必须筹集资金弥补缺口。通常采取的做法是借短期贷款以补当期资金来源之不足。但是，如果某一期或某数期资金缺口较大，需借贷的短期贷款数额大，银行往往要重新考虑对该项目贷款的可能性，甚至拒绝大笔的短期借款。当这种情况发生时，项目的业主就要另筹资金，或者修改项目计划甚至重新制订项目方案。

第六节　筹资方式决策

企业面对多种筹资方式，究竟确定采用哪一种，怎样把握筹资的数量以及各种筹资渠道的利用时机、成本、风险、条件等，以及对企业的筹资决策产生何种影响是企业在融资之初必须考虑的，并且企业资金筹集亦应着重于预测分析。目的在于力求以最小的资金成本，实现最大的投资收益，讲求资金筹集的综合经济效益。

一、企业筹资方式选择原则

(一)量力而行

企业筹资一般都有其代价，这是市场经济等价交换原则的客观要求，正由于此，企业在筹集资金过程中，究竟筹措多少才算适宜，这是企业管理人员必须慎重再三的问题。筹集过多会造成浪费，增加成本，且亦可能因负债过多到期无法偿还，增加企业财务风险；筹资不足，又会影响计划中的正常业务发展。因此，企业在筹集资金过程中必须考虑需要与可能，做到量力而行。

(二)筹资成本低

企业筹资成本是决定企业筹资效益的决定性因素，对于选择评价企业筹资方式有着重要意义。因此，企业筹资时，就要充分考虑降低资金成本的问题。

(三)以用途决定筹资方式和数量

由于企业将要筹措的资金有着不同用途，因此，筹措资金时，应根据预定用途正确选择是运用长期筹资方式还是运用短期筹资方式。如果筹集到的资金是用于流动资产的，根据流动资产具有周转快、易于变现，经营中所需补充的数额较小，占用时间短等特点，可选择各种短期筹资方式，如商业信用、短期借款等；如果筹集到的资金是用于长期投资或购置固定资产的，由于这些运用方式要求数额大、占用时间长，因此应选择各种长期筹资方式，如发行债券、股票、企业内部积累、长期借款、租赁筹资等。

(四)筹资风险低

企业筹资必须权衡各种筹资渠道筹资风险的大小，尽量选择筹资风险小的筹资方式。

(五)保持对企业的控制权

企业对资产的所有权、控制权主要是企业为筹措资金而让渡的企业原有资产的所有权、控制权和所取得资产的所有权、控制权，企业资产所有权、控制权的部分丧失，常常会影响企业生产经营活动的独立性，引起企业利润外流，对企业近期和长期效益都有较大影响。如就发行债券和股票两种方式来说，增发股票将会对原有股东对企业的控制权产生冲击，除非他再按相应比例购进新发股票，而债券筹资则只增加企业的债务，而不影响原有所有者对企业的控制权，因此，筹资成本低并非筹资方式唯一选择标准。

需要说明的是，筹资过程中应注意各种方式的合理组合及他们之间的转换能力。比如，短期筹资期限短，风险大，但其转换能力较强，而长期筹资方式风险较小，但其各种筹资方式转换却较为困难。因此，在选择方式决策中，既要注意到不同期限的筹资方式的配合，又要充分考虑各种筹资渠道的风险。

二、筹资方式的比较与选择

(一)筹资方式的一般性比较

通常根据以下几个评价标准进行比较：

(1)筹资成本的高低。经测算，在一般情况下，各种筹资方式资金成本从低到高的顺序是：商业信用、银行借款、公司债券、股票筹资等。

(2)筹资风险的大小。一般而言，各种筹资方式风险从小到大的顺序为：股票、商业信用、公司债券、银行借款。

(3)机动性大小。指企业在需要流动资金时能否及时获得，而不需要资金时能否及时还款，并且提前还款是否会受损失等。显而易见，各种筹资方式机动性从好到差的顺序是：商业信用、银行借款、债券、股票。

(4)筹资方便程度。方便程度一方面指企业有无自主权通过某种筹资方式取得资金，以及这种自主权的大小；另一方面指借款人是否愿意提供资金，以及提供资金的条件是否苛刻，手续是否烦琐。依此，各种筹资方式的方便程度从易到难的顺序大致是：商业信用、股票、银行借款、债券。

以上四个方面在不同程度上影响着企业筹资方式的选择，其中，影响最大的是成本、风险、机动性三个因素。当然，由于企业内部经营状况及外部筹资环境受各种不确定因素的影响，各种筹资渠道的可利用程度亦会作相应变化。

(二)各种筹资方式的选择方法

对各种筹资方式有了明确的比较之后，企业便可根据自身情况作出选择，通常决定企业选择某种筹资方式最主要的因素有：

(1)企业的资信。企业资信的高低，是企业选择某种筹资方式的关键，企业资信级别越高，筹资方式的选择空间越广。

(2)资金成本的高低。资金的优惠与否，是确定使用何种方式的主要依据，企业往往选择资金成本低的筹资方式。

(3)机动性的大小。这是判断各种筹资方式条件宽松或苛刻的关键。

综合以上三个因素，再结合前述各种筹资方式的一般性比较，可得出以下判断，见表 5-12。

表 5-12　企业筹资方式选择

企业资信	商业信用	银行借款	债　券	股　票
优	①	②	③	④
良	①	②		
差	②	①		

注：①～④表示选择筹资方式的先后顺序。

对于资信好的企业，可以选择任何一种筹资方式。因商业信用在现金折扣期内使用时，资金成本为零，故可优先选择。对于资信差的企业，其与资信好的企业的区别在于不能选择债券和股票的发行，并且，这类企业因往往难以获得商业信用，最好选择银行借款。

第七节　筹资效益分析

企业筹资分析，一方面要着重于预测分析，目的在于力求以最少的资金成本实现较多的投资收益，讲求资金筹集的综合经济效益；另一方面，企业筹集到资金以后，能否像预期的那样通过经营周转或投资项目投产为企业带来预定收益，这关系到企业能否按时偿还债务，增加所有者权益，甚至关系到企业的生存发展。因此，企业筹资效益预测分析和所筹资金运用效益分析是企业经营中须考虑的重要一环。

一、筹资效益分析

(一)筹资效果分析

将某个项目的资金成本率，同投资收益率进行比较，符合下列要求者为有利，否则为不利，期望投资收益率–资金成本率＞0。

(二)借入资金同自有资金比例的分析

在期望投资收益率高于利息率的条件下，提高借入资金对自有资金的比率，则自有资金收益率就能增大。因此，企业可以采用负债经营的方法，提高自有资金收益率。期望自有资金收益率同期望投资收益率的关系见下式：

$$\text{期望自有资金收益率}=\text{期望投资收益率}+\frac{\text{借入资金}}{\text{自有资金}}\times\left(\text{期望投资收益率}-\text{借入资金利息率}\right) \tag{5-37}$$

从式(5-37)可以看出，在期望投资收益率高于利息率的条件下，借入资金对自有资金的比率愈大，自有资金收益率就愈高；反之，在期望投资收益率低于利息率的条件下，借入资金对自有资金的比率愈大，自有资金收益率就愈低。如果企业的经营收益少于应付的借款利息，则企业将发生亏损，甚至因此面临破产的危险。借助以上公式，可以分析企业借入资金同自有资金的比例安排是否恰当。

当企业取得新的筹资方案(如增加负债)时，可以计算筹资后的期望自有资金收益率，与筹资前的期望自有资金收益率比较，该指标如提高为有利，否则为不利。

【例 5-13】某企业资金总额为 200 000 元，其中自有资金 160 000 元，借入资金为 40 000 元，期望投资收益率为 15%，借入资金利息率为 7%，则期望自有资金收益率为

$$15\%+\frac{40\ 000}{160\ 000}\times\left(15\%-7\%\right)=17\%$$

若该企业新的筹资方案，增加借入资金 40 000 元，则期望自有资金收益率为

$$15\%+\frac{80\ 000}{160\ 000}\times\left(15\%-7\%\right)=19\%$$

由此可见，该企业增加 40 000 元是有利的。

二、筹资运用效益分析

(一)短期筹资运用效益分析

企业在经营周转中季节性或临时性资金短缺，即可通过各种短期筹资渠道进行资金筹集，一般用于购料、费用支付等。其运用好坏，就显示出了企业的经营状况，如果运用得好，则可为企业带来预期收益，增强企业支付能力，能保证到期足额偿付债务；如果运用不好，就可能使借入资金沉淀于企业，债务到期无法偿还，只有转期，但此举势必影响企业信誉，且债务延期归还又要增加企业的资金成本，若经营状况短期内不能好转，企业将有破产的可能。因此，适时准确分析企业所筹资金的使用效益，有利于加强

企业经营管理，减小经营风险，保护投资者利益。

企业短期资金的使用效益主要用以下几个指标考核。

(1)应收账款周转率。主要用来反映企业应收账款的流动程度，计算公式为

$$应收账款周转率=\frac{赊销收入净额}{平均应收账款余额}\times 100\% \tag{5-38}$$

其中：

$$赊销收入净额=销售收入-现销收入-销售退回、折让、折扣 \tag{5-39}$$

$$平均应收账款余额=(期初应收账款+期末应收账款)/2 \tag{5-40}$$

从理论上讲，应收账款周转率应按赊销收入净额计算较为准确，但仅企业内部分析时用赊销为宜。在与其他企业比较时，因为企业赊销资料作为商业机密不对外公布，所以应收账款周转率一般是用赊销和现销总数即销售净收入。应收账款周转率可以用来估计应收账款变现的速度和管理的效率。回收迅速既可以节约资金，也说明企业信用状况好，不易发生坏账损失，一般认为周转率越高越好，企业在分析时，还可以结合应收账款周转天数进行分析。

(2)存货周转率，主要用来衡量企业销售能力和分析存货库存状况，其计算公式为

$$存货周转率=\frac{销货成本}{平均存货}\times 100\% \tag{5-41}$$

一般而言，存货周转率越高越好。因为存货周转率越高说明企业经营效率高，库存存货适度，如过低则说明采购过度或产品积压，要及时分析处理。

(3)资本金利润率。主要用来衡量投资者投入企业资本金的获利能力，其计算公式为

$$资本金利润率=\frac{利润总额}{资本金总额}\times 100\% \tag{5-42}$$

资本金利润率指标设计的目的，既反映资本金的获利能力，又是衡量企业负债资金成本高低的指标。一般说来，企业资本金利润率越高越好。如果高于同期银行利率，则适度负债对投资者来说是有利的；反之，如果资本金利润率低于同期银行利率，则过高的负债将损害投资者的利益。

(4)销售利税率。主要用来衡量企业销售收入的收益水平，其计算公式为

$$销售利税率=\frac{利税总额}{销售净收入}\times 100\% \tag{5-43}$$

该指标既反映企业销售收入收益水平，又反映企业贡献程度。

(二)长期筹资运用效益分析

由于企业长期筹资主要用于或是创办新企业，或是对原有企业进行改造，或是进行扩建等方面。因此，要考虑长期筹资的运用效益即可通过所投资项目的投资效益进行判断。方法主要有以下几种：

(1)投资回收期法。回收期指收回全部投资所需的年数。回收期短的项目，投资效益高。其计算公式为

$$投资回收期=\frac{投资额}{年现金流入量} \tag{5-44}$$

上式中的年现金流入量，在企业对外投资的情况下，仅指年收益额。

(2)投资报酬率法。投资报酬率又称投资收益率，是指一个投资项目年平均净利与原投资额的比率，其计算公式为

$$年投资报酬率=\frac{年平均净利}{投资额}\times 100\% \tag{5-45}$$

(3)净现值法。上述两种方法均未考虑货币的时间价值，净现值法则是考虑货币时间价值的一种方法。在这种方法下，首先要按照一定的折现率(即预计投资报酬)将投资项目的全部资金流入量和现金流出量分别折算为现值，再进行比较，即

$$现金流入(出)现值总额=\sum\left(不同时期资金流入(出)量\times 适用现值系数\right) \tag{5-46}$$

$$投资项目净现值=现金流入现值总额-现金流出现值总额 \tag{5-47}$$

当净现值为正数时，表明该项目的实际投资报酬率大于预计投资报酬率(折现率)。净现值越大，投资效益越好。

(4)现值指数法。现值指数是指投资项目现金流入量现值总额与现金流出量现值总额的比值。它表明每 1 元投资可以获利的现金净流量。

当现值系数大于 1 时，表明该项目的实际报酬率大于预计投资报酬率。现值系数越高，投资效益越好。

这实际上涉及投资决策分析。

第八节　投资的决定因素分析

在日常经济生活中，人们购买证券、土地和其他财产，都被说成是投资，但在经济学中，这些都不能算是投资，而只是资产权的转移。经济学中所讲的投资，是指资本的形成，即社会实际资本的增加，包括厂房、设备和存货的增加，新住宅的建筑等，其中主要是厂房、设备的增加，下面分析的就是指这方面的投资。

决定投资的因素很多，主要的有实际利率水平、预期收益和投资风险等。

一、实际利率与投资

凯恩斯认为，是否要对新的实物资本如机器、设备、厂房、仓库等进行投资，取决于这些新投资的预期利润率与为购买这些资产而必须借进的款项(借款筹资的方式可有多种多样)所要求的利率的比较。前者大于后者时，投资是值得的，前者小于后者时，投资就不值得。因此，在决定投资的诸因素中，利率是首要因素。这里的利率，是指实际利率。实际利率大致上等于名义利率减通货膨胀率。假定某年名义利率(货币利率)为 8%，通货膨胀率为 3%，则实际利率近似等于 5%。在投资的预期利润率既定时，企业是否进行投资，首先决定于实际利率的高低。利率上升时，投资需求量就会减少，利率下降时，投资需求量就会增加；总之，投资是利率的减函数。这是因为，企业用于投资的资金多半是

借来的，利息是投资的成本。即使投资的资金是自有的，投资者也会把利息看成是投资的机会成本，从而把利息当做投资的成本。因此，利率上升时，投资者自然就会减少对投资物品(如机器设备等)的购买。投资与利率之间的这种关系称为投资函数，可写作：$i=i(r)$。

例如，假定 $i=i(r)=1\ 250-250r$，1 250 表示利率 r 即使为零时能有的投资量，称自主投资；250 是系数，表示利率每上升或下降一个百分点，投资会减少或增加的数量，可称为利率对投资需求的影响系数。如果把投资函数写成 $i=i(r)=e-d\cdot r$，则式中的 e 即为自主投资，$-d\cdot r$ 即投资需求中与利率有关的部分，投资与利率之间的这种函数关系可用图 5-7 表示。图 5-7 中的投资需求曲线，又称投资的边际效率曲线。投资的边际效率是从资本的边际效率这一概念引申而来的。

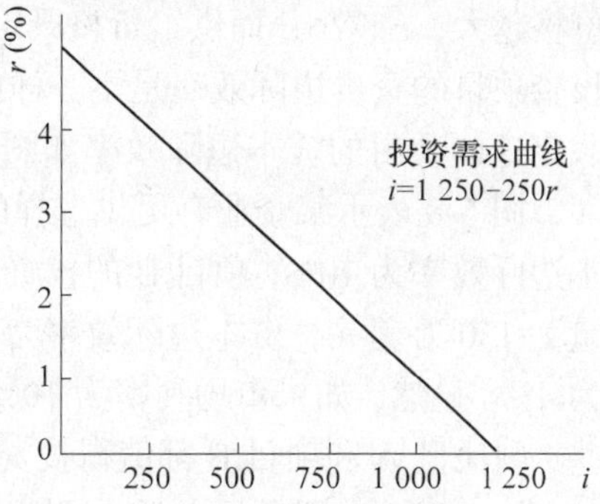

图 5-7　投资需求曲线

(一)资本边际效率的意义

资本边际效率是凯恩斯提出的一个概念，按照他的定义，资本边际效率(MEC)是一种贴现率，这种贴现率正好使一项资本物品的使用期内各预期收益的现值之和等于这项资本品的供给价格或者重置成本。

现在来解释资本边际效率，假定某企业投资 30 000 美元购买 1 台机器，这台机器的使用期限是 3 年，3 年后全部耗损，再假定把人工、原材料以及其他所有成本(如能源、灯光等，但利息和机器成本除外)扣除以后，各年的预期收益是 11 000 美元、12 100 美元和 13 310 美元，这也是这笔投资在各年的预期毛收益，三年合计为 36 410 美元。

如果贴现率是 10%，那么 3 年内全部预期收益 36 410 美元的现值正好是 30 000 美元，即贴现值 R_0 为

$$R_0=\frac{11\ 000}{(1+10\%)}+\frac{12\ 100}{(1+10\%)^2}+\frac{13\ 310}{(1+10\%)^3}=30\ 000$$

由于这一贴现率(10%)使 3 年的全部预期收益(36 410 美元)的现值(30 000 美元)正好等于这项资本品(1 台机器)的供给价格(30 000 美元)，因此这一贴现率就是资本边际效率，它表明一个投资项目的收益应按何种比例增长才能达到预期的收益，因此它也代表该投资项目的预期利润率。

假定资本物品(如上述机器)不是在 3 年而是在多年后报废，并且在使用终了时还有残值，则资本边际效率的公式为

$$R=\frac{R_1}{1+r}+\frac{R_2}{(1+r)^2}+\cdots+\frac{R_n}{(1+r)^n}+\frac{J}{(1+r)^n} \tag{5-48}$$

式中　R——资本物品的供给价格；

R_1、R_2、…、R_n——不同年份(或时期)的预期收益；

J——该资本品在 n 年年末时的报废价值；

r——资本边际效率。

(二)资本边际效率曲线

如果 R_0、J 和各年预期收益都能估算出来，就能算出 r，如果资本边际效率(r)大于市场利率(i)，则此投资就值得，否则，就不值得。

从式(5-48)可知，r 值取决于资本物品供给价格和预期收益，预期收益既定时，供给价格越大，r 越小；而供给价格既定时，预期收益越大，r 越大。在实际生活中，每一个投资项目的资本边际效率是不一样的，每一个企业都会面临一些可供选择的投资项目。假定这些项目的资本边际效率如图 5-8 所示。

图 5-8 表示某企业有可供选择的 4 个投资项目，项目 A 的投资量为 100 万美元，资本边际效率为 10%；项目 B 的投资量为 50 万美元，资本边际效率为 8%；项目 C 的投资量为 150 万美元，资本边际效率为 6%；项目 D 的投资量为 100 万美元，资本边际效率为 4%。显然，如果市场利率为 10%，只有项目 A 值得投资，如果市场利率为 8%或稍低些，则项目 A 和项目 B 都值得投资，投资总额可达 150 万美元；如果市场的利率降低到 4%或 4%以下，则项目 D 也值得投资，投资总额可达 400 万美元。可见，对这个企业来说，利率愈低，投资需求量会越大。图中各个长方形顶端所形成的折线就是该企业的资本边际效率曲线。

一个企业的资本边际效率曲线是阶梯形的，但经济社会中所有企业的资本边际效率曲线如果加总在一起，分阶梯的折线就会逐渐变成一条连续的曲线。因为总过程中所有起伏不平会彼此抵消而转为平滑，这条曲线就是资本边际效率曲线，如图 5-9 中的 *MEC* 曲线。

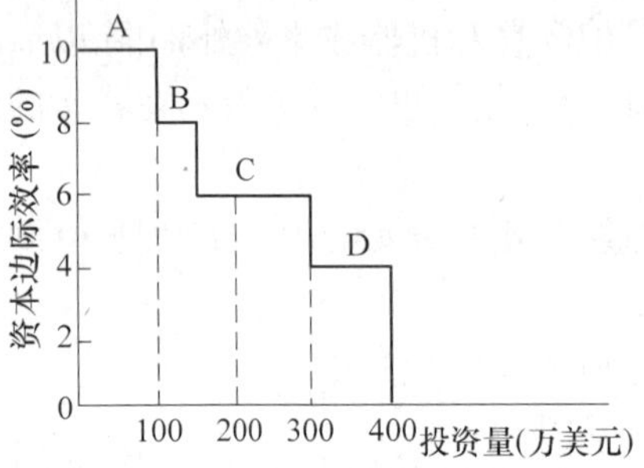

图 5-8　某企业可供选择的投资项目

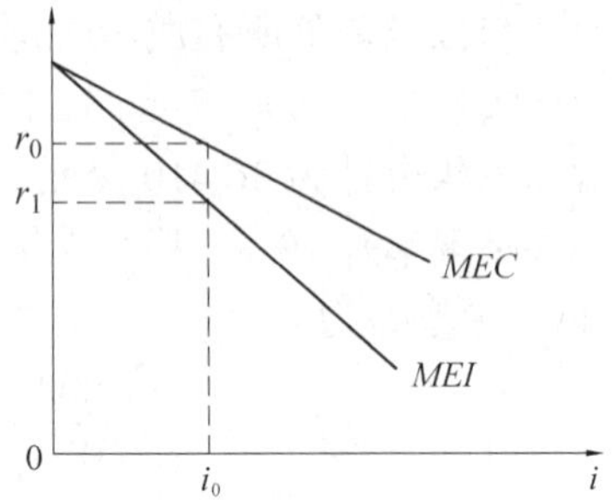

图 5-9　资本边际效率曲线(*MEC*)和投资边际效率曲线(*MEI*)

这条资本边际效率曲线表明，投资量(i)和利息率(r)之间存在反方向变动关系：利率越高，投资量越小；利率越低，投资量越大。

(三)投资边际效率曲线

一些经济学家认为，*MEC* 曲线还不能准确代表企业的投资需求曲线，因为当利率下降时，如果每个企业都增加投资，资本品的价格会上升，也就是 R (资本品供给价格)要增加，在相同的预期收益情况下，r 必然缩小，否则，公式两边无法相等，即这一贴现率(资本边际效率)无法使未来收益折合成等于资本供给价格的现值。这样，由于 R 上升而被缩小了的 r 的数值被称为投资的边际效率(*MEI*)。因此，在相同的预期收益下，投资的边际效率小于资本的边际效率。例如，图 5-9 中，一笔投资量 i，所带来的预期收益量，其资本边际效率为 r_0，但投资的边际效率只为 r_1，$r_1 < r_0$。因此按资本的边际效率，市场

利率为 r_0 时就可以有 i_0 的投资量，但按投资的边际效率，市场利率要降为 r_0 时才可以有 i_0 的投资量。

由于投资的边际效率小于资本的边际效率，因此投资边际效率曲线较资本边际效率曲线更为陡峭。尽管如此，*MEI* 曲线和 *MEC* 曲线一样也能表示利率和投资量之间存在的反方向变动的关系，只是在使用投资的边际效率曲线情况下，利率变动对投资量变动的影响较小一些而已。西方学者认为，更精确地表示投资和利率间关系的曲线，是投资的边际效率曲线。因此，西方经济学著作一般都用 *MEI* 曲线来表示利率与投资量的关系，投资需求曲线指的是 *MEI* 曲线，这条曲线即是投资需求函数。

二、预期收益与投资

上述实际利率水平会影响投资需求，其实是从投资使用的资金成本角度探讨投资需求。影响投资需求的另一个重要方面就是预期收益，即一个投资项目在未来各个时期估计可得到的收益，影响这种预期收益的因素也是多方面的，这里可指出如下三点。

(一)对投资项目的产出的需求预期

企业决定对某项目是否投资及投资多少时，首先会考虑市场对该项目的产品在未来的需求情况。因为这种需求状况，不但会决定产品能否销掉，还会影响产品价格的走势，如果企业认为投资项目的产品市场需求在未来会增加，就会增加投资，假设一定的产出量会要求有一定的资本设备量来提供，则预期市场需求增加多少，就会相应要求增加投资多少，产出增量与投资之间的关系可称加速数，说明产出变动和投资之间关系的理论称为加速原理，这里仅指出对产出的需求预期会影响投资的预期收益进而影响投资意愿。

(二)产品成本

投资的预期收益在很大程度上也取决于投资项目的产品的生产成本，尤其是劳动者的工资成本。因为工资成本是产品成本中最重要的构成部分，工资成本上升在其他条件不变时会降低企业利润，减少投资预期收益，尤其是对那些劳动密集型产品的投资项目而言，工资成本上升显然会降低投资需求。然而，对于那些可以用机器设备代替劳动力的投资项目，工资上升又意味着多用设备比多用劳动力更有利可图，因而实际工资的上升又等于是投资的预期收益增加从而会增加投资需求。可见，工资成本的变动对投资需求的影响具有不确定性。但就多数情况来说，随着劳动成本的上升，企业会越来越多地考虑采用新的机器设备，从而使投资需求增加，新古典经济学之所以认为投资需求会随工资的上升而上升，理由就在这里。

(三)投资税抵免

在一些国家，政府为鼓励企业投资，会采用一种投资税抵免的政策，即政府规定，投资的厂商可从它们的所得税单中扣除其投资总值的一定百分比。例如，假定某企业在某一年投资 10 000 万元，若规定投资抵免率是 33%，则该企业就可少缴所得税 3 300 万元，这 3 300 万元等于是政府为企业支付的投资项目的成本。如果该企业在这一年的所得税不足 3 300 万元，只有 2 300 万元，则所余 1 000 万元还可到来年甚至第 3 年再抵扣。这种投资抵免政策对投资的影响，在很大程度上取决于这种政策是临时的，还是长期的。如果是临时性采取的，则此政策的效果也是临时的，过了政策期限，投资需求可能反而下降。比方说，政府为刺激经济，如果宣布在某一年实行投资抵免政策，则该年的投资可能大幅度增加，甚至本来准备来年投资的项目也可能提前到该年进行投资，但来年投资需求会明显下降，或政策实行的前一年，企业会把一些项目推迟到有政策鼓励时进行投资。

三、风险与投资

投资需求还与企业对投资的风险考虑密切相关。这是因为，投资是现在的事，收益是未来的事，未来的结果究竟如何，总有不确定性。人们对未来的结局会有一个预测，企业正是根据这种预测进行投资决策的。然而，即使是最精明的企业家，也不可能完全准确无误地预测到将来的结果。因此，投资总有风险，并且高的投资收益往往伴随着高的投资风险，如果收益不足以补偿风险可能带来的损失，企业就不愿意投资。这里的所谓风险，包括未来的市场走势、产品价格变化、生产成本的变动、实际利率的变化、政府宏观经济政策变化等，都具有不确定性。一般说来，整个经济趋于繁荣时，企业对未来会看好，从而会认为投资风险较小，而经济呈下降趋势时，企业对未来持悲观态度，从而会感觉投资风险较大。因而凯恩斯认为，投资需求与投资者的乐观和悲观情绪大有关系，实际上，这说明投资需求会随人们承担风险的意愿和能力变化而变动。

除了以上所述投资需求理论，美国经济学家詹姆斯·托宾还提出了股票价格会影响企业投资的理论。按他的说法，企业的市场价值与其重置成本之比，可作为衡量要不要进行新投资的标准，他把此比率称为“q”。企业的市场价值就是这个企业的股票的市场价格总额，它等于每股的价格乘总股数之积；企业的重置成本是指建造这个企业所需要的成本。因此，$q=\dfrac{\text{企业的股票市场价值}}{\text{新建造企业的成本}}$。如果企业的市场价值小于新建造成本，$q<1$，说明买旧的企业比新建设便宜，于是就不会有投资；相反，$q>1$时，说明新建造企业比买旧企业要便宜，因此会有新投资。就是说，当q较高时，投资需求会较大。托宾这种“q”说，实际上是说，股票价格上升时，投资会增加。一些西方经济学家认为，股票价格与投资之间并不存在这种因果关系，相反，倒是由于厂商有较好的投资前景才引起该股票价格的上升。

第九节　某综合利用水利枢纽资金筹措方式研究

一、概述

XJX 水利枢纽开发任务以生态环境供水与农田灌溉供水为主，结合防洪，兼顾水力发电，工程总库容为 16 565 万 m^3，为大Ⅱ型工程，工程总工期为 5 年零 9 个月，第 6 年只有一些尾工，第 6 年初工程即能全部生效发挥效益。XJX 工程建成后共发展灌溉面积 45 万亩，其中生态草原灌溉面积 30 万亩，农田生态防护林 2 万亩，城市防护林 1 万亩，农田灌溉 12 万亩；将坝址以下河段现状防洪标准由 7 年一遇提高到 20 年一遇；结合生态环境供水与农田灌溉供水进行水力发电，装机容量 30 MW，年发电量 9 783 万 kW·h。

试分析其贷款能力，并进行资金筹集分析与财务评价。

二、工程投资与费用

XJX 水利枢纽开发任务以生态环境供水与农田灌溉供水为主，结合防洪，兼顾水力发电，按照 1997 年国务院颁布的《水利产业政策》对水利建设项目分类的规定，XJX 水库为甲类工程。甲类项目投资主要从政府预算内资金、水利建设基金及其他可用于水利建设的财政性资金中安排。考虑其财务收入主要来源于发电、供水销售收入，总体财务收入较少，根据《水利建设项目贷款能力测算暂行规定》(水利部水规计[2003]163 号)规定，可行性研究阶段财务评价以整体评价为主，研究项目合理的资金筹措方案和维持项目正常运行的财务方案。

(一)投资估算

按 2003 年第一季度价格水平，XJX 静态总投资为 110 369 万元，其中水库淹没、水土保持、环境保护投资分别为 565 万元、339 万元、397 万元。

(二)投资费用分摊

费用分摊是建设项目资金筹措的依据，也是各功能成本核定及产品价格测算的基础，费用分摊包括共用工程投资分摊和年运行费分摊。

1. 共用工程投资分摊

XJX 工程是以生态环境供水与农田灌溉供水为主，结合防洪，兼顾水力发电等综合利用，工程静态总投资 110 369 万元，其中水力发电专用工程投资为 19 750 万元，共用工程投资为 90 619 万元。

XJX 工程静态投资分摊采用“库容比例法”，确定各功能部门分摊共用工程静态投资比例。该法是考虑库容分摊法为主，对于共用库容按照效益分摊。XJX 水库原始库容 16 521 万 m^3，其中死水位以下库容 460 万 m^3，正常蓄水位与死水位之间库容 15 266 万 m^3，正常蓄水位以上库容 795 万 m^3(520 万 m^3 是为控泄洪水提高下游防洪标准而设置)。生态环境与农田灌溉供水是 XJX 的首要开发任务，居于主导地位，正常蓄水位与死水位之间库容由其共同承担，水力发电功能居于从属地位，其运行方式完全服从供水兴利要求，不分担这部分库容，则供水分担全部兴利库容 15 266 万 m^3；正常蓄水位以上库容(校核洪水位与防洪限制水位之间的库容)由下游防洪功能承担 520 万 m^3(指汛期限制水位与防洪高水位之间库容)；死水位以下 460 万 m^3 库容以及正常蓄水位以上 275 万 m^3 库容为共用库容，合计共用库容 735 万 m^3，由灌溉供水、下游防洪及水力发电按照各功能部门效益比例分担，则三部门分别分担 608 万 m^3、16 万 m^3、111 万 m^3。则灌溉供水、下游防洪及水力发电分担库容分别为 15 874 万 m^3、536 万 m^3、111 万 m^3，按库容比例分摊共用投资，则灌溉供水、下游防洪及水力发电分摊共用投资分别为 87 070 万元、2 940 万元、609 万元。考虑水力发电专用工程投资 19 750 万元，则水力发电功能投资为 20 359 万元。

2. 年运行费分摊

XJX 水利枢纽的材料费、库区维护费和其他费用，是按电站年发电量或装机容量为基数计算的，全部由电站承担；工程维护费按各功能部门分摊的投资计算；工资及福利费按各功能部门分摊人员计算。XJX 水库电站专用人员由电站承担，公共人员按各功能部门分摊共用工程投资的比例在各功能部门之间分摊。

XJX 工程年运行费用为 1 573 万元，其中供水分摊 1 151 万元，防洪分摊 39 万元，水力发电分摊 383 万元。

三、贷款能力测算

根据《水利建设项目贷款能力测算暂行规定》，XJX 是以公益性为主的项目，财务收入很少，年销售收入小于年总成本费用，但大于年运行费。XJX 尽管没有利润可以还贷，但年销售收入大于年运行费用，可以提取一部分折旧用于还贷，这样项目还是具有一定贷款能力。

通过 XJX 项目贷款能力测算，分析其贷款能力及合理资本金比例，通过调整和改善投资结构，为项目奠定较为良好的资金结构，使公益性较强的 XJX 项目在社会主义市场经济条件下也能依靠自身的财务收益维持正常运行。因此，对其进行贷款能力测算是十分必要的。

(一)贷款能力测算的原则和方法

贷款能力测算的方法和主要参数按现行规范中财务评价的有关规定执行，以现行的水、电价格体系为基础，分析工程预期合理可行的水价、电价和可能的效益、费用状况，考虑投资者不同的权益要求，测算项目所能承担的最大贷款额度。

根据《水利建设项目贷款能力测算暂行规定》的规定，可行性研究阶段财务评价以整体评价为主，研究项目合理的资金筹措方案和维持项目正常运行的财务方案，对项目的财务合理性与可行性进行评价。

(二)电价与水价分析预测

XJX 工程建成后具有生态环境供水、农田灌溉供水、防洪、水力发电等综合利用作用。其财务收入主要是水力发电收入与供水收入。XJX 设计年发电量为 9 783 万 kW·h，厂用电率按 0.5%计，XJX 水电站年上网电量为 9 734 万 kW·h。水库多年平均供水量为 20 484 万 m^3。

合理地确定项目产出物价格是贷款能力测算的重要前提，电价与水价预测必须结合市场情况与用户承受能力分析拟定。

1. 电价分析预测

电力供应的市场化程度相对较高，竞争性也较强。因此，XJX 水电站应努力适应电力市场变化和市场经济规律，发挥水电项目能耗低、可持续性强的优势，争取获得最大的收益。在上网电价分析拟定中主要考虑以下因素：同地区类似水电站综合平均上网电价；按满足还贷要求测算上网电价等电价。

按照水电站投资分摊结果，考虑资本金占水电站总投资的 20%，测算资本金内部收益率为 8%的经营期电价为 0.245 元/(kW·h)(不含增值税)。

结合目前当地电力公司电厂平均上网电价及市场电价调查，分析拟定 XJX 水电站上网电价 0.25 元/(kW·h)(不含增值税)进行贷款能力测算。

2. 水价分析预测

1)水价预测的原则

目前，许多水利工程的供水水价仍属于政府定价，由水利部门提出水价方案后需经物价部门核定。因此，水价制定应考虑多方面因素，尽可能符合实际并能落实。XJX 灌溉水价预测考虑的原则与主要因素有：目前用水市场综合平均水价或类似水利工程现行水价；以工程年运行费和总成本费用核算的成本水价；考虑社会经济发展水平及用户承受能力，并根据水资源状况及供求关系、供水性质等，在具体分析水费征收方式的基础上确定的合理价格。

2)现状水价与节水水价提升空间分析

目前，工程所在地灌溉引水定额约在 1 000 m^3/亩，亩均水费支出约为 14 元/亩，水价大约为 0.014 元/m^3，农田灌溉水价收费非常低。若考虑节水灌溉后，按照亩均引水量 500 m^3/亩左右，即使按照用户亩均水费支出不变，水价可提高到 0.028 元/m^3。

3)成本水价测算

按照《水利工程水费核定、计收和管理办法》，水利工程供水价格按照成本补偿、合理收益、优质优价、公平负担的原则制定，其构成为供水生产成本、费用、税金和利润，考虑生态环境与农田灌溉供水均属公益性功能，不考虑其利润要求，只测算其供水成本、费用。经分析，XJX 供水成本为 0.198 元/m^3，不计折旧的年供水经营成本为 0.056 元/m^3。

4)水价方案分析预测与拟定

《水利产业政策》中明确指出："新建水利工程的供水价格，要按照满足运行成本和费用、缴纳税金、归还贷款和获得合理利润的原则制定"。这从根本上保证了决策的科学性和实施的有效性，将极大地促进供水价格形成机制的建立。但由于水价管理体制不健全，尤其是尚未形成科学、合理的水价形成机制，水价严重背离价值的状况，不适合建立市场经济的要求。随着市场经济体制的逐步建立和完善，水价作为重要的经济杠杆，在水利产业的发展中呈现出愈来愈强烈的调节作用。水价形成机制的合理和管理方式的科学与否将直接影响着水利产业的正常发展。

结合现状灌区水费征收的实际情况，考虑该区经济发展和节水改造，以及未来水价承受能力，分析拟定灌区水价为 0.05 元/m^3。由于水价是灌区工程与 XJX 水利枢纽共同作用的结果，用户承担的水价应在灌区工程与 XJX 枢纽之间分摊，分析 XJX 水库承担水价为 0.035 元/m^3，这个水价只相当于经营成本的 60%左右，距离成本水价还有较大提升空间。

(三)财务收入

根据 XJX 工程的功能和作用，按照《水利产业政策》有关水利建设项目分类的规定，XJX 水库为甲类工程。其财务收入主要来源于发电、供水销售收入，总体财务收入较少。按照分析预测的电价 0.25 元/(kW·h)、水价 0.035 元/m^3，测算财务收入为 3 151 万元。

水利部《水利建设项目贷款能力测算暂行规定》中指出"应根据财务计算结果对项目进行划分……年销售收入大于年运行费用但小于年总成本费用的项目，可在考虑工程更新改造费用和还贷期财务状况等因素的基础上，具体分析项目贷款能力"。根据 XJX 财务收益与成本费用初步测算结果，工程年财务收入扣除销售税金与附加后为 3 139 万元，其年销售收入大于年运行费用 1 573 万元，但小于年总成本费用 5 296 万元(不含财务费用)，需要在考虑还贷期财务状况的基础上，分析项目贷款能力。

(四)资本金来源及投资者权益

按照国务院国发[1996]35 号文《国务院关于固定资产投资项目试行资本金制度的通知》，公益性投资项目不实行资本金制度，政府主要通过在投资项目资本金中适当增加政府投资的比重，在信贷资金中适当增加政策性贷款比重以及适当延长政策性贷款的还款期等措施来增强其投融资能力。XJX 工程属甲类公益性项目，其投资主要从政府预算内资金、水利建设基金及其他可用于水利建设的财政性资金中安排。XJX 水利枢纽的水力发电属经营性功能，按照规定，作为电力项目的水力发电功能投资资本金占总投资的比例至少为 20%。如果水力发电部分承担整个工程的年运行费(总成本)，按项目整体进行贷款能力测算，确定贷款数额，资本金完全由政府出资。

根据 XJX 工程的作用，XJX 工程的资本金包括国家资本金(国家拨款解决，不还本付息，也不支付应付利润)和法人资本金(具有经营性质，企业自筹)两部分。中央和地方政府的财政预算内资金、水利建设基金等国家资本金不分红利。

(五)贷款能力测算

XJX 工程贷款偿还期按 20 年，年利率为 5.76%，建设期利息按复利计。贷款偿还采用等本息方式，利息计入当年成本费用。还贷资金来源包括还贷折旧、还贷利润等部分。

根据以上分析预测的水价、电价方案，分别按照两种条件测算工程贷款能力。

1. 按满足项目整体运行要求测算贷款能力

根据前面各功能的财务收入与年运行费分析可知，在项目财务收入承担工程全部运行费的前提下，结合还本付息计算，满足年运行费用和贷款还本付息要求测算项目贷款能力为 14 089 万元，建设期利息为 1 340 万元。若贷款由经营性功能的水力发电承担，则相应的水力发电总投资为 21 699 万元(不含流动资金)，其中资本金 6 270 万元，在电站承担全部运行费时电站资本金财务内部收益率为 5.67%；在电站只承担本身运行费时其资本金财务内部收益率为 8.01%。

工程财务收入除可以承担工程全部年运行费和财务费用外，还可以一定程度实现工程保值，据分析，整个经营期可承担工程折旧费平均每年为 1 296 万元，约相当于经营期应提取折旧的 1/3 左右。

2. 按电站最大承担贷款能力测算

根据国家有关规定，XJX 水电站资本金财务内部收益率暂采用 8%。

对于电站来说，其贷款能力可以较大，但受法定资本金的比例 20%限制，电站承担最大规模的贷款，按照资本金比例 20%，其资本金财务内部收益率为 8.48%，水力发电工程投资为 21 921 万元，其中资本金 4 375 万元，长期贷款本金 15 984 万元，建设期利息 1 520 万元，流动资金 42 万元。

按照电站承担最大贷款规模 15 984 万元，分析项目整体财务状况，项目年财务收入为 3 139 万元(扣除销售税金附加)，满足正常运行和贷款还本付息的资金需求为 3 347 万元，两者相比项目尚有资金缺口 208 万元，需要通过财政拨款解决。

四、资金筹措方案

(一)资金筹措方案选择的原则

资金筹措方案选择主要考虑以下原则与因素：

(1)XJX 是以生态环境供水与农田灌溉供水为主、结合下游防洪、兼顾水力发电的水利枢纽，国民经济评价中供水效益约占总效益的 80%，这些效益是社会效益，属公益性功能，没有贷款能力，政府应当投入作为资本金，总投资中公益性部分资本金应占很高的比例。

(2)符合国家政策法令和有关部门规定，水力发电属经营性功能，其资本金要达到其相应功能投资 20%以上。

(3)符合市场经济规律，项目的财务收入主要是售电电费收入与部分水费收入，应按有竞争力的上网电价与供水水价计算财务收入，以此测算项目接受贷款能力，分析拟定资金筹措方案。

(4)资金筹措方案选择与贷款能力测算、投资分摊结果应基本接近。

(二)资金筹措方案选择

按照电站能够承担的最大贷款规模方案，项目财务收入不能满足项目年运行费和借款还本付息的资金需求，有 208 万元资金缺口。XJX 项目是以公益性开发任务为主的综合利用水利项目，项目财务收入较少，经营性功能水力发电具有一定的财务收入，且其公益性的供水也具有一定的财务收入。为了真正实现“以电养水、以水养水”，采用电站经营性收入尽可能承担工程运行费用与成本方案，减少政府年运行费拨付压力。这样不仅能维持枢纽的运行管理，还可一定程度实现固定资产的保值。因此，按工程整体进行财务分析与评价。

由上面的投资分摊结果可知，供水财务收入小于其分摊工程部分的年运行费，防洪工程无财务收入，这两个功能公益性部分没有贷款能力，由中央和地方政府财政性拨款解决。水力发电财务收入相对来说较多，具有承担贷款能力。

资金筹措方案的拟定主要是确定水力发电功能应筹集的公益性资本金及债务性贷款的比例。在上述分析确定的按整体项目进行财务分析、工程产出物价格、投资分摊结果等基础上，考虑工程财务自我生存能力要求，根据有关规定，拟定水力发电部分其资本金占其相应总投资比例为 30%。则相应的水力发电投资为 21 677 万元(不含流动资金)，其中资本金 6 503 万元，长期贷款 13 856 万元，建设期利息 1 318 万元。生态环境供水、农田灌溉供水和下游防洪三部分投资为 90 010 万元，由财政性拨款解决，作为国家资本金。

按照分项分析法计算需要流动资金 150 万元，其中自筹为 130 万元，贷款为 20 万元。

五、财务评价

(一)成本费用

XJX 工程总成本费用包括材料费、工资及福利费、维护费、库区维护费、折旧费、利息支出和其他费用。

(1)维护费。工程维护费(不包括库区维护费)按固定资产投资的 1.2%计取，每年费用为 1 324 万元。

(2)折旧费。计算经济折旧年限按 30 年，综合折旧率取 3.33%。工程在建设期末形成固定资产价值为 111 687 万元，理论计算每年折旧费 3 723 万元，实际提取折旧按照工程财务收入、承担成本能力及其还贷要求等综合确定。

(3)工资及福利费。XJX 工程人员编制为 108 人，工资按人均年工资额 10 000 元/人。福利费包括：基本福利费按职工工资总额的 14%计取，劳保统筹费按工资总额的 17%计取，住房基金按工资总额的 10%计取。工资及福利费每年 152 万元。

(4)材料费。工程材料费根据电站装机容量，按定额 5 元/kW，每年为 15 万元。

(5)其他费用。其他费用根据电站装机容量，按定额 24 元/kW 计算，每年为 72 万元。

(6)库区维护费和移民后期扶持基金。库区维护费以工程年供电量为基数提取。库区维护费按 0.001 元/(kW·h)计取，每年约 10 万元。因无移民，故不提取移民后期扶持基金。

(7)财务费用。财务费用包括固定资产投资借款利息和流动资金借款利息。

(8)总成本费用。总成本费用是上述各项费用之和。

(9)年运行费。年运行费(经营成本)是总成本费用扣除折旧、财务费用后的成本费用，工程年运行费为 1 573 万元。

根据推荐的 XJX 工程资金筹措方案进行项目整体财务评价。

(二)损益分析

XJX 工程的财务收入主要是水电站发电收入与供水财务收入。

1. 财务收入

XJX 工程年发电量为 9 783 万 kW·h，厂用电率按 0.5%计算，年上网电量为 9 734 万 kW·h，按上网电价 0.25 元/(kW·h)，计算其水力发电收入为 2 434 万元。设计供水量为 20 484 万 m^3，按运行期枢纽分担水价 0.035 元/m^3，计算其水费收入为 717 万元。合计年财务收入为 3 151 万元。

2. 销售税金及附加

税金包括增值税、销售税金附加和所得税。本次分析预测电价不含增值税，增值税为价外税，仅作为计算销售税金附加的依据。灌溉供水不征收增值税，无销售税金附加。

销售税金附加包括城市维护建设税和教育费附加，以增值税税额(税率为 6%)为计算基数，城市维护建设税为增值税的 5%，教育费附加为增值税的 3%。则年销售税金附加为 12 万元。

3. 利润

财务收入扣除销售税金附加和总成本费用即为利润总额，再扣除应缴所得税(税率为 33%)即为税后利润。税后利润即为可供分配利润，提取 10%的盈余公积金后，剩余部分为未分配利润。根据《国务院关于实施西部大开发若干政策措施的通知》，XJX 享受所得税两年免征、三年减半征收优惠政策。

工程财务收入不能全部承担工程成本，在按实际提取折旧能力分析其承担成本时，其利润总额为 0。

(三)盈利能力分析

公益部分投资较大而其财务收入又较小，按工程总体分析无财务盈利能力。

在电站只承担本身成本及全部还本付息要求的条件下，其资本金财务内部收益率为7.96%。

(四)清偿能力分析

XJX贷款偿还期为20年，满足贷款偿还期不大于大中型工程25年贷款偿还期的要求。

1. 还贷资金来源

可用于还贷的资金主要指工程能提取的折旧费，项目折旧费可按照需要并结合工程承担成本能力可全部用于还贷。

贷款偿还采用等本息方式，工程运行期利息计入当年成本。

2. 贷款还本付息计算

在经营期上网电价与水价拟定的基础上，按满足固定资产投资贷款偿还要求进行还贷平衡计算，工程可在20年内偿还借款本息，满足还贷年限不超过25年的借款偿还要求。

3. 资金来源与运用分析

资金来源与运用平衡计算表明，由于工程实际能承担的折旧提取达不到应提取折旧，所以工程只能承担一部分折旧，工程整个运行期间没有盈余资金。

4. 资产负债分析

因资本金比例高，还贷期资产负债率最高也仅为 14.36%，随着工程投入运行，资产负债率很快下降，还清固定资产投资借款本息后，资产负债率下降到 0.02%。资产负债分析中固定资产净值分析中折旧提取是按工程实际承担折旧能力来提取，若按计算的经济折旧提取净资产将会减少。

(五)敏感性分析

XJX项目财务评价所采用的数据，大部分来自预测和估算，有一定程度的不确定性。为了分析这些不确定性因素对财务评价指标的影响，对投资、设计上网电量等一些影响财务指标的不确定性因素单独变化时进行敏感性分析，预测项目承担财务风险的能力，分析其财务可行性和财务指标可靠性。

敏感性分析方案主要有：①XJX 建设投资增加 10%；②设计上网电量减少 10%；③不计供水收入。

财务评价敏感性分析成果见表 5-13。

表 5-13　财务评价敏感性分析测算表

指标	基本方案	投资增加 10%	上网电量减少 10%	不计供水收入
工程总投资(万元)	111 837	122 797	111 652	111 245
资本金(万元)	96 513	108 269	98 451	102 734
工程长期贷款(万元)	13 856	13 119	11 918	7 635
建设期利息(万元)	1 318	1 248	1 133	726
流动资金(万元)	150	161	150	150
年均提取折旧(万元)	1 301	1 207	1 097	703

敏感性分析成果表明：

(1)考虑投资增加10%、设计上网电量减少10%和不计供水收入三个敏感性因素，贷款能力由13 856万元分别减少为13 119万元、11 918万元、7 635万元，相应资本金由96 513万元分别增加为108 269万元、98 451万元、102 734万元。

(2)各敏感性分析方案，其财务收入均能满足工程年运行费的要求，只是承担折旧能力有所减小。

第六章　工程项目财务预测

第一节　财务预测的一般概念

一、财务预测的含义及其重要性

在工程项目经济分析和评价之前，必须先进行财务预测，它是在经过项目建设必要性论证和技术可行性研究之后，并在市场调查、技术和规模分析论证的基础上，根据可行性研究中投资估算和资金筹措计划，以及新的调查资料收集，估计并预测出-·系列有关项目成本和收益的基本数据，作为企业财务评价和国民经济评价所需的基本数据。这些收集审核和测算数据的工作称为财务预测。财务预测是成本效益分析的重要组成部分，不仅为成本效益分析提供必要的财务数据，而且对成本效益分析所得的结果，所采取的评价方法，以及最终的决策意见都有决定性的影响。因此，财务预测应实事求是，尊重客观实际，收集和提供的数据尽可能达到完整、真实、可靠的要求。

二、财务预测的内容

财务预测所应收集和测算的基本数据，主要包括以下五个部分：

(1)投资成本。包括固定资产投资和流动资金的估算。

(2)销售收入和税金。项目投产后各年的产品销售收入及销售税金，包括对未达设计产量年份、正常年份的销售收入的测算，还要对项目整个计算期内销售总收入进行测算。销售税金是从销售收入中缴纳的税金，包括营业税、增值税等，按照有关规定进行测算。

(3)产品成本测算。测算项目投产后各年(正常年份和未达设计能力的试产年份)的产品成本，包括固定成本、变动成本和单位成本等数据。在年度的固定成本中，应包括固定资产折旧费。

(4)利润测算。要按有关规定测算，包括整个经济寿命期的利润总额及所得税、利润等。

(5)贷款的还本付息。按规定用利润、折旧费等资金归还项目投资贷款本息的预测。

三、财务预测的步骤

财务预测的步骤：

(1)收集整理经济主管部门的文件材料。主要包括基本建设贷款法规、条例及细则，利税的规定，企业成本核算方法，税收制度汇编，概预算编制办法及有关定额、收费的规定，以及财务评价的有关规定等。

(2)收集有关项目本身的报告及资料。如可行性研究报告，关于该项目的原始数据材料，建设单位、主管部门以及设计等部门所掌握的有关该项目的材料、数据及其分析。

(3)收集同类工程项目有关生产成本销售价格、税收、利润等方面的数据材料。

(4)按照规定，编制财务预测计算表。其中要注意的问题是：注意编制的程序、保持表与表之间的衔接；注意年与年之间的衔接与一致；要保持预测表的平衡，如投资来源与投资支出、资金流入与资金流出的平衡等；要遵守现行的财务规章制度；要反映出各种经济趋势的发展，如要估计到原材料、燃料等价格的上涨及工资上升的趋势等。

第二节　投资费用估算

投资费用是建设项目总投资费用(投资总额)的简称，有时也简称为“投资”，它包括建设投资(固定资金)和流动资金两部分，是保证项目建设和生产经营活动正常进行的必要资金。建设投资在国内称为固定资产投资，为区别计，当固定资产投资包括固定资产投资方向调节税与建设期利息时，也可称为固定资产投资总额。固定资产投资方向调节税，是对进行固定资产投资的单位和个人实际完成投资额征收的一种行为税。

建设期利息，国外称为资本化利息。按照我国规定，企业长期负债的应计利息支出，筹建期间的，计入开办费；生产期间的，计入财务费用；清算期间的，计入清算损益。其中，与购建固定资产或者无形资产有关的，在资产尚未交付使用或者虽已交付使用但尚未办理竣工决算之前，计入购建资产的价值，可能有以下两种情况：当项目全部建成一次投产时，亦即在资产的任何一部分都必须等资产的所有组成部分全部完工才能使用情况下，一般是将急需借款利息作为建设期利息，直至整个资产全部完工；当项目连续建设分步投产时，亦即在一项资产的各部分分别完工，每部分在其他部分仍在建造过程中可供使用的情况下，一般是在每一部分完工时，即停止将该部分资产借款利息计入建设期利息。

一、建设项目总投资的构成(按资金用途分)

建设项目总投资的构成见图 6-1。

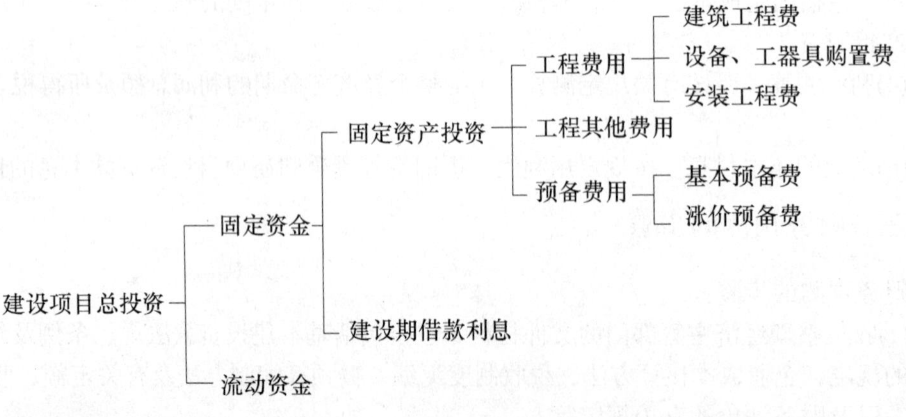

图 6-1　建设项目总投资构成

二、资产的种类、内容及其与资产的关系

项目资产按其流动性质分为流动资产、固定资产、无形资产和递延资产。

(一)固定资金与固定资产、无形资产和递延资产

根据资本保全原则，当项目建成投入经营时，固定资金(固定资产投资和建设期借款利息)将形成固定资产、无形资产和递延资产等三部分。

固定资产、无形资产和递延资产的含义、内容和特点：

(1)固定资产是指使用期限超过一年，单位价值在规定标准以上，并且在使用过程中保持原有物质形态的资产，包括房屋及建筑物、机器设备、运输设备、工具器具等。简言之，作为企业主要劳动资料的固定资产，具有两个主要特点：①使用期较长，一般在一年以上；②能够多次参加生产过程，不改变其实物形态。

(2)无形资产是指企业能长期使用但是没有实物形态的资产，包括专利权、商标权、土地使用权、非专利技术、商誉等。它们通常代表企业所拥有的一种法定权或优先权，或者是企业所具有的高于一般水平的盈利能力。无形资产具有四个特点：①非物质实体，但具有价值，其价值体现为一种权利或获得超额利润的权利；②可在较长时期内为企业提供经济效益；③所提供的未来经济效益存在有很大的不确定性，有可能随着新技术、新工艺、新产品的出现而失去其价值；④有些无形资产的存在及其价值不能与特定企业或企业的有形资产分离。因此，在财务处理上，购入或者按照法律程序取得的无形资产的支出，一般都予以资本金化，在其收益期内分期摊销。

(3)递延资产是指不能全部计入当年损益，应当在以后年度内分期摊销的各项费用，包括开办费、以经营租赁方式租入的固定资产改良支出等。

如上所述，筹建期间长期借款利息支出应是：与购建固定资产或者无形资产有关的利息支出，进入购建资产的价值；不计入固定资产和无形资产购建成本的利息支出，计入开办费。同时，固定资产投资中的预备费也应按比例分别进入固定资产与无形资产价值。在项目财务评价中，为了简化计算，可将预备费用和建设期利息全部计入固定资产原值。

(二)流动资金与流动资产

项目流动资金是流动资产的货币表现。

流动资产是指可以在一年内或者超过一年的一个营业周期内变现或者运用的资产，包括货币资金、应收账款、存货等。

(1)货币资金是指企业在生产经营活动中停留于货币形态的那一部分资金。它是企业流动资金的重要组成部分。为了保证企业能正常进行生产，必须要有一定数额的货币资金。货币资金包括现金和各种存款。

(2)应收账款是指企业对外销售商品产品、提供劳务等形成的尚未收回的被购货单位、接受劳务单位所占有的本企业资金。企业只有在实现销售并取得货币资金后，才能补偿企业生产经营中的各种消耗，确保企业资金的循环周转。因此，企业应控制应收账款的限额和收回的时间，采取有效措施，及时组织催收，避免企业资金被其他单位占用。

(3)存货是指企业为销售或耗用而储存的各种资产。由于它们经常处于不断销售和重

置、或耗用和重置中，具有鲜明的流动性，所以存货是流动资产的重要组成部分，而且是流动资产中所占比例最大的项目。按存货在生产经营过程中所处的阶段不同，可包括以下三方面的有形资产：企业在正常生产经营过程中处于待销售过程中的资产，如库存产成品等；为了出售而处于生产加工过程中的资产，如在产品等；为产品生产耗用储存的各种资产，如原材料等。

流动资金经常与净流动资金一词作为同义词使用，亦称营运资金。净流动资金是企业在生产经营周转过程中可供企业周转使用的资金，是建设项目总投资(即初期总投资)的重要组成部分，为项目投产筹资所用，在数量上，它等于全部流动资产减去全部流动负债后的差额(见图 6-2)。

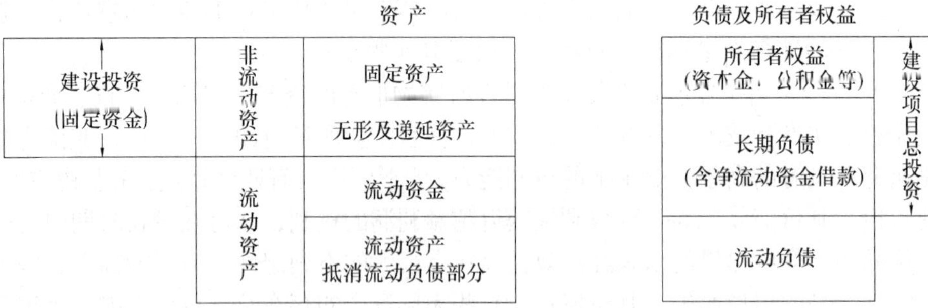

图 6-2　资产与负债及所有者权益

由图 6-2 可见，净流动资金为流动资产抵消流动负债后的余额。

$$净流动资金=流动资产-流动负债 \tag{6-1}$$

或

$$净流动资金=建设项目总投资-建设投资 \tag{6-2}$$

$$流动负债=应付账款 \tag{6-3}$$

应注意，流动资金不应与生产经营期间因流动资产及流动负债发生变化而产生的流动资金净增或净减额相混淆。

由图 6-2 还可看出，企业负债包括流动负债和长期负债。流动负债是指可以在一年内或者超过一年的一个营业周期内偿还的债务，包括短期借款、应付账款和预收账款等；长期负债是指偿还期限在一年或者超过一年的一个营业周期以上的债务，包括长期借款、应付长期债券、应付引进设备款等。净流动资金借款有以下两种情况：①与固定资产投资借款相同，作为长期借款的一部分，按约定期限，归还借款本金；②按我国现行体制，由工商银行贷款，企业长期占用，按期结算(比如按季结算)，有借有还，从资金的长期占用这个意义上来说，也可视同长期负债，但真正归还银行借款本金的时间应在计算期末，这是与长期负债的不同点。

三、投资估算

(一)固定资产投资的构成

建设项目固定资产投资，按其用途来分，通常包括以下几个部分。

(1)工程费用。建筑工程费用，包括永久性和临时性(为施工服务的)建筑物和构筑物，如厂房、仓库、设备基础、场地平整等项工程的费用；②设备购置费用、工器具及生产用具购置费用；③设备安装工程费用，包括各种需要安装的机械设备的装备、装置工程，与设备相连的装设工程，附属于被安装设备的管线敷设工程。

(2)工程其他费用。包括建设单位管理费、土地征用费(土地补偿和安置补偿费)、耕地占用税、负荷联合试车费、勘测设计费、科研试验费、临时设施费等与建筑安装、设备购置无关但又必须支出的建设费用。

(3)预备费用。包括基本预备费和涨价预备费。

(4)建设期借款利息。

以上工程费用一般还要按车间或设施分别列出其费用。

(二)固定资产投资估算方法

固定资产投资估算方法取决于要求达到的精确度，而精确度又是由项目研究和设计所处的不同阶段以及资料数据的可靠性决定的。投资估算一般是指在项目决策(正式确定建设项目)之前的规划和研究阶段中对建设项目工程费用进行的预测和估算。几种常用的固定资产投资估算方法如下。

1. *扩大指标估算法*

对建设项目规划性质的投资估算和其他临时性质的投资估算，可用简便而粗略的扩大指标估算方法。这种估算方法是套用已有类似企业的投资指标进行估算。这就需要积累大量的投资数据，并要经过科学地、系统地整理分析。

(1)单位生产能力投资估算法。根据类似企业单位生产能力投资指标估算拟建项目的固定资产投资。单位生产能力投资是由类似企业的固定资产投资额除以其生产能力求得。其计算公式为

$$I_2 = X_2 \cdot \frac{I_1}{X_1} \tag{6-4}$$

式中 X_1——类似企业的生产能力(已知)；

X_2——拟建企业的生产能力(已知)；

I_1——类似企业的固定资产投资额(已知)；

I_2——拟建项目的固定资产投资额(未知)。

这种方法将项目的固定资产投资与其生产能力的关系视为简单的线性关系，估算结果精度较差。使用这种方法时要注意拟建项目的生产能力和类似企业的可比性，其他条件也应相似，否则误差很大。由于在实际工作中不易找到与拟建项目完全类似的企业，通常是将项目按其下属的车间、设施和装置进行分解，分别套用类似车间、设施和装置的单位生产能力投资指标计算，然后加总求得项目总投资。或根据拟建项目的规模和建设条件，将投资进行适当调整后估算项目的投资额。

(2)生产能力指数估算法。根据实际统计资料，生产能力不同的两个同类企业，其投资与两个企业生产能力之比的指数幂成正比。其计算公式为

$$I_2 = I_1 \cdot \left(\frac{X_2}{X_1}\right)^n \tag{6-5}$$

式中 X_1——类似企业的生产能力(已知)；

X_2——拟建企业的生产能力(已知)；

I_1——类似企业的固定资产投资额(已知)；

I_2——拟建项目的固定资产投资额(未知)；

n——生产能力指数，其数值根据不同类型企业的统计资料确定。

由于这个方法不是按简单的线性关系，而是根据实际资料求得的指数关系来估算投资，所以比单位投资估算法要精确。

(3)比例估算法。根据统计资料，先求出已有类似企业主要设备占全厂固定资产投资的比例，然后再估算出拟建项目的主要设备投资，即可按比例求出拟建项目的固定资产投资(I)。其表达式为

$$I=\frac{1}{k}\cdot\sum_{i=1}^{n}q_i\cdot p_i \tag{6-6}$$

式中 I——拟建项目的固定资产投资；

k——主要设备投资占拟建项目固定资产投资的比例，

n——设备种类数；

q_i——第 i 种设备数量；

p_i——第 i 种设备的单价。

2. 综合指标估算法

投资估算的编制依据主要是国家有关规定，建筑安装工程综合定额指标，设备、材料价格资料，国外初步报价资料，间接费、计划利润、税金及工程建设其他费用取费标准。

投资估算是由单项工程综合估算和工程建设其他费用估算组成。

工程费用由设备购置费、建筑工程费和安装工程费等组成。

(1)设备购置费。通用设备价格按制造厂的出厂价格计算；非标准设备按国家规定的非标准设备指标计算或制造厂的报价计算。设备运输费根据拟建项目所在地区规定的运杂费率，按照设备原价的百分比计算，计入设备费内。

(2)建筑工程费和安装工程费。包括直接费、间接费、计划利润和税金等四个部分。直接费由直接工资、直接材料费、施工机械使用费和其他直接支出等组成。建筑工程直接费可按建筑工程量，按拟建项目所在地区的建筑物、构筑物工程概算综合指标估算；安装工程直接费可按设备原价的百分比计算。间接费，由施工管理费和其他间接费组成，一般是以直接费为基础，按照拟建项目所在地区规定的费率计算。计划利润，以建筑工程的直接费与间接费为基数，按照一定的费率计取。税金，包括营业税、城市维护建设税和教育费附加，营业税以建筑安装工程的直接费、间接费和计划利润之和为基数计取。

(3)工程其他费用。各项工程其他费用分别按不同的规定费率或取费标准计取。

(4)预备费。包括基本预备费和涨价预备费。基本预备费以工程费用合计与工程其他费用之和为基数，按一定的基本预备费率计算。涨价预备费，通常要计算调价和涨价两部分的价差。所谓调价是指对投资估算所用价格年份到项目建设前一年这一段时间内的价差进行调整计算。建设期(m)的涨价预备费(PC)的计算公式为

$$PC = \sum_{t=1}^{m} I_t \cdot \left[(1+f)^t - 1 \right] \quad (6\text{-}7)$$

式中 I_t——第 t 年的投资分配额；

f——价格上涨指数。

(三)流动资金估算

流动资金一般应在投产前开始筹措。为简化计算，规定流动资金在投产第一年开始按生产负荷进行安排，其借款部分按全年计算利息。流动资金利息应计入财务费用，项目计算期末回收全部流动资金。流动资金的预测估算方法如下：

(1)扩大指标估算法。一般可参照同类生产企业流动资金占销售收入、经营成本、固定资产投资的比率，以及单位产量占用流动资金的比率来确定。

(2)分项详细估算法。需要分项详细估算流动资金时，可采用下列公式：

$$\text{流动资金} = \text{流动资产} - \text{流动负债} \quad (6\text{-}8)$$

$$\text{流动资产} = \text{应收账款} + \text{存货} + \text{现金} \quad (6\text{-}9)$$

$$\text{流动负债} = \text{应付账款} \quad (6\text{-}10)$$

$$\text{流动资金本年增加额} = \text{本年流动资金} - \text{上年流动资金} \quad (6\text{-}11)$$

流动资产和流动负债各项的计算公式如下：

$$\text{周转次数} = \frac{360}{\text{最低周转天数}} \quad (6\text{-}12)$$

最低周转天数按实际情况并考虑保险系数分项确定。

$$\text{应收账款} = \frac{\text{年经营成本}}{\text{周转次数}} \quad (6\text{-}13)$$

$$\text{存货} = \text{外购原材料、燃料} + \text{在产品} + \text{产成品} \quad (6\text{-}14)$$

外购原材料、燃料应分项计算，其计算公式为

$$\text{外购原材料、燃料} = \frac{\text{年外购原材料、燃料}}{\text{周转次数}} \quad (6\text{-}15)$$

$$\text{在产品} = \frac{\text{年外购原材料、燃料} + \text{年工资及福利} + \text{年修理费} + \text{年其他费用}}{\text{周转次数}} \quad (6\text{-}16)$$

$$\text{产成品} = \frac{\text{年经营成本}}{\text{周转次数}} \quad (6\text{-}17)$$

$$\text{现金} = \frac{\text{年工资及福利费} + \text{年其他费用}}{\text{周转次数}} \quad (6\text{-}18)$$

$$\text{应付账款} = \frac{\text{年外购原材料、燃料及动力费用}}{\text{周转次数}} \quad (6\text{-}19)$$

(四)项目总投资

$$\text{项目总投资} = \text{固定资产投资} + \text{建设期利息} + \text{流动资金} \quad (6\text{-}20)$$

其中：

$$\text{固定资产投资} = \text{工程费用} + \text{其他费用} + \text{预备费用} \quad (6\text{-}21)$$

$$\text{预备费用} = \text{基本预备费} + \text{涨价预备费} \quad (6\text{-}22)$$

(五)投资来源与筹集

1. 资金总额的构成

改革开放以来，我国在固定资产投资管理体制方面进行了一系列的改革。投资资金由过去主要靠国家财政拨款单一渠道转变为投资单位自筹资金、银行贷款、财政拨款和利用外资等多种渠道，投资主体由政府单一主体转变为政府、企业、集体、个体、外商等多元化的主体，投资方式由政府独家投资转变为联合投资及中外合资、合作建设等多种形式。特别是在1994年的投融资体制的重大改革中，按照不同投资主体的投资范围和项目的具体情况，将投资项目大体划分为三类：

(1)竞争性投资项目。以企业作为基本的投资主体，主要向市场融资。

(2)基础性投资项目。在加强中央政策性投融资的同时，加重地方和企业的投资责任。

(3)公益性投资项目。主要由政府拨款建设。

建设项目实行项目法人投资责任制，实行建设项目资本金制度，按照项目总投资的一定比例注册登记，不能用借入资金注册，不能搞无本项目。为此，今后将不再笼统地使用企业自筹投资概念，企业投资来源将统一规范为企业自有资金和企业对外筹措资金两部分。此外，有些项目接受捐赠资产，也是一种投资资金来源。

在资金筹措阶段，建设项目所需要的资金总额由自有资金、赠款、借入资金三部分组成，见图6-3。

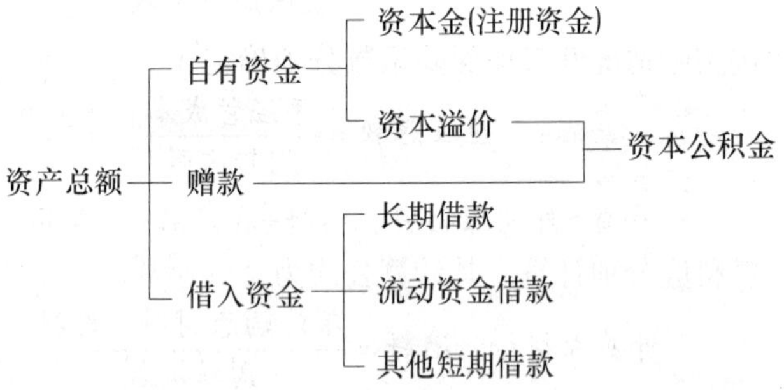

图6-3 资金总额的构成

1)自有资金

企业自有资金是指企业有权支配使用、按规定可用于固定资产投资和流动资金的资金。亦即在项目资金总额中投资者交付的出资额，包括资本金和资本溢价。

资本金是指新建项目设立时在工商行政管理部门登记的注册资金。根据投资主体的不同，资本金可分为国家资本金、法人资本金、个人资本金及外商资本金等。资本金的筹集可以采取国家投资、各方集资或发行股票等方式。投资者可以用现金、实物和无形资产等进行投资。

资本公积金是指企业接受捐赠、财产重估差价、资本折算差额和资本溢价等形成的公积金。

2)借入资金

借入资金亦即企业对外筹措资金，是指以企业名义从金融结构和资金市场借入，需要偿还的用于固定资产投资的资金。包括国内外银行贷款、国际金融机构贷款、外国政府贷款、出口信贷、补偿贸易、发行债券等方式筹集的资金。

通常，建设项目的自有资金与借入资金要有适当比例。自有资金要向投资者分配利润(或者向股东分配股息)，借入资金则要向债权人支付利息。由于企业投资经营风险是由投资者(股东)共同承担，所以，分红多少将视企业盈利情况而定。而借款利息则不论是否盈利，都是要按约定的利率固定支付的。当全部投资内部收益率超过贷款利率时，则投资者的自有资金内部收益率将是增加的，或者是被“杠杆”调节到有利于投资者方面的，这就是所谓借款的“杠杆作用”。但应注意，即利用贷款进行投资时，会使盈利的项目更盈利，亏损的项目更亏损。因此，当使用借入资金时，一方面要看到贷款在建设期对项目建设起到的积极作用；另一方面，也要看到贷款利息在建设期和生产期所构成的沉重负担，如果建设进度安排不当，不能及早形成生产能力，不能如期投产和达产，将会加剧这种负担，使用国外贷款，还要认真研究外汇的使用、偿还和平衡问题。

2. 投资来源

1)国内资金

国内资金是建设投资的主要来源，一般有以下三种：

(1)财政拨款。对于公共工程和事业项目的资金，国家实行各级财政拨款，不计利息也不计回报。

(2)国内银行贷款。国内银行贷款都规定有偿还期，项目投产后，企业按贷款合同规定，按复利计算，本利均需按规定偿还。流动资金贷款一般由中国工商银行提供，与基建投资借款不同，流动资金作为企业周转资金，有借有还，贷款利息作为费用列入产品成本。外汇贷款一般由中国银行提供，建设期利息如无力偿还，可按复利计算，在项目投产后与本金一起偿还。此外，还可通过专业投资公司、外地区和其他企业贷款。

(3)自筹资金。是由部门、地区和企业自筹的资金。自筹资金可以来自企业利润或超利润分成所得基金，或固定资产的折旧基金。

2)国外资金

目前我国利用外资的来源和形式主要有以下四种：

(1)国际金融机构贷款。主要有联合国下属的两个国际金融机构：国际货币基金组织和世界银行集团(包括国际复兴开发银行、国际开发协会和国际金融公司)，以及亚洲开发银行等。

(2)政府贷款。其特点是贷款期限较长(一般为 20 ~ 30 年)，贷款利率较低(甚至无息)，通过政府之间签订协议，由国家银行具体办理。

(3)出口信贷。这是最常见的利用外资的一种形式，主要由中国银行统一归口经办，它分为买方信贷与卖方信贷。出口信贷的利率低于市场利率，贷款偿还期一般为 6 ~ 10 年，但提供的贷款仅限于购买贷款国的出口设备或技术。

(4)合资、合作经营和补偿贸易。这是吸引外资直接投资的两种方式。补偿贸易是指外国厂商向进口国提供设备、专利技术等费用作为贷款，用进口国项目的全部或部分产品分期返销补偿；合资经营一般是外国合营者提供成套设备、专利技术和培训人员，并按照国际市场价格计算作为投资股份，本国合营者提供土地、厂房、动力、辅助公用设施、原材料、劳动力等，按协议价格作为投资股份。

第三节　工程费用与产品成本预测估算

一、产品成本费用的分类

产品成本费用在项目财务计算和评价中的作用主要是：用于损益表中的利润计算；计算流动资金需要量；用于财务分析及评价(静态和动态评价)；经过价格调整后(用影子价格代替现行价格)用于国民经济评价；用于不确定性分析等。

为适应以上各种不同的需要，产品成本费用具有多种不同的分类和含义，下面介绍几种国内项目财务评价中产品成本费用的划分方法。

(一)总成本费用

总成本费用是指项目在一定时期内(一般为一年)为生产和销售产品而花费的全部成本和费用。总成本费用由生产成本、管理费用、财务费用和销售费用组成。

生产成本包括各项直接支出(直接材料、直接工资和其他直接支出)及制造费用。

制造费用是指为组织和管理生产所发生的各项费用，包括生产单位(分厂、车间)管理人员工资、职工福利费、折旧费、修理费及其他制造费用(办公费、差旅费、劳动保护费)。

管理费用是指企业行政管理部门为管理和组织经营活动发生的各项费用，包括管理人员工资和福利费、折旧费、修理费、无形及递延资产摊销费及其他管理费用(办公费、差旅费、劳动保护费、技术转让费、土地使用税)。

财务费用是指为筹集资金而发生的各项费用，包括生产经营期间发生的利息净支出及其他财务费用(汇兑净损失等)。

销售费用是指为销售产品和提供劳务而发生的各项费用，包括销售部门人员工资、职工福利费、折旧费、修理费及其他销售费用(广告费、办公费、差旅费等)。

为便于计算，在总成本费用估算中，将工资及福利费、折旧费、修理费、摊销费、利息支出进行归并后分别列出，其他费用是指在制造费用、管理费用、财务费用和销售费用中扣除工资及福利费、折旧费、修理费、摊销费、利息支出后的费用。

在计算总成本费用时，要注意扣除原材料消耗中自产自用部分，以免重复。

(二)经营成本

经营成本是项目经济评价中的一个专用术语，它在编制项目计算期内的现金流量表和方案比较中是很重要的。现金流量计算与成本核算(会计方法)不同，按照现金流量的含义，只计算现金收支，不计算非现金收支。固定资产折旧费、无形与递延资产摊销费只是项目系统内部的转移支付，而非现金支出。因此，经营成本中不包括折旧费和摊销费，另外按国家新的财务制度规定，项目生产经营期内发生的借款利息计入产品总成本费用中的财务费用中。由于全部投资现金流量表设定的前提条件是不分投资资金来源(自有资金还是借款)，以全部投资作为计算基础，因此经营成本中不包括借款利息。简言之，经营成本就是项目总成本费用扣除固定资产折旧费、无形及递延资产摊销费和利息支出以后的全部费用，即

$$经营成本=总成本-折旧费-摊销费-利息支出 \tag{6-23}$$

$$总成本=生产成本+销售费用+管理费用+财务费用 \tag{6-24}$$

(三)可变成本与固定成本

产品成本费用按其与产量变化的关系可分为可变成本、固定成本和半可变(或半固定)成本。在产品总成本费用中，有一部分费用随产量的增减而成比例地增减，称为可变成本，如原材料费用一般属于可变成本。另一部分费用与产量的多少无关，称为固定成本，如固定资产折旧费、管理费用。还有一些费用，虽然也随产量增减而变化，但非成比例地变化，称为半可变(半固定)成本，如修理费用。通常将半可变成本进一步分解为可变成本与固定成本。因此，产品总成本费用最终可划分为可变成本和固定成本。

在项目财务分析中，可变成本和固定成本通常是参照类似生产企业两种成本占总成本费用的比例来确定。如果没有现成的资料，可根据类似企业的现有数据资料，采用总成本法、成本分解法或回归法等进行分解。

可变成本与固定成本在财务分析中的主要作用是：在现金流量表中用于计算投产期各年的经营成本；用于不确定性分析。

二、固定资产折旧

(一)折旧的目的和意义

固定资产在使用过程中要经受两种磨损，即有形磨损和无形磨损。有形磨损是由于生产因素或自然因素(外界因素和意外灾害等)引起的；无形磨损亦称经济磨损，是非使用和非自然因素引起的固定资产价值的损失，比如科技进步会使生产同种设备的成本降低从而使原设备价值降低，或者由于科学技术进步出现新技术、新设备从而引起原来低效率的、技术落后的旧设备贬值或报废等。

固定资产的价值损失，通常是通过提取折旧的方法来补偿。即在项目使用寿命期内，将固定资产价值以折旧的形式列入产品成本中，逐年摊还。按照新财务制度规定，企业计算提取折旧不得冲减资本金，而且不再建立折旧基金，取消专户储存，允许统筹使用。

(二)经济寿命与折旧寿命

固定资产的经济寿命与折旧寿命，都要考虑上述两种磨损，但其含义并不完全相同。

经济寿命是指资产(或设备)在经济上最合理的使用年限，也就是资产的总成本最小或总年净收益最大时的使用年限。一般设备使用达到经济寿命或虽未用到经济寿命，但已出现新型设备，使得继续使用该设备已不经济时，即应更新。

折旧寿命亦称“会计寿命”，是按照国家财政部门规定的资产使用年限逐年进行折旧，一直到账面价值(固定资产净值)减至固定资产残值时所经历的全部时间。从理论上讲，折旧寿命应以等于或接近经济寿命为宜。

(三)提取折旧的固定资产范围

应提取折旧的固定资产有：房屋和建筑物，在用的机器设备、仪器仪表等；季节性停用和修理停用的设备；以经营租赁方式租出的固定资产；以融资租赁方式租入的固定资产。

不计提折旧的固定资产有：房屋、建筑物以外的未使用、不需用的固定资产；以经营租赁方式租入的固定资产；已提足折旧继续使用的固定资产；国家规定的不提折旧的其他规定资产(如土地等)。

计算折旧的要素是固定资产原值、使用期限(或预计产量)和固定资产净残值。

(四)折旧方法的种类与计算

按折旧对象的不同来划分，折旧方法可分为个别折旧法、分类折旧法和综合折旧法。个别折旧法是以每一项固定资产为对象来计算折旧，分类折旧法则以每一类固定资产为对象计算折旧，综合折旧法则以全部固定资产为对象计算折旧。

另外，按固定资产在项目生产经营期内前后期折旧费用的变化性质来划分，折旧方法又可分为平均年限法、工作量法、固定百分率法和快速折旧法(余额递减法、双倍余额递减法、年数总和法、年金法等)。

1. 平均年限法(直线法)

平均年限法也称直线法，是目前我国规定的最常用的一种折旧方法，这种计算方法是假定固定资产的账面价值是随时间而直线下降的(线性贬值)，因此其每年的折旧金额相同。其计算公式如下：

$$\text{年折旧率}=\frac{1-\text{预计净残值率}}{\text{折旧年限}} \tag{6-25}$$

$$\text{年折旧额}=\text{固定资产原值}\times\text{年折旧率} \tag{6-26}$$

从上述公式可以看出，年折旧费用的大小与折旧年限密切相关，如果折旧年限长，则折旧率低；反之，折旧年限短，则折旧率高。折旧年限如何确定，这涉及工程设备的实际寿命、经济寿命以及其他因素。随着科学技术的发展，为了采用现代化新技术和加速更新工程设备，往往将折旧年限定得比较短。在进行折旧计算时应扣除固定资产的残值。关于残值的计算，一般可采用下列计算公式：

$$\text{固定资产残值}=\text{固定资产原值}\times\left(1-\frac{\text{折旧年限}}{\text{实际寿命}}\right) \tag{6-27}$$

2. 工作量法

工作量法又称作业量法，是以固定资产的使用状况为依据计算折旧的方法。按照工作小时计算折旧的公式如下：

$$\text{每工作小时折旧额}=\frac{\text{原值}\times(1-\text{预计净残值率})}{\text{总工作小时}} \tag{6-28}$$

$$\text{年折旧额}=\text{每工作小时折旧额}\times\text{年工作小时} \tag{6-29}$$

净残值率按照固定资产原值的3%～5%确定。净残值率低于3%或者高于5%的，由企业自主确定，并报主管财政机关备案。

在水利施工及排灌工程中常用的机械设备，它的工作时数随各年的情况而异，按工作量法计算折旧费则比较合理。例如有一台水泵成本2 000元，估计运转40 000小时以后的残值为500元，则运转一小时的折旧费应为

$$\frac{2\ 000-500}{40\ 000}=0.038\ (\text{元/h})$$

再根据实际的每年总工作小时数乘以0.038即得该年的折旧费。

3. 固定百分率法

该法又称下倾平衡法。该法的基本假定是，年折旧费是计算期开始时账面价值的一个固定百分比，即某一年的折旧费与该年开始时的账面价值之比在资产的使用期内是固定的。以 f 表示固定的折旧率，K 表示固定资产原值，则

第一年的折旧费为：$d_1 = f \cdot K$

第二年的折旧费为：$d_2 = f(K - d_1) = f(K - fK) = fK(1 - f)$

第三年的折旧费为：$d_3 = f(K - d_1 - d_2) = fK(1 - f)^2$

……

第 n 年的折旧费为：$d_n = fK(1 - f)^{n-1}$

如果 n 年后的残余值为 S，则

$$S = K - d_1 - d_2 - \cdots - d_n = K(1 - f)^n \tag{6-30}$$

$$f = 1 - \sqrt[n]{\frac{S}{K}} \tag{6-31}$$

设 B_u 为第 u 年末的账面价值，则

$$B_u = K(1 - f)^u = K\left(\frac{S}{K}\right)^{u/n} \tag{6-32}$$

利用这种方法计算折旧费，各年的折旧费不等，早期数额较大，后期较小。由于新设备的生产率较高，早期应该提取较多的折旧费，尤其是现代科学技术的迅速发展，设备更新愈来愈快，所以厂家希望能尽快收回资本。

【例 6-1】小型发电机价值 6 000 元，使用 8 年后的残值估计为 400 元，用固定百分率法计算各年的折旧及账面价值。

解：先计算固定折旧率 f：

$$f = 1 - \sqrt[n]{\frac{S}{K}} = 1 - \sqrt[8]{\frac{400}{6\ 000}} = 0.287\ 1$$

第四年的折旧费

$$d_4 = fK(1 - f)^3 = 0.287\ 1 \times 6\ 000 \times 0.712\ 9^3 = 624.1$$

第四年末的账面价值

$$B_4 = K\left(\frac{S}{K}\right)^{4/8} = 6\ 000 \times \left(\frac{400}{6\ 000}\right)^{4/8} = 1\ 549.2$$

其余各年的折旧费及年末账面价值见表 6-1。

4. 年数总和法

这是一种加速折旧计算方法。因为设备在整个使用过程中，其功能是逐年递减的，早期的功能高，提供的经济效益大，以后的功能逐年降低，所提供的经济效益也逐年减少。这种折旧计算方法就可使初期的折旧费高一些，以后逐年减少，所以比较符合客观实际。

表 6-1　按固定百分率法的折旧费及年末账面价值计算

年序	年末账面价值×折旧率	折旧费	折旧累积	年末账面价值
0				6 000.0
1	6 000×0.287 1	1 723.0	1 723.0	4 277.0
2	4 277×0.287 1	1 228.2	2 951.2	3 048.8
3	3 048.8×0.287 1	875.5	3 826.7	2 173.3
4	2 173.3×0.287 1	624.1	4 450.8	1 549.2
5	1 549.2×0.287 1	444.8	4 895.6	1 104.3
6	1 104.3×0.287 1	317.1	5 212.8	787.2
7	787.2×0.287 1	226.1	5 438.9	561.1
8	561.1×0.287 1	161.1	5 600.0	400.0
	合计	5 600.0		

这种折旧计算也要首先确定折旧年限，然后将折旧年限内的各年的年数(阿拉伯数字)按顺序相加起来，其总和即为年限和或年数总和，用公式表示为

$$\text{年数总和}=1+2+3+\cdots+N=\frac{N(N+1)}{2} \tag{5-33}$$

计算各年的折旧费：

第一年的折旧费为 $d_1=\frac{N}{N(N+1)/2}\cdot K=\frac{2N}{N(N+1)}\cdot K=\frac{2K}{N+1}$

第二年的折旧费为 $d_2=\frac{N-1}{N(N+1)/2}\cdot K=\frac{2K(N-1)}{N(N+1)}$

……

任何一年，第 t 年的折旧费为 $d_t=2K\left[\frac{N-(t-1)}{N(N+1)}\right]$

第 t 年末的账面价值(B_t)可用下式计算：

$$B_t=K-2K\sum_{j=1}^{t}\frac{N-(j-1)}{N(N+1)} \tag{6-34}$$

化简上式可得如下公式：

$$B_t=K\frac{(N-t)(N-t+1)}{N(N+1)} \tag{6-35}$$

如果固定资产在 t 年以后有残值 S，则上述公式可写成：

$$d_t=\frac{N-t+1}{1+2+\cdots+N}(K-S)=\frac{2(N-t+1)}{N(N+1)}(K-S) \tag{6-36}$$

$$B_t=\frac{2[1+2+\cdots+(N-t)]}{N(N+1)}(K-S)+S=\frac{2(N-t)(N-t+1)}{N(N+1)}(K-S)+S \tag{6-37}$$

【例 6-2】某施工单位有临时工棚一幢，原价 10 500 元，使用期为 6 年，其残值为 500 元。试用年数总和法求该项固定资产历年的折旧费和年末账面价值。

解：按照上面计算公式，计算结果见表 6-2。

表 6-2　年数总和法的折旧费及年末账面价值计算

年序	$\frac{N-(t-1)}{N(N+1)/2}$	折旧费 d_t	年末账面价值 Bt
0			10 500.00
1	6/21	2 857.14	7 642.86
2	5/21	2 380.95	5 261.90
3	4/21	1 904.76	3 357.14
4	3/21	1 428.57	1 928.57
5	2/21	952.38	976.19
6	1/21	476.19	500.00
	合计	10 000.00	

5. 双倍余额递减法

这也是一种快速折旧方法，或称 200%余额递减折旧法。按照这种方法，其折旧率为直线折旧率的两倍，即 $2/N$，但这种折旧率是定义为每年的折旧费同年初的账面价值的比值，而不是和固定资产的原值的比值。

$$\text{年折旧率}=\frac{2}{\text{折旧年限}}\times 100\% \tag{6-38}$$

$$\text{年折旧额}=\text{固定资产净值}\times\text{年折旧率} \tag{6-39}$$

第一年的折旧费：$d_1=K\cdot\frac{2}{N}$

第二年的折旧费：$d_2=(K-d_1)\cdot\frac{2}{N}=K\cdot\left(1-\frac{2}{N}\right)\cdot\frac{2}{N}$

第三年的折旧费：$d_3=(K-d_1-d_2)\cdot\frac{2}{N}=K\cdot\left(1-\frac{2}{N}\right)^2\cdot\frac{2}{N}$

……

第 t 年的折旧费：$d_t=(K-d_1-d_2-\cdots-d_{t-1})\cdot\frac{2}{N}=K\cdot\left(1-\frac{2}{N}\right)^{t-1}\cdot\frac{2}{N}$

第 t 年末的账面价值(B_t)可由下式计算：

$$B_t=K-\sum_{j=1}^{t}K\left(1-\frac{2}{N}\right)^{j-1}\cdot\frac{2}{N} \tag{6-40}$$

即

$$B_t=K\cdot\left(1-\frac{2}{N}\right)^t \tag{6-41}$$

在采用该法时，应注意两点：①计提折旧固定资产价值包含残值，亦即每年计算的折旧额是用平均年限法两倍的折旧率去乘该资产的年初账面价值；②采用该法时，只要仍使用该资产，则其账面净额就不可能完全冲销。因此，在资产使用的后期，如果发现某一年用该法计算的折旧额少于平均年限法计算的折旧额时，就可以改用平均年限法计提折旧。为了操作简便，新财务制度规定实行双倍余额递减法的固定资产，应在固定资产折旧年限到期前两年内，将固定资产账面净值扣除预计净残值后的净额平均摊销。

【**例 6-3**】某施工机械价值 50 000 元，使用 10 年后的残值估计为 4 000 元。试用双倍余额递减法计算各年的折旧费和账面价值。

解：直线法折旧率为 $\frac{1}{10}\times 100\% = 10\%$，双倍折旧率为 20%。

采用上述的折旧费和账面价值计算公式，计算各年的折旧费及年末账面价值见表 6-3。

表 6-3　双倍余额法计算折旧费及账面价值表

年序	折旧费	年末账面价值
0		50 000
1	10 000	40 000
2	8 000	32 000
3	6 400	25 600
4	5 120	20 480
5	4 096	16 384
6	3 277	13 107
7	2 621	10 486
8	2 097	8 389
9	1 678	6 711
10	1 342	5 369

表 6-3 计算结果表明，双倍余额递减折旧法在最初几年的折旧费很高，以后几年的折旧费愈来愈小，到第 10 年末的账面价值是 B_{10}=5 369 元，而不是残值 S=4 000 元。因此，对最后几年的折旧费应进行修正，即略加提高折旧费，使 B_{10}=4 000 元。其修正方法是：可将最后的 3 年按直线法提取折旧费，即

$$\frac{10\ 486-4\ 000}{3}=2\ 162<2\ 621(\text{第 } t \text{ 年的折旧费})$$

按此方法，可将表 6-3 的各项数值修正如表 6-4 所示。

表 6-4　折旧费及年末账面价值修正计算

年序	折旧费	年末账面价值
0		50 000
1	10 000	40 000
2	8 000	32 000
3	6 400	25 600
4	5 120	20 480
5	4 096	16 384
6	3 277	13 107
7	2 621	10 486
8	2 162	8 324
9	2 162	6 162
10	2 162	4 000

需要指出的是，如果将上述双倍余额折旧法的折旧费与固定资产原值之比称为折旧

率(这种折旧率定义便于与直线法比较)，则其第一年的折旧率为直线折旧率的两倍，即 $2/N$，以后各年的折旧率则是逐年递减的，这可从表 6-5 中各年的折旧率中明显地看出来，从表中可看出，其平均折旧率为 8.93%，比直线法的折旧率要小。

表 6-5　双倍折旧率转换计算成果

年份	1	2	3	4	5	6	7	8	9	10	平均
折旧率	20%	16%	12.8%	10.2%	8.2%	6.6%	5.2%	4.2%	3.4%	2.7%	8.93%

应该指出，用双倍余额递减法计算年折旧费时，在计算公式中没有考虑残值的影响，只是最后若干年的计算结果(账面价值)，与人为确定的残值进行比较后，才出现彼此不相符合的问题。如上例中的第 10 年末的残值规定为 4 000 元，但计算的结果，即第 10 年末的账面价值却为 5 369 元，大于其残值。因此进行了修正，使第 10 年末的账面价值恰好与残值 4 000 元相等。如果我们规定的残值为 6 000 元，这时第 10 年末的账面价值额 5 369 元小于 6 000 元，这就要修正第 10 年的折旧费，以使其残值等于 6 000 元。此时应以第 9 年末的账面价值减去残值(6 711－6 000=711)，即为修正后第 10 年的折旧费。如规定第 10 年的残值为 7 000 元，同理，要修正第 9 年的折旧费，以第 8 年末的账面价值减去残值(8 389－7 000=1 389)，即为修正后第 9 年的折旧费，这时第 10 年的折旧费为 0，说明实际折旧年限小于使用年限。

应该指出，西方国家对固定资产的折旧问题非常重视，如果折旧费提得多，则企业的资金回收就快。另外，企业提取的年折旧费是不需要缴纳所得税的。如果一个企业每年的利润值不变，年折旧费提得多，则企业需要上缴的所得税就少，对企业有利，对国家则不利。

(五)几种折旧方法的比较

用各种折旧方法计算时，各年的折旧费不等，早期的折旧费多于后期。与平均年限法比较，快速折旧法虽然减少了投产初期各年的所得税后的净收益(净利润)，但却相应地增加了项目在这些年的净现金流量(利润+折旧)，从而可以更快地进行再投资。因此，从传统的静态方法考虑，快速折旧法和直线折旧法计算的折旧总额都是固定资产原值减去净残值之差，除时间上的差异外，其他方面几乎没有什么不同。但是，如果从动态方法考虑，则两种方法的差别极为明显。

【例 6-4】某项固定资产的原值为 25 000 元，10 年后的预计净残值为 4 000 元。试对平均年限法、双倍余额递减法、年数总和法进行比较。

(1)比较三种折旧方法的折旧额、累积折旧额及年末账面价值(固定资产净值)；

(2)比较三种折旧方法对少缴所得税所获资金的效果(设 i=10%，所得税率为 33%)。

解：(1)三种折旧方法的各年的折旧额、累积折旧额及年末账面价值见表 6-6，各种折旧方法账面价值的比较见图 6-4。

表 6-6　各种折旧方法账面价值

年序	平均年限法			双倍余额递减法			年数总和法		
	折旧额	累积折旧额	账面价值	折旧额	累积折旧额	账面价值	折旧额	累积折旧额	账面价值
0			25 000			25 000			25 000
1	2 100	2 100	22 900	5 000	5 000	20 000	3 818	3 818	21 182
2	2 100	4 200	20 800	4 000	9 000	16 000	3 436	7 254	17 746
3	2 100	6 300	18 700	3 200	12 200	12 800	3 054	10 308	14 692
4	2 100	8 400	16 600	2 560	14 760	10 240	2 673	12 981	12 019
5	2 100	10 500	14 500	2 048	16 808	8 192	2 291	15 272	9 728
6	2 100	12 600	12 400	1 638	18 446	6 554	1 909	17 181	7 819
7	2 100	14 700	10 300	1 311	19 757	5 243	1 527	18 708	6 292
8	2 100	16 800	8 200	1 048	20 805	4 195	1 145	19 853	5 147
9	2 100	18 900	6 100	97.5	20 902.5	4 097.5	765	20 618	4 382
10	2 100	21 000	4 000	97.5	21 000	4 000	382	21 000	4 000

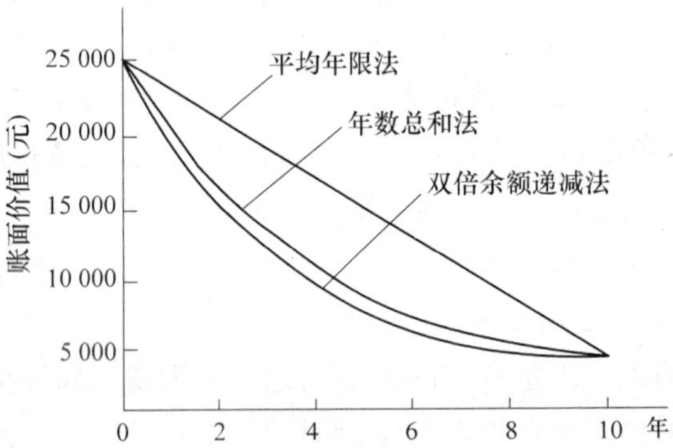

图 6-4　各种折旧方法的账面价值比较图

(2)各种折旧方法对少缴税金所获得的资金效果见表 6-7。

$$少缴税金=年折旧费\times 33\%$$

$$产生资金=少缴税金\times\left(F/P,\ 10\%,\ n\right)$$

表 6-7　各种折旧方法对少缴税金所获资金的效果

年序	年利系数	平均年限法			双倍余额递减法			年数总和法		
	$i\%$	折旧额	少缴税金	产生资金	折旧额	少缴税金	产生资金	折旧额	少缴税金	产生资金
1	2.358	2 100	693	1 634	5 000	1 650	3 891	3 818	1 260	2 971
2	2.144	2 100	693	1 486	4 000	1 320	2 830	3 436	1 134	2 431
3	1.949	2 100	693	1 351	3 200	1 056	2 058	3 054	1 008	1 965
4	1.722	2 100	693	1 193	2 560	845	1 455	2 673	882	1 519
5	1.611	2 100	693	1 116	2 048	676	1 089	2 291	756	1 218
6	1.464	2 100	693	1 015	1 638	540	791	1 909	630	922
7	1.331	2 100	693	922	1 311	433	576	1 527	504	671
8	1.210	2 100	693	839	1 048	346	419	1 145	378	457
9	1.100	2 100	693	762	97.5	32	35	765	252	277
10	1.000	2 100	693	693	97.5	32	32	382	126	126
合计			6 930	11 011		6 930	13 176		6 930	12 557

由表 6-7 可见，三种折旧方法在项目生产经营期内因折旧费而少缴的税金都是相同的，即均为 21 000×33%=6 930 元，但是将此少缴的税金(6 930 元)，每年以 10%的收益进行“再投资”，则最终产生的资金就不相同了。三者比较，以平均年限法产生的资金最小，双倍余额递减法产生的资金最大(约为平均年限法的 1.2 倍)，而年数总和法产生的资金居于二者之间。

(六)经济寿命和折旧年限

经济寿命是指工程或设备在此寿命期内，平均每年的总费用(包括年运行维修费用和折旧费，折旧费也称为资金恢复费用)最小。如以购置一台水泵为例，其使用年限愈长，则每年分摊的资金恢复费用愈少，但随着使用年限的加长，水泵的运行维修费用却逐年增大。因此，综合上述两个因素，在整个设备使用期内，就可以找到某一年度，当设备使用到这一年时，它的年资金恢复费用和年运行维修费用之和即总费用为最小，这说明设备使用到这一年时最为有利，此年限即为其经济寿命。

若设备的使用年限为 T，设备的购置费用为 K，则设备在不同使用年限的年资金恢复费用是(按直线折旧)：使用一年时为 K，使用 2 年时为 $K/2$，使用 3 年时为 $K/3$，……，使用 T 年时为 K/T。显然，每年的资金恢复费用是随着使用年限的增加而减少的。与此相反，对年维修费用，则随着使用年限的增加而增大。若各年的运行维修费用分别为 R_1，R_2，R_3，…，R_T，则有 $R_1<R_2<R_3<\cdots<R_T$。从图 6-5 中不难看出，总费用最小发生在第 n 年，此时即为设备的经济寿命。显然，经济寿命(有时也称预期使用年限)要比实际寿命短。根据经济寿命计算的折旧率要比用实际寿命计算的大。一般情况下常以经济寿命作为折旧年限来进行折旧计算。

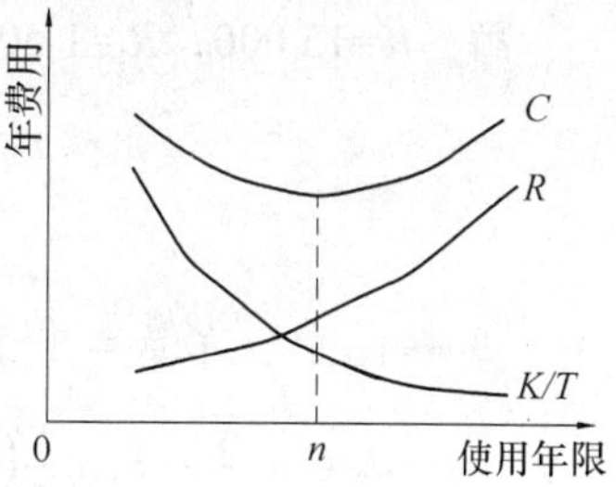

图 6-5　经济寿命曲线

随着科学技术的迅速发展，工程设备的日益更新，西方国家将加速折旧作为发展经济、刺激生产的一种手段，为了加快工程设备的更新，往往将折旧年限定得愈来愈短。合理的折旧年限一般应根据固定资产的实际使用寿命，结合考虑其经济寿命和技术发展、设备更新等因素来确定。

现在我们来讨论确定经济寿命的计算方法。因为经济寿命期是由年费用最小决定的，所以要确定经济寿命期，需先计算出每年的费用，年费用可表达为

$$C=d+R(n) \tag{6-42}$$

式中　C——年费用；

d——年折旧费，$d=K/n$；

n——使用年限；

$R(n)$——年维修费用，它是使用年限 n 的函数。

年维修费用 $R(n)$随使用年限 n 的增加而增加。假设第一年的年运行维修费用为 R_1，以后每年增加一等量值 r，则每年的总费用可用下式表示

$$C=\frac{K}{n}+R_1+\left[r+2r+\cdots+(n-1)r\right]/n=\frac{K}{n}+R_1+\left[n(n-1)r\right]/2n \tag{6-43}$$

即 $$C=\frac{K}{n}+R_1+\frac{r}{2}(n-1) \tag{6-44}$$

要使年总费用最小，可将式(6-44)对 n 求导数，并使其等于 0，即令

$$\frac{\mathrm{d}C}{\mathrm{d}n}=-\frac{K}{n^2}+\frac{r}{2}=0$$

解上式得经济寿命为

$$n=\sqrt{\frac{2K}{r}}$$

【**例 6-5**】某水利综合经营公司购置一台加工机器，购价为 15 000 元，第一年的运行费用为 1 500 元，以后每年增加 300 元。试计算其经济寿命，以及到经济寿命时的年总费用。

解：K=15 000，R_1=1 500，r=300，故

$$n=\sqrt{\frac{2K}{r}}=\sqrt{\frac{2\times 15\ 000}{300}}=10$$

当 n=10 时，年总费用为

$$C=\frac{K}{n}+R_1+\frac{r}{2}(n-1)=\frac{15\ 000}{10}+1\ 500+\frac{300}{2}\times(10-1)=4\ 350\,(\text{元})$$

因此，该机器的经济寿命为 10 年，第 10 年时的年总费用为 4 350 元。

三、总成本费用的估算

不同行业、不同产品的成本费用项目不尽相同，按生产要素估算法，现就各大类成本费用项目的估算方法简述如下。

(一)外购原材料

(1)原料及主要材料。按不同规格、不同来源(不同到厂价格)分别填列。按车间和设施的年消耗量(车间、设施产品年产量×单位产量消耗量)加总后乘以到厂价格。

(2)其他材料。参照类似企业统计资料，根据其他材料费占主要材料费的比率求得。

(二)外购燃料及动力

按外购油、煤、电等分别填列，将各车间、设施消耗量加总后乘以到厂价格。

(三)工资及福利费等

职工工资就是年人均工资乘以职工总数。职工福利费为职工工资总额的 14%，劳保统筹费为职工工资总额的 17%，住房基金为职工工资总额的 8%～10%。各指标可根据各地有关规定取值。

(四)折旧费

可按分类折旧方法或总和折旧方法计算。

1. 按照固定资产分类折旧率计算年折旧费

年固定资产折旧额(D)的表达式为

$$D=\sum_{j=1}^{n}\left(A_j-L_j\right)\cdot d_j \tag{6-45}$$

式中　n——固定资产分类数；

A_j——第 j 类固定资产原值；

L_j——第 j 类固定资产净残值；

d_j——第 j 类固定资产折旧率。

固定资产折旧率根据国家有关固定资产分类折旧年限，并参照本行业类似企业统计资料确定。

2. 按总和折旧年限或总和折旧率计算年折旧费

$$\text{年折旧费}=\frac{\text{固定资产原值}-\text{净残值}}{\text{综合折旧年限}} \tag{6-46}$$

$$\text{年折旧费}=\text{固定资产原值}\times\text{综合折旧率} \tag{6-47}$$

综合折旧年限和综合折旧率需根据不同行业的具体情况确定。

(五)摊销费

摊销费包括无形资产和递延资产的分期摊销，没有明确规定期限的可按 5 ~ 10 年摊销。

(六)修理费

按修理费占固定资产原值的比率或按占折旧费的比率提取。

(七)保险费

保险费是指固定资产保险和其他保险，国家有明确规定时按国家规定计算，目前可暂按固定资产价值的 0.25%计算。

(八)库区维护费和库区移民后期扶持基金

库区维护费和库区移民后期扶持基金是水利水电工程特有的成本费用，按有关规定计算。

(九)利息支出

利息支出包括固定资产投资借款利息和流动资金借款利息。

1. 按年计息

在财务评价中，对国内外借款，无论实际按年、季或月计息，均可简化为按年计息，即将名义年利率按计息时间折算成有效年利率。其计算公式为

$$\text{有效年利率}=\left(1+\frac{r}{m}\right)^{m}-1 \tag{6-48}$$

式中　r——名义年利率；

m——每年计息次数。

2. 利息计算方法

(1)为简化计算，假定借款发生多年均在年中支用，按半年计息，其后年份按全年计息；还款多年按年末偿还，按全年计息。每年利息的计算近似公式如下：

$$每年应计利息=\left(年初借款本息累积+\frac{本年借款额}{2}\right)\times 年利率 \quad (6\text{-}49)$$

(2)等额偿还本金和利息总额的计算公式为

$$A=I_{\mathrm{c}}\cdot\frac{i\cdot(1+i)^{n}}{(1+i)^{n}-1} \quad (6\text{-}50)$$

式中 A——每年的还本付息额；

I_c——建设期末固定资产借款本金或本金及利息之和；

i——年利率；

n——贷款方要求的借款偿还期(以年表示，由还款年开始计)；

$\frac{i\cdot(1+i)^{n}}{(1+i)^{n}-1}$——资金回收系数，即($A/P$，$i$，$n$)，可通过查复利表求得。

还本付息中偿还的本金和利息各年不等，偿还的本金部分将逐年增多，支付的利息部分将逐年减少，计算公式为

$$每年支付利息=年初本金累积\times 年利率 \quad (6\text{-}51)$$

$$每年偿还本金=A-每年支付利息 \quad (6\text{-}52)$$

$$年初本金累积=I_{\mathrm{c}}-本年以前各年偿还本金累积 \quad (6\text{-}53)$$

(3)等额还本，利息照付的计算公式为

$$A_t'=\frac{I_{\mathrm{c}}}{n}+I_{\mathrm{c}}\cdot\left(1-\frac{t-1}{n}\right)\cdot i \quad (6\text{-}54)$$

式中 A_t'——第 t 年的还本付息额。

等额还本，利息照付方式，偿还期内各年偿还的本金与利息之和不等，亦即每年偿还的本金额相等，而利息将随本金逐年偿还而减少。计算公式为

$$每年支付利息=年初本金累积\times 年利率 \quad (6\text{-}55)$$

$$每年偿还本金=\frac{I_{\mathrm{c}}}{n} \quad (6\text{-}56)$$

国外借款除支付银行利息外，还要另计管理费和承诺费等财务费用。为简化计算，可采用适当抬高利率的方法进行处理。

(4)财务评价中，也可以根据贷款方的要求选择不同的计息方法，计算出生产期的每年应计利息，计入财务费用中的利息支出项目。

(5)流动资金利息计算。流动资金一般应在投产前开始筹措，为简化计算，按照有关固定流动资金在投产第一年开始按生产负荷进行安排，其借款部分按规定的流动资金借款利率计算，并按全年计息。

(十)其他费用

其他费用可以按照以上各项总和的一定比例或按单位产品的其他费用金额计取。

(十一)总成本费用

以上各项加总即为总成本费用。

(十二)经营成本

按经营成本的前述定义与公式计算。

【例 6-6】某抽水蓄能电站发电成本费用和经营成本费用的估算。

该抽水蓄能电站位于华中某省，是为解决供电区调峰问题而建设的调峰电源，主要承担电网的调峰填谷任务，并兼有旋转备用、调频、调相等功能。电站装机容量 120 MW，装设 2 台单机容量 60 MW 的混流可逆式水泵水轮机，年发电量 20 032 万 kW·h，年抽水耗电量 27 120 万 kW·h，总工期 3.5 年。试分析发电成本费用和经营成本费用。

解：(1)发电成本费用和经营成本费用分类界定。

抽水蓄能电站发电总成本费用是项目法人在生产经营活动过程中发生的物质消耗、劳动报酬和各项费用，应包括产品成本和财务费用。

产品成本包括经营成本、折旧费、摊销费。其中经营成本包括修理费、工资福利及劳保统筹和住房基金、保险费、材料费、其他费用、抽水电费、库区维护费和库区移民后期扶持基金等。

财务费用是指为筹集资金而发生的各项费用，包括生产经营期间发生的利息净支出、相关的手续费及筹资发生的其他费用。

按固定成本和可变成本对发电总成本费用进行划分，折旧费、摊销费、财务费用、固定修理费、工资福利及劳保统筹费和住房基金、保险费、材料费和其他费用为固定成本；抽水电费、可变修理费、库区维护费和库区移民后期扶持基金为可变成本。

发电成本费用和经营成本的构成，以及其中的固定成本，如图 6-6 所示。

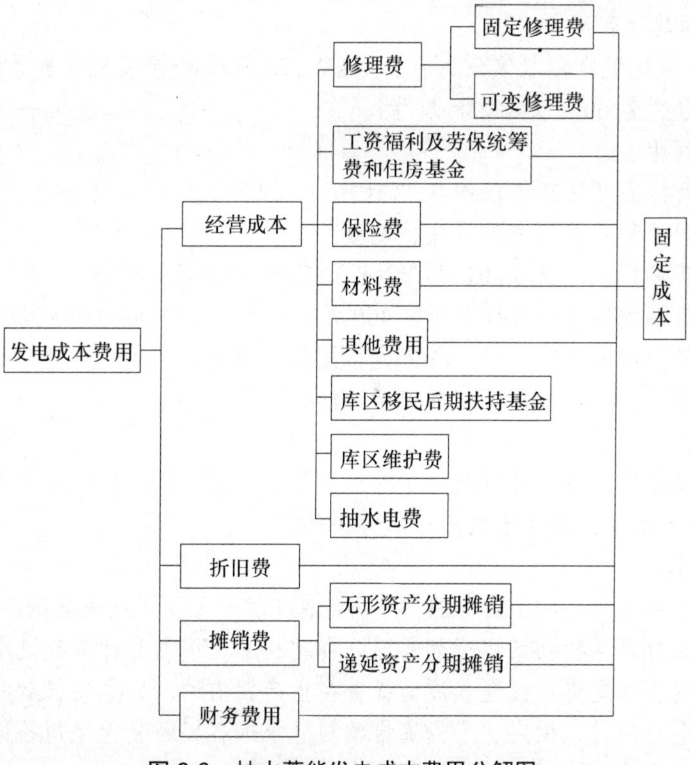

图 6-6　抽水蓄能发电成本费用分解图

发电成本费用与经营成本的关系为

发电成本费用=经营成本+折旧费+摊销费+财务费用

发电成本按固定成本和可变成本的划分为

发电成本费用=固定成本+可变成本

(2)成本费用的估算。

发电总成本费用包括经营成本、折旧费、摊销费和利息支出。

a 折旧费。

电站在建设期末形成固定资产价值为54 025万元，每年计提折旧费为2 701万元。

b 摊销费。

该抽水蓄能电站投资暂按全部形成固定资产价值考虑，因此暂不计摊销费。

c 固定修理费。

固定修理费是无论电站运行与否都必须支出的修理费用，主要指大修理费，按固定资产价值的1.20%计算，固定修理费每年为648万元。

d 职工工资及福利、劳保统筹和住房基金。

职工人均年工资按1.5万元计。根据概算编制办法并结合实际情况，该抽水蓄能电站定员按60人计，福利费、劳保统筹和住房基金分别为工资总额的14%、17%和10%。计算年职工工资总额、福利费、劳保统筹及住房基金合计为127万元。

e 保险费。

保险费按固定资产原值的0.25%计算为135万元。

f 材料费和其他费用。

材料费、其他费用定额取值分别为5元/kW、24元/kW(按装机容量计)。计算材料费、其他费用每年分别为60万元、288万元。

g 可变修理费。

可变修理费按固定资产价值的0.3%计算为162万元。

h 库区维护费和库区移民后期扶持基金。

库区维护费按厂供电量0.001元/(kW·h)计算为20万元。

库区移民后期扶持基金按每个移民400元/年或按厂供电量0.005元/(kW·h)计算，按这两个定额计算分别为1.1万元、99万元，按规范规定取两者小值1.1万元作为库区移民后期扶持基金，提取年限为项目投产后10年止。

i 抽水电费。

根据目前供电区火电站运行统计资料，并考虑基荷火电的平均发电成本，取抽水电价为0.14元/(kW·h)，计算抽水电费每年为3 797万元。

j 财务费用。

五年以上长期贷款年利率为6.21%，一年期流动资金和短期贷款的年利率为5.85%。建设期利息包括建设期和初始运行期的部分贷款利息。按复利计算建设期利息为3 552万元。财务费用为固定资产投资和流动资金在生产期内纳入成本的借款利息。按照等本金偿还贷款，利息照付，固定资产投资借款利息依据各年还贷情况而不同，每年财务费用为2 402万～320万元，流动资金借款利息每年为22万元。

四、项目销售收入及税金、利润预测

(一)销售收入预测

收入是指项目或技术方案在生产期取得的销售(营业)收入，按照产品销售量与销售单价的乘积计算。为计算现金流量，一般假定销售量等于产量，销售收入等于全部销售回款现金收入。产品销售价格一般采用预计出厂价格，并按是否含增值税可分为含税价格和不含税价格两种。财务评价无论采用哪种价格，都要考虑未来可能发生的变化，并与相关成本费用的计算口径保持一致。

(二)税金测算

项目在生产期应纳的税种及税率应按现行税收制度测算。在工程项目经济评价中主要计算增值税、营业税、城乡维护建设税、教育费附加和所得税等。

1. 增值税

增值税是按产品价值的增值额征收的。在征税时，仅对经过本企业加工而增加的价值部分征税，即企业的全部产品销售收入扣除外购的原材料、辅助材料、动力及零配件后等剩余的部分。在财务评价中，可按下式计算：

$$应纳增值税额=销售额\times税率-扣除税额 \tag{6-57}$$

其中,扣除税额为生产而外购的增值税额,增值税率一般为17%,有些项目可取13%,还有些项目按规定免征增值税，即零税率。

在项日财务现金流量分析中，如果产品的售价和外购货物(原材料、燃料动力等)的进价中不含增值税，产品售价和外购货物进价均采用含税价格，增值税税金应作为现金流出计入项目的现金流量中。此时，若产品和外购货物增值税税率相同，可按下式估算项目应缴纳的增值税额：

$$应纳增值税额=\left(产品含税销售收入-外购含税价值总额\right)\times\frac{增值税率}{1+增值税率} \tag{6-58}$$

2. 城乡维护建设税

城乡维护建设税是我国为加强城乡的维护建设，扩大和稳定城乡维护建设资金的来源而征收的税。在财务评价中可按增值税的百分比计算，不同地区数值是不同的。

3. 教育费附加

教育费附加在财务评价中可按增值税的百分比计算征收。

以上三项合计称为销售税金及附加。

4. 所得税

所得税是对个人、企业和社会团体的各种所得征收的税，按下式计算：

$$应纳所得税额=销售利润\times33\% \tag{6-59}$$

$$销售利润=销售收入-总成本费用-销售税金及附加 \tag{6-60}$$

(三)利润预测

在测算到销售收入和销售税金及附加及总成本费用后，即可进行项目利润的预测。项目的利润预测包括销售利润、税后利润、可分配利润和未分配利润等内容，最终以损益表(利润表)来体现与反映。

项目的销售(营业)收入扣除总成本费用和销售税金及附加后，即为利润总额。利润总额按照国家规定作相应调整后，依法计算和缴纳所得税。税后利润作为可供分配的利润，应在盈余公积金、应付利润、未分配利润三者之间分配。其中，盈余公积金按规定提取，一般为税后利润的 10%；应付利润是指向出资者(股东)分配的利润；未分配利润是税后利润与盈余公积金和应付利润的差额，可用于偿还借款的本金。

未分配利润是指未作分配的净利润，有两层含义：一是这部分净利润没有分给企业投资者；二是这部分净利润未指定用途。根据可供分配的利润，减去提取的各种盈余公积，减去向投资者分配利润(或者向股东发放的股利)后的余额，即为未分配利润。其表达式为

$$未分配利润=可供分配利润-提取用于公积金-向投资者分配利润 \tag{6-61}$$

式中，提取盈余公积所反映的是企业在当期应提取的各种盈余公积，包括提取法定公积和任意公积。

根据有关规定，企业的组织形式不同，对企业盈余提取的要求也不同。股份制企业提取的盈余公积分为三种：一是法定盈余公积，按所得税后利润(如果考虑其他因素，则按可供分配利润)的 10%提取，当法定盈余公积已达到注册资本的 50%时可不再提取；二是任意公积，按公司章程规定或股东会决议提取。

企业的组织形式不同，盈余公积的用途也有差异。股份制企业的法定盈余公积和任意盈余公积的用途主要有三项：弥补亏损；增加股本(经股东会决议，可以将盈余公积转为股本)；分配股利。

一般企业的法定盈余公积用于弥补亏损，或按照国家规定转增资本金。

在项目评价工作中，不论企业将采取何种组织形式，除了计提法定盈余公积可以税后利润作为计算依据外，任意公积金的估算缺乏事先的依据。因此，对于后两种形式的盈余公积可不作测算。

新的工业企业会计制度中，反映企业在一定期间的经营成果及其分配过程的表格有两个：“损益表”和“利润分配表”。“损益表”只反映经营成果的实现过程，而“利润分配表”则反映经营成果的分配过程。之所以这样处理，是基于如下理由：企业会计核算工作中，一般均需按月计算损益，按月编制“损益表”，在年度中间企业不对利润进行分配，仅预缴所得税，只有在年度终了，计算出全年损益后，才据实进行利润分配。因此，“利润分配表”是按年度进行编制的。

在投资项目评价阶段，无论是测算企业的经营成果，还是反映经营成果的分配过程，都是以年度作为一个经营期进行评价测算的，这样，就为将“损益表”和“利润分配表”的有关项目内容统一在一个表中创造了前提条件。这是编制利润估算及分配表格式时应注意的第一点。另外在投资项目评价阶段，由于是按照完全成本法而不是按照制造成本法计算总成本费用的，此外，无论是进行现值分析或者计算借款偿还期，所涉及利用的利润指标是利润总额、税后利润和可供分配的利润等数据，因而在编制利润估算及分配表时，不需要也不可能计算销售利润额和营业利润额等利润数据。根据上述两点，在项目评价时，可将“损益表”和“利润分配表”两表合二为一，并对项目内容构成稍作改造形成项目评价的“损益表”。

通过损益表，可以进行以下工作：分析项目投产后的盈利情况，作为财务评价和国民经济评价的基本衡量指标；根据测算的未分配利润和年折旧费，可以估算项目偿还贷款的能力和时间；测算项目投产后每年向国家上缴的利润和税金，估计项目对国家财政的贡献。

五、贷款还本付息预测

偿还固定资产的资金来源为未分配利润、折旧费、摊销费及其他可用于还贷的资金。贷款还本付息计算方法和步骤如下。

(一)测算建设期每年应计利息数(也称资本化利息)

根据“资金来源和运用表”的分年贷款数，按规定利率计算建设期的贷款利息。其计算公式为

$$建设期每年应计利息 \approx \left(年初贷款累积 + 本年贷款支出/2\right) \times 年利率 \tag{6-62}$$

在财务评价中，凡国内借款，无论实际上是按季或按月付息，一律简化为按年计算。建设期利息可至项目投产后支付。借款利率按银行有关规定执行。

每笔借款发生多年均假定是在年中支用，按半年计息，其后年份按全年计息。建设期所欠利息转入本金，在生产期支付，每年的交付额依偿还能力而定，如偿还能力尚不足付息，可将欠息部分转入下半年年初借款累积。

(二)测算投产期每年还本付息数

(1)借款偿还期利息计算。为简化计算，假定借款发生多年均在年中支用，按半年计息，在其后年份按全年计息，还款当年按年末偿还，按全年计息。每年应计利息的近似计算公式为

$$每年应计利息 = \left(年初借款本息累积 + 本年借款额/2\right) \times 年利率 \tag{6-63}$$

(2)按上述资金来源确定每年偿还本金数额。

(3)整个寿命期内还本付息资金等于各年贷款支出加各年应计利息。

计算本年归还贷款时，一般应按照先偿还外汇贷款，后偿还人民币贷款的顺序处理。

国外贷款一般是一年按多次计息，还要另计管理费用和承诺费等财务费用，其借款偿还条件也不完全相同。为简化计算，可用年实际利率按年计息。为简化管理费和承诺费等财务费用的计算，也可选用略高于实际利率的利率计算。

对于国内贷款，则按“先支先还”和“先高后低”的原则处理，或按协议执行。

贷款的利息收入是银行利润的主要来源。当贷款数量及期限确定以后，利息收入主要决定于放款的利息率。因此商业银行在贷款过程中非常注重利息率的确定。对借款企业信用的审查，关系商业银行的安全性与流动性，关系到放款本金能否收回；而放款利率的确定则关系到银行收益的多少，盈利能力的大小。

这里所讲的银行贷款利率(包括贴现率)是就一般情况而言的，不是指对每个客户或每笔贷款的具体利率。在西方发达国家影响商业银行贷款利率的因素如下：

(1)中央银行利率。中央银行利率反映着货币政策的要求，影响着商业银行取得融通资金的成本及难易程度，中央银行利率主要指再贴现率和对商业银行放款的利率。在一般情况下，商业银行的放款利率都是以中央银行利率为基础的，且一般略高于中央银行

利率。中央银行利率对商业银行利率具有调节作用。在有些国家或特殊时期，中央银行直接规定商业银行的放款利率或利率上限。

(2)存款利率。商业银行吸收了存款以后，所要支付的利息越多，银行借款成本也就越高。银行为了获利，它的放款利率必须高于存款利率，在存贷的利息差额中实现利润，因此存款利率形成银行借入资金的主要成本。银行吸收存款只是手段，其目的是通过放款获取利润，如果存款的利息支出大于放款的利息收入，那么商业银行不但无利可获，而且还要亏本。商业银行作为自负盈亏的金融企业，只有使放款利率高于存款利率才能获取利润。因此，放款利率受存款利率的制约与调节。在西方发达国家，放款利率与存款利率的差额因国家不同、时期不同及竞争程度不同而有所区别。

(3)业务费用。银行除支付存款利息外，还必须支付各种业务费用，包括办公费用，调查、审查费用等，这些费用也必须从放款、投资以及服务收益中补偿，而且补偿后要有一定盈余。因此，放款的利率也就要受业务费用开支的影响，特别是直接与放款有关的费用开支，它们直接构成放款的成本，从而必须由放款收益来补偿。

中央银行利率、存款利率及业务费用是构成放款成本的主要因素，因而也是影响放款利率水平的重要因素。但放款利率应在多大程度上高于中央银行利率、存款利率和业务费用，放款的利率水平应该多高，利差多大，还不能完全取决于成本本身，还要取决于其他一些因素，如借贷资本的供求、借款人的信用、预期通货膨胀率等，

(4)借贷资本的供求。这是当前决定市场利率水平变化的最主要因素。利率作为借贷资本的价格，要受借贷资本的市场供求所调节，供不应求，利率就会提高，反之利率就会降低。在经济扩张和繁荣时期，贷款需求较大，因而利率水平都很高；而在经济萧条时期，投资需求不足，贷款需求较小，因而利率水平一般都很低。不仅放款利率要受到资金供求的调节，中央银行利率和存款利率也同样受到资金供求的调节，而后者又对放款利率发生作用。

(5)借款人的信用。放款的期限和种类，预期的通货膨胀率等，这些因素中都包含着放款的风险程度。风险越大，利率也就越高，反之则越低。借款人的信用较好，且放款风险较小时，可以采用优惠利率，反之就要采取较高的利率。借款种类不同，期限不同，风险程度也不同，因而利率也就有所不同。为了适应不同情况和市场的变化，特别是通货膨胀率的变化，商业银行对有些放款实行固定利率，对有些放款则实行浮动利率，允许利率随市场利率的变化上下调整，特别是对具有活期性质的放款。在存在通货膨胀的情况下，放款利率就会存在名义利率和实际利率的差异，而银行注重的是实际利率。因此，在通货膨胀率提高时，银行就要相应提高名义利率，从而使实际利率保持不变或相应提高。

一般来讲，商业银行的放款利率是以中央银行的再贴现率为基准，在再贴现率的基础上，考虑放款的成本、风险及资金供求等因素，对每种放款的利率分别加以确定。

第七章　财务评价

投资的主要目的是为了获得经济效益。评价方案的经济财务效益，是投资决策的重要内容和主要依据之一。本章将论述财务评价的内容和方法。

第一节　概　述

一、经济评价概念及分类

经济评价是建设项目或技术方案可行性研究的有机组成部分和重要内容，是项目(或技术方案)决策科学化的重要手段，是一项十分重要的技术经济分析和论证工作。

建设项目(技术方案)经济评价是指在对影响项目的各项技术经济因素预测、分析和计算的基础上，评价建设项目投资的直接经济效益和间接经济效益，为投资决策提供依据的活动。

经济评价按评价的角度、目标及费用与效益识别方法的不同，可分为财务评价和国民经济评价；按所处的时间阶段，可分为投资前期评价、投资期评价和投资运行期评价。投资前期评价又称事前评价，属于预测性和探索性评价，若建设项目投资的经济效益不佳，可另选新项目。投资期评价又称事中评价，属于“进行中”的评价，在此期间若发现问题，可采取改进措施，或暂时终止，以保证预期投资效益的实现。投资运行期评价也称事后评价，是在建设项目投产后，将设计生产能力和实际生产能力、预计经济效益与实际达到的经济效益相比较，考察建设项目是否符合投资目标及设计要求。

二、财务评价概念及特点

财务评价是根据国家现行财税制度和价格体系，分析、计算建设项目(技术方案)直接发生的财务效益和费用，编制财务报表，计算评价指标，考察项目的盈利能力、清偿能力，以及外汇平衡能力等财务状况，据以判别项目的财务可行性。

项目财务评价具有下列特点：

(1)评价目标。财务评价的目标是追求项目投资给企业(或投资主体)带来的财务收益(利润)最大化。

(2)评价角度。财务评价是站在项目投资主体或项目系统自身角度进行的经济评价。

(3)费用与效益的识别。财务评价中的费用，是指由于项目的实施给投资主体带来的直接费用支出；财务评价中的效益，是指由于项目的实施给投资主体带来的直接收益。

(4)价格。财务评价中，费用与效益的计算均采用市场价格。

(5)主要参数。财务评价中，利率、汇率、税收及折旧等，均按国家现行财税制度规定执行。

三、财务评价的费用与效益识别

费用与效益识别的基础是项目经济评价的目标。费用和效益都是相对评价目标而言的，是以评价目标来定义的。效益就是对评价目标的贡献，费用则是对评价目标的反贡献，是负效益。在项目经济评价中，费用与效益处于追求目标下的对立统一，没有费用，就没有效益。

为了与国民经济评价中的费用和效益相区别，习惯上把财务评价中的费用称为支出，效益称为收益。支出是指以企业(实施者或投资主体)或建设项目系统自身为系统边界，由于建设项目实施发生的货币支付(即由企业内流向企业外的货币)，也称直接费用或现金流出。收益是指以企业或建设项目系统自身为系统边界，由于建设项目实施而带来的货币收入(即由企业外流向企业内的货币)，也称直接收益或现金流入。

要识别费用和收益，首先必须明确计算费用、收益的范围。一个项目的投资可能不仅涉及所在的厂区，而且涉及厂外运输、能源等公共设施；除了用于直接生产的厂房、设备，还可能有用于辅助设施；除了有物料、燃料的直接消耗，还可能有其他间接消耗或损失。由于财务分析以企业盈利性为标准，所以在判断费用、收益的计算范围时只计入企业的支出和收入。对于那些虽由项目实施所引起但不为企业所支付或获取的费用及收益，则不予计算。

建设项目或技术方案的财务收益(现金流入)主要由以下几项组成：

(1)销售收入。包括提供服务的收入。销售收入由销售量和价格两个因素决定。对于增加产量的项目，如果价格不变，会直接导致销售收入的增加，但如果销售量增加后价格下降，则须按降价后的价格计算。当投资的目的在于提高质量时，如果价格随之提高，则按提价后的价格计算收入，如果不提价，则没有收入的增加。

(2)资产回收。指寿命期末回收的固定资产余值和流动资金。

(3)补贴。指国家或有关部门为鼓励和扶持某些项目的开发或技术方案的实施而给予的补贴。在价格、税收、汇率上的优惠已体现在收入的增加或支出的减少上，不再另计。

建设项目或技术方案的财务费用(现金流出)主要由以下几项组成：

(1)投资。包括固定资产投资(含无形及递延资产投资)和流动资金投资。

(2)税金。包括销售税金及附加和所得税。其计算口径应与销售收入口径相对应，即凡需从销售收入中支付的税金均须列入，凡不由销售收入支付的税金均不列入。

(3)经营成本(经营费用)。即总成本费用中需要以现金支付的部分。

经营成本是为进行经济分析从成本费用中分离出来的一种费用。按照国家财政部门的规定，利息支出可以列入成本费用，在经济效果分析中，则将其单独列出。折旧是固定资产价值转移到产品中的部分，是成本的组成部分，似应作为费用，但由于设备和原材料等不同，不是一次随产品出售而消失，而是随产品一次次销售而将其补偿基金储存起来，到折旧期满，原投资得到回收。可见，折旧并没有从项目系统中流出，而是保留在系统内。已将投资当做支出，如果再将折旧作为支出，就重复计算了费用。在项目寿命期内如果初期投入的固定资产需要更新，其费用应由折旧基金支出，但一般说来更新投资与折旧额并不相等，为准确起见，仍将投资和折旧分开处理。总之，折旧不作为费用。

如果进行项目自有资金投资效益评价，支出中还应包括借款本息偿还，其投资支出也仅指自有资金支出。

对于新建项目或新实施的技术方案，财务评价的费用(支出)与收益可直接识别和计算。对于更新改造项目或方案，如果难以直接识别和计算财务收益和支出，应采用“有无对比法”识别和计算。

四、财务评价的内容与步骤

财务评价是在确定的建设方案、投资估算和融资方案的基础上进行财务可行性研究。财务评价的主要内容与步骤如下：

(1)选取财务评价基础数据与参数，包括主要投入品和产出品财务价格、税率、利率、汇率、计算期、固定资产折旧率、无形资产和递延资产摊销年限，生产负荷及基准收益率等基础数据和参数。

(2)计算销售(营业)收入，估算成本费用。

(3)编制财务评价报表，主要包括：财务现金流量表、损益和利润分配表、资金来源与运用表、借款偿还计划表。

(4)计算财务评价指标，进行盈利能力分析和偿债能力分析。

(5)进行不确定性分析，包括敏感性分析和盈亏平衡分析。

(6)编写财务评价报告。

五、财务评价指标体系

建设项目或技术方案的财务评价包括项目的盈利能力分析、清偿能力分析、外汇平衡能力分析和不确定性分析等内容。

项目的盈利能力分析主要是考察项目投资的盈利水平。盈利能力分析要分别考察项目全部投资盈利能力、自有资金的盈利能力以及总投资的盈利能力。全部投资的盈利能力分析是不考虑资金来源的不同，假设全部投资均为自有资金，以项目自身为系统进行评价，考察其全部投资的经济性，为项目的各个投资方案(不论其资金来源及利息多少)进行比较建立共同的基础。自有资金的盈利能力分析是站在项目投资主体角度，考察项目的现金流入和流出情况，分析项目自有资金的经济性，为项目投资主体进行投资决策提供依据。总投资盈利能力是反映全部投资与建设期借款利息总和的盈利能力。项目财务盈利能力分析要计算财务内部收益率、财务净现值、投资回收期、投资利润率、投资利税率等指标。

项目的清偿能力分析主要是考察项目计算期内各年的财务状况及偿债能力，需要计算借款偿还期、资产负债率、流动比率、速动比率等评价指标。

项目的外汇平衡能力分析主要是考察涉及外汇收支的项目在计算期内各年的外汇平衡及余缺情况。

不确定性分析主要是估计项目可能承担的风险及抗风险的能力，以考核项目在不确定情况下的财务可靠性，包括盈亏平衡分析、敏感性分析和概率分析。

项目经济分析的完整程式，应该包括财务评价和国民经济评价两个层次，包含盈利能力分析、清偿能力分析、外汇分析三方面内容，其中各包含一些指标，见表 7-1。

表 7-1　项目经济分析的内容和指标

内　容	盈利能力分析	清偿能力分析	外汇分析
财务评价	财务内部收益率 *FIRR* 财务净现值 *FNPV* 投资回收期 F_t 投资利润率 投资利税率 资本金利润率	资产负债率 流动比率 速动比率 固定资产投资国内偿还期 利息备付率 偿债备付率	(外汇平衡分析)
国民经济评价	经济内部收益率 *EIRR* 经济净现值 *ENPV*		(外汇效果分析) 经济外汇净现值 经济换汇(节汇)成本

虽然所有投资项目都要进行盈利能力分析和清偿能力分析，涉及外汇收支的项目还应进行外汇分析，但是这三方面内容在项目评价中的地位和意义是有差别的。

(一)盈利能力分析

盈利能力分析是要考察项目的盈利水平，需要计算至关重要的盈利性指标。一个项目在财务上和经济上是否合理，是否应该决策上马，正是由这些指标决定的。所以，与清偿能力分析相比，盈利能力分析在项目评价中的地位更重要一些，它的结论对投资决策应起主导作用。

对于企业化、市场化的投资行为来说，可行性研究中的财务盈利性分析是最根本的一环，这一关通不过，后面的清偿能力分析等固然不必再做，连前面已经做完的“市场分析”、“技术可行性”等，也都应该返工，甚至报废。当然，国有企业还要在一定程度上贯彻国家(业主)的意图，并不是绝对地服从商业利润的导向。

从国民经济评价方法中可以更清楚地看出这一点——重要的大型项目应该根据国民经济评价的结果决定取舍，而在这一评价程序里，只有盈利能力分析和外汇效果分析，没有清偿力分析。这是因为，只要全部投资和国内投资的效益费用流量分析说明项目具有良好的盈利性，那么不管按什么方式安排国内的资产渠道，都已经不能影响项目的国民经济效益，而只影响项目的收益在国民经济各单位之间的分配。

众所周知，由于各方面的意见分歧很大，三峡工程的论证和决策经历了很长的时间。在以经济为由反对三峡上马的意见中，有一种观点认为：现行贷款利率偏低，不能反映资金的真正价格，把利率提高以后，三峡工程的还款期就将拖得很长，所以不应该上马。这一观点的实质是，试图以财务评价(而不是国民经济评价)来决定项目取舍，更进而以清偿能力分析(而不是盈利能力分析)来否定项目。从项目评价的角度来看，这种意见是完全不恰当的——只要三峡工程的盈利性指标足够优越，就说明得到的蛋糕足够大；这时国内贷款利率提得再高，充其量是将三峡投资带来的资金增值更多地交给银行，更少地留给企业，这只是蛋糕如何切块分配的问题，不能说明三峡工程的效益不好，尤其不能说明它的国民经济效益不好。

1. 全部投资现金流量分析

新的财务会计制度理顺了各方面的关系。《建设项目经济评价方法与参数》(第二版)里，全部投资现金流量分析中的税后指标既能反映投资资金的增值，又能与贷款利率对应。举例来说，如果计算出全部投资税后的财务内部收益率为 7%，那么它说明当 100%用自有资金投资时，资金按 7%增值；当 100%用贷款投资时，项目能够承受的最高利率是 7%。

之所以还要保留税前指标，首先是为了能够和过去的项目做对比，因为过去的盈利性指标都是按税前口径计算的；其次是为了能和基准收益率等国家参数、行业参数做对比，这些参数都是按税前口径计算的，税后的基准参数系统还有待于今后去建立；最后，是为了在改扩建与技术改造项目中能够正确判断项目效益——因为所得税是跟企业走而不是跟项目走，对于亏损企业来说，项目盈利先要用于补亏，然后才是交税，所以只有税前指标才能看出项目的真实效益。

2. 自有资金现金流量分析

全部投资现金流量分析的全称，应该是“全部自有资金投资的现金流量分析”；自有资金现金流量分析的全称，是“自有资金投资的现金流量分析”。由此可见，两者之间是“特殊”与“普遍”的关系，即全部投资现金流量分析是自有资金为 100%时的自有资金现金流量分析。

全部投资现金流量分析所要计算的，是全部投资都按自有资金考虑时，项目的盈利能力。这是一种假设，因为实际投资时一般都含借款，而且借款比例一般都不低。但是这个假设非常重要，它排除了不同资金构成对项目产生的不同影响，从而可以判断项目本身的盈利性。

自有资金现金流量分析，是按照自有资金与借贷资金的实际比例，计算出自有资金的盈利率。所以，这一分析与筹资方案有关，需要和清偿能力分析同步进行。

“全部投资”和“自有资金”现金流量分析的差别，可以概括为如下几方面。

(1)表格。从现金流入来看，这两种现金流量分析完全一样。这是因为销售收入、回收固定资产余值、回收流动资金等现金流入科目，与自有资金与项目投资的比例多少，是没有关系的。差别在于现金流出，主要差别在全部投资现金流量表是“固定资产投资、流动资金……”，而自有资金现金流量表是“自有资金(包括固定资产投资和流动资金)、借款本金偿还、借款利息支付……”。

(2)计算。由于两种现金流量表的大部分栏目并无差别，所以自有资金现金流量的计算，可在全部投资现金流量计算的基础上进行，只计算有差别的部分。

(3)指标。全部投资现金流量分析要分别计算税前和税后两套指标；自有资金现金流量分析只需计算税后指标。全部投资现金流量分析要计算投资回收期，所以有“累计净现金流量”这一栏目，自有资金现金流量分析无需计算这个指标，也没有相应栏目。

(4)判断依据。财务内部收益率是现金流量分析所要计算的主要指标，它的衡量标准依分析内容而有所不同。

全部投资税前的内部收益率，应该以行业基准收益率作为判据。一般来说，行业基准收益率是本行业最低允许界限，也是项目获得通过的必要条件。

全部投资税后的内部收益率，应该以银行贷款利率或综合借款成本作为参照。《建设项目经济评价方法与参数》(第二版)颁布之后，建设银行下文，文件中规定：建行使用的财务折现率，按平均资金成本加一两个百分点的风险系数，或按建行贷款利率加一两个百分点的风险系数，来评估项目。这里建行的财务折现率，就是与全部投资税后内部收益率相对应的一个衡量标准。

如果内部收益率大于等于银行财务折现率，说明即使全靠贷款来投资，也能偿还贷款本息，这时项目比较容易获得银行贷款。内部收益率反映的是全部投资在整个计算期内的增值情况，一方面银行并不情愿一直到计算期末才完全收回贷款，但另一方面也并非全部投资都靠银行贷款。一般情况下，应该是自有资金先投，贷款后投；盈利后先还贷，再分配。所以还款是有保证的。但到底多长时间能还贷，还得看清偿能力。

如果内部收益率小于银行财务折现率，说明全靠贷款投资的话，无法还本付息。这时必须缩小贷款比例，或者采取贴息等财政措施，同时安排好借款与还款时序，才有希望争取银行贷款。

只要实际投资时自有资金并不是 100%，全部投资的内部收益率就不能反映企业自有资金的盈利情况。企业本身能赚多少，银行并不关心，银行只注意“全部投资内部收益率”，但是企业自己应该关心，因此需要进一步计算自有资金的内部收益率。

自有资金内部收益率的衡量标准，是企业自己设定的投资报酬率。国外企业一般都有这类内设判据，所以当与外商洽谈合资、合作事项时，可以通过调查去了解外商对投资报酬的期望值(在国外，股份有限公司的财务状况是公开的信息)，以争取在谈判中获得主动。相当多的国内企业并没有这一内设的判据，这只能说明他们还不充分具备企业意识。

(5)指标间关系。两种流量分析的指标之间有如下关系：如果全部投资税后内部收益率小于利率，则自有资金内部收益率小于全部投资税后内部收益率；如果全部投资税后内部收益率大于等于利率，则自有资金内部收益率大于全部投资税后内部收益率。这种情况下的特例，是全部靠贷款投资时，自有资金内部收益率无穷大——因为整个净现金流量中不出现负数。

3. 针对投资者的现金流量分析

全部投资和自有资金这两类现金流量分析，对于各类投资项目都是必要的，是从被投资企业的角度所做的盈利能力分析。

除此之外，在评价新建项目时，还可以进一步为投资者计算投资效益。对于合资式联营项目，也可以计算各方投资的内部收益率，以考察投资各方利益。为此，就需要针对投资者进行现金流量分析。

对于投资者来说，现金流出是投资，现金流入是从被投资企业得到的应付利润，以及计算期末被投资企业的资产余值。按照这些内容来考察投资者的盈利情况，计算上比较简单，可以在自有资金现金流量分析的基础上进行。

需要注意的是，自有资金现金流量分析中，生产期的净现金流量里包括利润、折旧、摊销等项内容。计算投资者的现金流入时，首先，不到计算期末，折旧和摊销不能由投资者提走，否则就变成了抽逃资本；其次，利润中的盈余公积金(包括公益金)不能提走，要留在被投资企业。所以，投资者的收益仅限于每年的应付利润，其余部分只在计算期末才能计为流入。

根据这样的计算特点可以知道，不管是独股投资还是合股投资，针对投资者计算出来的内部收益率，肯定低于被投资企业的自有资金内部收益率。

以上对几种现金流量分析作了概括。除现金流量分析外，盈利能力分析中还包括损益分析，从中得到投资利润率、投资利税率、资本金利润率等静态指标。损益分析都是针对被投资企业来做的，既没有全部投资与自有资金的区别，也无需为投资者计算，这里不再赘述。

这里所论及的盈利能力分析，主要是指现金流量分析，而且以财务内部收益率作为代表性指标。

(二)清偿能力分析

一个项目或一个方案，只有通过了盈利能力分析，才有必要进行清偿能力分析。清偿能力分析与筹资方案密切相关，是一个纯财务性的问题。一般说来，盈利能力分析的结论只应该有一个，而清偿能力分析的结论则可以有许多——项目每有一种筹资方案，就对应有一个清偿能力分析结论。在现行体制下，越是大项目，它的清偿能力分析越具有示意性而不是规范性。这是因为大项目实施时，特别是竣工时的投资资金构成与项目前期工作中的筹资方案往往相去甚远。仍以三峡工程为例，尽管在最终通过的审查报告中，分别按七种资金渠道和九种资金渠道提出了两个筹资方案，而且都做了清偿能力分析，但是可以肯定地说，在三峡工程建成之时，其资金渠道，每一渠道的资金比例、投入时间及资金成本等，将完全不同于可行性研究中所设想的筹资方案，因此也必然面临完全不同的清偿前景。

正因为清偿能力分析的假设前提比较多，所以不管是部门、行业还是企业，如果要建立前期工作项目库的话，进库的项目只需要做盈利能力分析，等到出库时再做清偿能力分析，才能收到事半功倍的效果。

但并不是说清偿能力分析不重要。清偿能力分析使得投资主体能够了解资金成本、还款能力、筹资可能性等问题，使得贷款单位能够掌握资金收益、回收时间、清偿风险等问题，自有其重要意义。尤其对于企业化、商业化的银行来说，完全可能关心清偿能力分析甚于关心盈利能力分析。所以大体上可作出如下结论：项目的盈利能力分析主要服务于投资决策，而清偿能力分析主要服务于信贷决策。

在分析建设的大项目中，盈利能力分析应该针对总体项目规划，清偿能力分析在很多情况针对一期建设工程。换句话说，决策上马，取决于项目总体的盈利能力；如何筹资以及银行愿意贷款多少，则要看一期工程的清偿能力。

以上论述表明，盈利能力分析和清偿能力分析是可以分割开来的。在改扩建与技术改造项目评价中，这种分割更为明显。对于改扩建项目，用于盈利能力分析和用于清偿能力分析的，是两套不同类型的数据。

(三)外汇分析

涉及外汇收支的项目，在财务评价中要做外汇平衡分析，在国民经济评价中要做外汇效果分析，合称外汇分析。项目外汇分析的作用和意义，与国家外汇管理体制密切相关。

在外汇和汇率均受到严格管制的情况下，项目的外汇分析非常重要。这时，产品可以出口(或顶替进口)的投资项目，一般具有较好的外汇效果，外汇平衡问题较易解决，所以外汇收支不会构成项目决策的制约因素。反之，产品主要内销而又需要大量用汇的投资项目，特别是旨在占领中国市场而又想把利润汇回本国的外资项目，必然要受到外汇平衡问题的困扰，使得外汇分析以及平衡外汇收支的措施设想，对项目决策举足轻重。

在人民币与外币可自由兑换、汇率根据市场供求进行浮动的情况下，项目没有必要进行外汇分析。这时，外汇和投资项目的其他投入产出要素并无区别，同样用人民币计价，同样可在市场上买进卖出，同样存在价格不确定性和风险，因此无需把外汇单独挑出来分析其效果或找出平衡措施。

我国外汇管理体制改革的长期目标是实现人民币可兑换。近期实施的改革措施主要是：建立以市场汇率为基础的单一的、有管理的人民币浮动汇率制度；取消外汇留成，实行结汇和售汇制；实行经常项目下有条件可兑换；严格管理和审批资本项下的外汇流出和流入；建立全国统一的外汇交易市场等。

总的看来，外汇体制正处于从严格管制走向市场化管理的转轨过程之中。目前在评价投资项目时，外汇分析仍有其必要性，但是随着体制改革的进展，它的作用和意义将日趋削弱。最终，只有盈利能力分析和清偿能力分析才是项目评价永恒的内容。

六、财务评价的目的和主要内容

财务评价是从投资项目或企业角度对项目进行的经济分析，与财务评价对应的是从国家或社会的角度进行的国民经济评价。从原则上说，为了在全国范围内合理地分配资源，项目的取舍应当考虑国民经济评价的结果。但是企业是独立的经营单位，是投资后果的直接承担者。因此，财务评价是企业投资决策的基础。

(一)财务评价的主要目的

财务评价的主要目的是：

(1)从企业或项目角度出发，分析投资效果，判明企业投资所获得的实际利益。

(2)为企业制定资金规划。

(3)为协调企业利益和国家利益提供依据。

当项目的财务效果和国民经济效果发生矛盾时，国家需要用经济手段予以调节。财务评价可以通过考察有关经济参数(如价格、税收、利率等)变动对分析结果的影响，寻找经济调节的方式和幅度，使企业利益和国家利益趋于一致。

(二)财务评价的主要内容

财务评价的主要内容有：

(1)在对投资项目的总体了解和对市场、环境、技术方案充分调查与掌握的基础上，收集预测财务评价的基础数据。这些数据主要包括：预计的产品销售量及各年度产量；预计的产品价格，包括近期价格和预计的价格变动幅度；固定资产、流动资金投资及其他投资估算；成本费用及其构成估算。这些数据大部分是预测数据，因此这一步骤又称为财务预测，这已在前面章节中论述。财务预测的质量是决定财务评价成败和质量的关键。财务预测的结果可用若干基础财务报表归纳整理，主要是投资估算表、折旧表、成本费用表、损益表等。

(2)编制资金规划与计划。对可能的资金来源与数量进行调查和估算，如可筹集到的银行贷款种类，企业未来各年可用于偿还债务的资金量等；根据项目实施计划，估算出逐年投资量；计算逐年债务偿还额。在此基础上编制出项目寿命期内资金来源与运营计划。这个计划可用资金来源与运用表(也称资金平衡表)来表示。一个好的资金规划不仅要能满足资金平衡的要求，即保证各项收入足以支付各项费用，而且要在各种可行的资金筹集、运用方案中挑选最好的方案。也就是说，资金规划是保证项目可行和提高财务效果的重要手段。

(3)计算和分析财务效果。根据财务基础数据和资金规划、编制财务现金流量表，据此可计算出财务评价的经济效果指标。此项内容有时要和资金规划进行，利用财务评价的结果可进一步分析和调整资金规划。

第二节　财务评价基础数据与参数选取

财务评价的基础数据与参数选取是否合理，直接影响财务评价的结论，在进行财务分析计算之前，应做好这项基础工作。

一、财务价格

财务评价是对拟建项目未来的效益与费用进行分析，应采用预测价格。预测价格应考虑价格变动因素，即各种产品相对价格变动和价格总水平变动(通货膨胀或者通货紧缩)。由于建设期和生产经营期的投入产出情况不同，所以应区别对待。基于在投资估算中已经预留了建设期涨价预备费，因此建筑材料和设备等投入品，可采用一个固定的价格计算投资费用，其价格不必年年变动。生产运营期的投入品和产出品，应根据具体情况选用固定价格或者变动价格进行财务评价。

(1)固定价格。这是指在项目生产运营期内不考虑价格相对变动和通货膨胀影响的不变价格，即在整个生产运营期内都用预测的固定价格，计算产品销售收入和原材料、燃料动力费用。

(2)变动价格。这是指在项目生产运营期内考虑价格变动的预测价格。变动价格又分为两种情况：一是只考虑价格相对变动引起的变动价格；二是既考虑价格相对变动，又考虑通货膨胀因素引起的变动价格。采用变动价格是预测在生产运营期内每年的价格都是变动的。为简化起见，有些年份也可采用同一价格。

进行盈利能力分析，一般采用只考虑相对价格变动因素的预测价格，计算不含通货膨胀因素的财务内部收益率等盈利性指标，不反映通货膨胀因素对盈利能力的影响。

进行偿债能力分析，预测计算期内可能存在较为严重的通货膨胀时，应采用包括通货膨胀影响的变动价格计算偿债能力指标，反映通货膨胀因素对偿债能力的影响。

在财务评价中计算销售(营业)收入及生产成本所采用的价格，可以是含增值税的价格，也可以是不含增值税的价格，应在评价时说明采用何种计价方法。

二、税费

财务评价中合理计算各种税费，是正确计算项目效益与费用的重要基础。财务评价涉及的税费主要有增值税、营业税、资源税、消费税、所得税、城市维护建设税和教育费附加等。进行评价时应说明税种、税基、税率、计税额等。如有减免税费优惠，应说明政策依据以及减免方式和减免金额。

(1)增值税是对生产、销售商品或者提供劳务的纳税人实行抵扣原则，就其生产、经营过程中实际发生的增值额征税的税种。财务评价的销售收入和成本估算均含增值税，项目应缴纳的增值税等于销项税减进项税。

(2)营业税是对交通运输、商业、服务等行业的纳税人，就其经营活动营业额(销售额)为课税对象的税种。在财务评价中，营业税按营业收入额乘以营业税税率计算。

(3)消费税是以消费品(或者消费行为)的流转额为课税对象的税种。在财务评价中，一般按销售额乘以消费税税率计算。

(4)城市维护建设税和教育费附加是以增值税、营业税和消费税为税基乘以相应的税率计算。

(5)资源税是对开采自然资源的纳税人征税的税种。通常按应课税矿产的产量乘以单位税额计算。

(6)所得税是按应税所得额乘以所得税税率计算。

三、利率

借款利率是项目财务评价的重要基础数据，用以计算借款利息。采用固定利率的借款项目，财务评价直接采用约定的利率计算利息。采用浮动利率的借款项目，财务评价时应对借款期内的平均利率进行预测，采用预测的平均利率计算利息。

四、汇率

财务评价汇率的取值，一般采用国家外汇管理部门公布的当期外汇牌价的卖出、买入的中间价。

五、项目计算期选取

财务评价计算期包括建设期和生产运营期。生产运营期应根据产品寿命期(矿产资源项目的设计开采年限)、主要设施和设备的使用寿命期、主要技术的寿命期等因素确定。

有些项目的运营寿命很长，如水利枢纽，其主体工程是永久性工程，其计算期应根据评价要求确定。对设定计算期短于运营寿命期较多的项目，计算内部收益率、净现值等指标时，为避免计算误差，可采用年金折现、未来值折现等方法，将计算期结束以后年份的现金流入和现金流出折现至计算期末。

六、生产负荷

生产负荷是指项目生产运营期内生产能力的发挥程度，也称生产能力利用率，以百分比表示。生产负荷是计算销售收入和经营成本的依据之一，一般应按项目投产期和投产后正常生产年份分别设定生产负荷。

七、财务基准收益率设定

财务基准收益率是项目财务内部收益率指标的基准和判据，也是项目在财务上是否可行的最低要求，也用做计算财务净现值的折现率。如果有行业发布的本行业基准收益率，即以其作为项目的基准收益率；如果没有行业规定，则由项目评价人员设定。设定方法：一是参考本行业一定时期的平均收益水平并考虑项目的风险因素确定；二是按项目占用的资金成本加一定的风险系数确定。设定财务基准收益率时，应与财务评价采用的价格相一致，如果财务评价采用变动价格，设定基准收益率则应考虑通货膨胀因素。

资本金收益率，可采用投资者的最低期望收益率作为判据。

第三节　财务评价报表的编制与评价指标计算

一、财务报表的意义和作用

编制财务报表，不仅可以反映企业的财务状况和经营成果，而且可以为企业管理提供有用的经济信息。因此，编制财务报表对于企业、企业的投资者和债权人以及政府管理部门都有十分重要的意义和作用。

(一)财务报表的意义

企业财务报表是定期反映企业财务状况和经营成果的总结性书面文件。它利用统一的货币计量单位，按照统一规定的格式、内容和编制方法编制。

企业的财务会计数据比较分散，不能集中而概括地说明企业经济活动的全貌。因此，按照企业管理与决策的要求，还需要将这些分散的数据，进一步加工整理，使之成为具有内在联系的指标体系，这就需要编制财务报表。

编制财务报表可以总括地反映企业经济活动情况，是分析计划执行情况的一种专门方法。编制财务报表，不仅可以反映企业的财务状况和财务成果，而且还可以揭示企业财务状况的变化、潜在获利能力的高低等，为企业管理提供有用的经济信息。

(二)财务报表的作用

1. 为投资者和债权人进行合理决策提供必需的财务信息

在社会主义市场经济条件下，企业是一个自主经营、自负盈亏、自我发展、自我约束的商品生产者。企业用于生产经营所需的各项资金主要来自于投资者和债权人。作为企业的投资者和债权人，在他们作出投资或贷款决策之前，必须了解企业的营运资金情况、短期偿债能力、支付能力，了解企业的经营前景、盈利能力等，以保证投资者能获取收益，债权人能及时、完全地收回各项贷款。投资者、债权人了解这些情况的最简便、最快捷的方法，就是利用企业编制的财务报表。

2. 有助于解除企业经营者受托管理财产的责任，保护投资者的合法权益

在社会主义市场经济条件下，资产所有权和经营权实现了分离，投资者不直接经营，而委托并授权给专职的管理阶层对其投入企业的资本加以控制和使用。企业管理者根据

投资者授权，依法对企业所拥有的各项经济资源加以有效运用。这就形成了投资者与企业管理者的“受托责任”关系。企业的投资者需要评估和了解企业管理者的经营业绩和受托责任的履行情况，就需要借助于财务报表了解企业期初、期末经济资源的数量、分布及其结构，了解企业的资产是否完好，资本能否保全以及管理者能否创造有利的现金净流入，以判断企业管理者对经管责任的履行情况，维护自己在企业中的经济利益。企业经营者为了证明自己的能力，维护自己的信誉也要借助于财务报表向广大投资者和债权人报告企业的财务状况和经营成果，从而解除自己所担负的经济责任。

3. 有利于政府管理部门对企业进行管理，实现经济的稳定和有序发展

在社会主义市场经济条件下，要保证社会经济运行有序，防止市场经济所带来的负面影响，国家在宏观上必须了解企业的经营行为、经营成果，借以引导企业的发展，适度地对企业进行间接调控。为了满足国家对企业实行间接调控的信息需要，财务报表可提供干预或管制所依据的信息。

4 有利于企业内部经营管理

企业管理人员可以利用财务报表提供的资料，分析、检查企业财务计划的完成情况，总结经验，揭露经营管理上的薄弱环节，以便制定改进措施。企业管理人员还可以利用财务报表提供的实际数据，预测未来的发展前景，为企业决策提供必要的数据。此外，财务报表还可以为编制下期计划提供必要的参考资料。

(三)企业财务报表的种类

企业编制的财务报表，按照不同的标准，可分为不同种类。

1. 按照财务报表所反映的经济内容划分

财务报表所反映的内容就是会计对象的具体内容，即会计要素，具体来说就是资产、负债、所有者权益、收入、费用和利润。其中资产、负债和所有者权益是反映企业财务状况的要素，收入、费用和利润是反映企业经营成果的要素。按照会计要素的性质，财务报表可以分为反映企业财务状况的报表和反映企业经营成果的报表。

反映财务状况的报表主要有资产负债表、现金流量表和资产负债表附表，如存货表、固定资产及累计折旧表、无形资产及其他资产表等。

反映经营成果的报表主要有损益表和损益表的附表，如利润分配表、主营业务收支明细表、投资收益明细表、营业外收支明细表、管理费用明细表、销售费用明细表等。

2. 按照财务报表的报送对象划分

按照报表的报送对象，可以分为对外报表和对内报表两种。

对外报表，是指专门为投资人、债权人、政府部门、证券交易所等企业外部报表使用者编制的报表。这些报表主要包括资产负债表、损益表、财务状况变动表或现金流量表、利润分配表、主营业务收支明细表等。这类报表的格式、报告内容必须符合有关法律及企业会计准则的要求。

对内报表，是指专门以企业内部职能部门和决策者为报告对象的报表。这类报表的主要目的是为内部经营决策提供资料，主要包括成本报表和有关的附表，以及企业预算、计划业绩考评等方面的报表。这类报表的种类、内容、格式等，一般没有统一的规定，各企业可根据企业的管理需要和特点，灵活编制，及时反馈生产经营过程中的各种信息，

供企业管理者决策使用。

3. 按照财务报表的主从关系划分

按照财务报表的主从关系，可以分为主表和附表两类。

主表，即主要报表，是指反映企业经营活动基本状况的财务报表。如资产负债表、损益表、现金流量表。

附表，即附属报表，是指对主要报表的某些项目进行详细说明的会计报表。如资产负债表附表和损益表附表。资产负债表附表主要包括存货表、固定资产及累计折旧表、无形资产及其他资产表等附表；损益表附表主要包括利润分配表、主营业务收支明细表、投资收益明细表、销售费用明细表、管理费用明细表、营业外收支明细表等。

4. 按照报表的编制单位划分

企业的财务报表，按照编制单位，可以分为基层报表和汇总报表两种。基层报表是由独立核算的基层企业编制的反映本企业情况的报表；汇总报表是由上级主管部门根据所属企业编制的基层报表，加上本身报表而综合编制的财务报表。汇总报表一般是按上下级的隶属关系，逐级进行汇总。

对于集团公司，还将财务报表分为个别报表和合并报表。个别报表是指独立法人公司编制的反映本单位情况的报表；合并报表是指总公司或集团性公司将所属独立公司报表与公司本身报表合并编制的报表。

为了便于对建设项目或技术方案进行财务评价，需要编制一套必要的财务评价报表。财务评价报表包括基本报表和辅助报表两大类。

财务评价基本报表是用来计算财务评价指标，分析项目盈利能力、清偿能力和外汇平衡能力，并作出财务评价结论所用的报表。财务评价基本报表主要包括现金流量表、损益表、资金来源与运用表、资产负债表和财务外汇平衡表。

财务评价的辅助报表是用来对财务评价基础数据进行测算，为基本报表提供数据，并作为辅助分析所用的报表。财务评价辅助报表主要包括固定资产投资估算表、流动资金估算表、投贷计划与资金筹措表、主要产出物和投入物使用价格依据表、单位产品生产成本估算表、固定资产折旧估算表、无形及递延资产摊销估算表、总成本费用估算表、产品销售(营业)收入和销售税金及附加估算表、固定资产投资借款还本付息计算表以及其他辅助报表。

进行项目财务分析与评价，需编制一套基本的财务报表，它是在企业日常经营活动分析报表的基础上设计、制定的，但又有所不同。主要表现在以下几方面：

(1)分析的目的不同。项目财务分析的目的是确定项目所需资金的来源，评价项目竣工投产后的盈利能力，测算贷款的偿还能力，为投资决策提供依据。而企业日常财务分析则主要限于分析年度、季度或月份经营活动的盈利状况，挖掘潜力，找出提高经济效益的方向与措施，为提高企业经营水平而服务。

(2)依据的资料不同。项目财务分析是根据预测数据进行事前分析，包括风险分析与不确定性分析。而企业日常财务分析则是根据历时数据进行的事后分析。

(3)分析的时间长短不同。项目财务分析是对项目整个计算期(包括建设期和生产经营期)进行的长期分析，一个大型建设项目往往要分析五年、十年或更长的时间。而日常财务分析是只对当年(或季、月)，最多只对以往几年情况进行的短期分析。

(4)应用的分析方法不同。由于项目财务分析是长期分析，一般要考虑资金的时间价值，进行动态分析。而日常财务分析一般不考虑资金的时间价值，只作静态分析。

二、现金流量表

(一)现金流量表的编制及评价指标计算

现金流量是以项目作为一个独立系统，反映项目在整个计算期(包括建设期和生产经营期)内现金的流入和现金流出。现金流量的计算与常规的会计方法不同，其计算要点是只计算现金收支，不计算非现金收支(如折旧、应收账款及应付账款等)。现金收支按发生的时间列入相应年份。由于固定资产折旧只是项目内部的现金转移，而非现金支出。因此，在作项目整个计算期内的动态评价时，投资应按其实际发生的时间，作为一次性支出计入现金流量，而不以折旧的方法进行逐年分摊。

为了评价建设项目或技术方案的财务盈利能力，需要编制财务现金流量表。财务现金流量表包括全部投资现金流量表和自有资金现金流量表两个基本报表。

全部投资现金流量表由现金流入、现金流出、净现金流量(税后)、累计净现金流量、所得税前净现金流量、所得税前累计净现金流量六部分组成。现金流入为产品销售(营业)收入、回收固定资产余值、回收流动资金三项之和。其中，产品销售(营业)收入各年数据取自产品销售(营业)收入和销售税金及附加估算表；固定资产余值和流动资金均在计算期最后一年回收，固定资产余值数据取折旧估算表中固定资产期末净值合计，流动资金由投资、经营成本、销售税金及附加、所得税等项组成。其中，投资数据取自投资计划与资金筹措表，经营成本取自总成本费用估算表，销售税金及附加取自产品销售(营业)收入和销售税金及附加估算表，所得税取自损益表。净现金流量是各年现金流入合计与对应年份现金流出合计之差。累计净现金流量为本年及以前各年净现金流量之和。所得税前净现金流量与所得税两项之和。

根据全部投资现金流量表可计算并分析税前和税后的全部投资财务内部收益率、财务净现值和投资回收期等评价指标，考察项目全部投资的盈利能力。

自有资金现金流量表由现金流入、现金流出、净现金流量三部分组成。自有资金流入各项数据与全部投资现金流量表相同。自有资金现金流出由自有资金、借款本金偿还、借款利息支付、经营成本及税金等项组成。其中，自有资金各年数据取自投资计划与资金筹措表，借款本金偿还包括固定资产投资借款本金偿还(取自还本付息计算表)和流动资金借款本金偿还(在计算期末)，借款利息支付为生产期固定资产投资借款利息和流动资金利息之和，取自总成本费用估算表，经营成本和税金支出与全部投资现金流量表数据相同。

根据自有资金现金流量表可计算并分析自有资金财务内部收益率和财务净现值等评价指标，考察项目自有资金的盈利能力。

下面分别介绍两种现金流量表的编制方法。

1. 全部投资现金流量表

该表不分投资资金来源，以全部投资作为计算基础，用以计算全部投资所得税前及所得税后财务内部收益率、财务净现值及投资回收期等指标，考察项目全部投资的盈利能力，为各个投资方案(不论其资金来源及利息多少)进行比较建立共同基础。

表中栏目的设置及其数字来源：

第一项：生产负荷(%)。生产负荷是指当年产量占设计生产能力的百分比，新建项目从投产第一年算起。

第二项：产品销售(营业)收入。根据产品销售量(在表中视为与产量相同)和产品销售价格计算产品销售收入。产品产量和产品单价是通过市场需求研究，对各种产品的供求情况和价格趋势进行分析和预测确定的。营业收入是指邮电、交通等项目提供服务收费的营业收入。

第三项：回收固定资产余值和回收流动资金。通常在计算期末填列固定资产的折旧余值，对于折旧年限与计算期中生产经营期相同的项目，其固定资产余值即为固定资产净残值。回收流动资金在计算期末填列。

第四项：固定资产投资。固定资产投资是指项目按拟定建设规模、产品方案、建设内容进行建设所需的费用，它包括建筑工程费、设备购置费、安装工程费、工程建设其他费用和预备费用。

固定资产投资包括基本建设投资和更新改造投资，生产期发生的更新改造投资作为现金流出可单独列项或列入固定资产投资项中。

固定资产投资按实际支出时间列入相应年份，其数值来自投资计划与资金筹措表。

第五项：流动资金。流动资金是指为维持生产所占用的全部周转资金。它是流动资产与流动负债的差额，在此意义上讲，也可称为净流动资金。净流动资金为建设项目总投资(即建设项目初期投资)的主要组成部分，为筹资所必需。流动资金按分年度使用计划列入相应的年份，其数值来自流动资金估算表。

第六项：经营成本。经营成本各年的数值来自总成本费用估算表。

第七项：销售税金及附加。产品销售税金及附加包括增值税、营业税、城市维护建设税、资源税和教育费附加。应按现行税法规定的税率、计税依据进行计算。其数值来自产品销售(营业收入)和销售税金及附加估算表。

第八项：所得税。各年所得税数值来自损益表。

第九项：净现金流量。净现金流量等于现金流入与现金流出之差。

第十项：所得税前净现金流量。该项等于净现金流量(即所得税后净现金流量)与所得税之和。

第十一项：累计所得税前净现金流量。按所得税前净现金流量逐年累计列入。

2. 自有资金现金流量表

该表从投资者角度出发，以投资者的出资额作为计算基础，将借款本金偿还和利息支付作为现金流出，用以计算自有资金财务内部收益率、财务净现值等评价指标，考察项目自有资金的盈利能力。

表中栏目的设置及其数字来源：生产负荷、产品销售(营业)收入、回收固定资产余值、回收流动资金、经营成本、销售税金及附加、所得税等各项数值计算及其来源与全部投资现金流量表的对应项完全相同。其余三项分述如下：

第一项：自有资金。自有资金是指投资者缴付的出资额，包括资本金(注册资金)和资本溢价。各年数值来自投资计划与资金筹措表。

第二项：借款本金偿还。借款本金(包括建设期利息)，各年偿还数值来自资金来源与运用表。

第三项：借款利息支付。借款利息包括长期、短期借款利息和流动资金借款利息。各年利息支付数值来自总成本费用估算表中的“利息支出”项。

(二)现金流量表的意义

现金流量表是以现金为基础编制的，是反映企业财务状况变动情况的一张财务报表。现金流量表准则的出台，对进一步规范企业会计信息披露、提高会计信息的相关性和有用性、推动我国证券市场乃至整个市场经济的发展，将起到积极作用。现金流量表取代财务状况变动表是大势所趋。

编制现金流量表的目的，就是提供企业在一定会计期间内现金和现金等价物流入和流出的信息，帮助投资者、债权人和其他报表使用者了解和评价企业获取现金和现金等价物的能力，并据以预测企业未来的现金流量。

以营运资金为基础的财务状况变动表，尽管可以反映企业财务状况，全面揭示企业筹资、投资活动的全貌，但也存在着一些缺陷。现金流量表是在财务状况变动表的基础上发展起来的，能克服财务状况变动表的不足之处。现金流量表的作用主要有：

(1)财务状况变动表中营运资金是流动资产与流动负债的差额，表示企业在经营中不受流动负债影响的可运用的流动资金净额。因此，营运资金概念本身不能反映企业资产的流动性，更不能说明企业的变现能力和支付能力。例如，当一个企业的材料、商品超储积压，产品滞销，应收款项很多时，虽然企业营运资金很多，但并不能说明企业财务状况良好。而现金流量表的编制基础是现金和现金等价物。现金和现金等价物概念能更恰当地反映企业的支付能力和变现能力。现金本身就具有支付能力，现金等价物由于变现力强，也可用做商品流通的交换媒介，同样具有支付能力。因此，现金流量表所报告的现金和现金等价物的数额，实际上就代表了企业的即期支付能力和变现能力。

(2)现金流量表可以提供企业的现金流量信息，从而对企业整体财务状况作出客观评价。企业投资者和债权人最为关心的是企业的变现能力、支付能力等。从企业的现金流量信息，可以大致判断其经营周转是否顺畅。因此，对报表使用者来说，编制现金流量表比财务状况变动表更为有用。

(3)通过现金流量表，不但可以了解企业当前的财务状况，还可以预测企业未来的发展情况。如果现金流量表各部分现金流量结构合理，现金流入、现金流出无重大异常波动，一般来说企业的财务状况基本良好。另一方面，企业最常见的失败原因也可在现金流量表中得到反映，比如，从投资活动流出的现金中，可以分析企业是否过度扩大经营规模，通过比较当期净利润与当期净现金流量，可以看出非现金流动资产吸收利润的情况，评价企业产生净现金流量的能力是否偏低。

(4)随着全球经济一体化，会计国际化是大势所趋，财务报表编制也应考虑国际惯例。目前，许多国家已经以现金流量表取代财务状况变动表。国际会计准则委员会已于1992年颁布了《国际会计准则7：现金流量表》，以现金流量表取代财务状况变动表。因此，我国颁布现金流量表准则也是会计国际化的要求。

(三)现金流量的分类

我国将现金流量分为三类，即经营活动产生的现金流量、投资活动产生的现金流量和筹资活动产生的现金流量。

1. 经营活动产生的现金流量

经营活动是指企业投资活动和筹资活动以外的所有交易和事项。经营活动的范围很广，就工商企业来说，经营活动主要包括销售商品、提供劳务、经营性租赁、购买商品、接受劳务、广告宣传、推销产品、缴纳税款等。各类企业由于行业特点不同，对经营活动的认定存在一定的差异，在编制现金流量表时，应根据企业的实际情况，对现金流量进行合理的归类。经营活动的现金流量分为经营活动现金流入量和现金流出量两类。

1)经营活动现金流入量

经营活动现金流入量的主要内容包括：

(1)销售商品或提供劳务所取得的现金。包括收回当期的销售货款和劳务收入，本期收回的前期销售货款或劳务收入，以及转让应收账款和应收票据所取得的现金收入。销售货物退回发生的现金支出应抵扣本项目的现金收入，不再单独反映。本项目不包括随销售收入和劳务收入一起收到的增值税销项税额，这部分税款已单独设项目反映。

(2)收到的租金。反映企业收到的经营租赁的租金收入。

(3)收到的增值税销项税额和退回的增值税款。

(4)收到的除增值税以外的其他税费返还。企业除增值税税款退回以外，还有其他的税费退还，如所得税、消费税、关税和教育费附加返还款等。这些退还的税费按实际收到的款项在本项目中反映。

2)经营活动现金流出量

经营活动现金流出量的主要内容包括：

(1)购买商品、接受劳务支付的现金。包括当期购买商品支付的现金、当期支付的前期购买商品的应付款以及为购买商品而预付的现金等。因购买商品或接受劳务而同时支付的、能够抵扣增值税销项税额的进项税额，在“支付的增值税款”项目中反映。如果购买商品或接受劳务时，其中所含的增值税选项税额不能抵扣增值税销项税额，则仍在本项目中反映。

(2)经营租赁所支付的现金。按当期实际支付的款项反映。

(3)支付给职工以及为职工支付的现金。反映企业以现金方式支付给职工的工资和为职工支付的其他现金。支付给职工的工资包括工资、奖金以及各种补贴等，为职工支付的其他现金包括企业为职工交纳的养老、失业等社会保险基金以及企业为职工交纳的商业保险金等。在建工程人员的工资及奖金应在在建固定资产支付的现金项目中反映。

(4)支付的增值税款。反映企业购买商品实际支付的、能够抵扣增值税销项税额的增值税进项税额，以及实际交纳的增值税税款。投资活动支付的增值税应在投资活动现金流量中列示，不在本项目中反映。

(5)支付的所得税款。反映企业当期实际支付的所得税。

(6)支付的除增值税、所得税以外的其他税费。反映企业按国家有关规定于当期实际支付的除增值税、所得税以外的其他各种税款，包括本期发生并实际支出的税金和当期支付以前各期发生的税金，以及预付的税金。对有关投资项目发生的税金支出，不应列为经营活动的现金流量，应在有关投资项目中列示。如缴纳的投资方向调节税，应在“购建固定资产所支付的费用”项目中反映。

(7)支付的其他与经营活动有关的现金。除上述主要项目外，企业还有一些项目，如管理费用等现金支出，可在“支付的其他与经营活动有关的现金”项目中反映。

2. 投资活动产生的现金流量

投资活动是指企业长期资产的购建和不包括在现金等价物范围内的投资及其处置活动。长期资产是指固定资产、在建工程、无形资产、其他资产等持有期限在一年或一个营业周期以上的资产。将“包括在现金等价物范围内的投资”排除在外，是因为已经将包括在现金等价物范围内的投资视为现金。投资活动主要包括：取得和收回投资，购建和处置固定资产、无形资产和其他长期资产等。投资活动的现金流量可分为现金流入量和现金流出量两类。

1)投资活动现金流入量

投资活动现金流入量的主要内容包括：

(1)收回投资所收到的现金。企业收回的投资款项中包括两部分内容，一是投资本金，二是投资收益。除投资本金在本项目反映外，与投资本金一起收回的投资收益也应在本项目反映。但债券投资本金与利息，一般易于分清，其债券利息收入应与本金分开，在“取得债券利息收入所收到的现金”项目中单独反映。

(2)分得股利或利润所收到的现金。本项目反映因对外投资而分得股利和利润的现金收入。

(3)取得债券利息收入所收到的现金。本项目反映企业债券投资所取得的现金利息收入，包括在现金等价物范围内的债券投资，其利息收入也应在本项目中反映。

(4)处置固定资产、无形资产和其他长期资产而收到的现金净额。本项目反映出售固定资产、无形资产和其他长期资产所取得的现金扣除为出售这些资产而支付的有关费用后的净额。本项目还包括固定资产报废、毁损的变卖收益以及遭受灾害而收到的保险赔偿收入等。如处置固定资产、无形资产和其他长期资产所收回的现金净额为负数，则应作为投资活动的现金流出项目反映，列在“支付的其他与投资活动有关的现金”中。

2)投资活动现金流出量

投资活动现金流出量的主要内容包括：

(1)购建固定资产、无形资产和其他长期资产所支付的现金。企业为购建而支付的款项，包括购买机器设备所支付现金及增值税款、建造工程支付的现金、支付在建工程人员的工资等现金支出。购买无形资产支付的现金，包括企业购入或自创取得的各种无形资产的实际现金支出。购建固定资产项目中，不包括融资租赁租入固定资产所支付的租金。融资租赁租入固定资产所支付的租金，应在筹资活动的现金流量中反映。

(2)权益性投资所支付的现金。本项目反映企业购买股票等权益性投资所支付的现金。

(3)债权性投资所支付的现金。本项目反映企业购买得到除现金等价物以外的债券而支付的现金。企业购买债券的价款中含有债券利息的，以及溢价或折价购入的，均按实际支付的金额反映。

(4)其他与投资活动有关的现金收入与支出。本项目反映除上述各项投资活动项目以外的现金收入和现金支出。这些收入和支出分别在“收到的其他与投资活动有关的现金”项目和“支付的其他与投资活动有关的现金”项目反映。

3. 筹资活动产生的现金流量

筹资活动是指导致企业资本及债务规模和构成发生变化的活动。企业资本包括实收资本(股本)和资本溢价(股本溢价)。与资本有关的现金流入和现金流出的项目，包括吸收投资、发行股票、分配利润等。债务是指企业对外举债所借入的款项，如发行债券、向金融企业借入款项以及偿还债务等。

筹资活动的现金流量可分为现金流入量和现金流出量两类。

1)筹资活动的现金流入量

筹资活动现金流入量的主要内容包括：

(1)吸收权益性投资所收到的现金。本项目反映企业通过发行股票等方式筹集资本所收到的现金。其中，股份有限公司公开募集股份，须委托金融企业进行公开发行，由金融企业直接支付的手续费、宣传费、咨询费、印刷费等费用，从发行股票所取得的现金收入中扣除，以净额列示。

(2)发行债券收到的现金。本项目反映企业发行债券筹集资金收到的现金。本项目以发行债券实际收到的现金列示。委托金融企业发行债券所花费的费用，应与发行股票所花费的费用一样处理，即发行债券取得的现金，应扣除代理发行公司代付的费用后以净额列示。

(3)借款收到的现金。本项目反映企业举借各种短期、长期借款所收到的现金。

(4)与筹资活动有关的其他现金收入。除上述各项筹资活动以外，企业还会发生一些其他与筹资活动项目有关的现金收入。这些收入在“收到的其他与筹资活动有关的现金”项目反映。

2)筹资活动现金流出量

筹资活动现金流出量的主要内容包括：

(1)偿还债务所支付的现金。本项目包括归还金融业借款、偿付企业到期的债券等。本项目按企业当期实际支付的偿债金额填列。对于以非现金偿付的债务应在报表附注中说明。因借款而发生的利息支出，不在本项目反映，而应列入“偿付利息所支付的现金”项目中。

(2)发生筹资费用所支付的现金。本项目反映企业为发行股票、债券或向金融企业借款等筹资活动发生的各种费用，如咨询费、公证费、印刷费等。此处所说的现金支出是指资金到达企业之前发生的前期费用，不包括利息支出和股利支出。前述委托金融企业发行股票或债券而由金融企业代付的费用，应在筹资款项中抵扣，不包括在本项目内。

(3)分配股利或利润所支付的现金。本项目反映企业当期实际支付股利的现金以及分配利润所支付的现金。

(4)偿付利息所支付的现金。本项目反映企业用现金支付的借款利息、债券利息等。不同用途的借款，其利息的支出渠道不同。

(5)融资租赁所支付的现金。本项目反映融资租赁租入固定资产所支付的现金。包括支付的当期应付租金和前期应付未付而于本期支付的租金。

(6)减少注册资本所支付的现金。企业由于经营状况发生变化，如发生重大亏损短期内无力弥补或缩小经营规模等，经向有关部门申请可依法减资。因缩小经营规模而由股东抽回资本所发生的现金支出，在本项目反映。

(7)与筹资活动有关的其他现金支出。除上述各项筹资活动以外，企业还会发生一些其他与筹资活动项目有关的现金支出。这些支出分别在“支付的其他与筹资活动有关的现金”项目反映。

(四)现金流量表的分析

1. 现金流量表分析的意义

所谓现金流量表分析，是指对现金流量表上的有关数据进行比较、分析和研究，从而了解企业的财务状况，发现企业在财务方面存在的问题，预测企业未来的财务状况，为科学决策提供依据。

企业编制现金流量表的目的是为决策提供依据。但现金流量表反映的是企业曾经发生的影响现金的历史经济事实，构成内容主要是按照一定的原则将原始数据进行重新组合、压缩和提炼而成的，它所揭示的各类经济活动引起的现金变化情况具有高度的概括性。所以，报表使用者应当根据自己的需要，运用各种专门的方法，对财务报表提供的数据资料进行进一步的加工、整理、分析和研究，从中得出对决策有帮助的信息。

对于报表的使用者，无论是企业的经营者还是企业投资者、债权人、政府有关部门以及其他报表使用者来说，现金流量表分析都具有十分重要的意义。因为通过现金流量表分析，可以了解企业本期及以前各期现金使用的主要方向、现金的主要来源渠道以及结余情况，正确评价企业当前及未来的偿债能力和支付能力，发现企业在财务方面存在的问题，正确评价企业当期以及以前各期取得的利润的质量，科学预测企业未来的财务状况，从而为其科学决策提供充分、有效的依据。

2. 现金流量表分析的内容

1)现金流量的结构分析

企业当期取得的现金来自哪些方面，用于哪些方面，其现金余额是如何构成的，这就是现金流量的结构分析。通过现金流量的结构分析，报表使用者可以进一步了解企业财务状况的形成过程、变动过程及其变动原因。

2)现金流量的趋势分析

分析企业的现金收入、现金支出及其余额发生了怎样的变动，其变动趋势如何，这种趋势对企业是有利还是不利的，这就是现金流量的趋势分析。现金流量的趋势分析可以帮助报表使用者了解企业财务状况的变动趋势，了解企业财务状况变动的原因，在此基础上预测企业未来的财务状况，从而为决策提供依据。

3)现金流量的比率分析

运用财务比率分析财务报表是各种分析方法中最简便而且揭示能力最强的方法。所谓财务比率是指财务报表相关项目数额之间的比值或关系式。与其他财务分析方法相比，比率分析的突出特点在于能将那些不能直接对比的不同性质的财务报表项目有机地联系在一起，来衡量和评价企业的财务状况和经营成果。企业财务状况及其变化和经营成果是受多种因素变化影响所形成的，不同因素的性质也不相同，其数值往往不能直接对比，或者说直接比较没有什么经济意义。

为了综合衡量、评价和揭示各个财务报表项目的内在联系及其数值对财务状况与经营成果的影响程度、方向，并提出问题，须用财务比率。现金流量表的比率分析主要考察和评价企业的支付能力和偿债能力。通过现金流量表分析，测定企业的偿债能力和支付能力，有利于企业经营者、投资者和债权人作出合理的筹资和投资决策。

3. 现金流量表分析的方法和步骤

1)现金流量表的分析方法

现金流量表分析是整个财务报表分析的一部分，因而现金流量表分析的方法也和其他财务报表分析方法大体相同，包括趋势分析法、结构分析法、比率分析法、比较分析法、因素分析法等。有关分析方法将在后面的具体分析中说明。

2)现金流量表分析的步骤

现金流量表分析的步骤也大体包括收集资料、加工整理和审查、解释计算分析的结果为决策提供依据等几个步骤。其中收集资料阶段除了收集本期现金流量表及有关的其他报表资料，如资产负债表、损益表、报表附注、财务状况说明书等外，还应当收集历年的现金流量表及其他有关报表资料，以便于通过不同时期报表资料的对比分析掌握企业财务状况的变动情况及趋势。在加工整理和审查阶段，应对报表资料加以分类、改编、对比、计算等，深入分析企业财务状况的变化，了解其内在原因，发现存在的问题。在解释分析结果的阶段，应从自身分析的目的出发，认真解释分析计算的结构，为科学决策提供充分、准确的依据。

4. 现金流量表的结构分析

现金流量表的结构分析，就是分析某一时期现金流量表项目金额的结构。它是将有关项目数额分别除以事先规定的基数(通常分别以现金流入合计和现金流出合计作为基数)，以求出各项目的比重即百分比。对现金流量表进行这种纵向的结构分析，目的是为了说明各项目的现金流量对总现金流量所产生的影响。

以上所介绍的结构分析法是用于某个时期现金流量表项目结构的分析。如果将若干年度纵向结构分析的现金流量表汇总在一起，做横向比较，就可以观察各个年度结构的变化趋势，从而使结构分析也带有动态分析的特点，使分析更具意义。

5. 现金流量表的趋势分析

趋势分析法是通过观察连续数期的财务报表，比较各期的有关项目金额，分析某些指标的增减变动情况，在此基础上判断其发展趋势，从而对未来可能出现的结构作出预测的一种分析方法。运用趋势分析法，报表使用者可以了解有关项目变动的基本趋势，判断这种变动趋势是有利还是不利，并对企业的未来发展作出预测。

趋势分析通常采用编制历年财务报表的方法，如最近二三年甚至五年、十年的财务报表，能了解到更多的情况和信息，并有利于分析变化的趋势。

运用趋势分析法通常应计算趋势百分比。趋势百分比有两种，即定比和环比。所谓定比是选定某一年作为基期，然后其余各年与基期比较，计算出趋势百分数。由于这样计算出的各会计期间的趋势百分数均是以基期为计算基准的，所以能够明确地反映出有关项目和基期相比发生了多大变化。所谓环比是指将项目本年数和前一年度数相比较，而计算出的趋势百分比。由于它以前一期作基数，因而更能说明项目的发展变化速度。

6. 现金流量表的比率分析

现金流量表的比率分析主要考察和评价企业的支付能力和偿还能力。主要包括现金流动负债比率、现金到期债务比率、现金负债总额比率、每股现金流量等。

1)现金流动负债比率

现金(包括现金等价物)是衡量企业资产流动性的基本标准。企业持有现金的重要目的之一是为了偿债和支付。现金流动负债比率是衡量企业偿还短期债务能力的一个重要指标。其计算公式如下：

$$现金流动负债比率=\frac{现金}{流动负债}\times 100\% \tag{7-1}$$

式(7-1)中，现金包括现金等价物在内，一般使用某个时期现金的变动额。使用现金变动额(即现金期末余额减去现金期初余额后的剩余额)，主要是充分考虑现金的其他用途后的剩余支付能力。这一比率反映企业的偿债能力比速动比率更准确。从这一意义上讲，现金流动负债比率越高，企业支付短期债务的能力就越强。但是，这一比率过大，说明企业现金用于投资方面不够充分，处于闲置的现金过多，这必然影响企业的获利能力。

2)现金到期债务比率

这一比率反映企业偿还本期到期债务的能力。其计算公式如下：

$$现金到期债务比率=\frac{经营活动现金流量净额}{到期债务额} \tag{7-2}$$

式(7-2)中，使用“经营活动现金流量净额”可排除用其他资金来源(如借款)偿还的情况，而专门衡量企业通过经营创造资金、独立偿还债务的能力，并能反映企业持续经营、再举债的能力。

“到期债务额”，通常是指那些即将到期而必须用现金偿还的债务，一般有应付票据、银行或其他金融企业的短期借款、到期的应付债券和长期借款等，它根据本期期末资产负债表上有关项目的期末数确定。

这一比率越大，企业流动性越好，短期偿债能力就越强。

3)现金负债总额比率

这一比率衡量企业本年经营活动产生的现金净额偿还全部债务的能力。其计算公式如下：

$$现金负债总额比率=\frac{经营活动产生的现金流量净额}{全部负债} \tag{7-3}$$

式(7-3)中的“全部负债”包括流动负债和长期负债。这一比率越大，说明企业举债能力越强。

4)每股现金流量和资本金现金流量

每股现金流量反映每股发行在外的普通股股票与经营活动产生的现金流量净额的关系。这一比率是每股收益的一项补充说明指标。其计算公式如下：

$$每股现金流量=\frac{经营活动产生的现金流量净额-优先股股利}{发行在外的普通股股票份数} \tag{7-4}$$

资本金现金流量的计算公式如下：

$$资本金现金流量=\frac{经营活动产生的现金流量净额}{资本金总额} \tag{7-5}$$

式(7-5)中，“资本金总额”为资产负债表上“实收资本”项目的期末余额。

这两个比率衡量企业运用所有者投入资本进行经营创造现金的能力。一般而言，每股现金流量或资本金现金流量越大，所有者投入资本的回报能力就越强。

5. 现金流量现金股利比率

这一比率衡量企业使用经营活动产生的现金流量净额支付现金股利的能力。其计算公式如下：

$$现金流量现金股利比率=\frac{经营活动的现金流量净额}{现金股利总额} \tag{7-6}$$

公式中，“现金股利总额”为本期已宣告分派的全部现金股利额。这一比率越高，说明企业支付现金股利的保障越大。非股份制企业可用“现金流量投资利润比率”反映其分配投资利润的支付能力。计算公式为

$$现金流量投资利润比率=\frac{经营活动产生的现金流量净额}{应付投资利润} \tag{7-7}$$

运用比率分析现金流量表，可以从财务报表上取得有关数据进行计算分析，使用起来十分简便，并将现金流量表与资产负债表、利润表结合在一起相互关联地揭示企业财务状况和经营成果，透视生产经营状况。

最后需要说明的是，企业的财务报告是一个完整的体系，它们相互联系地反映企业的财务状况、经营成果。分析时，必须相互联系地加以考察，任何一张报表都不能提供企业经营的完整资料，割裂它们之间的联系，试图通过某张报表的分析就可以反映企业经营的全貌，进而了解企业全部的经营活动，是不可能的，其结果也是可想而知的。

三、损益表的编制及评价指标计算

损益表是反映建设项目或技术方案在计算期内各年盈亏状况和利润分配情况的报表。损益表由产品销售(营业)收入、销售税金及附加、总成本费用、利润总额、所得税、税后利润及其分配等项组成。其中，收入、税金及成本费用数据分别来自相应的估算表，利润及其分配等项由本表其他数据计算而得。

根据损益表和总投资估算数据可计算投资利润率、投资利税率、资本金利润率等评价指标，并与行业平均水平或投资主体要求达到的水平比较，以判断项目或技术方案单位投资的盈利能力。

该表是反映项目计算期内各年的利润总额、所得税及税后利润的分配情况，可用以计算投资利润率、投资利税率及资本金利润率等静态指标。

表中栏目的设置及其数字来源：

生产负荷、产品销售(营业)收入、销售税金及附加等各项数值计算及其来源与全部

投资现金流量表的对应项完全相同。其余各项分述如下：

第一项：总成本费用

各年数值来自总成本费用估算表。

第二项：利润总额

“利润总额”项反映项目各年实现的利润。如为亏损，则以“–”号在本项内填列。

$$利润总额=产品销售收入-销售税金-总成本费用 \tag{7-8}$$

第三项：所得税。所得税的计税依据是“应纳所得税额”。有时，“利润总额”并不等于“应纳所得税额”，在此情况下，所得税就不能简单地根据利润总额来计算，而是要先将利润总额按照国家规定调整为“应纳所得税额”，再乘以适用所得税率计算所得税。例如：

弥补以前年度亏损。企业亏损分为政策性亏损和经营性亏损，二者要严格区分。政策性亏损经财政部核定实行定额补贴或亏损包干办法，并结合价格体制改革逐步取消政策性亏损补贴。经营性亏损原则上由企业自行解决。新财务制度对企业经营性亏损弥补做了明确规定。项目发生的年度亏损，可以用下一年度的税前利润等弥补。下一年度利润不足弥补的可以在5年内延续弥补，亦即，在弥补有效期间，虽有实现利润，但也不缴所得税，只是在弥补亏损以后尚有余额时，才将余额部分计算缴纳所得税。当5年内不足弥补时，可用税后利润等弥补。换言之，上述经营性亏损弥补，从资金来源来看，分为所得税前弥补和所得税后弥补，按规定，所得税前弥补包括税前利润等弥补，所得税后弥补包括税后利润和盈余公积金弥补。

有些项目按国家规定在一定期限内免征或减征所得税。

第四项：税后利润。税后利润为利润总额减所得税之差。

第五项：可供分配利润。在项目财务评价中，一般来说，税后利润即是可供分配利润。

企业所得税后利润一般的分配顺序是：

(1)弥补以前年度亏损；

(2)提取法定盈余公积金；

(3)向投资者分配利润(按照投资比例分配)。

按以上顺序分配利润时，尚需注意以下各点：

(1)企业以前年度亏损未弥补完，不得提取盈余公积金。

(2)在提取盈余公积金以前，不得向投资者分配利润。

(3)企业必须按照当年税后利润(减弥补亏损)的10%提取法定盈余公积金，当法定盈余公积金已达到注册资本50%时，可不再提取。

(4)企业在向其他投资者分配利润前经董事会决定，可以提取任意公积金。

第六项：盈余公积金。盈余公积金是指按国家规定从利润中提取的公积金。公积金可用于弥补亏损、扩大企业生产经营或者转增资本金，但转赠资本金后，企业法定资本金一般不得低于注册资本的25%。

第七项：应付利润。应付利润即向投资者分配的利润，项目可供分配利润在提取盈余公积金后，应向投资者进行分配，包括向国家投资分配利润、对其他单位投资分配利润、对个人投资分配利润等。

如为有限责任公司或股份有限公司，则应分别按股东的出资比例或者持有的股份比例分配利润。

第八项：未分配利润。可供分配利润减去盈余公积金和应付利润后的差额。

第九项：累计未分配利润。未分配利润的逐年累计，可作为填写资产负债表相应项的依据。

(一)损益表的作用

损益表是总括反映企业在一定期间内经营收支和经营成果的财务报表。它是一张动态报表，反映企业一定时期内利润或亏损的情况。

损益表作为反映企业经营收支和经营成果的财务报表，它所提供的信息资料，对于企业投资者、债权人、企业管理人员等报表使用者具有重要的作用。

1. 损益表可以反映企业的经营成果

损益表通过对企业一定时期内收入和费用的反映，揭示了企业的投入产出比例关系，并通过收入与费用的配比，确定企业在一定会计期间是盈利还是亏损，以表明企业经营成果的好坏和经济效益的高低。通过损益表，可以了解企业在正常经营状况下的收支情况，以判断企业的获利能力。

2. 损益表是综合分析和考核企业计划完成情况或目标实现情况的重要依据

损益总额是企业的全部收入抵减全部支出后的差额，是一个具有高度综合性的财务指标。在一定时期内，企业获得了多少收入，发生了多少费用，都直接引起企业损益总额的增减变动。因此，损益表提供的资料，是综合分析和考核企业计划完成或目标实现情况的重要依据。通过损益表，有利于评估投资价值、管理业绩和信用情况，有利于企业不断改善经营管理，提高盈利水平。

3. 损益表为预测企业的盈利能力提供了重要依据

损益表按照企业利润的形成过程，对营业利润、投资净收益和营业外收支进行分项反映，不仅反映了企业利润的形成过程与结果，还反映了企业利润的构成情况，为进行企业利润结构和盈利能力的分析提供了第一手资料。同时，通过分别对前后期营业利润、投资净收益和营业外收支的对比分析，还可以分析和测定企业损益的发展变化趋势，以预测企业未来的盈利能力。

(二)损益表的格式和内容

损益表的项目是按利润的构成项目分项列出的。也就是说，损益表所列示的项目有收入、费用和利润三大类，其三者之间的数量关系是“收入–费用=利润”。由于收入、费用、利润三大项目在损益表中的排列和揭示方式不同，从而形成了不同格式的损益表。损益表的基本格式有两种，即单步式和多步式。

1. 单步式损益表

单步式损益表将本期所有收入加在一起，然后扣减所有费用，一次计算出净损益。因只有一个相减的步骤，故称其为单步式损益表。单步式损益表比较直观、简单，编制方便。但这种报表所提供的资料没有揭示出收入与费用之间的内在联系，既无法判断主要经营业务收益与次要经营业务收益对实现利润的影响，不便于报表使用者进行具体分析，也不利于同行业和本企业前后期相应项目的比较评价。因此，这种格式的损益表很少采用。

2. 多步式损益表

多步式损益表就是损益表中净利润额是按利润形成的主要环节，分多步计算和分段列示的。它将各种收入及相关的费用和成本在表中分别对应列示，计算出各种净收入，最后计算出利润总额或亏损总额。由于多步式损益表可以全面反映净利润及其构成项目的形成情况，可以提供更多的信息，有利于相同企业之间及本企业前后期各对应项目的对比，有助于对管理业绩的评价和对企业未来收益的预测。目前我国会计制度规定的损益表的格式便是多步式损益表。

(三)损益表及其附表的分析

损益表及其附表的分析是以损益表及其附表为对象进行的财务分析。在分析企业的盈利状况和经营成果时，必须从损益表中获取财务资料，而且，即便分析企业偿债能力，也应结合损益表，因为一个企业的偿债能力，同其获利能力密切相关。一般而言，获利能力越强，偿还债务的能力也就越强。

在损益表的分析中，仅仅对损益表本身进行分析是远远不够的。为了说明利润的取得、变化趋势及利润变动原因，还必须联系损益表的有关附表和其他一些报表进行相互联系的分析，如主营业务收支明细表、成本表、有关费用表等，同时还要联系资产负债表进行分析。下面将详细介绍三方面的内容，即利润完成情况的分析、盈利能力的分析和成本费用的分析。

1. 利润完成情况的分析

损益表反映了企业在一定期间内盈利或亏损的情况。因此，可以根据损益表对企业的利润完成情况进行分析。利润完成情况的分析首先要进行一般分析，了解利润总额及其各组成项目的完成情况；其次，进一步分析产品销售利润、投资收益、营业外支出等项目变动对利润总额的影响。

1)利润完成情况的一般分析

损益表中提供的利润，是企业一定时期全部经营活动的最终成果，是衡量企业经济效益的综合指标，它集中反映了企业经营管理、生产管理、技术管理、质量管理等各方面工作的成绩与失误。通过对利润完成情况的一般分析能够总括地了解企业一定时期生产经营管理的全貌，为进一步分析指明方向。

利润的一般分析主要是考察利润计划的完成情况。任何一个企业在开始某一个时期的生产经营之前，都必须根据以往生产经营的实际情况，对今后市场需求的预测及企业今后生产经营过程中可能发生的变化、经营环境的变化等，制定企业的利润计划，作为企业的奋斗目标。可以说，利润计划的完成情况分析表明企业目标的实现程度以及偏离企业目标的程度。损益表和利润计划是利润完成情况分析的主要资料。

利润计划完成情况分析的结论是否有意义，主要取决于计划的质量，如果计划定得过高，企业无论怎样努力，都可望而不可即，即使计划没有完成，也不能说明企业生产经营没有搞好。反之，如果计划定得过低，企业无需努力即可达到，即便计划超额完成，也不一定说明企业取得了很大的成绩。因此，利润完成情况的分析还应通过与上期实际达到的水平相比较，以反映利润的实际增长程度，说明本期生产经营所做出的努力和努力的结果。

在作进一步的具体分析时，可以从各种主要产品利润完成情况、利润变动原因等方面进行分析，以发现各方面工作中存在的问题，揭示矛盾、找出差距，促进企业加强管理、提高经济效益。将利润完成情况的一般分析与具体分析结合起来进行综合评价，才能更好地说明利润的完成情况。

2)产品销售利润的分析

产品销售利润在企业的利润总额中占有相当大的比重，是影响利润总额变动的主要因素，应该作为分析的重点。

(1)产品销售利润完成情况的一般分析。产品销售利润完成情况的一般分析，可采取比较法，将本年实际利润与计划利润或上年利润加以对比，以反映各种主要产品的利润完成情况，查明影响产品销售利润完成的产品主要是哪几种，存在哪些主要问题。

对产品销售利润完成情况的分析应根据主营业务收支明细表和有关财务计划提供的资料来进行。

(2)产品销售利润完成情况的因素分析。产品销售利润的计算公式为

$$销售利润=销售收入-销售成本-销售费用-销售税金 \tag{7-9}$$

因此，影响产品销售利润变动的因素主要有产品销售数量、产品销售品种结构、产品销售单价、产品单位销售成本、产品单位销售费用、产品单位销售税金等。

以上是影响产品销售利润的六个主要因素。实际上，影响产品销售利润的因素很多，从企业内部看，几乎所有的经营活动都会直接或间接地引起利润的变动，如劳动生产率水平、机器设备利用程度、产品质量、工作质量、原材料消耗等；从企业外部来看，影响因素包括市场需求、国家宏观经济形势、税率的调整等。必须对影响利润的各种主客观因素进行具体分析，找出主要原因，采取有效措施，改善管理，挖掘潜力，进一步提高经济效益。

3)投资收益及营业外收支的分析

(1)投资收益分析。市场经济的发展为企业不断地拓展其生产经营业务提供了条件。企业对外投资活动的开展，不仅为资金的运用提供了场所，也使企业从中获取企业经营活动以外的收益，使企业资金的利润效果大大增加，经营风险相对降低。

投资收益的分析，一般是先对投资收益总额的完成情况作总括分析。可用本年实际投资收益总额与计划投资收益总额或上年投资收益总额进行对比，然后根据有关投资收益的明细资料如投资收益明细表进行具体分析，找出影响本年投资收益增减变动的原因。

(2)营业外收支分析。营业外收入和营业外支出是与企业正常经营业务没有直接关系的收入与支出，对该项目的分析主要通过各具体项目的比较，说明营业外收支净额变动究竟是由哪些项目引起的。营业外收支的分析，可以补充说明企业的管理水平，对于促进企业加强财务管理，减少不必要的损失有重要意义。

营业外收支分析的详细程度，应视实际发生的情况而定。分析时，应根据营业外收支明细表以及有关具体核算资料，按照有关文件规定，分析其合法性和合理性。在分析时要特别注意一些项目是否有异常变化。

2. 盈利能力的分析

考察企业的生产经营成果不能单纯看利润总额，因为它是绝对指标，受企业的规模大小、技术装备水平等条件的影响。不同规模的企业，其利润总额往往缺乏可比性。一个小企业，尽管其经营管理水平较高，但其利润总额却可能低于一个管理水平较低的大型企业。因此，只有进一步分析企业的盈利能力，才能更全面地评价企业的管理水平和经营成果。

企业盈利能力的分析一般包括盈利能力的一般分析和盈利能力的稳定性持久性分析。如果是股份公司，还应从股东的观点出发，对其盈利能力进行分析。

1)盈利能力的一般分析

(1)毛利率分析。毛利率是指一定时期内企业毛利额和销售净收入之间的比率。其计算公式为

$$\text{毛利率}=\frac{\text{毛利额}}{\text{销售净收入}}\times 100\% \tag{7-10}$$

式中毛利额是指销售净收入与销售成本之间的差额。销售净收入是指销售收入减去销售退回、折扣和折让后的差额。这一比率越大，表明企业单位销售收入所获毛利额越多，销售越有利。由于毛利率剔除了销售费用、管理费用等期间费用和其他损益的影响，因而在企业管理当局的利润预测、成本控制以及各行业对比分析中，毛利率的分析是十分重要的。

(2)销售利润率分析。在企业当期的营业收入中扣除应补偿的营业成本、销售费用和应缴纳的流转税后，是为提供风险投资的所有者留下的毛利。如果再从中扣除管理费用、借入资金的费用(财务费用)，并按国家规定缴纳所得税后，就是投资者应得的报酬。因此该指标有不同的表达方式，其中最能反映企业盈利能力的指标是销售净利润率。其一般的计算公式为

$$\text{销售净利润率}=\frac{\text{营业利润}}{\text{营业净收入}}\times 100\% \tag{7-11}$$

但该指标没有把所得税考虑在内，并不能提供企业实际经营的最后所得，因为所得税是企业的一项费用性支出。因此该指标还可按下面的公式来计算

$$\text{销售净利润率}=\frac{\text{营业净利润}}{\text{营业净收入}}\times 100\% \tag{7-12}$$

式(7-12)中，营业净收入是指从营业总收入中扣除销售折让与折扣、销售退回之后的营业净收入。

(3)成本费用利润率分析。企业的一切所得都是企业在生产经营过程中耗费的结果，所以成本费用利润率反映了企业经营中所得与所费的关系。企业以较少的耗费取得较好的经济成果，是盈利能力较强的表现。企业生产经营过程中发生的费用包括经营成本、产品销售费用、管理费用、财务费用。根据分析的需要，该指标可以按全部经营费用计算。在产品销售成本占较大比重时，也可以单独考察产品销售成本利润率。其计算公式为

$$成本费用利润率=\frac{营业利润}{全部经营费用}\times 100\% \tag{7-13}$$

(4)资本利润率分析。企业所得的利润是利用资本进行经营的结果，将所获利润与所用资本进行比较，更能体现出整个企业的盈利能力和经营成果，将利润与资本进行比较所计算的比率，可以称之为资本利润率。由于资本、利润有不同的表现形式，该指标也有不同的计算方法。以下是几个经常使用的指标。

第一个指标：总资本利润率。其计算公式为

$$总资本利润率=\frac{利润总额-营业外收支净额+利息费用-所得税}{全部资产平均余额}\times 100\% \tag{7-14}$$

该指标是反映企业全部资本运用的总成果，是一个十分重要的指标。该指标计算式中由于营业外收支净额并不是企业全部资本的运用结果，所以应予扣除。无论是企业自有资本还是借入资本，都会在运用中产生利润。由于借入资本所需支付的利息费用，已经从实现的利润中扣除，所以，为了完整地表达总资本的运用效果，在分子中应包括支付的利息费用。此外，企业实现的利润要按规定缴纳的所得税也应从分子中扣除。

第二个指标：经营资本利润率(纳税后)。企业的全部资本并不一定都用于本企业的生产经营活动。因此，为了考察本企业生产经营资本的获利能力，应剔除运用于本企业生产经营活动之外的资本及这些资本所产生的收益，这样计算出来的指标就是经营资本利润率。

$$经营资本利润率(纳税后)=\frac{税后营业利润+利息费用}{全部资本平均余额-对外投资平均余额}\times 100\% \tag{7-15}$$

第三个指标：自有资本利润率(纳税后)。该指标反映了企业自有资本的获利能力。计算公式为

$$自有资本利润率=\frac{利润总额-所得税}{自有资本平均余额}\times 100\% \tag{7-16}$$

2)收益能力的稳定性与持久性分析

单纯就企业某一时期的损益状况进行分析虽然能够说明企业该期的生产经营成果，但对一个持续经营的企业来说，这样评价一个企业的经营状况还是不够的。一个企业必须能够持续、稳定地进行生产经营，才会吸引广大的投资者，使广大投资者、债权人与其保持良好的关系，支持它继续经营下去。因此，对损益状况的分析还要从稳定性、持久性方面进行，借以判断企业生产经营发展趋势。

稳定性和持久性分析可以从以下两方面进行分析：

(1)分析企业利润的性质。

企业利润的实现可以通过自身的有效经营产生，我们可以称之为内部利润；可以通过其他与企业自身经营无关的途径产生，称之为外部利润。应当注意，此处并不是指营业利润和营业外收益。

企业内部利润的产生，是因为企业经营有方，如产品质量好、成本低，职工积极生产、技术装备水平高、工艺先进等，这种收益产生是持久的，也是稳定可靠的。

企业外部利润则是因偶然因素造成的，如产品价格上涨、生产原材料的企业过剩造成材料价格大幅度下跌、偶然的市场景气、产品供不应求等。这些情况不是长久的，如果企业的利润是靠这种偶然的因素产生的，则势必难以持久。在市场经济条件下，由于供求规律的自动调节，价格不会持续上涨，原材料供应也不会永远过剩。

分析时，应根据损益表提供的资料及从其他方面取得的资料加以判断，根据利润变动的原因大体上分析出哪些利润的取得是企业自身努力的结果，哪些是客观因素造成的，从而对企业利润的持久性、稳定性作出基本的判断。

(2)进行连续多个经营期间的比较。就一个经营期间判断企业利润的持久性、稳定性是不可靠的，如果将较多的经营期间进行连续的对比，其变动情况及发展趋势就比较真实可信了。

分析的具体方法很多，但最简单、最直观的方法是绘制一张坐标图，把某个指标或某几个指标在不同时期内的数值在坐标图上标明，然后观察其变动情况。进行这种分析时一定要注意指标口径应保持一致。

3)股份公司盈利能力分析

在股份公司中，由于企业债权人都有固定的利息收入作为保障，因此，对利润的关心程度远不如股票持有者。为此，我们着重从股东的观点出发，对股份公司的盈利能力进行分析。因为企业获得的利润必须按规定计算、缴纳所得税，所得税后的利润才属于股东权益。所以，我们一般对股份公司税后利润进行分析。

(1)股东权益报酬率分析。股东权益报酬率是指税后净利润和全部股东权益之间的比率，表明普通股股权和优先股股权的综合收益率，也是衡量企业盈利能力最基本的指标。其计算公式为

$$股东权益报酬率=\frac{净利润}{平均股东权益总额}\times 100\% \tag{7-17}$$

股东权益报酬率越高，说明股东投入资本获得利润越多，对企业投资者越有利。

普通股股东是企业利润和风险的最后承担者。普通股的这一特点决定普通股股东更为关心他们所享有的权益能够获得多少利润，因此我们通常应计算普通股权益报酬率指标，用来衡量普通股股东投入资本的盈利能力。其计算公式如下：

$$普通股权益报酬率=\frac{净利润-优先股股利}{平均普通股权益总额}\times 100\% \tag{7-18}$$

式(7-18)中的净利润和优先股股利可以从利润分配表中直接得到。普通股权益是指普通股股东所享有的权益，表示为普通股股本加上留存收益减去库存普通股票后的余额，或者表示为全部股权减去优先股股本。

(2)普通股每股收益额分析。普通股每股收益额是指发行在外的普通股每股所享有的收益额。由于普通股按股论价，按股进行买卖，并按股计算获利额，因此现在或潜在的投资者以每股收益额作为衡量企业经营效果、预测企业未来绩效的尺度，据此作出投资决策。该指标反映了普通股股东可分配的利润情况，为所有普通股股东所关注。其计算公式为

$$普通股每股收益额=\frac{净利润-优先股股利}{发行在外的普通股平均数}\times 100\% \quad (7\text{-}19)$$

由于优先股股东对股利的享有权优先于普通股股东，因此，在计算普通股每股收益额时，应从净收益中扣除优先股股利，才是属于普通股股东享有的收益额。式(7-19)中的分母是发行在外的普通股平均股数，是以本期发行在外的普通股票的时间数加权后的平均数为准，用以反映本期内所增发股份或库存股份的变动情况。因为增减变动的股份，并不是在整个期内都可以获益的。一般说来，普通股每股收益额数字越大，说明公司获利越多，经济效益越好，股利分派率越有可能提高。同时，该指标的优劣也直接关系着股票价格行情。

(3)价格与收益比率分析。价格与收益比率是指普通股每股市场价格与当期每股净收益之间的比例关系。其计算公式如下：

$$价格与收益比率=\frac{普通股每股市价}{普通股每股收益额} \quad (7\text{-}20)$$

价格与收益比率表明普通股价格和收益之间的关系，可用以衡量企业的盈利能力，分析股票市价的合理性。通常情况下，发展前景较好，经营效益较高的企业都会有较高的价格收益比率。投资者可对若干公司股票价格与收益比率的对比分析，结合对其未来经济形势的预测，选择投资目标，以作出正确的投资决策。

(4)股利分派率分析。股利分派率是指普通股每股分派的股利与可供分配税后收益间的比例关系。用以衡量当期可供分配利润中用于支付股利的比率，说明企业实行的股利政策。其计算公式如下：

$$股利分派率=\frac{普通股每股股利}{普通股每股收益额}\times 100\% \quad (7\text{-}21)$$

由于各行业、各企业的实际情况不同，股利分派率也没有一个特定的判定标准。发展中的企业一般保持较低的股利分派率。以留存较多的利润，满足扩大生产经营规模的需要，而这些收益的积累有利于提高企业本来的盈利能力。对于规模庞大的企业，为了吸引更多的投资者，则可以保持较高的股利分派率。从股东角度来看，有些股东热衷于股票增值并通过股票买卖获利，愿意将更多的利润用于企业的再投资，以便在未来获得更高的股息；而有些股东则愿意当期多得股利，减少风险，常以股利分派率的高低作为投资决策的主要因素。

(5)股息率分析。股息率是指企业分派给普通股东的每股股利与股票每股市场价格之间的比例关系。其计算公式如下

$$股息率=\frac{普通股每股股利}{普通股每股市价}\times 100\% \quad (7\text{-}22)$$

股息率与股利发放率的作用大致相似。如果企业多保留一部分利润用于再投资，会促使股票市场价格上升，从而使股息率降低。但那些希望能定期获得较多股利的股东以及潜在投资者则更为关心股息率的高低，以期获得较大股利。

3. 成本费用的分析

企业利润的多少，虽然取决于企业各方面的工作，但成本、费用的高低却是最重要、

最根本的原因。对成本费用的分析有助于说明利润变化的原因，对提高企业的经济效益有重要作用。

1)成本的分析

产品销售利润是企业利润总额的最重要组成部分，因此成本的分析也应侧重于产品销售成本的分析。而产品销售成本的高低直接取决于生产成本的高低，所以成本分析从根本上讲应该是产品生产成本的分析。

2)费用的分析

(1)管理费用分析。管理费用作为期间费用，应从当期的营业收入中予以扣除。管理费用的增加直接影响营业利润的增减。加强管理费用的管理，节约开支，是增加盈利的重要途径。管理费用的分析通常是以本年实际发生数与费用预算数相比较，了解费用是节约还是超支，在此基础上，进一步对费用项目进行分析，说明节约或超支的原因。

分析时，应视费用项目的不同性质，区别对待公司经费、提取的费用、非经常项目、按规定支出项目、使用新技术费用及资本性支出摊销费用、业务招待费、损失项目等七项费用。

对管理费用的分析，可以通过各类费用的构成比率的比较了解其变化趋势。一般采用与预算比较、与上年实际比较、与同行业同等规模的企业比较等方式。分析的根本目的在于揭露不合理的开支、降低费用，增加盈利。

(2)销售费用分析。销售费用的高低反映企业的经营效率。近些年来，由于市场竞争激烈，产品销售费用呈上升趋势。企业为了推销商品，支付一定的销售费用是必要的，但不能无限度增加。因销售量增加所带来的效益低于增加的费用开支，得不偿失。因此，销售费用分析必须将销售费用与销售额进行比较，特别是将增加的销售费用与增加的销售额比较更有意义。由于销售额除受销售数量影响之外，还受价格影响。因此，在可能的情况下，将销售费用与销售数量比较更能说明问题。

(3)财务费用分析。财务费用是反映筹资效果的指标。财务费用的高低一方面受企业资金状况的影响，如企业自有资本比较充裕，资金周转比较迅速，借入资本较少，财务费用则较低，反之则较高。另一方面受市场资金供求关系影响，即利率的高低，同时又与企业筹资方式、结构、策略有关。分析时，应将财务费用与所筹集的资金相比较，通过各期平均资金成本的对比，说明筹资费用水平的高低，并通过与企业盈利水平相比较，以考察企业利息负担是否过重。对分析有用的比率包括财务费用占销售额的比率和财务费用占总费用的比率。

四、资金来源与运用表的编制及评价指标计算

资金来源与运用表是反映项目在计算期内各年资金盈余或短缺情况的报表。该表主要用于分析项目的资金平衡能力和清偿能力，并为编制资产负债表提供依据。资金来源与运用表由资金来源、资金运用、盈余资金和累计盈余资金四部分组成。

资金来源包括利润总额、折旧费、摊销费、长期借款、流动资金借款、其他短期借款、自有资金、回收固定资产余值和回收流动资金。其中，长期借款应包括在建设期内未偿还的利息。

资金运用包括固定资产投资、建设期借款利息、流动资金、所得税、应付利润、长期借款本金偿还、流动资金借款本金偿还和其他短期借款本金偿还。其中，固定资产投资和流动资金投资是指各年增加的部分。

根据资金来源与运用表及借款还本付息计算表可计算固定资产投资国内借款偿还期(简称借款偿还期)。固定资产投资国内借款偿还期是指在国家财政规定及项目具体财务条件下，以项目投产后可用于还款的资金偿还固定资产投资国内借款本金和建设期利息(不包括已用自有资金支付的建设期利息)所需要的时间。

借款偿还期满足贷款机构要求的期限时，即认为项目具有清偿能力。

该表反映项目计算期内各年资金的余缺情况，用于选择筹资方案，制定适宜的借款及偿还计划，并用以计算国内借款偿还期，进行清偿能力分析。该表还可为编制资产负债表提供依据。

由于新财务会计制度规定，生产经营期发生的借款利息计入产品总成本费用的利息支出中，因此，在资金运用中，只写借款本金偿还，不需再写借款利息支付。同时，在计算国内借款偿还期时，还需要用资金来源与运用表(或还本付息计算表)、总成本费用表和损益表等三个表逐年进行联算。其计算关系示意见图 7-1。

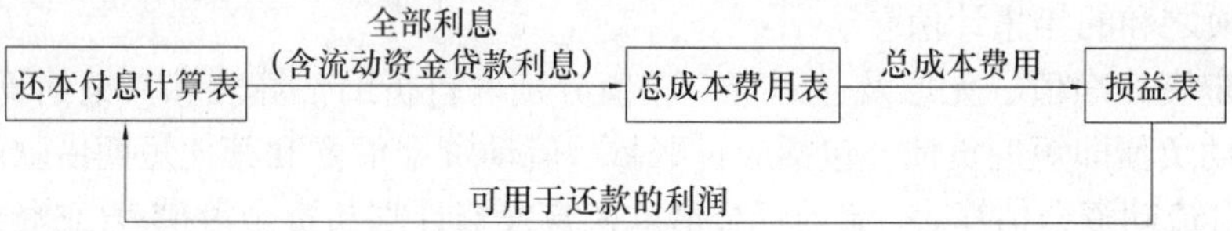

图 7-1　生产期任何一年的利息、总成本费用及还款利润计算关系示意图

表中栏目的设置及其数字来源：

第一项：利润总额。根据损益表中利润总额的数值填列。

第二项：折旧费。根据固定资产折旧费估算表数值填列。

第三项：摊销费。根据无形资产及递延资产摊销费估算表数值填列。

第四项：长期借款、流动资金借款、其他短期借款、自有资金等项。根据投资计划与资金筹措表数值填列。

第五项：回收固定资产余值。填入计算期末。

第六项：回收流动资金。填入计算期末。

第七项：固定资产投资、建设期利息、流动资金等各项。根据投资计划与资金筹措表数值填列。

第八项：所得税、应付利润等项。根据损益表数值填列。

第九项：长期借款本金偿还。根据还本付息计算表数值填列。

第十项：流动资金借款本金偿还。根据项目的具体情况填写。比如按现行制度，企业部分流动资金由工商银行贷款解决，则该项数值可填写在“上年余值”栏内。

第十一项：其他短期借款本金偿还。根据还本付息计算表数值填列。

第十二项：盈余资金。资金来源合计减资金运用合计的差额。

第十三项：累计盈余资金。盈余资金的逐年累计，可作为填写资产负债表相应项的依据。

五、资产负债表的编制及评价指标计算

资产负债表是反映建设项目或技术方案在计算期内各年末资产、负债和所有者权益增减变化情况的报表。该表主要用来考察项目资产、负债及所有者权益的结构合理性和清偿能力。资产负债表由资产、负债和所有者权益三部分组成，并且符合资产等于负债和所有者权益之和这一等式。其中，资产包括流动资产、在建工程、固定资产净值、无形及递延资产净值；负债包括流动负债和长期借款余额；所有者权益包括资本金(新建项目设立企业时在工商行政管理部门登记的注册资金)、资本公积金(投资者缴付的出资额超出资本金的差额以及外界对项目的捐赠款等)、累计盈余公积金和累计未分配利润。各项数据的取值和计算方法如下：

(1)流动资产中的应收账款、存货、现金三项数据来自流动资金估算表，累计盈余资金来自资金来源与运用表，但应在计算期最后一年扣除其中包括的回收固定资产余值及自有流动资金。

(2)在建工程只在建设期内存在，生产期将转为固定资产、无形及递延资产。其数据是指投资计划与资金筹措表(或资金来源与运用表)中建设期内固定资产投资和建设期借款利息三项之和的年累计值。

(3)固定资产净值、无形及递延资产净值分别取自折旧估算表和摊销估算表。

(4)流动负债即短期负债，包括应付账款、流动资金借款和其他短期借款的余额。应付账款来自流动资金估算表，流动资金借款来自投资计划与资金筹措表(或资金来源与运用表)中投产期相应借款额的逐年累计数(达产期数额不变)，其他短期借款的余额与长期借款余额计算方法相同。

(5)长期借款余额在建设期是指长期借款(含建设期借款利息)逐年累计数，在生产期是指年初余额减去当年还本数的差额，可由借款还本付息计算表或资金来源与运用表相关数据求得。

(6)所有者权益中的资本金和资本公积金在建设期是指逐年累计数，生产期是指全部资本金或资本公积金数额，只计盈余公积金和只计未分配利润取自损益表。

根据资产负债表可计算资产负债率、流动比率、速动比率等评价指标，分析项目的资本结构和清偿能力。资产负债率是反映项目各年所面临的财务风险程度及偿债能力的指标，等于各年的负债总额与资产总额之比；流动比率是反映项目各年偿付流动负债能力的指标，等于各年的流动资产总额与流动负债总额之比；速动比率是反映项目各年快速偿付流动负债能力的指标，等于流动资产总额和存货的差额与流动负债总额之比。

资产负债表可综合反映项目计算期内各年年末资产、负债和所有者权益的增减变化及对应关系，以考查项目资产、负债及所有者权益的结构是否合理，用以计算资产负债率、流动比率及速动比率，进行清偿能力分析。

该表是根据“资产=负债+所有者权益”的会计平衡原理编制。不同的报表使用者根据各自需要，可以有选择地利用资产负债表中提供的丰富资料与信息：

(1)“资产”项目说明企业拥有的各种资源和企业的偿债能力。它按资产的流动性排列，流动性大、可变现能力强的资产排列在报表的前面，反之则排列在后面。其顺序依

次为流动资产总额(应收账款、存货、现金、累计盈余资金)、在建工程、固定资产净值、无形及递延资产净值。

(2)负债也就是债权人权益，即借入资金。“负债”项目表明企业长短期债务的数量和偿还期限的长短。它按偿债时间早晚排列，短期债务排列在前，长期债务排列在后。其顺序依次为流动负债总额(应付账款、流动资金借款、其他短期借款)、长期借款。

(3)所有者权益通过“所有者”这一概念，涵盖了我国企业的各种投资者。它表明项目的投资者对企业净资产所有权，即企业全部资产减去全部负债后的净额。所有者权益包括资本金、资本公积金及累计盈余公积金、累计未分配利润。在我国会计准则中所以如此划分，是因为国家既是企业的投资者，又是宏观调控者，既要了解投资及其收益，又要掌握项目收益的分配情况。

表中栏目的数值来源：

第一项：应收账款、存货、现金等项。按流动资金估算表的数值填列。

第二项：累计盈余资金。累计盈余资金包括银行存款和其他货币资金，各年数值按资金来源与资金运用表的数值填列。

第三项：在建工程。“在建工程”客观地反映了项目建设期内各年所占用的资金。其数值应按投资计划与资金筹措表中固定资产投资、建设期利息之和的逐年累计值填列，直至项目建成。项目建设投入生产经营时，它将形成固定资产、无形资产和递延资产原值。

第四项：固定资产净值。其数值根据固定资产原值按年折旧费逐年递减计算，各年数值来自固定资产折旧费估算表。

第五项：无形及递延资产净值。其数值根据无形及递延资产原值按年摊销费逐年递减计算，各年数值来自无形及递延资产摊销费估算表。

第六项：应付账款。按流动资金估算表的数值填列。

第七项：流动资金借款、其他短期借款、长期借款等项。按投资计划与资金筹措表的数值填列。

第八项：资本金。资本金是指新建项目设立企业时，在工商行政管理部门登记的注册资金。自有资金是指投资者缴付的出资额，包括资本金和资本溢价。资本溢价也就是投资人缴付的出资额大于注册资金而产生的差额。根据资本保全原则，投资者投入企业的资本金，在生产经营期内，除依法转让外，不得以任何方式抽回。计提固定资产折旧也不能冲减资本金。除企业将资本公积金、盈余公积金转赠资本金外，一般情况下，均不得任意增减资本金数值。本栏目数值根据投资计划与资金筹措表相应数值填列。

第九项：资本公积金。资本公积金是指项目接收的赠款、资本溢价等，其数值来自投资计划与资金筹措表。

第十项：累计盈余公积金。根据损益表的盈余公积金逐年累计填列。

第十一项：累计未分配利润。按损益表的数值填列。

(一)资产负债表的作用

资产负债表可以为企业管理当局决策提供资料，同时为企业投资者、债权人和其他财务报表使用者提供所要掌握的各种信息。它主要有以下作用。

(1)通过资产负债表可以了解企业所掌握的经济资源及这些资源的分布与结构。

这些财务信息的揭示，对于显示一个企业各项资源分配情况，分析企业资产构成是否合理，评估一个企业财力的强弱程度，是非常重要的。

(2)通过资产负债表可以分析企业的偿债能力。

资产负债表可以提供企业流动资产和流动负债的数额，并将流动资产划分为货币性流动资产和非货币性流动资产。通过流动资产与流动负债、货币性流动资产(速动资产)与流动负债的对比，可以看出企业的偿债能力。

(3)通过资产负债表可以反映企业所承担的债务和投资者所持有的权益。

资产负债表可以提供企业的流动负债和长期负债的数额，以及所有者权益的构成和具体内容，从而据以分析企业的资金来源结构是否合理。

(4)通过资产负债表可以分析企业的财务趋势。

通过资产负债表年初数和年末数的对比分析，可以看出企业的财务变动趋势，及企业资产、负债和所有者权益的增减数额，还可以看出企业总资产是否增加，企业的净资产即所有者权益是否增加，企业的财务状况是呈上升趋势，还是呈下降趋势。

(二)资产负债表的内容

资产负债表可分成资产、负债、所有者权益三大部分。其中资产部分可分为流动资产、长期投资、固定资产、无形资产、递延资产和其他资产，负债部分可分为流动负债和长期负债，所有者权益则可分为实收资本、公积金和未分配利润三类。

资产负债表按照项目流动性程度的大小来排列项目。资产方所列项目可以分为以下几类：

(1)流动资产。流动资产是指可以在一年内或者超过一年的一个经营周期内变现或者运用的资产。该项目反映企业期末各项流动资产的实际结存数。具体包括的项目及其排列的顺序为：应收账款、存货、货币资金和其他流动资产等。流动资产供企业经营使用，并表明企业的偿债能力，在资产方通常列为第一类，占有重要地位。

“应收账款”项目，反映企业因销售产品和提供劳务而应向购买单位收取的各种款项。

“存货”项目，反映企业期末在库、在途和加工中的各项存货的实际成本，应根据“材料采购”、“原材料”、“包装物”、“低值易耗品”、“自制半成品”、“产成品”、“分期收款发出商品”、“生产成本”等余额相抵销后的差额填列。

“货币资金”项目，反映企业库存现金、银行存款、外埠存款、银行汇票存款、银行本票存款和在途资金等货币资金的合计数。本项目应根据“现金”、“银行存款”、“其他货币资金”的期末余额加总填列。在有外币存款的情况下，各种外币存款应当按照一定的汇率折算为记账本位币在报表中反映。

“累计盈余资金”项目，是按资金来源与运用中的数值填列。

(2)在建工程。在建工程项目，反映企业期末各项未完工程的实际支出和尚未使用的工程物资的实际成本，包括交付安装设备的价值，未完建筑安装工程已经耗用的材料、工资和费用支出，预付出包工程的价款，已经建筑安装完毕但尚未交付使用的建筑安装工程成本，尚未使用的工程物资的实际成本等。

(3)固定资产净值。固定资产是指使用期限超过一年，单位价值在规定标准以上，并且在使用过程中保持原有物质形态的资产。该项目反映企业期末全部固定资产原价、累计折旧和净值，以及正在清理过程中的固定资产和正在建造过程中的固定资产。具体包括固定资产原价、累计折旧、固定资产净值、固定资产清理、在建工程和待处理固定资产净损失等项目。

(4)无形及递延资产。无形资产是指企业长期使用但是没有实物形态的资产。递延资产是指不能全部计入当年损益，应当在以后年度内分期摊销的各项费用。

负债和所有者权益各项目，可以分为以下几类：

(1)流动负债。流动负债是指应在一年内或者超过一年的一个营业周期内偿还的债务。该项目反映企业期末各项短期借款和各种应缴、应付款项的实际数额。具体包括短期借款、应付账据、应付账款、预收账款、其他应付款、应付工资、应付福利费、未缴税金、未付利润、其他未缴款、预提费用、一年内到期的长期负债和其他流动负债等项目。这类负债的偿还期短，清偿时需动用流动资产，因而在负债方列为第一类。

“短期借款”项目，反映企业借入尚未归还的一年期以内的借款。

“应付账款”项目，反映企业购买原材料或接收劳务供应而应付给供应单位的款项。

(2)长期负债。长期负债是指偿还期限在一年或超过一年的一个营业周期以上的债务。主要包括长期借款、应付债券、长期应付款和其他长期负债等项目。

(3)所有者权益。所有者权益是企业投资人对企业净资产的所有权。该项目反映企业期末投资者对企业的投入资本以及形成的资本公积、盈余公积和未分配利润等。

(三)资产负债表及其附表的分析

资产负债表及其附表的分析包括资产的分析、负债的分析和所有者权益的分析三方面。

1. 资产的分析

资产的分析包括资产规模变动分析、资产构成变动分析、资产营运效率分析、资产获利能力分析等四方面的内容。下面重点对前三种分析进行叙述。

1)资产规模变动分析

资产规模变动分析主要包括两方面的内容：一是企业全部资产总额变动分析，查明资产总额增减变动的幅度与趋势；二是各类资产规模变动分析，查明增减变动的具体原因，判断其合理性。

(1)资产总规模变动分析。资产总规模变动分析，是将期末数与期初数相比较，了解资产总额的增减变动情况。在分析资产总规模变动时，还应根据企业的实际情况，从以下几方面来判断其变动的合理性：

根据企业生产经营活动的变化，判断资产总规模变动的合理性。主要可将资产总规模变动同企业的产值、销售收入等生产经营成果指标的变动相对比，判断资产与产值、销售收入之间的变动是否协调，资产营运效率是否提高。一般说来，当增产、增收同时增资比率小或者不增资，甚至减少资金时，表明资产营运效率有所提高；当减产、减收时，资金不变或者减资幅度小于减产、减收比率，甚至增加资金，表明资产营运效率下降。判断各种情况的合理性时，在全部资产中有些项目随着企业产值或销售收入的增减变动而变动，如应收账款、存货等；有些项目则不随企业生产销售情况的变动而增减，如长期投资、无形资产、递延资产等。在分析时，可将随产销变化的资产项目单独判断，以判断资产规模变动的合理性。

要注意区分引起资产总规模变动的主观因素和客观因素。例如，由于资产经营管理不善或者企业产销变动而引起的资产增减，属于主观因素；由于物价、信贷政策、产业结构调整等因素引起的资产变动，则属于客观因素。分析时应注意剔除由于客观因素对资产总额的影响，从而公正地评价企业经营业绩，判断资产变动的合理性。

考察资产总规模变动与所有者权益变动的适应程度，查明企业财务状况是否安全。一般说来，资产总额与所有者权益总额的增减应保持相应的速度。例如，资产规模增长如果大大超过所有者权益的增长，表明企业债务负担加重，可能引起企业偿债能力下降，甚至导致企业破产。

(2)流动资产规模变动分析。主要包括以下几方面的内容：

第一，流动资产规模变动一般分析。是从总体上考察流动资产及其构成项目的增减变动情况。

第二，货币资金储备情况的分析。主要是分析货币资金期末储备额脱离计划限额的程度、原因以及货币资金储备过多或过少可能对企业带来的不利影响。一般说来，企业货币资金储存过少，将会影响企业财务信誉，负担不必要的罚金支出，丧失进货优惠等；如果储存过多，则会使企业丧失这部分资金的创利机会。企业应根据实际情况加以权衡，确定合理的储备额。

第三，应收账款构成的分析。主要从三方面分析：①应收账款的构成，主要应将应收账款划分为正常与不正常两类；②应收账款账龄，分为未超过结算期限和超过结算期限两大类；③应收账款发展趋势分析，可从两方面进行：通过计算和比较一定时期内不同时点上各种应收账款占全部流动资产的比重，考察应收账款在流动资产构成中的发展趋势；比较不同时期的应收账款，计算其增长速度。

第四，存货资产变动情况分析。存货资产是企业流动资产的主要组成部分，一般占流动资产的50%左右，对流动资产占用量及变动情况有极大的影响。因此，存货变动情况分析是流动资产分析的主要内容。存货资产变动的分析，首先应考察全部存货期末实际占用额与计划占用额的增减变动差异，然后了解各项存货的变动情况及其原因。

(3)固定资产规模变动分析。主要包括以下几方面的内容：

第一，固定资产净值变动的分析。固定资产净值变动的分析，首先以固定资产净值年初数和期末数相比较，确定其变动情况，在此基础上再查明其变动原因，判断其变动是否合理。影响固定资产变动的原因有二：一是固定资产原值的变动；二是折旧额的变动。

为了反映固定资产的折旧情况和磨损程度，还可以计算以下两个指标：

$$\text{固定资产磨损率}=\frac{\text{固定资产累计折旧额}}{\text{固定资产原值}}\times 100\% \tag{7-23}$$

$$\text{固定资产净值率}=\frac{\text{固定资产净值}}{\text{固定资产原值}}\times 100\% = 100-\text{固定资产磨损率} \tag{7-24}$$

固定资产磨损率反映固定资产平均损耗程度，固定资产净值率反映固定资产平均的新旧程度。磨损率越大，则净值率越小；磨损率越小，则净值率越大。如果净值率小而磨损率大，说明固定资产较旧，技术状况较差，需要进行固定资产更新。

第二，固定资产原值变动的分析。引起固定资产原值变动的原因主要有投资转入、自行购入、自建自制，融资租入、接受捐赠、固定资产盘盈等。引起固定资产原值减少的原因主要有出售固定资产、转让固定资产、投资转出固定资产、固定资产报废清理、固定资产盘亏及毁损、非常损失等。为了了解固定资产原值增减变动的原因，企业可根据固定资产及累计折旧表及有关账簿数据编制固定资产增减情况分析表。

固定资产报废大致有三方面原因：一是固定资产已达预定使用年限，不宜继续使用，而须报废；二是由于平时保养维护不善，加速了磨损，以致未到使用年限而提前报废；三是由于事故造成设备严重损坏，而必须报废清理。

为进一步分析固定资产变动情况，分析时还可采用以下几个指标：

第一个指标：固定资产增长率。即全年净增加的固定资产数额对原有固定资产总额的比率，反映固定资产增长的规模和速度。这个指标可按下列公式计算：

$$\text{固定资产增长率}=\frac{\text{本期固定资产原值增加数}-\text{本期固定资产原值减少数}}{\text{年初固定资产原值}} \tag{7-25}$$

第二个指标：固定资产更新率。该指标是全年新增加的固定资产对现有固定资产总额的比率，反映固定资产更新的规模和速度。其计算公式如下：

$$\text{固定资产更新率}=\frac{\text{本期新增固定资产原值}}{\text{本期期末全部固定资产原值}}\times 100\% \tag{7-26}$$

第三个指标：固定资产退废率。该指标是企业全年退废固定资产（包括清理报废、出售和投资转出的不需用固定资产)对原有固定资产总额的比率。其计算公式如下：

$$\text{固定资产退废率}=\frac{\text{本期退废的固定资产原值}}{\text{本期期初全部固定资产原值}}\times 100\% \tag{7-27}$$

第四个指标：固定资产损失率。该指标是全年由于盘亏固定资产以及由于固定资产毁损而造成的固定资产的损失数对原有固定资产原值的比率，反映企业因盘亏及毁损而造成的固定资产损失的程度。其计算公式如下：

$$\text{固定资产损失率}=\frac{\text{全年盘亏及毁损固定资产原值}}{\text{年初固定资产原值}}\times 100\% \tag{7-28}$$

固定资产退废和损失，一般应有相应的更新，才能维持企业再生产规模。因此，应将固定资产退废率和损失率同固定资产更新率相比较。

(4)无形资产及其他资产变动分析。引起无形资产增加的原因有企业自创无形资产、购入无形资产、接受捐赠、投资者投资转入无形资产等。引起无形资产减少的原因有对外转让或出售无形资产、投资转出无形资产、无形资产价值摊销等。

分析无形资产变动情况时，对于增加的无形资产，应重点分析其技术上的必要性，经济上的合理性和取得渠道的合法性；对于减少的无形资产，则应重点分析对外转让、对外投资是否符合国家有关规定，作价是否合理，此外，还应分析无形资产的摊销方法是否正确，摊销期限是否符合有关规定，是否及时摊销等。

递延资产的分析，与无形资产分析基本一致。

2)资产构成变动分析

(1)全部资产构成变动分析。

全部资产构成是指各类资产数额占企业全部资产总额的比重，通常以构成比率来表示。资产构成反映了资产的组成情况，对它进行分析就是要说明和了解资产的分布与组成是否合理，能否满足生产经营对各类资产的需要。资产构成通常用构成比率来表示，其一般的计算公式是

$$某类资产的构成比率=\frac{该类资产金额}{资产总额}\times 100\% \tag{7-29}$$

一般说来，流动资产具有流动性强、变现速度快的特点，流动资产所占的比重越高，企业营运资金政策越稳定，偿债能力越强，风险越小。但在销售水平一定的情况下，流动资产所占比重大又会降低企业的获利能力。一个企业的流动资产比重是高还是低，必须结合同行业的平均水平或企业的目标标准来判断。由于固定资产具有投资回收期长，变现能力差的特点，一般情况下，固定资产比重高，有利于增加企业收益，企业获利能力强。但由于固定资产变现能力差，所以固定资产比重高时，企业财务风险加大。总之，全部资产构成的确定，要在偿债能力和获利能力之间进行选择。一个企业的资产结构是否合理，并没有一个固定的、统一的标准，必须结合企业的具体情况作出判断。

(2)流动资产构成变动分析。对流动资产构成进行分析，首先应从整体上分析和考察流动资产构成及变动趋势，然后对其主要组成部分的结构及变动趋势进行分析。

第一，流动资产构成及其变动趋势分析。流动资产构成指构成流动资产的各个项目占流动资产的比重。分析流动资产结构，可以了解流动资产的分布情况以及资产的流动性。分析时可以按具体项目进行较细致的分析，也可以首先按性质对流动资产进行分类，然后按类别分析计算。企业在判断流动资产构成变动是否合理时，应首先选定一个标准，一般以同行业的平均水平或企业财务计划确定的水平为宜，然后将资产实际构成与该标准进行比较，确定企业流动资产构成的变动趋势是否合理。

第二，存货资产构成及其变动趋势分析。存货资产构成是指各项存货资产占全部存货资产的比重。各项存货资产在企业生产过程中的作用是不同的，其中产成品存货是存在于流通领域的存货，不是保证生产过程连续进行的必要条件，必须缩减到最低限度。材料类存货是维持生产活动的必要保证，然而它只是生产的潜在因素，必须把它限定在能够保证生产正常进行的最低水平上。在产品存货是保证企业生产经营连续性的存货，企业的生产周期和生产规模直接决定在产品存货的结存量，在企业正常生产经营条件下，在产品存货应保持一个稳定的水平。

在正常情况下，企业存货资产结构应保持相对稳定，分析时应特别注意对变动较大的项目进行重点分析。对于比重上升的存货项目，应重点分析有无超储积压；对比重下降的存货项目，应重点分析其是否达到企业生产经营所需的最低储备量。

(3)固定资产构成变动分析。固定资产构成是指各类固定资产占全部固定资产的比重，反映了固定资产的配置情况。合理地配置固定资产，既可以提高企业的生产能力，又可以使固定资产得到充分有效地利用。

分析固定资产构成及其变动趋势，考察固定资产分布和利用的合理性，可以为企业合理配置固定资产，挖掘固定资产利用潜力提供依据。固定资产构成分析主要包括三方面的内容：①分析生产用固定资产和非生产用固定资产之间的比例变化情况，以考察企

业是否优先增加生产经营所需的固定资产；②分析未使用和不需用固定资产比重的变化情况，以考察企业在处置闲置固定资产上的工作是否得力；③分析企业生产经营用固定资产内部结构是否合理，以考察固定资产的营运效率。

固定资产构成分析除了对其结构变动情况及变动趋势进行分析外，还应通过与同行业平均水平的对比，了解企业固定资产构成是否合理，以便在今后的经营过程中进行调整。

3)资产营运效率分析

资产营运效率是指企业充分利用现有资源创造社会财富的能力，具体指各项资产的周转效率和利用效果。营运效率分析的主要目的就是分析评价企业资产的利用程度。由于资产营运效率直接影响着企业的偿债能力和盈利能力，体现着企业的经营业绩，因此投资者、债权人、企业管理当局为了更深刻地理解和掌握企业的偿债能力和盈利能力，对企业的经营业绩作出全面、客观、公正的评价，就必须对企业的营运效率作专门的详细分析。

资产营运效率主要包括资产周转速度和资产收益能力两方面内容。下面分别介绍。

(1)资产周转速度分析。资产周转速度是衡量资产营运效率的一项主要指标，周转速度越快，表明资产使用效率越高，反之则表明资产利用效果越差。衡量资产周转速度快慢的指标，通常用资产周转率来表示，它是一定时期内资产平均余额与周转额的比率，是用资产占用量和其所完成的工作量的关系来表明资产营运效率的指标。资产周转率通常可用如下公式计算：

$$\text{周转次数}=\frac{\text{资产周转额}}{\text{资产平均余额}} \tag{7-30}$$

$$\text{周转天数}=\frac{\text{计算期天数}}{\text{周转次数}}=\frac{\text{资产平均余额}}{\text{资产周转额}}\times\text{计算期天数} \tag{7-31}$$

$$\text{资产平均余额}=\frac{\text{期初该项资产余额}+\text{期末该项资产余额}}{2} \tag{7-32}$$

资产周转率指标主要包括总资产周转率、流动资产周转率、存货周转率、应收账款周转率、营运资金周转率、固定资产周转率等。下面一一介绍。

第一个指标：总资产周转率。

总资产周转率是指企业一定时期销售净额与总资产平均余额的比率，是反映企业全部资产利用效率的一项经营比率。由于总资产周转速度与企业的获利能力密切相关，因此，企业可以通过薄利多销的办法，加速资产周转，以增加利润绝对额。

第二个指标：流动资产周转速度。

流动资产周转率是指企业一定时期内产品销售收入净额与全部流动资产平均余额之间的比率。与总资产周转速度一样，也有周转次数和周转天数两种表示方法。

流动资产周转率反映流动资产的周转速度，周转次数越多，周转天数越少，说明周转速度越快，变现能力越强，相应地企业的偿债能力便越强；同时，周转速度快，会相对节约流动资产，等于相对扩大资产投入，增强企业盈利能力。反之，延缓周转速度，就需要补充流动资产参加周转，形成资金浪费，降低企业的偿债能力和盈利能力。

第三个指标：存货周转率。

在流动资产中，存货往往占很大的比重。存货的流动性，将直接影响企业的流动资产周转速度。因此，在流动资产周转率的分析之后，还要特别重视存货周转的分析。

存货周转率是表明存货流动性的主要指标，同时也是衡量和评价企业存货购入、投入生产、销售收回等各环节管理状况的综合性指标。它是企业一定时期内产品销售成本与存货平均余额之间的比率，通常用周转次数和周转天数两种方式表示。

存货周转率是衡量一个企业销货能力强弱和存货是否过量的指标。在商品流通企业，存货周转率表示购进商品后的销售效率。一般来说，存货周转次数越多，周转天数越少，则存货周转速度越快，存货的占用越低，流动性就越强，即存货转换为现金或应收账款的速度越快，存货管理的业绩就越好，同时也表现出良好的短期偿债能力和盈利能力。但是不能绝对地认为存货周转速度越快越好，因为存货批量因素会对存货周转率产生较大影响。在存货批量(包括材料采购批量、商品进货批量和产品生产批量等)很小的情况下存货会很快地转换，但批量过小，订货成本或生产准备成本便会上升，甚至造成缺货成本，反而使总成本增大，产生负效应。所以，在分析存货周转率时，要与本企业历史资料、与其他企业或行业平均水平比较后再作出判断。高于行业平均水平，表明企业的存货管理效果好；否则，表明企业的存货管理效果尚未达到一般的应有程度，存在较多有待改进的方面。

第四个指标：应收账款周转率。

应收账款在流动资产中处于举足轻重的地位，及时收回应收账款不仅增强了企业的短期偿债能力，也同时反映出企业管理当局在应收账款方面的管理效率。因此，分析评价应收账款周转率,对投资者、债权人以及企业管理当局等信息使用者具有极其重要的意义。

应收账款周转率又称为收账比率，是用于衡量企业应收账款流动程度的指标。它反映的是企业一定时期内赊销净额与应收账款平均余额之间的比率，通常用周转次数和周转天数表示。应收账款周转次数表示一定时期内应收账款转化为现金的平均次数，说明应收账款流动的速度；应收账款周转天数则表示企业从取得应收账款的权利到收回款项转化为现金所需要的时间，又称为平均应收账款回收期或平均收现期。

第五个指标：营运资金周转率。

营运资金是指流动资产扣除流动负债之后的差额。营运资金周转率是指企业一定时期内销售收入净额与平均营运资金之间的比例关系，也有周转天数和周转次数两种表示方式。

营运资金周转率反映了营运资金的使用效率。一般而言，营运资金周转次数越多或营运资金周转天数越少越好。较高的周转率说明企业只需用较少的营运资金，即可实现较多的销售收入，并相应体现了企业具有良好的偿债能力和盈利能力。但是，如果营运资金周转率过高，则表明企业营运资金不足，业务规模太大，超过了企业实际能力，使企业处于清偿债务危机之中；反之，如果营运资金周转率过低，则表明企业营运资金使用率太低，即相对于营运资金来讲，销售不足，有潜力可控，有待于进一步改善经营管理。在考察企业资金使用效率和偿债能力方面，营运资金周转率指标是一个较为科学和合理的指标。

第六个指标：固定资产周转率。

固定资产是企业的主要劳动资料，它是企业总资产中除流动资产之外的另一类主要资产，因而考察其周转率也是非常必要的。但固定资产周转率与流动资产周转率、营运资金周转率相比显得次要一些，一般只作为辅助性分析指标。

固定资产周转率是指企业一定时期内销售收入总额与固定资产平均余额之间的比例关系，反映固定资产利用效率。也可用周转次数和周转天数表示。

(2)资产收益能力分析。资产收益能力通常以一定时期的生产经营成果(如工业总产值、商品产值、销售收入、销售利润、利润总额及税后利润等)与资产平均余额相对比来表示。一般说来，资产的收益能力越强，说明资产利用效果越好，反之则越差。

第一，流动资产利润率的分析。流动资产利润率是指企业一定时期的产品销售利润与流动资产平均余额的比率，它说明每一元流动资产可为企业提供的利润。其计算公式为

$$\text{流动资产利润率}=\frac{\text{产品销售利润}}{\text{流动资产平均余额}}\times 100\% \qquad (7\text{-}33)$$

从上式可知，流动资产周转速度越快，每一元周转额实现的利润越多，流动资产利润率越高；反之，流动资产利润率越低。

第二，存货产值率分析。存货产值率是指企业一定时期的总产值与存货资产平均余额的比率。其计算公式为

$$\text{存货产值率}=\frac{\text{总产值}}{\text{存货资产平均余额}}\times 100\% \qquad (7\text{-}34)$$

实际工作中，这一指标往往是用其逆指标(产值存货率)来表示，即

$$\text{产值存货率}=\frac{\text{存货资产平均余额}}{\text{总产值}}\times 100\% \qquad (7\text{-}35)$$

第三，固定资产产值率分析。固定资产产值率是一定时期总产值与固定资产平均总值之间的比率。其计算公式如下：

$$\text{固定资产产值率}=\frac{\text{总产值}}{\text{固定资产平均总值(原值或净值)}}\times 100\% \qquad (7\text{-}36)$$

固定资产产值率可用全部固定资产，也可用生产经营用固定资产或生产设备的平均总值(原值或净值)作为基础进行计算。一般说来，固定资产产值率越高，则表明固定资产利用效率越高，反之则表明固定资产利用效率较低。

第四，固定资产利润率分析。固定资产利润率是一定时期内所实现的产品销售利润与固定资产平均总值(原值或净值)的比率。其计算公式为

$$\text{固定资产利润率}=\frac{\text{产品销售利润}}{\text{固定资产平均总值}}\times 100\% \qquad (7\text{-}37)$$

固定资产利润率越高，说明单位固定资产所提供的利润越多，固定资产利用效果越好。

除了以上指标外，反映资产收益能力的还有总资产利润率、净资产利润率等盈利性比率。

2. 负债的分析

负债是指企业所承担的能以货币计量，需以资产或劳务偿付的债务。负债分析主要

包括三方面的内容：①企业负债规模分析，即查明企业负债在全部资金中所占的比重，判断负债规模的合理性；②企业负债构成分析，即查明负债的构成内容和比重，以及流动负债的来源和长期负债的举债方式，以便选取适当的举债规模；③企业偿债能力分析，确定企业近期和远期偿付能力的强弱。

1)负债规模分析

负债规模的分析，可以分两方面进行：一是负债规模的纵向分析；二是负债规模的横向分析。

(1)负债规模的纵向分析。负债规模的纵向分析，是指将本期负债规模与计划或者以前各期的负债规模加以比较，来分析负债总额的增减变化。

(2)负债规模的横向分析。负债规模的横向分析是指通过一系列指标计算，查明负债在企业全部资金中所占的比重以及对所有者权益的比率，以反映企业债务负担的轻重。这些指标主要有负债比率、负债对所有者权益比率等。

第一个指标：负债比率。负债比率，又称为资产负债率，是指负债总额占全部资产的比率。其计算公式为

$$负债比率=\frac{负债总额}{资产总额}\times 100\% \tag{7-38}$$

式(7-38)中的负债总额包括流动负债和长期负债，资产总额则是扣除累计折旧后的净额。

负债比率反映了在总资产中有多大的比例是通过借债筹集的，即举债经营程度。它也可以用来衡量企业在清算时保护债权人利益的程度，即负债保障程度。从债权人的角度来看，负债比率越小，表明所有者权益比率越大，企业的财力就越雄厚，偿债能力也就越强，债务的保障程度就越高，债权的风险也就越小；反之，债权的风险就越大。因此，对债权人来讲，负债比率越小越好。从投资者的角度来看，企业通过举债所筹措的资金与投资者提供的资本在经营活动中发挥同样的作用。因此，投资者所关心的是全部资本盈利率是否超过借入资金的利息率。当资本盈利率超过借入资金的利息率时，负债比率越高，企业获利越大，投资者的投资回报就越高；反之，则投资者的投资回报就越低。从企业管理当局的角度而言，负债比率反映了其经营策略。负债比率高，企业承担的风险就较大，其获利的机会也就越大；反之，则说明企业管理当局比较保守，缺乏举债经营意识。因此，企业在运用举债经营策略时，必须审谨考虑，权衡利弊，保持适度的比率。从理论上讲，一般认为 50%为宜，如果高于 100%，则表明企业资不抵债，视为达到破产界线。实际分析时，应结合行业特点、企业历史水平、企业收支现状、营业周期以及特定时期宏观信贷政策等多种因素综合考虑。

第二个指标：负债对所有者权益比率。负债对所有者权益比率是指负债总额与所有者权益总额的比率，又称产权比率。其计算公式为

$$负债对所有者权益比率=\frac{负债总额}{所有者权益总额}\times 100\% \tag{7-39}$$

负债对所有者权益比率表明由债权人提供的资本与投资者提供的资本的相对关系，反映企业基本财务结构是否稳定。从理论上讲，该指标以 100%为最佳，但也不能一概而论，实际应用时需要同其他有关指标结合起来分析。一般说来，负债对所有者权益比率高，是高

风险、高报酬的财务结构；负债对所有者权益比率低，是低风险、低报酬的财务结构。

2)负债构成分析

企业的负债是由流动负债和长期负债构成的。通过分析负债构成，可以判断企业流动负债与长期负债之间的比例关系是否适当，进而评价资本结构的合理性。

负债构成分析的指标主要有流动负债构成比率、长期负债构成比率、流动负债对所有者权益比率、长期负债对所有者权益比率和负债结构比率等。

第一个指标：流动负债构成比率。流动负债构成比率是指流动负债总额占全部负债总额的比率。其计算公式为

$$\text{流动负债构成比率}=\frac{\text{流动负债总额}}{\text{全部负债总额}}\times 100\% \tag{7-40}$$

第二个指标：长期负债构成比率。长期负债构成比率是指长期负债总额占全部负债总额的比率。其计算公式为

$$\text{长期负债构成比率}=\frac{\text{长期负债总额}}{\text{全部负债总额}}\times 100\% \tag{7-41}$$

长期负债构成比率与流动负债构成比率呈互补性，二者之和为100%。

长期负债构成比率是投资者非常关注的指标。因为长期负债与流动负债不同，流动负债在筹集资金过程中，由于筹资数额有限，且使用时期较短，只能满足企业目前需要，不能满足企业的长远需要，而长期负债可以弥补流动负债的不足，可以用筹集来的资金购建固定资产，扩大生产经营规模。同时，由于长期负债的形成，会使借款利息成为一种长期固定性支出，从而加重了企业的负担，而且企业在偿还期满之前，必须筹到足额的货币资金以备支付。因偿还期长，金额大，企业的远景又往往较难预测，相对来说风险较大。所以，一般认为风险较小且收益稳定的企业才能利用巨额长期负债，否则长期负债构成比率不宜过高。

第三个指标：流动负债对所有者权益比率。流动负债对所有者权益比率是指流动负债总额占所有者权益总额的比率。其计算公式为

$$\text{流动负债对所有者权益比率}=\frac{\text{流动负债总额}}{\text{所有者权益总额}}\times 100\% \tag{7-42}$$

企业的流动负债与生产经营活动紧密相联，在经营活动活跃时，应付款和预收款就相应增加，如果临时流动资金不足，短期借款也会增加，因而流动负债就会增加；随着销售额的增加，企业的流动资产也会随着增加，流动负债又不断得以清偿。另一方面，因所有者权益相对固定，所以流动负债对所有者权益比率的波动性往往较大。在具体分析时，该比率在某些时点上可能会忽高忽低，此时应注意结合经营活动情况进行观察。一般说来，在企业经营活动不景气的情况下，流动负债对所有者权益比率若持续升高，则是企业财务状况不良的表现。

第四个指标：长期负债对所有者权益比率。长期负债对所有者权益比率，又称为长期负债比率，是指长期负债总额占所有者权益总额的比率。其计算公式为

$$\text{长期负债对所有者权益比率}=\frac{\text{长期负债总额}}{\text{所有者权益总额}}\times 100\% \tag{7-43}$$

这一指标表明由债权人和所有者提供的资金来源的相对关系，反映企业基本财务结构情况，表明债权人投入的资金受到所有者权益保障的程度。一般情况下，这一比率不宜超过 100%。如果超过 100%，意味着企业的长期债务必须用流动负债方能还清，这是一种“借债还债”的方法，不利于维护企业财务信誉。

第五个指标：负债结构比率。负债结构比率是指流动负债与长期负债的比率。其计算公式为

$$负债结构比率=\frac{流动负债}{长期负债}\times 100\% \tag{7-44}$$

一般说来，流动负债的负债成本较长期负债为低，负债总额中流动负债所占的份额越大，企业全部负债成本越低，又因为流动负债可以在资金充裕时偿还，因而较长期负债获得更多的利润。另一方面，由于流动负债必须在一年之内偿还，因此它对企业资产流动性的要求也就比较高。负债结构比率越高，要求企业短期偿债能力越强。

3)偿债能力分析

偿债能力分析是指对企业偿还自身所欠债权人债务的能力的分析，包括短期偿债能力分析和长期偿债能力分析。

(1)短期偿债能力分析。短期偿债能力是指企业在短期内偿还短期债务的能力。短期偿债能力对企业至关重要，如果无法保持一定的短期偿债能力，同时也意味着企业在偿还长期债务方面也存在问题，不仅不能满足短期债权人的需要，也不能满足长期债权人乃至投资者的需要。即使是一个盈利不错的企业，也存在着由于资金周转不灵，偿还不了短期债务而面临倒闭破产的危险。因此，企业的各类短期债权人出于自己的利益考虑，非常关注企业的短期偿债能力。企业管理当局出于维护企业财务形象的考虑，也需要分析短期偿债能力。

企业短期偿债能力的强弱表现为资产变现能力的强弱。变现能力的强弱则表现为一个营业周期内流动资产与流动负债之比，其指标主要有流动比率、速动比率和现金比率。

第一个指标：流动比率。流动比率是指企业流动资产总额与流动负债总额之比。其计算公式为

$$流动比率=\frac{流动资产总额}{流动负债总额}\times 100\% \tag{7-45}$$

流动比率是衡量企业短期偿债能力最常用的指标，反映的是流动资产对流动负债的保障程度。流动比率越高，表明企业短期偿债能力越强，流动资产对流动负债的保障程度就越高；反之，流动比率越低，则表明企业短期偿债能力越弱，流动资产对流动负债的保障程度就越低。不过此比率也不能过高，过高的流动比率意味着企业未能充分运用资金或存在着存货积压、滞销等现象，表明企业管理当局过于保守或管理不当。根据经验，一般认为流动比率为 200%左右比较适当。但由于各行业经营性质不一样，营业周期不同，对资产流动性的要求也不一样。因此，在分析一个企业的流动比率时，就有必要与同行业平均水平或企业历史水平相比，以判断其流动比率的高低。

第二个指标：速动比率。速动比率是指速动资产总额与流动负债总额的比率。其计算公式为

$$速动比率=\frac{速动资产总额}{流动负债总额}\times 100\%=\frac{流动资产总额-存货总额}{流动负债总额}\times 100\% \tag{7-46}$$

速动资产是指几乎立即可以用来偿付流动负债的那些流动资产，一般由货币资金、有价证券、应收票据、应收账款和其他各项应收款构成。存货之所以不包括在速动资产之内，是因为存货的流动性比较差，变现能力较弱，变现时间也较长，并且变现时极有可能发生损失。扣除存货之后的流动资产，即速动资产，它具有极强的流动性，代表着直接的偿债能力，将其与流动负债相比，比较的结果更加令人信服，比流动比率更加精确地反映企业的短期偿债能力。因此，债权人往往更重视企业的速动比率。

一般认为，企业的速动比率不能低于 100%，否则偿债能力就偏低。不过，不同行业的情况也会不同，不能将其绝对化。如零售商业大量采用现金结算，应收账款很少，因此允许保持大大低于 100%的速动比率；而另外一些应收账款较多的企业，则应保持高一些的速动比率。所以，在分析企业速动比率时，应同时考虑应收账款周转指标，这便于说明速动比率的变化。

另外，速动资产除了从流动资产中扣除存货之外，还可以从中扣除其他一些可能与当期变现力无关或关系不大的项目，如预付账款、待摊费用等。因为预付账软和待摊费用是企业已经付出的款项，将来不会产生现金流入，不能代表企业的短期偿债能力。但由于这些项目往往数额不大，对指标影响极小，一般可不考虑它们的影响。

第三个指标：现金比率。现金比率有两种含义：一是全部货币资金与流动负债之比；二是全部货币资金和短期证券之和与流动负债之比。由于短期证券可随时转化为现金，因而目前大多采用后者。它所表达的是企业随时可以偿债的能力或者说是对流动负债的随时直接支付程度。其计算公式为

$$现金比率=\frac{货币资金+短期证券}{流动负债}\times 100\% \tag{7-47}$$

速动比率中已将存货、待摊费用等变现能力较差的流动资产予以剔除，但速动资产中应收账款等有时也会因贴现、抵押、客户倒闭破产等使其变现能力受到影响，甚至出现坏账，从而最终影响到企业的短期偿债能力。尤其在企业一旦面临财务危机时，即使企业有较高的流动比率和速动比率，也往往无法满足债权人的要求。因此，一种极其稳健或者说保守的方法是采用现金比率来衡量企业的短期偿债能力。

现金比率较高，表明企业有较多的货币资金和短期证券用做偿债的保障，这是债权人所希望的。但过多地持有货币资金和短期证券，意味着资金没有得到充分利用，出现了闲置或浪费。因此投资者和企业管理当局不愿意保持过高的现金比率。

现金比率固然能表达企业的直接支付能力，但企业没必要总是保持足以偿还流动负债的货币资金和短期证券，因为这差不多相当于流动负债所筹集的资金没有得到利用。因此，在评价企业变现能力和短期偿债能力时，不宜将现金比率作为主要指标，它只是表明企业在最坏情况下对短期债务的应变能力。一般情况下只将现金比率作为流动比率和速动比率的补充或辅助指标。

(2)长期偿债能力分析。长期偿债能力是指企业偿付长期债务的能力。反映企业长期偿债能力的指标主要有负债对有形净资产比率、销售利息比率、利息保障倍数等。

第一个指标：负债对有形净资产比率。负债对有形净资产比率是指负债总额与有形净资产价值之比。其计算公式为

$$负债对有形净资产比率=\frac{负债总额}{所有者权益-无形资产}\times 100\% \tag{7-48}$$

所谓有形净资产是指投资者具有所有权的有形资产的价值，在数量上为所有者权益减去无形资产后的净值。之所以将无形资产扣除，原因在于无形资产具有极大的不确定性，在企业清算时，它不能用于抵偿债务。这一指标实质上是负债对所有者权益比率指标的延伸，但比负债对所有者权益比率更为谨慎，因为它不考虑无形资产价值。

第二个指标：销售利息比率。销售利息比率是指企业一定时期的利息费用占销售收入的比率。其计算公式为

$$销售利息比率=\frac{利息费用}{销售收入}\times 100\% \tag{7-49}$$

这一指标可以反映销售状况对偿付债务利息的保证程度。一般说来，在一定债务规模基本保持不变的情况下，产品销售状况越好，偿还到期债务可能给企业造成的冲击也就越小。

第三个指标：利息保障倍数。利息保障倍数是指企业在一定时期内获取的收益与所需支付的债务利息之间的比值。其计算公式为

$$利息保障倍数=\frac{净利润+所得税+利息费用}{利息费用}=\frac{利润总额+利息费用}{利息费用} \tag{7-50}$$

利息保障倍数反映企业收益为所需支付利息的多少倍，借以衡量企业对长期债务的保障程度，衡量债权人的风险大小，评价企业举债规模是否适当。利息保障倍数越大，说明企业支付利息和偿还债务的能力越强，债权人权益的保障程度越高。从长远看，企业的利息保障倍数至少要大于 1，否则便不能举债经营。

在分析企业长期偿债能力时，除对上述直接表达偿债能力的指标进行计算分析之外，还要对一些影响企业长期偿债能力的财务项目或因素逐一加以考察。

3. 所有者权益的分析

所有者权益是指企业投资人对企业净资产的所有权。从数值上看，它是企业资产总额扣除负债总额后的差额。所有者权益由投入资本、资本公积、盈余公积和未分配利润四部分组成。

所有者权益的分析一般可从以下三方面进行，一是分析所有者权益的增减变动情况，掌握引起所有者权益增减变动的原因；二是分析所有者权益的周转情况和利用程度；三是分析所有者权益的获利能力与市场价值。

1)所有者权益及权益结构变动的分析

所有者权益及权益结构变动的分析，首先是分析企业所有者权益总额及各组成项目的变动情况，查明所有者权益的扩大程度与原因；其次是分析各组成项目与所有者权益的比重，了解权益构成的变动情况。

所有者权益结构是指所有者权益中该项目金额占所有者权益总额的比率。其一般的计算公式为

$$\text{所有者权益中某项目的比重}=\frac{\text{所有者权益中该项目金额}}{\text{所有者权益总额}}\times 100\% \tag{7-51}$$

为了进一步反映和评价企业所有者权益构成的合理性和安全性，通常还可以计算所有者权益比率和负债对所有者权益比率来进行分析。负债对所有者权益比率已在前面进行讲述。这里主要介绍所有者权益比率的计算分析。

所有者权益比率是指所有者权益总额与全部资产总额的比率，反映所有者权益在全部资本中所占的比重。其计算公式为

$$\text{所有者权益比率}=\frac{\text{所有者权益总额}}{\text{资产总额}}\times 100\% \tag{7-52}$$

所有者权益比率与资产负债率(负债比率)是相互对应的比率，二者之和必定等于100%。所有者权益比率越高，则资产负债率越低，企业财务风险越小。但是企业过高的所有者权益比率也不一定理想，因为这一比率过高，表明企业未能有效地利用财务杠杆，进行负债经营。事实上，只要借入资本的利息低于全部资本盈利率，投资者就可以从负债经营中获取更高的投资报酬率。当然，企业过分地依靠负债，越是提高负债比重，企业财务风险也就越大。因此，所有者权益比率与资产负债率应当相互权衡，才能做到既提高企业经营的盈利能力，又不致承受过大的财务风险。

2)所有者权益周转率的分析

所有者权益周转率的分析主要是对资本金收回期和所有者权益周转速度的分析。

(1)所有者权益周转率。

所有者权益周转率是指销售净额与所有者权益总额的比率。其计算公式为

$$\text{所有者权益周转率}=\frac{\text{销售净额}}{\text{所有者权益总额}} \tag{7-53}$$

所有者权益周转率反映着投资人权益的利用程度，它表明所有者投入的资本相对营业额而言是否过多。这一指标对于投资者，尤其是中小型企业、私人企业的所有者特别重要。这一比率越大，表明所有者投入资本利用程度越高；这一比率越小，则表明其资本利用程度越低，或者说，所有者权益相对营业额而言有些过剩，应扩大经营规模。

(2)资本金周转期。资本金周转期是反映企业资本金利用效率和收回周期的指标。其计算公式为

$$\text{资本金周转期}=\frac{\text{计算期天数}\times\text{资本金平均余额}}{\text{销售净额}} \tag{7-54}$$

这一指标与所有者权益周转率的性质一样，但由于资本金不含资本公积、盈余公积及未分配利润，因而更能真实、准确地反映所有者垫支资本的周转速度。这一指标数值越小，表明收回垫支资本所需时间越短，资金利用效果越好。

六、外汇平衡表的编制与分析

外汇平衡表是反映项目各年外汇余缺程度的报表，主要由外汇来源、外汇运用和外

汇余缺额三部分组成。外汇来源包括项目产品销售外汇收入、外汇借款和其他外汇收入；外汇运用主要是进行投资、进口原料及零部件、支付技术转让费和偿还外汇借款本息等；外汇余缺额直接反映了项目计算期内外汇平衡程度。外汇不能平衡的项目，应根据外汇余缺程度提出具体解决方案。

除上述财务评价报表的编制和评价指标计算与分析外，还应对项目进行不确定性分析，其方法参见其他章节。

进行建设项目或技术方案的财务评价，应通过财务报表的编制和指标的计算与分析，对项目的财务可行性进行综合判断，给出明确的评价结论。

七、基础财务报表编制

为了进行企业财务效果计算和进行资金规划与分析，需要编制上述提到的主要财务报表有损益表、资金来源与运用表、资产负债表和现金流量表，对于大量使用外汇和创汇的项目，还要编制外汇平衡表。为编制这些主要报表，需要编制一些基础性报表，主要包括：

(1)投资估算表。包括固定资产投资估算、流动资金投资估算、无形资产及递延资产估算及其他投资估算。

(2)投资计划与资金筹措表。显示各年度分类投资使用额及资金来源。

(3)折旧与摊销估算表。包括固定资产折旧估算、无形资产及递延资产摊销估算，其数值根据投资形成的资产估算值及财政部门规定的折旧及摊销办法计算。

(4)债务偿还表。根据借款计划、与银行商谈的还款办法及可供还款的资金来源编制。

(5)成本费用估算表。按成本构成分项估算各年预测值，并计算各年成本费用总额。为便于计算经营成本，表中须列出各年折旧与摊销费和借款利息额。

(6)销售收入、税金估算表。销售收入由预测的销售量和价格计算；销售税金按税务部门规定计算。本表亦可并入损益表。

需要指出的是，在编制基础性报表的过程中，往往需要编制更详尽的预测资料明细及汇总表，在此不再一一列举。

主要财务报表和基础性财务报表的关系如图 7-2 所示。

八、财务报表编制中的几个问题

(一)税前分析与税后分析

税前分析与税后分析是企业所得税税前与税后分析的简称。项目财务研究中，通常有两种基本的分析方法：一种是税前分析，即不考虑所得税的影响；另一种是税后分析，即要考虑所得税的影响。在很多情况下，税前分析可以提供充分的解答，当比较中的各个方案都可以满足特定功能，而且具有相同的所得税影响时，通过税前比较可以获得适宜的优选方案。在国外，公共项目、政府所属的公司和特殊免税的项目，例如一些非盈利性项目，一般只进行税前分析。对于竞争性项目则需要进行税后分析。因为企业所得税对于

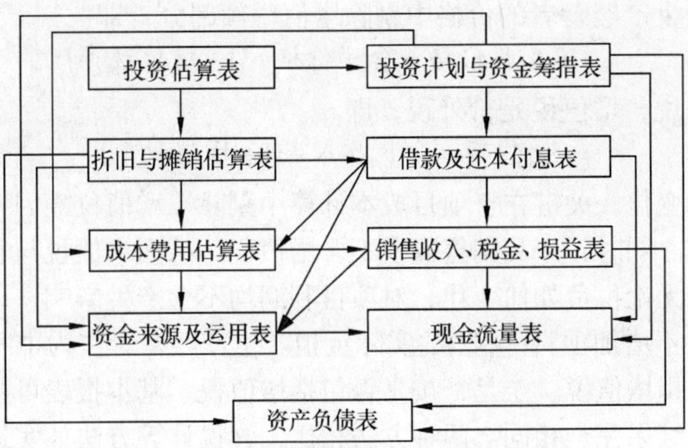

图 7-2　各种财务报表之间的关系图

大多数项目来说，是一项重要的现金流出，应该反映在项目的现金流量表中。对于不同方案的比较，特别是各个方案的折旧费具有显著差别及其减免税优惠条件不同时，也需要进行税后分析。

(二)含税价格与不含税价格

含税价格与不含税价格是含增值税价格与不含增值税价格的简称。我国征收增值税始于 1984 年利改税之时，直至 1993 年底，一直实行价内稽征增值税的办法。为满足我国社会主义市场经济对税制的要求，按照国际上通行的做法，结合我国经济的实际情况，从 1994 年 1 月 1 日起开始实行以增值税为基础的新的流转税制。新增值税是实行价外计税的形式。因此，在新旧税制交替的过渡期间就出现了含税价格与不含税价格问题。

1. 新增值税的特点

增值税是以商品生产流通和劳务服务各个环节增值因素为征税对象的一种流转税，即以法定增值额为征税对象的税种。其特点为：

(1)增值税只对销售额中本企业创造的没有征过税的新增价值部分征税，从而克服了传统的流转税制对已纳税销售额重复征税的缺点。

(2)对一种产品来说，其应纳增值额为生产、流通中各个环节应纳增值税额之和。

(3)企业实缴增值税额是本企业的销项税额与进项税额之差，而非销项税额。企业支付的进项税额与实缴增值税额，作为销项税额向买方收回，实际上，本企业并不负担任何增值税款，而全部增值税额都是由最终消费者来负担的。

(4)新的增值税是价外税，即价格中不含税，而旧的增值税则是价内税，价格中含税。目前为了避免混淆，产品价格需注明是含税价格还是不含税价格。但是，今后产品应该都是指不含增值税的价格。

2. 基本财务报表的两种计算格式

关于增值税改革的主要内容，诸如增值税的课征范围、税率、扣税范围、计税形式，以及应纳税额的计算等，前面已述及，在此不再赘述。现着重说明由于计税形式的变化，含税价格与不含税价格对有关财务报表中相应栏目的影响与处理问题。

直接涉及增值税的基本报表有损益表和现金流量表。从理论上讲，不含税价格与含

税价格的差别仅是生产经营者的价格中剔除增值税额部分，即

$$不含税价格=含税价格\div(1+增值税率) \tag{7-55}$$

对于销售者来说，增值税是价外税，即

$$销售额=含税收入\div(1+增值税率) \tag{7-56}$$

以上形式上的变化，关键在于项目成本计算中剔除了增值税额因素，使项目成本不受增值税额的影响。同时，产品销售额也不含增值税，从而增值税与利润之间不再存在彼此消长的联系，无论税负如何变化，对项目利润均不会产生影响，以及增值税是由最终消费者负担，并不增加项目(企业)的实际负担。生产经营者作为中间环节，只是代扣代缴增值税，不负担增值税。于是，按是否包括增值税，基本报表可归纳为两种处理方法，两种方法计算结果完全相同。两种方法相比，含税计算方法如实地反映了增值税通过价格附加的形式全部转嫁给产品用户的过程。然而，从财务评价的主要功能，即判断项目财务上是否可行来看，不含税计算方法则是一种简便可行的方法。

3. 增值税的计算及其在财务评价中的作用

增值税对项目基本财务报表的计算结果虽无直接影响，但在项目财务评价中计算增值税，还有以下几个作用：

(1)目前城市维护建设税和教育费附加的计算依据仍是增值税。因此，为了计算城市维护建设税和教育费附加，必须先计算增值税。

(2)从理论上讲项目投入物的进项税虽与项目利润之间不存在彼此消长的联系，但它毕竟要占用一定的流动资金，特别是产品生产周期长的项目，其影响会增大。因此，在流动资金计算中，需根据项目特点和具体情况，对增值税的影响适当予以考虑，有些项目，如影响不大，也可忽略不计。

(3)用以计算投资利税率。增值税可通过辅助报表(销售收入与销售税金及附加估算表)计算求得。

(三)关于年度亏损

《工业企业财务制度》规定，企业发生年度亏损，可以用下一年度的税前利润等弥补。下一年度不足弥补的，可以在5年内延续弥补，5年内不足弥补的，用税后利润等弥补。

在项目财务评价中，项目发生年度亏损时，对以下两个基本报表的相应栏目或数值填列，需作如下处理。

1. 损益表

项目发生年度亏损时，为计算所得税，在“利润总额”项下面，需增加“弥补以前年度亏损额”和“应纳税所得额”等项，以便用下一年度的税前利润弥补，如不足弥补，可在5年内延续弥补。亦即，从利润总额中先扣除上年亏损额，求得应纳所得额后，再计算所得税。同时，在“未分配利润”项中，亏损额应以“-”反映。

2. 资产负债表

在损益表的“累计未分配利润”项出现负值(未弥补亏损)时，在资产负债表中有两种表示方法。一种方法是在“资产”中增加“亏损”项，而“累计未分配利润”项只填列正值部分，其负值部分列入“资产”的“亏损”项中以“+”表示。这是联合国工业

发展组织出版的《工业可行性研究编制手册》所采用的表示方法。另一种方法是不论正负值，均列入累计分配利润的相应年份中，其未弥补亏损部分以“-”表示。《建设项目经济评价方法与参数》的资产负债表采用了第二种表示方法。

(四)关于短期贷款

短期贷款通常是指贷款期限在一年以下的贷款。在项目评价中，短期贷款常用于以下两种情况。

1. 为支付建设期利息进行短期贷款

关于国外长期贷款建设期利息，根据项目具体情况和贷款条件，可按复利计算累计到项目投产后与本金一并偿还，这是一种较为简便的计算方法。但在要求建设期即期付息的情况下，一般需要用自有资金按期付息，或者用短期贷款解决。

2. 为解决投产初期的资金不足进行短期贷款

项目生产经营期间的贷款利息，按规定要作为财务费用进入总成本费用。项目投产初期由于尚未达到设计生产能力，往往在损益表上出现年度亏损。但是，这并不能说明项目就没有偿还贷款能力，就需要进行短期贷款。这是因为新财会制度允许企业自主支配使用资金，企业提取的折旧费、摊销费，可视同自有流动资金统筹运用，可用于偿还贷款本金。从资金来源与运用表或借款还本付息计算表(还贷期间)可以看出，如项目内部资金不足以偿还当年的贷款本金，则需进行短期贷款。

短期贷款在自有资金现金流量表中作如下处理：现金流入部分增加“短期借款”项，现金流出部分增加“短期借款利息支付”和“短期借款本金偿还”项。

第四节　财务评价指标与财务评价参数

一、财务评价指标

建设项目财务评价是为评价项目财务经济效果而设定的。从本质上说，它应能反映生产的两个方面，即反映项目投入(所费)与产出(所得)的关系。财务评价指标不同于一般的技术指标和技术经济指标。20世纪50年代，在项目设计中衡量项目的投资经济效果，通常采用基建投资费用、产品成本和劳动生产率三个指标，而不采用利润指标。在方案比较中，采用差额投资(指固定资产投资)回收期(固定资产投资差额除以两个方案的产品成本差额)和差额投资效果系数(投资回收期的倒数)。50年代末到60年代初，国外经济评价方法有了较大发展。由于在项目评价中，引入了“等值”技术(通过利息使不同时间的货币“价值”相等的技术)，从而为项目不同时期发生的收支和各个方案在同等基础上进行经济计算、分析和评价提供了重要方法，即所谓“动态方法”(折现方法)。同时，随着运筹学、概率论与数理统计、数理方法在生产中的应用，以及系统过程、计量经济学、优化技术等学科的发展，扩大了经济分析与评价的量化范围，但任何一种评价方法和任何一个评价指标，都是从一定角度、一个侧面或几个侧面出发来反映项目的经济效果的，总会带有一定的局限性。因此，需要制定一组评价指标(即指标体系)。在财务评价中，除设有主要指标外，还应设有辅助指标和补充指标，进行各种辅助和补充分析。

常用的财务评价指标，如图 7-3 所示。

- 财务评价指标
  - 静态指标（传统方法）
    - 投资利润率
    - 投资利税率
    - 资本金利润率
    - 资产负债率
    - 流动比率
    - 速动比率
    - 投资回收期
    - 借款偿还期
  - 动态指标（折现方法）
    - 财务内部收益率
    - 财务净现值
    - 动态投资回收期

图 7-3　常用的财务评价指标

上述评价指标可通过前述相应的基本财务报表直接或间接求得，并进一步进行财务盈利能力分析、财务清偿能力分析、财务外汇平衡分析。此外也可根据项目特点和实际需要，进行其他辅助分析。这些分析和评价指标与基本财务指标报表的对应关系见表 7-2。

表 7-2　财务分析和评价指标与基本财务报表的对应关系

评价内容	基本报表	静态指标	动态指标
盈利能力分析	全部投资现金流量表	全部投资回收期	财务内部收益率 财务净现值 全部投资回收期
	自有资金现金流量表		财务内部收益率 财务净现值
	损益表	投资利润率 投资利税率 资本金利润率	
清偿能力分析	借款还本付息计划表	利息备付率 偿债备付率	
	资金来源与运用表	借款偿还期	
	资产负债表	资产负债率 流动比率 速动比率	
外汇平衡分析	财务外汇平衡表		
其他分析		指标或实物指标	

二、财务评价参数

建设项目经济评价有关规定列举了一些行业的财务评价参数，包括财务基准收益率、基准投资回收期、平均投资利润率和平均投资利税率等。需要注意的是：①这些参数是按照一定的财税、价格等条件测定的，当财税条件等发生较大变化时，应作相应调整；②这些参数适用于计算所得税前财务评价指标；③这些参数均不含通货膨胀因素；④这些参数适用于大中型项目，可供小型项目参考。

(一)行业财务基准收益率和基准投资回收期

(1)行业财务基准收益率和基准投资回收期是按照测算时的财税价格条件，根据各行业代表性近几年统计数据、新项目可行性研究资料，按统一方法估计测算，在取值时考虑了国家产业政策、行业技术进步、资源劣化、价格结构等因素后综合研究测定的。

(2)行业财务基准收益率是各行业项目评价财务内部收益率指标的基准判据，也是计算财务净现值指标的折现率。行业财务基准收益率代表行业内投资资金应当获得的最低财务盈利水平，代表行业内投资资金的边际收益率。

(3)行业基准投资回收期是各行业项目财务评价投资回收期指标的基准判据。在项目财务分析中，要求项目的投资回收期小于或等于行业基准投资回收期，否则，表示项目未满足行业项目投资盈利性和风险性要求。

(二)行业平均投资利润率和平均投资利税率

(1)行业平均投资利润率和平均投资利税率是根据近几年新项目和老企业的统计数据分析计算得到的，反映了测算时财税价格条件下各行业建设项目投资的利润率和利税率的平均水平。

(2)行业平均投资利润率和平均投资利税率是衡量项目的投资利润率和投资利税率是否达到或者超过本行业平均水平的评判参数，只作为项目财务评价的参考依据，不作为项目投资利润率和投资利税率是否达到本行业最低要求的判据。

三、财务评价指标计算

财务评价是在财务报表编制的基础上进行盈利能力分析、偿债能力分析和抗风险能力分析。这里主要介绍盈利能力分析和清偿能力分析的计算方法。

财务盈利能力分析和财务清偿能力分析对项目来说，是相辅相成的，两种分析涉及投资不同方面的问题。因此，两者都必须进行，不能相互替代。财务盈利能力分析是衡量项目投资的盈利率，更确切地说，全部投资盈利率是不管资金来源如何，用来衡量资本收益的。因此，它是对提供一项资金的潜在收益能力的一种评价，并不考虑项目计算期内所发生的财务事项。而财务清偿能力分析则必须考虑项目的财务特点，以便使可利用的资金能够保证项目顺利实施和运营。也就是说，项目财务盈利能力分析旨在研究判断该项目值不值得进行投资，而财务清偿能力分析旨在研究最佳的资金可能来源，解决该项目的资金供应问题。

(一)盈利能力分析

盈利能力分析是项目财务评价的主要内容之一，主要是考察投资的盈利水平，是在编制现金流量表的基础上，计算财务内部收益率、财务净现值、全部投资回收期等指标。其中财务内部收益率为项目的主要盈利性指标，其他指标可根据项目特点及财务评价的目的、要求等选用。

1. 财务内部收益率(*FIRR*)

财务内部收益率是指项目在整个计算期内各年净现金流量现值累计等于零时的折现率，它是评价项目盈利能力的动态指标。其表达式为

$$\sum_{t=1}^{n}(CI-CO)_t\cdot(1+FIRR)^{-t}=0 \tag{7-57}$$

式中 CI——现金流入量；

CO——现金流出量；

$(CI-CO)_t$——第 t 年的净现金流量；

n——计算期年数。

财务内部收益率可根据财务现金流量表中净现金流量，用试差法计算，也可采用专用软件的财务函数计算。

按分析范围和对象不同，财务内部收益率分为全部投资财务内部收益率、资本金收益率(即资本金财务内部收益率)和投资各方收益率(即投资各方财务内部收益率)。

1)全部投资财务内部收益率

全部投资财务内部收益率是考察确定项目融资方案前(未计算借款利息)且在所得税前整个项目的盈利能力，供决策者进行项目方案比选和银行金融机构进行信贷决策时参考。

由于项目各融资方案的利率不尽相同，所得税税率与享受的优惠政策也可能不同，在计算项目财务内部收益率时，不考虑利息支出和所得税，是为了保持项目方案的可比性的收益水平。

项目的全部投资包括自有资金出资部分和债务资金(包括借款、债券发行收入和融资租赁)的投资，对应的投资收益是税后利润、折旧与摊销以及利息，其中利息可以看做是债务资金的盈利。全部投资(项目)的盈利能力指标基本上不受融资方案的影响，可以反映项目方案本身的盈利水平，除所得税一项外，其他现金流量都不受融资方案的影响，都取决于项目本身。因此，它提供给投资者和债权人(可以认为是间接投资者)以最基本的信息——是否值得投资(或贷款)。

2)资本金收益率

资本金收益率是以项目资本金为计算基础，考察所得税税后资本金可能获得的收益水平。它是研究投资者出资这部分的投资效益。因此，投资阶段的现金流出只包括自有资金出资部分，生产经营期的现金流入要扣除债权人的收益，及借款本金的偿还、利息支付以及融资租赁的租赁费支出。

自有资金现金流量表可在全部投资现金流量表和资金来源与运用表的基础上编制。还款方式不同，自有资金现金流量表也不同，因而自有资金投资效果也不同。当全部投资内部收益率大于贷款利率时，晚还款的内部收益率比早还款的内部收益率大。

自有资金财务效果与全部投资财务效果的区别主要表现在：当全部投资内部收益率大于贷款利率时，自有资金内部收益率大于全部投资财务内部收益率；贷款比例越高，则自有资金内部收益率越高；当全部投资内部收益率大于基准收益率，且基准折现率大于借款利率时，自有资金净现值大于全部投资净现值。

一般来说，只要全部投资内部收益率高于借款利率，增加借款比例，可以提高自有资金投资的内部收益率。自有资金投资的盈利能力的一部分来自项目，另一部分来自贷款者。在这种情况下，投资者会尽可能地减少自有资金的出资额，将余下的自有资金投向类似的项目，使整个自有资金投资的盈利能力提高。人们将投资者的这种做法叫做杠杆原理。即使在全部投资的内部收益率与借款利率相同的情况下，增加借款比例对直接投资者还是有利的。这是因为建设期借款利息可以形成资产的原值，提高了折旧额；在生产经营期，借款利息可以计入当期损益(财务费用)，这都可以减少所得税的支出，使自有资金的盈利水平提高。此外，投资者利用债务资金，分散自有资金在不同项目上，还可以减少投资的风险。所谓“不要把全部鸡蛋都装在一个篮子里”就是这种考虑的体现。

当然，投资者利用杠杆原理也不是绝对的。首先，政策和法规规定，对负债的比例是有限制的。例如，我国合资企业法规定注册资本一般应不少于投资总额的一定比例。我国财务通则还规定，企业筹集的资本金在生产经营期内不得以任何方式抽走。其次，当多余的自有资金找不到较好的其他投资机会时，减少自有资金的出资也未必有利。

3)投资各方收益率

投资各方收益率是以投资各方出资额为计算基础，考察投资各方可能获得的收益水平。

项目财务内部收益率(*FIRR*)的判别依据，应采用行业发布或者评价人员设定的财务基准收益率(i_c)，当 $FIRR>i_c$ 时，即认为项目的盈利能力能够满足要求。资本金和投资各方收益率应与出资方最低期望收益率对比，判断投资方收益水平。

2. 财务净现值(*FNPV*)

财务净现值是指按设定的折现率 i_c 计算的项目计算期内各年净现金流量的现值之和。其计算公式为

$$FNPV=\sum_{t=1}^{n}\left(CI-CO\right)_t\cdot\left(1+i_c\right)^{-t} \tag{7-58}$$

财务净现值是评价项目盈利能力的绝对指标，它反映项目在满足按设定折现率要求的盈利之外，获得的超额盈利的现值。财务净现值等于或者大于零，表明项目的盈利能力达到或者超过按设定的折现率计算的盈利水平。一般只计算所得税前财务净现值。

3. 全部投资回收期

1)静态全部投资回收期(P_t)

静态全部投资回收期是指以项目的净收益偿还项目全部投资(固定资产投资和流动资金等)所需要的时间，一般以年为单位，并从项目建设起始年算起。它是考察项目在财务上的投资回收能力的主要静态指标。若从项目投产年算起，应予以特别注明。其表达式为

$$\sum_{t=1}^{P_t}\left(CI-CO\right)_t=0 \tag{7-59}$$

投资回收期可根据现金流量表计算，现金流量表中累计现金流量(所得税前)由负值变为零时的时点，即为项目的投资回收期。

投资回收期越短，表明项目的盈利能力和抗风险能力越好。投资回收期的判别标准是基准投资回收期，其取值可根据行业水平或者投资者的要求设定。

投资回收期作为评价指标，在国际上已使用了几十年，目前仍在使用。这个指标的主要优点是能反映项目本身的资金回收能力，比较容易理解、直观，对于那些技术上更新迅速的项目进行风险分析时特别有用；其缺点是由于过分强调迅速获得财务收益，没有考虑回收资金后的情况，而且没有评价项目计算期内的总收益和盈利能力。

多年来，我国对投资回收期这个指标比较重视，主要是因为这个指标容易理解，同时，由于我国建设资金非常短缺，特别重视项目的资金回收能力。但是使用这个指标进行方案选择和项目排队时，必须与其他指标(例如财务内部收益率或财务净现值)合并使用，否则可能导致错误的结论。

2)动态全部投资回收期(P_t')

动态全部投资回收期是按现值法计算的投资回收期。其表达式为

$$\sum_{t=1}^{P_t'}\left(CI-CO\right)_t\left(1+i_c\right)^{-t}=0 \tag{7-60}$$

动态投资回收期可直接从财务现金流量表(全部投资)中累计净现值计算求得。

与静态投资回收期相比，动态投资回收期的优点是考虑了现金收支的时间因素，能真正反映资金的回收时间；缺点是要进行现值计算，比较麻烦。在投资回收期不长或折现率不大的情况下，两种投资回收期的差别可能不大，不致影响项目评价或方案比选的结论。但在静态投资回收期较长的情况下，两种投资回收期的差别有可能是比较明显的。

4. 投资利润率

投资利润率是指项目在计算期内正常生产年份的年利润总额(或年平均利润总额)与项目投入总资金的比例，它是考察单位投资盈利能力的静态指标。将项目投资利润率与同行业平均投资利润率对比，判断项目的获利能力和水平。

5. 投资利税率

投资利税率是指项目达到设计生产能力后的一个正常年份的年利税总额或项目生产期内的年平均利税总额与项目总投资的比率。其计算公式为

$$投资利税率=\frac{年利税总额或年平均利税总额}{项目总投资} \tag{7-61}$$

$$年利税总额=年销售收入-年总成本费用 \tag{7-62}$$

或

$$年利税总额=年利润总额+年销售税金及附加 \tag{7-63}$$

投资利税率可根据损益表中的有关数据计算求得。在财务评价中，将投资利税率与行业平均投资利税率对比，以判别单位投资对国家积累的贡献水平是否达到本行业的平均水平。

6. 资本金利润率

资本金利润率是指项目达到设计生产能力后的一个正常年份的年利润总额与资本金的比率，它反映投资项目的资本金的盈利能力。其计算公式为

$$资本金利润率=\frac{年利润总额或年平均利润总额}{资本金} \tag{7-64}$$

(二)偿债能力分析

有些项目的投资盈利水平虽然很高，但由于资金筹措不足、资金到位迟缓、应收账

款收不上来以及汇率和利率的变化都会对项目产生影响，招致损失。因此，工程项目投资财务分析的一项重要工作就是要在投资决策的前期认真分析项目在进行过程中的各个阶段的资金是否充裕、是否有足够的能力清偿债务、项目在财务安排上负债比例是否合适等。这类分析叫清偿能力分析。一般来说，项目在筹建的后期到生产经营达到正常的这段时间资金平衡最为困难，此时项目占用的资金量大，利息支付也多，借款也开始要求偿还，而投产试生产阶段成本费用高，产量低资金流入偏少。因此，有必要逐年地予以平衡，做到事先心中有数，未雨绸缪。资金平衡可以通过编制资金来源与运用表来进行，这张表有时也叫财务平衡表或财务计划现金流量表。财务计划现金流量表与用于盈利性分析的投资(包括全部投资和自有资金投资)现金流量表有着本质的不同，前者从项目的资金平衡出发，而后者是从投资者角度出发的。资金来源与运用表中的盈余资金表示当年资金来源(现金流入)多于资金运用(现金流出)的数额。当盈余资金为负值时，表示该年资金的短缺数。在建设期，盈余资金(短缺)表示当年投资者的出资额加上借款或其他债务来源多于(少于)投资的数额。作为资金的平衡，并不需要每年的盈余资金不出现负值，而要求从投资开始至各年累计的盈余资金大于零。这就是要求投资项目在进行过程中的任何时刻都有够用的“钱”，否则，项目将无法进行下去。当在某一时刻累计盈余资金小于零时，要在此之前增加借款或增加自有资金投入或延缓(减少)利润分配或设法与债务人协商延缓还款时间。当这些措施都无效时，即使是投资盈利能力很好，也还要重新考虑投资项目的可行性，缩小投资项目的规模甚至放弃项目的投资。

项目清偿能力分析主要是考察项目计算期内各年的财务状况及偿债能力。过去国内项目一般不做资产负债表，主要是通过财务平衡表(存在多种不同贷款条件的国内外借款时，还可以借助于借款还本付息计算表)计算国内固定资产投资借款偿还期，进行项目清偿能力分析。根据新的财务会计制度，建立企业资本金制度，扩大企业自主权，以资产负债表代表原来的资金平衡表。

因此，根据有关财务报表，计算借款偿还期、利息备付率、偿债备付率等指标，评价项目借款偿债能力。如果采用借款偿还期指标，可不再计算备付率，如果计算备付率，则不再计算借款偿还期指标。

1. *固定资产投资国内借款偿还期*

有些项目的资金筹措方案并没有具体规定偿还贷款的时间和方式。贷款部门很希望知道项目偿还贷款的最短时间，这就有必要计算投资借款的偿还期。常见的是固定投资借款的偿还期。计算这种借款偿还期的关键是要明确项目可用于还款的来源，尽可能做到偿还的来源与偿还的对象相一致。对于税利分流和税后还贷的项目，固定投资借款的本金由税后的利润加上折旧来归还，必要的话，还可以扣除项目在还款期间的留利和留用的折旧。这类项目的固定投资借款利息和流动资金的利息一样，可以进入总成本费用，因此税后利润和折旧只用来还本就可以了。由于每年的利息取决于年初的借款余额，而利润的计算又取决于利息的大小，因此，在这种情况下，利润的计算和利息的计算无法独立地进行。借款偿还期是在全部税后利润和折旧费先用于归还固定投资借款的情况下算出的偿还期，这个指标将随着借款的比例不同而不同，并不能说明项目本身的盈利性。

借款偿还期是指以项目投产后获得的可用于还本付息的资金，还清借款本息所需的时间，一般以年为单位表示。这项指标可由借款偿还计划表推算，不足整年的部分可用内插法计算。指标值应能满足贷款机构的期限要求。

借款偿还期指标旨在计算最大偿还能力，适用于尽快还款的项目，不适用于已约定借款偿还期限的项目。对于已约定借款偿还期限的项目，应采用利息备付率和偿债备付率指标分析项目的偿债能力。

当国内借款偿还期满足贷款机构的要求期限时，即认为项目是有清偿能力的。

涉及外资的项目，其国外借款部分的还本付息，应按已明确的或预计可能的借款偿还条件(包括偿还方式及偿还期限)计算。

2. 利息备付率

利息备付率是指项目在借款偿还期内，各年可用于支付利息的税息前利润与当期应付利息费用的比值，即

$$利息备付率=\frac{税息前利润}{当期应付利息费用}\times 100\% \tag{7-65}$$

$$税息前利润=利润总额+计入总成本费用的利息费用 \tag{7-66}$$

当期应付利息是指计入总成本费用的全部利息。

利息备付率可以按年计算，也可以按整个借款期计算。利息备付率表示项目的利润偿付利息的保证倍率。对于正常运营的企业，利息备付率应当大于 2，否则，表示付息能力保障程度不足。

3. 偿债备付率

偿债备付率是指项目在借款偿还期内，各年可用于还本付息资金与当期应还本付息金额的比值，即

$$偿债备付率=\frac{可用于还本付息资金}{当期应还本付息金额}\times 100\% \tag{7-67}$$

可用于还本付息的资金，包括可用于还款的折旧和摊销、在成本中列支的利息费用、可用于还款的利润等。当期应还本付息金额包括当期应还贷款本金及计入成本的利息。

偿债备付率可以按年计算，也可以按整个借款期计算。偿债备付率表示可用于还本付息的资金偿还借款本息的保证倍率。偿债备付率在正常情况应当大于 1。当指标小于 1 时，表示当年资金来源不足以偿付当期债务，需要通过短期借款偿付已到期债务。

第五节 最低希望收益率的确定

在财务分析中，最低希望收益率的确定，是一个十分复杂的问题，这是由于最低希望收益率的确定影响因素众多，如资金的来源及其构成、投资计划和机会成本等。

一、资金费用

资金费用是确定最低希望收益率的重要因素之一。资金费用取决于资金的来源及其构成。

项目资金的来源概括起来有五种：项目主办单位自有资金、银行贷款、融集资、出售债券和发行资金股票。其中项目主办单位的自有资金主要来源是通过企业经营所得到的利润留成、逐年资产提取的折旧费、按销售额一定比例提取的技术开发经费等。

资金来源构成的变化，就决定了项目的不同资金费用，这是由于不同类型资金必须付给的回报是不同的。对于股份制企业，选择不同资金类型、来源是由董事会作决策的，有时甚至需要获得股东的同意。当内部有足够的自有资金时，一般可以不利用外部资金来源。但当内部自有资金不足时，那么就必须使用外部资金，或者延缓或取消该项目。

二、投资机会与机会成本

机会成本也是确定最低希望收益率的重要因素。机会成本的分析建立在正确的投资机会分析基础之上。

(一)投资机会

企业资金比私人资金具有更多的投资场所。例如，企业资金可以用于房地产开发，可以用于企业的产品开发，可以用于技术改造等。企业的经营业务，为企业资金的使用提供了不少的投资机会。

对于投资机会的研究，是企业经营管理的一个重要组成部分。它对企业的决策起着不可低估的作用。

(二)机会成本

企业投资决策时，常会遇到两种独立的情况：一种是投资项目可能得到的资金来源和数量；另一种是企业所能得到的投资机会。由于投资机会会超过可能提供的资金数量，造成资金的不平衡，或者说资金的不足，这样，只能选取最优的投资机会，放弃较差的投资机会。我们将放弃的最好投资机会，定义为机会成本。即

$$\text{机会成本=已放弃的最好投资机会=已放弃的最佳项目收益率} \tag{7-68}$$

三、最低希望收益率的确定

在财务分析中，最低希望收益率究竟是选资金费用率，还是机会成本呢？

众所周知，某项工程或项目的收益超过了该项工程的费用，才能有企业利润而言。最低希望收益率的下限一定是项目的资金费用率。例如，将以 8%利率的贷款投资于只能生产 6%收益率的工程项目是不明智的。同样，最低希望收益率不应小于被放弃的最优投资机会，即机会成本。简单地说，最低希望收益率应取机会成本、资金费用率两者中的较大值。

对于按照机会成本、资金费用率两者中较大值确定的最低希望收益率，还应考虑风险性因素，进行适当的调整。即当进行项目技术经济分析评价时，有时为了考虑风险和不确定性因素，常适当加大最低希望收益率。

第六节　通货膨胀与工程财务分析

一、通货膨胀理论

(一)通货膨胀的描述和分类

当一个经济中的大多数商品和劳务的价格连续在一段时间内普遍上涨时，宏观经济学就称这个经济经历着通货膨胀。按照这一说明，如果仅有一种商品的价格上升，这不

是通货膨胀。只有大多数商品和劳务的价格持续上升才是通货膨胀。

那么，如何理解大多数商品和劳务的价格上升呢？考虑到现实经济当中成千上万种不同商品价格加总的实际情况，以及经济当中一些商品价格上涨的同时，另一些商品的价格却可能在下降，而且各种商品价格涨跌幅度也不尽相同这种复杂情况，宏观经济学运用价格这一概念来进行说明。

1. 价格

宏观经济学用价格水平来描述整个经济中的各种商品和劳务价格的总体平均数。作为一个总量指标，价格水平是用所谓的价格指数来衡量的。宏观经济学中常涉及的价格指数主要有 *GDP* 折算指数、消费价格指数(简记为 *CPI*)和生产者价格指数(简记为 *PPI*)。

GDP 折算指数是名义的 *GDP* 和实际的 *GDP* 的比率。消费价格指数的含义是，对普通家庭的支出来说，购买具有代表性的一组商品，在当前要比在过去某一时间多花费多少。这一指数的基本意思是，人们有选择地选取一组(相对固定)商品和劳务，然后比较它们按当期消费价格购买的花费和按基期价格购买的花费。用公式表示，就是

$$CPI=\frac{\text{一组固定商品按当期价格计算的价值}}{\text{一组固定商品按基期价格计算的价值}}\times 100\% \tag{7-69}$$

有了价格水平(价格指数)这一概念，就可以将通货膨胀更为精确地描述为经济社会在一定时期价格水平持续地和显著地上涨。通货膨胀的程度通常用通货膨胀率来衡量。通货膨胀率被定义为从一个时期到另一个时期价格水平变动的百分比。用公式表示就是

$$\pi_t=\frac{P_t-P_{t-1}}{P_{t-1}} \tag{7-70}$$

式中　π_t——t 时期的通货膨胀率；

P_t、P_{t-1}——t 时期和$(t-1)$时期的价格水平。

如果用上面介绍的消费价格指数来衡量价格水平，则通货膨胀率就是不同时期的消费价格指数变动的百分比。

2. 通货膨胀的分类

对于通货膨胀，可从不同角度进行分类。

(1)按照价格上升的速度进行分类。按照价格上升的速度，存在着三种通货膨胀类型：①温和的通货膨胀，指每年物价上升的比例在 10%以内；②奔腾的通货膨胀，指年通货膨胀率在 10%以上和 100%以内；③超级通货膨胀，指通货膨胀率在 100%以上。

(2)按照对价格影响的差别分类。按照对不同商品的价格影响的大小加以区分，存在着两种通货膨胀的类型：第一种为平衡的通货膨胀，即每种商品的价格都按相同比例上升。这里所指的商品价格包括生产要素以及各种劳动的价格，如工资率、租金、利率等。第二种为非平衡的通货膨胀，即各种商品价格上升的比例并不完全相同。例如，甲商品价格的上涨幅度大于乙商品的，或者，利率上升的比例大于工资上升的比例，等。

(3)按照人们的预料程度加以区分。按照这种区分方法有两种通货膨胀类型：一种是未预期到的通货膨胀，即价格上升的速度超出人们的预料，或者人们根本没有想到价格会上涨。例如，国际市场原料价格的突然上涨所引起的国内价格的上升，或者在长时期

中价格不变的情况下突然出现的价格上涨。另一种是预期到的通货膨胀。例如，当某一国家的物价水平年复一年地按 5%的速度上升时，人们便会预计到，物价水平将以同一比例继续上升。既然物价按比例增长成为意料之中的事，则该国居民在日常生活中进行经济核算时会把物价上升的比例考虑在内。

(二)通货膨胀的原因

关于通货膨胀的原因，经济学家提出了种种解释，可分为三方面：第一方面为货币数量论的解释，这种解释强调货币在通货膨胀过程中的重要性；第二方面是用总需求与总供给来解释，包括从需求的角度和供给的角度的解释；第三方面是从经济结构因素变动的角度来说明通货膨胀的原因。下面依次加以说明。

1. 作为货币现象的通货膨胀

货币数量论在解释通货膨胀方面的基本思想是，每一次通货膨胀背后都有货币供给的迅速增长。这一理论的出发点是如下所示的交换方程：

$$M \cdot V = P \cdot Y \tag{7-71}$$

式中 M——货币供给量；

V——货币流通速度，它被定义为名义收入与货币量之比，即一定时期(如一年)平均一元钱用于购买最终产品与劳务的次数；

P——价格水平；

Y——实际收入水平。

上述方程的左方的 $M \cdot V$ 反映的是经济中的总支出，而右方的 $P \cdot Y$ 为名义收入水平。由于经济中对商品与劳务支出的货币额即为商品和劳务的总销售价值，因而方程的两边相等。将上述方程变量动态化，并取自然对数有

$$\ln P + \ln Y = \ln M + \ln V$$

对上述式子关于时间 t 求微分，并整理得

$$\frac{\frac{\mathrm{d}P}{\mathrm{d}t}}{P} = \frac{\frac{\mathrm{d}M}{\mathrm{d}t}}{M} + \frac{\frac{\mathrm{d}V}{\mathrm{d}t}}{V} - \frac{\frac{\mathrm{d}Y}{\mathrm{d}t}}{Y} \tag{7-72}$$

由式(7-75)可以看出，方程左端表达式表示通货膨胀率，它与货币增长率(右端第一项)、流通速度变化率(右端第二项)和产量增长率(右端第三项)有关。

如果货币流通速度不变且收入处于其潜在的水平上，显然可以得出，通货膨胀的产生主要是货币供给增加的结果。换句话说，货币供给的增加是通货膨胀的基本原因。

2. 需求拉动通货膨胀

需求拉动通货膨胀，又称超额需求通货膨胀，是指总需求超过总供给所引起的一般价格水平的持续显著的上涨。需求拉动通货膨胀理论把通货膨胀解释为“过多的货币追求过少的商品”。

经济学家认为，不论总需求的过度增长来自消费需求、投资需求，或是来自政府需求、国外需求，都会导致需求拉动通货膨胀。需求方面的原因或冲击主要包括财政政策、

货币政策、消费习惯的突然改变、国际市场的需求变动等。

3．成本推动通货膨胀

成本推动通货膨胀理论，是西方学者企图从供给方面说明为什么会发生一般价格水平上涨的一种理论。成本推动通货膨胀，又称成本通货膨胀或供给通货膨胀，是指在没有超额需求的情况下由于供给方面成本的提高所引起的一般价格水平持续和显著的上涨。

西方学者认为，成本推动通货膨胀主要是由工资的提高造成的。工资推动通货膨胀是指不完全竞争的劳动市场造成的过高工资所导致的一般价格水平的上涨。据西方经济学解释，在完全竞争的劳动市场上，工资率完全决定于劳动的供求，工资的提高不会导致通货膨胀；而在不完全竞争的劳动市场上，由于强大的工会组织的存在，工资不再是竞争的，而是工会和雇主集体议价的工资，并且由于工资的增长率超过生产率增长率，工资的提高就导致成本提高，从而导致一般价格水平上涨。西方学者进而认为，工资提高和价格上涨之间存在因果关系：工资提高引起价格上涨，价格上涨又引起工资提高。这样，工资提高和价格上涨形成了螺旋式的上升运动，即所谓工资—价格螺旋。

利润推动通货膨胀是指垄断企业和寡头企业利用市场势力谋取过高利润所导致的一般价格水平的上涨。西方学者认为，就像不完全竞争的劳动市场是工资推动通货膨胀的前提一样，不完全竞争的产品市场是利润推动通货膨胀的前提。在完全竞争的产品市场上，价格完全决定于商品的供求，任何企业都不能通过控制产量来改变市场价格，而在不完全竞争的产品市场上，垄断企业和寡头企业为了追求更大的利润，可以操纵价格，把产品价格定得很高，致使价格上涨的速度超过成本增长的速度。

一些经济学家认为，单纯用需求拉动或成本推动都不足以说明一般价格水平持续上涨，而应当同时从需求和供给两方面以及二者的相互影响说明通货膨胀。于是又有人提出了从供给和需求两方面及其相互影响说明通货膨胀的理论，即混合通货膨胀理论。

4．结构性通货膨胀

经济学家认为，在没有需求拉动和成本推动的情况下，只是由于经济结构因素的变动，也会出现一般价格水平的持续上涨。他们把这种价格水平的上涨叫做结构性通货膨胀。

结构性通货膨胀理论把通货膨胀的起因归结为经济结构本身所具有的特点。据西方学者解释，从生产率提高的速度看，社会经济结构的特点是，一些部门生产率提高的速度快，另一些部门生产率提高的速度慢；从经济发展的过程看，社会经济结构的特点是，一些部门正在迅速发展，另一些部门渐趋衰落；从同世界市场的关系看，社会经济结构的特点是，一些部门(开放部门)同世界市场的联系十分密切，另一些部门(非开放部门)同世界市场没有密切联系。现代社会经济结构不容易使生产要素从生产率低的部门转移到生产率高的部门、从渐趋衰落的部门转移到迅速发展的部门、从非开放部门转移到开放部门，但是，生产率提高慢的部门、正在趋向衰落的部门以及非开放部门在工资和价格问题上都要求“公平”，要求向生产率提高快的部门、正在迅速发展的部门以及开放部门“看齐”，要求“赶上去”，结果导致一般价格水平的上涨。

西方学者通常用生产率提高快慢不同的两个部门说明结构性通货膨胀。由于生产率提高的快慢不同，两个部门的工资增长的快慢也应当有区别。但是，生产率提高慢的部门要求工资增长向生产率提高快的部门看齐，结果使全社会工资增长速度超过生产率增长速度，因而引起通货膨胀。

二、价格选用及通货膨胀的影响

在企业投资项目的财务分析中，继定性识别效益和费用之后，最关键的问题就是合理选用投入物及产出物的价格，使得对项目的定量计算准确、可靠。

(一)价格选用

1. 价格分类

对财务价格可以从不同角度作出分类。搞清不同价格类别的不同含义，是认识通货膨胀如何对项目产生影响的基础，也是避免概念混淆、正确选用价格的前提条件。

按货物比价关系分为绝对价格和相对价格。绝对价格是用某种货币表示的商品的单位。相对价格是指商品中的比价关系。可替代产品、相关产品、系列产品等都有比价关系。

如果从优化资源配置的角度出发，最关心的是比价关系。影子价格是以利于资源合理配置的，一套影子价格所确立的比价关系可以几年不变，因为影响相对价格的因素——劳动生产率的提高、技术进步、消费习惯变化等，时间相对较长。但是当通货膨胀严重时，即使比价关系不变，所有货物的绝对价格也必须等幅上调，才能使它们看起来不太离谱。

国际上对重要的大宗货物如金属、粮食、石油等，经常进行价格趋势预测。这些趋势都是指由于市场供求关系的变化而导致某种货物的绝对价格随之变化，与通货膨胀无关。

项目财务分析中的相对价格变化，是指当其他投入物、产出物价格大体稳定时，某几种货物的绝对价格有所变化。这种情况之所以发生，一是由于国家进行价格改革、调整价格政策，例如原油价格放开后，它与其他货物的比价关系发生突变；二是由于市场变化引起供求均衡价格变化。应该注意，这里的相对价格变化，同样不包括通货膨胀的影响，因为通货膨胀不会只影响某些货物，而是要影响所有货物的价格。

2. 按价格总水平分为当时价格(时价)和不变价格

当时价格简称时价，是指含通货膨胀的价格。不变价格是指不考虑以后通货膨胀的价格，根据项目评价的需要，它可以是基准年(项目编制年，或 0 年)的价格，也可以是建设期末(生产期初)的价格，还可以是任何一个具体时点的价格，从这个时点开始，以后的通货膨胀不再考虑。

设基准年价格为 P_0，时价计算式如下

如果计算期各年通货膨胀率为常数 f，则期内第 t 年的时价为

$$P_t = P_0 \cdot \left(1+f\right)^t \tag{7-73}$$

如果计算期各年通货膨胀率为变数 f_i，则期内第 t 年的时价为

$$P_t = P_0 \cdot \prod_{i=1}^{t}\left(1+f_i\right) \tag{7-74}$$

3. 按是否考虑计算期内价格变化分为现行价格和预测价格

现行价格是指对项目进行财务分析时的价格。预测价格是能够反映未来价格变化的价格——这种价格变化可能来自两方面：一是大部分货物价格不变时，个别货物的相对价格变化；二是由通货膨胀引起的价格总水平的变化。

(二)通货膨胀对项目财务分析的影响

通货膨胀给企业经营活动、投资活动都带来巨大的财务影响，并导致出现新的会计分类：通货膨胀会计。通货膨胀会计的作用是，研究如何消除账面上过于庞大的“浮肿”利润，使企业维持资本，保证正常经营，取得一定的实际利润。

通货膨胀对项目财务分析的影响，主要表现在以下几方面。

1. 通货膨胀对财务条件的影响

1)对利率的影响

一般所说的贷款利率，在有通货膨胀的情况下是名义利率，扣除币值变动的影响后，叫做实际利率。因每年计息次数不同而表述的利率也有“名义年利率”与“实际年利率”之分，与这里所讲的名义利率和实际利率，不是同一个范畴。

名义利率 i_n、通货膨胀率 f 与实际利率 i_r 之间有如下关系：

$i_r = \dfrac{1+i_n}{1+f} - 1$，展开后为 $i_n = i_r + f + i_r \cdot f$。在实际利率和通货膨胀率都不高时，近似有 $i_n = i_r + f$ 或 $i_r = i_n - f$。

通货膨胀对利率的影响，可分三种情况：

(1)实际利率大于 0。即名义利率大于通货膨胀率，这时银行贷款可以收回本金，并得到利率为 i_r 的利息，资金增值。

(2)实际利率等于 0。即名义利率等于通货膨胀率，这时银行贷款只收回本金，没有得到实际利息，资金仅仅只够保值。

(3)实际利率小于 0。即名义利率小于通货膨胀率，这时银行贷款连本金也未能全部收回，资金亏损。

后两种情况下，只看账面，也许仍然“盈利”，但这时存在因通货膨胀而虚增的资金，即为“浮肿”。这种情况下银行为保全资本，必须拼命提高贷款利率。

2)对汇率的影响

汇率是两种不同货币的兑换比率。两种货币各自具有的不同价值是决定汇率的基础。汇率变动的主要因素有国际收支情况(外币支大于收，本币贬值)、汇率政策(鼓励出口抑制进口，本币维持低值)、利率水平(利率偏低，本币贬值)、投机活动等。此外就是通货膨胀。假定汇率只受通货膨胀影响，那么汇率的变化应该等于通货膨胀的变化。

当通货膨胀需在项目评价中加以考虑时，通货膨胀的货币单位的表示方法通常可采用以下两种基本表示方法：

(1)通过把各年现金流量换算为具有不变购买力的货币单位来消除通货膨胀的影响，这个货币单位如以人民币表示，则可称为不变价格元或真实(实际)价格元，简称为不变元。当各年现金流量采用同一通货膨胀率时，这种表示方法对所得税税前分析最为适用。

(2)按照货物每次成交时，实际交换的当时货币单位数量来估算现金流量。这种货币单位如以人民币表示，则可称为当时价格元，简称为时价元。这种表示方法一般说来比不变元法更容易理解、更可适用于一般应用方面。

用以上两种方法进行分析时，关键是贷款利率、基准收益率应与项目计算评价中使用的通货膨胀率对应一致。

2. 通货膨胀对财务评价基本数据的影响

项目财务评价所用的基本报表有现金流量表、损益表、资金来源与运用表、资产负债表。其基本数据来自项目收支两方面。项目收入主要包括产品销售收入等效益，项目支出主要包括固定资产投资和流动资金、产品生产成本和费用、各种税金(销售税金及附加、所得税等)等费用。

通货膨胀将加大项目收、支两方面的货币名义值。为了检验通货膨胀对财务分析的影响，需要区分直接和间接受通货膨胀影响的科目。以上科目除所得税为间接影响科目外，其余均为直接影响科目。

另外，由于建设期内的通货膨胀将加大投资费用的货币名义值，直接影响到项目资金筹措，所以在通货膨胀率不高的情况下，一般是在投资估算中增加一项总的未可预见费用(意外费用)。但是，在通货膨胀较高的情况下，就需要单独考虑。通常的做法是除去增加一般的未可预见费用(基本预备费)外，还要再增加一项专门应付通货膨胀的价格——未可预见费用(涨价预备费)，计算公式为

$$I^n = \sum_{t=1}^{m} I_t^r \cdot (1+f)^t \tag{7-75}$$

式中 I^n——投资名义值；

I_t^r——第 t 年投资的实际值；

m——建设期。

我国的一般做法是在投资估算中增加一项涨价预备金，以考虑工程建设过程中价格和费用上涨因素的预留费用，基数为工程费、其他费用和(一般)未可预见费之和，并且要求按建设期分年列出涨价预备金。

3. 通货膨胀对盈利能力分析的影响

为简化叙述，这里只考虑通货膨胀率为常数 f 时，对全部投资现金流量分析的影响。

通货膨胀对项目的所有投入物、产出物的价格同样起作用。对全部投资现金流量表稍加分析即可看出，如果计入通货膨胀，现金流入及流出的各科目数据(除“回收固定资产余值”和“所得税”两项以外)都将逐年等比例增加。也就是说，通货膨胀将同时、同幅度加大流入、流出两方面的货币名义值。

由于固定资产价值在投资结束时即已“冻结”，不再受以后年份通货膨胀的影响，于是产生两个后果：第一，回收固定资产余值与生产期内通货膨胀无关。“回收固定资产余值”数额不大，年份靠后，所以这一后果可忽略不计。第二，折旧费与生产期内通货膨胀无关。折旧费要影响所得税应税收入，进而影响所得税税额，所以这一后果使得通货膨胀对所得税税前、税后的盈利性分析有不同的影响。

1)税前分析不受影响

上述分析表明，全部投资现金流量表的各项流入、流出之中，只有“所得税”这一

项数据不按通货膨胀率同步增加。换句话说，所得税前净现金流量是按通货膨胀率逐年上涨的。

当通货膨胀率 $f \neq 0$ 时，经直接计算得到的是内部收益率的名义值 $IRRn$，它的实际值也就是消除“浮肿”后的值 IRR_r，计算方法与前述利率计算相同：

$$IRR_r = \frac{1+IRR_n}{1+f} - 1 \tag{7-76}$$

计入通货膨胀后，税前盈利性分析有两点结论：

(1)名义收益率比不计入通货膨胀时要高，项目效益显得更好了。但是，这是“虚胖”。

(2)消去“浮肿”后，实际收益率与不计通货膨胀时一致。这也就是“税前分析不受影响”的含义。

2)税后分析要受影响

有通货膨胀的时候，所得税前收益按通货膨胀率逐年增加，折旧费不增加，所得税应税收入和税额因而增加更多，使得所得税后的净现金流量相对增加较少。或者说，通货膨胀使企业资产不能通过折旧保值，使上缴所得税实际增加，使企业税后留利实际减少。

计入通货膨胀后，税后盈利性分析也有两点结论名义收益率仍然比不计通货膨胀时要高；实际收益率比不计通货膨胀时要低。

3)项目全部投资内部收益率和基准收益率、贷款利率的可比性

在财务盈利能力分析中，项目全部投资财务内部收益率($FIRR$)大于或等于财务基准收益率(i_c)时，该项目才是可以考虑接受的。通常财务基准收益率应大于市场贷款利率(i)。但在我国现行经济体制下，由于某些产品价格偏低，致使这些行业的财务基准收益率可能低于市场贷款利率，此时，仍应以行业财务基准收益率作为项目在财务上是否可行的判据，不过，就多数项目来说，项目财务内部收益率总是大于市场贷款利率。因此，一般来说，项目财务内部收益率须通过 i_c 和 i 两道检验，亦即，当 $FIRR \geqslant i_c$ 及 $FIRR \geqslant i$ 时，项目在财务上才是真正可行的。

值得注意的是，项目内部收益率和基准收益率、银行贷款利率，对于有无通货膨胀的计算口径必须对应一致，才具有可比性。亦即用货币名义值或实际值表示的内部收益率必须用相应的基准收益率和银行贷款利率来检验，否则将会导致错误的结论。三者的对应关系为，有通货膨胀(名义值)：内部收益率($FIRR_n$)、基准收益率(i_c^n)、市场贷款利率(i_n)，无通货膨胀(实际值)：内部收益率($FIRR_r$)、基准收益率(i_c^r)、市场贷款利率(i_r)。

关于可比性(考虑对应值)的提法在原则上是无可非议的，但在实践中却并不那么简单，特别是对于银行贷款利率将会遇到几乎是难以克服的困难。比如说我国在某一时点上调整生效的固定资产贷款利率，这里包含的通货膨胀率是多少，这样的问题实际上很难作出确切的回答。因此，项目评价人员也很难确定用什么时间的通货膨胀率来折算实际利率。

4. 通货膨胀对清偿能力分析的影响

假定通货膨胀和贷款名义利率都是常数，计算还本付息可有两种方法：

(1)用时价计算投入物和产出物价格，用名义利率计算贷款利息。

(2)用不变价计算投入物和产出物价格，用实际利率计算贷款利息。

两种方法的结论应该是一样的：通货膨胀率越高，还本付息的实际值越小，盈余资金越多，对项目产生有利影响。

(三)项目财务分析中的价格选取

上面论述了通货膨胀对项目各方面的影响。不难看出，在实际分析建设项目时，有许多前提条件是项目评价方法只能依从、无法改变的：首先，任何金融机构都不会去确认贷款利率中含有多少通货膨胀率，实际贷款利率又是多少；其次，任何管理部门都不可能发布未来若干年的通货膨胀率及汇率预测；最后，各项指标计算出来多少就是多少，没有专门的通货膨胀会计来处理数据，也不可能再用某种方式去“消肿”。

这样，项目评价方法所能够自主选择的，只是在确定货物价格时，如何处理通货膨胀因素。

1. 通货膨胀的五种处理方式

当存在通货膨胀时，对投入物、产出物的价格可有如下五种处理形式。

(1)不变价格法。其特点为：尽管存在通货膨胀，但是不予考虑；计算期各年均用不变价格，即基年(一般为投资前一年)价格。

(2)混合价格甲法。其特点为：假定通货膨胀对所有货物价格的影响相同；建设期用时价，生产期用建设期末、生产期初的不变价。

(3)混合价格乙法。其特点为：假定通货膨胀对所有货物价格的影响相同；建设期用时价，生产期用建设期初的不变价。

(4)简单时价法。其特点为：假定通货膨胀对所有货物价格的影响相同；计算期各年均用时价。

(5)详细时价法。其特点为：假定通货膨胀对各种货物价格的影响不同；计算期各年中，不同货物有不同的时价计算。

2. 处理通货膨胀的出发点——稳健原则

以上处理通货膨胀的五种方式各有其优点和缺点，无所谓对与不对，也无所谓哪种方法更科学。理论上详细时价法最为严密，因为事实上各类货物涨价幅度肯定是有差别的。但是应该注意到项目评价中价格选取是建立在预测的基础之上，凡预测必有误差——预测未来若干年的通货膨胀率尚且只能“大概”地估定，要想把每种货物(哪怕只是几种主要投入物和产出物)若干年的涨价指数都分别测算出来且足够精确，实际上绝无可能。所以详细时价法的最终结果未必比其他方法更准确，但是它的可操作性却明显不如其他方法。详细时价法不太适用于单个项目，比较适用于行业管理——由管理部门对该行业主要投入物、主要产出物的价格指数作出预测分析，用于项目管理及其他方面。

通货膨胀处理是服务于项目评价的。选用何种方式处理通货膨胀，取决于对项目评价采取什么样的基本态度——是乐观一些呢？还是稳健一些。除详细时价法以外，其他四种方法有共同的基础，即假定通货膨胀对所有货物价格的影响相同，在此基础上不难比较它们对项目盈利能力的乐观程度。

用①、②、③、④分别代表不变价格法、混合价格甲法、混合价格乙法、简单时价法的价格水平。其中②和④相比：在建设期它们的价格是一致的，进入生产期后，一般情况下产出大于投入，这时④的价格继续上扬，②则改为不变价格，以④计算的盈利能力明显高于以②计算的盈利能力。因此，②比④更稳健。

①与③相比：在生产期它们的价格是一致的，建设期内，只有投入没有产出，③用时价而①用不变价格，以③估算的投资额明显高于以①估算的投资额。因此，③比①更稳健。

①与②相比：假设②在建设期的价格是与生产期同样水平的不变价，那么①与②在整个计算期内就都是不变价了，这时尽管两者的标价数值一高一低，但盈利性分析结论完全一样。现在②在建设期的价格水平低于假设的不变价，投资额明显减少，可见比假设的情况要乐观。因此，①比②更稳健。

综上所述，就盈利能力的乐观程度而言，应该是④>②>①>③，也就是说简单时价法最乐观，混合价格乙法最稳健。判断清偿能力的乐观程度，排序也是一样的。

第七节　税金与项目财务评价

一、税收的一般知识

(一)税收的概念

税收是国家为了实现其职能，凭借政治上的权力，按照税法规定的标准，向纳税人征收一部分实物或货币，以取得财政收入的一种手段，它是国家参与国民收入分配和再分配的一种方式。

(二)税收的特征

一般认为，税收具有以下三个特征：

(1)强制性。税收是国家依靠政权力量的一种强制征收，纳税人必须依照国家强制性的税收法令依法纳税，否则就要受到法律制裁。

(2)无偿性。税收是国家的一种无偿征收，国家征税以后，税款即为国家财政收入，不再直接归还给纳税人，也不付给任何报酬。

(3)固定性。税收是按照国家法令法规的标准征收的。对征收对象、纳税人、税率、征收方法等都是税收法令预先规定好，由征纳双方共同遵守，非经国家法令调整，任何人不得随意变更。适用期限比较稳定，是一种固定的连续性收入。

税收的以上三个特征是缺一不可的整体，是区别于其他收入分配(如利润上缴、公债、信贷、规费、摊派、罚没等)的一个基本标志。

(三)税收的作用

税收一般具有组织财政收入、调节经济和监督管理三项职能作用。在我国社会主义现阶段，其主要作用有：

(1)为国家积累财政基金，保证国民经济建设事业的需要。

(2)配合价格政策，调节企业利润，促进企业经济核算，提高经济效益。

(3)调节集体和个体经济的收入，正确处理国家、集体和个人三方面的关系。

(4)进行税收监督，打击投机倒把，限制非法经营活动，保护和发展社会主义经济基础。

(5)维护国家主权和经济利益，促进国际经济交往。

(四)税收制度及其要素

税收制度是国家规定的一整套税收法规和税收管理体制、征收管理办法的总称，是国家向纳税人征税的法律依据和工作规程。

税收制度要素，也就是税法构成要素，主要包括征税对象、纳税人、税目、税率、纳税环节、纳税期限、减税免税、纳税纪律等项。

(1)征税对象。或称课税对象，是征税的标的物。这是划分税种，区别一个税种不同于另一个税种的主要标志，也是构成一个税种的最基本要素。

(2)纳税人。指税法规定的直接负有纳税义务的单位和个人，是缴纳税款的主体，直接与国家税务机关发生征纳税关系。

(3)税目。是各个税种在税法中具体规定应当纳税的项目，是征税对象的具体化，反映了具体的征税范围。绝大多数税种的征收对象，一般都较复杂，必须再具体规定税目，以便具体划分征、免税界限和制定相应的不同税率，以利于贯彻国家的各项经济政策和充分发挥税收的经济杠杆作用。

(4)税率。是税法规定的每一单位征税对象与应纳税额之间的一定比率，是构成税法的基本要素之一，它规定了税收负担的深度，是税收制度的中心环节。税率分为比例税率、累进税率及定额税率三种。

(5)纳税环节。是指税法中规定的产品从生产到消费的商品流转全过程中各个环节中哪个经营环节应该征税。如产品税在产品从事工业生产者出厂销售环节征税，关税在货物进出口环节征税。

二、税金与项目经济评价

税收在国家财政收入中居主导地位，同时兼有调节国民经济各方利益关系，是很重要的经济杠杆。同样，税金在项目经济评价中也是很重要的因素，对财务评价及国民经济评价都有直接关系，必须调查清楚，否则影响评价结论。

税收与税金是分别从征、纳两方面的角度而言的不同概念，国家作为征税方，按税法取得的财政收入称税收；单位、个人作为纳税方，按税法向国家缴纳的各种税款，则习惯称为税金。

(一)项目经济评价中税金的处理

项目经济评价分为财务评价和国民经济评价两部分。财务评价是从项目角度在国家现行财税制度和价格体系的条件下，分析、计算项目的财务盈利能力和清偿能力，据以判别项目的财务可行性。国民经济评价是从国家整体角度用货物影子价格、影子工资、影子汇率、社会折现率等经济参数分析，计算项目对国民经济的净贡献，据以判别项目的经济合理性。

建设项目(或企业)作为纳税方，缴纳的各种税金，在项目财务评价时属于费用，根据现行财会制度规定，分别属于固定资产投资、销售成本、销售税金、销售利润等各个项目。在国民经济评价时，项目向国家缴纳的税金，是国民经济内部的“转移支付”，并不发生实际资源的耗用，不计为项目的费用，应予剔除。因此，不论项目财务评价，还是项目国民经济评价，都必需对税金作出正确的计算。

(二)项目经济评价时应注意的问题

(1)有些税种是属建设项目直接支付的，也有些并非建设项目直接支付，而是由设备经营单位及建筑安装企业直接支付，隐含在投资构成中。项目评价人员必须了解，务必不遗漏不重复，便于进行国民经济评价时对转移支付部分正确处理调整。

(2)进出口物资所缴纳的税金，仅限于拥有直接进出口权及委托外贸代理的项目计算。我国为鼓励出口创汇，对极大部分产品出口关税率为 0，只对极少数产品如原油、部分有色金属等开征出口关税。

(3)各税种税额多少不一，对项目的影响程度也不同，需区别对待。如构成投资及销售税金中的主要税种，数额较大，需详细一一计算，对税额极微的税种，如房产税、车船使用税、印花税等，允许简化处理，一般可估算在建设单位管理费及企业管理费内，不必单独计算。

(4)盐税属价外税，由经销单位缴纳，为使与其他产品取得统一，建议在财务评价的销售收入中能将盐税纳入。

(5)此外，还有一些税种，如烧油特别税，仅限于平价油，新项目一般均用高价油作燃料，故经济评价不涉及此税；国营企业调节税、国营企业奖金税、个人所得税等难以定量预测，一般不影响项目经济评价的结论；中外合营企业使用的中外国籍船舶在中国港口行驶者，由海关征收船舶吨税，毋庸另向税务机关缴纳车船牌照使用税，两者税率大体相似，项目经济评价中可按车船牌照使用税替代。

第八节　某水电站财务评价研究

SGX 水电站位于某河干流上，水电站装机容量 250MW，该水电站为大Ⅱ型工程，装设 5×50MW 的贯流式水轮机组，电站工期 5 年。SGX 水电站建成后参与某大区电网运行，其主要任务是水力发电，年发电量 10.474 亿 kW·h，保证出力 95.0MW。另外，还可改善两岸灌溉供水条件，发展旅游、养殖等其他事业。

SGX 水电站财务评价是从项目财务角度，采用财务价格，分析测算项目的财务收入和财务费用，考察项目盈利能力、清偿能力、电价的市场竞争能力，评价项目的财务可行性。

一、基础数据与参数

(1)价格水平。SGX 水电站的设计价格水平，采用预可行性研究报告的编制时间为 2001 年第 2 季度。

(2)财务基准收益率。财务评价分别按全部投资财务内部收益率 8%、10%测算经营期电价，并分析其财务可行性。

(3)计算期。SGX 水电站建设期 5 年，生产经营期采用 30 年，故财务分析计算期为 35 年。

(4)电站厂用电率和机组检修时间。SGX 水电站厂用电率取 1%，每台机组年检修时间为 1 个月。

(5)设计上网电量。SGX 水电站安装 5×50MW 贯流式水轮机组，装机容量为 250MW。SGX 水电站投产后，扣除厂用电后参与电力电量平衡确定的电量即为设计的年上网电量 10.369 亿 kW·h。

(6)贷款条件。五年以上长期贷款年利率为 6.21%，一年期流动资金和短期贷款的年利率为 5.85%。

(7)折旧率。SGX 水电站的固定资产形成率按 100%计，折旧年限按 25 年，综合折旧率取 4.0%。

二、投资计划与资金筹措

按 2001 年第 2 季度价格水平的投资估算，SGX 水电站工程固定资产投资 171 038 万元，计入建设期利息和流动资金后，总投资为 193 513 万元，其中：项目建设总投资的 30%为资本金，资本金 58 054 万元(其中流动资金资本金 180 万元)，70%为银行长期贷款，贷款 135 459 万元(其中流动资金借款 419 万元)。

建设期利息指长期贷款利息，在电站正常运行后，与本金一起偿还，贷款利息按复利计算为 21 877 万元。

流动资金按分项详细估算法，每年约需 599 万元。流动资金总额的 30%使用资本金，其余从银行贷款。流动资金利息按全年计息每年为 25 万元。流动资金随机组投产投入使用，利息计入发电成本，本金在经营期末一次回收。

三、成本费用计算

发电总成本费用包括折旧费、修理费、保险费、职工工资及福利费(含劳保统筹和住房基金)、材料费、库区维护费、库区移民后期扶持基金、财务费用及其他费用等。

(1)折旧费。SGX 水电站固定资产形成率按 100%考虑，固定资产折旧年限按 25 年考虑，年折旧率 4.0%，残值率为 0。电站在建设期末形成固定资产价值为 192 914 万元，每年计提折旧费为 7 717 万元。

(2)修理费。修理费是无论电站运行与否都必须支出的修理费用，主要指大修理费，按固定资产投资的 1.0%计算，则修理费每年为 1 710 万元。

(3)职工工资及福利、劳保统筹和住房基金。职工人均年工资按 10 000 元计算。根据工程管理设计，SGX 水电站定员按 180 人，福利费、劳保统筹和住房基金分别为工资总额的 14%、17%和 10%。计算年职工工资总额、福利费、劳保统筹及住房基金合计为 254 万元。

(4)材料费和其他费用。材料费、其他费用定额分别为 5 元/kW、24 元/kW。则材料费、其他费用分别为 125 万元、600 万元。

(5)保险费。保险费指对固定资产和其他资产的保险，保险费本次按固定资产价值的 2.5‰计算为 482 万元。

(6)库区维护费和库区移民后期扶持基金。库区维护费按厂供电量 0.001 元/(kW·h)计算为 10.474 万元。

库区移民后期扶持基金按每个移民 400 元/年或按厂供电量 0.005 元/(kW·h)计算，取两者的小值为 265 万元，提取年限为项目投产后 10 年止。

(7)财务费用。财务费用为固定资产投资和流动资金在生产期内纳入成本的借款利息。固定资产投资借款利息依各年还贷情况而不同，流动资金借款利息每年为 25 万元。

四、经营期上网电价测算及损益分析

(一)经营期上网电价测算

SGX 水电站经营期上网电价，分别按全部投资财务内部收益率 8%测算，并分析项目的还贷能力。

按全部投资财务内部收益率达到基准收益率 8%测算，经营期上网电价为 0.240 元/(kW·h)(除特别说明外，均以全部投资财务内部收益率 8%为测算条件)。

(二)年发电收入

SGX 水电站经营方式是作为西北电网内实行独立核算的发电项目，计算年发电收入所采用的电价为项目经营期内的上网电价。经计算，年平均发电收入为 24 895 万元。

(三)税金和利润

(1)税金。税金包括增值税、销售税金附加和所得税。本次测算的电价不含增值税，增值税为价外税，仅作为计算销售税金附加的依据。

销售税金附加包括城市维护建设税和教育费附加，以增值税税额(税率为 17%)为计算基数，城市维护建设税为增值税的 5%，教育费附加为增值税的 3%，则年销售税金附加为 339 万元。

(2)利润。发电收入扣除总成本费用和销售税金附加即为发电利润总额，再扣除应缴所得税(税率为 33%)即为税后利润。税后利润即为可供分配利润，提取 10%的盈余公积金和 5%的公益金后，剩余部分为未分配利润。根据《国务院关于实施西部大开发若干政策措施的通知》，SGX 水电站享受所得税两年免征、三年减半征收的优惠政策。

五、清偿能力分析

按全部投资财务内部收益率达到基准收益率 8%测算，经营期上网电价为 0.240 元/(kW·h)(不含增值税)，经分析 SGX 水电站贷款偿还期为 20 年，满足贷款偿还期小于大中型水电站 25 年偿还期的要求。

(1)还贷资金来源。可用于还贷的资金包括折旧费、未分配利润等，项目折旧费的 90%可用于偿还长期贷款，未分配利润按照需要可全部用于还贷。

(2)借款还本付息计算。在经营期上网电价计算的基础上，按满足固定资产贷款偿还要求进行还贷平衡计算。结果表明，电站还贷能力较强，可在要求的 20 年偿还借款本息，满足大中型水电站还贷年限不超过 25 年的借款偿还要求。

(3)资金来源与运用计算。资金来源与运用平衡计算表明，项目机组投产后，每年均有盈余资金，还贷期间年最大、最小盈余资金分别为 7 411 万元、3 602 万元。

(4)资产负债分析。资产负债表综合反映了 SGX 水电站在计算期内各年年末资产、负债和所有者权益的增减变化及其对应关系。

资产负债分析表明，项目仅在建设期负债率较高，高峰达 70%。项目投入运行后的还贷期资产负债率逐年下降，正常运行期第 6 年下降到 50%以下，还清贷款本息后资产负债率很低，最小数值为 0.14%。因此，项目总体负债水平不高，财务风险较低，偿还债务能力较强。

六、盈利能力分析

SGX 项目按全部投资财务内部收益率 8%测算的经营期上网电价 0.240 元/(kW·h)进行财务初步评价。经分析，投资回收期为 13.83 年，平均投资利润率为 6.46%、资本金财务内部收益率为 9.24%、资本金投资利润率为 21.53%。由此可知，项目具有一定的盈利能力。

SGX 项目全部投资财务内部收益率按分别达到全部投资财务内部收益率 8%、10%测算经营期上网电价，并计算相应的财务评价指标，详见表 7-3。

表 7-3　SGX 项目财务评价指标表

序　号	项　　目	单　位	8%	10%	备　注
1	总投资	万元	193 513	193 513	
(1)	固定资产投资	万元	171 038	171 038	
(2)	建设期利息	万元	21 877	21 877	利率 6.21%
(3)	流动资金	万元	599	599	利率 5.85%
2	经营期上网电价	元/(kW·h)	0.240	0.296	不含增值税
3	发电收入总额	万元	746 836	920 790	
4	销售税金附加	万元	10 157	12 523	
5	总成本费用总额	万元	361 644	361 644	
6	发电利润总额	万元	375 035	546 624	
7	盈利能力指标				
(1)	全部投资财务内部收益率	%	8.00	10.00	所得税后
(2)	资本金财务内部收益率	%	9.24	13.21	
(3)	投资回收期	年	13.83	11.98	所得税后
(4)	投资利润率	%	6.46	9.42	
(5)	资本金利润率	%	21.53	31.39	
8	清偿能力指标				
(1)	贷款偿还期	年	20	20	
(2)	资产负债率	%	70(0.14)	70(0.10)	最高(最低)

七、敏感性分析

SGX 项目财务初步评价所采用的数据，大部分来自预测和估算，有一定程度的不确定性。为了分析这些不确定性因素对财务评价指标的影响，对投资、设计上网电量等一些影响财务指标的不确定性因素单独变化时进行敏感性分析，预测项目承担财务风险的能力，分析其财务可行性和财务指标的可靠性。

敏感性分析方案主要有：①SGX 水电站建设投资增加 10%；②设计上网电量减少 10%。

按照《国家计委关于规范电价管理有关问题的通知(计价格[2001]701 号)》，经营期内上网电价资本金内部收益率按略高于同期国内银行 5 年期以上贷款利率计算，为此又分析了不同资本金财务内部收益率的经营期上网电价并进行财务评价及其敏感性分析：①资本金财务内部收益率按 8%；②资本金财务内部收益率按 10%。

财务初步评价敏感性分析成果见表 7-4。

表 7-4 财务评价敏感性分析的经营期上网电价测算成果 (单位：元/kW·h)

测算条件	基本方案	上网电量减少 10%	水电投资增加 10%
全部投资财务内部收益率 8%	0.240	0.267	0.263
全部投资财务内部收益率 10%	0.296	0.329	0.324
资本金财务内部收益率 8%	0.223	0.248	0.244
资本金财务内部收益率 10%	0.251	0.278	0.274

敏感性分析表明：

(1)考虑 SGX 水电站投资增加 10%和设计上网电量减少 10%两个敏感性因素，按照 8%和 10%的全部投资财务内部收益率测算条件，资本金财务内部收益率分别达到 9.24%和 13.21%，由此看来，SGX 具有一定的盈利能力。

(2)各敏感性因素方案的贷款偿还期均为 20 年，小于规定的大中型水电站 25 年的偿还年限的规定数值，所以各敏感性因素方案也具有清偿能力。

(3)经初步测算，资本金财务内部收益率为 8%和 10%的经营期上网电价，分别较全部投资财务内部收益率为 8%和 10%的经营期上网电价降低 7%和 15%左右。

(4)从经营期上网电价来看，分析的敏感性因素在一定范围内向不利方向变化时，相对于不同收益率的测算条件的基本方案，将对经营期上网电价产生一定的影响，上涨幅度均在 12%以内，上网电价变幅不大，电价总体水平不高，与同期建设的水电站上网电价水平相当。

综上所述，SGX 项目具有一定的财务抗风险能力。

八、财务评价可行性分析

通过上述的财务初步评价表明，SGX 项目财务上是可行的，主要表现在以下几方面。

(一)SGX 项目具有一定的盈利能力

一般来说，水电项目的财务基准收益率应高于银行长期贷款利率。目前我国银行对基本建设的 5 年期以上的贷款利率为 6.21%，考虑到一般基本建设项目的基准收益率应高于当前贷款利率 1%～2%。考虑到银行贷款利率较低的实际情况，在电力行业财务基准收益率未作出新的规定前，根据有关方面意见，本次分析分别按全部投资财务内部收益率 8%和 10%为条件测算经营期上网电价。

根据财务分析测算，全部投资财务内部收益率为 8%时，经营期上网电价为 0.240

元/(kW·h)，资本金财务内部收益率为 9.24%，高于全部投资的财务内部收益率。全部投资财务内部收益率为 10%时，经营期上网电价为 0.296 元/(kW·h)，资本金财务内部收益率为 13.21%，高于全部投资的财务内部收益率。财务分析表明，项目具有一定的盈利能力。

(二)SGX 项目具有清偿能力

SGX 项目的财务评价中上网电价虽然不是以还本付息电价为准则测算的，但在经营期内可以还清所有借款，且还本付息年限均为 20 年，小于国家规定的大中型水电站贷款年限 25 年的规定，说明项目具有清偿能力。

(三)测算的上网电价水平适中且具有一定的市场竞争力

根据市场调查分析，SGX 所在电网火电厂上网电价一般为 0.24 ~ 0.33 元/(kW·h)，新投产水电站上网电价为 0.25 ~ 0.30 元/(kW·h)。

按全部投资财务内部收益率 8%测算经营期上网电价为 0.240 元/(kW·h)。由此看来，SGX 经营期上网电价与同期投产的其他水电站以及当地其他火电站的上网电价水平相当。因此，SGX 经营期上网电价水平不高，用户是能够承受的，具有较强的市场竞争力。

随着国民经济的发展和人民生活水平的提高，电力价格体系的进一步完善，以及峰谷分时电价和两部制电价的全面推行，SGX 水电站以其特有的灵活机动特点，投产后必将在电网充分发挥调峰、调频及紧急事故备用等动、静态作用。若计及调频、旋转备用及负荷跟踪等服务价格后，SGX 水电站的上网电价更具有市场竞争力。

(四)SGX 项目财务上具有一定的抗风险能力

考虑设计水电投资增加 10%、设计上网电量减少 10%等不确定因素变化时，按全部投资财务内部收益率 8%测算，资本金财务内部收益率均大于 9%，经营期上网电价分别为 0.263 元/(kW·h)、0.267 元/(kW·h)，电价水平仍在可接受范围。

综上所述，在考虑一些不确定因素向不利方向发生变化后，项目既具有盈利能力和清偿能力，还具有一定的电价市场竞争能力，说明该项目具有一定的财务抗风险能力。

第八章　国民经济评价

第一节　国民经济评价的概念

任何国家一定时期的社会经济资源都是有限的，如何充分、合理、有效地利用这些资源，最大限度地增加国民收入，改善就业条件，促进公平分配，平衡国际收支，保护生态环境，是任何一个国家的宏观社会经济目标体系。要实现这些目标，首先必须尽力做到资源的最优配置。项目建设是资源利用的具体行为，各个项目社会经济效益的好坏，决定着整个国家资源配置效率的高低。因此，项目国民经济评价应能反映该项目社会经济效益的优劣。项目经济评价是项目技术经济评价的关键之一，它是从国家整体角度考察项目的效益和费用，用影子价格、影子工资、影子汇率和社会折现率等参数，计算分析项目的国民经济获利性，从社会经济的角度说明项目是否合理可行。

一、国民经济评价的概念与作用

(一)国民经济评价的概念

国民经济评价是按照资源合理配置的原则，从国家整体角度考察项目的效益和费用，用影子价格等经济参数分析、计算项目对国民经济的净贡献，评价项目的经济合理性。它是项目经济评价的有机组成部分。

国民经济评价具有以下主要特点：

(1)整体性和系统性。若将国民经济作为一个大系统，每个建设项目都可作为这个大系统中的一个子系统，项目的建设与生产，要从国民经济这个大系统中吸取大量的投入(如资金、劳动力、土地等)，同时也向国民经济这个大系统提供一定数量的产出(如产品、服务等)。国民经济评价就是把建设项目放在国民经济这个大系统中，从国家的整体来分析、计算项目给国家这个整体带来的效益和国家为此而付出的代价(费用)。从而选择对大系统目标优化最有利的项目或方案。

(2)引入了影子价格的概念——最优化的方法。影子价格也称最优计划价格，是在约束条件下，系统线性规划对偶问题的最优解，是实现资源最优配置的手段。项目国民经济评价中的影子价格能够真实地反映项目投入和产出的经济价值，反映项目建设给国民经济带来的效益与费用，正确评价项目的经济合理性，从而实现资源的优化配置。

(二)国民经济评价概念范围的讨论

目前对国民经济评价的范围有着不同的理解。一个项目对整个国民经济的影响是多方面的，不仅仅创造以货币计量和表现的经济效益，带来国民生产总值的增长，还会给人民社会生活的许多方面带来影响，会在人民的就业、消费、文化教育、文学艺术等多方面造成影响，会对生态环境、科学技术、社会意识形态、国家的社会结构、生产力配置等多方面造成影响。项目的国民经济评价究竟对哪些方面的影响进行分析和评价，国民经济评价应当包括哪些内容，也就是对国民经济评价的范围有着不同的理解。一种是对国民经济评价的狭义理解，认为项目的评价应分为多方面，经济评价应与社会评价分开，经济评价仅仅分析和评价项目对国家经济产生的影响，项目对就业、消费、文化教育、文学艺术、生态环境、科学技术等生活的其他方面产生的影响放在社会评价中去分析和评价。另一种是广义的理解，认为可以将费用和效益的比较方法用于项目影响的各个方面，可以将各种影响的费用和效益化为统一的可比较量，进行总的费用与效益的比较。这种广义的理解，就是要将项目对国民经济各个方面造成的影响，都统一用经济分析的方法，用统一的费用与效益相比较的方法，用统一的计量单位进行比较，以确定项目总的费用和效益。国际上最有影响的，由联合国工发组织和世界银行发表的两种项目评价方法就是采用的这种广义的经济评价概念，但在具体处理上有些区别。国家颁布的《建设项目经济评价方法与参数》基本上采取了广义的国民经济评价概念，也就是要统一地用经济分析的方法，用费用和效益的比较方法对项目的各方面影响进行分析评价，用统一的量纲计算和评价。但在具体方法处理上，考虑到我国的实际情况，考虑必要性和可能性，采用了比较简单的评价方法。

国民经济评价方法，在原则上要全面分析评价项目的各种影响，包括直接和间接的影响，要尽量将项目造成的居民就业、刺激地区经济发展和国家相关产业的发展、技术扩散等各方面影响都用统一的货币单位将费用和效益量化，进行费用和效益比较评价。但在具体处理上考虑到有些间接影响经济量化的困难，难于统一用货币衡量这些影响的价值，并不强求一定要将这些影响量化为货币价值，可以用其他的量化方法比较，或者用定性的描述方法。同时，我国的国民经济评价方法没有像西方国家的方法那样分析分配效果和储蓄效果。西方经济学中经常提到“公平”与“增长”的矛盾，在项目评价中也引入了项目对社会分配影响的分析。一个项目实施后，会对社会分配产生影响，项目的采购会使供货者得益，项目新创造的价值要在社会内分配：项目雇用的劳动力获得工资，项目的投资者获得利润，国家和地方政府获得税金收入。不同的项目会使不同的人受益或受损，会使不同的人的受益量发生变化，一个项目的不同方案也会产生这种影响。西方的项目评价方法中对不同阶层的人采用不同的分配权重，采用不同的分配权重系数处理不同阶层人的受益。我国是社会主义国家，国家采取走全社会人民共同富裕的发展道路，社会分配的“公平”受到充分的重视，国家有充分的手段调节各阶层人民的收入水平，可以有效地调节各地区之间、各产业之间的发展和分配结构。为了在项目评价中可以避免复杂的分配权重问题，我国现行的国民经济评价方法中没有有关分配权重问题的讨论。西方的项目评价方法中还讨论的一个问题是消费与储蓄的问题(或者可以称为消费与投资、消费与积累的问题)。储蓄用于投资，可以带来经济增长，创造出更多的价值，使未来得到更多的消费和积累，因此在西方的项目评价方法中往往给予储蓄以较高的价值权重，使未来得到更多的消费和积累倾向差别，认为高收入阶层人的储蓄比例高，低收入阶层人的储蓄比例低，政府收入的积累效果优于其他人的收入。在我们的国民经济评价方法中没有讨论这个问题，没有引入储蓄或积累要优于消费的分析方法。这也是因为一方面我国用宏观调控手段调节积累与消费的比例，另一方面引入这种分析会使问题过于复杂化，较难实际使用。因此，虽然我们的国民经济评价方法在原则上采用了广义的国民经济评价概念，但在实际操作上做了许多简化，采用了近似于狭义的方法。

(三)国民经济评价的对象

宏观效果的好坏是投资决策的主要依据，国民经济评价是经济评价的重要组成部分和关键。因此，从原则上讲，所有项目一般均应进行国民经济评价，并以国民经济评价的结论为主要决策依据。

但是，国民经济评价是一项较财务评价复杂得多的分析评价工作，根据目前我国的实际条件及可能，一般只要求对某些在国民经济中有重大作用和影响的项目进行国民经济评价，如涉及国民经济若干部门的重大公益项目、重大工业项目和重大技术改造项目，严重影响国计民生的重大项目，有关稀缺资源开发利用的项目，产品及原材料价格明显失真的项目，以及审批机关要求进行国民经济评价的进出口、技术引进、中外合资经营项目等。

(四)国民经济评价的作用

国民经济评价是对投资的宏观经济效益进行分析和评价，目的是为了更有效地分配和利用国民经济资源，最大限度地促进国民经济的增长和人民生活水平的提高，在经济评价中处于十分重要的地位。其作用主要有以下几点：

(1)国民经济评价是宏观上合理配置资源的需要。合理的资源配置应能使国民经济目标达到最优化资源配置。投资所形成的项目是国民经济大系统中的一个小系统，它从国民经济大系统吸取一定的投入，又向国民经济大系统提供一定的产出。为使国民经济大系统目标达到优化，所选项目应该是对大系统目标优化最有利的项目。而由于市场体系的不完善及市场功能的局限性等原因，财务评价往往不能全面、正确地反映项目的投入物及产出物的真正经济价值，由财务评价所选择的项目可能不是对国民经济目标优化最有利的项目。因此，为在宏观上合理配置资源，需要对项目进行国民经济评价。

(2)国民经济评价是真实反映项目对国民经济净贡献的需要。从国家角度出发，投资建设的目的是取得尽可能大的国民经济效益，项目的取舍应以项目对国民经济净贡献的大小为依据。

(3)国民经济评价是投资决策科学化的需要。科学、合理的投资决策应能有效地促成合适的投资规模、合理的投资结构和实现好的经济效益。国民经济评价可以从以下三方面促进投资决策的科学化：①通过调整社会折现率等来控制一些项目的通过与否，达到调控投资规模的目的；②通过体现宏观意图的影子价格、影子工资等，可以起到鼓励或抑制某些行业、区域及某类项目发展的作用；③通过选择国民经济净贡献大的项目，可以保障好的国民经济总体效益。

(五)国民经济评价的意义

前面讨论的项目财务评价是从企业角度考察项目的净效益，国民经济评价是从国家整体角度考察项目的效益和费用，用影子价格、影子工资、影子汇率和社会折现率等国家参数，计算、分析项目给国民经济带来的净贡献，评价项目经济上的合理性。

企业进行项目投资是为了获取利润。国家进行项目建设的根本目的则是为了消除贫困，促进经济发展，实现经济繁荣，提高人民生活水平，推动社会发展、进步和繁荣。进行项目建设需要投入各种资源，包括资金、外汇、土地、人力、时间、信息及各种自然资源。目前，世界各国，尤其是发展中国家，都面临着资源稀缺与社会需求增长的基本经济矛盾，解决这个矛盾的有效方法，就是将有限资源分配到各种不同的用途上，使其发挥最充分的效用。如何使有限资源耗费到净贡献最大的项目上，使其得到最有效的应用，对国家建设的根本目标做出最大贡献，这是我们选择建设项目首先要考虑的问题。

国民经济评价就是站在国家宏观角度，以合理地利用国家资源、使国家获得最大净贡献为准则，来选择最优的项目或方案，是用政府调节这只“看得见的手”来辅助市场机制那只“看不见的手”。我国是社会主义国家，国家和企业的利益在根本上是一致的，但是具体到某一个项目，由于所站的角度不同，有时会发生矛盾，能使企业获利的项目不一定最有效地利用了国家资源，反之，最有效地利用了国家资源的项目也不一定能使企业获利。对于社会主义国家，制定中长期经济发展规划和确定产业政策，运用税收、利率、汇率和价格等经济杠杆，这属于对宏观经济的资源配置。对于一个企业，合理安排和使用厂房、机器、原材料、动力、劳动力和资金，决定它的产品组合和投资项目，这是微观经济的资源配置。微观的资源配置应服从宏观的资源最佳配置的目的，因而企业投资项目的选择应符合国家经济社会发展战略目标。

在我国，国民经济评价应根据国家社会经济发展的长远规划的要求，结合产品需求预测、工程技术研究以及项目的具体情况，计算项目投入、产出的费用和效益。并通过多方案比较，对建设项目在经济上的可行性进行科学的计算、分析和论证，作出全面的经济评价。为此，在国民经济评价时，应按照国家的目标和价值尺度，为项目选择提供合理的基础，以反映国家的宗旨、社会的目标，正确评价项目对国民经济的实际影响，并据此审定项目的投资计划(包括新建、改建、扩建和正在实施的项目)。

(六)国民经济评价的目的

国民经济评价的目的是对项目的经济价值进行分析，以确定项目消耗社会资源的真实价值。有些国家和地区，尤其是发展中国家和地区，在项目中的投入物或产出物的国内实际市场价格(财务，账面价格)，往往不能反映其真实的经济价值，比如原材料、自然资源等基本生产资料，国内市场价格低于它们的经济价值。而某些工业消费品的国内价格又高于其经济价值。如果一个项目以国内较低的石油作为原料，则所使用的原料是以放弃较高价格的出口为代价的，即使该项目的财务分析能够获得较高的企业盈利，但如果只根据企业财务评价对项目投资作出抉择，很有可能出现以下情况：将某些在财务上没有吸引力，而对国民经济作用大的项目排除在外；或将在财务上吸引力大(利润高)，而不能合理有效地利用资源、甚至影响国民经济综合平衡或需国家付出相当大的代价的项目纳入建设计划，这样会给国家和社会带来损失。因此，对于国家领导决策部门和经济计划部门来说，项目国民经济评价是至关重要的决策手段。采用这种科学方法和手段能够比较全面和实际地衡量、考察一项建设项目对整个国民经济和社会的真实效果，并能促使国家资源的合理分配和利用。

(七)价格失真的几种情况

价格“失真”是指价格不能确切地反映项目单位产出(投入)的社会效益(费用)。例如，某水泵厂打算进行一项技术改造项目，制造一种节能水泵，这种水泵将使使用单位节省可观的能源。当然制造厂需要为此付出一定的费用(研制费和制造成本的增加等)。如果水泵在使用期内所节省能源的费用足以补偿制造厂增加的各种费用的话，这个项目显然是有利于国民经济、有利于社会的。但是，由于体制上的原因，这种新水泵的销售价格还是和老水泵一样，那么单从财务角度评价，就会否定这种技术改造项目。

价格失真主要有以下几种情况：

(1)因关税和非关税保护，使国内价格高于国际市场价格，随着进出口的进一步开放，项目的财务评价结论可能会不符合项目实施后的情况，因此有必要对这些投入物和产出物用以国际市场价格为基础的影子价格代替财务评价中所用的价格。

(2)劳动力投入的机会成本往往低于实际的工资和福利支出，必要时可用影子工资代替财务工资福利费。

(3)外汇与人民币在没有完全实现自有兑换之前，外汇的真正价值一般高于实际的汇率，必要时可用影子汇率代替实际汇率。

(4)基准收益率或资本价格在财务评价中用的是行业或投资者期望的收益率，在国民经济评价(费用—效益分析)中应从国家资源配置的角度用统一的社会折现率来反映真正的资源耗用或有用物品(或货物)产出的时间价值。

以上调整后的价格或参考数值可以通称为影子价格。概括地说，影子价格是从国家角度更能反映资源(物品、服务、自然资源、外汇、劳动力和资本占用)价值的合理价格。

二、国民经济评价的必要性

项目经济评价包括两部分内容：财务评价和国民经济评价。财务评价是对项目财务上的盈利性和财务收支方面的清偿能力进行分析和评价；国民经济评价是从国家整体角度考察项目的效益和费用，分析计算项目对国民经济的净贡献，评价项目的经济合理性。在现行的财务和税务制度下，财务评价往往不能说明项目对于整个国民经济的真实贡献。有些项目财务评价的效益很好，盈利性很高，但实际上对国民经济的贡献并不大。有些项目，也许财务评价的盈利性并不高，但可能是由于价格、税收等方面的政策原因，项目实际上对国民经济的贡献还是很大的。国民经济评价正是为了解决财务评价不能正确反映项目对国民经济的真实效益和费用的问题。

主要由于两方面的原因，项目的财务评价不能说明项目对于整个国民经济的真实贡献。首先，由于企业与国家是两个不同的评价角度，企业利益并不总是与国家利益完全一致，因此一个项目对于企业和对于国家的费用和效益的范围不完全一致。比如，税金对于企业是费用支出，但对于国家则不是费用支出；企业无偿占有、开采、利用某种自然资源，并没有费用支出，但对于国家来说，这种资源被占用则往往应该考虑是有代价的。另一方面，由于种种原因，项目的投入品和产出品财务价格失真，不能正确反映其对国民经济的真实价值。

项目的国民经济评价在项目决策中有着重要的作用，按照建设项目经济评价有关规定，一个项目评价中，要求财务评价和国民经济评价都得通过。国民经济评价结论不可行的项目，一般应予以否定。对一些国计民生急需的项目，如国民经济评价合理，而财务评价不可行，应重新考虑方案，必要时可提出相应的财务政策方面的建议，调整项目的财务条件，使项目在财务上也可行。比如放松价格管制，允许部分产品以较高价格出售，或者给予税收优惠，减免部分税收，或者给予项目优惠贷款或增加直接投资减轻项目负债等。当前应当特别要从国民经济的角度评价和考察项目，要支持和发展对国民经济贡献大的产业项目，要特别注意制止和限制对国民经济贡献不大的项目。正确运用国民经济评价方法，在项目决策中可以有效地察觉盲目建设、重复建设项目，可以有效地将企业利益、地区利益与全社会和国家整体利益有机地结合和平衡。

概括地说，进行国民经济评价的必要性主要包括以下三方面：

(1)不同层次投资决策的需要。建设项目涉及的投资主体可能有国家、法人(企业)和个人，银行作为贷款提供者，也在很大程度上与建设项目有关。一般说来，投资者追求的目标是投资的收益，即投资的盈利性。然而，不同的投资主体所追求的目标却不完全一致。企业和个人投资所追求的目标往往是投资的收益或者说项目的财务效益。这一目标可以通过项目的财务评价来揭示，银行作为贷款的提供者关心的是贷款的风险及收益，这也可以通过项目的财务评价，特别是清偿能力分析来揭示，国家不仅要关心项目的财务效益，更重要的是要关心项目建成后对国民经济产生的效果。因此，对于建设项目除了要进行财务评价之外，还要进行国民经济评价。

(2)调整个体利益与整体利益关系的需要。个体利益与整体利益往往不一致，主要表现为：由于国家实行限价、进口管制，包括进口关税、限额等引起的价格扭曲；由于项目技术扩散、工业污染等产生的外部效果。因此，只有通过国民经济评价才能正确计算和完整体现项目对国民经济的净贡献。

(3)合理配置有限资源的需要。通过采用影子价格和其他经济参数可以诱导企业按社会利益行事，从而实现资源的合理配置。

三、国民经济评价与财务评价的关系

对于工程建设项目，特别是对于涉及国民经济许多部门的重大项目和对国计民生具有重大影响的项目，不仅要从企业角度进行财务评价，更要从国家、社会的角度进行国民经济评价。

国民经济评价是项目经济评价的核心部分，它是从国家整体角度，将项目纳入国民经济大系统中，考虑其对相关部门的影响，考察项目的效益和费用，用影子价格、影子工资、影子汇率和社会折现率，计算分析项目给国民经济带来的净效益，评价项目经济上的合理性。

根据我国经济管理体制和社会主义市场经济的要求，建设项目经济评价分为财务评价和国民经济评价两个层次。多数项目应先进行财务评价，在此基础上对效益、费用、价格等进行调整后，再进行国民经济评价。有些项目可先进行国民经济评价，然后再进行财务评价。这两个层次的评价各有其任务和作用，一般来说，应以国民经济评价的结论作为项目或方案取舍的主要依据。

国民经济评价与财务评价是互相联系的。它们之间既有共同之处，又有区别。

(一)国民经济评价与财务评价的联系

国民经济评价与财务评价的共同之处在于：首先，它们都是经济评价，都使用基本的经济评价理论，即费用与效益比较的理论及方法，即都要寻求以最小的投入获取最大的产出。都采用现金流量分析的方法，采用报表分析方法，采用内部收益率、净现值等经济盈利性分析指标进行经济效益分析。其次，两种分析都要在项目完成产品需求预测、工艺技术选择、设备选型、投资估算、资金筹措方案设计等基础上进行。

(二)国民经济评价与财务评价的区别

国民经济评价与财务评价的区别在于：

(1)首先，两种评价的角度和基本出发点不同。财务评价是站在项目的层次上，从项目的经营者、投资者、未来的债权人角度，分析项目财务上能够生存的可能性，分析各方的实际收益或损失，分析投资或贷款的风险及收益。国民经济评价则是站在国家和地区的层次上，从全社会的角度分析评价比较项目对国民经济的费用和效益。

(2)项目费用、效益的含义和范围划分不同。财务评价只根据项目直接发生的财务收支，计算项目的费用和效益。国民经济评价则从全社会角度考察项目的费用和效益，考察项目所消耗的有用社会资源和对社会提供的有用产品，不仅要考虑直接的费用和效益，还要考虑间接的费用和收益，即外部效果。而项目的有些收入和支出从全社会角度考虑，不能作为社会费用或收益，例如税金和补贴、国内银行贷款利息等均视为转移支付。

(3)评价采用的价格体系不同。财务评价使用实际的项目财务收支价格，国民经济评价则使用一套专用的影子价格体系。

(4)使用的评价参数不同。财务评价采用国家公布的汇率和行业基准收益率或银行贷款利率。国民经济评价采用国家统一测定的影子汇率和社会折现率等参数。

(5)评价的内容方面也有区别。财务评价有两方面：一是盈利能力分析；另一个是清偿能力分析，也就是要分析项目财务收支预算的松紧程度，分析项目借款偿还能力。而国民经济评价则只有盈利能力分析，即只有经济效率的分析，没有清偿能力分析。

国民经济评价和财务评价的区别除以上几方面外，还有其他方面，详见表 8-1。

表 8-1　国民经济评价和财务评价的区别

评价类别	国民经济评价	财务评价
评价角度	从国家角度	从经营项目的企业角度
评价目的	项目对国民经济的净贡献 即国民经济净效益	项目货币收支和盈利状况 及贷款偿还能力
评价参数	影子价格、影子汇率、社会折现率	市场价格、官方汇率、基准收益率
评价的效果	考虑直接和间接费用及效益 (内部效果和外部效果)	考虑直接费用和效益 (内部效果)
物价变动因素	不考虑	考虑
税收和补贴	不考虑	考虑
折　旧	不考虑	考虑
贷款和归还	不考虑	考虑
国内主要 评价指标	经济净现值、经济内部收益率、 经济换汇成本、经济投资回收期等	财务净现值、财务内部收益率、 借款偿还期、投资回收期等

(三)国民经济评价与财务评价对项目决策的影响

财务评价和国民经济评价的评价结果有时是不一致的，甚至导致相反的结论。财务评价和国民经济评价的结果不外乎以下四种情况：①两种评价均认为可行，则项目可取；

②两种评价均认为不可行，则项目不可取；③财务评价认为不可行，而国民经济评价认为可行，则需采取必要的优惠经济政策措施，使财务评价也为可行；④财务评价认为可行，而国民经济评价认为不可行，则可否定该项目，或在可能时，重新考虑方案，进行所谓的“再设计”。

四、国民经济评价的内容与程序

国民经济评价主要包括费用和效益的识别、计算和比较，以及国民经济盈利能力分析、外汇效果分析。此外，还应对难以量化的外部效果进行定性分析。其具体内容和程序如下：

(1)国民经济效益与费用的识别。项目的费用与效益的划分因项目的类型及评价目标的不同而有所区别。在国民经济评价中，应从整个国民经济的角度来划分和考察投资方案所形成的投资项目的效益和费用。效益是指项目对国民经济所做的贡献，包括项目本身的直接效益和由项目带来的间接效益；费用是指国民经济为项目所付出的代价，包括项目本身的直接费用和由项目引起的间接费用。要重点对转移支付的处理和对外部效果进行重点鉴定和分析。

(2)影子价格的确定。正确确定项目产出物和投入物的价格是保障项目国民经济评价正确性的关键。在国民经济评价中，应选择既能够反映资源本身的真实经济价值，又能够反映供求关系及国家经济政策的影子价格。稀缺资源的合理利用和符合国家经济政策的经济价格(如影子价格)，按照国家规定和定价原则，合理选用和确定投入物与产出物的影子价格和参数，并对其进行鉴定和分析。然后根据已确定的经济效益与费用的范围，采用影子价格、影子工资、影子汇率和社会折现率来替代财务评价中的财务价格、工资、汇率和折现率，计算项目的经济效益和费用。因此，对影子价格评价是国民经济评价的主要内容。

(3)基础数据的调整。影子价格确定以后，应将项目的各项经济基础数据按照影子价格进行调整，计算项目的各项国民经济效益和费用。

(4)编制报表。根据调整、计算所得的项目各项国民经济效益和费用数值，编制国民经济评价报表，包括基本报表和辅助报表。

(5)国民经济效益分析。根据国民经济评价报表及社会折现率等经济参数，计算项目的国民经济评价指标，分析项目的国民经济效益及经济合理性。此外，还应对难以量化的外部效果进行定性分析，以及从整个社会角度来考察和分析项目对社会进步目标的贡献，即进行所谓的社会效益分析。

(6)进行不确定性分析。从国民经济角度分析项目可能面临的风险及项目抗风险能力，一般包括经济敏感性分析，有条件或需要时还应进行概率分析。

(7)对方案经济效益比选的评价。方案的经济效益比选，是寻求合理的经济和技术决策的必要手段，亦是项目国民经济评价的重要组成部分。方案比选一般可采用净现值或差额收益率法。而对于效益相同的方案或效益基本相同又难以具体估算的方案，可采用最小费用法(如总费用现值比较法和年费用比较法)。

方案比选应遵循宏观和微观、技术和经济相结合的原则进行。项目安排对工业布局、地区规划、地区经济的影响，厂址选择对项目外部条件的影响，应同项目的经济效益比选结合起来分析。方案经济效益比选的结论应通过国民经济评价和财务评价综合分析后确定，有可能再与国内外生产同类产品的企业进行对比，以证实本项目所建议的方案技术水平和经济效益不仅是可行的，而且是较好的。

(8)作出评价结论与建议。由上述确定性分析与不确定性分析结果，对项目的经济合理性作出判断，并结合项目的财务评价结果，作出项目经济评价的最终结论，提出相应建议。

首先按照国家政策，对项目有关的各种经济因素作出综合分析，以国民经济效益评价为主，结合财务效益评价和社会效益评价，对主要评价指标进行综合分析，作出评价结论。然后应对项目经济评价中反映的问题和对建设项目需要说明的问题及有关建议加以明确阐述。

项目国民经济评价综合评价，是站在更广泛、更全面的立场上，从国家的总体利益出发，考虑到政治目标、经济目标、社会目标、环境保护、生态平衡、合理利用和保护自然资源以及国防需要等各种因素，使宏观效果与微观效果相结合，并用系统的、整体的和综合的观点，从经济、技术、社会、政治和军事等各方面，全面分析和综合评价建设项目的可行性。

五、工程项目国民经济评价的理论依据

(一)资源有效配置理论

目前，世界各国都面临着资源稀缺与社会需求增长的基本经济矛盾。解决这一矛盾的有效方法，就是将有限的经济资源(包括人力、物力和财力)合理配置到各个不同的产业部门，使其发挥最大的效用，达到最佳的社会经济效益。从微观上来看，资源的微观配置主要是指，微观经济主体合理安排和使用厂房、机器设备、原材料、劳动力和资金，决定其投资风险、投资项目及产品组合；从宏观上来看，资源的宏观配置主要是指，国家运用财政政策、货币政策对一个国家的经济资源进行有效配置，利用产业政策来规范和诱导经济资源的合理流向和组合。从国家利益出发，微观的资源配置应服从和服务于宏观的资源配置。因而微观经济主体投资项目(特别是大型项目)的选择应符合国家利益，符合国民经济社会发展战略的客观要求。

资源的宏观配置最终是通过将各种资源具体分配给一个个投资项目来实现的。因此，资源配置的优劣只有通过对项目进行社会经济评价才能确定。

项目经济评价，就是在一定的社会经济制度下，通过对投资项目的技术、市场、社会、经济等因素的研究与分析，采用按宏观经济目标制定的国家规定的参数和价格，解决人、财、物诸资源的合理用途，测算评价项目对社会经济目标的贡献大小，择优选择项目，从而达到资源的最优配置。因此，它是使国民经济各项有限资源达到合理配置的一种重要工具和科学手段。

资源配置通常有两种方式：一种是市场型，即市场机制完善、合理地在社会有限资源条件下配置各种资源；另一种是混合型，主张该配置方式的观点认为，从资源配置的过程和效果来看，市场机制具有相当的局限性，或者反映于对社会资源的利用不善，从而造成资源闲置或浪费，或者反映于资源配置与收入分配的失调，为此应将政府调节与

市场机制有效结合起来形成一种混合方式。在我国社会主义市场经济条件下，资源配置方式只能是混合型，只能通过政府的有效调节和市场机制作用的充分发挥，使有限的资源合理配置后产生最大的社会经济效益。因此，项目经济评价必须以资源有效配置理论作为最重要的理论依据之一。

(二)社会主义市场经济理论

社会主义市场经济，就是在公有制基础上，承认市场作为运行基础的地位，承认市场"本位"，即全部经济活动都要通过市场，由市场调节，由市场机制的自组织功能进行"自组织"，再由政府及其计划进行"再组织"，运用经济政策和各种手段进行调节和控制。市场并不是万能的，政府的干预也是必不可少的。通过政府及其政策的干预，可以矫正市场功能，消除市场局限，让市场的自组织功能符合于国民经济发展的要求。

市场经济的运行构架一般由五大支柱：市场主体；市场体系；市场稳定器；政府调控；经济国际化。社会主义市场经济体制的建立，目的是为了寻求一个比传统的社会主义和现代的资本主义更有效率的组织和生产力的体制模式。

根据社会主义市场经济理论，要求我们在进行项目经济评价时要做到以下几点：

(1)重视价值目标即国民经济增长目标。首先要使建设项目取得最大的经济效益。这种效益不仅要考虑项目本身的特殊经济利益，而且还要考虑全体人民和整个国家的宏观经济利益。也就是说，除了进行财务评价之外，还要进行国民经济评价，整个项目评价应该是财务评价与国民经济评价的统一。

(2)在发挥市场机制作用的同时，进行适度的政府干预，使市场机制运行的结果大致符合社会预期目标。首先，要求合理地为项目的投入物和产出物的影子价格进行判断和矫正。其次，对预算内资金要合理地确定各产业部门的国家投资总额，做好各个部门原有资本存量和现正在进行的投资增量间的协调安排，根据产业或行业规划合理制定投资项目的规模。

(3)用于项目评价所需的参数的制定可建立在原有的国家计划及国际现行的各种标准之上，参数的测算应由国家综合部门和专门机构统一进行。这些参数既要反映市场经济的客观要求，又要成为宏观调控系统的重要组成部分。

(4)社会主义市场经济条件下，项目经济分析和评价更应重视外部效果的影响。外部效果是指项目在生产和消费中所产生的对项目外的正负影响。重视外部效果的影响，是社会主义市场经济区别于理想中的完全市场经济的一个重要特征。在经济发展过程中，要重视技术进步、工业污染、资源利用、生态平衡、劳动就业和收入分配等影响，发挥积极作用，限制消极因素的影响，这就要求每个投资项目在追求经济效益的同时，自觉主动地解决外部效果问题。

第二节　项目的国民经济费用和效益

确定项目经济合理性的基本途径是将项目的费用与效益进行比较，进行国民经济评价首先要对项目的费用和效益进行识别和划分，也就是要认清所评价的项目在哪些方面对国民经济产生费用，在哪些方面产生效益。

一、识别效益和费用的基本原则

费用和效益都是相对于目标而言的。效益是对目标的贡献；费用是对目标的负贡献。财务评价以投资人(或项目)净收入最大化为目标，凡是增加投资人(或项目)收入的就是财务收益；凡是减少投资人(或项目)收入的就是财务费用。国民经济评价以社会资源的最优配置从而使国民收入最大化为目标，凡是增加国民收入的就是国民经济效益；凡是减少国民收入的就是国民经济费用。

上述定义为正确识别费用和效益提供了基本准则，并具体体现在以下两方面：

(1)系统的边界。财务评价从项目(或投资主体)自身的利益出发，其系统分析的边界就是项目(或投资主体)自身。凡是流入项目的资金，就是财务收益，如销售收入；凡是流出项目的资金，就是财务费用，如投资支出、经营成本和税金。财务收益和费用统称为项目的直接经济效果或内部经济效果。

国民经济评价从国民经济的整体出发，其系统分析的边界是整个国家。国民经济评价不仅需要识别项目自身的直接经济效果，而且需要识别项目对国民经济其他部门和单位产生的效果，即外部效果；不仅应当识别可用货币计量的有形效果，而且应当识别难以用货币计量的无形效果。

(2)追踪的对象。财务评价在考察财务收益和费用的过程中，其追踪的对象是货币。凡是由项目之外流入项目之内的货币就是财务收益；凡是由项目之内流出项目之外的货币就是财务费用。

识别国民经济评价中的费用和效益就没有财务识别这样简单。国民经济评价以实现资源最优配置，从而保证国民收入最大增长为目标，而国民收入(这里指 GDP)是由全社会最终产品的总和所决定的。对于一个投资项目来说，项目的资源投入意味着减少了这些资源在国民经济其他方面的可用量，从而减少了国民经济其他方面的最终产品产出量，正是从这种意义上说，该项目对资源的使用产生了国民经济费用。同理，项目的产出是国民经济效益，是由于项目的产出能够增加社会资源——最终产品的缘故。由此不难理解，在考察国民经济费用和效益的过程中，其追踪的对象不是货币，而是由项目投入和产出所产生的社会资源的变动。凡是减少社会资源的项目投入都产生国民经济费用；凡是增加社会资源的项目产出都产生国民经济效益。

牢记国民经济评价追踪的对象是资源的变动，而不是货币的流动，是正确识别其费用和效益的关键。

二、直接效益和直接费用

项目的直接效益和费用是项目对国民经济所做出的直接正、负贡献，其识别与计量比较容易。

(一)项目的直接效益

项目的直接效益是由于项目向国民经济大系统提供产品或劳务而对国民经济做出的直接贡献。直接效益的确定一般可分为两种情况：

(1)若项目产出物用以增加国内市场的供给量，其效益就是这部分增加量所满足的国内需求的价值，等于对这部分增加的供给量的消费者支付意愿。

(2)若项目产出物未导致国内市场供给量的相应增加，如项目产出物用于出口，其效益为所得外汇的经济价值；如项目产出物用于替代进口，其效益等于所节约外汇的经济价值；如项目产出物用于替代国内原生产企业的部分或全部产品，其效益为原生产企业减产或停产向社会所释放的资源，其价值等于对这部分资源的支付意愿。

(二)项目的直接费用

项目的直接费用是指因项目建设和生产耗费的直接投入而使国民经济为项目所付出的代价。直接费用的确定一般也分两种情况：

(1)若项目的投入物来自国内生产量的增加，其费用就是增加国内生产所消耗资源的经济价值。

(2)若项目投入物的国内生产量保持不变，如项目投入物来自进口，其费用等于所花费外汇的经济价值；如项目投入物来自出口减少，其费用等于所减少外汇收入的经济价值；如项目投入物来自对其他项目供应量的减少，其费用为其他项目因此而减少的效益，等于其他项目对这部分投入物的支付意愿。

三、外部效果的识别及处理

投资项目除了会产生与其投入与产出所对应的直接费用和直接效益外，还会对社会其他部门产生间接费用和(或)间接效益。这种间接费用和间接效益统称项目的外部效果。外部效果是国民经济评价所特有的费用或效益项，其识别和计量都是比较困难的。

(一)外部效果的含义

项目的外部效果是指由项目产生的，施与项目以外的经济主体的影响。在项目经济评价中，通常把与项目相关的间接效益(外部效益)的间接费用(外部费用)统称为外部效果。

外部效益是指项目对社会做出了贡献，而项目本身并未得益的那部分效益。如拟建项目的建设包括一条配套运输线路，它除了为本项目服务外，还可以为当地的工农业生产和人民生活提供服务。而为当地的工农业生产和人民生活提供服务所产生的效益没有在项目财务评价中计算，这部分效益即为本项目的外部效益。

外部费用是指国民经济为项目付出了代价，而项目本身并不实际支付的费用。如工业项目产生的废水、废气和废渣引起的环境污染及对生态平衡的破坏，项目本身并不支付费用，而国民经济却为此付出了代价。

项目的外部效果应该满足下列两个条件：①该项目将对与其并无直接关联的其他项目或消费者产生影响，即相关性条件；②这种影响在财务评价中并没有得到反映或计算，即不计价性条件。所以，识别外部效果时，需要考虑这两个条件。

通常外部效果是较难计算的，为了减少计算上的困难，首先应力求明确项目范围的“边界”。一般情况下可扩大项目的范围，把一些相互关联的项目合在一起作为“项目群”进行评价，使项目的外部效果内部化，在进行项目国民经济评价时，对一些外部效果明显的项目，要分情况进行具体的分析。事实上，国民经济评价中采用的影子价格应在一定程度上考虑了外部效果，使项目的某些“外部效果”在项目内部得到体现。同时，方了防止外部效果的扩大化，一般只要求计算一次相关的效果。对不能定量计算的外部效果，应作定性的描述。

(二)外部效果的类别

外部效果通常分为技术外溢效果、价格连锁效果、乘数效果、“上下游”相邻效果和消费者剩余等。

1. 技术外溢效果

项目的技术外溢效果是指项目的投建和运行带给项目外部的实际影响。这种效果是确实存在的，但它却是没有包括在工程项目的收益和支出中的效果。例如，发电厂排放的烟尘可使附近田园的作物减产或质量下降，化工厂排放的污水可使附近江河的鱼类资源减少等，都是技术外溢费用的例子；而一个水电建设项目附带产生的防洪效益、灌溉效益和旅游效益，则是技术外溢效益的例子。这些效果通常是难以用货币单位计入工程项目的收益与支出中去的。这类效果即使在事后回顾也难以弄清，更何况事先的估计了。因此，除非在方案比较或评价时有明显的外部效果差别者，一般不予以计量。

一个技术先进项目的实施，由于技术人员的流动，技术的扩散和推广，整个社会都将受益。但这类外部效果通常都难于定量计算，一般只作定性说明。

对于一些公共项目，如公路交通、环境工程、水利工程和文化娱乐设施等，是免费或低价向公众服务的，应该计算所得益的实际得益，而不论其所属的部门。但是，如果由于项目而造成的收益在有关部门的转移，则不应算作项目的效益。

2. 价格连锁效果

项目的价格连锁效果分为逆价格连锁效果和顺价格连锁效果。

项目对投入物的使用可能促使这些投入物的价格上升。投入物价格上升，会给使用这些投入物的其他厂家带来影响，迫使它们不得不以更高的价格买这些投入物，从而造成这些厂家的生产成本上升，净效益下降。另一方面，投入物价格的升高又会给生产这些投入物的厂家带来额外净收入，这种由项目投入物引起的价格外部效果，称为价格逆连锁效果。

当项目的产出增加了有效供给，满足了增长的需要时，对项目产品社会使用量的增加可能促使对其辅助配套产品的需求随之增加，倘若该辅助配套产品供不应求时，其价格会随之上升。这样，生产该辅助产品的厂家即使不增加产量，也会因其产品价格升高而获利。与此同时，那些生产该项目产出物的替代品的厂家，则由于产品替代效应的存在而不得不降低价格以维持需求，从而又使生产这些替代品的企业收入下降。这种由项目产出物而引起的价格外部效果，称为价格顺连锁效果。

3. 乘数效果

乘数效果与利用闲置生产能力有关。由于产业结构失衡使某些产业部门存在生产能力过剩现象，如果项目的投建能够促使与此项目的投入和产出有关的产业部门的闲置生产能力得以利用，就会带来外部效益。这种由项目导致的一系列相关部门启用过剩生产能力，以及由此带来的一系列资源节约效果，就是项目的乘数效果。

这是指项目的实施使原来闲置的资源得到利用，从而产生一系列的连锁反应，刺激某一地区或全国的经济发展。在对经济落后地区的项目进行国民经济评价时可能会需要考虑这种乘数效果，特别应注意选择乘数效果大的项目作为扶贫项目。一般情况下，只计算一次相关效果，不连续扩展计算乘数效果。

4. “上、下游”企业相邻效果

项目的“上游”企业是指为该项目提供原材料或半成品的企业，项目的实施可能会刺激这些上游企业得到发展，增加新的生产能力或是使原有生产能力得到更充分的利用。例如兴建汽车厂，会对为汽车厂生产零部件的企业产生刺激，对钢铁生产企业产生刺激。项目的“下游”企业是指使用项目的产出物作为原材料或半成品的企业，项目的产品可能会对下游企业的经济效益产生影响，使其闲置的生产能力得到充分利用，或使其在生产上节约成本。如果在国内已经有了很大的电视机生产能力而显像管生产能力不足时，兴建显像管生产厂会对电视机厂的生产产生刺激。显像管产量增加，价格下降，可以刺激电视机的生产和消费。大多数情况下，项目对“上、下游”企业的相邻效果可以在项目的投入和产出物的影子价格中得到反映，在项目的直接费用和效益中计算，不应再计算间接效果。例如显像管厂项目的产品如以进口替代计算其影子价格，就不应再计算电视机厂生产受到刺激增加生产和降低成本带来的间接效益。也有些间接影响难于在影子价格中计算，需要作为项目的外部效果计算。

5. 环境影响效果

有些项目会对自然环境和生态产生污染和破坏。主要的环境污染包括：排放污水造成水污染；排放有害气体和粉尘造成大气污染；噪音污染；放射性污染；临时性的或永久性的交通阻塞、航道阻塞；自然环境的改变对生态造成破坏等。

项目造成的环境污染和生态破坏，是项目的一种间接费用，这种间接外部费用一般较难定量计算，近似的可按同类企业所造成的损失估计，或按恢复环境质量所需的费用估计。有些项目含有环境治理工程，会对环境产生好的影响，评价中也应计算相应的效益。环境影响有时不能定量计算，至少也应当作定性描述。

6. 消费者剩余

消费者剩余是指消费者对商品的支付意愿和实际支付的差值，它是消费者获得的一种效益。所谓“消费者支付意愿”，是指商品用户愿意支付的价格，它度量了商品的真实价值。

当项目的产出量很大，且占有相当大的市场份额的时候，为了扩大市场需求，往往需要降低销售价格。当项目产出物的价格因项目投产出现实质性下降的时候，应当使用消费者剩余的概念来分析这种情况对国民经济的影响。

实践经验表明，对这类效果不应估计过大，特别是要防止盲目地夸大这类效果，只有同时具备下列情况者才予以考虑：

(1)这些相邻部门的生产能力或资源确实是闲置的。

(2)这些闲置的生产能力或资源利用之后，不会影响本部门或其他部门的产出。例如，当闲置的设备开动后，占用了能源，使其他行业减产。这样，利用闲置设备的相邻效果并不存在，至少要打折扣。

(3)除了建设该工程项目外，并无其他途径来利用上述的闲置生产能力和资源。否则，在评价和比较项目方案时，不应该因这种相邻效果而厚此薄彼。

同时具备以上条件的情况不是很多的，因此，对这类相邻效果不应过分强调。

另一类是关于项目的建设问题。例如，在某地要建一个煤矿，而必须得在附近建设一个电厂。如果这个电厂主要是为煤矿服务的，那么电厂应考虑为煤矿项目的一个部分。通常对这种关系密切的综合项目群体，如石油化工联合企业等，应扩大项目定义的范围，作整体的评价，这样一来，相邻效果就自然地消失了。

(三)外部效果的处理

虽然从理论上说，应当在全社会范围内考察外部效果，但从实践上看，这样做几乎是不可能的，而且从费用效益分析的角度看，也是得不偿失的。考察外部效果，应当着眼于与项目主要投入和产出紧密相关的部门。为了避免高估外部效益、低估外部费用或者相反的情形发生，对外部效益和外部费用的考察应在同一相关部门内进行。

1. 技术外溢效果的处理

技术外溢效果反映生产消费和社会福利的真实变化，应在项目国民经济评价中加以反映。

技术外溢效果又可以分为两类：有形效果和无形效果。主要包括：

(1)环保和生态效果。项目对环境和生态的影响是一种日益引起社会关注的外部效果。一个以环境保护和生态平衡为目的的项目会带来正的环境和生态效果(效益)，但很难用货币单位计量这种效果的大小。这种项目的经济分析，多以互斥方案间费用比较的方式进行。即在各方案环保和生态效果基本相同的情况下，费用小的方案就是优选方案。这种比选的实质是把被拒绝方案的较高经济费用，作为一种被避免的损失而视作被采纳方案的经济收益。但这样做并未真正表明项目的环保和生态效果。因此，环保项目的实施不论是出于执行环保法令，还是出于价值判断，其效果如果不能用货币单位计量时，则应采用相应的环保指标加以衡量(如噪声、废物和有害物质的排放量等)。对于非环保项目，对其负的环保效果也应力争采用环保指标加以计量，特别是当这种外部效果不容忽视的时候。

(2)技术扩散和示范效果。这是难以用价值计量的无形外部效果。一个技术先进适用、管理水平高的项目，能够培养和造就高水平的技术和管理人员，其技术扩散和示范效应会给社会其他方面带来益处，从而产生外部效益。由于计量的困难，对这类外部效果可作定性描述。

2. 乘数效果的处理

乘数效果是利用剩余生产能力而生产拟建项目需要的投入物，从而导致的固定生产成本的节约，这些被节约的成本费用是项目的外部效益。但在国民经济评价中，对利用剩余生产能力生产的项目投入物的价格，用可变成本确定，这意味着已经计量了节约固定成本的乘数效果，无须另行计算。

3. 价格连锁效果的处理

在不影响社会生产和消费水平的情况下，由项目投入产出引发的价格连锁效果仅仅是社会成员之间的货币转移性的分配变动，社会资源没有发生增减变化，国民收入也没有增加或减少，因而国民经济评价无需考虑这种外部效果。当然，价格变化或多或少都会影响社会生产和消费水平的变动，从而也会影响资源和国民收入的变动。但是，一方面，我们使用影子价格计量项目的投入产出价值，其中已经部分地包括了这种价格外部效果；另一方面，价格连锁效果的作用机理十分复杂，且正负效果并存和相互抵消，要进一步识别和计量都十分困难，所以在项目评价实践中可不考虑。

4. 消费者剩余的处理

对由项目产出所产生的消费者剩余，应采取不同的处理原则。当由项目产出所导致的社会其他原有生产厂家收入上的减少，这部分利益为用户(消费者)所得，是原有厂家的收入向用户的转移。从全社会角度看，这是一种得失相当的转移，是一种收入分配的变动，社会资源没有增减，故在项目国民经济评价中不予考虑。因此，只要以项目的产出前后的价格平均值作为项目产品的计算价格，则所计算的产出效益就包含了相应的消费者剩余。

5. 外部效果的内部化

在相互关联的多个项目中，彼此之间常会互相作用、相互影响，因而相互之间常会出现难以识别和计量的外部效果问题。在这种情况下，若有可能，最好把这些项目作为一个项目组合进行整体考察，这样，项目之间的外部效果就变成了内部效果，从而避免了外部效果识别和计量上的困难。这种处理办法称作外部效果内部化。

四、转移支付

转移支付是指系统内部所发生的费用和效益的相互转移，它并不发生实际的资源消耗(或增加)。在项目国民经济评价中，国家作为一个大系统，其内部发生的某些费用和效益仅仅只是相互转移，而并没有发生实际资源的增加和耗用，这部分费用和效益称为国民经济内部的"转移支付"。

项目财务评价中的某些财务费用和财务收入，并未伴有资源的相应投入和产出，不影响社会最终产品的增减，因而不反映国民收入的变化，它并不反映对国家的直接要求，只是反映了对资源分配的控制权力从社会的一个成员或部门转移到了另一个成员或部门。它们只表现为资源的支配权利从项目转移到社会其他实体，或者从社会其他实体转移给项目。这种转移，只是货币在项目和社会之间的转移，并不同时发生社会资源的相应变动。项目与社会实体之间的这种并不伴随有资源变动的纯粹货币性质的转移，称为项目的直接转移支付。在国民经济评价中，有四种常见的直接转移支付，它们是税金、补贴、国内贷款及其还本付息。

税收和利息等转移支付虽不是资源费用，但它们对于收入再分配，或许还对于储蓄，却有重要的影响。如果政府希望将项目选择作为改进收入分配和增加储蓄的手段，那么在确定项目的费用和效益时，就应该将这些转移支付也考虑在内，并将它们反映在生产要素投入的影子价格和项目所产生的收入之中。

(一)税金

在财务评价中，税金是一种财务支出，企业纳税，就要减少它的净收益。但是企业纳税并未减少国民收入，并未发生社会资源的变动，只不过是将企业的这笔货币收入转移到政府手中而已。所以，从整个社会角度看，税金并不是经济费用。

国民经济评价是从资源增减的角度考察项目的效益和费用的，税金既然不对应资源的变动，因而也就不能把税金作为效益项列入国民收入账户。

总之，在国民经济评价中，不管税金的名目和具体形式如何，即不论它是流转税、关税，还是所得税、调节税，都是项目的转移支付，都不能列为项目的费用和效益。

(二)补贴

补贴是一种货币流动方向与税金相反的转移支付。政府如果对某些产品实行价格补贴，可能会降低项目投入的支付费用，或者会增加项目的收入，从而增加项目的财务净收益。但从社会资源变动的角度看，补贴既未增加社会资源，也未减少社会资源，国民收入并未因补贴的存在而发生变化，仅是货币在项目和政府间的转移，因而补贴不被视作国民经济评价中的费用和效益。

至于补贴的形式如何，那是无关紧要的。补贴的一种形式，是将投入物的价格压到它的真实价值以下，或将产出物的价格抬高到它的真实价值以上，这是一种直接补贴。还有一种更为广泛的间接补贴。比如对进口物实行高额征税，或者禁止这种商品进口，以维持国产商品在国内市场上的高价，如此产生的较高控制价格与不采取限制进口措施所能有的较低价格之间的差额，代表了一种间接补贴，也是一种由商品用户向生产厂家的转移支付。

(三)国内贷款及其还本付息

项目的国内贷款及其还本付息也是一种直接转移支付。从企业(项目)的角度看，从银行得到贷款就是货币流入，因而在自有资金的财务评价中，贷款视作收入(现金流入)项。还本付息则是与贷款相反的货币流动过程，因而被视作财务支出(现金流出)项。从整个国民经济角度看，情况则不同。贷款并没有增加国民收入，还本付息也没有减少国民收入，这种货币流动过程仅仅代表资源支配权力的转移，社会实际资源并未增加或减少，因而它们不是国民经济评价的效益和费用，只不过是一种转移支付。

(四)国外贷款及其还本付息

利用国外贷款的投资项目，偿还国外借款本息，产生了国民经济内部资源向国民经济系统外部转移，导致了国民经济内部资源的减少，故不能视为转移支付，因而必须计作项目的国民经济费用。

(五)识别和处理转移支付的方法

识别某项费用或效益是转移支付，需要注意两点：首先要看这一费用或效益是不是仅限在系统内部发生，如果同系统外部有联系就肯定不是“转移支付”，如国外借款的还本付息与系统外部有联系,不应看做转移支付。第二,判断是否发生实际的资源变化(耗用或增加)，没有发生资源变化的属转移支付。

转移支付在国民经济评价中既不作为费用也不作为效益。如关税、销售税金及附加、国内借款利息等在国民经济评价中都不应计为费用，不应体现在国民经济效益费用流量表的费用流出中，在以财务评价为基础进行调整来进行国民经济评价时，要注意从现金流出中剔除这部分费用。

五、无形效果

(一)无形效果的含义

几乎所有的投资项目都有无形费用和无形效益，它们统称为无形效果。它们包含了各个方面的因素，诸如收入分配、地区均衡发展、就业、教育、健康、生态平衡、社会安定、国家安全等。这些无形效果是真实存在的，是进行项目选择时需要考虑的，因此需要仔细地进行识别。

由于不存在相应的市场和价格，无形效果一般很难赋予货币价值。当无形效果是项目的主要效果或不容忽视的重要效果时，经济评价人员首先应当努力尝试用货币形态计量无形效果，难以货币化的，应当尽力采用非货币单位进行计量，如项目的就业人数、受教育的人数、受益于劳动条件改善的人数等。对于不能数量化的无形效果，例如建筑物的美学价值、自然风景和文物古迹的保护效果等，则应尽量通过文字、图表的方式给以定性描述。

(二)无形效果的计算

国民经济评价中最为困难的是那些带有难以用货币进行度量的效益和费用的估计问题，例如安全和国防以及很多有关人身舒适的内容，如噪音、空气污染和绿化等。这些东西不会在市场上出现，也不会有市场价格。但不能不认为这些内容确实是社会效果的一个重要方面。在考虑交通工程、水利综合利用工程(含防洪功能)、抗震工程时，人身安全是这些工程效果的一个重要方面，不可避免地要涉及生命的“价值”问题，我们无法也不应该计算一条生命值多少钱。但在实际决策时，隐含着在生命的安全与投资之间作出了某种权衡，显然我们不可能将所有的投资都花在提高安全度上。公共设施中很大一部分效益属于这一类。对于这种无形效果，首先可以计算其实物指标，如噪音指数、空气的含硫量等；其次，设法估计各种实物指标的货币价值，当然这是极其复杂和困难的事，通常的做法有：

(1)对消费者询问。例如，可提出这样的问题：如果 X 在市场上销售，你愿意为此付出多少？或者 X 是讨厌的东西，如果你忍受 X，你要付出多大的代价，等等。显然，这种回答是很不可靠的。

(2)参照公共设施以外的类似物品的市场价格。例如，市场上供应的净化器可以净化水质。如果现在一个项目能使水质净化到同样的程度，那么这个项目的效益至少有所有净水器那么大的代价。

(3)用工程项目的费用来反映效益。城市绿化花了多少钱，就算提供了多少效益。这种方法被认为是最不理想的，花钱多并不一定收益也大，费用与效益并无必然的固有的联系。

对于无形效果占主要地位的项目，应采用相同效果下的费用比较法或多目标决策方法。但是，这些方法只能给出方案之间相对比较的结论，并不能给出方案本身的绝对经济效果。

六、价格对效益和费用的影响

有些项目的产品大量出口，从而导致了我国此类产品出口价格的下降，减少了创汇收益，成为项目的外部费用。如果项目的产品增加了国内市场供应量，导致产品市场价格下降，可以使用户和消费者得到产品降价的好处。但这种好处一般不应计作项目的间接效益，因为产品降价将使原生产厂的效益减少，也就是说生产厂减少的收益转移给了用户和消费者，从整个国民经济来说，效益并没有增加或减少，这与产品出口导致的价格变化不同。

在计算项目的外部效果时，须注意不能重复计算，特别要注意那些在直接费用和直接效益中已经计入的不应再在外部效果中计算。同时还要注意所讨论的外部效果是否确实应当归因于所评价的项目。在讨论外部效果时，往往容易发生重复计算和虚假扩大项目间接效益的问题。在大多数情况下，项目的产出物以影子价格计算效益已经将各种连锁效益考虑在内了，项目的产出物影子价格以消费者的支付意愿计价，就已经充分计算了产出物的效益，不应再计算间接效益；项目的投入物影子价格大多数情况下也已经充分计算了投入物的社会费用，并已经将充分利用原有生产能力和其他资源所得到的社会收益从费用中扣除，不应再重复计算间接的上游效益。有些间接效益能否完全归属所评价的项目，往往也是需要仔细论证的，比如一个地区的经济发展制约因素往往不止一个，可能有能源、交通运输、通信等，瓶颈环节有多个，不能简单地归于哪一个。

由于项目外部效果计算上的困难，有时可以采用调整项目范围的办法，改变项目的外部效果，使之变为项目以内的影响。调整项目的范围一种是将项目的范围扩大，将几个项目合成一个大项目进行国民经济评价，这样就可以将这几个项目之间的相互支付转化为项目内部的相互支付而相互抵消。例如，在评价相互联系的煤矿、铁路运输和火力发电项目时，可以将这些项目合成一个大的综合能源项目，这些项目之间的项目支付就转变为大项目内部的项目支付而相互抵消。另一种调整项目范围的方法是缩小项目的范围，即将一个大项目分解成几个小项目分别评价。

第三节　影子价格的分析计算

项目投入物和产出物财务价格并不总能正确反映对于国民经济的真实价值，因此有必要引出一套不同于财务价格的、能够反映项目投入物和产出物真实价值的影子价格。所谓影子价格是指依据一定原则确定的、比财务价格更为合理的价格。这里的所谓合理，是指应能更好地反映产品的价值，反映市场供求情况，反映资源的稀缺程度，应能使资源配置向优化方向发展。

一、影子价格的概念及特征

(一)影子价格的概念

影子价格又称最优计划价格或计算价格，它不是市场上形成的交换价格，而是一种更能反映资源真实价值、促进资源合理利用、为实现一定的经济发展目标而人为确定的效率价格。即商品或生产要素可用量的任一边际变化对国家基本目标——国民收入增长的贡献。它反映了社会经济处于某种最优状态时的资源稀缺程度和对最终产品的需求情况，有利于资源的最优配置。

影子价格的概念源于线性规划，是指在资源有限的情况下，要取得最大收益，资源对社会目标的边际贡献。

项目国民经济评价中采用的影子价格是一种局部均衡分析的影子价格，也就是说只能是局部地或个别地考察某一产品或资源的情况确定其影子价格，而不是(也不可能)用整体的线性规划方法来求解影子价格。一般认为，国际市场是发展和竞争较为完善的市场，其价格相对来说较为合理。在项目评价实际中，对外贸货物一般采用国际市场价格作为参照系，以口岸价格为基础来确定其影子价格，对非外贸货物采用消费者支付意愿或分解成本法确定影子价格，对劳动力、土地等基本投入物则一般采用机会成本来确定其影子价格。

影子价格是一种“影子”的价格，是现行价格背后所隐藏的理论价格。影子价格是指当社会处于某种最优状态，能够反映社会劳动消耗、资源稀缺程度和对最终产品需求情况的价格。也就是说，影子价格是人为确定的、比现时交换价格更为合理的价格。“合理”的标志，从定价的原则看，应该能更好地反映产品的市场供求状况和资源稀缺程度；从价格产出的效果看，应该能使资源配置向优化的方向发展。从本质上讲，影子价格就是有限资源在最优分配、合理利用条件下对社会目标的边际贡献。

各类商品或资源影子价格的测算可分为直接法和间接法两种。直接法是指以传统和经典的影子价格为依据，编制涉及国民经济一切重要部门在内的一个庞大的宏观经济线性规划数学模型，用对偶规划模型求解各类资源或商品的影子价格。该方法在理论上可行，但在实际工作中由于涉及面广、工作量大、数据量要求大，模型参数选定较困难，故未得到广泛应用。目前，较广泛应用的是间接法求解影子价格。

(二)影子价格的特征

影子价格又称效率价格、计算价格、预测价格等，它是个含义广泛的经济范畴，有以下一些特征：

(1)影子价格是资源得到最优配置和有效利用时的价格，所以影子价格反映各种生产资源的稀缺程度。某种资源的影子价格越高，就表明该种资源短缺程度越严重。

(2)按照市场的竞争理论，在完全自由竞争条件下，供求因素的自发调节可使生产资源得到合理配置，从而形成均衡价格。因此，影子价格是同市场自由竞争的均衡价格相一致的。换言之，在完全自由竞争的条件下，各种资源在长期趋势中的市场价格就是它们的影子价格。

(3)根据资源配置理论，生产者可根据影子价格来增减资源的数量，以获得更大的收益。因此，资源的影子价格，反映该资源的边际生产力，即在其他资源投入量保持不变的条件下，该资源投入量每增加一个单位所带来的总收益的增加量，或者是社会总收益对某种产品或资源的一阶偏导数。各种资源的稀缺程度是不同的，且随着生产力的发展，各种资源的增加量或消耗量也不同。资源越增加，其影子价格越趋向下降，资源越稀缺则其影子价格越上升。较稀缺的资源，每增加一单位，可增加较多的收益，其影子价格也就高。稀缺性较小的资源，增加投入量所增加的收益较少，当资源增加到过剩地步，其影子价格为零，这意味着再增加投入，收益也不增加。

(4)影子价格与机会成本在含义上是一致的。一般而言，项目投入品的影子价格就是它的机会成本——资源用于国民经济其他用途时的边际产出价值，即资源用于该项目而不能用于其他用途时所放弃的边际收益。项目产出品的影子价格是用户的支付意愿——用户为取得该产品所愿意支付的价格。

项目进行国民经济评价的着眼点是整个国民经济，因而确定影子价格的过程是对国民经济在生产、交换、分配和消费过程中的全部环节及其相互关系的全面考察过程，因此，要正确确定商品和生产要素等的影子价格是比较困难的，如果再考虑到社会资源可用量的变化、政策及其社会经济未来变动等各种不定因素的存在及其影响，要精确测定影子价格是相当困难的。目前，获得影子价格的基本途径，是以交换价格为起点，将交换价格调整为影子价格。

二、影子价格的作用

(一)影子价格在国民经济评价中的作用

国民经济评价通过考察项目的国民经济费用和效益来评价项目对国民经济的净贡献，而合理确定和应用影子价格是正确衡量项目国民经济费用和效益的最重要的前提。只有合理确定和应用影子价格，才能保证项目国民经济费用和效益衡量的真实性，使国民经济评价的结论能够用于正确指导投资决策，保证资源的合理配置，从而使国民经济获得高效率、高质量的发展。反之，失真和扭曲的价格必然导致项目国民经济费用和效益的计量失实从而导致错误的投资决策，造成有限资源的浪费，延误国民经济发展。

我国由于产业结构不尽合理、国家保护本国产业、市场经济体制还不完善等原因，现行价格存在着较为严重的扭曲和失真。许多价格既不能反映资源的真实价值，也不能反映供求关系。显然，这样的价格不能用于国民经济评价，而必须测算和应用影子价格。

项目国民经济评价中采用影子价格是因为国民经济评价的主要目的是要考察项目给国民经济做出的贡献(效益)和使国民经济付出的代价(费用)。衡量这些效益和费用必须采用合理的、能够反映经济价值的价格尺度。一般在发展中国家，由于存在严重的通货膨胀，外汇短缺、劳动力过剩、贸易保护等多种原因，使得市场机制不够完善，劳动力、资本、外汇以及商品的市场价格扭曲，甚至价格与价值相偏离，既不能反映资源及商品的真实价值，也不能够反映其供求关系，因此，需要找出一种合理的价格。影子价格能够反映资源及商品的经济价值，采用影子价格对项目进行国民经济评价能够较好地反映项目给国民经济带来的净贡献。

(二)同种货物的影子价格不一定相同

同种货物的影子价格数值不一定相同。原因在于：

(1)影子价格与项目所在地区有关，特别是外贸货物。外贸货物的影子价格除了与到岸价或离岸价有关外，还与口岸、项目、供应厂和用户之间的相互距离有关。因此项目所处地点不同，项目投入物和产出物的影子价格就不同。

(2)影子价格与该货物的属性有关。同种货物作为产出物或作为投入物，其价格可能是不同的。这是因为：

第一：对于产出物，需要的是出厂影子价格，而对于投入物，应该确定的是到厂影子价格。例如按替代进口方式货物被视作外贸货物。作为某项目的产出物，其影子价格应由下式求得

$$SP = CIF \times SER + T_1 - T_2 \tag{8-1}$$

式中 SP——影子价格；

CIF——到岸价；

SER——影子汇率；

T_1——口岸到用户的运输费用和贸易费用；

T_2——项目到用户的运输费用和贸易费用。

作为项目的投入物，按间接进口简化为直接进口方式确定的影子价格应由下式求得

$$SP = CIF \times SER + T_3 \tag{8-2}$$

式中 T_3——口岸到项目的运输费用和贸易费用。

可以看出，由以上两个公式算出的影子价格是不相同的。但是，如果项目与用户在同一地点，彼此又不发生贸易费用，即 $T_2=0$，$T_1=T_3$，则两种情况下的影子价格就是相同的。

第二，就非外贸货物而言，即使项目与用户在同一地点，运输费用和贸易费用忽略不计，也有可能发生影子价格不尽相同的情况。这是由于产出物与投入物定价原则不同，且各自的定价又区分多种情况。因此，某种货物作为非外贸货物产出物和投入物，其影子价格是否相同要视具体情况作具体分析。

(3)影子价格与该种货物是否进出口有关。如果某种货物为非外贸货物，但拟建项目生产的该种货物部分出口、部分内销。那么实际出口的部分应以离岸价为基础确定其影子价格，而内销部分应按非外贸货物影子价格确定原则来确定其影子价格，可见这两种影子价格是不同的。若拟建项目的某种投入物部分由进口解决，部分由国内供应，则进口部分的影子价格应以到岸价为基础确定，而国内供应的部分其影子价格应按非外贸货物影子价格确定原则来确定。因此，虽然是同种货物，但因其进出口或国内供应和销售，其影子价格确定方法不同，数值也不同。

(4)影子价格与该种货物的供给方式(均指国内供应)有关。若某种货物属非外贸货物，其供给项目作为投入物的方式可能有挖潜增加供应、新增投资扩大生产能力供应或挤占其他用户原供应量。

三、影子价格的理论来源

国民经济评价虽然不能简单地采用交换价格，但是现实经济中的交换价格毕竟是对资源价值的一种估价，而且这种价格信息又是最大量最丰富地存在于现实经济之中，所以获得影子价格的最基本途径是以交换价格为起点，将交换价格调整为影子价格。

一般而言，项目投入物的影子价格就是它的机会成本——资源用于国民经济其他意图时的边际产出价值，即资源用于该项目而不能用于其他意图所放弃的边际效益，项目产出物的影子价格就是用户的支付意愿——用户为取得产品所愿意支付的价格。

对国民经济评价的着眼点是整个国民经济，因而确定影子价格的过程就是对国民经济在生产、交换、分配和消费过程中的全部环节及其相互制约、相互依赖关系的全面考察过程。因此，要正确确定商品和劳务等的影子价格是相当困难的，再考虑到社会资源可用量、政策变动及社会经济未来变动等各种不确定性因素的存在及影响，要精确测定影子价格是异常困难的。

根据简便实用的原则，可以把资源分为外贸物、非外贸物和生产要素(土地、资金和劳务)三大类。外贸物的定价基础是国际市场价格。虽然国际生产价格并非就是完全理想的价格，存在着诸如发达国家有意压低发展中国家初级产品的价格，实行贸易保护主义，

限制高新技术向发展中国家转移以维持高技术产品的垄断价格等问题，但在国际市场上起主导作用的还是市场机制，各种商品的价格主要由供需规律所决定，多数情况下不受个别国家和集团的控制，而是在市场竞争中形成的，一般比较接近商品的真实价值。因此，按国际市场价格确定外贸货物的影子价格，不仅反映了一个从事国际贸易的国家面临的经济环境和约束条件的真实影响，而且也为正确确定外贸货物与非外贸货物之间的比价关系奠定了基础。利用国际市场价格作为影子价格的重要来源，使影子价格的确定真正变得相对简单和可行。

四、影子价格的计算方法

对于不同类型的商品或劳务，影子价格的计算方法不同，下面作简要介绍。

(一)线性规划法

设国民经济系统生产 n 种产品，其中每单位第 j 种产品可提供数量为 c_i 的收益；生产 n 种产品共需耗用 m 种资源，其中第 i 种资源的最大可用量为 b_i。若生产每单位第 j 种产品需消耗的第 i 种资源的数量为 a_{ij}，第 j 种产品的生产量为 x_i，则可得下面的线性规划，称为规划Ⅰ。

目标函数

$$\max Z = C \cdot X \tag{8-3}$$

约束条件：①$A \cdot X \leqslant B$；②$X \geqslant 0$。

其中

$$A = \begin{bmatrix} a_{11} & a_{12} & \cdots & a_{1j} & \cdots & a_{1n} \\ a_{21} & a_{22} & \cdots & a_{2j} & \cdots & a_{2n} \\ \vdots & \vdots & & \vdots & & \vdots \\ a_{i1} & a_{i2} & \cdots & a_{ij} & \cdots & a_{in} \\ \vdots & \vdots & & \vdots & & \vdots \\ a_{m1} & a_{m2} & \cdots & a_{mj} & \cdots & a_{mn} \end{bmatrix} \tag{8-4}$$

$$X = \begin{bmatrix} x_1 & x_2 & \cdots & x_j & \cdots & x_n \end{bmatrix}^{\mathrm{T}} \tag{8-5}$$

$$B = \begin{bmatrix} b_1 & b_2 & \cdots & b_j & \cdots & b_n \end{bmatrix}^{\mathrm{T}} \tag{8-6}$$

$$C = \begin{bmatrix} c_1 & c_2 & \cdots & c_j & \cdots & c_n \end{bmatrix}^{\mathrm{T}} \tag{8-7}$$

规划Ⅰ表示可通过优化各种产品的产量组合来达到优化资源配置的目的。其最优解，即最优产量组合可使资源的配置达到最优。但是，在市场经济条件下，国家不能用产量指标来规定企业生产，因而就不可能由此来实现资源的最优配置。这个问题还需由规划Ⅰ的对偶规划来解决。

在市场经济条件下，占用资源需以支付一定的代价为前提。从占用资源的角度看，自然以所占用资源支付的代价最低为最优；但从提供资源角度看，提供单位产品所需的资源可获取的报酬又不能低于用这些资源生产该单位产品所能提供的效益。由此，设耗用每单位第i种资源所需支付的代价为y_i(即第i种资源的价格),可得下面的线性规划Ⅱ。

目标函数

$$\min W = B^{\mathrm{T}} \cdot Y \tag{8-8}$$

约束条件：①$A^{\mathrm{T}} \cdot Y \geqslant C^{\mathrm{T}}$；②$Y \geqslant 0$。

其中

$$Y = \begin{bmatrix} y_1 & y_2 & \cdots & y_j & \cdots & y_n \end{bmatrix}^{\mathrm{T}} \tag{8-9}$$

对规划Ⅰ与规划Ⅱ，若称规划Ⅰ为原始规划，则规划Ⅱ称为对偶规划；若称规划Ⅱ为原始规划，则规划Ⅰ称为对偶规划。从数学上可以证明，能够满足原始规划最优解的条件，必然也是能够满足对偶规划最优解的条件。即当规划Ⅰ得到最优解即最优产量组合时，规划Ⅱ也有最优解，其最优解即资源的最优计划价格，也称影子价格。用此价格去引导生产，由于对偶规划的对应，在企业追求微观效益的同时，所得宏观上的产量组合恰好是可由规划Ⅰ解得的最优产量组合，从而使宏观上的资源最优配置得到实现。

规划Ⅰ从资源优化配置出发，本身不含资源价格，但由于对偶规划存在，资源的最优计划价格与资源的最优配置就像如影随形一般，此即“影子价格”这一用语的由来。

影子价格的线性规划对偶解法在理论上比较严密，但实际应用却十分困难。因为它将涉及千种资源、万种产品及更大数量级的消耗系数，这无论是从技术水平还是从计划水平来看，至少目前在项目经济评价中是很难办到的。因此这一方法只有理论上的意义，很难在经济分析中、特别是工程项目经济评价中实际应用。

(二)市场均衡价格法

1. 市场经济的价格理论

市场经济的价格理论可以用亚当·斯密的《国富论》中的一段经典描述来说明：“每个人都在力图应用他的资本，来使其生产品能得到最大的价值。一般来说，他并不企图增进公共福利，也不知道他所增进的公共福利为多少。他所追求的仅仅是他个人的安乐，仅仅是他个人的利益。在这样做时，有一只看不见的手引导他去促进这一目标，而这种目标决不是他所追求的东西。由于追求他自己的利益，他经常促进了社会利益，其效果要比他真正想促进社会利益时所得到的效果为大”。

市场经济的价格理论认为，价格机制是市场机制中最重要的机制。在市场经济中，在一个完全竞争、不存在垄断的市场上，决定市场价格的是供给和需求。实际的市场价格是供给和需求相等时的价格，这时的价格称为均衡价格，这时的商品供给量和需求量称为均衡数量。均衡价格的形成是在市场交换背后进行的，而且均衡价格的变动受供求变动的影响：需求的增减引起价格的升降，供给的增减引起价格的升降，供求同时变动对价格的影响取决于其变动的具体情况。

市场经济价格机制的特征，是这只“看不见的手”在调节和引导着社会经济的正常运行。市场机制的特征主要表现在以下几方面：

(1)直接性。价格信号的变化会引起各微观经济主体的行为发生变化，这其中不需要任何中间环节。

(2)敏感性。在市场经济中，任何经济主体对市场价格的变化十分敏感，并促使他们对自己的行为作相应的调整。

(3)双向性。价格机制可以同时对供给和需求进行调节。

(4)利益性。价格机制是一种直接的经济利益的调节，这一调节和“经济人”的“利己”的本性是完全一致的。这也是这一机制乃至整个市场经济的完善所在。

市场经济对价格机制的作用可以从宏观和微观两个层次上反映出来。在微观层次上的作用是：对于生产同种新产品或其产品具有较强替代性的生产者而言，价格是竞争的重要工具。当价格被当做竞争工具时，能够带来社会资源的节约和社会劳动生产率的提高。对于生产不同商品的生产者而言，价格是调整生产规模和生产方向的信号，价格机制所决定的不同商品的价格比例为社会资源在各部门之间的分配提供了选择，价格可以使资源配置达到合理状态；价格机制调整消费规模和消费结构。价格机制在宏观上的作用主要以价格总水平的信号反馈给政府，从而采取相应的措施。

2. 项目经济评价中价格采用的处理方法

理论上可以证明，完善市场条件下货物的影子价格等于其市场均衡价格。如前所述，国际市场价格可以较好地反映货物的真实价值，特别对外贸货物来说，若能正确确定外汇经济价值，国际市场价格确实代表了国民经济系统向外输出单位货物所能获取的报酬及向内输入单位货物所需支付的代价。因此，市场经济不完善的国家进行国民经济评价时，项目投入物及产出物中外贸货物影子价格可以国际市场价格为基础进行调整来确定。

(三)机会成本分析法

在国民经济评价中，项目占用某种资源的机会成本代表了项目占用资源的影子费用(影子价格 × 占用量)，反映着资源影子价格的大小。

机会成本分析法常用于确定土地的影子费用和劳动力的影子价格(影子工资)。而机会成本分析的思想则几乎体现在所有影子价格或影子费用的确定中。

资源的使用往往是排他的，建设项目耗(占)用某一资源后，该资源就不能用做其他的用途，从而不得不放弃其他使用机会带来的效益，在放弃的效益中最大者就是该资源的机会成本。例如土地，如果某拟建项目占用某一片土地，那么这片土地将不可能再用做其他的用途，这片土地就会放弃现有的用途和可能潜在的用途，放弃效益中最大者就是该项目占用这片土地的机会成本。

在项目国民经济评价中，机会成本有着广泛的应用，特别是用在确定某些资源的影子价格上，如土地、劳动力、资金等的影子价格就是采用机会成本的概念测算确定的。机会成本也是选择最佳投资方案的重要依据，例如某一笔资金有多个投资方案可供选择，在选择最优的投资方案时，就要放弃次优方案的可计量报酬，此即所选用方案的机会成本。从最优方案可取得的报酬中应将其扣除，这是正确判断方案是否最优的一个重要条件。

(四)边际成本分析法

1. 边际成本原理

边际成本定价是目前大家最推崇的方法。边际成本是指在边际上每增加一个单位的产出所需要的投入量。所谓在边际上也可以理解为“在边缘上”，一般是指在达到了一定的生产能力或达到了一定的生产规模的情况下，再增加一个单位的产出所需要的成本支出。边际成本一般是递增的。边际成本既不同于平均成本也不同于增量成本。

边际成本一般分为两类：短期边际成本和长期边际成本。短期边际成本假定现存资金成本的机会成本是零。如果不用于该工程或项目，在短期它们将没有别的用途。同时又假定，该工程或项目存在额外容量，用户需求增加不用要求去修建新的工程。扩大可供能力的投入只是运行费的增加，没有其他的资金投入。额外生产单位产品增加的边际成本是这些运行费的边际单位成本。产出物价格若等同于短期边际成本，将回收生产边际单位产品的收入。

在长期边际成本定价原则下，在长期(比如10年)，现有生产能力将不能满足增加的需求，要求投资兴建新工程。若这些资金不投入该工程项目，将被用于生产其他商品和服务，资金存在机会成本。因此长期边际成本是考虑资金将来的边际成本和其他扩容及维持扩容运行的投入。

计算长期边际成本需要了解全部未来项目的年投资增加量和年增加的运行和维持费用、年增加的消耗和成本、年增加的生产容量，然后对增加的成本和利润折旧。选择的折旧率是资本的边际成本。若把折旧的增加成本总和除以增加的可供容量，就得到供给单位增加产品的平均增加成本。平均增加成本是长期边际成本的十分近似值。若产出物价格被制定等于平均增加成本，扩容的全部成本将回收。

长期边际成本关注将来扩容增加的成本，相对于其他定价方法，提供了一个更为确切的未来资本需求的估计。由于在计算平均增加成本和长期边际成本中，折旧将来的成本和利润起着十分重要的作用。若用平均增加成本制定产出物，管理者可能获得足够的收入去扩容和促进可持续发展。由于考虑了资金、劳动力和其他投入的机会成本，长期边际成本定价同时将推进资源的高效分配。

长期边际成本定价方法将促进资源保护。这是因为用户将调整它们的消费量达到边际成本等于边际效用点。但由于低收入者可能支付不起长期边际成本定价的价格，长期边际成本定价方法在政治或社会方面可能不可接受。也即是，长期边际成本定价方法是最有效的，但不是公平的。

为了改变这种状况，目前有一些对长期边际成本定价方法的修正，以符合公平性原则。例如，以高于长期边际成本的价格供给高收入者，而以低于长期边际成本的价格供给低收入者。在这种情况下，只要保证修正后的总收入等于修正前的总收入就行。修正后，高收入者将付税而低收入者受到补助。只要高收入者多使用相应的产出物而低收入者少用这种产出物，这种交叉补助方法对重新分配社会财富是十分有效的，也调和了效率和公平之间的冲突。

但对于长期边际成本和短期边际成本的选择，严格地说，价格等于边际成本要求在生产能力不足时，价格应等于边际成本。但如果需求增加，而现在的生产能力充分得到利用时，则应提高价格来分配给现有的生产能力。这一过程应持续到消费者表明的愿付价格等于边际成本加边际生产能力成本的年度等值。在这一阶段，即价格等于长期边际成本的年度等值时，有理由进行生产能力的投资。但是一旦进行了投资，价格应再度下降至短期边际成本，因为此时唯一真正的成本是营业成本。

但在现有条件下，自然垄断面临着下降的长期边际成本曲线和价格应等于边际成本的观点，可能是错误的，特别是最近出现的问题使这种逻辑的说服力越来越小。虽然当供给增多时，供给成本下降，但是，对某种产出物的日益增加的需求和严重短缺将使其边际成本不再下降，也即是随着开发利用资源的难度越来越大，成本将越来越高。在这种情况下，边际成本定价对抑制需求是可取的。然而若只有上升的边际成本曲线，垄断者可能攫取超额利润。

2. 边际成本和边际效益及其在国民经济评价中的应用

边际效益是指在边际上每增加一个单位的投入所带来的效益。它是反映在优化条件下商品的经济价值，一般说来边际效益是递减的，当边际效益等于边际成本时，资源取得最大的经济效益。

边际成本和边际效益的概念在国民经济评价中得到了广泛的应用。例如，影子价格是国民经济评价中所使用的价格，是实现资源优化配置的手段。影子价格的确定是基于边际成本和边际效益，也就是说当影子价格的取值同边际成本和边际效益相等时，系统资源的配置最优。影子价格的测算一般是采用分解成本法来进行，而被分解的成本应该是边际成本。又如社会折现率是国民经济评价的主要通用参数，是全社会投资的边际收益率。社会折现率的确定应该是采用投资的边际效益或者采用资金的边际成本。总之，边际成本和边际效益的概念在项目的国民经济评价及参数的确定方面得到广泛的应用。正确地理解这些概念有助于理解国民经济评价方法和做好项目的国民经济评价。

(五)边际机会成本分析法

边际机会成本定价方法是目前国际上最流行的自然资源定价方法。所谓机会成本，是指在其他条件相同时，把一定的资源用于某种用途时所放弃的用于其他用途时所能获得的最大收益。按照以上定义，机会成本中不仅包括财务成本，还包括生产者在尽可能有效地利用上述财务成本所代表的生产要素(包括劳动力、资本品和自然资源)时所能够得到的利润。用机会成本来确定自然资源价格，包括了三方面的含义：①机会成本意味着将相应的利润计入成本中；②由于自然资源(特别是质量和开采条件都比较好的自然资源)具有实物意义上的稀缺性，某一经济当事人使用了某一资源，其他经济当事人就丧失了利用同一资源获取纯利益的机会，现在使用了某一资源，就意味着可能丧失了今后利用同一资源获取纯收益的机会，机会成本定价也意味着必须将放弃的机会可能带来的最大纯收益计入成本中；③自然资源的开发利用可能使社会和他人受到损失(如环境污染造成的损失)，因此机会成本定价还意味着必须将这些损失(包括得到补偿和得不到补偿的损失)计入成本中。由于任何商品和劳务的机会成本，都不是一个常量。就自然资源而论，其机会成本不仅随着产量的变化而变化，而且还随着自然资源稀缺程度的变化而变化。随着时间的推移，自然资源的单位机会成本通常是逐步增加的。因此，自然资源的价格不是由其平均机会成本，而是由其边际机会成本来决定。

边际机会成本一般由三部分组成：边际生产成本；边际使用者成本；边际外部成本(边际社会成本或边际环境成本)。自然资源的边际机会成本从理论上反映了利用某一单位某一种自然资源时全社会(包括生产者)所付出的全部代价。

边际生产成本包括勘探成本、再生产成本、管理成本等，同时包括了相应的利润。

边际使用者成本是指用某种方式利用一单位某一稀缺自然资源时所放弃的以其他方式利用同一种自然资源可能获取的最大纯收益。边际使用者成本是根据使用自然资源的机会成本确定的。使用者成本存在有两个前提：

(1)自然资源必须具有物质意义上的稀缺性。从理论上来说，稀缺性可以分成两类：经济稀缺性和物质稀缺性。假如自然资源绝对数量并不少，可以满足人类相当长时期的需要，但由于获取自然资源需要投入生产成本，而且在投入某一数量单位生产成本条件下可以获取的自然资源是有限的、供不应求的，这种情况下的稀缺性就称为经济稀缺性。假如自然资源的绝对数量短缺，不足以满足人类相当长时期的需要，这种情况下的稀缺性就称为物质稀缺性。经济稀缺性可以通过开采成本更高的同一自然资源得到解决，因而与使用者成本无关。与使用者成本有关的只是物质稀缺性。在实际生活中，经济稀缺性和物质稀缺性的划分是相对的。以缺水区的水资源为例，不论投入多少生产成本，缺水区自身的水资源绝对数量都不足以满足人类的需要，因此当地的水资源具有严格意义上的物质稀缺性。但是，如果采用跨流域调水、雨水利用、污水利用和海水利用等其他手段增加缺水区水资源的总量，水资源只具有经济稀缺性，只是增加水资源总量所需要的生产成本相当高而已。因此，在应用研究中，除了不可替代的自然资源外，通常认为那些替代成本比较昂贵的自然资源也具有使用者成本。

(2)对自然资源的使用必须存在着多种选择或多种机会。一般来说，不可再生资源的价格中包括了正值的边际使用者成本，而只要其收获数量等于或小于其生长量，可再生资源的边际使用者成本就等于零。但由于过量索取和环境污染，一些可再生资源的供给无法满足对其的需求，从而面临着与不可再生资源类似的资源耗竭和资源跨时期配置问题，它们同样具有稀缺性，因此其边际机会成本中包括边际使用者成本。对于水资源，由于其地域分布的不均匀性和利用的多目标，其边际使用者成本的确定较困难。在水资源较丰富的地区，水资源开发利用的边际使用者成本为零；在水资源较稀缺的地区，水资源可能存在物质稀缺，边际使用者成本存在，而且工农业及其他利用之间的边际使用者成本不同，应合理区分各种不同利用之间的变化范围，对不同数量的水资源确定不同的使用者成本。因此，边际使用者成本主要是对于水资源的量而言的。

边际外部成本，是利用一单位某一自然资源时给他人造成的没有得到相应补偿的损失。在水资源开发利用中，一般是针对水质。如果水资源的开发利用不造成水资源质量的下降或其他社会、环境问题，不存在外部边际成本，但若污染了水体，则存在边际外部成本。目前，对可持续发展的水资源开发利用，这一部分显得尤为重要，因为目前实施的各种水价制定方法中没有考虑或只部分包括了水资源开发利用的外部边际成本。

(六)消费者支付意愿法

1. 消费者支付意愿法含义

这里的消费者是广义的，包括最终消费品的购买者及中间货物和资本货物的购买者(所评价的项目本身)。消费者支付意愿法与机会成本分析法同属局部均衡分析法，主要确定非外贸货物的影子价格，或影子效益或费用。实际上其方法也适用于其他货物的影子价格确定。

在项目产出物有效增加了国内市场供应量的情况下，若其供应量不足以大到引起国内市场价格(指完全由供求决定的价格，下同)下降，则消费者支付意愿的度量尺度就是市场价格本身，产出物的影子价格可取市场价格；若其供应量引起了国内市场价格的下降，则消费者支付意愿等于消费者实际支付与增加的消费者剩余之和，产出物的影子效益等于消费者支付意愿。在项目产出物替代国内原生产企业的部分或全部生产的情况下，其影子效益为原生产企业减产或停产向社会所释放资源的价值，等于部分资源的消费者支付意愿(若产品质量有所提高，还应计入追加效益)。

同样道理，在项目投入物来自挤占该投入物原用户供应量的情况下，其影子费用等于原用户因此而减少效益的价值，等于原用户对这部分投入物的支付意愿；在项目投入物来自国内生产量增加的情况下，其影子费用就是增加生产所消耗资源的价值，等于对这些资源的消费者支付意愿。

推而广之，项目出口产品的出口价格反映国外消费者对项目产品的支付意愿；项目进口投入物的进口价格反映国内消费者对进口投入物的支付意愿。

2. 支付意愿法在国民经济评价中的应用

支付意愿又称愿付代价，是指有支付能力的消费者对某种商品愿意支付的价格，是消费者对商品社会经济价值的主观判断。在完善的市场条件下，消费者支付意愿可以用商品的市场价格来度量。

假设某项目所生产的货物 x，既不替代进口，也不替代国内原有货物 x 的生产，而是有效增加了国内市场的供应量，在这种情况下，货物 x 的效益应该用消费者的支付意愿来度量。而市场价格是衡量支付意愿的最好尺度。因为当消费者以一定的价格购买某种货物时，他从该货物所获得的满足至少应等于他为该货物付出的代价，否则他就不会买了。

如果形成完善市场的条件之一得不到满足，市场价格就不能反映消费者的支付意愿。如某项目的产品不能按市场价格自由买卖，或者某项目产量很大，足以引起相应市场价格的变化，那么消费者支付意愿就不能用原来的市场价格来度量，而是要超过其实际支付值。这时要估算消费者的支付意愿，就需要通过调查给出该货物的需求曲线。

在项目国民经济评价中，一般用支付意愿来度量商品的经济价值(效益)，即项目产出物的影子价格，特别是满足国内消费的项目产出物的影子价格。同样，由于项目的费用可以被认为是项目的负效益，所以也可以用消费者支付意愿作为度量费用的理论基础。

(七)成本分解法

成本分解法是确定非外贸货物影子价格的一个重要方法。用成本分解法对货物成本进行分解，可得到该货物的分解成本，用以反映货物的经济价值。

对于项目的非外贸货物投入物及替代国内原有企业产品的产出物，大多数不能直接按市场价格反映其影子价格或不能导出其影子价格(或影子效益、影子费用)的消费者支付意愿，而需要由成本分解法得到分解成本来反映。分解成本的取得最终离不开前面几种方法的应用，从这个意义上说，也可以认为成本分解法不是一种独立的方法。另外，在成本分解中，资金回收费用的计算中包含了以社会折现率所反映的资金盈利，从而使得分解成本中包含了相应量的利润，而不仅仅是资源的消耗。

用成本分解法求取非外贸货物的影子价格时，原则上应是对边际成本进行分解。但在实践中往往由于数据来源的困难，而用平均成本进行分解计算。对于必须用新增投资来增加所需投入物供应的，应按其全部成本(包括可变成本和固定成本)进行分解；对于能以发挥原有企业生产能力来满足供应的，应按其可变成本进行分解。

成本分解法的一般步骤为(假定在国民经济评价中需测算非外贸货物 A 的分解成本)：

(1)按生产费用要素列出货物 A 的单位产品财务成本、单位产品固定资产投资及流动资金占用额，并剔除数据中包含的税金。调查确定或设定 A 货物生产厂的建设期、生产期、建设期各年投资比例及生产期末的单位产品的固定资产余值额。

(2)对 A 货物生产费用构成中的外购原材料、燃料及动力，按其属外贸货物还是非外贸货物依相应的定价原则确定其影子价格：重要的外贸货物应自行测算其影子价格；重要的非外贸货物无现成合理的影子价格可用时，应按成本分解步骤进行第二轮分解；其他货物可直接套用国家有关部门颁布的影子价格或影子价格换算系数。然后用所得影子价格对相应费用进行调整。

(3)财务成本中的工资及福利费用工资换算系数调整，财务成本中单列的运输费用用运费换算系数进行调整。有条件的对投资中某些占比例大的费用项目也应进行调整。

(4)按建设期各年投资比例，将调整后的单位产品固定资产投资额分摊到建设期各年，然后按下式等值换算到建设期末(生产期初)：

$$I_F=\sum_{t=0}^{n_1} I_t\cdot\left(1+i_s\right)^{n_1-1} \tag{8-10}$$

式中 I_F——等值换算到生产期初的单位产品固定资产投资额；

I_t——建设期第 t 年调整后的单位产品固定资产投资额；

i_s——社会折现率；

n_1——建设期。

(5)按下式计算的固定资金回收费用取代财务成本中的折旧费及推销费：

$$M_F=(I_F-S_V)\ (A/P,\ i_s,\ n_2)+S_V i_s \tag{8-11}$$

式中 M_F——单位产品固定资金回收费用；

S_V——生产期末的单位产品固定资产余值额；

n_2——生产期；

$(A/P, i_s, n_2)$ ——资金回收系数。

(6)用下式计算的流动资金回收费用取代财务成本中的流动资金利息：

$$M_W=W\cdot i_s \tag{8-12}$$

式中 M_W——单位产品流动资金回收数额；

W——单位产品流动资金占用额。

(7)财务成本中的其他项目可不予调整。

(8)完成上述调整后，各项费用重新计算的总额即为 A 货物的分解成本，作为 A 货物的出厂影子价格。再加上从 A 货物生产厂到项目的影子运费和贸易费用，即为项目投入物的 A 货物到项目的影子价格。

五、以市场价格为基础的影子价格计算确定

(一)完全竞争的市场价格

目前通过解数学规划模型来求得影子价格较麻烦，一些学者认为，以市场调节为主的经济，可以市场价格为基础，经适当调整后求得项目评价中所需要的影子价格。因此，目前流行的影子价格的概念已部分失去数学规划中所定义的那种严格性，而是泛指实际价格以外的较能反映资源稀缺程度的社会价值的那种价格。

1. 完全竞争市场的条件

以市场价格代替影子价格的理论基础是所谓完全竞争均衡理论。这个理论指出：在具备下列条件下，整个经济就处于Pareto状态，市场价格就等于影子价格。

(1)市场上有大量的买者和卖者。由于市场上有无数的买者和卖者，所以，相对于整个市场的总需求量和总供给量而言，每一个买者的需求量和每一个卖者的供给量都是微不足道的，任何一个买者买与不买，或买多与买少，以及任何一个卖者卖与不卖，或卖多与卖少，都不会对市场的价格水平产生任何的影响。于是，在这样的市场中，每一个消费者或每一个厂商对市场价格没有任何的控制力量，他们每一个人都只能被动地接受既定的市场价格，他们被称为价格接受者。

(2)市场上每一个厂商提供的商品都是同质的。这里的商品同质指厂商之间提供的商品是完全无差别的，这样对于消费者来说，无法区分产品是由哪一家厂商生产的，或者说，购买任何一家厂商的产品都是一样的。在这种情况下，如果有一个厂商单独提价，那么，他的产品就会完全卖不出去。当然，单个厂商也没有必要单独降价。因为，在一般情况下，单个厂商总是可以按照既定的市场价格实现属于自己的那一份相对来说很小的销售份额。

(3)所有的资源具有完全的流动性。这意味着厂商进入或退出一个行业是完全自由和毫无困难的。所有资源可以在各厂商之间和各行业之间完全自由地流动，不存在任何障碍。这样，任何一种资源都可以及时地投向能获得最大利润的生产，并及时地从亏损的生产中退出。在这样的过程中，缺乏效率的企业将被市场淘汰，取而代之的是具有效率的企业。

(4)信息是完全的。即市场上的每一个卖者和买者都掌握与自己的经济决策有关的一切信息。每一个消费者和每一个厂商可以根据自己所掌握的完全的信息，作出自己的最优的经济决策，从而获得最大的经济利益。而且，由于每一个买者和卖者都知道既定的市场价格，都按照这一既定的市场价格进行交易，这也就排除了由于信息不通畅而可能导致的一个市场同时按照不同的价格进行交易的情况。

符合以上四个假定条件的市场被称为完全竞争市场。完全竞争市场中不存在现实经济生活中的那种真正意义上的竞争。理论分析中所假设的完全竞争市场的条件是非常苛刻的。在现实经济生活中，真正符合以上四个条件的市场是不存在的。既然在现实经济生活中并不存在完全竞争市场，为什么还要建立和研究完全竞争市场模型呢？这是因为，从对完全竞争市场模型的分析中，可以得到关于生产机制及其配置资源的一些基本原理，而且该模型也可以为其他类型市场的经济效率分析和评价提供一个参照对比。另外，还

要求不存在外部效果和公共物品。

2. 完全竞争的市场价格

企业进行生产的目的是为了追求最大化的利润。那么，企业实现利润最大化的原则是什么呢？

企业的利润 M 是企业的收益扣除其成本。假定企业的收益 R 和 C 都是企业生产量 Q 的函数，那么为使利润最大化或亏损最小化，则有

$$\frac{dM}{dQ}=\frac{dR}{dQ}-\frac{dC}{dQ}=0 \tag{8-13}$$

即

$$\frac{dR}{dQ}=\frac{dC}{dQ} \tag{8-14}$$

式中 $\frac{dR}{dQ}$——边际收益；

$\frac{dC}{dQ}$——边际成本。

边际收益是指企业在达到某个生产水平时，增加一个单位产品销售所获得的总收入的增量；边际成本是指企业在达到某个生产水平时，增加一个单位(微量)产品所需要增加的成本。企业实现利润最大化(或亏损最小化)时，显然要求边际收益等于边际成本，否则它就要增加或减少产出使利润增加(或亏损减少)。

由前面的条件可知，在企业的每一个销售量水平都有边际收益等于平均收益，都等于产品价格 P，那么企业的收益 $R=PQ$，则可得到下式：

$$\frac{dR}{dQ}=\frac{dC}{dQ}=P \tag{8-15}$$

即边际收益等于边际成本且等于市场价格。

再从国民经济评价分析的社会角度来看，应该使消费者的支付意愿(社会效益 B)减去社会成本 SC，即社会利润 SM 最大，即

$$SM=B-SC=\max\left[\int_0^Q P(Q)\,dQ-SC(Q)\right] \tag{8-16}$$

令一阶导数为零，则有

$$\frac{dB}{dQ}=P(Q)=\frac{d(SC)}{dQ} \tag{8-17}$$

式(8-17)说明边际效益等于价格并等于边际社会成本。边际效益不同于边际收益在于前者是支付意愿的增量与产品数量的增量之比，由支付意愿的定义，它恰好就是价格曲线(需求曲线，需求量—价格曲线)$P(Q)$。又因为除了四个完全竞争的市场条件外，还有不存在外部性和公共物品这两个条件，因此上述两个推导的公式是等价的。也就是说，在上述六个条件下，企业在决定生产数量时与社会的需求相一致。

社会资源在生产中得到最优的配置，各企业在最低平均成本点上组织市场。这个结论的前提条件是社会处于公平的竞争状态，资本转移自由，各企业都只能取得正常的利

润(平均资金利润率水平)，都达到理想的完全竞争均衡状态。

以上结论，再加上消费者可以自由地按其个人效用的最大化来选择商品，那么可以认为社会处于 Pareto 的最优状态。这样形成的价格和线性规划中的影子价格是一致的。此时，边际社会效益、边际社会成本、边际企业收益和边际企业成本都等于一个值——市场价格。这样，国民经济评价中的影子价格可以用市场价格来度量。

(二)非完全竞争存在的必然性

在现实的任何经济实体中，上面提到的六个前提条件没有一个是严格成立的。例如，在垄断的情况下，对企业的需求曲线通常不可能是水平的(完全弹性的)，而往往是需求随价格降低而增加。此时，企业的边际收益和消费者的边际效益就不相同，此时企业的生产水平低于完全竞争情况下的生产水平，市场价格高于边际社会成本。这往往提出两个问题：①作为政府来说，要不要对企业进行干预，以使生产水平达到所希望的社会最有效率的生产水平。②如果不进行外来干预，此时，市场价格高于边际社会成本。当项目评价涉及这种产品时，是用市场价格还是用边际社会成本作为影子价格。

不只是垄断因素的存在，外部性和公共物品也是必然存在的，为了保持企业在自由竞争中的目标和社会目标相一致，政府对经济生活或多或少进行干预，而这种干预在理论上和实践中都有很大的困难和问题。譬如，从完全竞争的角度，同种产品要有相当数量的企业来进行生产，企业的规模不能相对太大，而从企业的生产效率上看，有些产品又有规模经济的问题，需达到一定规模才能体现出一定的经济性。这样就有一个在企业内部的效率，与完全竞争的要求之间的权衡问题。另外，一个理论上的最大障碍是来自所谓的“次优理论”，这个理论试图解答这样的问题：如果社会经济的最优状态的某些条件不满足，而其他条件满足原来的最优状态的要求，是否能取得一个次最优状态呢?问题的答案是否定的。也就是说，完全竞争的某些条件不满足，其他条件按照原来最优状态的要求，得到的将不是次优状态。也就是说，由于某些条件限制，只好放弃最优状态而追求次优状态，但此时的所有条件，一般说来，已不再是原来的那些条件了。上述结论在数学模型的优化原理方面是不难理解的：原来的优化模型因某些附加约束条件而使目标水平下降(次优)，新的模型的解一般不再是原来的解。次优理论的这个结论在直觉上也不难理解，例如，某个项目因存在负的外在性，其产出价格过高地估价了产品的边际社会效益，政府又没有手段来调整这种价格。如果某些原料主要是供应这个项目的，那么似乎应该使原料的价格高于这些原料的边际成本以此来抵消项目的部分虚假的效益。

由于上述种种原因，使现行的市场价格体系的性质变得很难确定。尽管如此，很多研究表明，对以市场调节为主的市场价格进行有根据的调整，在此基础上作出的实际决策总会对原来的状态有所改善。虽不能取得“次优”，但可以取得“第三优”状态。

在西方经济学中，非完全竞争市场是相对于完全竞争市场而言的，除完全竞争市场以外的所有的或多或少带有一定垄断因素的市场都被称为非完全市场。它分为三个类型：垄断市场、寡头垄断市场和垄断竞争市场，其中垄断市场的垄断程度最高，寡头市场居中，垄断竞争市场最低。

经济效率是指利用经济资源的有效性。高的经济效率表示对资源的充分利用或能以最有效的生产方式进行生产；低的经济效率表示对资源的利用不充分或没有以最有效的方式进行生产。不同市场组织的经济效率是不相同的，市场组织的类型直接影响经济效率的高低。通过不同市场条件下企业的长期均衡状态分析得出如下结论：完全竞争生产的经济效率最高，垄断竞争市场较高，寡头市场较低，垄断市场最低。可见，市场的竞争程度越高，则经济效率越高；反之，市场的垄断程度越高，则经济效率越低。这些理论为市场价格修正为影子价格提供了依据。由此可以清楚地看出，在非完全竞争情况下，市场价格将与影子价格发生偏离。

(三)市场价格的修正

在市场调节起作用的范围内，应该考虑市场价格偏离影子价格的方向和大小，以便为国民经济评价提供尽可能准确的分析依据。以下就若干主要的偏离情况进行分析。

1. 市场垄断的影响

这种影响要分两种情况来分析：

(1)对最终消费品的销售的垄断。此时，销售者可以控制市场价格，以高于边际成本的价格销售。按照社会效益是以支付意愿来计量的原则，这种垄断并不影响边际社会效益的度量。不论价格控制在什么水平，它代表了最后一个消费者购买最后一个产品的支付意愿。因此，价格始终表示边际社会效益，不需要对市场价格进行修正。

(2)垄断生产者对原料或半成品等投入往往低估了它们的社会价值。例如，某垄断者控制了电力生产，以成本 C 元购入单位煤来发电，如果扣除其他费用，每单位的煤可以产生收益为 P 的电，所选定的 P 往往高于边际成本。此时，应该用什么价格来度量单位煤的社会价值呢？从机会成本的角度来看，煤的价格应该是 P 而不是 C。这是因为，如果没有这一单位的煤，消费者要减少支付意愿为 P 的电，那么这一单位的社会价值应该是 P，也就是说影子价格应该是 P。

2. 税收和补贴

从理论上说，政府对产品征税(或给予补贴)可以弥补市场机制的不足之处。例如，某项目存在负(或正)的外部效果，可以通过征税(或补贴)来纠正被夸大(或贬低)了的效益，以限制(或扩大)企业的产出数量。实际上税收和补贴的原因是极其复杂的，不完全是一种有意识调整市场机制的手段。在项目国民经济评价中，应分别两种情况进行：第一，在计算项目产出的效益时，应以出厂价格加(或减)税收(或补贴)，因为这直接反映了顾客的支付意愿。第二，在计算项目投入的费用时，再区别两种情况：由于新建项目的投产，使投入品的供应短缺，并挤掉一部分原来的用户，此时应以出厂价格加税收或减补贴来计价；当投入品由新的供应者来供应时，一般可不考虑税收和补贴。因为前一种情况应反映社会为此所作出的牺牲，而后一种情况应反映真正的资源消耗。

3. 价格的控制

价格的控制常常被认为是对市场机制的一种“破坏”，以致使这种市场价格不能反映产品的社会价值。

先看限价的情况。政府对某种产品规定了一个最高价格，不允许超过它。从某种产品的整个市场供求关系看，如果没有外来因素的干涉，它会达到一种均衡价格，即需求曲线和供给曲线的交点所反映的价格。

如果政府规定了一个低于均衡价格的价格，那么，从消费者来说，希望能买到更多的多于均衡产量的产品，而生产者只愿意生产低于均衡产量的产量，这时就出现了供不应求的局面。当总的供应量小于均衡产量时，反映这种产品边际效益的价格应该是对应需求曲线上的价格，而不是供给曲线上的实际价格。

另一种情况则相反，政府规定了某种价格的低限。此时，政府规定了一个高于均衡价格来出售商品。因价格高，需求量减少，而实际供应量大于均衡产量，这时出现了供过于求的局面。政府为了维持市场价格不降，势必购入多余产品存储起来或处理掉。

项目如果以这种产品为投入(原料或半成品)，应该以什么价格来计算成本呢？如果由于这种产品的投入，使消费减少，那么应按实际规定价格计算；如果这种产品来源于仓库(卖不出去，而正在霉烂)，那么它的实际成本应为零。总之，这种产品的影子价格在实际价格和零之间。同样道理，如果所研究的项目以这种产品为产出，其影子价格也在实际价格与零之间。因为过量的产品是在仓库中霉烂，而不能提供任何社会价值。

六、影子价格的确定

国民经济评价中确定影子价格时，首先将项目投入物和产出物分为可外贸货物、非外贸货物和特殊投入物三种类型，然后按其特点及上述影子价格的计算方法分别确定其影子价格。

(1)外贸货物和非外贸货物。项目国民经济评价影子价格计算中将项目的投入物和产出物分为外贸货物和非外贸货物，分别采用不同的计价方法。

外贸货物是指项目使用或者生产某种货物将直接或间接影响国家对这种货物的进口或出口。包括项目产出物中直接出口、间接出口和替代进口的产品；直接进口、间接进口和减少出口的项目投入物。如果主要影响国内的供求关系，则该货物为非外贸货物。

在区分外贸货物和非外贸货物时，应防止两个极端：一是将外贸货物划得过宽，凡是国家有进出口的都列为外贸货物；二是划得过严，认为只有本项目进出口的货物才定为外贸货物。

项目的产出物直接出口是指项目的产品通过国内或者国外的贸易公司或由项目企业直接或间接出口。

项目的产出物间接出口是指项目的产品并不出口，而是在国内销售，但是可以替代其他企业的产品供应国内消费，使其他企业的产品得以出口，从而导致国家增加这种产品的出口。

项目的产出物替代进口是指项目的产品并不出口，而是在国内销售，但是国家这种产品原来是大量进口的，项目的产品供给国内使用后得以减少国家这类产品的进口量。

项目的投入物直接进口是指项目的投入物通过贸易公司或由项目企业直接或间接地进口。

项目的投入物间接进口是指项目的投入物并不是进口品，而是国内的厂家生产的产品，但是由于项目使用了这些产品，国内的原有其他用户不能再继续使用这些产品，转而使用进口品，从而导致国家增加这种产品的进口。

项目的投入物减少出口是指项目所使用的投入物是国内生产的产品，但是这种产品原来是供给出口的，项目的使用耗用了原有可供出口的产品，减少了国家的出口。

(2)口岸价是指进口或出口货物在我国口岸交货的价格，一般常用的口岸价有到岸价和离岸价两种。

到岸价(*CIF* 价)是指进口货物运抵我国进口口岸交货的价格，它包括货物进口的货价、运抵我国口岸之前所发生的国外的运费和保险费。

离岸价(*FOB* 价)是指出口货物运抵我国出口口岸交货的价格，它包括货物的出厂价和国内运费以及国内出口商的经销费用。

确定影子价格时首先要判定货物应该按什么原则计价，要根据项目产出或投入某种货物对国民经济带来的影响确定影子价格的计价方法。根据项目投入某种货物或生产某种产品是影响国家这种货物的进出口量还是影响国内的生产或消费量，分别采用不同的定价原则计算这些货物的影子价格。项目的投入物和产出物分为可外贸货物、非外贸货物和特殊投入物三大类。

(一)可外贸货物的影子价格定价方法

可外贸货物的影子价格以口岸价为基础确定，对投入物和产出物分别不同情况采用不同的具体定价方法。

1. 出口产出物的影子价格

出口产出物的影子价格用公式表示为

出口产出物的影子价格(出厂价)=离岸价(FOB)×影子汇率−出口费用　　(8-18)

2. 进口投入物的影子价格

进口投入物的影子价格用公式表示为

进口投入物的影子价格(到厂价)=到岸价(CIF)×影子汇率+进口费用　　(8-19)

(二)非外贸货物的影子价格定价方法

非外贸货物是指项目对某种产品作为投入物使用或作为产品生产，将不影响国家对这种货物的进出口量。非外贸货物包括进出口在经济上不合理和国家政策限制而不能进出口的货物。经济上不合理包括国内成本高而其他国家成本低、或出口运费过高的货物，以及一些“天然”不能出口的，如运输。非外贸货物，其投入或产出的影子价格根据下列要求计算：

(1)如果项目处于竞争性市场环境中，应采用市场价格作为计算项目投入或产出的影子价格的依据。

(2)如果项目的投入或产出的规模很大，项目的实施将足心影响其市场价格，导致“有项目”和“无项目”两种情况下市场价格不一致，在项目评价中，取二者的平均值作为测算影子价格的依据。

(3)如果项目的产出效果不具有市场价格，应遵循消费者支付意愿和(或)接受补偿意愿的原则测算其影子价格。

(三)特殊投入物的影子价格定价方法

项目的特殊投入物是指项目使用的劳动力、土地以及自然资源等特别的投入物，项目使用这些特殊投入物所造成的社会费用分别采用不同的具体方法确定。

1. 劳动力费用——影子工资

劳动力作为一种资源，项目使用了劳动力，社会要为此付出代价，国民经济评价中用“影子工资”来表示这种代价。影子工资与财务评价中的工资是两个不同的概念，财务工资由企业向职工支付，职工拿去用于个人消费或储蓄，职工由此得到消费效益，对社会来说财务工资并不一定构成费用。影子工资则是指项目使用劳动力，社会为此付出的代价，包括劳动力的机会成本和劳动力转移而引起的新增资源消耗。

劳动力的机会成本是指项目所用的劳动力如果不用于所评价的项目而在其他生产经营活动中所能创造的最大效益。某一类劳动力的机会成本与其技术熟练程度和这类劳动力的过剩与稀缺程度有关，技术熟练程度要求高的、稀缺的劳动力，其机会成本高，反之机会成本低。劳动力的机会成本是影子工资的主要组成部分。

劳动力由原来的岗位转移到项目中来，要发生一些搬迁费，也会引起新增的城市交通、城市基础设施配套等相关投资和费用的增加，这些也构成影子工资的一部分。

2. 土地费用

土地是一种特殊投入物，一个项目使用了某一块土地，其他项目就不能再使用，这块土地也不能用来种庄稼等。土地在我国是一种稀缺资源，项目使用了土地，对国家来说就造成了社会费用。项目所占用的农业、林业、牧业、渔业及其他生产性用地，其影子价格应按照其未来对社会可提供的消费产品的支付意愿及因改变土地用途而发生的新增资源消耗计算；项目占用的住宅、休闲用地等非生产用地，市场完善的，应根据市场交易价格估算其影子价格；无市场交易价格或市场机制不完善的，应根据支付意愿价格估算其影子价格。

3. 自然资源费用

各种有限的不可再生的自然资源也属一种特殊投入物，一个项目使用矿产资源、水资源、森林资源等，对国家来说也产生社会费用。这些资源也具有影子价格，不可再生资源的影子价格应当按照资源的机会成本计算，可再生资源的影子价格可以按资源再生费用计算其影子价格。

七、效益和费用的调整

国民经济评价通常是在财务评价基础上进行，此时需对财务评价的效益和费用进行调整。调整的方法是：剔除已计入财务效益和费用中的税金及附加等国民经济内部转移支付，增列能定量的间接效益和间接费用，用影子价格、影子工资、影子费用、影子汇率和贸易费用率等国民经济评价参数对效益和费用的数值进行调整。下面重点介绍如何对效益和费用的数值进行调整。

(一)投资费用调整

投资费用调整内容如下。

1. 建筑工程

建筑工程费用可用两种方法进行调整：

(1)用财务评价的建筑工程费用乘以建筑工程影子价格换算系数得到国民经济评价的建筑工程费用。这种方法适用于下列工程：工业交通项目所含的工业厂房、办公用房、仓库、生活福利设施等各类框架结构、混合结构、排架结构的房屋本体建筑工程(不包括三通一平和征地)；各类矿山井巷的开拓、支护、铺轨等工程。

(2)结构特殊的房屋建筑工程(如钢结构)、对影子价格精度要求较高的建筑工程以及其他类型的建筑工程，可由项目评价人员自行测算调整建筑工程费用。具体方法是用影子工资、货物和电力的影子价格重点调整人工、三材、其他大宗材料、电力等的费用。

2. 设备工程

(1)进口设备。调整主要有三方面：剔除进口设备的关税和增值税；用影子汇率代替官方汇率调整进口设备的外汇和人民币的结算；用进口费用率代替财务评价设备购置费中的贸易费用率、设备运费调整进口费用。

(2)国内设备。调整主要有两方面：用影子价格调整设备原价；用出口费用率调整设备运费和贸易费用。

3. 安装工程

(1)进口安装材料。调整两方面：用影子汇率代替官方汇率调整外汇和人民币结算；调整进口费用。

(2)国内安装材料。调整两方面：用影子价格调整材料原价；调整出口费用。

4. 其他费用

重点调整四方面：

(1)其他费用中如有外汇和人民币的结算，用影子汇率代替官方汇率调整。

(2)剔除涨价预备费。

(3)用土地的影子费用代替财务评价中占用土地的实际费用(如耕地占用税、扣除搬迁费的土地征购费)。其他自然资源的消耗按相应自然资源的影子价格进行调整。

(4)调整由于估算基础变动引起基本预备费数值的变动，同时对基本预备费中的外汇部分和人民币的结算用影子汇率调整。

5. 剔除国内借款建设期利息

调整后的固定资产投资分年使用比例可与财务评价相同。

(二)调整流动资金

流动资金中的应收、应付款项及现金(含银行存款和库存现金)占用，只是财务会计账目上的资产或负债占用，并没有实际耗用经济资源(其中库存现金虽确是资金占用，但因数额很小，可忽略不计)，国民经济评价应从流动资金中剔除。如果财务评价流动资金是采用扩大指标法估算的，国民经济评价仍应按扩大指标法，以调整后的销售收入、经营费用等乘以相应的流动资金指标系数进行估算；如果财务评价流动资金是采用分项详细估算法进行估算的，则应采用影子价格重新分项估算。

(三)经营费用调整

用影子价格调整各项经营费用，主要包括四方面：

(1)对外购原材料、外购燃料和动力中占比重较大的投入物按其所属外贸货物或非外贸货物类型，确定影子价格，然后调整其费用。

(2)工资及福利费。对劳动力工资及福利费用影子工资进行调整，一般情况下也可不调整。

(3)修理费。调整因估算基础变动而引起的修理费的变动(即按调整后的固定资产原值，以财务评价中的计算方法重新计算)。

(4)其他费用。剔除财务经营成本其他费用中的税金部分(如土地使用税等)和汇兑净损失等财务费用。

(四)流至国外的资金计算

在财务评价的自有资金现金流量表中，国内外借款本金偿还和利息支付是汇总成“借款本金偿还”和“借款利息支付”填列的，其中外汇部分是按官方汇率换算成人民币。而在国民经济评价的国内投资国民经济效益费用流量表中，设立了“流至国外的资金”(国外借款本金偿还和利息支付)栏目，该栏目应用影子汇率将外汇换算成人民币填列。

(五)剔除转移支付

将财务现金流量表中列支的销售税金及附加、增值税，国内借款利息，国家或地方支付给予的补贴作为转移支付剔除。

(六)销售收入调整

先区分项目产出物属哪一种外贸货物或非外贸货物(注意有时要按项目产出物分属几种外贸货物或非外贸货物)，然后根据前面介绍的方法确定其影子价格，最后重新计算销售收入。

(七)计算外部效益与外部费用

根据项目的具体情况，确定可以量化的项目外部效益和外部费用。分析确定哪些是项目的重要的外部效果，需要采用什么方法估算，并保持费用效益计算口径的一致性。

第四节　国民经济评价指标与报表

项目国民经济评价包括国民经济盈利能力分析和外汇效果分析。这些分析主要是通过一些评价指标和报表来进行和表述的。

一、国民经济评价的指标体系及指标的计算

(一)国民经济评价的指标体系

国民经济评价指标分为两大类：经济效果(益)指标和社会效果(益)指标。如图 8-1 所示。其中，经济效益指标主要是定量计算的指标，而社会效果(益)指标主要说明无形效果。

- 国民经济评价指标
  - 经济效益指标
    - 经济净现值 *ENPV*
    - 经济内部收益率 *EIRR*
    - 经济外汇净现值 $ENPV_F$
    - 经济换汇成本
    - 经济节汇成本
  - 社会效益指标
    - 就业效果
    - 分配效果
    - 产品国际竞争力
    - 产品国内竞争力
    - 环境保护效果

图 8-1　国民经济评价指标体系

1. 经济效益指标

项目的国民经济评价经济效益指标主要考察项目的国民经济盈利能力。为此目的，

需要编制全部投资的国民经济效益费用流量表，并据此计算全部投资经济内部收益率和经济净现值指标。对使用国外贷款的项目，还应编制国内投资国民经济效益费用流量表，并据此计算国内经济内部收益率和经济净现值指标。

对于产出物出口(含部分出口)或替代进口(含部分替代进口)的项目，应进行外汇效果分析。外汇效果分析需编制经济外汇流量表及国内资源流量表，计算经济外汇净现值、经济换汇成本或经济节汇成本指标。

这些指标的评价准则与财务评价相同。

2. 社会效益指标

社会效果主要是无形效果。主要评价指标有两类：

(1)用定量形式表示的社会效果评价指标。主要有劳动就业效果指标(包括总就业效果、直接就业效果和间接就业效果)、收入分配效果指标、产品国际竞争力指标和环境保护效果指标等。

(2)用定性指标表示的社会效果指标。主要有先进技术的引进、社会基础设施、生态平衡、地区开发和经济发展、人口结构及文化素质改变，以及审美、政治、军事等方面的定性分析指标。

(二)国民经济评价指标的计算

1. 经济内部收益率和经济净现值

项目国民经济评价最主要的内容是国民经济盈利能力的分析，建设项目经济评价有关规定，项目国民经济盈利能力的评价指标是“经济内部收益率”和“经济净现值”。其中的经济内部收益率是项目国民经济评价的主要指标，项目的国民经济评价必须计算这一指标，并用这一指标表示项目经济盈利能力的大小。

经济内部收益率(*EIRR*)是项目在计算期内各年经济净效益流量累计现值等于零时的折现率。经济内部收益率用这样一个隐函数表达式来定义：

$$\sum_{t=1}^{n}(B-C)_t(1+EIRR)^{-t}=0 \tag{8-20}$$

式中 *EIRR*——经济内部收益率；

B——效益流入量；

C——费用流出量；

$(B-C)_t$——第 t 年的净效益流量；

n——项目的计算期，以年计。

经济内部收益率可由定义式用数值解法求解，手算可用试差法，利用现成的软件程序或函数由各年的净效益流量求解经济内部收益率。

经济内部收益率(*EIRR*)是从国民经济评价角度反映项目经济效益的相对指标，它显示出项目占用的资金所能获得的动态收益率。项目的经济内部收益率等于或大于某一基准值时，表明项目对国民经济的净贡献达到或者超过了预定要求。

经济净现值(*ENPV*)是指用社会折现率将项目计算期内各年净效益流量折算到项目建设期初的现值之和。经济净现值的表达式为

$$ENPV=\sum_{t=1}^{n}(B-C)_t(1+i_s)^{-t} \tag{8-21}$$

式中　i_s——社会折现率。

经济净现值(*ENPV*)是反映项目对国民经济净贡献的绝对指标。项目的经济净现值大于或等于零表示国家为拟建项目付出代价后，可以得到符合社会折现率所要求的社会盈余，或者还可以得到超额的社会盈余，并且以现值表示这种超额社会盈余的量值。经济净现值大于等于零，表示项目的盈利性达到了基本要求。经济净现值越大，表明项目所带来的经济效益的绝对值量越大。

2. 经济外汇净现值、经济换汇成本和经济节汇成本

外汇作为一种特殊的资源，对国家的经济建设、经济发展具有特殊的价值。外汇平衡对国家的经济形势有着特殊的影响，在项目国民经济评价中，对产品出口创汇及替代进口节汇的项目，要进行外汇效果分析，要计算“经济外汇净现值”、“经济换汇成本”和“经济节汇成本”等指标。

经济外汇净现值($ENPV_F$)是反映项目对国家外汇收支直接或间接影响的重要指标，用以衡量项目对国家外汇收支的净贡献(创汇)或净消耗(用汇)。经济净现值是将项目计算期内各年的外汇流入量和流出量折算为建设期初的现值之和，折现计算中以社会折现率作为折现率。经济外汇净现值的表达式为

$$ENPV_F = \sum_{t=1}^{n}(FI - FO)_t(1 + i_s)^{-t} \tag{8-22}$$

式中　FI——外汇流入量；

FO——外汇流出量；

$(FI - FO)_t$——第 t 年的净外汇流量；

n——项目的计算期。

经济外汇净现值一般应按项目的实际外汇净收支计算，但折现率应使用社会折现率，而不使用外汇借款利率。有些项目有较大的产品以产顶进，也可按净外汇效果计算经济外汇净现值。净外汇效果是指净外汇流量再加上产品替代进口而引起的节汇额(国家节约的用于进口的外汇支出)。

国际竞争力分析指标。当项目有产品直接出口时，还要计算经济换汇成本，以分析这种产品出口对于国民经济是否真正有利可图。经济换汇成本是指换取每一单位的净外汇收入需要耗费多少价值的国内资源，国内资源的价值以人民币计价，要按照从国民经济评价角度考虑的影子价格、影子工资计算资源耗费价值。生产出口产品的净外汇收入是指产品出口的外汇收入扣除用于生产这些出口产品所投入的外汇后的净收入，所扣除的外汇投入包括进口所需的原材料、零部件以及应摊销的外汇投资。由于项目的外汇收入和支出时间并不总是同时发生的，特别是项目投资中的外汇投入时间与产品出口收入外汇的时间可能相隔甚至很多年的时间，在计算换汇成本时需要使用现值比的方法。

$$\text{经济换汇成本} = \frac{\sum_{t=1}^{n} DR_t(1 + i_s)^{-t}}{\sum_{t=1}^{n}(FI' - FO')_t(1 + i_s)^{-t}} \tag{8-23}$$

式中　DR_t——项目在第 t 年为生产出口产品投入的国内资源价值(以人民币元表示，包

括原材料、劳动力影子工资、其他投入费用以及应分摊的投资费用)；

FI' ——产品出口的外汇流入，以美元计；

FO' ——生产出口产品的外汇流出(包括进口原材料、零部件以及应由出口产品分摊的固定资产投资及经营费用中的外汇流出)，以美元计；

$(FI'-FO')_t$ ——第 t 年产品出口的净外汇收入；

n——计算期年数。

经济换汇成本表示换取一美元的净外汇收入需要投入多少价值的国内资源，是分析项目产品出口的国际竞争力，也是判断项目产品是否应当出口的指标。需要注意的是，经济换汇成本与我国有些外贸部门进行的出口换汇成本统计指标是不同的。我国外贸部门统计换汇成本，通常是以产品出口的国内采购成本加上国内运费及外贸经销部门的经销费用与产品出口的外汇总收入相比来计算出口换汇成本，不减去国内生产出口产品时的外汇投入，同时也不是用产品的国内生产成本，更不是用影子价格计算。

对于有产品替代进口的项目，应计算经济节汇成本，它与经济换汇成本相似，所不同的是它的外汇收入不是产品直接出口而是产品以产顶进替代进口而为国家所节省下来的外汇支出。

$$\text{经济节汇成本}=\frac{\sum_{t=1}^{n}DR_t'(1+i_s)^{-t}}{\sum_{t=1}^{n}(FI''-FO'')_t(1+i_s)^{-t}} \tag{8-24}$$

式中 DR_t' ——项目在第 t 年为生产进口替代产品而投入的国内资源，以元计；

FI'' ——产品替代进口的节汇额，以美元计；

FO'' ——生产替代进口产品的外汇流出，以美元计；

$(FI''-FO'')_t$ ——第 t 年的净节汇额；

n——项目的计算期年数。

经济节汇成本指标可以显示项目产品以产顶进节汇是否在经济上合理。经济换汇成本或节汇成本(元/美元)小于或等于影子汇率，表明项目产品的出口或替代进口是有利的。

(三)其他辅助指标

根据我国国民经济发展的宏观社会经济发展目标，在项目的国民经济评价中，除了采用上述主要经济效果评价指标作为项目取舍的基本判别标准外，还需设置一些衡量项目对社会贡献大小的辅助评价指标。

辅助评价指标，按其衡量方式可分为两类：①用定量的价值形式表示的社会经济效果指标，主要有劳动就业效果、收入分配效果、节能效果等效果指标；②用非定量化的定性指标表示的社会效果指标，例如先进技术的引进、社会基础设施、生态平衡、资源利用、地区开发和经济发展、城市建设的发展等方面的社会效果指标。

上述这些社会经济效果和社会效果等指标，具有相对重要性，应根据建设项目的特点及其在国民经济中的地位，以及项目所在地区的社会经济结构等因素进行社会效果指标的选择，并需符合国家现行的经济建设方针政策。总的说来，这些指标在项目决策时，对建设项目的取舍只具有相对的重要作用，在一般情况下都只能作为附加或伴随条件来考虑。当然，也并不排除在某些情况下它们也能起到一定的决定性作用。

下面介绍三个主要指标：

1. 就业效果

建设项目的就业效果就是指项目建成后给社会创造的新就业机会。创造新的就业机会是项目建设重要目标之一，国家总是希望用尽可能少的资金创造尽可能多的就业机会。单位投资的就业人数是考察项目就业效果的指标。但是在确定项目的就业人数时，应包括直接就业人数和间接就业人数。间接就业人数是指项目的建立而引起的原料提供部门、产品加工部门和为项目服务的基础设施部门的发展所提供的就业人数。

同样，在计算就业效果时，投资应与就业人数的估算一致，应包括直接投资和间接投资。

考察就业效果的计算公式如下：

$$就业效果=\frac{直接就业人数+间接就业人数}{直接投资+间接投资} \tag{8-26}$$

计算的数值越大，说明项目的就业效果越好。如果国家建设项目主要是解决失业人员的就业问题，在选择项目时，应该在都可行的项目中选择就业效果好的项目。在其他条件基本相同情况下，就业效果指标应作为重要评价指标来考虑。与此同时，国家有关部门应能根据当前实际情况分别制订出最低就业效果的标准定额，并应恰当处理好提高劳动生产率和提高就业效果指标之间的关系。

2. 分配效果

项目建成投产后可能得到的增值，在国家、企业和个人之间分配，在国家和地区之间分配，各集团分配的比例的大小是否有利于国家宏观政策的贯彻和实施也是项目国民经济评价的一个方面。如国民经济的地区平衡和发展，政治上敏感的边远地区或落后地区是国家的目标之一，则在考虑项目时，应选择地区分配比例相对较大的可行项目。当然在确定分配效果时，必须首先根据需要划分补贴的集团，然后计算项目的增值(包括税后利润、各种税金、工资及福利等)在各集团的分配额及其比例。

总之，分配效果指标在社会评价中是作为一个主要目标来看待的。正因为这样，国外对收入分配效果指标很重视，目的是达到国民收入的合理公平分配，以利于社会的稳定和发展，并有利于将经济评价过渡到社会评价。

3. 综合能耗指标

国民收入综合能耗指标是指项目在正常生产年份为获得单位国民收入净增值所需消耗的能源，它反映项目的能源利用情况。

$$国民收入综合能耗=\frac{能源消耗量}{国民收入净增值} \tag{8-30}$$

正常年份，能源消耗量应按标准煤计算。

二、国民经济评价的基本计算报表及其编制

(一)国民经济评价的基本计算报表

国民经济评价的基本报表主要是经济费用效益流量表，用于计算项目投资的经济内部收益率、经济净现值、经济净现值率等评价指标。报表见表 8-2。

表 8-2　国民经济效益费用流量表(全部投资)　　(单位：万元)

项　目	建设期		投产期		达到设计生产能力生产期		合　计	
	第 1 年	第 2 年	第 3 年	第 4 年	第 5 年	…	第 r_i 年	
生产负荷(%)								
1 效益流量 1.1 产品销售收入 1.2 回收固定资产余值 1.3 回收流动资金 1.4 项目间接效益								
2 费用流量 2.1 固定资产投资 2.2 流动资金 2.3 经营费用 2.4 项目间接费用								
3 净效益流量								
经济计算指标	经济内部收益率：		%		经济净现值：（i_s= ）			

(二)国民经济评价的基本计算报表编制

经济费用效益流量表可以反映项目计算期内各年的按全部投资口径计算的国民经济各项效益与费用流量及净效益流量，并可用来计算项目的全部投资经济内部收益率、经济净现值指标。

按全部投资口径计算的项目国民经济效益有这样四项：1.1 产品销售(营业)收入；1.2 回收固定资产余值；1.3 回收流动资金；1.4 项目间接效益。四项效益相加之和作为项目的总效益填入表的“1 效益流量”这一行中。

按全部投资口径计算，项目的国民经济费用有四项：2.1 固定资产投资；2.2 流动资金；2.3 经营费用；2.4 项目间接费用。四项费用相加之和作为项目的总费用填入表的“2 费用流量”这一行中。

项目各年的“效益流量”减去“费用流量”得到各年的“净效益流量”。项目的经济内部收益率(全部投资)和经济净现值(全部投资)都用表中的“净效益流量”这一行的值计算。

生产期发生的更新改造投资作为费用单独列项或列入固定资产投资项中。若单独列项，表中还需在费用流量下增加一行“更新改造投资”。

第五节　国民经济评价参数

国民经济评价参数是国民经济评价的基础。正确理解和使用这些评价参数，对正确计算费用、效益和评价指标以及方案的优化比选具有重要作用。国民经济评价参数除影子价格外，还有社会折现率、影子汇率和影子工资换算系数等通用参数。

这些参数既是宏观经济管理中用做控制、调节的经济杠杆，又是经济评价中分析、计算社会费用和社会效益的关键参数。正因为这样，这类参数一般由各国政府组织测定发布，并定期调整，因而也可称之为国家参数，所有评价机构都必须遵照执行，以保证项目评价标准的统一性。

项目评价理论认为，发展中国家由于市场的不完全竞争，以致商品和劳务价格不能真实反映社会价值，因此在社会经济费用与效益的计算时应采用影子价格。项目经济评价必须就项目对一个国家的社会经济目标所作贡献的大小做出判断。而所做贡献的尺度，主要体现在国家参数的制定方面。对此西方学术界存在着不同的观点：

(1)一种观点认为，国家参数有影子价格和权数两类，后者是指那些从社会角度考虑所作的价值判断，如收入分配权数、价值需要权数等。

收入分配就是项目建成后的所得效益在高收入者(地区)和低收入者(地区)之间的分配。由于发展中国家税制不完善，难以公平分配所得，因而要用权数加以调整。

价值需要是指国家扩大就业，增强自力更生能力的需要。在落后地区发展现代化工业，对国家来说是一种特别有价值的需要，需通过权数予以强调。

商品或劳务的影子价格，是其可用量的任何边际变化对国家基本社会经济目标所做贡献的价值。也就是说，影子价格由国家的基本社会经济目标和商品或劳务可用量的边际变化赖以产生的经济环境所决定。一般说来，经济环境由有形资源的约束和限制以及政府控制经济发展的各种约束条件来决定。因此目标和约束条件的任何变化，必将引起影子价格的变化。

(2)另一种观点认为，由于约束条件作用的结果，市场价格与它的经济价值出现背离，商品和劳务在市场上扭曲的价格被矫正后，称之为效率价格。该观点还认为，资源的可用量不一定是作用于经济的唯一约束条件，政治的和社会的约束也可能起到同样的限制作用，当通常的政策杠杆，即财政、货币政策杠杆不能打破这些约束时，项目分析就应该用恰当地调整影子价格的办法来突破这些约束。这种影子价格称之为社会价格，即通过权数反映收入分配的影响的价格。基于这种理论，提出了一套推导权数及估算影子价格的办法。

影子价格的推导与估算，在项目评价和分析以及社会效益的分析中占有主要的地位。这方面的论著是很多的，值得我们借鉴。但也必须注意，国外这些理论从问题的提出，到推导、估算的方法都是以发展中国家的政治、经济、社会情况为背景的，在我国社会主义市场经济条件下，项目经济分析与评价是国民经济管理的必须组成部分，而且是从属于我国经济社会发展的战略目标，这也是我们讨论这些参数所应遵循的原则。

采用评价参数，是想借以强调投入产出价格、社会折现率和工资、汇率问题在经济评价中的重要性，从而在全国建立起统一的衡量社会效益的参数。当然也应当考虑有关基础设施的工程项目与轻工业的工程项目的区别，在统一的国家参数条件下，允许有一定限度的差别。

一、社会折现率

(一)社会折现率的使用范围

社会折现率是社会对资金的时间价值估值。对以优化配置资源为目的的国民经济评价来说，社会折现率是从整个国民经济角度对资金的边际投资内部收益率的估值(即拟建项目使用资金的机会成本)，是国民经济评价中判断项目投资经济性的重要国家参数。资金的机会成本，又称资金的影子价格。单位资金的影子价格称影子利率。因此，国民经济分析中所用的社会折现率就是资金的影子利率。

现代经济分析中广泛使用了动态分析，动态分析的一个基础是资金的时间价值。资金是一种资源，项目占用资金必须获得应有的收益，否则不如把资金用在别的地方，而且不同时间获得的相同面值的资金收益，其价值也是不一样的，不同时间支出的资金，其价值也是不一样的。在国民经济评价中，用以衡量资金时间价值的参数就是社会折现率。社会折现率既代表了资金占用所应获得的最低动态收益率，也是不同年份之间资金价值的折算率。社会折现率是项目国民经济评价的重要通用参数，各类建设项目的国民经济评价都要采用国家统一规定的社会折现率。社会折现率主要在两方面使用：

(1)社会折现率是国民经济评价主要指标——经济内部收益率的基准值，用以衡量项目的经济效益。计算的项目经济内部收益率与社会折现率比较，项目的经济内部收益率大于或等于社会折现率，则认为项目的经济效益达到或超过了最低要求；项目的经济内部收益率小于社会折现率则认为项目的经济效益没有达到最低要求，项目的经济效益是不好的。社会折现率是项目经济效益的一个基准判据。

(2)社会折现率也是经济净现值、经济外汇净现值、经济换汇成本、经济节汇成本等指标计算时指定使用的折现率。并且，在方案比较中如果使用年费用比较法或费用现值比较法，各方案的年费用或费用现值计算也都使用社会折现率作为指定的折现率。社会折现率也是项目国民经济评价的一个基本计算参数。

(二)社会折现率的作用

社会折现率表征社会对资金时间价值的估量，适当的社会折现率有助于合理分配建设资金，引导资金投向对国民经济贡献大的项目，调节资金供求关系，促进资金在短期和长期项目间的合理配置。社会折现率的确定应体现国家经济发展目标和宏观调控意图。

社会折现率作为一个基本的经济评价参数，对于评价项目和国家调控投资活动有着重要作用。

1. *在宏观上社会折现率可用于间接调控宏观投资规模*

社会折现率的取值高低直接影响项目经济可行性判断的结果，社会折现率取值提高，会使一些本来可以通过的建设项目达不到判别标准而被舍弃，从而使可以获得通过的项目总数减少、使投资总规模下降，间接地起到调控国家投资规模的作用。因此，社会折现率可以作为国家固定资产投资总规模的间接调控参数，需要缩小投资规模时，就提高社会折现率，需要扩大投资规模时，可降低社会折现率的取值。

2. *在微观上社会折现率的取值高低会影响项目的选优和方案的比选*

项目经济评价的两项重要任务：一项是要对一组项目进行排序和选优，以确定对其中的哪些项目进行投资，比如对一批发电厂项目选优，以确定对其中一些进行投资；另一项是要对一个项目的不同方案进行比选，找出最优方案。比如对同一个电厂的不同建厂地址、不同的装机容量、不同的建设工期方案进行比选。对一组项目进行项目选优或对同一项目的不同方案进行选优，要采用差额投资内部收益率法或净现值法、年值法、净现值率法、费用现值比较法、年费用比较法以及最低价格法等方案比较方法。在项目的国民经济评价中，采用这些方法进行方案比选，都要有基本参数社会折现率，不同的社会折现率取值可能会使比选的结果不同。

社会折现率的取值对项目的国民经济评价结果有着重要的影响，因此，在实际工作中必须采用大家公认的统一的社会折现率。我国是由国家统一测定发布社会折现率的，社会折现率的测定要根据我国在一定时期内的投资收益水平、资金的供求状况、资金的机会成本、合理的投资规模以及实际的项目评价经验等多方面的情况。

银行利率是含有通货膨胀率的，在通货膨胀时期，扣除通货膨胀率以后，实际的银行利率是低于其名义利率的。社会折现率是不含通货膨胀率的，它是指在没有通货膨胀条件下的折现率或收益基准率基准值。

为了保证全国范围内投资资金的合理配置，使有限资金取得最大的经济效益，各个不同的产业部门，应使用全国统一的社会折现率。根据目前国民经济运行的实际情况、投资收益水平、资金供求状况、资金机会成本以及国家宏观调控目标取向等因素综合分析，我国目前的社会折现率取值为 8%。

(三)社会折现率的确定方法

社会折现率是资金的边际投资收益率，一般可以通过大量具体项目的经济分析结果，并根据国家资金的供给和需求情况来决定。由于我国对项目的国民经济评价工作起步较晚，缺少项目经济分析的具体资料，以往这方面的经验也不多，因此只能作一些分析和推测。社会折现率的拟定可参考以下几个因素：

(1)资金利润率。税后资金收益率通常表现为资金利润率，即利润与资金(固定资金与流动资金之和)的比值 $i = m / k$。一般方案比较是考虑新增资金的获利能力，因此标准资金收益率应以资金利润的边际值来定义，即

$$i = \Delta m / \Delta K$$

式中　Δm 、ΔK——新增获利、新增资金。

(2)长期贷款利率。国际金融市场上的长期贷款利率，反映了资金的机会成本，可以作为社会对资金的时间价值的估值，可作为社会折现率的参考依据。

(3)平均投资收益率。设平均投资收益率为 i，则 i 由下式决定：

$$(B + D)(P/A,\ i,\ n) = \frac{K}{m}(F / A,\ i,\ m) \tag{8-27}$$

即

$$\frac{B}{K} + \frac{K}{n} = \frac{[(1+i)^m - 1](1+i)^n}{m[(1+i)^n - 1]} \tag{8-28}$$

式中　B——年税利总和；

D——年折旧总和；

K——项目总投资额；

m——项目建设期；

n——项目的经济寿命期。

(4)经验数据和估计值。世界其他发展中国家对社会折现率的经验数据一般在 8%～15%之间，国际上的经济学家对发展中国家的估值也是在这个范围内。

(5)用 *I－O* 法测算社会平均投资收益率。有关单位利用含 755 种产品的 1985 年全国投入—产出表测算了生产价格和社会平均资金收益率，其结果测得社会平均投资收益率为 12.5%。一般认为边际投资收益率要低于社会平均投资收益率。而社会折现率应主要参考边际投资收益率，因此社会折现率应低于 12.5%。根据我国在一定投资收益水平、资金机会成本、资金供求状况、合理的投资规模以及项目评价的实际情况确定社会折现率。

总之，确定社会折现率应考虑多种因素，如国家对资金的宏观调控意图、国家对资金的需求状况以及资金的边际收益率等，国外主要是考虑金融市场的长期贷款利率，而我国主要考虑资金的边际收益率。

二、影子汇率及影子汇率换算系数

在项目的财务评价中外汇是按照实际的或预计将要发生的结算汇率换算为人民币，但是结算汇率并不总能反映外汇对于国民经济的真实价值。因此，在项目的国民经济评价中往往不能使用财务上的结算汇率。项目的国民经济评价中用影子汇率计算外汇的价值，进行外汇与人民币之间的换算。影子汇率(*SER*)是指不同于国家外汇牌价或称官方汇率(*OER*)的、能正确反映外汇对国民经济真实价值的汇率。在有些文献中影子汇率又称为计算汇率(*AER*)。

项目的国民经济评价中使用影子汇率，是为了正确计算外汇这种特殊资源的真实价值，影子汇率代表着外汇的影子价格。在发展中国家，在实行外贸和外汇管制的条件下，外汇不能自由兑换，官方汇率往往低估了外汇的实际价值。也就是说外汇的官方价格低于其影子价格。至少有两点可以说明实行外汇及外贸管制的发展中国家官方汇率低估了外汇的价值。首先，在这些国家，对进口货物大都要征收进口关税，而对出口货物征收的关税往往没有对进口货物征收的关税高，甚至对出口国家还给予补贴，进口货物的口岸价按官方汇率换算后，价格大多较大幅度地低于国内市场价。另一方面，在这些国家外汇不能自由兑换，黑市汇率外汇价格大都高于官方汇率。另外，这些国家的外汇支出往往大于外汇收入，外汇收支平衡是需要特别努力才能实现的。因此，在项目评价中要正确反映项目对国民经济的真实贡献与费用，就要对项目的用汇与创汇使用某种影子价格来计算外汇的价值。

影子汇率是项目国民经济评价的重要通用参数，它代表从国家角度对外汇价值的估量，除了用于外汇与人民币之间的换算之外，它还是经济换汇成本和经济节汇成本指标的判据。

影子汇率按下式计算：

$$\text{影子汇率}=\text{外汇牌价}\times\text{影子汇率换算系数} \tag{8-29}$$

(一)影子汇率换算系数

影子汇率应当由国家统一测定和发布，并且定期调整。影子汇率发布形式有两种：一种是直接发布影子汇率，另一种是间接给出影子汇率。后者是将影子汇率与国家外汇牌价挂钩，用一个换算系数——影子汇率换算系数乘以国家外汇牌价间接得到影子汇率，国家发布参数时给出影子汇率换算系数。影子汇率换算系数是影子汇率与国家外汇牌价的比值。国外文献中大都是采用以影子汇率换算系数计算影子汇率的方法，这样做的明显的优点是可以非常直观地反映影子汇率对官方汇率的比值和溢价率，同时可以随着官方汇率的调整及时调整实际的影子汇率。我国 1987 年、1990 年两次发布参数中都采用了直接发布影子汇率的做法。这两次发布的影子汇率分别为 1 美元等于 4.7 元人民币及 5.8 元人民币。当时，我国外汇牌价的调整采用的是阶段式调整方式，即在相当长的一段时间里保持外汇牌价的稳定，然后作一次大幅度的汇价调整。这样，国家的外汇牌价呈跳跃式的、阶梯式的变化，影子汇率难以与国家外汇牌价挂钩，只得采用直接发布影子汇率的办法。后来我国逐步开始采用小步微调的方法调整国家外汇牌价。根据建设项目经济评价的有关规定，影子汇率换算系数为 1.08。

有些国外文献中不引入影子汇率计算外汇的价值，而是引入一个综合转换系数反映外汇与本币的影子价格换算关系。在这些文献中，用官方汇率将外汇折算为边境本币(其意义相当于我国的外汇人民币)，而对于以本币计价的非外贸货物，都分别用转换系数折算为边境本币价。各类货物的综合转换系数实际上就是影子汇率换算系数的倒数。

(二)影子汇率与影子汇率换算系数的用途

作为项目国民经济评价的重要通用参数，影子汇率的取值对于项目决策有着重要的影响。首先，对于那些主要产出物是外贸货物的建设项目，包括产品是直接出口、间接出口或替代进口的项目，对于这些项目，由于产品的影子价格要以产品的口岸价为基础计算，要以产品出口换汇或以产顶进节约外汇，外汇的影子价格高低直接影响项目收益价值的高低，影响对项目效益的判断，影响对项目可行性研究的评价结论。一般说来，影子汇率换算系数越高，外汇的影子价格越高，产品是外贸货物的项目的经济效益就越好，项目就越容易获得通过，反之项目就越不容易获得通过。其次，当项目要引进国外的技术、设备或是要使用进口原材料、零部件时，都要进行引进与不引进之间的方案比较，要与使用国内技术、设备、原材料、零部件进行对比。影子汇率的高低，直接影响进口技术、设备、原材料、零部件的影子价格的计算，影响引进方案的经济效益评价。一般说来，外汇的影子价格较高时，引进方案的费用较高，评价结论会较不利于引进方案。

从理论上说，影子汇率应当从外汇的边际效益和机会成本的概念理解和测定。但实践中考察和计算国家外汇的边际效益和机会成本很难直接进行，各国在影子汇率的测定中都采用一些近似的简化的方法。国外文献中，影子汇率的测定方法主要有：边际外贸货物比价法；加权平均关税率法；外贸逆差收入比率法。也有些国外文献中建议采用旅游汇率作为影子汇率。但几乎所有的文献中都放弃采用黑市汇率作为影子汇率的做法，一般认为，黑市汇率过高地估计了外汇的价格。我国在影子汇率的测定中主要采用了加权平均关税率法、外贸逆差收入比率法、出口换汇成本法的统计分析结果，在取值时还参考了我国当时特有的调剂汇率。

三、影子工资及影子工资换算系数

(一)影子工资

项目的国民经济评价中，对于项目使用的劳动力，是以影子工资计算其代价的。影子工资与项目财务上实际支付的工资是两个不同的概念。项目财务上实际支付的工资是项目的财务成本，但工资又由劳动力得到，用于劳动力个人的消费和储蓄。而影子工资是特别引入的一个概念，用以分析项目使用了劳动力后，社会为此而付出的代价。财务工资要根据项目所处的地区、行业、劳动力的种类等按实际工资水平估计，而影子工资则要按劳动力劳动时间的潜在社会价值估计。分析劳动力劳动时间的潜在价值，要从分析项目使用劳动力给国家和社会带来的影响入手。

建设项目在其建设和生产经营期间使用劳动力，会给国家和社会带来的影响主要有三个方面，影子工资也主要是从这三个方面考虑确定：

(1)项目的实施给社会提供了新的就业机会。对于就业不足的国家，提供新的就业机会具有特别重要的意义，是对国家经济的一种重要贡献。而对于劳动力紧缺的国家，新的就业机会对国家经济的意义就显得不那么重要，但就业机会增多，劳动力的就业和生活会有进一步的改善。中国人口众多，劳动力过剩，项目提供新的就业机会，对社会有着重要的意义，是一种社会效益，特别在经济不发达、劳动力就业不足的地区，劳动力就业对地区经济发展和当地经济稳定有很重要的意义。在这些地区往往希望新的建设项目能够提供尽可能多的就业机会。在这些地区，影子工资应当认为是很低的。

(2)项目使用劳动力，社会损失了劳动力的边际产出。由于项目使用了劳动力，这些劳动力就不能再在其他方面使用，国家经济就要损失掉这些劳动力在其他方面使用时可获得的收益，也就是要损失掉劳动力的边际产出或机会成本。

(3)劳动力转移会发生新增的社会资源消耗。例如，劳动力从农村转移到城市，将引起城市的社会福利设施不足，需要扩大如学校、医院、自来水厂等。而且这些农业劳动力原来在农村生活，各种生活资料直接取自于农村，迁移到城市后，将引起粮食、蔬菜等生活资料的新增运输费用。

另外，项目使用劳动力，引起劳动力增加就业人数和就业时间，也同时会使劳动力减少了闲暇时间并增加体力消耗和生活资料消耗，这也是劳动力就业的一种影响。

根据以上分析，影子工资的计算为

$$\text{影子工资}=\text{劳动力机会成本}+\text{新增资源消耗} \tag{8-30}$$

(二)影子工资的计算

影子工资的取值与产业政策相关。当影子工资取值较低时，决策中劳动密集型产业的项目容易表现出较高的经济效益，会使投资向这些产业倾斜，同时，在项目决策中劳动力投入较多的方案比机器设备先进的方案更容易表现出较高的经济效益，容易倾向于采用使用劳动力的方案。反之，若影子工资取值较高，劳动密集型产业就不容易表现出较高的经济效益，多投入劳动力的方案也就不容易比使用更先进的机器设备的方案表现出更高的效益。

影子工资与社会折现率是两个相互关联的参数。这两个参数的取值是相互影响的，一般说来，在一定的生产力水平条件下，投入一定的资金、劳动力和物资，所能生产出的社会财富是一定的，如果劳动力的影子工资取值比较低，劳动力的机会成本比较低，那就是说资金有较高的盈利能力，有较高的机会成本，因此就要有较高的社会折现率。反之，如果影子工资取值较高，也就是认为劳动力的机会成本较高，新创造的社会财富有较大的部分被认为是劳动力成本，那么对于资金的盈利能力要求就须降低。

国外文献中常常将劳动力按种类划分为几大类，分别计算影子工资。例如将劳动力分为熟练工人、非熟练工人、半熟练工人，工程技术人员、管理人员等。一般在发展中国家，非熟练工人过剩，而熟练工人却经常短缺，工程技术人员和受过良好训练的管理人员更加短缺。这种情况下，一般认为非熟练工人的影子工资较低，熟练工人的影子工资较高，而工程技术人员和管理人员的影子工资更高。我国在很大程度上也存在这种情况，因此要较为准确地计算劳动力影子工资也应当按照劳动力的种类分类，分别计算影子工资。但对于一般的工业项目，很多项目的劳动力工资费用在项目的成本支出中所占比重不大，精确分析劳动力影子工资对项目的国民经济评价结果没有太大的意义，对于这些项目影子工资换算系数粗略的取为 1 不会影响评价结果的正确性。对于在我国经济不发达地区的劳动密集型或技术密集型产业的建设项目，则需要仔细讨论分析不同类型劳动力的影子工资。因为在经济不发达地区，非熟练劳动力的影子工资应当很低，而高级技术人员的影子工资又应当特别高。

(三)影子工资换算系数

影子工资换算系数是项目的国民经济评价参数，是影子工资与财务评价中项目付给劳动力的工资加提取的福利基金之比，用以从财务工资推算影子工资。影子工资可按下式计算：

$$影子工资=财务工资\times 影子工资换算系数 \tag{8-31}$$

技术劳动力的工资报酬一般可由市场供求决定，即影子工资一般可以财务实际支付工资计算。对于非技术劳动力，根据我国非技术劳动力就业状况，其影子工资换算系数一般取为 0.28 ~ 0.8；具体可根据当地的非技术劳动力供求状况确定。

四、土地影子费用

土地是一种特殊的自然资源，项目占用土地，在国民经济评价中作为一种特殊投入物计算土地的影子费用。土地的影子费用包括项目占用土地而使国家为之损失的收益——土地的机会成本以及占用土地而引起的新增资源消耗两部分费用。用公式表示为

$$土地的影子费用=土地机会成本+新增资源消耗 \tag{8-32}$$

土地机会成本按照项目占用土地而使国家为此损失的该土地“最好可行替代用途”的净效益计算。不同地区，不同地块，不同用途的土地，土地的耕作方式、农作物种类不同，土地的机会成本会相差很大。某一特定的地块，其机会成本原则上应由项目评价人员在项目评价时根据具体情况确定。为了减少项目一级上的工作量和重复劳动，《建设项目经济评价方法与参数》中给出了一些农用土地用于不同的耕作所能得到的净效益。当项目评价人员难于得到更详细资料情况下，可用这些参数估算项目占用农用土地的机会成本。

建设项目占用土地，除了要损失掉土地的机会成本外，还要引起一些新增的资源消耗，例如土地上原有建筑物的拆迁费，在土地上耕作的原有劳动力的安置费、土地平整费、交通及水、电、气、通信设施开发费等围绕土地开发的各种费用。在建设项目评价中，土地平整及水、电、气、通信设施开发费一般是在建筑工程费用中计算，因此在土地的影子价格中一般不再重复计算。土地的影子价格中新增资源消耗一般只计算拆迁费和农民安置的有关费用。

土地的影子价格计算可直接从机会成本和新增资源消耗两方面计算，但更多的情况

下，实际的项目评价中，土地的影子价格是从财务评价中土地的征地费用出发进行调整计算。我国国家和各地区制订了许多有关土地征用的法规和管理条例，各地土地征用费的包括范围和费用标准可能不完全一样，因此在进行项目的国民经济评价中须注意所处的地区和征地费的标准和范围。一般情况下，按国民经济评价费用与效益划分原则，项目的实际征地费可以划分为三部分：

(1)属于机会成本性质的费用，如土地补偿费、青苗补偿费等。

(2)属于新增资源消耗的费用，如拆迁费、农民安置补助费、养老保险费等。

(3)属于转移支付的，如粮食开发基金、耕地占用税等。

对于属于机会成本性质的费用，要按照机会成本计算方法调整计算；对于新增资源消耗，要按影子价格计算调整；对于转移支付，则不认为是项目给社会造成的费用。项目国民经济评价中，首先要根据当地实际征地费情况，将实际征地费划分为这三部分，再分别调整各部分费用得到土地的影子价格。

第六节　某抽水蓄能电站国民经济评价实例

一、概述

WY 抽水蓄能电站位于某省淮河支流寨河上，下水库拟利用已建的 WY 水库，上水库为新建水库。电站装机容量 1 000MW，装设 4×250MW 的单轴混流可逆式水泵水轮机，年发电量 134 000 万 kW·h，年抽水耗电量 174 870 万 kW·h。电站总工期 5 年零 2 个月。

WY 抽水蓄能电站建成后，主要承担该省电网的调峰填谷任务，并兼有旋转备用、调频、调相等功能，将大大提高该省电网供电质量，使电网内大型火电机组能够在高效率区运行，改善火电机组运行工况，延长火电机组寿命，减少电力系统维修和年运行费，节省系统内调峰电站燃料消耗。

本电站经济评价是在该省电力系统“有、无 WY 抽水蓄能电站”电源优化基础上进行，并以无 WY 抽水蓄能电站的最优等效替代方案的费用，分析计算 WY 抽水蓄能电站效益、容量价值和电量价值。并按个别成本法测算经营期电价。

国民经济评价是从国家整体角度，采用影子价格分析计算项目的全部费用和效益，考察项目对国民经济所做的净贡献，评价项目的经济合理性。

二、电力系统电源优化扩展规划

WY 抽水蓄能电站开发任务主要是解决该省电力系统的调峰问题，为满足该省电网调峰需求，有、无 WY 抽水蓄能电站电力系统的电源结构是不同的。

在考虑常规水电站按预定时间生效和同等程度满足电力系统电力电量和调峰容量需求的前提下，通过该省电力系统电源优化扩展规划分析，研究有、无 WY 抽水蓄能电站该省电力系统的电源配置差别，选择最优等效替代方案。

(一)研究目标

电源优化扩展规划模型主要是通过建立分解协调主模型解决水、火电及其他电源排序问题。模型研究的目标是：在同等程度满足预测的电力市场需求条件下，于诸多可能电源中优选出电力系统总费用现值最小的电源组合方案。当被评价项目(WY 抽水蓄能电站)包含在系统扩展最小费用方案中，表明该项目是电力系统最优扩展方案的一个组成部分，而任何替代该项目的方案都将给电力系统造成额外费用。

(二)数学模型

模型系统由主模型和若干子模型构成。主模型为分解协调模型，其功能是优化水电站(抽水蓄能电站)最优开发次序和投入时间，目标函数为电力系统规划期总费用最小。子模型由四个平行有序模型构成：①水库联合运用子模型，目标函数为水电站群发电效益最大；②电力电量平衡及调峰容量平衡子模型，其目标是在水电站电能指标一定的情况下，根据电力系统负荷、需电量、调峰容量要求，确定火电站装机容量、年发电量和承担的调峰容量；③火电站排序动态规划子模型，其目标函数为火电站投资费用最小；④生产模拟模型，其目标函数是系统可变运行费用最小。

电源优化扩展规划模型考虑了以下条件与约束：①电力、电量、调峰容量平衡等要求；②备用容量要求；③水电站可发电量限制；④各电厂机组可能最早投产时间限制；⑤每年可能投产机组容量限制；⑥抽水蓄能电站抽水工况、发电工况及能量平衡等约束；⑦指定电厂在指定时间投产要求；⑧水电站群调节的相互影响；⑨电厂最小技术出力约束。

(三)基础资料与计算条件

电网、电源资料根据该省电力公司最新预测和规划数字。

根据该省电网今后的电源发展趋势，将新发展火电站单机容量概化为 300MW、350MW 和 600MW 三类，新发展燃气轮机单机容量概化为 200MW、300MW。

规划期为 2006 ~ 2025 年。

价格水平年为 2003 年第三季度，费用折算基准年为 2006 年初。

(四)电源优化扩展规划

1. 规划期考虑 WY 抽水蓄能电站的电源优化扩展规划

该方案是将包括 WY 抽水蓄能电站在内的所有调峰电源(抽水蓄能、常规水电、燃煤火电、燃气轮机电站)混合在一起，研究规划期它们的优化开发时序。

基本方案电源优化结果表明，在充分考虑该省电网已(在)建及规划调峰电源按时投入发挥效益等条件下，WY 抽水蓄能电站最佳投产年份为 2013 年，与其设计最早可能投产年份相同，从而说明了 WY 抽水蓄能电站在经济上的合理性。

基本方案电源优化结果见表 8-3。

2. 规划期不建 WY 抽水蓄能电站方案的电源优化扩展规划

该方案研究如果规划期内 WY 抽水蓄能电站不作为候选电源，该省电力系统需要投入的其他替代电源方案。该电源优化扩展规划结果即为基本方案的最优等效替代方案。

该方案电源优化规划结果表明，若该省电网不建设 WY 抽水蓄能电站，空缺容量将由燃煤火电机组与燃气轮机填补，无其他类型电源投入。

替代方案电源优化结果见表 8-3。

表 8-3　某省电力系统电源优化结果表

(单位：MW)

年序		1	2	3	4	5	6	7	8	9	10	11	12	13	14	15	16	17	18	19	20
年份		2 006	2 007	2 008	2 009	2 010	2 011	2 012	2 013	2 014	2 015	2 016	2 017	2 018	2 019	2 020	2 021	2 022	2 023	2 024	2 025
有WY抽水蓄能电站	系统达到容量	24 612	25 946	27 681	29 270	29 959	31 559	33 359	35 059	37 159	38 759	40 859	42 959	45 259	47 659	50 259	52 859	55 859	58 559	61 859	65 159
	其中燃煤火电	22 232	22 821	23 211	24 200	24 889	26 489	28 289	29 489	31 089	32 689	34 789	36 889	39 189	41 289	43 389	45 789	48 789	51 489	54 789	58 089
	抽水蓄能	120	120	720	1 320	1 320	1 320	1 320	1 820	2 320	2 320	2 320	2 320	2 320	2 320	2 320	2 320	2 320	2 320	2 320	2 320
	常规水电	2 260	2 330	2 400	2 400	2 400	2 400	2 400	2 400	2 400	2 400	2 400	2 400	2 400	2 400	2 400	2 400	2 400	2 400	2 400	2 400
	燃气轮机	0	675	1 350	1 350	1 350	1 350	1 350	1 350	1 350	1 350	1 350	1 350	1 350	1 650	2 150	2 350	2 350	2 350	2 350	2 350
无设计电站	系统达到容量	24 612	25 946	27 681	29 270	29 959	31 559	33 359	34 959	36 959	38 759	40 859	42 959	45 359	47 659	50 359	53 059	55 759	58 759	61 759	65 059
	其中燃煤火电	22 232	22 821	23 211	24 200	24 889	26 489	28 289	29 889	31 689	33 289	35 389	37 189	39 289	41 589	44 289	46 989	49 689	52 689	55 689	58 989
	抽水蓄能	120	120	720	1 320	1 320	1 320	1 320	1 320	1 320	1 320	1 320	1 320	1 320	1 320	1 320	1 320	1 320	1 320	1 320	1 320
	常规水电	2 260	2 330	2 400	2 400	2 400	2 400	2 400	2 400	2 400	2 400	2 400	2 400	2 400	2 400	2 400	2 400	2 400	2 400	2 400	2 400
	燃气轮机	0	675	1 350	1 350	1 350	1 350	1 350	1 350	1 550	1 750	1 750	2 050	2 350	2 350	2 350	2 350	2 350	2 350	2 350	2 350
扣除方案相同部分电源组成	(有设计)蓄能	0	0	0	0	0	0	0	500	1 000	1 000	1 000	1 000	1 000	1 000	1 000	1 000	1 000	1000	1 000	1 000
	(无设计)天然气	0	0	0	0	0	0	0	0	200	400	400	700	1 000	700	200	0	0	0	0	0
	(无设计)火电站	0	0	0	0	0	0	0	400	600	600	600	300	100	300	900	1 200	900	1 200	900	900

3. 设计电站的替代方案选择

电源优化扩展规划研究表明：考虑该省电网的各种电源条件下，有、无 WY 抽水蓄能电站投产的电源只有燃煤火电站、水电站(抽水蓄能电站)和燃气轮机三类。

2015 年设计水平年，基本方案该省电网装机容量为 38 759MW；替代方案该省电网装机容量为 38 759MW。由 2015 年设计水平年装机容量组成及规模可知：2015 年设计水平年，与有 WY 抽水蓄能电站方案相比，替代方案电网需要多投入燃煤火电站、燃气轮机电站容量分别为 600MW、400MW。由电源优化结果知道，在经济计算期内，进入正常运行的 2015 年后不同年份替代方案是不相同的，最大替代容量为 1 200MW，最小替代容量为 900MW。考虑调峰能力尽量接近，应选择调峰能力大的调峰机组方案，这样，选择替代容量中燃气轮机机组最大容量 400MW，考虑电力替代的等效性，又选择替代容量中燃煤火电机组容量 600MW，作为经济评价的依据。

三、国民经济评价

WY 抽水蓄能电站国民经济评价以同等程度满足电力系统要求为基本原则，以不建 WY 抽水蓄能电站的替代方案费用作为有 WY 抽水蓄能电站的设计方案效益进行国民经济评价(设计方案与替代方案均已扣除相同的燃煤火电站、常规水电站及其他电站)。

(一)主要参数

1. 社会折现率

社会折现率在国民经济评价中作为经济净现值计算的折现率和经济内部收益率的判断基准值。在本例中，社会折现率取 10%。

2. 影子价格

项目国民经济评价应采用影子价格，在不影响国民经济评价结论的前提下，以市场价格代替影子价格进行效益和费用的计算。

3. 经济计算期

经济计算期包括项目建设期、初始运行期和正常运行期。WY 抽水蓄能电站工程建设期为 5 年零 2 个月，其中含初始运行期 2 年。正常运行期取 25 年，则经济计算期为 31 年。

(二)费用与效益计算

1. 效益计算

WY 抽水蓄能电站的经济效益包括静态效益和动态效益。静态效益主要包括容量效益和节煤效益(能量转换效益)。动态效益包括调频、调相、提高系统运行可靠性等效益。动态效益计算复杂，不易准确定量，目前暂不考虑。

在电源优化规划时，未考虑燃煤火电站和抽水蓄能电站在厂用电、频繁开停、增减出力速率及强迫停运等运行特性上的差异，实际计算的效益偏小，应考虑大于 1.0 的扩大系数，目前也不计入。

替代方案中，装机容量为 600MW 的燃煤火电站，按考虑脱硫要求，单位静态投资取 4 700 元/kW；装机容量 400MW 的燃气轮机，单位静态投资取 3 300 元/kW。替代方案静态总投资为 414 000 万元。

燃煤火电站年运行费(不包括燃料费)取静态投资的 5%，燃气轮机运行费取静态投资的 3%，则替代方案年运行费 18 060 万元。

替代方案较设计方案多消耗油 1.82 万 t，油价取 3 000 元/t；替代方案较设计方案多消耗燃气 7 608 万 m^3，燃气价格取 1.0 583 元/ m^3，替代方案较设计方案少消耗标准煤 7.65 万 t，标准煤价 220 元/t。经计算，替代方案较设计方案年增加燃料费为 11 828 万元。

2. 费用计算

WY 抽水蓄能电站 2003 年第三季度价格水平静态投资为 291 906 万元，在不影响国民经济评价结论的前提下，暂不扣除属于国民经济内部转移支付的计划利润和税金，设计电站投资直接采用设计概算中的静态总投资。

设计电站年运行费包括修理费、材料费、工资及福利费、劳保统筹费、住房基金、库区维护费、库区移民后期扶持基金及其他费用等，经计算 WY 抽水蓄能电站年运行费为 7 424 万元。

(三)国民经济评价指标

在经济效益费用流量分析的基础上，计算 WY 抽水蓄能电站经济内部收益率为 32.5%，经济净现值为 171 617 万元，说明项目在经济上是合理的。

(四)敏感性分析

国民经济评价敏感性分析，主要针对影响其国民经济评价指标的不确定性因素进行计算，以考察这些因素变化对国民经济评价指标的影响程度，分析 WY 抽水蓄能电站的经济抗风险能力。

敏感性分析的国民经济评价指标表明，WY 电站投资增加 10%、替代方案电源投资减少 10%，项目经济内部收益率分别为 27.8%和 27.5%，均大于社会折现率 10%。因此，项目在经济上抗风险能力较强。

(五)国民经济评价结论

WY 抽水蓄能电站国民经济评价得到以下两点主要结论：

(1)在同等程度满足电力系统需求的情况下，有 WY 抽水蓄能电站的设计方案与替代方案相比，节省电力系统电源建设投资、年运行费、燃料费分别为 122 094 万元、10 636 万元、11 828 万元。由此看来，WY 抽水蓄能电站经济效益显著。

(2)项目的经济内部收益率为 32.5%，大于社会折现率 10%，经济经现值为 171 617 万元，大于 0。可见，项目评价指标优越，经济上是合理的。敏感性分析表明项目经济上具有较强的抗风险能力。

第七节　某大型跨流域调水工程国民经济评价

NSBDXX 工程为一大型跨流域调水工程。其第一期工程拟从 CJ 上游的 YLJ、DDH 两条河流调水 40 亿 m^3，其主要目的是解决某河流域水资源短缺问题，其供水目标主要是工业、生活和生态环境。由于其调入某河干流，具有水力发电效益，同时也将对 CJ 水力发电造成损失。对该大型跨流域调水工程在经济效益分析计算的基础上，开展国民经济评价。

一、经济效益分析

NSBDXX 工程调水后产生的经济效益有直接经济效益和间接经济效益，本次仅对直接经济效益进行计算。主要包括城镇供水(工业及生活)经济效益、灌溉供水(农业及生态环境)经济效益及某河干流增加的水力发电经济效益等。

经济效益计算采用的有关参数按照 2020 年水平年预测。经济效益计算的价格水平年为 2000 年第一季度。

1. 城镇供水经济效益

城镇供水包括向工矿企业(简称工业)和生活供水两部分。生活供水包括居民日常生活用水、公共设施用水等，重要性最高，应优先满足。工矿企业用水包括工矿企业在生产过程中，用户制造、加工、冷却、空调、净化、洗涤等方面用水及厂内生活用水，其中火电厂用水要优先满足。生活供水的保证程度高于工业，其单方水效益应大于工业供水单方水效益，但目前还没有一套系统成熟的可操作方法计算生活供水效益，其经济价值难以准确定量，且在城镇供水管网中生活供水和工业供水密切相关、难以区分，目前暂按工业用水计算效益。

1)计算方法

目前，《水利建设项目经济评价规范》(SL72—94)推荐的计算城镇供水经济效益方法主要有四种，即最优等效替代法、缺水损失法、影子水价法和分摊系数法。根据掌握的资料和有关研究成果，采用分摊系数法，该方法目前在计算城镇供水效益中使用最多，而且由于方法计算简便，所以各规划设计部门一直广泛采用。

所谓分摊系数法，是按有该供水项目时工矿企业增产值乘以分摊系数近似估算供水效益，它以供水项目费用占供水范围内整个工矿企业生产费用的比例作为供水经济效益分摊系数，分摊有该供水项目后工矿企业增产值。

2)计算参数

工业万元产值耗水定额。考虑到工业结构的调整，工业技术改造及节水意识的提高，工业用水重复利用率会不断提高，用水定额将会逐渐降低。根据某河流域工业发展水平、技术进步、现状节水水平及节水潜力等情况分析，参考国内外有关资料，预测 2020 年某河流域从上到下四个河段工业生产技术水平条件下万元产值耗水定额分别为 38m^3/万元、26m^3/万元、33m^3/万元、20m^3/万元。

分摊系数。取值上参考某河流域和相邻地区工业供水工程效益计算实例及以下资料：

(1)世界开发银行、亚洲开发银行采用的估算工业供水效益常规方法是，按供水项目投产而增加工业产值的 2.5%～3.5%估算。

(2)“NSBDZX 工程论证报告”在计算河南、河北、北京、天津工业供水效益时分摊系数取值为 2.28%～2.71%。

(3)分摊系数与万元产值耗水定额也有关，一般来说，耗水定额越大，分摊系数也越大。

综合考虑上述资料与成果，结合 NSBDXX 工程的具体情况，拟定工业供水分摊系数：2020 水平年，四个河段的数值分别为 2.5%、2.0%、2.5%和 2.0%。

工业供水经济效益计算，以分摊系数法计算工业供水经济效益公式为

$$B=\sum_{i=1}^{n}\frac{W_i}{w_{0i}}\alpha_i \tag{8-33}$$

式中 B——工业供水效益，万元；

W_i——工业供水年增供(耗)水量，m^3；

w_{0i}——工业万元产值耗水定额，m^3/万元；

i——供水工业(城镇)序号；

α_i——供水分摊系数；

n——工业(城镇)数目。

按前述方法及参数计算的工业、生活供水经济效益分别为121.74亿元、78.26亿元。

2. 生态环境供水经济效益

生态环境包括森林生态环境、草原生态环境等自然生态系统，以及农业生态环境、城市生态环境等人工生态系统。生态环境效益计算较为复杂，尤其是对其货币价值的定量计算较为困难，本次按人工农业生态系统用水计算效益。人工农业生态系统用水主要为林牧业灌溉和退耕还林还草用水，其经济效益主要为生态环境效益，其直接经济效益以林牧业效益计算。向某河干流补水主要是替代支流水土保持生态工程耗水，因而其经济效益亦以林牧业效益计算。

林牧业效益计算亦较为复杂，以林牧业灌溉林草产生的直接经济效益为代表计算其经济效益，在计算其经济效益时考虑了供水的分摊作用。

1)林牧业经济效益

以林牧灌溉产生的直接经济效益代替其经济效益，并且暂按林、牧用水均分生态环境用水考虑。

2)林业供水经济效益

(1)计算方法。

林业灌溉效益按种植林木的类型分别计算，因调水后增加的经济果林所占比重较小，目前暂不考虑该部分效益，林业效益只按防护林所产生的经济效益计算。防护林主要用来防风固沙，对防护林效益计算方法采取分摊系数法，以有灌溉时增加的木材年产出量价值乘以分摊系数计算灌溉年效益值，林业灌溉效益计算公式为

$$B_{林}=(b_1-b_2)\cdot P\cdot A\cdot \varepsilon \tag{8-34}$$

式中 $B_{林}$——林业供水效益年值，亿元；

b_1——有灌溉时，单位面积木材年蓄积量，m^3/亩；

b_2——无灌溉时，单位面积木材年蓄积量，m^3/亩；

A——林木灌溉受益面积，亿亩；

P——木材单位方量的价格，以市场价格计，元/m^3；

ε——林业灌溉供水效益分摊系数。

(2)主要计算参数。

新建林地面积。根据配置水量及林业灌溉定额 3 750m^3/hm^2，确定不同调水方案受水区新建林地面积。

亩均年蓄积量增加值。根据有关成果资料，亩均年木材蓄积量除青海稍低外，其他省(区)均在 30m^3/ hm^2 以上，为使效益计算留有余地，本次综合几个省区取调水后亩均年木材蓄积量增加值为 22.5m^3/ hm^2。

木材价格。参考各地的市场价格，综合取木材价格为 300 元/m^3。

林业灌溉供水效益分摊系数统一取为 0.60。

(3)林业效益计算结果。

根据以上方法和参数增供林业的水量，计算的林业灌溉供水经济效益 3.78 亿元。

3)牧业供水效益

(1)计算方法。

牧业灌溉供水经济效益是指通过草原灌溉和供牲畜饮水所获得的经济效益，可按年增产饲草量的产值或增加的牲畜净增产值计算，暂按畜产品产量的增值进行计算，计算公式为

$$B_{牧}=(b_1-b_2)\times A\times(p_1+p_2+p_3)\times\varepsilon \tag{8-35}$$

式中 $B_{牧}$——牧业(牧草灌溉和牧场供水)供水效益。

b_1、b_2——有、无工程时，单位面积草场的载畜量(均折合为标准羊单位)。

A——有工程时增加的草场灌溉面积。

p_1——牲畜肉产品价格，均折合为标准羊单位计。

p_2、p_3——一个标准羊单位毛和皮的价格。

ε——牧业灌溉效益分摊系数。

(2)主要计算参数。

增加的灌溉草场面积。根据分水量及草场灌溉定额 3 750m^3/hm^2，分析计算不同调水方案增加的灌溉草场面积。

载畜量 b_1 和 b_2。人工草场平均亩产鲜草按 4 500kg，一个羊单位平均每年按食用鲜草 3 000kg。有工程时，单位面积草场的载畜量为 b_1=22.5 只/ hm^2，无工程时 b_2=0。

价格。羊肉价每公斤取 12 元，每只羊按产肉 20 kg，皮毛价每只按 20 元计，故 p_1、p_2、p_3 之和为 260 元/只，也即为一只标准羊单位的价格。

牧业供水灌溉效益分摊系数本次统一取为 0.60。

(3)牧业效益计算结果。

根据单位面积标准羊载畜量、增加的草场灌溉面积及标准羊价格，采用上述公式计算调水后牧业灌溉效益为 3.28 亿元。

3. 干流补水经济效益

向某河干流补水主要是替换支流用水和水土保持生态工程耗水，目前暂按生态环境用水计算其经济效益。

受工作阶段的限制，目前暂按人工生态林草建设获得的单方水经济效益 1.01 元/m^3，估算不同调水方案所获得的干流补水经济效益，分析计算其数值为 17.14 亿元。

4. 水力发电经济效益

NSBDXX 调水在某河上游河道，水量通过干流各梯级水库逐步进入受水点，河道径流将大幅度增加。因此，受水河段干流梯级水电站的电能指标也随之相应增加，具有可观的水力发电经济效益。

1)计算方法

水力发电经济效益计算，采用等效替代工程费用法，考虑沿河六省(区)煤炭资源丰富，选用以同等满足电网电力电量要求的燃煤火电站作为替代工程。

水力发电经济效益计算公式为

水力发电经济效益=火电站投资折算年值+火电站年运行费+火电站年燃料费

2)计算参数

水火电容量当量系数采用 1.10，电量当量系数采用 1.05。替代火电站投资 4 500 元/kW，火电站工期 5 年，各年投资比例分别为 10%、25%、35%、25%、5%，机电及金属结构设备经济使用年限取 20 年，更新比例按原投资的 80%。标准煤价格，参考受水区内三个省(区)煤价后，取为 160 元/t，标准煤耗取 350 克/(kW・h)。固定运行费率取 4.5%。社会折现率为 10%。水电经济使用期为 50 年。

基于上述方法与参数，计算的水力发电经济效益为 30.87 亿元。

5. 经济效益汇总

NSBDXX 工程产生的直接经济效益由三部分组成，即城镇供水经济效益、生态环境供水经济效益和水力发电经济效益。调水 40 亿 m^3 总经济效益为 248.01 亿元，单方水经济效益分别为 6.2 元/m^3。

二、调水河流经济损失

NSBDXX 工程产生较大经济效益的同时，也对调水河流 CJ 产生一定的经济损失。由于库区淹没损失已计入调水工程投资，其他方面的影响尚难以量化，本次调水河流经济损失仅计算调水对水力发电产生影响的货币价值量。

1. 计算方法

按照最优等效替代费用法计算水力发电经济损失，分析需补偿的装机规模和电量，计算补偿所需的投资。

采用在受水区煤炭基地建坑口电站替代损失的电力和电量，再用高压输电，送电到华中与华东地区，以补偿调水所减少的电力、电量。

2. 计算参数

关于燃煤火电站的有关计算参数与水力发电经济效益计算的替代工程参数取值相同。输电工程包括输电线路和变电设备，其中起点变电设备投资已包含在火电站投资中，落点变电由于原来的受电能力是按不调水考虑的，火电南送补偿其调水减少的水电，受电能力并不增加，故落点变电设备投资亦不考虑，只计算输电线路部分。输电线路自燃煤坑口火电站到华中、华东地区的输电距离大约为 1 200km，由 CJ 上游输电到华中与华东的平均距离取 1 450km 计算。输电线路采用 500kV 高压交流输电，每回输电能力 100 万 kW，输电回数按整数倍计算，按使用容量进行投资分摊，输电线路投资按 150 万元/km，输电线路工期3年，按分年平均投入。输电线路使用年限为40年，由于更新费用折现值很小不再考虑。输电线路年运行费按其投资的3%计。

3. 计算结果

基于上述方法与参数计算的不同调水方案对长江上游干支流产生的发电经济损失为7.94亿元。

三、国民经济评价

1. 评价内容、方法及参数

按照建设项目经济评价有关规定和《水利建设项目经济评价规范》(SL72—94)(以下简称“水利经济规范”)等的规定，只对推荐的第一期工程自流引水40亿m^3方案进行国民经济评价。

NSBDXX工程国民经济评价是按照资源合理配置的原则，从国家整体角度考察项目的效益和费用，用影子价格、影子工资和社会折现率等经济参数，分析、计算项目对国民经济的净贡献，评价其经济合理性。

国民经济评价的效益和费用只分析计算由项目产生的直接效益和项目引起的直接费用。遵循效益与费用计算口径对应一致的原则，效益与费用均包括主体工程与配套工程共同产生部分。国民经济评价时计及资金的时间价值，以动态分析为主，辅以静态分析。

在效益、费用分析的基础上，国民经济评价主要计算经济净现值(*ENPV*)、经济内部收益率(*EIRR*)和经济效益费用比(*EBCR*)等评价指标。

国民经济评价涉及的主要参数有下列几个：

(1)社会折现率根据“方法与参数”的规定，NSBDXX工程各受益部门(工业及生活供水、生态环境、水力发电等)统一采用10%。

(2)为了正确计算项目对国民经济所作的净贡献，在进行国民经济评价时原则上应该使用影子价格。为简化计算，本次计算投入物中的主体工程只剔除投资估算中属于国民经济内部转移支付部分。在不影响评价结论的前提下，产出物中的农作物主产品均以当地市场价格代替其影子价格。价格水平年为2000年第一季度。

(3)经济计算期包括工程的施工建设期和经济使用期，工程的施工建设期为7年，经济使用期取50年，则经济计算期为57年。

(4)资金时间价值计算的基准年为工程建设期的第一年，基准点为建设期第一年年初，投入物和产出物均按年末发生。

2. 工程费用

国民经济评价中，NSBDXX工程的投资费用包括主体工程投资、配套工程投资及其年运行费等。设备更新改造主要指机电设备和金属结构的更新改造，因其所占总投资的比重极小，暂不考虑。

主体工程投资主要包括引水枢纽投资、引水线路投资等部分。

国民经济评价投资调整：投资估算按2000年第一季度价格估算，这时主要建筑材料、人工工资接近影子价格，故不再进行材料、设备、劳动力费用的调整。因占用、淹没土地补偿费占总投资比重很小，为简化计算，这部分费用也不做调整。剔除属于国民经济内部转移支付的计划利润、税金等。调整后的工程项目国民经济评价总投资为 424.64 亿元。

国民经济评价是从国民经济整体角度对项目进行评价，调水工程的效益是由主体工程和配套工程共同产生的，工程投资除主体工程投资外，还需计算配套工程投资。配套工程投资主要是指调水入黄河干流后，从黄河干流河道引水到用户的工程投资，主要由生态环境配套投资、城镇(工业及生活)供水配套投资和水力发电扩机配套投资等三部分组成。受工作阶段和工作深度的限制，目前配套工程投资参考有关工程规划研究资料按扩大指标估算。

参考有关灌区投资，分析出单方水的投资，在此基础上分析拟定单方水的扩大指标，以此估算生态环境用水配套工程投资。考虑价格上涨及未来新发展灌区难度增加，本次暂拟定单方水生态环境配套工程投资为 10 元/m^3。这样按单位投资指标估算，生态环境用水配套总投资为 170.0 亿元。

受水区沿河大中城(市)镇和新发展能源基地涉及范围广，现有沿河工业供水配套工程投资资料较少，本阶段参照有关供水工程资料初步估算其配套投资。城镇供水配套工程投资包括水源工程、水厂工程(配水工程)等投资。通过分析典型新(扩)建水厂供水系统费用，提出城镇供水配套工程扩大指标计算其投资，以单方水投资反映。由于各地区供水工程的距离和工程难度不同，单方水投资有一定差别，但目前在考虑不同价格水平及未来新建工程难度增加的情况下，综合分析拟定水源工程单方水投资为 5 元/m^3。

自来水厂部分投资主要包括净水厂工程和配水管网工程投资，水厂投资地区之间差别不大，但城市规模不同，单方水投资不同，一般是大城市大于中小城市。水厂工程投资分析主要参考了《给水排水工程概预算与经济评价手册》和一些工程资料。考虑供水对象为分散的大、中、小城市，本次综合分析拟定自来水厂单方水配套投资为 3 元/m^3。

考虑价格水平及未来新发展的工程难度，综合上述水源工程和水厂工程单方水的投资，规划阶段拟定城镇(工业及生活)单方水配套投资为 8 元/m^3。

城镇(工业及生活)供水配套工程总投资为 184 亿元，其中：水源部分投资 115 亿元，水厂部分投资为 69 亿元。

参考有关成果，并分析该河干流有关水电站，拟定水电站扩机单位投资为 3 000 元/kW。据此估算水力发电扩机配套投资为 72.3 亿元。

综合上述生态环境配套工程投资、城镇(工业及生活)供水配套工程投资、水力发电扩机配套投资可知，第一期工程调水配套总投资为 426.3 亿元。

调水工程年运行费包括材料费、维护管理费、工资和福利费及其他费用等。受目前工作阶段限制，工程年运行费，参照有关工程资料并以工程投资为基数，按年运行费率估算。

主体工程年运行费率取 2.5%，主体工程年运行费为 10.62 亿元。

生态环境配套工程年运行费按其投资的 4%估算。城镇(工业及生活)供水配套工程年运行费，水源部分按其投资的 4%估计，自来水厂部分按其投资的 15%估计。水电站扩机部分年运行费按扩机投资的 3%估计。

配套工程年运行费为23.92亿元，其中生态环境配套工程年运行费为6.80亿元，工业供水配套工程年运行费为14.95亿元，水力发电扩机配套工程年运行费为2.17亿元。

效益发挥流程：

(1)按照工程配套情况，城镇(工业及生活)供水效益第一年发挥设计效益值的30%，以后每年增加10%，第8年达到设计效益值，进入正常运行期。

(2)从一些新灌区建设发展经验来看，新灌区运用初期，由于耕作者缺乏水地耕作经验，同时农业投入相对较少，产量较低。多年来，为使新开发农业灌区建立良好的农业生态系统并取得稳定高产指标，有关农林科学院对新开发灌区进行了大量的科学试验，结果表明，新灌区的发展一般要经历两个阶段(第一阶段为1～5年，第二阶段为6～11年)后，方能达到正常生产水平(即进入第三阶段12～50年)。根据上述成果并参照其他有关资料拟定工程生效后，灌溉效益1～5年按发挥设计效益值的20%，6～11年按发挥60%，第12年以后达到100%。

(3)根据工程配套情况，在工程生效后水力发电效益第一年按发挥设计效益值的30%，以后每年增加10%，直至达到设计效益值。

经济损失流程，假定调水工程建成后，每年即调水40亿m^3，相应产生全部水力发电经济损失，所以工程生效后每年均按损失值的100%。

3. 国民经济评价

国民经济评价主要分析工程项目建成后产生的经济效益、需要的项目费用，编制项目经济效益费用流量表，计算评价指标，评价项目的经济合理性。

在经济效益(损失)和投资费用分析的基础上，编制了第一期工程方案国民经济效益费用流量表，并对方案进行了国民经济盈利能力分析。国民经济评价盈利能力分析指标：经济净现值为61.43亿元，经济效益费用比为1.11，经济内部收益率为12.99%。

由此，第一期调水工程方案经济内部收益率大于国家规定的社会折现率10%，经济净现值大于0，经济效益费用比大于1。说明该调水方案具有较好的国民经济效益，经济上是合理的。

4. 国民经济评价敏感性分析

项目国民经济评价所采用的数据，大部分来自预测和估算，存在一定程度的不确定性。为了分析这些不确定性因素对国民经济评价指标的影响，需进行不确定性分析，以估计项目可能承担的风险，分析其经济可靠性。根据调水工程项目的具体情况和工作阶段的要求，目前只进行敏感性分析，并主要就以下敏感性因素变化分析其对经济评价指标和方案经济合理性的影响：投资增加20%、效益减少20%、投资增加20%同时效益减少20%、工程效益生效时间推迟5年、工业供水量减少20%(相应增加生态环境用水)、考虑工业及生活污水处理(处理量按40%配置水量)，单方水处理费用取为6元/m^3。

各国民经济评价敏感性分析方案指标计算结果(经济内部收益率)分别为11.21%、10.72%、9.07%、8.92%、11.62%、9.54%。

社会折现率是项目国民经济的重要通用参数，表示从国家角度对资金机会成本和资金时间价值的估量。考虑到大型跨流域调水工程水利建设项目属于社会公益性质的建设项目，有些效益，如政治效益、社会效益、环境效益、地区经济发展的效益等很难用货币表示，使得这些项目中用货币表示的效益比它实际发挥的效益要小。因此，对属于或兼有社会公益性质的项目，现行的水利经济规范规定，可同时采用一个略低的社会折现率 7%进行国民经济评价，供项目决策参考。

敏感性分析表明：

(1)敏感性因素的经济内部收益率为 89%~11.62%，大于“规范”规定的具有社会公益项目的较低社会折现率 7%。

(2)效益生效时间推迟 5 年、投资增加 20%同时效益减少 20%和考虑污水处理费用，对国民经济评价指标影响较大，但其经济内部收益率也在 8%以上。

(3)效益生效时间推迟 5 年是最敏感的因素，这要求在今后工作中要优化施工工期，在工程施工中严格控制工期，以确保第一期工程早日发挥效益。

综上所述，NSBDXX 第一期工程方案，敏感性因素对国民经济评价指标将产生一定的影响，但是其经济内部收益率均大于 7%，这对于像 NSBDXX 工程这样的社会公益项目来说，是具有一定的经济抗风险能力的。

第九章　改扩建项目经济评价

第一节　概　述

改扩建项目一般是在原企业的基础上的增容扩建和改建，它包括两个方面的含义：

(1)原来已经兴建，由于种种原因，需要在原有基础上扩大规模，以适应现在的需要。

(2)某些工程设施或设备虽能正常运行，但性能已经老化，效率低下，不能满足要求，需要在原有基础上改造建设。

总的说来，改扩建项目是在原有企业的基础上进行建设的，它与新建项目相比具有以下特点：

(1)与原企业密切相关，在不同程度上利用了原有资产和资源，以增量调动存量，以较小的新增投入取得较大的新增效益。一般说来，追加投资的经济效果应比新建项目更为经济。因此，改扩建项目的着眼点应该是增量投资经济效果。

(2)改扩建项目在实施以前，原来已在生产经营，而且其状况还会发生变化。因此，项目效益和费用的识别、计算较复杂。新建项目从零开始，总量就是增量，容易计算效益和费用。

(3)改扩建项目的建设与原企业的生产是交织在一起的，增加了项目分析的难度。

(4)改扩建项目的范围并不一定就是原有企业的范围，项目与企业既有区别又有联系，有些问题的分析范围需要从项目扩展至企业，这也决定了经济计算和评价方法的复杂性。

如果按照过去的概念，可以说新建项目一般都是先有项目后有企业，而改扩建项目都是先有企业后有项目。但是，根据改革后的财会制度，今后即使是新建项目的投资，也必须由注册有资本金的法人实体来进行，这就是说新建项目同样是先有企业后有项目。因此，已经不能简单地按项目与企业孰先孰后来区分项目的类别。实际上，“新建项目”这个习惯用语事实上也已经变得不很贴切了——它已经不能准确地说明项目与企业的关系，以及应该包括哪些必要的项目分析内容。过去的新建项目可以称为“新设项目法人项目”，改扩建项目可以称为“既有项目法人项目”。

改扩建项目的目标不同，实施方法各异。这就决定了改扩建项目目标和规模的多样性，以及效益和费用的表现形式千差万别。其效益可能表现在增加产量、扩大品种、提高质量、降低能耗、合理利用资源、保护环境和综合利用等一个或几个方面；其费用不仅包括新增投资、新增经营费用，还包括由项目建设可能带来的停产或减产损失，以及原有固定资产拆除费等。所有效益和费用均应反映在项目的经济评价中。

改扩建项目具有一般新建项目的共同特征。因此，一般新建项目的经济评价原则和基本方法也适用于改扩建项目。但因为它是在现有企业基础上进行的，在具体评价方法上又有其特殊性：改扩建项目经济评价是对项目的效益和费用进行增量计算，从而得增量评价指标(如增量投资内部收益率、增量投资财务净现值等)，用以判别改扩建项目的经济合理性和财务可行性。

改扩建项目的效益和费用的计算采用有无对比法，有项目与无项目的对比不同于项目前与项目后的对比。项目前是一种状态，只反映未建项目的状况，不反映不建该项目时整个计算期内可能的变化状况。无项目则指不建该项目时的方案，它考虑在没有该项目情况下整个计算期项目可能发生的情况。

当兴建一个项目仅仅是为了改变现状(如为了发电电能指标质量)，如果不建该项目其现状就不会改变时，有无对比法和前后对比法的结果是相同的。对于新建水利水电工程而言，无项目与项目前一般没有什么区别。但对于改扩建项目而言，有无对比与前后对比可能会有很大的差别，前后对比可看做是有无对比的一种特例。因此，改扩建项目经济评价原则上应采用有无对比法。

改扩建项目的经济评价方法研究主要侧重于增量费用与增量效益识别及计算、改扩建项目经济评价的内容和程序及其他一些理论与方法的研究，着重研究其与一般项目相比所具有的特殊的方法。在研究改扩建项目经济评价特点的同时，更多地侧重于理论上的研究和方法上探索。

第二节　改扩建项目经济评价范围确定

改扩建项目国民经济评价范围确定与一般项目相同，但是从财务评价角度来看，改扩建项目与原企业的关系错综复杂，项目效益和费用的计算比较复杂，界定其评价范围有其特殊性。一般来说，拟建项目是在企业现有基础上进行的，涉及范围可能是企业整体改造，也可能是部分改建，或者扩建、新建项目。因此，应科学地划分和界定效益与费用的计算范围。如果拟建项目建成后能够独立经营，形成相对独立的核算单位，项目所涉及的范围就是财务评价的对象；如果项目投产后的生产运营与现有企业无法分开，也不能单独计算项目发生的效益与费用，应将整个企业作为项目财务评价的对象。

因此，下面重点从财务评价角度，按照项目评价的要求介绍改扩建项目的识别、改扩建项目与企业的关系等，目的是确定经济评价尤其是财务评价的范围。

一、企业投资项目的分类

要合理地划分项目类型，就要涉及资金性质、产权归属等问题。

筹建一家新企业时，资金渠道可以有很多，但是资金性质无非两类：一类是主权资本，一类是借贷资本。主权资本指的是投资者的实际出资额，以及被投资企业接收的捐赠。其中，投资者的实际出资额包括资本金和资本溢价，这部分资金又叫自有资金或股本，它代表着产权，所以投资者不得抽走，被投资企业也不必偿还。借贷资本则是被投资企业必须偿还的那一部分资金。

现有企业在本企业内部投资时，自有资金的内涵发生变化，即自有资金是指企业在保证资本保值、增值的前提下，能够自主调度、用于投资而不必偿还的资金。在投资管理中常用到“自筹资金”这样一个用语，这个称谓不能说明资金的性质和产权归属，是一个十分含混的概念。“自筹资金”充其量只能说明资金是自己筹集而不是他人代为筹集，除此之外没有任何意义。这样一个概念，无论对项目评价还是对宏观调控都毫无作用，必须要在体制改革中废除。

(一)投资模式

下面，列举几种常见的投资模式，说明项目分类和对每类项目应分别进行哪些经济分析工作。

1. 一个项目，一个企业

【例 9-1】GZ 石化公司投资 1 000 万元，在 SZ 建立一家化工分厂，其中 600 万元为自有资金，400 万元为贷款。投资框图见图 9-1。

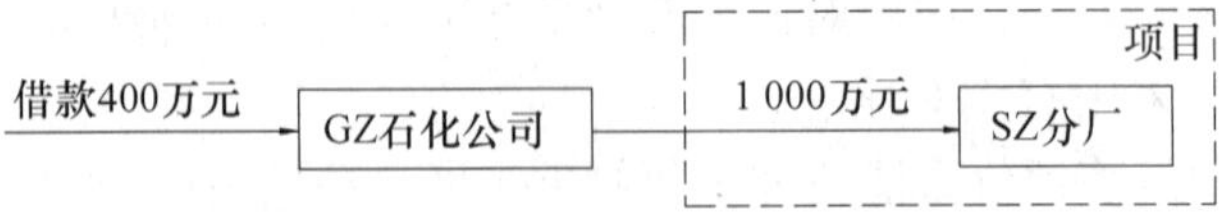

图 9-1 “一个项目，一个企业”模式投资框图

对上述投资模式分析如下：

(1)分厂是没有法人地位的，所以尽管 SZ 分厂与企业本部不在一个地方，尽管从物理形态上看完全是“新建”，但这个项目仍然属于扩建性质。在这一投资模式中，只有一个项目(在 SZ)，一个企业(在 GZ)。同属此类投资项目的有改建、扩建、恢复、迁建、技术改造、设备更新等。

(2)项目财务分析的内容为：按 1 000 万元进行全部增量投资的现金流量分析，按 600 万元进行增量自有资金的现金流量分析，按 400 万元贷款进行清偿能力分析。所有分析工作都应该针对包括 SZ 项目在内的 GZ 石化公司来做。单从这个例子来看，盈利性分析中可以直接判断增量。

(3)这个项目无所谓资本金，因为并未形成新企业。另一方面，即使 1 000 万元投资全部靠贷款，也不属于“无本投资”，因为 GZ 石化公司本身是有雄厚资本的。只要银行认为 GZ 石化公司资本规模大、资产负债率不高、长期负债不多、信贷信誉良好等，完全可以全额贷款。

2. 一个项目，两个企业

【例 9-2】GZ 石化公司借款 500 万元，动用自有资金 100 万元，总计投资并注册 600 万元，在 SZ 建立一家化工子公司。注册后，子公司贷款 400 万元，完成总计 1 000 万元的投资项目。见图 9-2。

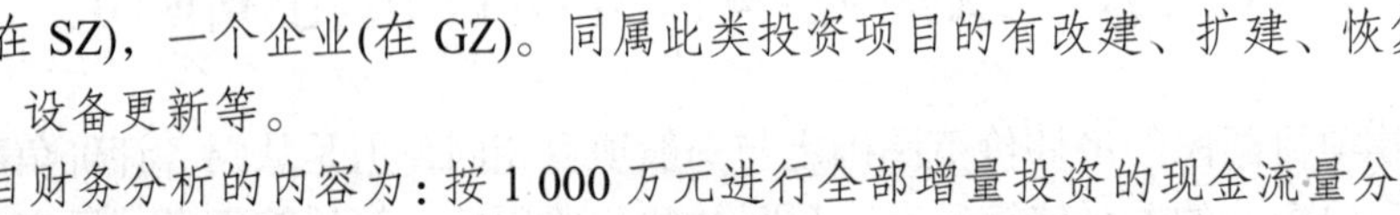

图 9-2 “一个项目，两个企业”模式投资框图

对上述投资模式分析如下：

(1)因为子公司是有法人地位的，所以在这一投资模式中，有一个项目(在 SZ)，两个企业(GZ、SZ各有一个)。这个项目是真正意义上的新建项目。

(2)项目的财务分析是针对SZ子公司的，完全遵循新建项目的评价方法，具体内容包括：按1 000万元进行全部投资的现金流量分析，按600万元进行自有资金的现金流量分析，按400万元借款进行清偿能力分析。

还可以进一步为投资者(SZ石化公司)计算一下投资的财务效益。GZ石化公司的投资600万元，投资回报是来自SZ子公司的应付利润(即股利)，据此可测算财务内部收益率等盈利性指标。

如果GZ石化公司愿意，还可以更深入一个层次，按照“自有资金100万元，借款500万元，投资回报是子公司的应付利润”这一口径，测算自有资金投资效益。但这是属于投资者自己的一笔账，一般项目评价方法中并不涉及。

(3)在这个项目中，600万元是SZ子公司的资本金，GZ石化不能以任何方式抽走，包括不能提走子公司的折旧、摊销。虽然600万元中有500万元借款，但债务人是GZ石化而不是SZ子公司，只能由GZ石化去偿还；需要由项目偿还的，是子公司借来的400万元。

3. 一个项目，三个(或三个以上)企业

【例9-3】GZ石化公司和NH石油公司商定，按7∶3的比例投资并注册600万元，在SZ建一家合资化工公司。注册后，合资公司借款400万元，完成总计1 000万元的投资项目。两家合作者所投资资金中，各含80%借款。投资框图见图9-3。

图9-3 “一个项目，三个企业”模式投资框图

对上述投资模式分析如下：

(1)在这一投资模式中，围绕一个项目，出现三个企业。单就项目的建设和经营而言，它与前一例中的新建项目完全一样，但是由于投资者不是一个而是两个，所以对这个投资项目进行财务分析时，应该按照《中外合资经营项目经济评价方法》的基本框架去做。从项目分析的角度来看，国内合资项目与中外合资项目的差别点，仅在于有关法规制度有某些不同。

实际投资项目的合资方完全可能多于两个，但不管有多少合股投资者，项目分析的基本方法和内容不再有变化。

(2)项目分析的内容包括：针对合资公司，按1 000万元、600万元分别进行全部投资、自有资金的现金流量分析，按400万元借款进行清偿能力分析；针对GZ石化公司和NH石油公司，按420万元、180万元分别进行投资者的现金流量分析，其现金流入是股利。

(3)与前例一样，投资双方的出资额420万元和180万元作为合资企业的资本金，是不允许以任何方式(包括提走折旧或摊销)被抽走的，其中的借款部分要由双方各自偿还。合资企业只负责偿还自己筹借的400万元。

(二)企业投资项目分类

从三例可以看出，同是在 SZ 新建一个化工项目，却可能按扩建、新建、合资三种不同的方式方法进行项目分析。由此可见，项目与企业、与投资者的关系，决定着项目的性质，也决定着适用的项目分析方法。表 9-1 所示的投资项目分类，正是根据这些影响因素作出的。

表 9-1　投资项目分类(项目分析角度)

投资者		独股投资 a	合伙股投资 b
投资对象	投资于新企业 A	Aa	Ab
	投资于原企业 B	Ba	Bb

上述三例中，第一例为 Ba 类项目，第二例为 Aa 类项目，第三例为 Ab 类项目。如果按照项目经济分析的难易程度排序，一般情况下的顺序为

$$Bb>Ba>Ab>Aa$$

即独股投资于新企业最简单，合伙股投资于原企业最复杂。

所谓合伙股投资于原企业，指的是原企业结合股份制改造或者结合增加新股东，搞改扩建与技术改造项目。

这里所论述的重点，是独股投资于原企业(Ba 类项目)，也是一般意义上的改扩建与技术改造项目。

另外，除以上三种投资模式外，还有一种投资模式，即无本投资和无本企业。

【**例 9-4**】中央某投资公司和 GD 某投资公司商定，在 SZ 建一化工企业，中央投资 70%，地方自筹 30%。某投资公司的出资方式是：由建行总行贷给化工厂 500 万元，批给化工厂拨改贷资金 200 万元；GD 某投资公司的出资方式是由该省工商银行贷给化工厂 300 万元。图 9-4 为投资框图。

图 9-4　“无本投资和无本企业”模式投资框图

这种投资模式在过去是屡见不鲜的，现在也未绝迹。这个项目不属于改扩建性质，但是只有一个项目、一个企业(SZ 化工厂)。两家投资公司对于这个项目，不是作为投资者，而是作为筹资者在起作用：一旦筹资完成，即可全身而退，所以是在搞无本投资，所形成的 SZ 化工厂是无本企业，它是由三笔贷款支撑起来的，没有资本金。

这类项目必将产生的问题是：第一，企业投产之初，最理想的情况下(投资中没有任何损失)，也不过是资产与负债相等，即资产负债率为 100%，要想偿还全部贷款，一般来说是非常困难的。但无力还贷不是由于经营不善，而是由于先天不足。第二，如果侥

幸能够还清贷款，那么所有者权益属于谁？每年的应付利润付给谁？两家投资公司与银行一样，是不能以所有者自居的。第三，两家投资公司作出了投资决策，但不承担任何投资风险，项目的全部风险都转嫁给了银行。

在新的财会制度实施之后，不应该再出现这种投资模式；再者，按这种模式组建的企业如果已经竣工投产且未还清贷款，理应豁免一部分，改由原投资者偿还。项目评价人员如果遇到无本投资项目，应该指出它的不合法性及危害性。

二、改扩建项目与企业的关系

(一)企业的界定

企业可能分为几个层次。不管是企业集团还是大的公司，其内部都存在着分属不同级别的若干企业，彼此之间具有关联。这种关联可能是以产权归属为纽带，也可能仅只是比较密切的业务往来。

在分析改扩建项目效益时，首先要明确是为哪个企业来做项目。这是因为：①同一个项目，对于不同的企业有不同的意义和作用；②同一个项目，对于不同的企业会产生不同的效益和费用；③同一个项目，对于不同的企业和投资者甚至要采用不同的评价方法。那么，在多层次的企业结构中，是以哪一级企业为界来做项目财务分析呢？这不能一概而论，要看哪一级企业构成投资主体或筹资主体或清偿主体等。一般来说，改扩建与技术改造项目评价中的“企业”，是指能够包容项目的独立法人。但是，如果上一级企业负有清偿责任(或者以抵押、担保等方式承担责任)，那么至少项目的清偿能力分析还有必要向上一层延伸。

(二)改扩建项目与企业的关系

要处理好改扩建项目与企业的关系，必须弄清效益和费用属于改扩建项目还是企业、转移支付、项目范围的界定等几个问题。

1. 效益和费用属于项目还是企业

一般说来，财务分析只计算项目的内部效益、内部费用，国民经济分析还应计算项目的外部效益、外部费用。不管项目范围是大还是小，“内部”和“外部”的区分都是以企业为界的。也就是说，项目引起的效益和费用，只要不超出企业的范围，都属于项目的内部效益和内部费用。

财务分析中所谓“项目的效益和费用”，准确地说应该是“由项目引起的发生在企业内的效益和费用”。对一般新建项目来说，这两种提法并没有什么区别，因为项目和企业的范围是一致的。但是对改扩建与技术改造项目来说，由于项目范围并不一定覆盖整个企业，所以必须注意按照后一种提法去理解项目的效益和费用。

如何识别效益和费用，是改扩建与技术改造项目的一大难点，其原因就在于所有的效益和费用都是针对企业而言，不能把项目从企业中孤立出来进行分析。因此，在财务分析中要特别注意：

(1)在项目范围之外企业范围之内，是否还存在着由项目引起的效益和费用；若有，则必须计算。

(2)反过来，在项目范围之内是否存在着并非由项目引起、而是企业原来就有的效益和费用；若有，则必须扣除。

2. 转移支付

进行改扩建项目的效益和费用分析时，要灵活掌握并运用转移支付的概念。

在国民经济评价方法里，提到了哪些费用属于转移支付，但是并未给出定义。可以暂且将其定义为：没有增加系统内部消耗，仅在子系统之间流动的要素，其价值量称作转移支付。

1)项目的国民经济分析

项目的国民经济分析是将国民经济看做一个系统，企业、税务、银行等都是这个系统中的子系统。

交税、收税并不消耗国民经济资源，仅仅是资金在两个子系统(企业、税务部门)之间流动。因此，税额是在转移支付，不是项目的费用，不必计算。

国内银行贷款给项目，项目要支付利息，但是利息并不代表资源消耗，它是反映国民经济两个子系统(企业和银行)对项目收益的分配。因此，国内银行贷款利息同样不是项目的费用，不必计算。

2)项目的财务分析

国民经济分析的转移支付概念，同样可用于财务分析。项目的财务分析是将企业看做一个系统，各个分厂、各个车间等都是这个系统的子系统。一个改扩建项目可能包含若干子系统，但并不一定包含所有子系统，此时就需要判断哪些是项目的效益和费用，哪些只不过是子系统之间的转移支付。

直接判断增量，灵活地运用转移支付的概念，可以简化分析过程。当只能通过“有无对比”计算增量时，因为“有”和“无”都是指企业的总量，所以不要误把转移支付当做效益或费用，也无需有意识别转移支付。

若是计算新增效益和费用，必须注意识别转移支付。

3. 项目范围的界定

改扩建项目有大有小，小至单位设备更新，大至企业总体改造，都属于改扩建项目之列。企业的范围一般是很明确的；改扩建项目的范围定为多大，则要由项目评价人员根据项目的具体情况处理。

界定项目范围的原则应该是：以能够说明项目为企业带来的效益和费用为准，取最小范围。只要能够直接判断增量，项目的范围总是可以限定于企业的某一个局部，从而有效地简化项目财务分析工作。只有在必须通过“有无对比”才能计算增量的情况下，才不得不把项目的范围扩展至整个企业。

三、改扩建项目的类型

从投资决策的角度归纳起来，改扩建项目大致分为四种类型：

第一类为重置型。指的是与维持企业现有生产经营有关的改造项目，如更换已报废或已损坏的生产设备(或设施)；或是与降低生产成本有关的改造项目，如采用新工艺和新设备从而提高产品质量、降低原材料、能源消耗等的投资决策。

第二类为扩充型。一种是与现有产品或现有市场有关的扩大生产能力的扩建项目，如增加现有产品的产量；另一种是与新产品或新市场有关的扩建项目，如在现有企业里增加新产品或淘汰老产品生产新品种等投资决策。

第三类为非盈利型或强制型。企业为修建一些非经营性的设施进行的投资决策，如建办公大楼、停车场等；或是与工业安全或环境保护有关的强制性的投资决策。

第四类为综合型。涉及以上两种类型或三种类型的改扩建项目。目前，在我国大中型企业中的改扩建项目大多都属于综合型，既要设备更新改造，又有产品更新换代；既要扩大生产能力，又要进行环境治理。

四、企业进行局部改扩建时项目范围的界定

改扩建项目与原企业之间存在着既相对独立又相互依存的特定关系，除企业进行总体改造外，一般改扩建项目并不涉及整个企业。当企业进行总体改扩建时，毫无疑问改扩建项目的范围即是企业总体，无须再去界定项目效益与费用的计算范围。当企业进行局部改扩建时，改扩建的范围有大有小，其效益与费用与企业各部门的效益和费用往往存在着错综复杂的关系，特别是对那些机构庞大、总公司下设若干个分公司的企业，更需要根据改扩建所涉及的部门来界定改扩建项目的范围。其范围的界定应以说明项目的效益与费用为准，这样既减少数据采集和计算的工作量，又不影响评价的结论。在具体操作中，应该注意以下两点：

(1)无论改扩建项目界定范围有多大，“有项目”与“无项目”的效益与费用对应相减，计算出的增量效益和增量费用都是对企业整体而言的。

(2)由于改扩建项目的盈利能力分析采用“有无对比法”进行增量计算，而清偿能力分析时又要求由项目扩展至企业，分析企业及改扩建后的总体财务状况，所以在界定改扩建项目的范围时，既要使项目盈利能力分析时简便易行，又要使清偿能力分析时由项目扩展到企业时易于计算。

企业进行局部改扩建时，界定项目效益与费用的范围，并无确定的模式，应具体问题具体分析。在具体做法上有两种：

(1)改扩建项目效益与费用与企业各部门效益和费用难于分开计算的项目范围即按企业总体界定。

(2)改扩建项目效益和费用与企业效益和费用可以大致分开,那么就得将企业(无论企业机构如何庞大)效益和费用一分为二。一部分划为改扩建项目范围，在这个范围内做盈利能力分析的“有无对比分析”，编制项目范围的现金流量表，计算各项目增量指标；另一部分划为不进行改扩建范围。在进行清偿能力分析时，将这两部分效益和费用相加，编制企业改扩建后的损益表、资金来源与运用表和资产负债表，计算反映企业改扩建后的财务状况各项指标。

第三节　总量法与增量法

改扩建项目是在原有基础上建设的，这和新建项目是不同的。对于新建项目来说，所发生的费用和收益都可归于项目；而改扩建项目的费用和收益既涉及到新投资部分，

又涉及到原有基础部分，从而给评价项目的效果带来新的问题，

如果改扩建项目所涉及的费用和收益可以清楚地从企业原有基础产生的费用和收益中分离出来，那么这样的项目就与新建项目没有区别。在一定条件下，这种分离是可以做到的；但是，对多数改扩建项目来说，实现这种分离是困难的，下面着重讨论这种情形。

改扩建项目效果评价方法总的原则是，考察项目建设与不建设两种情况下费用和效益的差别。评价方法有两种，即总量效果评价法(简称总量法)和增量效果评价法(简称增量法)。

一、总量法

不进行改扩建与进行改扩建实际上是有待决策的两个方案，且是互斥的。因此，这类项目评价的实质是对互斥方案的比较。互斥方案的比较可以先计算各方案绝对效果(如*NPV*)，然后进行比较。所以，可以首先分别计算改扩建与否两种情况下的净现值，然后加以比较，这就是总量法。其含义是从总量上衡量各方案的效果，该方法不涉及费用、效益的划分问题，即不需要判断是属于新建项目还是原有企业的。

总量法是对改扩建与否的总量效果指标进行比较，按照互斥方案比较的要求，只能使用价值型指标(如净现值等)，而不能使用效率型指标(如内部收益率等)。总量法的优点也在于它不仅能够显示出改扩建与否的相对效果，而且能够显示其绝对效果。

总量法中的现金流必须是完整的现金流，而不能将相同的现金流省略。省略比较方案的相同现金流(最常见的是省略原有资产)最主要的危害在于，可能将实际上不可行的项目判断为可行。省略相同现金流中的原有资产(认为原有资产已存在，不是新投资，不影响投资决策)，这种看法在经济学原理上是不对的。这是因为，原有资产不仅有实物形态，而且具有价值形态，设想拥有者不使用该资产，可以出让获得相当于资产价值的收入，若不出让而进行改扩建将失去获得该资产收入的机会，造成一种机会损失。

改扩建项目总量法判断项目可行性与否的判断情况见表 9-2。

表 9-2　改扩建项目总量法判断项目可行性与否的判断情况(国民经济指标)

序号	有无改扩建项目指标对比	总量指标的绝对效果	投资决策结果
1	$NPV(i_s)_{有}>NPV(i_s)_{无}$	$NPV(i_s)_{有}>0$	上改扩建项目
2	$NPV(i_s)_{有}>NPV(i_s)_{无}$	$NPV(i_s)_{有}<0$	不上改扩建，原企业停产
3	$NPV(i_s)_{有}<NPV(i_s)_{无}$	$NPV(i_s)_{无}>0$	不上改扩建，维持原企业
4	$NPV(i_s)_{有}<NPV(i_s)_{无}$	$NPV(i_s)_{无}<0$	不上改扩建，原企业停产

表 9-2 中的第 1、第 3 种情况评价决策结论是正确的，这是因为无论第 1 种情况的决策是上改扩建项目，还是第 3 种情况的决策维持企业现状，企业都是在盈利状况下进行生产的。而第 2、第 4 种情况，企业的现状企业很差，从经济角度分析，已不可能维持生产，面临停产的问题，这时无改扩建项目的情况是项目关闭停业的状况，而上述比

较的出发点是将项目维持亏本经营的现状作为无项目的情况进行的“有无对比”。这就可能造成经济评价失真和决策失误。因为无项目方案按不进行改扩建，项目维持现状的计算基础与事实不相符合；同时，有项目方案也是按现状基础不是按关闭停业的条件下进行改扩建计算的，这也就扭曲了有项目方案的实际经济效益指标。

由此可见，当项目不进行改扩建经济效益很差，且有关闭停产的可能时(这时原资产变卖后可能得到资产价值的收入)，不能简单地将原项目维持下去作为无项目方案，将原有项目在原企业继续运行的基础上进行改扩建作为有项目，否则就容易得到错误的结论。

在实际中，即使经济效益很差，如某些军工企业及基础产业等，不上改扩建项目也不可能立即关闭停业。比如，$NPV(i_s)_{无}<0$，$\Delta NPV(i_s)_{有无}>0$，且 $NPV(i_s)_{有}<0$，这种情况在增量投资占总量资产的比重不大时，尽管改扩建在经济上增优，但因改扩建规模不大，这种情况经常发生。对于改扩建后增优的改扩建项目，当增量投资占总量资产比例较大时，一般是能达到$NPV(i_s)_{有}>0$，满足改扩建后企业的盈利能力大于零的要求；但在$NPV(i_s)_{无}<0$，效益极差时，尽管$\Delta NPV(i_s)_{有无}>0$，但仍有可能是改扩建后 $NPV(i_s)_{有}<0$。按照总量法进行评价，因为$NPV(i_s)_{有}<0$，不应进行改扩建，而不改扩建方案效益更不好，$NPV(i_s)_{无}<NPV(i_s)_{有}$，应当关闭，而事实上又不能停产。因此，在这种情况下用总量法进行改扩建项目的投资决策的“有无对比”，无助于作出正确的投资决策。综上所述，改扩建项目决策中一定要选择好无项目的情况以及原资产的机会成本或者机会经济效益。

基于上述问题，提出了增量法的决策思想。

二、增量法

总量法虽具有同时显示方案绝对经济效果和相对经济效果的特点，但是需要将原有资产视为投资，从而需要对原有资产进行估价，而资产估价是一件十分复杂和困难的工作，其工作量和难度往往超过项目评价本身。且总量法不能显示用于改扩建的投资可达到的收益水平，因而只能对改扩建与否两种方案的相对优劣作出评判，无法揭示当存在其他投资机会时改扩建项目是否最优。因此，总量法并不是改扩建项目评价的理想方法。

增量法是对改扩建项目所产生的增量效果进行评价的方法。按增量法进行改扩建项目评价和决策时，主要以改扩建项目的增量指标作为决策的依据。

增量法的步骤如下：首先计算改扩建项目产生的增量现金流，然后根据增量现金流进行增量效果指标计算，最后根据指标作出判断决策。增量法可以采用净现值和内部收益率指标，分别称谓增量净现值和增量内部收益率。

增量法体现的仅仅是相对效果，它不能体现绝对效果。相对效果只能解决方案之间的优劣问题，绝对效果才能解决方案能否达到规定的最低标准问题。从理论上说，互斥方案比较应该同时通过绝对效果和相对效果检验。

不难证明，在若干个互斥方案中，若前一方案通过了绝对效果评价指标标准，后一方案与前一方案比较通过了相对效果评价指标标准，那么后一方案必然通过绝对效果评价指标标准。因此，在改扩建项目经济评价中，若满足下列条件之一将是完善的：不进行改扩建项目通过总量评价标准，改扩建后通过总量效果评价标准；进行改扩建项目同时通过总量效果评价标准和增量效果评价标准。

假定增量效果计算出来，而总量效果尚不清楚。列出增量效果和总量效果的全部组合可能性于表 9-3。表中大于零表示通过评判标准，小于零表示不能通过评判标准。全部排列组合共有 8 种，但是按照表中的增量指标、不改扩建总量指标、改扩建总量指标的顺序，“大于零、大于零、小于零”和“小于零、小于零、大于零”的可能性是不存在的，因此可能性只有表中列出的 6 种。

表 9-3　改扩建项目增量指标和总量指标可能性组合汇总表

序号	增量指标	总量指标		增量决策结果
		不改扩建	改扩建	
(1)	$\Delta NPV(i_c)>0$	$NPV(i_c)_{无}>0$	$NPV(i_c)_{有}>0$	上改扩建项目
(2)	$\Delta NPV(i_c)>0$	$NPV(i_c)_{无}<0$	$NPV(i_c)_{有}>0$	上改扩建项目
(3)	$\Delta NPV(i_c)>0$	$NPV(i_c)_{无}<0$	$NPV(i_c)_{有}<0$	上改扩建项目
(4)	$\Delta NPV(i_c)<0$	$NPV(i_c)_{无}>0$	$NPV(i_c)_{有}>0$	不上改扩建项目
(5)	$\Delta NPV(i_c)<0$	$NPV(i_c)_{无}<0$	$NPV(i_c)_{有}<0$	不上改扩建项目
(6)	$\Delta NPV(i_c)<0$	$NPV(i_c)_{无}>0$	$NPV(i_c)_{有}<0$	不上改扩建项目

在表 9-3 中可能发生的 6 种情况中，(1)、(2)、(5)、(6)四种情况下，增量指标与改扩建后总量指标相一致，这样，根据增量指标进行决策不会发生错误。在第(4)种情况下，尽管改造后的总量指标可行而增量指标不可行，说明改扩建后的效益比不改扩建的效益降低了，越改越坏，此种情况不应投产改扩建项目。因此，采用增量指标作为判断投资决策与否的准则不会发生投资决策失误。

第(3)种情况是争论的焦点，不进行改扩建和进行改扩建后总量效益都达不到基准判断标准值，而增量指标达到或超过了基准值，说明改扩建后增加了企业的经济效益；增量效益达到并超过了基准值，说明增量投资效益是可行的而改扩建后增量效益还不足够好，这种情况是不改扩建时的效益太差了，这一改扩建投资的投入还不足以将全部存量调动起来,那么究竟用多少增量投资去带动存量才能使改扩建后的效益达到基准判断值，实际要研究的是改扩建项目投资规模(剂量)的问题，这是联合以上改扩建方案之间的经济比较问题，而不属于“改扩建”与“不改扩建”两方案的“有无对比”的增量分析问题。在这种情况下，按有无对比原则尽管改扩建后企业的总量指标没有达到基准值，但只要增量指标超过基准值，说明这一改扩建投资的效益是好的。若不进行改扩建，效益极差的企业首先要研究本企业存在的必要性，如何存在？是改扩建，还是将企业资产变卖转让和抵押或破产？因此，这类企业的改扩建投资决策一般是将原有资产变卖转让抵押或破产与改扩建进行“有无对比”分析，在此情况下，根据增量指标进行投资也不会发生错误。

经分析，遇到上述第(3)种情况时，企业可选择的决策方案有三个方案：方案一，不改扩建，继续生产经营；方案二，进行改扩建；方案三，关闭停产，变卖现有资产。方案一和方案二比较，由于增量效果好，所以方案二优于方案一，也即是说方案一应淘汰。那么，目前可供选择的方案只剩下方案二和方案三。这种状态表明：当需要判断是否应关闭拍卖工厂时，需要作总量评价。而这种情况在现实经济生活中并不具有普遍性，多数情况下可以不困难地排除关闭拍卖原企业这种选择。按照微观经济学的完全竞争厂商的短期均衡和短期供给曲线分析理论可知，在完全竞争厂商的短期生产中，市场的价格是给定的，而且生产中的不变要素的投入量是无法变动的，也即不改扩建时生产规模是给定的。因此，在短期，厂商是在假定的生产规模下，通过对产量的调整来实现边际收益 MR 与短期边际成本 SMC 相等，即 MR=SMC，来实现利润最大化的条件。当厂商的平均收益 AR 等于平均可变成本 AVC，厂商可以生产，也可以不生产。也就是说，厂商生产或不生产的结果都是一样的。这是因为如果厂商生产的话，则全部收益只能弥补全部的可变成本，不变成本得不到任何弥补。如果厂商不生产的话，厂商虽然不必支付可变成本，但是全部不变成本仍然存在。由于在这一均衡状态下，厂商处于关闭企业的临界点，该临界点也被称作企业停止营业点或关闭停产点。因此，从微观经济理论来说，只要原有企业的平均经济收益大于平均可变成本(这里是指经济的机会成本)，企业还是可以生产的，不应关闭。这时如果平均收益大于平均可变成本，厂商虽然亏损，但仍继续生产。这是因为，只有这样，厂商才能在用全部收益弥补全部可变成本以后还有剩余，以弥补在短期内总是存在的不变成本的一部分。所以，在这种亏损情况下，生产要比不生产优。当然，这里是假定企业继续存在的机会成本是大于变卖资产或拍卖的边际效益(机会成本)。那么，为什么在短期生产中，明明是亏损的情况下，为什么决策者不关闭该企业呢？这主要是决策者可能考虑到企业继续存在的机会成本大于其他情况下的机会成本。比如，企业某一段时期的经营收益不太好，但这只是暂时的，过了这个企业经营困难期后，企业收益好了以后，收益不但能够弥补可变成本，而且还能补偿不变成本。因此，企业要权衡继续存在的必要性。

根据以上分析可以得出下面的结论：在改扩建项目经济评价中，一般情况下只需要进行增量效果评价；只有当现有企业面临亏损时，需要就企业关闭拍卖还是进行改扩建二者之间作出决策时，才需要同时作增量效果评价和总量效果评价(实际上只须对上述方案二作总量评价)。

第四节　改扩建项目经济评价数据选取

对改扩建项目的经济评价，采用“有无对比”进行增量分析，主要涉及下列三种数据：

(1)“有项目”数据，是预测项目实施后各年的效益与费用状况的数据。

(2)“无项目”数据，是预测在不实施该项目的情况下，原企业各年的效益与费用状况的数据。

(3)“增量”数据，是指“有项目”数据减“无项目”数据的差额，用于增量分析。

进行“有项目”与“无项目”对比时，效益与费用的计算范围、计算期应保持一致，具有可比性。为使计算期保持一致，应以“有项目”的计算期为基准，对“无项目”的计算期进行调整。在一般情况下，可假设通过追加投资(局部更新或者全部更新)使“无项目”时的生产运营期，延长到与“有项目”的计算期相同，并在计算期末将固定资产余值回收。在某些情况下，假设通过追加投资延长其寿命期，在技术上不可行或者经济上明显不合理时，应设定“无项目”的生产运营适时终止，其后各年的现金流量为零。

一、改扩建项目经济评价数据分类

在分析项目效益(费用)的时候，对同一项效益(费用)往往要用几个不同的数据来描述其不同的侧面，才能形成完整的识别。企业投资项目的经济、财务分析中，所有关于效益和费用的数据可以分为基础数据和派生数据两大类，每个大类各有几个小类。掌握数据分类，在项目经济、财务分析中针对具体情况，准确使用不同类型的数据，是做好投资决策分析的关键。

(一)基础数据

通过调查、统计、设计、预测等基本手段得到的数据，称作基础数据。基础数据包括现状数据、“无项目”数据、“有项目”数据三类。

1. 现状数据

它反映项目实施前的效益(费用)现状，是单一的状态值。在选用现状数据时，一般可采用项目实施前一年(或项目编制前一年)的数值。如果由于经济过热、经济紧缩或其他外部原因，这一年的数值不具有代表性，也可采用有代表性年份的数值，或近几年数据的平均值。

2. “无项目”数据

它是不实施项目的情况下，在现状基础上，考虑计算期内效益(费用)的变化趋势(其变化值可能大于、等于或小于零)，经预测得到的数值序列。“无项目”数据是非常重要的基础数据。如果不投资，不上项目，和现状相比，各项效益(费用)一般是要发生变化的——可能增加，也可能减少，当然有时也可能不变。不同的变化对项目的财务指标将产生不同的影响，因此，分析项目时，必须对“无项目”时的变化趋势进行预测。

3. “有项目”数据

它是项目实施之后的总量效益(费用)，是经设计、预测而得出的数值序列。

虽然从概念上讲是先有基础数据后有派生数据，但是在实际工作中，个别情况下也可能先有新增数据，再计算出“有项目”数值。例如，一般都是先估算新增投资，再加上原有资产的价值后，才形成“有项目”的增量投资。

(二)派生数据

由基础数据经分析计算后得到的数值，称作派生数据。派生数据包括两类，即新增数据和增量数据。

1. 新增数据

它是用“有项目”效益(费用)减去现状效益(费用)后得到的改扩建项目差额，包括新增的效益和费用。有些数据是先有增值，加上现值数值后得到“有项目”数值，例如，有项目的投资额，可由现状投资加新增投资计算求得。新增数据一般用于改扩建项目清偿能力分析中，项目的清偿能力分析，就是用“有项目”数据、现状数据、以及它们的差额——新增数据来进行的。

2. 增量数据

它是用“有项目”效益(费用)减去“无项目”效益(费用)后得到的差额，也就是“有无对比”数据。增量数据用于通过“有无对比”法分析改扩建项目盈利能力分析，是投资决策的依据。项目的盈利能力分析必须用增量数据来作，所以增量数据可以说是企业投资项目分析中最重要的数据类型。

企业投资项目的具体情况是多种多样的。对于某些项目，必须将“有项目”数据和“无项目”数据都罗列出来，相减后得到增量数据，才能计算增量指标。但是还有很多项目则可以直接判断增量，这种情况下的项目盈利性分析就简化了许多。

3. 新建项目与改扩建项目数据类型比较

在新建项目的经济评价中，一般不会出现许多数据类型。这是因为对于新建项目来说：第一，现状一般是零状态，也就是说既无投入又无产出，效益和费用均为零；第二，“无项目”时一般是维持现状，也就是继续保持零状态。于是有下列关系式：

新增值=“有项目”数值－现状数值(为零)=“有项目”数值　(9-1)

新增值=“有项目”数值－“无项目”数值(为零)=“有项目”数值　(9-2)

可见，对于新建项目来说，新增、增量和“有项目”这三类数字是一回事。既然如此，也就没有必要再划分数据类型。

但是对于改扩建项目来说：第一，现状的效益和费用都不是零；第二，“无项目”时效益和费用将发生变化，既不是零状态，又不同于现状数值；第三，由于以上两个原因，导致新增、增量、“有项目”这三类数据彼此不同。这样，就必须严格区分数据类型，而且注意在不同的分析内容中采用不同类型的数据。

(三)改扩建项目中固定资产与折旧处理

只要掌握了各类基础数据和派生数据的概念，计算起来并不复杂。但是，在计算固定资产投资和折旧时，还需要进一步明确一些关系后，才能使数据的计算正确无误。

1. 不再利用的资产处理

项目范围内的原有固定资产可分为“继续利用”和“不再利用”两部分。计算“有项目”投资时，原有资产无论其利用与否，都应该与新增投资一起计入投资费用。

其中，不再利用的资产如果变卖，其价值按变卖值和变卖时间另行计入现金流入即资金来源等栏目，不要简单地按冲减新增投资处理。

2. “有项目”时的固定资产与折旧

新建项目的全部固定资产都要提取折旧，计算相对简便。但是分析改扩建项目时，对于“固定资产”和“计算折旧的固定资产”这两个概念应该加以区分。

“有项目”情况下，不再利用的原有固定资产只要不处理(报废或变卖等)，就依然存在于账面上，但是不能提取折旧。所以，当计算“有项目”折旧额时，首先要区分出“计提折旧的固定资产”的原值。

3. 新增折旧一般不等同于新增固定资产的折旧

新增折旧是指“有项目”折旧与现状折旧的差额。由于不再利用的原有资产不得提取折旧，所以新增折旧一般不等于新增投资形成的固定资产所产生的折旧。下式说明了其关系。

新增折旧=“有项目”折旧额－现状折旧额　(9-3)

=(新增投资+“可利用的原有资产”)折旧－原有资产折旧

=新增固定资产折旧－“不再利用的原有资产”折旧

只有在原有固定资产全部继续利用的情况下，这两个数值才相等。

在清偿能力分析计算中要用到的折旧数值，是新增折旧而不是新增投资的折旧。实际分析项目时，如果不再利用的原有资产所占比例不大，为简化计算，不妨用新增投资的折旧代替新增折旧。

(四)改扩建项目如何确定资本金

实行资本金制度以后，对现有企业的资本金如何界定其产权归属，是一个十分复杂的工作。企业进行改扩建，新增投资是否必须增加企业的资本金，目前国家工商行政管理局尚未作出明确规定。

关于这个问题，不仅应从法规方面去考虑，更重要的是应从资产负债的合理性去考虑，从资金获得的可能性去看问题。即使不增加资本金，改扩建项目也应有一定比例的投资者出资(即自有资金)，在具体处理上，可将其列入资本公积金项下，作为所有者权益的一部分。

例如某企业现有资产价值10 000万元人民币，其中所有者权益7 000万元，债务3 000万元；拟改扩建项目总投资近100 000万元，但是并不新设企业(不重新注册)，是否需要增加资本金呢？从符合国家法规方面考虑，回答可以是不必增加资本金。但是否100 000万元投资都可通过贷款方式筹措呢？从资金筹措的合理性和可能性考虑会产生两个问题：一个是资产负债结构不合理，资产负债率高达90%以上，债权人风险太大，一般不愿贷款，除非企业信誉极高，担保又可靠；二是企业债务负担太重，难以经营。当然，上例是一个极端的例子，但在现实中也并不罕见。此时，至少应调整资金筹措方案，部分资金应由投资者出资解决。

总之，改扩建项目不一定需要增加企业资本金，但应适当考虑部分自有资金作为资金来源的组成部分。

二、有无对比和增量分析

在企业投资项目的经济评价中，关于效益和费用的最重要的一类数据，就是增量。企业投资项目经济评价的实质，是对“建项目”和“不建项目”两个方案进行比较，根据经济效益优选其中的一个方案。方案比较方法最基本的思路就是差额分析，也就是“有项目”与“无项目”的“有无对比分析”，即增量分析。

(一)对“无项目”预测的必要性

任何一个投资项目，其“有项目”时的效益和费用一般都比较容易测算，所以增量计算的难点是对“无项目”进行预测。和现状相比，“无项目”时的效益和费用“要发生变化”是一般情况，“不发生变化”是特例。如果不去分析这种变化趋势，从数据关系上可以看出，这实际上是用“现状数据”取代“无项目数据”，从而导致用新增数据而不是增量数据来说明项目效益。只有在不建项目则现状保持不变的情况下，新增数据才能得出与增量数据相一致的结论，新建项目即属于这种情况。

(二)“无项目”的计算期处理

为了进行有无对比，应该使“有项目”和“无项目”两种情况下的计算期保持一致，其办法是：以“有项目”的计算期为基准，对“无项目”的计算期加以调整。一般情况下，可以通过追加投资(仅限于局部或全部更新性质)来维持“无项目”时的生产经营，延长其寿命期到与“有项目”的计算期相同。在某些情况下，例如产品寿命已尽，不可能通过追加投资延长其计算期，这时应该使“无项目”的生产经营适时终止，其后各年的现金流量为零。

(三)“无项目”的方案选择

有时侯，如果不上改扩建或技术改造项目，企业的可能前景不止一个，这时就需要对几条出路作一下分析比较，选择可能性最大的趋势作为“无项目”方案。

(四)“有无对比”不要拉进第三方案

尽管“有无对比”是方案比较的特例，但是不能用一般的方案比较来混同于“有无对比”。国外某基金以援助贷款的方式资助我国的水电建设，该基金的专家在分析水电的经济效益时，假设一座火力发电厂来进行比较，并认为这是“有无对比”。在这个实例中，该基金的专家实际上犯了概念性错误，这不是“有无对比”，而是“水电、火电对比”，两者回答的是完全不同质的问题——“有无对比”回答的是“建水电站好，还是不建水电站好”，也就是建水电站到底合算不合算的问题；而“水电、火电对比”回答的却是“建设水电站好，还是建设火电站好”，哪个更合算问题。很可能是建水电不经济，建火电更不经济，正确的决策是都不该建；但“水电、火电对比”的结论却是，应该建水电站。火电站方案属于“有”、“无”之外的第三方案，做“有无对比”的时候一定要注意，不要拉进第三方案。

只有在“建项目”的决策已经敲定，仅需要选择建什么样的项目时，类似“水电、火电对比”这样的方案才有决定性意义。但这时已经不必去考虑“不建项目”的情况，也就是说不需要作有无对比了。例如：某水电开发有限公司开发某条河流水电的战略部署一经作出，“一定建水电”的决策就随之而定，这时只需要对“一定建水电”进行多方案比较(是建 A、建 B，还是建 C？)，无需再作任何方案的“有无对比”。

第五节　增量效益和增量费用的识别与计算

一、增量效益的识别与计算

改扩建项目的增量效益可能来自增加产量、扩大品种、提高质量，也可能来自降低能耗、合理利用资源、提高技术装备水平等一个方面或者几个方面的综合，这给增量效益的识别与计算带来较大困难。在通常情况下，增量效益有两种计算方法：

(1)增量效益与原企业的原有效益分开计算。如改扩建的增收项目，增加与老产品无关的新产品时，其增量效益就是改扩建项目新增的销售收入。如以发电为收益的水电项目，新增灌溉收益即为灌溉效益。或者原为一座防洪、灌溉、供水水库，改扩建后增加水电站发电，其电站的发电销售收入即为增量效益。

(2)增量效益与老企业原有效益难以分开计算的，需分别计算有项目与无项目时的总效益，其增量效益为二者之差。

水利水电工程改扩建项目的增量效益可按以下几种情况区别计算：

(1)能和原效益分开计算的，应单独计算改扩建部分的新增收益。扩建机组、增加水源或扩建调节水量工程是新增原来设备未利用的水能资源收益，原有设备、设施的收益不得转嫁给新设备、新工程。

(2)与原收益难以分开计算的项目，其增量收益可按项目建设前后整体项目收益的差额计算。

(3)不增加电量只降低生产成本的更新改造项目，其增加的收益为成本节约额。

(4)不增加电量只提高调节性能及供电质量的更新改造项目，其增量收益为实行峰谷、丰枯电价时的收益与原电价收益的差额。

(5)可增加下游已建或在建电站收益的水源改扩建项目，财务评价按实际可实现的增加效益情况计算。

(6)对改善劳动条件或降低劳动强度等的更新改造项目，或兼有上述效益的改扩建项目可作定性描述。

(7)对停建后又复建的项目，其增量收益与新建项目收益相同，但应将原有工程可利用的固定资产重新估价，计入投资中。

改扩建项目的目标往往是多种多样的，有些项目在扩大产量的同时又降低了成本或提高了质量，甚至各种目标同时存在。因此，其增量效益的计算通常是将有项目的总效益减去无项目的总效益，以避免漏算或重复计算。

二、增量费用的识别与计算

增量费用包括新增投资、新增经营费用，还包括由于改扩建该项目可能带来的停产或减产损失，以及原有固定资产拆除费用等。

对有项目而言，固定资产投资应包括新增投资和可利用的原有固定资产价值并扣除拆除资产回收的净价值。由于改扩建过程中带来的停产或减产损失，应作为项目的现金流出列入现金流量表中。对于无项目而言，原有投资应采用固定资产的重估值。

增量投资是有项目对无项目的投资差额。对于停建后又续建的项目，其原有投资为沉没费用，不应计为投资，但应计算其卖得的净价值。

三、有无对比和增量分析要点

根据建设项目经济评价的有关规定，改扩建项目的经济评价除应遵循一般新建项目经济评价的原则和基本方法外，还强调指出：盈利能力分析应采用“有无对比法”，以增量指标作为判别项目经济合理性、财务可行性的主要依据。方案比较最基本的方法是差额分析，在这里，也就是进行改扩建(称“有项目”)相对于不进行改扩建(称“无项目”)的“有无对比”分析，简称“有无对比法”。

该部分重点说明应用“有无对比法”要掌握的要点。

(一)应用“有无对比法”要注意区分“有无对比”与“前后对比”

“有无对比”不同于“改扩建前”与“改扩建后”两种情况的比较。改扩建前(即现状)只能说明改扩建前这时点企业的效益与费用，而无项目反映的是企业不进行改扩建效益和费用随时间变化发生的变化，是序列数值。与改扩建前相比，“无项目”的效益与费用可能增加，可能减少，也可能保持不变。

(二)有无对比法不同于两个(或两个以上)改扩建备选方案的对比

对企业进行投资决策时，往往对改扩建项目提出两个或两个以上的方案进行比较。其本质是对各个方案改扩建以后的效益和费用进行对比，选择一个费用最少、效益最高的方案作为拟建方案。而“有无对比法”是将优选的拟建方案与企业不进行改扩建来比较。因此，项目评价应注意不要将改扩建备选方案与有无对比方案的比较混为一谈。

(三)应用“有无对比法”要正确识别增量效益和增量费用

改扩建项目与原企业存在着既相互依存又相互独立的特定的关系。企业改造以后获得的经济效益是企业原有资产和改扩建投资共同发挥作用的结果。因此，单凭企业改扩建后的总量效益不能说明改扩建投资是否改善了企业的总体效益。只有正确计算由于采纳某个改扩建方案引起的费用增加额，才是该项目的费用；由于采纳某个改扩建方案引起的效益增加额，才是该项目的效益。在一般情况下，计算增量效益和增量费用时还要考虑以下三方面问题。

1. 沉没费用

沉没费用不是增量费用，所以对改扩建项目进行投资决策分析时不应将它包括在内。

沉没费用是指那些已被指定用途支出或已经发生的支出，它属过去投资决策所投入的费用，这些费用不会影响现在和未来投资方案的取舍，但是它的残值和变现价值与新的投资决策有关。由于改扩建项目都是在企业现有设施的基础上进行的，或多或少地利用了原有的资产，无论这些原有的设施潜力有多大，都是过去的投资决策，在改扩建项目投资决策时无需加以考虑，均作为沉没费用处理。

在实际工作中还经常遇到在企业预留发展设施的基础上进行扩建的情况，过去建设时已考虑到现在扩建的需要，如厂房预留了新增设备安装的面积，变压器、锅炉房考虑了增容的富余能力等，如果不扩建这笔费用也无法回收，这笔投资作为沉没费用处理，不计入改扩建新增投资中。又如有些项目分期建设，第一期工程建设中为第二期工程花掉的投资，均计入一期工程投资中，在二期工程的投资决策时，将其作为沉没费用处理，二期工程的新增投资不再考虑这笔投资。

2. 相关费用与相关效益

相关费用不是增量费用，在进行改扩建投资决策分析时，也不应该将它包括在内。相关费用是指无论企业是否进行改扩建都必须发生的费用。

相关效益是指与改扩建投资方案有关的机会成本，它是指不改扩建现有资产所能产生的收益，改扩建项目投资决策分析不应将它包括在内。

3. 对企业其他部门的影响

改扩建方案对企业其他部门的影响，如企业现有劳动力富余，在改扩建后，生产能力扩大，充分利用剩余劳动力，使原有产品的劳动力成本降低，经济效益提高。在这种情况下改扩建项目产生增量效益，既有扩大生产能力增加的效益，还有产品成本降低而增加的效益。

(四)增量指标是改扩建项目投资决策的主要依据

盈利能力分析和外汇效果分析以增量指标作为判断项目经济合理性、财务可行性的主要依据。那么何为增量指标呢？它是采用有无对比法计算出的经济评价指标。具体做法是先分别计算“改扩建”(即有项目)和“不改扩建”(即无项目)两种情况下的效益和费用，将计算期内同一时间的效益和费用对应相减，其差额为增量数据；然后据此计算有关评价指标。改扩建项目盈利能力分析应以增量指标作为投资决策的主要依据。

四、不同类型项目增量计算的特点及处理方法

改扩建与技术改造项目是各式各样的，没有哪两个项目在效益和费用的识别与计算上完全一致。任何项目评价方法都难以罗列出所有可能出现的情况，即使作出案例，也只是提供了一个“特例”。依照这个“特例”可以作出某些类似项目的经济分析，但决不能把“特例”的分析程式套用于所有的项目。对于项目评价人员来说，应掌握改扩建与技术改造项目分析的宗旨、特点、概念、技巧等。

另一方面，对于不同改扩建项目，可以抽出一些共性东西，将它们分别归类，并简化其中某些类项目的增量计算方法。这实际上是使项目评价方法大原则、大概念细化一些，以便减小项目评价人员“搜索”范围。

在下面论述中，按照一定的逻辑，把建设项目分为几个类型，并指出每个类型项目增量计算的特点及处理方法。论述的重点是如何识别效益和费用，只要定性识别不出现问题，定量计算相对来说是较简单的事情。

在分析项目增量时，不要陷入具体数据中，应该分成投资(资产)、生产期的投入、产出这三个方面，对项目进行总体考察，考察的内容是：

(1)现状是否为零且在“无项目”时保持为零，若是，可以有所简化。

(2)现状尽管不为零，但是否在“无项目”时保持不变，若是，可以有所简化。

(3)有没有转移支付存在，若有，不必考虑。

(4)有没有沉没费用，若有，不必考虑。

(5)“有项目”与“无项目”有没有共同的部分，若有，不必考虑。

(一)原资产、原投入、原产出至少有一项为零

若三项中至少有一项为零，组合后理论上有八种情况，实际工作中只会遇到三种。

1. *原资产、原投入、原产出均为零*

大多数新建项目都属这种情况。这类项目的特点是：由于“无项目”时三项内容仍保持为零，所以各项效益和费用的增量、新增、“有项目”总量数值均相同。

2. *原资产为零，原投入、原产出不为零*

该类项目常见于一些行业公共工程项目，水利灌溉项目即属于这一类型。严格地说，如果按照一般项目的概念把“水”看做产出品，那么灌溉项目仍然属于“三项内容均为零”。但是假若按照灌溉用水具有非商品性，则在水利灌溉项目财务分析中，把分析范围扩展至“农业”，这样它所对应的原投入、原产出就不是零了，但是原资产为零——原来没有灌溉项目。

该类项目的特点是：扩大范围后的投入产出现状不为零，且“无项目”时还会有变化量，在增量计算中必须考虑。例如：“无”灌溉项目农业产量每年递增 2%，“有”灌溉项目后产量年递增 5%，项目带来的增量效果是农业产量每年递增 3%。其中，2%的部分从产量上就扣除掉了，不必计算效益和费用数值；3%的增量部分，要从销售收入(农业产值)中扣除掉肥、种、工、农机具、管理等一些费用，才形成净现金流量。

3. 原资产、原投入不为零，原产出为零

停建、缓建后恢复、续建，属于此类项目。如：由于宏观调控不得法，投资膨胀、经济过热后不得不用砍项目的办法来压缩基建，形成许多停、缓建项目；经济调整整顿后，其中有些项目面临“是否续建”的决策。此时，原资产不为零——已经有了半拉子工程，原投入不为零——每年都要有维护费用，但是原产出为零——因为并未投产。

该类项目的特点是：一般情况下，可以简单处理为“无项目”(即不续建)时现状维持不变，这样，增量与新增相同，盈利能力分析中，需注意以下几项：

(1)投资。对原有半拉子工程根本不用计算；无论是作为沉没费用，还是作为有、无共同部分，原有资产价值都不必考虑，新增投资就是增量投资。

(2)投入。用项目生产期投入减去原来的维护费，即得到增量投入费用。

(3)产出。增量产出效益与“有项目”总量效益是一致的。

该类项目增量识别关键是不要把原有资产计入投资，否则就将变成计算总量指标了。

(二)原资产、原投入、原产出均不为零

三项内容均不为零，说明企业已正常运营，所以这类项目就是一般概念的改扩建与技术改造项目。对于这类项目，大体上可以分为两种：第一种以“扩”为主，例如新建一个分厂，一般可以直接判断增量；第二种以“改”为主，就比较难于直接判断增量了。这两种项目的区别之处在于，原有生产系统(或原有生产环节)是照常生产，还是被改造掉了。

1. “有项目”原有生产系统全部正常运营

原有生产系统全部正常运营，说明拟建项目是以扩为主，并不影响原系统的运营状况。根据原有系统与拟建项目之间的联系，可以细分为五种情况(凡是这一类项目，无非是这五种情况的某种组合)。

1)原有系统与拟建项目截然可分

图 9-5(a)为投资框图。原有生产系统的投入为 C_1(含多种投入要素)，产出为 A；拟建项目投资为 I，投入为 C_2，产出为 B。企业的原有部分与拟建部分没有任何联系，拟建项目为企业带来的效益和费用，完全体现在项目本身的范围之内。

在这种情况下，可以把拟建项目视为新建项目，新增投资、投入、产出同时也是增量投资、投入、产出。盈利性分析中，税前分析可独立于企业；如果企业并无亏损，税后分析也可独立于企业。增量识别框图见图 9-5(b)。

实际上，在改扩建与技术改造项目中，这类项目仅只是个别的，大部分情况下，即使项目看似与原生产系统截然可分，实际上却存在着这样那样的联系，所以下述四种情况更为普遍。

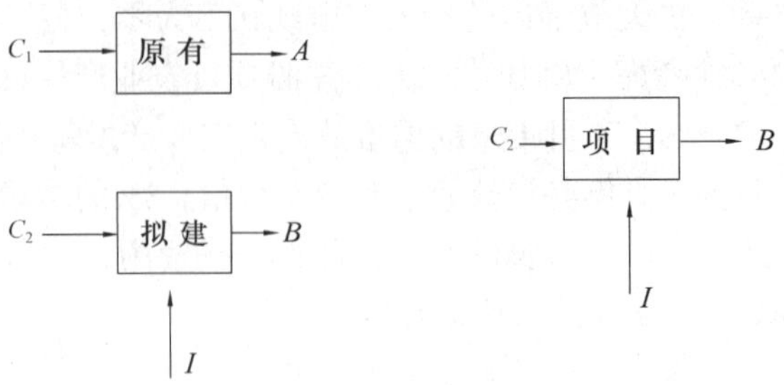

(a)原有与拟建的联系　　(b)增量识别

图 9-5　第一种情况

2)原有系统的资产与拟建项目的投资有联系

这一联系见图 9-6(a)。它与前一种情况的唯一区别之处，是拟建项目的投资有两个来源：一是新增投资 I；二是原有生产系统提供的资产 I'，它可能是厂房、场地、设备等。

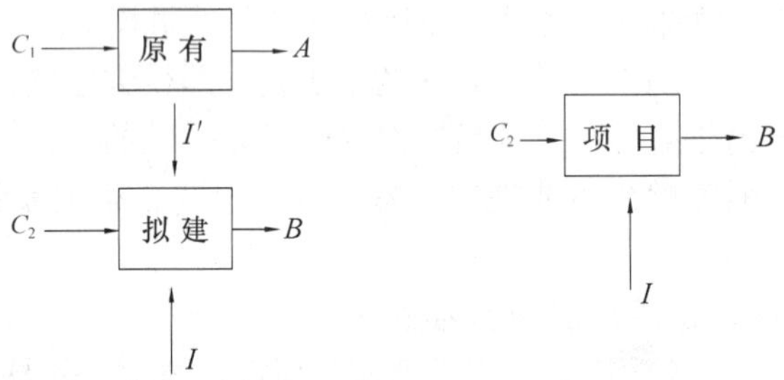

(a)原有与拟建的联系　　(b)增量识别

图 9-6　第二种情况

在计算增量时，原有资产 I' (包括 I' 引起的折旧)完全不必考虑，因为它是沉没费用。所以图 9-6(b)展示的增量识别框图，与第一种情况是完全一样的。

3)原有系统投入与拟建项目投入有联系

当拟建项目投产后，原有生产系统的各类投入物 C_1 可能分为两部分，一部分 C_1' 仍然用于原有系统，另一部分 C_1' 转用于拟建项目。此时，拟建项目的投入 C_2 也分为两部分，一部分 C_1' 来自原有系统，另一部分 C_2' 才是由项目引起的新增费用。见图 9-7(a)。

显然，盈利性分析中所要计算的拟建项目的增量投入，应该是 C_2'，也就是 $C_2 - C_1'$，如图 9-7(b)所示。实际工作中，是直接计算 C_2'，还是用扣除的办法计算 $C_2 - C_1'$，要看原有系统的投入物是直接进入，还是间接进入拟建项目的费用。

举例来说，个别水电企业面临着人满为患的问题，拟建项目上马以后，用不着新招职工，只要把厂内职工重新调配一下就可以了。如果确实如此，那么在拟建项目的增量投入中就不含劳务费用，也就是说总(成本)费用中的“工资及福利费”项为零。

对于以上三种情况，不必预测“无项目”数据。这是因为拟建项目不会影响原有生产的变化趋势，反过来，原有生产系统的变化也不会影响拟建项目。这种情况下，新增数据与增量数据合二而一。

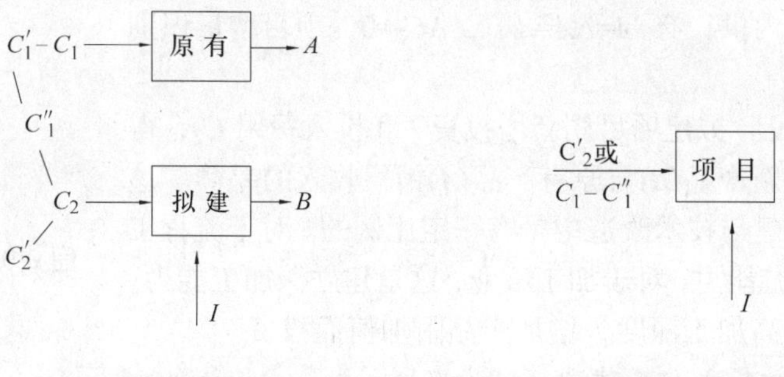

(a)原有与拟建的联系　　(b)增量识别

图 9-7　第三种情况

在下面两种情况里，有时需要预测“无项目”时原生产系统效益与费用的变化趋势。

4)原有系统产出与拟建项目投入有联系

原有生产系统投入为 C_1，产出为 A。拟建项目投产以后，原系统要提供产出品作为拟建项目的投入，记为 A'；原系统外销的产出品由此可能减少，减少量ΔA(也可能不减少，那么ΔA=0)。原系统外销、内供的产出品总量可能有所增加，投入也需相应增加，增量为ΔC_1，(若产出品总量不变，ΔC_1=0)。图 9-8 (a)为其投资框图。

此种情况下，虽然拟建项目不会影响原有系统的变化趋势，但是原有系统的投入产出如发生变化，将会影响拟建项目的费用和效益。所以对原有系统应作趋势分析，判断 C_1、A 应作为恒量还是变量来对待，由此决定ΔC_1、ΔA 是恒量还是变量。

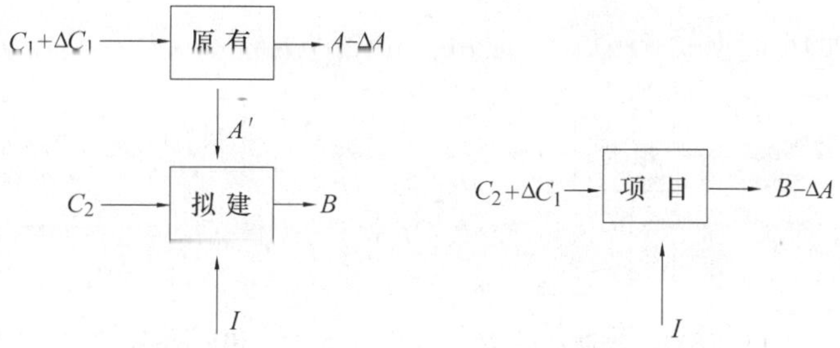

(a)原有与拟建的联系　　(b)增量识别

图 9-8　第四种情况

在定性识别增量时应注意两点：第一，“有”、“无”共同的部分不必考虑。因此，C_1、A 是无需计算的。第二，A' 是转移支付，同样不必计算。经过这样的筛选之后，项目分析中所要计算的增量，反映在图 9-8(b)中。

原有生产系统提供的产出品 A'，不仅可以是外销的商品，还可以是企业原有的公共设施、辅助生产设施向拟建项目提供的水、电、汽、热及其他要素。如：企业原来有自备电站，可以给拟建项目提供电力，但电力价值(A')对企业来讲是转移支付，不必用市场价格或企业内部价格去计算它；拟建项目的电力费用是ΔC_1——一般来讲，只是企业发电的可变费用。

这种情况存在着一个特例：拟建项目投产后，如果原生产系统的产出量不增，只是原来的外销改为内供，有 $A=\Delta A=A'$，$\Delta C_1=0$，项目增量识别见图 9-9。

由图 9-9 可见，拟建项目用新增投资 I 和投入费用 C_2，得到的增量效益是新产品(B)与原有产品(A)销售收入的差额。这一类项目在改扩建与技术改造中是有一定比例的。对于流程工业，这是建立下游能力；对于加工工业，这是建立深加工能力。总之，是为了提高加工深度，增加产品附加值而投资。

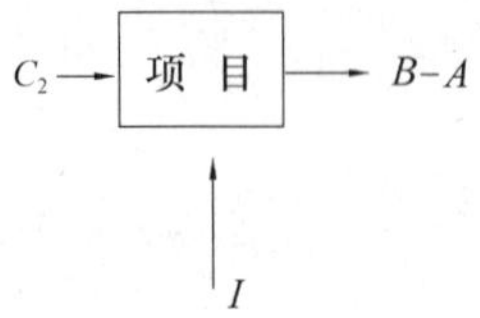

图 9-9　第四种情况特例

5)原有系统的投入与拟建项目产出有联系

拟建项目的产品不仅对外销售(记为 B)，而且供给原生产系统(记为 B')。原系统有了 B' 这一新增投入，可以增加产出(ΔA)，或是减少外购费用(ΔC_1)。当然也有可能产出并不增加，即$\Delta A=0$；还有可能 B' 不必外购了，但由于产出增加，其他配套投入费用都相应增加，使得总的外购费用上升，即ΔC_1为负数。投资框图见图 9-10 (a)。

与前一种情况一样，第一，由于原有投入产出(C_1 和 A)的变化将影响拟建项目的费用和效益，所以需要预测原生产系统的变化趋势，以判断ΔC_1和ΔA是恒量还是变量。第二，在筛除掉“有项目”、“无项目”共同的部分(C_1、A)和转移支付(B')之后，增量识别的内容如图 9-9(b)。

拟建项目向原有生产系统提供的 B'，可以是某种原材料、中间制品等，也可以是水、电、汽、热等燃料或辅料。

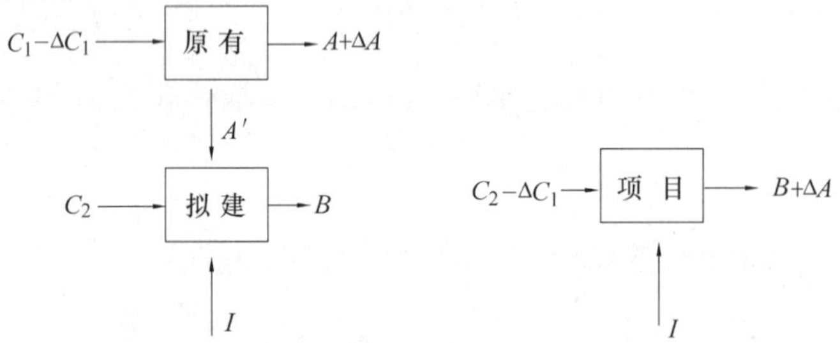

(a)原有与拟建的联系　　(b)增量识别

图 9-10　第五种情况

第五种情况也存在一个特例：如果拟建项目投入运行后，其产出物并不外销，而是全部内供给原系统，原系统的产量也并不因此而增加，此时有 $B=0$、$\Delta A=0$。增量分析的内容见图 9-11。

(a)原有与拟建的联系　　(b)增量识别

图 9-11　第五种情况特例

其中图 9-11(a)似乎不太好理解：有投资和投入，为什么没有产出？把它变换成图 9-11(b)所示的形式后，就明显了：产出效益就是原系统减少的外购费用。

在改扩建与技术改造项目中，这一类项目占有一定的比例。对于流程工业，这是建立上游能力；对于加工工业，这是建立原材料能力。无论对于哪类工业，建立辅料、动力等能力也属于此模式。总之，是为了确保某项目投入要素的供给而投资。

可以把以上五种情况看做五个零件，它们可以拼装出许多功能。只要原有生产系统全部照常运营，总能够把改扩建与技术改造项目归纳为五个零件的功能组合，从而迅速、准确地定性把握住应该计算哪些效益和费用,不必计算哪些效益和费用,为定量分析打下基础。

2. “有项目”原有某一生产系统改造或改建

企业原来可能有若干生产系统，当拟建项目对其中某一系统进行改造或改建时，增量计算应注意两点：

(1)由于其他生产系统在“有项目”时仍然照常运营，所以被改造的系统与其他系统之间的关系，仍然符合前述五种情况，完全可以直接判断增量。

(2)对于被改造项目的生产系统，则必须预测“无项目”趋势，通过有无对比之后才能计算增量。

3.“有项目”原有生产系统基本改造或改建

在这种情况下，无法直接判断增量，只能在整个企业的范围内，分别列出“有项目”及“无项目”的全部数据，由此得出有无对比的增量。这一模式是普遍适用的，任何类型的改扩建与更新改造项目都可以按这种方法来计算增量。

五、增量现金流计算

增量现金流的计算是增量法计算的关键步骤。它其实也是“9.5.4 节不同类型项目增量计算的特点及处理方法的动态反映。改扩建项目经济评价盈利性分析的特点，是对项目的效益和费用进行增量计算，从而得出增量盈利性指标——增量净现值和增量内部收益率。增量盈利性分析有“有无对比法”和“前后对比法”两种方法。所谓“有无对比法”，是指实施改扩建项目与不实施改扩建项目的对比，即有项目与无项目的对比并计算增量效益与增量费用的方法。所谓“前后对比法”，是指实施改扩建项目后与不实施改扩建项目前的对比，并计算增量效益与增量费用的方法。有项目和项目实施后是完全相同的概念，只是名称不同而已。而项目实施前只是一个时点的状态，不反映如不实施改扩建项目时，原企业(项目)在计算期内可能发生的变化，以及由此对企业经济效益与费用的影响。无项目是指以不实施改扩建项目为一个方案，它考虑了在没有改扩建项目的情况下，整个计算期内改扩建对象可能发生的变化，进而对企业效益与费用的影响。

方案比较中的现金流比较必须保证诸方案在时间上的一致性，即必须用同一时间的现金流相减。前后对比法用项目后的量减项目前的量，实际上存在着一个假设：若不上改扩建项目，原企业现金流将保持项目前的数量水平不变。当实际情况不符合这一假设时，就将产生误差。因此，严格说来前后对比法是一种不正确的方法。计算增量现金流的正确方法是有无对比法，即用进行改扩建(有项目)未来分析计算期的现金流减去不进行改扩建(无项目)对应的未来分析计算期的现金流。有无对比法没有无项目时现金流保持项目前水平不变的假设，而要求分别对“有项目”和“无项目”未来可能发生的情况进行合理预测。

根据“有项目”和“无项目”时企业净效益的各种具体情况，可将改扩建项目的现金流的识别划分为以下六种类型：

(1)有项目和无项目的净效益都增长，其增量效益为有、无项目的净效益之差，如图 9-12 所示。部分工业和农业项目属于此类。例如，某农田水利工程项目目的是改善农业灌溉条件，项目建成后预期农产量将比项目实施前每年增加 5%。若无此农田水利工程项目，由于耕作技术、种子改良等每年也能使产量递增 2%，若用前后对比法计算增量净效益每年递增 5%产量，就会夸大项目建设的增量净效益。

(2)有项目可以防止无项目时效益递减，维持项目前的净效益水平，见图 9-13。如海岸遭受海浪侵蚀，农作物和住房场地年年受到损失，筑一道防护堤坝就可以避免这种损失。如果用前后对比法就不能鉴别这类效益，就会低估这类项目的净效益。

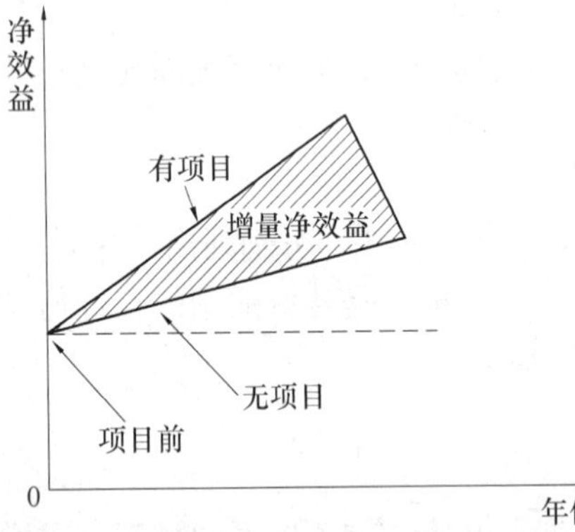

图 9-12　有项目和无项目的净效益都增长

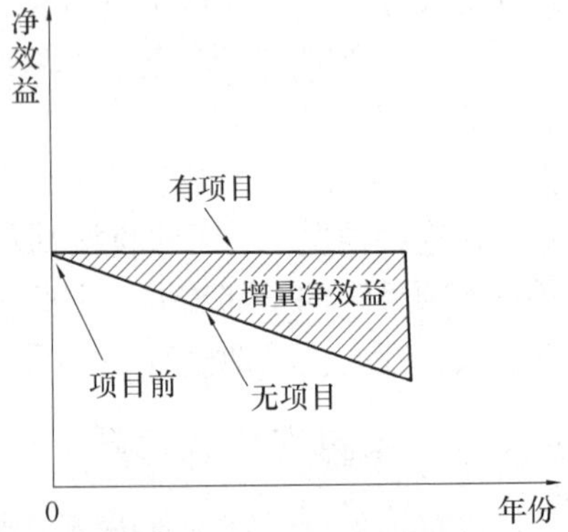

图 9-13　无项目净效益下降有项目维持项目前净效益水平

(3)有项目不仅可以避免无项目时净效益的逐年下降，而且还比项目前的净效益有所增加，见图 9-14。例如，老企业由于机械设备老化，产量逐年减少，净效益递减，采取技术改造措施后，既增加了产量，又降低了原材料和能源消耗，降低了生产成本，从而使增量净效益逐年增加。如果用前后对比法就会低估该技术改造项目的净效益。

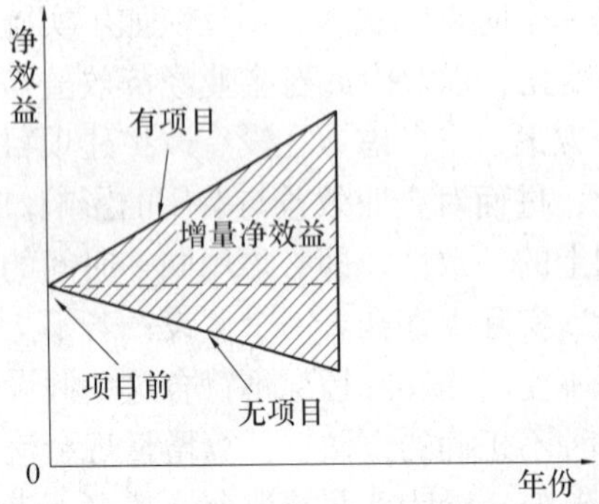

图 9-14　无项目净效益下降，有项目净效益继续增加

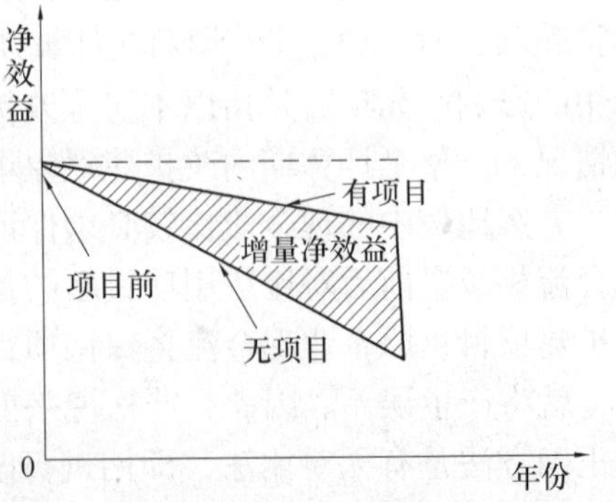

图 9-15　有项目和无项目净效益都下降

(4)有项目和无项目时净效益都逐年下降，其增量净效益逐年呈下降趋势，见图 9-15。

例如，矿山企业特别时矿井和露天矿进入深部开采时，净效益逐年降低，增加投资进行技术改造，就可以延缓净效益下降速度。如果用前后对比法，就会错误地认为项目不仅没有增量效益，而且还有负效益。

(5)无项目的净效益为零，有项目时的增量净效益就是项目本身的净效益。见图 9-16。新建工业项目和土地无其他用途的垦殖项目都属于这一类型。

(6)无项目的净效益保持不变，见图 9-17。在无项目情况下，如果原来产量没有变化，亦即净效益不发生变化，那么，前后法与有无对比法之间的差别就不存在了。

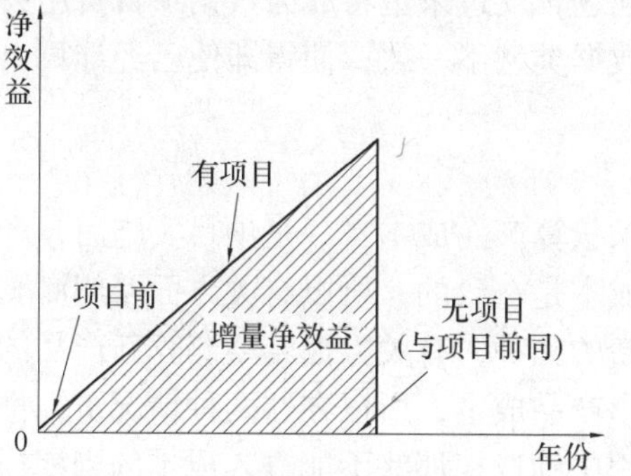

图 9-16　无项目净效益为零，有项目净效益增加

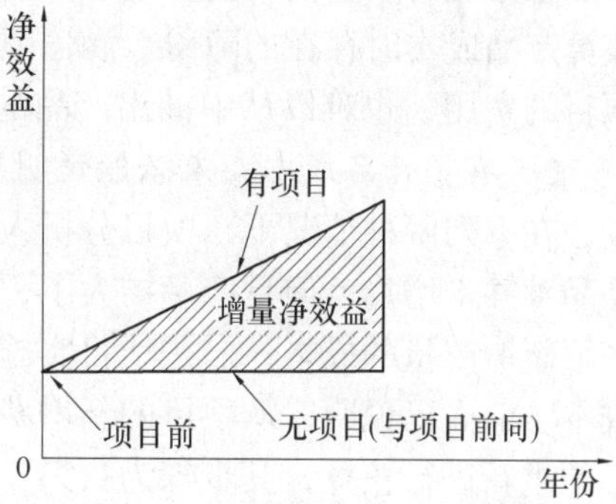

图 9-17　无项目净效益不变，有项目净效益增加

六、项目费用和产品成本

项目费用和产品成本是两个不同的概念，但是在项目经济评价中，它们又有一定的联系：一方面，为了计算项目费用，经常要借助现有企业的产品成本资料；另一方面，尽管项目评价方法并不要求核算产品成本，但是企业经营者或其他有关方面为了不同的目的，常常要求在项目分析报告中测算产品成本。

对改扩建项目来说，在处理项目费用和产品成本之间的关系时，同样应该注意项目与企业的关系，以及由此产生的一系列问题。

(一)从产品成本估算项目费用时要注意口径

根据现有企业的产品成本资料，可以很方便地估算新建项目的单位产品成本，扩大指标后，即可得出新建项目的许多费用。但是在分析改扩建项目时，必须注意在很多情况下，项目与既有的成本资料之间可能存在口径上的不一致：

(1)过去的完全成本是按企业范围核算的，现在的制造成本是按与产品直接及间接有关的车间(分厂)范围核算的，无论哪一种范围，与项目的范围都未必一致。

(2)直接用于项目经济评价的费用是增量费用(盈利能力分析)或新增费用(清偿能力分析)，而能够收集的产品成本资料一般都是总量数据，所以在数据类型上，两者未必是同一口径。

这两种口径上的不一致，使得估算项目费用时，不能套用，只能有选择地利用原有成本资料。必须注意“补充”和“扣除”。

(二)没有必要从项目费用核算产品成本

经济评价法要求对项目进行盈利能力分析和清偿能力分析，并不要求核算产品成本。但是在形成基本报表的过程中，一般先要作出包括各项成本构成在内的一些辅助报表，对于新建项目来说，在此基础上不难得出适合于完全成本口径的总成本。单位成本虽然不属于项目评价指标的范畴，但是在同行业中可以很方便地进行横向对比。

对于改扩建项目，如果要核算产品成本，遇到的困难和问题要严重得多。

1. 有了项目费用，未必能得出产品成本

根据既有产品资料估算项目费用时所遇到的问题，反过来也将成为根据项目费用去核算产品成本时存在的障碍。涵盖范围不一致，数据类型不一致，使得即使已经计算出项目的费用，也难以从中抽出产品的成本。

2. 有了产品成本，未必能说明项目效益

在下列两种情况下，项目分析人员可能被要求核算产品成本：一是项目实施后，产品品种并未增加，但是产量扩大了，原来的产品成本是一致的，所以有关方面希望测算一下新增产量的成本；二是项目实施后，增添了新的品种，有关方面希望测算新产品的成本。前面已说明，从项目的新增费用中无法得出产品成本，所以在这两种情况下，都必须重新进行核算，其步骤为：第一，从新增费用中筛选掉那些不能进入成本的当期损益及其他费用；第二，以其余新增费用为基础，添加上那些根本未计入项目费用，但必须计入成本范畴的费用。第二步骤的实质，是将原产量(或原产品)的成本在新旧产量(或新旧产品)之间重新分配。这些成本的总和并没有变化。因此，新产量(或新产品)在新增费用的基础上添加了多少成本，原产量(或原产品)的成本就相应下降多少。

虽然，只核算新产量(新产品)的成本，不核算原产量(原产品)的下降额，只能是低估项目的效益。

3. 成本核算有可能误导决策

成本核算无非是要分析三个问题：一是总成本的数额；二是总成本如何在新旧产量、新旧产品之间分配；三是分摊后的单位产量(产品)数额。这些内容的实质是总量计算和总量分配。在项目评价中，提到“总量”的概念，就应防止是否造成“总量判断”的错误。

项目评价中所涉及的会计类别，不是一般的成本会计或核算会计，而是管理会计。管理会计的内容是投资决策分析与经济效益计算，项目评价的内容是投资决策分析与经济效益计算，二者类同，它们的一般原则是完全吻合的。总而言之，成本核算是企业经营的问题，不是项目评价的问题。对于改扩建项目来说，完全不必费力去核算产品成本，这样可以避免简单问题复杂化。

第六节　改扩建项目经济评价

一、改扩建项目国民经济及财务评价

改扩建项目国民经济评价也是在增量分析的基础上进行的，以增量指标作为判断项

目经济合理性的主要依据，必要时，也可计算项目的总量效益指标。国民经济评价主要进行盈利能力分析，涉及产品出口创汇及替代进口节汇的项目，还应进行外汇效果分析。国民经济评价计算的指标主要有经济内部收益率、经济净现值、经济外汇净现值、经济换汇(节汇)成本等指标。

改扩建项目国民经济评价过程中，进行有无对比、总量计算时，可选用以下两种方法之一：

(1)先计算改扩建后(即“有项目”)以及不改扩建(即“无项目”)两种情况下的效益和费用，然后通过这两套数据的差额(即增量数据，包括增量效益和增量费用)，计算增量指标。

(2)有些改扩建项目，如新建生产车间或生产线，新增一种或数种产品，其效益和费用能与原企业分开计算的，可视同新项目，直接采用增量效益和增量费用，计算增量指标。

二、改扩建项目财务评价

该部分仅就体现改扩建项目财务评价的盈利能力分析和清偿能力分析的特点的有关问题加以介绍，同时也是改扩建项目经济评价需要着重强调的几个问题。

(一)盈利能力分析

投资项目盈利能力分析的本质，是对“建项目”和“不建项目”这两个方案进行比较。而方案比较最基本的方法是差额分析(指“有无对比”的增量分析)。参与比选的方案可以有很多，两两之间进行差额分析，优胜劣汰，直至选出最优方案。不同方案之间的比较，均体现为盈利性分析——无论是特定年份的静态差额，还是整个计算期内的动态差额，其计算结果都是盈利性指标，也就是说差额分析不涉及清偿能力。清偿能力分析只对最终优选的方案才做，这时已经不存在方案对比，当然也就无所谓差额计算。

方案比较的程序和做法，完全适用于改扩建项目的经济分析，不同之处仅在于，这时参与比选的方案只有两个：“有项目”和“无项目”。一旦盈利能力指标表明建设项目财务上可行(经济上合理)，“无项目”方案即被淘汰，增量数据也就完成了任务。

(二)清偿能力分析

改扩建项目的清偿能力分析方法与其盈利能力分析方法不同，不采用“有无对比”法。清偿能力分析是在现状的基础上，对项目实施后的财务状况作出评价，判断企业偿债能力和财务风险。按新财务制度规定，将企业基建和生产单位作为一个统一的核算单位，将有关基建财务核算的内容纳入到在建工程中统一核算。即企业不论新建、改建、扩建或进行技术改造、设备更新等，所发生的各项建筑工程或设备安装工程支出，都应当纳入到在建工程进行财务处理，企业可以统筹支配和调度资金，包括用于还款，国家不再干预企业的资金使用，当然也不再为企业归还借款规定渠道，也不存在所谓税前还款和税后还款的概念。当企业归还借款时，直接反映为企业银行存款减少，借款余额减少。按照新财务制度规定，改扩建项目清偿能力分析的范围原则上是整个企业而不仅是项目本身，可用于还款的资金除项目新增的外，还包括原企业所能提供的还款资金。从以上分析看出，改扩建项目清偿能力分析不是单纯分析项目本身的清偿能力，而是分析业主、法人或是债务人对债务的偿还能力，清偿能力分析实质上是对企业改扩建后的总体财务状况作出评价。

如果企业进行整体改扩建，改扩建项目的总量财务状况就是企业改扩建后的总体财务状况。如果企业是进行局部改扩建，企业改扩建后总体财务状况是由改扩建部分的总体财务状况和不改扩建部分的总体财务状况之和。一般来说，改扩建项目与原企业的关系错综复杂，有些项目效益费用难于分开计算，而也有些设备更新的项目又很简单，因此改扩建项目清偿能力分析的具体做法可以因项目难易复杂程度而异，在具体处理上也可根据债权人的要求进行清偿能力分析。

清偿能力分析是要考察计算期各年企业的财务状况，选择资金筹措及偿还贷款方案，以及分析企业偿还贷款的能力。对于改扩建项目，当进行清偿能力分析时，要忘掉在盈利能力分析中起决定作用的增量数据，改用“有项目”的总量数据。清偿能力分析主要包括借款偿还期计算和资产负债分析。

1. 清偿能力分析用总量数据

改扩建项目的清偿能力分析需要进行总量计算。对于改扩建项目进行清偿能力分析时，要忘掉在盈利能力分析中起决定作用的增量数据，改用“有项目”的总量数据。清偿能力分析为什么不能使用增量数据？这是因为清偿能力分析是要解决“资金够不够”的问题，包括还贷资金够不够、资金筹集够不够。

清偿能力分析只对最终优选出来的方案才做，这时已经不存在方案对比，当然也就无所谓差额计算。清偿能力分析是针对企业来做的，所以所使用的数据，也只能是“有项目”时企业总量。

2. 借款偿还期的计算

借款偿还期是指在国家财政规定及项目具体财务条件下，以项目停产后企业可用于还贷的资金，偿还固定资产投资国内借款本金和建设期利息(不包括已用自有资金支付的建设期利息)所需要的时间。这个概念隐含着“一有钱就还贷，所需要的最短时间”。国内借款偿还期指标的设立是为了满足国内贷款机构的要求，并照顾到多年来的习惯，为借贷双方和主管部门决策所用。目前一般的做法是，首先提出贷款条件，然后测算在满足贷款条件下项目的财务状况，分析其清偿能力，以作为借贷双方决策的依据，可不计算借款偿还期指标，只根据预先确定的贷款条件(含指定的还款期)进行借款偿还平衡计算。

财务会计制度改革后，项目会计与企业会计不再分家，而是统一核算。这样，项目新增的利润及折旧，以及企业原有的自有资金，都可以用于还款，所以借款偿还期计算中，是用“有项目”时企业增量的可以还贷资金，来偿还新增投资借款。

计算新建项目的借款偿还期时，只需要预测项目范围内可用于偿还贷款的资金数额。但对于改扩建项目，由于项目和企业并不一定是同一范围，银行贷款又只能以企业为对象，所以计算借款偿还期时不单单是预测项目本身的可偿贷资金，还需要一并考虑原有企业的财务状况。为了计算借款偿还期，按照项目的不同情况，可选择下述两种方法之一：

(1)直接计算项目实施后企业可用于偿还贷款的资金总量。如果企业原来还有长期负债尚未清偿，应按先借先还原则处理，以免对清偿能力作出乐观估计。如果在对项目盈利能力进行分析时，是用“有项目”数据减“无项目”数据才能得出增量数据，那么计算借款偿还期时适用这种方法。

(2)“有项目”的数值=新增数值+原有数值，根据这样一个数据关系，可以分两步计算借款偿还期：第一步，以项目新增利润、折旧、摊销等作为偿还借款的资金来源，所计算的借款偿还期可称为“项目借款偿还期”，它表明项目本身的清偿能力，可供企业投资决策参考；第二步，进而把企业原有可偿贷资金也加上去，计算的借款偿还期可称为“企业借款偿还期”，它表明项目实施后企业偿还贷款的总体能力，可供贷款方作为信贷决策依据。如果在分析项目盈利能力时是直接判断的办法计算增量数据，那么计算借款偿还期时适用这种方法，这个方法的计算过程较简单，而且能够同时服务于投资决策和信贷决策两者。

应用第二种方法，实际工作中可能出现几种情况：

(1)企业的现状是盈利的，项目实施后盈利增加，这时可以先计算“项目的借款偿还期”，再计算“企业的借款偿还期”。

(2)企业的现状是盈利的，项目实施后盈利减少。这说明项目本身并不盈利，而且要消耗企业原有资源。由于改扩建与技术改造项目目标的多样性，所以完全可能出现这种情况。例如治理污染、改善劳动条件、减轻劳动强度等类型的项目。这时已没必要分析项目的清偿能力，可以直接计算“企业的借款偿还期”。

(3)企业现状亏损，项目实施后亏损减少或扭亏为盈。一些国有企业由于历史包袱重、欠账太多，需要一些资金扶持，才能摆脱长期亏损的局面。由于项目本身是盈利的，所以完全有必要计算“项目借款偿还期”。当进一步计算“企业借款偿还期”时应注意，可用于偿还贷款的资金有多少，在很大程度上取决于财政、税务、银行、企业之间的协商结果。按照新的企业财务制度，项目财务和企业财务是同一本账，所以项目盈利应该先用于企业补亏，然后交所得税，税后所余才能用于还贷，这样算下来的话，“企业的借款偿还期”就加长了，银行未必有兴趣贷款。但如果财政部门同意在还贷期间继续给企业补贴，税务部门同意在还款期间企业可享受税收优惠，则“企业借款偿还期”可能就缩短了，银行有可能愿意考虑贷款。

3. 资产负债分析

资产负债分析并非针对项目，而是针对企业来做的，所以它所使用的数据，也只能时“有项目”时的企业总量数据。

构造资产负债表，计算资产负债率、流动比率、速动比率等指标，都是针对整个企业的，不存在“项目的”资产负债表，所以改扩建项目的资产负债分析方法，与新建项目的没什么不同之处。但是，什么样的项目需要做？做多少年资产负债分析？这是当前实际评价改扩建项目时必然面临的两个问题。

1)什么时候需要做

一般地讲，大企业小项目，自有资金比例大的项目，没有必要做资产负债分析。当然，仅这样直观、定性描述是不够的，需要有较为明确的数量界限，来说明什么时候必须做、什么时候不必做。可以考虑对企业原有的资产负债率、长期债务对股本的比率等财务比率来规定界限，未超过限度时项目可以不做资产负债分析，但项目评价方法又不可能提出数量界限，这是有关主管部门的职权范围。

资产负债分析是清偿能力分析的一部分，最关心项目清偿能力的是银行，所以项目评价人员在分析改扩建项目之前，最好事先征得银行及其他有关单位同意，尽量避免做资产负债分析。这是因为新建项目只要有了项目的各项费用、效益数据，就可以构成资产负债表；而改扩建项目则不然，由于项目与企业范围未必一致，所以项目的各项费用、效益数据虽然可以支持盈利能力分析和借款偿还期计算，但未必能构成资产负债表。总之，资产负债分析做与不做，其数据准备大不一样，在很多情况下它决定着项目评价工作的繁简、难易。

2)做多长时间跨度

即使不得不做资产负债分析，也还存在着做多长时间跨度的问题。由于评价人员不可能替企业职工去花掉公积金(公益金)，也不可能替投资者提走应付利润，所以只能任凭累计盈余公积金(公益金)、累计未分配利润这两项所有者权益无休止地“累计”下去，从而导致后面年份资产负债率很低、流动比率和速动比率很高，这样奇高奇低的财务比率已经失去实际分析的意义，它说明资产负债分析确实没有必要做那么长的时间跨度，更不必做到项目计算期那么长，完全可以适当缩短年限。但是，改扩建项目的资产负债分析应该按多少年来做，同样要由有关主管部门，而不是由项目评价方法去决定。

第七节　改扩建项目经济评价报表的设置

一、基本报表的设置

建设项目经济评价有关规范设置了改扩建项目的基本报表，其中财务评价的基本报表有现金流量表(增量全部投资和增量自有资金)、损益表、资金来源与运用表、资产负债表；国民经济评价的基本报表主要有国民经济效益与费用流量表(增量全部投资，增量国内投资)。这些报表的栏目是按一般项目的内容设置的，由于改扩建项目千差万别，评价人员应根据项目的具体情况，不要拘泥于一种格式而应灵活运用，可增设或减少某些栏目。

与新建项目的基本财务报表相比，从表格的名称来看没有什么区别，但是在具体内容和格式上有很大不同，这是由于改扩建项目经济评价特点决定的，主要表现在以下几个方面：

(1)用于盈利能力分析的财务报表设置了反映企业改扩建后增量效益和增量费用的栏目，这些栏目中填入“有项目”与“无项目”对比后的增量数据，以此来计算动态增量指标，如增量全部投资财务内部收益率等指标。

(2)根据评价方法的要求，损益表的设置必须具有两种作用，既要通过“有无对比分析”计算反映盈利能力的静态增量指标，又要反映企业改扩建后利润总额及其利润分配，为项目清偿能力分析提供信息。因此，改扩建项目损益表需设置四部分：计算改扩建后企业的利润总额及其分配的栏目、“有、无项目”的利润总额栏目(数据是由“有、无项目”损益表得到)、增量利润总额栏目。当“有项目”的范围为企业整体时，“有项目利润总额”就是企业改扩建后利润总额。此外，报表中还应增设“建设起点”栏，以便将企业改扩建前这一时点的效益和费用、利润总额及利润分配数额填入该栏目。

(3)资金来源与运用表和资产负债表是反映企业改扩建后总体财务状况的报表，它既应反映企业改扩建前这一时点的财务状况，又要反映改扩建后计算期各年的财务状况。为此，需在报表的计算期前应增设“建设起点”栏目，同时在资金来源与运用表中增设“企业原有的长期借款”、“新增的长期借款”、“企业原有的长期借款本金偿还”、“新增长期借款的本金偿还”等科目，在资产负债表中增设反映企业现有资产负债的科目。

二、辅助报表的设置

改扩建项目的投资规模有大有小；改扩建方案有的简单，有的复杂；项目效益和费用有的可以分开，有的难于分开。这使得项目基础数据的计算范围有很大差异，所以“方法与参数”没有给出改扩建项目辅助报表的格式。辅助报表的设置以满足编制基本报表的需要为原则。本着这一原则，改扩建项目分别设置计算基础数据的辅助报表和过渡性的辅助报表。

(一)基础数据辅助报表

一般改扩建项目设置用于财务评价的基础数据辅助报表有新增固定资产投资估算表、流动资金估算表、投资使用计划与资金筹措表、固定资产折旧费用估算表、无形资产和递延资产摊销费估算表、总成本费用估算表、销售收入(销售税金)及附加估算表、在建工程估算表及借款偿还平衡表等。

(二)过渡性辅助报表

一些复杂的改扩建项目除编制基础数据的辅助报表外，还应编制一些过渡性的辅助报表，如“有项目”和“无项目”全部投资(或全部自有资金)现金流量表，两张过渡性报表对应栏目的数据相减，可为编制增量投资现金流量表提供数据。

第八节　某水电站改扩建项目经济评价实例研究

一、水电站现状简介及改扩建方案

某水库右岸水电站原装机 3 台，单机容量为 3 000 kW。投入正常运行后发现，2 号发电机由于存在多种缺陷，不能正常运行，且水量富裕较多，若保持原装机容量不变，对发电机机组进行改造需投资 50 万元。经技术可行性和建设必要性论证，结合发电机改造，将机组单机容量增为 3 200 kW，增容改造比不增容改造多投入 318.0 万元。经运行验证，和同等来水年份相比，增容部分利用水库富裕水量，多年平均增加上网电量为 180 万 kW·h。

二、改扩建经济评价的原则与条件

鉴于改扩建项目(增加装机容量 3×200 kW)与原电站 3×3 000 kW 的关系，经济评价按以下原则与条件进行：

(1)改扩建项目与原电站费用和效益分开计算，扩建部分作为一独立项目，它是水电企业的一部分，有些设施、设备在一期工程中已投入的部分，如输电线路、水库、引水管道等，都作为沉没费用，不予计算。增量费用主要考虑“有”改扩建项目后新增 3×200 kW 所需的机电设备、建筑工程、金属结构及安装工程的投资以及新增的其他费用，共计新增固定资产投资 318.0 万元。

因发电机改造是小水电企业无论是否进行改扩建都必须发生的费用，属相关费用，非增量费用。因此，在进行改扩建投资决策分析时，不计入增量费用。

(2)原电站系该地区内骨干电源点，根据地区社会发展规划，目前的装机远不能满足要求，新增的装机是电力系统必需的。因此，无需计算扩建后的总效益来判断是否值得扩建，只计算增量效益。

(3)因该电站的总体规模较小、建设对国民经济的影响小、费用效益计算相对比较简单、建设期和生产期比较短、不涉及进出口平衡，且财务评价的结果能够满足最终决策要求。因此，简化其经济评价方法，只进行财务评价，并以财务盈利能力分析作为投资决策的依据，将财务盈利能力分析和清偿能力分析相结合分析其财务可行性。

(4)计算期的确定。小水电企业进行改扩建称为“有项目”，不进行改扩建称为“无项目”。“有项目”和“无项目”计算期定为 21 年。“有项目”改建期为 1 年，达到设计能力生产期为 20 年。“无项目”寿命期为 21 年。

三、投资估算与资金筹措

(一)“无项目”需追加固定资产投资

预计小水电企业不进行改扩建时，为维持正常生产需对存在多种缺陷的 2 号机组进行改造，约需投资 50 万元。利用企业现有固定资产原值为 8 141.6 万元。

(二)“有项目”新增固定资产投资总额

固定资产投资估算依据有关水电工程建设概(预)算编制办法及规定进行编制。根据近年来的物价指数分析，改建期暂不考虑涨价因素。

本项目国内贷款 253.6 万元，贷款年利率为 6.21%，利息按复利计算，利息为 3.9 万元。

该项目新增改扩建投资总额为 321.9 万元。

(三)新增流动资金

根据分析，扩建后相对改建前来说，流动资金不增加。

(四)利用现有小水电企业现有资产价值

利用企业现有固定资产原值 8 141.6 万元，净值 4 152.2 万元。利用企业现有流动资金 19.2 万元，其中贷款 15.3 万元。

(五)资金筹措

本项目新增固定资产投资来源有两个渠道：一是中国工商银行技术改造专项贷款 253.6 万元，贷款年利率 6.21%，6 年还清；二是企业职工以集资入股的形式，筹集个人资本金 64.4 万元。

四、国民经济评价

主要参数：根据有关规定，社会折现率为12%；考虑目前该地区影子电价与市场电价比较接近，故直接采用市场电价进行国民经济评价；计算期21年，其中扩建期1年，生产期20年；价格水平年为1998年，基准年为项目扩建期，基准点为扩建期年初。

考虑机组扩建主要投资是机电设备和金属结构部分，投资概算中计划利润和税金等国民经济内部转移支付部分极少，不予扣除，直接采用概算投资进行国民经济评价。扩建后年运行费和流动资金不增加。

按市场电价和上网电量计算年发电经济效益。

依据以上的效益和费用分析，编制增量全部投资的国民经济效益费用流量表，分析计算扩建项目的经济评价指标为：增量经济内部收益率为19.0%，增量经济净现值114.8万元(i=12%)。敏感性分析表明该项目具有较强的经济抗风险能力。

五、财务评价

(一)新增投资与增量投资

1. 固定资产投资

新增固定资产投资为318.0万元，增量投资="有项目"投资–"无项目"投资=318万元。

2. 流动资金

"无项目"不需追加流动资金，"有项目"新增流动资金与增量流动资金均为0。

(二)费用估算

本项目分别计算"有项目"和"无项目"总成本、经营成本。

1. 折旧费

"有项目"折旧费及待摊费计算：新增固定资产投资折旧费按综合折旧率5%计算。利用原有固定资产折旧费，按企业现行的折旧年限(折旧率5%)计算。

该小水电按全部投资均形成固定资产，不形成无形及递延资产处理。

2. 财务费用

按财务制度规定，将生产经营期发生的长期贷款利息、流动资金借款利息等以财务费用的形式计入总成本费用。

财务费用为固定资产投资在生产期内纳入成本的借款利息。固定资产投资借款利息依各年还贷情况而不同，详见成本费用估算。

3. 其他成本费用

改扩建前后，其他成本费用均相同。

(三)销售收入、销售税金及附加、利润及分配

1. 上网电价

根据电力市场需求分析，并参考国内其他类似电网及小水电的电量特点，确定"有项目"和"无项目"电量的上网电价均采用0.30元/(kW·h)(不含税)。

2. 销售收入

增量销售收入=“有项目”销售收入-“无项目”销售收入。“有项目”达产年份销售收入为1 598.4万元，“无项目”第2年销售收入为1 544.4万元，达到设计生产能力年份增量销售收入为54.0万元。

3. 销售税金附加

税金包括增值税、销售税金附加和所得税。本次选取的上网电价不含增值税，增值税为价外税，仅作为计算销售税金附加的依据。

销售税金附加包括城市维护建设税和教育费附加，以增值税税额为计算基数，城市维护建设税率和教育费附加税率分别取为5%和3%。

该项目缴纳的增值税税率为6%，城市维护建设税按增值税额的5%计取，教育费附加按增值税额的3%计算。

$$\text{增量销售税金附加}=\text{“有项目”销售税金附加}-\text{“无项目”销售税金附加} \tag{9-4}$$

“有项目”达到设计生产能力年销售税金附加为7.0万元，“无项目”第2年销售税金附加6.7万元，增量销售税金附加为0.3万元。

4. 利润及分配

达到设计能力生产期有、无项目利润总额分别为1 216.9万元、1 181.4万元，按33%缴纳所得税。在可供分配利润中，提取15%盈余公积金(含公益金)。

(四)财务盈利能力分析

1. 增量投资利润率和增量投资利税率

增量投资利润率和增量投资利税率是反映财务盈利能力的两项静态指标，它是计算期内平均增量利润额或利税额与增量总投资之比。

$$\text{增量投资利润率}=\frac{1\,216.9-1\,181.4}{321.9}\times 100\%=11.0\%$$

$$\text{增量投资利税率}=\frac{1\,216.9-1\,181.4+3.3}{321.9}\times 100\%=12.1\%$$

$$\text{资本金利润率}=\frac{1\,216.9}{2\,105.2}\times 100\%=57.8\%$$

$$\text{增量资本金利润率}=\frac{1\,216.9-1\,181.4}{64.4}\times 100\%=55.1\%$$

2. 增量财务内部收益率

小水电财务基准收益率为10%。编制增量(全部投资、自有资金)现金流量分析表。编制“有项目”和“无项目”(全部投资)现金流量分析表。

增量全部投资财务内部收益率，所得税后为13.9%，所得税前为18.9%；增量自有资金财务内部收益率所得税后为17.9%，均超过小水电财务基准收益率。

3. 增量财务净现值

计算期内增量全部投资财务净现值(i_c=10%)，所得税后为69.7万元，所得税前为166.0万元。增量自有资金财务净现值(i_c=10%)所得税后为53.4万元。

4. 增量投资回收期

增量全部投资回收期所得税后为 7.6 年，所得税前为 6.1 年。

编制全部增量投资和增量自有资金的财务现金流量分析表。

(五)清偿能力分析

清偿能力分析是针对有改扩建项目后小水电企业“总量”的清偿能力分析，因原小水电企业已运行多年，长期贷款已归还完毕，该改扩建项目又属“大”企业“小”项目，且原小水电企业资产负债率很低，所以可以不作资产负债分析。但为了演示清偿能力操作过程，所以又分析了改扩建项目实施后小水电企业的清偿能力。

清偿能力分析是依据借款还本付息计算表、资金来源与运用表、资产负债表，计算资产负债率、流动比率、速动比率及固定资产投资借款偿还期，来考察改扩建项目实施后小水电企业财务状况及贷款清偿能力。

1. 借款还本付息计算

还贷资金包括改扩建项目本身的还贷折旧、还贷利润和企业可提供的还贷资金。按满足固定资产投资贷款偿还要求进行还贷平衡计算。结果表明，还贷资金充足，可按银行要求偿还贷款本息。

2. 资金来源与运用计算

根据小水电改扩建项目特点，资金来源与运用表中增设了建设起点年，将该小水电企业现有资金来源、资金运用、盈余资金及累计盈余资金，填写在建设起点年内相应栏目。通过资金来源与运用计算可以看出，计算期各年能收支平衡，并有资金盈余。

3. 资产负债分析

结合改扩建项目特点，增设了建设起点年企业资产与负债及所有者权益，各项数据的处理见资产负债表。从表中计算结果可以看出，资产负债率在改建期最大为 3.63%，偿还长期贷款期内为 2.75% ~ 0.15%，达到设计生产能力期小于 0.14%。企业的净资产可以抵补负债，具有很强的清偿能力。

(六)财务敏感性分析

该改扩建项目所采用数据，大部分来自预测和估算，有一定程度的不确定性，为了分析这些不确定性因素对财务评价指标的影响，又分析了设计上网电量减少 20%、固定资产投资增加 20%等财务敏感性方案，分析表明：改扩建项目承担财务风险能力较强，计算的财务指标是可靠的，改扩建项目财务上是可行的。

六、经济评价结论

通过该小水电改扩建项目经济分析，得到以下主要结论：

(1)项目盈利能力较强。

(2)企业清偿能力很强。

(3)经济、财务抗风险能力较强。

综合上述评价结论可知，该改扩建项目宜尽快组织实施，以充分发挥该小水电工程作为电气化县骨干调峰电源的作用。

第十章　公益型项目经济评价

我国投融资制度改革的主要内容之一，就是将投资项目分成三类，即竞争性项目、基础性项目和社会公益性项目。竞争性项目资金来源，除企业自有资金外，主要通过市场调节来得到外部资金，如商业性银行贷款；基础性项目资金来源，除项目主办单位自有资金、自筹资金外，可以获得政策性投资，如国家开发银行的贷款；社会公益性投资项目，资金来源主要是政府。如果分析一下政府的各种活动时，就会觉察到政府通过征收税收，去举办人们所期望的公益型项目，政府从事的这种社会公益型项目支出，即使有收益也微乎其微。因此，社会公益型项目的经济评价应该有别于其他两类项目，特别是竞争型项目。

市场机制有利于资源的有效配置，对于促进经济发展具有不可替代的作用。但是市场对经济的运行，并不是万能的，它存在着自发性、盲目性和滞后性。目前国内外的经济理论界、政府部门和实业界等均积极开展“重新理解市场经济”的研讨。它们对于市场概念、市场作用、市场发展、市场体系、市场结构、市场机制作用下的宏观基础、市场失灵的原因，以及整治市场失灵的方案等等问题，有了更为系统和深入的理解。根据社会实践与理论研究，国内外经济学家普遍认为，世界上并不存在纯而又纯的市场经济，为了弥补市场机制的缺陷，政府应当采取干预这只“看得见的手”与市场那只“看不见的手”并用的政策。政府的经济职能主要有三个方面：促进效率，提倡公平和扶植宏观经济的增长与稳定。今天没有一个国家的市场经济不受到政府机构的带有或多或少强制性的指导。只有国家干预和市场相结合才能形成较为正常的市场经济。市场越发达，国家干预越重要。

公益型项目投资的基本出发点是社会公众福利，而非商业利润，项目的产出或提供的服务往往不具有市场价格。因此，这类项目的成本与收益的识别和计量，以及经济评价的方法与标准，较之盈利性项目减少了规范性，增加了复杂性和困难。

第一节　公益型项目的基本特点

公益型项目通常是由政府(或社会团体)出资兴建的，它不以利润为基本追求，而以社会公众利益为主要目标。公益型项目的这些特点是由项目产出的基本特性和政府目标的基本指向两个方面的因素决定的。公益型项目涉及公共物品和外部性的概念，下面首先介绍这两个经济学范畴。

一、外部影响

外部影响是市场缺陷的表现之一。无论正外部影响还是负外部影响，都与资源配置紧密相关。当存在外部效应时，作为经济决策之依据的价格，就不能精确地反映边际收益和边际成本，结果资源配置就会偏离 Pareto 最优状态。负外部效应的存在会导致私人部门过多地生产产品，正外部效应的存在则会使私人部门不愿提供更多的产品。为使资源配置有效率，公共部门有必要矫正外部效应。

(一)外部影响及其分类

当单个消费者或生产者的经济行为对社会上其他人的福利没有影响时，即不存在所谓“外部影响”。换句话说，单个经济单位从其经济行为中产生的私人成本和私人利益被看成就等于该行为所造成的社会成本和社会利益。但是，在实际经济中，这个假定往往并不能够成立。在很多时候，某个人(生产者或消费者)的一项经济活动会给社会上其他成员带来好处，但他自已却不能由此而得到补偿。此时，这个人从其活动中得到的私人利益就小于该活动所带来的社会利益。这种性质的外部影响被称为所谓“外部经济”。根据经济活动的主体是生产者还是消费者，外部经济可以分类为“生产的外部经济”和“消费的外部经济”。另一方面，在很多时候，某个人(生产者或消费者)的一项经济活动会给社会上其他成员带来危害,但他自己却并不为此而支付足够抵偿这种危害的成本。此时，这个人为其活动所付出的私人成本就小于该活动所造成的社会成本。这种性质的外部影响被称为所谓“外部不经济”。外部不经济也可以视经济活动主体的不同而分为“生产的外部不经济”和“消费的外部不经济”。

1. 生产的外部经济

当一个生产者采取的经济行动对他人产生了有利的影响，而自己却不能从中得到报酬时，便产生了生产的外部经济。

2. 消费的外部经济

当一个消费者采取的行动对他人产生了有利的影响，而自已却不能从中得到补偿时，便产生了消费的外部经济。

3. 生产的外部不经济

当一个生产者采取的行动使他人付出了代价而又未给他人以补偿时，便产生了生产的外部不经济。

4. 消费的外部不经济

当一个消费者采取的行动使他人付出了代价而又未给他人以补偿时，便产生了消费的外部不经济。

上述各种外部影响可以说是无处不在、无时不在。尽管就每一个单个生产者或消费者来说，他造成的外部经济或外部不经济对整个社会也许微不足道；但所有这些消费者和生产者加和起来，所造成的外部经济或不经济的总的效果将是巨大的。

必须注意，并非对交易双方之外的第三者所带来的所有影响都是外部效应，关键在于影响是否在交易价格中得到反映，未能得到反映的影响才是外部效应。

(二)外部影响和资源配置失当

各种形式的外部影响的存在造成了一个严重后果：完全竞争条件下的资源配置将偏离 Pareto 最优状态！换句话说，即使假定整个经济仍然是完全竞争的，但由于存在着外部影响，整个经济的资源配置也不可能达到 Pareto 最优状态。市场在外部影响面前失去了作用。

为什么外部影响会导致资源配置失当呢?为了解释这个问题,从两种情况来考察外部性。

第一种情况：外部经济的情况。假定某个人采取某项行动的私人利益为 B_p，该行动所产生的社会利益为 B_s。由于存在外部经济，故私人利益小于社会利益。如果这个人采取该行动所遭受的私人成本 C_P 大于私人利益而小于社会利益，即有 $B_p < C_P < B_s$，则这个人显然不会采取这项行动，尽管从社会的角度看，该行动是有利的。显而易见，在这种情况下，Pareto 最优状态没有得到实现，还存在 Pareto 改进的余地。如果这个人采取这项行动，则他所受损失部分为$(C_P - B_p)$，社会上其他人由此而得到的好处为$(B_s - B_p)$。由于$(B_s - B_p) > (C_P - B_p)$，故可以从社会上其他人所得到的好处中拿出一部分来补偿行动者的损失。结果是使社会上的某些人的状况变好而没有任何人的状况变坏。一般而言，在存在外部经济的情况下，私人活动的水平常常要低于社会所要求的最优水平。

第二种情况：外部不经济的情况。假定某个人采取某项活动的私人成本和社会成本分别为 C_p 和 C_s。由于存在外部不经济，故私人成本小于社会成本。如果这个人采取该行动所得到的私人利益 B_p 大于其私人成本而小于社会成本，即有 $C_P < B_p < C_s$，则这个人显然会采取该行动，尽管从社会的观点看，该行动是不利的。显而易见，在这种情况下，Pareto 最优状态也没有得到实现，也存在有 Pareto 改进的余地。如果这个人不采取这项行动，则他放弃的好处即损失为$(B_p - C_P)$，但社会上其他人由此而避免的损失却为$(C_s - C_p)$。由于$(C_s - C_p) > (B_p - C_P)$，故如果以某些方式重新分配损失的话，就可以使每个人的损失都减少，亦即使每个人的"福利"增大。一般而言，在存在外部不经济的情况下，私人活动的水平常常要高于社会所要求的最优水平。

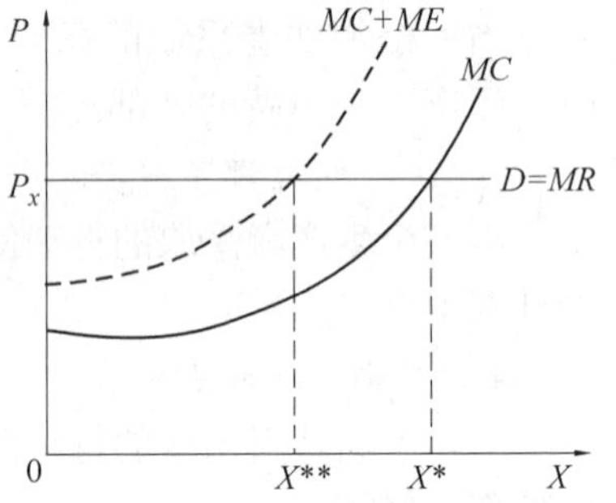

图 10-1　资源配置失当：生产的外部不经济

图 10-1 具体说明了在完全竞争条件下，生产的外部不经济是如何造成社会资源配置失当的(其他类型的外部影响亦可同样分析)。图中水平直线 $D=MR$ 是某竞争企业的需求曲线和边际收益曲线，MC 则为其边际成本曲线。由于存在着生产上的外部不经济(例如生产造成的污染)，故社会的边际成本高于私人的边际成本，从而社会边际成本曲线位于(私人)边际成本曲线的上方，它由虚线 $MC+ME$ 表示。虚线 $MC+ME$ 与私人边际成本曲线 MC 的垂直距离，亦即 ME，可以看成所谓边际外部不经济，即由于厂商增加一单位生产所引起的社会其他人所增加的成本。竞争厂商为追求利润最大化，其产量定在价格(亦即其边际收益)等于其边际成本处，即为 X^*；但使社会利益达到最大的产量应当使社会的边际收益(可以看成为价格)等于社会的边际成本，即应当为 X^{**}。因此，生产的外部不经济造成产品生产过多，超过了 Pareto 效率所要求的水平 X^{**}。

为什么在存在外部影响的条件下，潜在的 Pareto 改进机会不能得到实现呢？原因有很多。以上述生产的外部不经济如污染问题为例，如果污染涉及面较小，即污染者只对少数其他人的福利造成影响，则此时污染者和这少数受害者可能在如何分配"重新安排生产计划"所得到的好处问题上不能达成协议；如果污染涉及面较大，即污染的受害者众多，则此时污染者和受害者以及受害者之间要达成协议就更加困难。特别是在这种情况下，很难避免“免费乘车者”；此外，在很多情况下，有关污染问题的法律也不好明确，例如，污染者是否有权污染，有权进行多大污染？受害者是否有权要求赔偿?等等。最后，即使污染者与受害者有可能达成协议，但由于通常是一个污染者面对众多受害者，因而污染者在改变污染水平上的行为就像一个垄断者。在这种情况下，由外部影响产生的垄断行为也会破坏资源的最优配置。

(三)外部效应的起源

为什么会产生外部效应呢？对此，人们的看法主要有两种，即市场机制论与所有制论。

市场机制论认为，外部效应的产生源于市场机制自身。市场经济的特征是，私有财产权极大地刺激人们为自身利益而从事各种经济活动；在私人经济活动中，厂商和消费者都是理性的经济人，以利润最大化或效用最大化为目标；厂商和消费者作出经济决策的依据是市场价格，也即市场价格是经济活动的信号；而市场价格形成的基础往往是私人边际成本或私人边际收益，无论厂商还是消费者，都不会主动地站在社会边际成本或社会边际收益的高度作出经济决策，或者在技术上无法将生产和消费过程中产生的副作用纳入到成本或收益之中。于是，当私人边际成本与社会边际成本不一致时，就会产生负外部效应；当私人边际收益与社会边际收益不一致时，就会产生正外部效应。

所有制论认为，外部效应的产生源于产权的不明晰。这就是所谓“公共地的悲剧”问题。“公共地的悲剧”描述的模型是一个对所有牧民开放的牧场。在这个草地生态系统中，草场是公有的，而牲畜是私有的。每个牧民都力求使自己的牲畜增加，当草场的牲畜承受能力达到极限时，再增加一头牲畜就给草场带来某种损害。这一事例推广开去，那就是在私有制条件下，如果一种资源的所有权没有排他功能，那么就会导致公共资源的过度享用，最终使全体成员的利益受损，即产生负外部效应。所有制论强调，成本和收益的内部化必须以产权的确定为基础，如果产权不清晰，那么将会促使人们尽可能地无偿地得益。如今有许多学者倾向于所有制论，即认为公共资源的存在是产生外部效应的根本原因，一切有用的资源如果被私有化了，就会得到合理的利用和有效的保护；反之，公共资源的存在只是因为制度上或技术上的原因，无法将其价值属性有效地划归私有，如大气、公海等。

(四)处理外部影响的政策

如何纠正由于外部影响所造成的资源配置不当呢?西方微观经济学理论提出如下政策建议：

第一，使用税收和津贴。对造成外部不经济的企业，国家应该征税，其数额应该等于该企业给社会其他成员造成的损失，从而使该企业的私人成本恰好等于社会成本，该方法着眼于私人边际成本的调整。例如，在生产污染情况下，政府向污染者收税，其税额等于治理污染所需要的费用，人们将这种为实现负外部效应内在化而开征的税收(如环境污染税)称为“庇古税”，这迫使厂商(企业)提高产品的价格，而价格的提高必然使需求量减少，进而导致供给量即生产量减少，这就会减轻污染程度；如果厂商不愿缴纳污染税或者企图保持原有的生产规模，那么只好改进生产设备或采用新的生产技术和方法。反之，对造成外部经济的企业，国家则可以采取津贴的办法，使得企业的私人利益与社会利益相等。无论是何种情况，只要政府采取措施使得私人成本和私人利益与相应的社会成本和社会利益相等，则资源配置便可达到 Pareto 最优状态。

第二，使用企业合并的方法。例如，一个企业的生产影响到另外一个企业。如果影响是正的(外部经济)，则第一个企业的生产就会低于社会最优水平；反之，如果影响是负的(外部不经济)，则第一个企业的生产就会超过社会最优水平。但是如果将这两个企业合并为一个企业，则此时的外部影响就“消失”了，即被“内部化”了。合并后的单个企业为了自已的利益将使自己的生产确定在其边际成本等于边际收益的水平上。而由于此时不存在外部影响，故合并企业的成本与收益就等于社会的成本与收益。于是资源配置达到 Pareto 最优状态。

第三，政府规制。政府规制是指政府部门依据有关的法规，通过许可、禁止等手段，对企业的经济活动施加直接影响的行为。政府部门可以限制个人或企业所从事的具有负外部效应的经济活动，针对外部效应的政府规制主要有两种方式：①对外部效应水平的规制，如政府通过制定环境质量标准规定厂商排污的最大限额；②对生产过程的规制，如禁止厂商倾倒化学废料、限期调整污染工业的生产布局、勒令厂商安装防污设备或改进生产工艺等。

对于公共资源问题也可通过规制的方式来解决。比如，对于政府限定渔船的数量，只有获得捕捞许可证的渔船才能进行捕捞作业，许可证通过拍卖的方式发售，出价高的才能获得。许可证价格实际上起到一种筛选的作用，让生产成本较低者去生产；同时，许可证拍卖收入还可弥补一部分政府规制的成本。

政府规制手段是强有力的，但往往只能起辅助作用，因为规制的成本比较高。

第四，使用规定财产权的办法。在许多情况下，外部影响之所以导致资源配置失当，是由于财产权不明确。如果财产权是完全确定的并得到充分保障，则有些外部影响就可能不会发生。例如，某条河流的上游污染者使下游用水者受到损害。如果给予下游用水者以使用一定质量水源的财产权，则上游的污染者将因把下游水质降到特定质量之下而受罚。在这种情况下，上游污染者便会同下游用水者协商，将这种权利从他们那里买过来，然后再让河流受到一定程度的污染。同时，遭到损害的下游用水者也会使用他出售污染权而得到的收入来治理河水。总之，由于污染者为其不好的外部影响支付了代价，故其私人成本与社会成本之间不存在差别。

第五，私人部门对外部效应的矫正。这是近年来流行于经济学界的解决外部性问题的市场化思路，这种思路源于著名的科斯定理。美国著名经济学家科斯认为，外部性问题从根本上说是产权界定不明或界定不当所引起的。他认为，只要交易费用为零，那么无论交易的哪一方拥有产权,都能通过双方之间的谈判使资源配置达到 Pareto 最优状态，这就是科斯定理。

科斯定理表明，只要产权界定明确，不论是谁拥有，外部性问题便能解决，公共部门不必干预。然而必须指出，科斯提出这一结论有其前提条件，那就是交易双方通过谈判达成有效率的协议所耗费的成本即交易成本为零。事实上，受外部效应影响的当事人可能为数甚多，把他们都集聚在一起进行协商费时费力，且很难达成协议，有时甚至连协商都不可能。因此，在大多数情况下，还得依赖于公共部门去矫正外部效应。

二、公共物品

(一)私人物品和公共物品

西方经济学主要论述的是私人物品，私人物品是指数量将随任何人对它的消费增加而减少的物品。它在消费上具有两个特点。第一是竞争性，如果某人已消费了某个商品，则其他人就不能再消费该商品了；第二是排他性，对商品支付价格的人才能消费商品。实际上，市场机制只有在具备上述两个特点的私人物品的场合才真正起作用、有效率。

在经济中还存在许许多多不满足竞争性或排他性特点的商品。通常将不具备消费的竞争性的商品叫做公共物品。例如，水利防洪工程、道路和电视广播，等等。比如水利防洪工程，并不因某些人享受其提供的安全，而阻止其他人享受安全的保护。公共物品还可以进一步分类。如果某公共物品同时还不具备排他性，即无法排除一些人“不支付便消费”，则称之为纯公共物品。否则，称之为非纯公共物品。

值得注意的是，不要把公共物品与政府提供的物品相混淆。政府确实提供国防、法制、环境保护和安全等不具有消费竞争性的物品。这些物品中有些甚至还不具备排他性特点，即是纯公共物品。但是，政府也提供其他物品或服务，如养老金、失业补助、邮政服务以及某些与私人企业所生产的完全相同的东西，等等。这些物品或服务显然在消费上是竞争的。

(二)私人物品和公共物品的最优数量

首先分析一下，私人物品最优数量的决定。为简单起见，假定只有 A 和 B 两个消费者，他们对商品的需求曲线分别由 D_A 和 D_B 表示。商品的市场供给曲线为 S，参见图 10-2(a)。由于所讨论的是私人物品，故将消费者 A 和 B 的需求曲线 D_A 和 D_B 水平相加即得到某市场需求曲线 D。市场需求曲线 D 与供给曲线 S 的交点决定了该私人物品的均衡数量 Q_0 和均衡价格 P_0。这个均衡数量 Q_0 显然就是该私人物品的最优数量。这是因为在这个产量水平上，每个消费者的边际利益恰好等于商品的边际成本。我们知道，供给曲线代表了每个产量(供给量)水平上的边际成本，需求曲线代表了每个产量(需求量)水平上的边际利益。故当供给量为 Q_0 时，边际成本为 Q_0H；而在价格为 P_0 时，消费者 A 和 B 的需求量分别为 C 和 F，再根据需求曲线 D_A 和 D_B，相应的边际利益为 CE 和 FG。由图可知，$CE=FG=Q_0H$，即每个消费者的边际利益均等于边际成本。

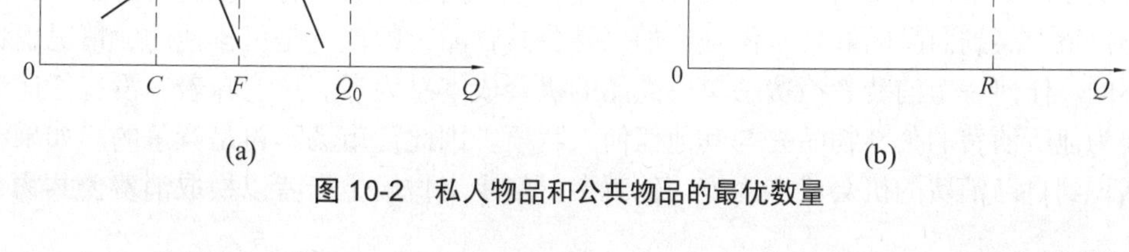

图 10-2 私人物品和公共物品的最优数量

现在来看公共物品的情况。参见图 10-2(b)。与私人物品的讨论一样，我们仍然假定每个消费者对公共物品的需求曲线是已知的，为 D_A 和 D_B，公共物品的市场供给曲线为 S。如何从个人的需求曲线形成市场的需求曲线呢？这里的关键之处在于，公共物品的市场需求曲线不是个人需求曲线的水平相加，而是它们的垂直相加。之所以是如此，原因在于公共物品消费上的非竞争特点。由于消费上的非竞争性，每个消费者消费的都是同一个商品总量，因而每一消费者的消费量都与总消费量相等；另一方面，对这个总消费量所支付的全部价格，却是所有消费者支付的价格的总和。例如，设公共物品的数量为图 10-2(b)中的 R，消费者 A 和 B 的消费量于是都是 R。当 A 和 B 的消费量均为 R 时，他们所愿意支付的价格按各自的需求曲线分别为 L 和 N。因此，当消费量为 R 时，消费者 A 和 B 所愿意支付的价格之和就是 $L+N=T$。

有了公共物品的市场供求曲线，则公共物品的均衡数量即可决定，这就是市场供求曲线交点所指示的 R。实际上，这个均衡数量也代表着公共物品的最优数量。要解释这一点并不困难。当公共物品数量为 R 时，根据供给曲线，公共物品的边际成本为 T，而根据消费者的需求曲线，A 和 B 的边际利益分别为 L 和 N，从而总的社会的边际利益为 $L+N=T$。于是，边际的社会利益等于边际成本，公共物品数量达到最优。这里值得注意的是，公共物品的最优标准与私人物品的最优标准不完全相同。在私人物品情况，最优标准是每个消费者的边际利益与边际成本相等。而在公共物品情况，最优标准是每个消费者的边际利益之和与边际成本相等。这个区别仍然是根源于是否具有消费的竞争性这个基本特点。

(三)市场失灵

上面假定每个消费者对公共物品的需求曲线均存在且已知的条件下，讨论了公共物品的最优数量的决定。但是其并没有多大的实际意义。原因是公共物品的需求曲线是虚假的。首先，单个消费者通常并不很清楚自已对公共物品的需求价格，更不用说去准确地陈述他对公共物品的需求与价格的关系；其次，即使单个消费者了解自已对公共物品的偏好程度，也不会如实地说出来。为了少支付价格或不支付价格，消费者会低报或隐瞒自已对公共物品的偏好。他们在享用公共物品时都想当“免费乘车者”，不支付成本就得到利益。由于单个消费者对公共物品的需求曲线不会自动显示出来，故无法将它们加总得到公共物品的市场需求曲线并进而确定公共物品的最优数量。

尽管实际上难以通过公共物品的供求分析来确定它的最优数量，但却可以有把握地说，市场本身提供的公共物品通常将低于最优数量，即市场机制分配给公共物品生产的资源常常会不足。我们知道，在竞争的市场中，如果是私人物品，则市场均衡时的资源配置是最优的。生产者之间的竞争将保证消费者面对的是等于商品的边际成本的同样的价格。消费者则在既定的商品产出量上展开竞争。某个消费者消费一单位商品的机会成本就是在市场价格上卖给其他消费者的同样一单位商品，故没有哪个消费者会得到低于市场价格而买到商品的好处。但是，如果是公共物品，即使它是可排他的，情况也将完全不同。任何一个消费者消费一单位商品的机会成本总为零。这意味着，没有任何消费者要为他所消费的公共物品去与其他任何人竞争。因此，市场不再是竞争的。如果消费者认识到自己消费的机会成本为零，他就会尽量少支付给生产者以换取消费公共物品的权利。如果所有消费者都这样行事，则消费者们支付的数量就将不足以弥补公共物品的生产成本。结果便是低于最优数量的产出，甚至是零产出。

(四)公共物品的成本—收益分析

公共物品的生产和消费问题不能由市场上的个人决策来解决。因此，必须由政府来承担起提供公共物品的任务。政府如何来确定某公共物品是否值得生产以及应该生产多少呢？在这里，西方经济学家经常提到的一个重要方法是成本—收益分析。

成本—收益分析是用来评估经济项目或非经济项目的。它首先估计一个项目所需花费的成本以及它所可能带来的收益，然后将二者加以比较，最后根据比较的结果决定该项目是否值得。公共物品也可以看成是一个项目，并运用成本—收益分析方法来加以讨论。如果评估的结果是该公共物品的收益大于或至少等于其成本，则它就值得生产，否则便不值得。

(五)公共选择理论

对公共物品(以及外部影响)的处理涉及与政府行为有关的“集体选择”。所谓集体选择，就是所有的参加者依据一定的规则通过相互协商来确定集体行动方案的过程。公共选择理论则特别注重研究那些与政府行为有关的集体选择问题。

1. 集体选择的规则

集体选择的规则主要有以下四个。

1)一致同意规则

所谓一致同意规则，是指一项集体行动方案只有在所有参加者都认可的情况下才能够实施。这里的“认可”意味着赞成或至少不反对。由于每一个参加者都拥有否决权，任何一个有可能损害某些参加者利益的集体行动方案都会被否决，于是，一致同意规则便具有如下的优点：能够充分地保证每一个参加者的利益；可以避免发生“免费乘车”的行为；如果能够达成协议，则协议将是 Pareto 最优的。一致同意规则的缺点则在于：达成协议的成本常常太大，在许多情况下甚至根本就无法达成协议。

2)多数规则

所谓多数规则，是指一项集体行动方案必须得到所有参加者中的多数认可才能够实施。与一致同意规则相比，多数规则的协商成本较低，也更加容易达成协议。多数规则存在的问题是：它忽略了少数派的利益；可能出现“收买选票”的现象。

3)加权规则

一个集体行动方案对不同的参加者会有不同的重要性。于是，可以按照重要性的不同，给参加者的意愿“加权”，即分配选举的票数。相对重要的，拥有的票数就较多，否则就较少。所谓加权规则，就是按实际得到的赞成票数(而非人数)的多少来决定集体行动方案。

4)否决规则

这一规则的具体做法如下：首先让每个参加对集体行动方案投票的成员提出自己认可的行动方案，汇总之后，再让每个成员从中否决掉自已所反对的那些方案。这样一来，最后剩下的没有被否决掉的方案就是所有成员都可以接受的集体选择结果。如果有不止一个方案留下来，就再借助于其他投票规则(如一致同意规则或多数规则等)来进行选择。

否决规则的优点是显而易见的，因为经过这一规则筛选之后留下来的集体行动方案都将是 Pareto 最优的。

2. 最优的集体选择规则

上面所说的各种集体选择规则都是有利有弊的。这就产生了如何确定最优的集体选择规则的问题，即按照什么样的规则来进行集体选择，才能保证所得到的结果是最有效率的?在这方面，西方公共选择理论家们提出了两个主要的理论模型。

1)成本模型

按照这一模型，任何一个集体选择规则都存在着性质完全不同的两类成本。一类叫作决策成本，指的是在该规则下通过某项集体行动方案(亦即作出决策)所花费的时间与精力。另一类是外在成本，指的是在该规则下通过的某项集体行动方案与某些参加者的意愿不一致时给他们带来的损失。对于不同的集体选择规则，决策成本和外在成本的大小是不一样的。决策成本和外在成本之和叫做相互依赖成本。最优集体选择规则的成本模型的结论是，理性的经济人将按最低的相互依赖成本来决定集体选择的规则。

2)概率模型

与成本模型不同，寻找最优集体选择规则的概率模型并不是追求社会相互依赖成本的最小化，而是力图使集体决策的结果偏离个人意愿的可能性达到最小。根据这一模型，最好的集体选择规则就是那种能使上述偏离可能性达到最小的规则。

3. 政府官员制度的效率

按照公共选择理论，政府官员制度是指那种由通过选举所产生的、被任命的以及经过考试而录用的政府官员来管理政治事务的制度。总的来说，这种政府官员制度的效率是比较低的。其原因如下：首先是缺乏竞争。政府的各个部门都是某些特殊服务的垄断供给者，没有任何其他的机构可以替代这些政府部门的工作，缺乏竞争，效率一般都比较低下。由于缺乏竞争的对手，常常无法判断政府部门的成本即每年的财政支出是否太多，或者，它们的产出即所提供的服务是否太少，即很难准确地判定政府部门的效率。其次是机构庞大。最后是成本昂贵。

公共选择理论认为，解决政府官员制度低效率的主要途径是引入竞争机制，具体做法是：使公共部门的权力分散化；由私人部门承包公共服务的供给；在公共部门和私人部门之间展开竞争；地方政府之间的竞争。

三、公益型项目产出的公共品性和外部性

一个项目所能提供的产品或服务，按其使用或受益的性质可以区分为两类，即公共品和私有品。公共品与私有品的基本标志是使用或受益的排他性。私有品的使用具有明显排他性，即一旦某人享有了消费某物品或服务的权利，就排除了他人拥有这种权利。相反，公共品不具有享用权上的排他性，而具有明显的公共性，即某人的享用不排除他人对同一物品或服务的享用权。公益型项目所提供的产品或服务往往具有较强的公共品性，这是这类项目的显著特点之一。

从项目的成本与受益的角度来看，一个项目还会或多或少地存在外部性。按照前面的解释，所谓外部性，是外部收益和外部成本的统称。外部收益系指不包含在项目投资

经营主体的收益，此收益由投资经营主体之外的人免费获取。例如某投资主体兴建了一座水电站，可以通过电能出售获得收益，而电站下游居民也从电站大坝的修建中获得了减少洪水灾害的收益，这种收益尽管可能很大，但下游居民却是免费获得的。外部成本系指落在项目投资经营主体之外的社会成本，但此成本却不由该投资经营主体给予等价补偿，而由外部团体和个人无偿地或不等价地承担。例如污水的排放损害生态环境进而损害他人，但受损害者却难从污染制造者那里获得等价赔偿，公益型项目往往具有较强的外部性，这是此类项目的又一显著特点。

四、公益型项目的制度特征

一个项目的产出是公共品还是私有品，外部性较大还是较小，不但与项目的产出特性有关，而且还与制度安排特别是产权制度的安排有关。正如修建一条道路，是政府出资免费公用还是私人的出资谋取利润，是由相应的制度安排决定的。制度是人的行为规则，是一种受益或受损的权利。决定制度安排的基本因素是制度效率或制度成本。任何一种制度安排都有其相应的成本，即建立并实施某项制度的成本(费用)，这种成本又称作交易成本或交易费用，交易成本小的安排即为有效率的制度安排。有些项目之所以适于政府投资且是不以盈利为基本目的公益型项目，而另一些项目则是适用于法人主体和私人投资主体且以盈利为基本追求的经营性项目,都与项目产出特性下的制度费用有关。

倘若一个项目所提供的产品或服务能够方便地计量和交易，使产品或服务的购买者能够获有排他性的享用权，即未经他的同意别人无权享用，使产品或服务的提供者能够获得排他性的全部收益，别人不能不付费地获取，那就可以推断，这类产出项目适于作为盈利性项目来安排，市场机制的价格系统可以有效地对其进行成本与收益的计算，并将其纳入投资经营主体之内，从而为追求利润的投资经营者提供足够的激励，使其愿意投资于那些有利可图的项目，市场机制的竞争法则和供需法则能够有效地调节其行为，促使其提高资源配置效率。

倘若一个项目的产出或服务不具有计量和交易的方便性，购买者不能实际拥有排他性的享用权，提供者不能通过产品或服务的出售而将全部或大部分收益内部化，别人可以免费从购买者或提供者那里获得收益，那就可以推断，这类产出或服务就会产生市场供给或(和)需求不足的问题：消费者将不愿花钱购买，他愿意别人购买而自己搭乘别人便车免费享用；提供者不愿投资经营，他不能从产品或服务的销售中获得全部或大部分收益，他的销售收入可能不足以抵偿他的投资支出和其他支出，他缺乏投资这类项目的利润激励。在这种情况下，即便这类项目具有很大的社会经济效益，但市场机制的竞争法则和供需法则将会失灵，市场机制的价格系统不能有效引导资源的优化配置。

从需求或消费的角度看，一种产品或服务的购买者能否实际获有排他性享用等权利，不仅仅取决于相应权利制度的规定，而且更取决于行使权利制度的费用。如果费用过高而使权利行使不经济，作为制度安排的权利规定或迟或早就会形同虚设而失去存在意义。

从供给或生产的角度看，产出的收益能否按等价交换原则进入投资经营主体之内，则不仅仅取决于具体的权利制度安排，而且更主要取决于执行制度的费用高低，如果制度费用过高，也终会由于不经济而失去意义。设想一个防洪水利设施的例子，该项目的投资经营者恐怕很难从设施下游的团体和居民那里收取与减少洪涝损失相当的费用。因为下游团体和居民的情况可能千差万别，他们由于收入高低、财产多寡、地理位置与流动性差异以及对洪涝损失的估计差异，对减少洪涝损失的估价不同，进而产生支付意愿的差异。投资经营者难于知道他们各自的受益情况和支付意愿，受益者会出于免费受益动机的驱使，会使价格谈判陷于无休止的争论之中，即使勉强制定了收费标准，而在真正实行的时候又可能遭到众人抗拒与逃避。所以，过高的交易费用(成本)会使这种定价收费制度难以有效建立与运行。这个例子说明，作为市场机制基础的定价制度(等价交换制度)会由于某些产品或服务的交易费用过高而失效。在这种情况下，若把这些项目作为盈利性项目来安排，就会导致项目及其产出的供给不足。

上述分析表明，倘若产品或服务的排他性权利及相应定价制度的建立和运行的成本太高，以盈利为基本驱动力的市场机制就难以发挥作用，它将导致对这类产品或服务项目的有效供给和(或)有效需求不足，即使它的社会效益远远大于社会成本时也是如此。一种替代性的制度安排——将提供这类产品或服务的项目安排为政府出资的公益型项目，就是必要的。这类项目不以盈利为目的，而以社会利益为基本追求，它的产品或服务或者被免费享用，或者为了维持项目的正常运行而实行低价收费，享用者从免费中获得了公共品，从低价收费中获得了项目产出的外部收益——消费者剩余。

五、政府的基本目标与项目属性

政府之所以应该成为公益型项目的投资主体，一方面是由于政府的性质和职责所决定，另一方面是由其效率所决定。政府是公共权力机构，其权力是人民赋予的，其职责是为人民服务、为社会谋利。政府的基本目标有两个：一是效率目标，即促进社会资源的有效配置，促进国家或地区的经济增长；二是公平目标，即促进社会福利的公平分配，普遍改善人民的福利水平。

就效率而言，在市场机制能够充分有效运作的范围内，政府不一定非要在那些以盈利为目的的竞争性产业领域进行大量的项目投资，而应主要在市场机制不能充分发挥作用的公益型领域进行投资，以弥补市场机制的不足，促进全社会的资资源配置效率的提高。一般来说，对公共物品，在同样投资和维护成本条件下，由政府出资兴建提供免费服务也就更有效率。

就公平而言，调节公民之间的福利分配是政府的基本职责。在市场机制的分配范畴内，公民之间的收入分配和福利分配肯定是有相当差异的。为此，政府一方面可以通过财政税收等政策工具调节人们之间的收入分配，实行多收入多交税原则，用纳税人的钱补助低收入者和无收入者；另一方面，政府可利用税收等财政收入投资兴办有助于改善社会福利分配的公益型项目。

事实上，许多公益型项目可能不止追求效率或公平的单一目标，而是二者兼有。例如，政府修建免费公路不但有助于社会效率的提高，而且也有助于改善福利分配，使收入低的人也能享用公路提供的服务。

六、影响公益型项目效率的主要因素

虽然从理论上说，政府投资于公益型项目是基于效率与公平目标的考虑，但从实践上看，公益型项目的投资经营却比较容易产生效率不高的问题。

公益型项目效率不高的原因之一，是由于公益型项目产出的强烈公共品性和外部性，使公益型项目缺乏支出与收益的内在联系，因而也就常常无法要求它以收抵支，不能像经营性企业那样要求它自负盈亏。这种状况使公益型单位一方面在财务上通常实行预算供给制，所需要的资金全部或部分地靠政府拨付；而资金的无偿使用，容易促使公益型项目的经营者不关心节省开支、降低成本，反而要政府不断增加拨款，由此导致财务约束疲软。另一方面，公益型事业是市场机制难以作用的领域，公益型事业单位缺乏优胜劣汰的市场竞争压力，容易产生机构繁多和人浮于事，缺乏提高效率、改善产品或服务质量的外在压力和内在激励。

原因之二，公益型项目虽然是由政府直接出钱投资，但是追根溯源，这些钱来自自然人和法人单位的纳税，公共部门人员在使用这些纳税人的公共资源的时候，有可能不像花自己钱那样关心资源的配置效率，使得公益型项目在投资决策上和经营管理上草率粗放。从社会公众对这些公共资源的配置和经营的监督有效性上看，由于每个纳税人在其缴付的税款与其从公益型事业中所得收益之间并不具有一致性，这就降低了公众中的个人对公益型事业监督的积极性，加之政府与公民对各个项目所能拥有的有效信息不对称，公民处于有效信息少的不利地位，所以，即使公民在法律上拥有监督政府的权利，但在实际上很难对公益型项目投资项目的得当与否作出恰当评判，难于实施有效监督。总之，这种花公众的钱进行投资，投资者不承担个人责任和损益的投资体制，具有缺乏外在压力和有效监督、缺乏内在激励的制度缺陷。

各国的实践表明，随着社会经济的不断进步，公益型事业的社会需求不断增长，公益型项目也必将不断发展。由于公益型项目的投资往往很大，投资不当就要蒙受难以挽回的巨大损失。所以，无论是政府机构，还是公益型部门，都应本着为人民负责的精神，关心公益型项目的资源配置效率，做好项目的可行性研究及评价工作，真正做到取之于民，用之于民，促进效率与公平。

第二节　市场和政府

西方经济学家对于财政经济理论的阐述，是从公共部门经济活动的意义开始的。其基本的思路是：由社会资源配置效率的评判入手，分析市场机制的缺陷，揭示政府经济活动的必要性。在此基础上，界定政府经济活动的范围和公共财政的职能。

一、资源配置效率的含义与条件

(一)效率的含义

西方经济学家将社会资源的合理配置视为经济学的核心问题，并把“效率”作为评判社会资源配置状况的标准。那么，如何把握和理解资源配置效率的含义呢？

如果经济社会中只有一个人，资源配置效率的含义是很容易说清楚的。在一个包含众多消费者而且通过商品交换关系联系起来的现代化经济社会中，有多少消费者，几乎就有多少种需求偏好结构。如何才能安排出一种人人都满意的生产秩序来，即达到社会资源的最佳配置状态，则是一个不那么容易说清的问题。

在西方经济学家看来，对资源配置效率含义的最严谨的解释是由意大利经济学家帕累托(Pareto)作出的。按照帕累托的说法，如果社会资源的配置已经达到这样一种状态，即任何重新调整都不可能在不使其他任何人境况变坏的情况下，而使任何一人的境况更好，那么，这种资源配置的状况就是最佳的，也就是具有效率的；如果达不到这种状态，即可以通过资源配置的重新调整而使得某人的境况变好，而同时又不使任何一人的境况变坏，那就说明资源配置的状况不是最佳的，也就是缺乏效率的；这就是著名的“帕累托效率”准则。

实际上，在现实经济生活中，帕累托效率是不可能完全实现的。大多数的经济活动都可能是以其他人境况变坏为条件而使某些人的境况变好。帕累托效率准则的意义，不过是为实行市场经济的社会提供了一种最合理配置资源的理想状态。因此，可以将帕累托效率准则的实际含义解释为，经济活动上的任何措施，都应当使“得者的所得多于失者的所失”，或者从全社会看，“宏观上的所得要大于宏观上的所失”。如果做到了这一点，资源的配置就可说是具有效率的。

(二)效率的实现条件

在得到了关于效率的上述定义之后，效率的实现条件便可运用边际分析的方法直接给出。

为此，西方经济学家提出了社会总效益、社会总成本、社会边际效益和社会边际成本的概念。在他们看来，一种物品的社会总效益(*TSB*)是指人们从消费一定量的该种物品中所得到的总的满足程度。一种物品的社会边际效益(*MSB*)则是指人们对该种物品的消费量每增加一个单位所增加的满足程度。社会边际效益可以通过人们为增加一个单位的某种物品的消费量而愿意付出的货币最高额来测定。一种物品的社会边际效益随其数量的增加而倾向于减少。

一种物品的社会总成本(*TSC*)指的是为生产一定量的物品所需要消耗的全部资源的价值。一种物品的社会边际成本(*MSC*)则指的是每增加一个单位该种物品的生产且所需增加的资源消耗的价值。社会边际成本可以通过为补偿因增加一个单位的某种物品的生产量所消耗的资源价值而需付出的货币最低额来测定。一种物品的社会边际成本随其数量的增加而倾向于增加。

社会边际效益的数额为单位产量变动的社会效益的变动额，社会边际效益是社会总效益曲线上的任意点的斜率。与此相似，社会边际成本为单位产量变动的社会成本的变动额，也就是社会总成本曲线上的任意一点的斜率。

只要某种物品的社会边际效益大于其社会边际成本，至少会有一人会随该种物品产量的增加而使自己的境况较前变好，同时又不会使其他任何人的境况较前变坏。可以用净边际效益来表示一种物品的社会边际效益与其社会边际成本之间的差额。于是，可据此得到这样一个结论：只要一种物品的净边际效益是正数，将更多的资源配置在这种物品的生产上，便会获得追加的效益。

进一步推理，为了使某种物品的效益最大化，该种物品的产量的增加应当持续到这样一点上，即其社会边际效益等于社会边际成本，或其净边际效益为零。如果该种物品的产量超过了这一点，其社会边际效益就会小于社会边际成本，从而其净边际效益就会为负数。这表明，用于该种物品生产的资源的追加，反而减少了该种物品的效益。

由此可见，实现资源配置效率最大化即“帕累托效率”的条件是：配置在每一种物品或劳务上的资源的社会边际效益均等于其社会边际成本。用公式表示，即为

$$MSB=MSC \quad (10\text{-}1)$$

只有在 $MSB=MSC$ 时，配置在该物品生产上的资源的总净效益(效益扣除成本)，才实现了最大化。这时，社会总效益曲线与社会总成本曲线两个曲线之间的垂直距离也最长，这个距离正是该种物品的总净效益。若在此基础上，继续追加资源投入，从而增加该种物品的生产，直至 $TSB=TSC$，其结果是反会减少该种物品的总净效益。这是因为这时的社会总效益和社会总成本之间的差额会减少至零，即处在 $TSB=TSC$ 的点上。

根据上面的分析，西方经济学家得出了如下结论：一种有效率的经济制度，可使其全社会的资源配置满足这样一种条件，即每一种物品(或劳务)的社会边际效益均等于其社会边际成本。

二、市场失灵和政府经济活动的范围

在以市场为资源配置主体的经济社会中，分析政府经济活动意义的起点是考察市场在资源配置中的作用，这需要从完全竞争的市场机制开始。

(一)完全竞争下的资源配置

西方经济学家认为，完全竞争的市场机制能够使资源的配置达到最有效率的状态。他们的分析是建立在价格信号具有充分灵活性和伸缩性这个基础上的，其必要条件是：所有的生产资源都为私人所有；所有的交易都在市场上发生，并且每一市场都有众多的购买者和销售者；没有任何购买者或销售者能够单独操纵价格；购买者和销售者都可享有充分的信息；资源可充分流动并且可无任何阻碍地流向任何使用者。

来看一下满足这五个条件的完全竞争的市场是如何实现资源的有效配置的。

先看消费者的购买行为。在决定某种物品的购买量时，消费者总要比较一下其货币支出(价格)与所能获得的满足程度(私人边际效益)。如果追加一个单位物品的消费给他带来的私人边际效益大于其必须为之付出的价格，他就会增加该种物品的购买量。如果追加一个单位物品的消费给他带来的私人边际效益小于其必须为之付出的价格，他就会减少该种物品的购买量。如此的调整将持续到他从最后一个单位物品的消费所获得的私人边际效益恰好等于其必须为之付出的价格时为止。这时，他所获得的满足程度达到了最大化，消费者既不会增加购买量，也不会减少购买量。消费者购买某种物品所获得的私人边际效益也就是该种物品所提供的社会边际效益。若以 P 代表价格，MPB 代表私人边际效益，MSB 代表社会边际效益，则上述条件可用公式表示为

$$P=MPB=MSB \quad (10\text{-}2)$$

再看生产者的销售(生产)行为。在决定某种物品的销售(生产)量时，生产者比较的是

其增加销售(生产)一单位物品所消耗的成本(私人边际成本)与所能获得的货币收入(价格)。如果追加一个单位物品的销售(生产)所消耗的私人边际成本小于其所能获得的价格，他就会增加该种物品的销售(生产)量；如果追加一个单位物品的销售(生产)所消耗的私人边际成本大于其所能获得的价格，他就会减少该种物品的销售(生产)量。如此的调整会持续到他从最后一个单位物品的销售(生产)所获得的价格恰好等于其因此而消耗的私人边际成本时为止。这时，他所获得的利润实现了最大化。与前面的问题相似，生产者销售(生产)某种物品所消耗的私人边际成本也就是该种物品所消耗的社会边际成本。若以 P 代表价格，MPC 代表私人边际成本，MSC 代表社会边际成本，上述条件可以写成

$$P=MPC=MSC \tag{10-3}$$

将上述生产者与消费者行为的两个方程式合并，可得到下式：

$$P=MPB=MPC=MSB \tag{10-4}$$

可以看出，由此决定的产量水平意味着，所有的消费者已将其消费量调整到了其私人边际效益等于该物品的价格的水平，所有的生产者已将其生产量调整到了其私人边际成本与该物品的售价相等的水平。

进一步看，如果消费者就是所出售物品的唯一受益者，且生产者承担了制造该物品的所有成本，那么，上式也意味着该种物品的 $MSB=MSC$。因此，该种物品市场的均衡点就是其最佳的产量点。如果这种条件在所有的市场上以及所有通过市场进行交易的物品上都得到了满足，那么，就意味着该经济社会中的所有资源的配置达到了最佳状态，即实现了“帕累托效率”。

西方经济学家由此得出结论，当上式的条件在所有的市场上和通过市场进行交易的物品(或劳务)上都得到了满足时，完全竞争的市场机制可以通过供求双方的自发调节，而使资源配置达到最佳状态。

(二)市场机制的失灵：效率的背离

问题在于，完全竞争的市场机制毕竟只是一种理论上的理想状态，在现实经济生活中，它的五个必要条件不可能同时完全具备。而这五个条件如果缺少一个，市场机制在实现资源配置的效率方面就有可能出现运转失灵。这时，公共部门的干预即政府的经济活动就成为必要的了。

在西方经济学家看来，导致市场运转失灵的基本原因，在于价格信号并非总是能充分地反映社会边际效益和社会边际成本。

一个突出的例子是那些可称作“公共物品”的具有共同受益或联合消费特征的物品或劳务。由于这类物品或劳务所提供的效用不能分割为若干单位，从而不能向个人或企业出售，也不能为其定价，市场的供给自然就成为无效的方式。诸如国防、防洪设施等，便是这类物品或劳务的典型事例。很明显，它们不同于一般的物品或劳务，其效用的不可分割性使得消费者不愿为此付出价格，市场也无法通过供求双方的力量为其求得一种均衡价格。其所以如此，恰恰在于私人边际效益和社会边际效益、私人边际成本和社会边际成本在这类物品或劳务上发生了分离，或说是这类物品或劳务的社会边际效益大于社会边际成本。在这种条件下，市场显然不能按照有效的产量水平供给这类物品或劳务，

市场机制的作用在这类物品或劳务上的失灵，决定了政府部门介入该领域，担当起供给这类物品或劳务的责任的必要性。

另外一种与公共物品或劳务有密切关系的现象，称作“外部效应”。所谓外部效应，指的是私人边际成本和社会边际成本之间或私人边际效益和社会边际效益之间的非一致性。其关键方面是指某一个人或厂商的行为活动影响了他人或厂商，却没有为之承担应有的成本费用或没有获得应有的报酬。这就决定了，带有外部效应的物品或劳务的市场供给，只能是过多或过少的，而不会达到最佳的资源配置状态。因而政府也有必要在这一领域发挥自己的特殊作用，以非市场的方式去矫正或解决带有外部效应的物品或劳务的供给问题。

再一个例子是垄断现象的存在。当一个企业可以通过减少所出售的物品的供给量，从而使得物品的出售价格高于该种物品的边际生产成本时，就发生了所谓“垄断”。众所周知，垄断者实现利润最大化的办法是将其产量确定在边际效益等于其私人边际成本的水平上。

规模报酬递增(或规模成本递减)是市场运转失灵的又一个现象。它是指某些行业如供水、供电、煤气管道等，具有经营规模越大、经济效益越好的特点。也可以说这些行业具有边际成本不断下降的特点，因而独家经营的经济效益将远胜于多家竞争。在这种情况下，可以说天然存在着竞争失灵的可能性，或者说天然存在着政府介入这些企业的必要性。

市场机制在实现资源配置方面的失灵，不仅表现在微观经济领域，宏观经济领域同样存在着市场失灵的现象。从微观上考察，资源配置的效率是可以运用帕累托效率准则来评判的。但是，若将该准则推广到宏观，则就显得有些不够用了。宏观经济领域资源配置效率即宏观经济效率的评判，还需要借助于其他的指标。这就是，就业、物价水平和经济增长。而自发的市场机制并不能自行趋向于充分就业、物价稳定和适度的经济增长。这一点早已为创立现代宏观经济理论与政策体系的凯恩斯学派所证明。在他们看来，自由放任的市场机制在实现宏观经济水平方面的失灵，一方面是由于价格信号在某些重要的市场上并不具有伸缩自如、灵活反应的调节能力；另一方面，从总供求角度看，不同经济主体在实现其经济利益上所具有的竞争性和排他性，也会使市场的自发力量不能经常保证总供求在充分利用资源的水平上相一致。为此，唯有政府担负起对宏观经济的管理职能，经济才有可能获得稳定的增长。

(三)市场机制的失灵：分配的不公

西方经济学家还认为，效率并不是评判社会资源配置状况的唯一标准，在很多情况下，公平也是必须加以考虑的一个重要因素。

然而，在市场经济中可以观察到的一个基本事实是，由市场所决定的收入的初次分配(即纳税前收入的分配)是极不公平的。这是因为，在市场机制的作用下，收入的分配状况是由每个人提供的生产要素(如劳动力、资本、土地等)的数量以及这些生产要素在市场上所能获得的价格决定的。显而易见，由于人们占有(或继承)财产情况的不同以及劳动能力的差别，由市场所决定的收入分配状况肯定高低悬殊。这不仅本身于社会公平的要求有违，而且会导致诸如贫困、富裕阶层中财富的浪费、社会冲突、低收入阶层得不到发展与改善自己处境的机会等一系列不好的社会后果。因此，政府有责任弥补市场机制的这一缺陷，将解决收入分配不公问题纳入其职责范围。

(四)政府经济活动的范围

在分析了市场机制失灵的若干方面之后，政府经济活动的范围便不难界定了。按照西方经济学家的推论，市场机制发生失灵的领域，也就是需要公共部门即政府发挥作用的范围。至此，我们可以对市场经济中政府的经济活动作一简短的归纳。

1. 提供公共物品或劳务

即由政府部门负责提供那些社会边际效益大于社会边际成本，因而不能通过市场有效供给的物品或劳务。

2. 矫正外部效应

即由政府部门采取措施来排除私人边际成本和社会边际成本以及私人边际效益和社会边际效益之间的非一致性。

3. 维持有效竞争

即由政府部门制订有关政策法令，实施禁止垄断、维持市场有效竞争的措施，以保证竞争性市场在资源配置方面的效率。

4. 调节收入分配

即由政府部门运用各种手段对有欠公平的收入分配状况进行调节，解决市场经济条件下的收入分配不公问题。

5. 稳定经济。

即由政府担当起维持经济稳定发展的责任，干预经济的运行。

第三节　公共财政的效率：预算决策及其经济分析

公共部门的收支决策是通过预算的编制过程来完成的。在预算的编制过程中，通常要面临两个互为关联的问题：一是公共支出的规模应当控制在怎样的水平上？二是如何保证公共部门的资源配置具有更高的经济效率？

一、预算决策的经济分析：机会成本分析

西方经济学家认为，政府部门制定决策和私人部门制定决策是十分不同的。在私人部门中，市场机制的作用可以使其开支和生产的决策达到最优状态。而在政府部门中，决策是通过政治程序制定的，市场机制对于预算资金的分配使用并不起作用。既然客观上不存在这样一种机制，但又需要这样一种机制，将适用于私人部门开支和生产决策的经济分析，应用于政府部门的预算决策，即进行所谓模拟经济分析，就是一种可选择的方法了。

具体来说，西方经济学家对于预算决策的经济分析，大体是从两个方面进行的。一是从宏观的角度，就整体的预算决策对社会资源配置的影响进行分析；另一是从微观的角度，就某一项目或方案的预算决策对社会资源配置的影响进行分析。与之相对应，前者使用的是机会成本分析法，后者则使用的是成本—效益分析法。

(一)机会成本分析的含义

通过预算程序所作出的有关公共收支的决策，实质上是将私人部门的部分资源转移到公共部门，并由政府加以集中使用的决策。因此，它也有一个资源配置的效率问题。

不言而喻，只有当资源集中在政府手中能够发挥较在私人部门更大的效益时，政府占用资源才是对社会有益的，或说是具有效率的。从这一推论出发，西方经济学家倾向于用“预算资金的社会机会成本”来评价预算决策的效率。这里所说的预算资金的机会成本,指的是因这样一笔资金由私人部门转移到公共部门而导致的私人部门的效益损失。这样一来，预算决策的效率评估也就演变为同样一笔资金由公共部门和由私人部门使用所能达到的效益的比较问题了。如果一笔特定的资金交由公共部门使用所能达到的效益，大于交由私人部门使用所能达到的效益(或说是大于其机会成本)，那么，有关这笔资金的预算决策就是具有效率的；如果一笔特定的资金交由公共部门使用所能达到的效益小于交由私人部门使用所能达到的效益(或说是小于其机会成本)，那么，有关这笔资金的预算决策就是缺乏效率的；如果一笔特定的资金交由公共部门使用所能达到的效益，恰恰等于交由私人部门使用所能达到的效益(或说是等于其机会成本)，那么，这时整个社会的资源(资金)配置处于最佳状态。

(二)进一步的说明：资源在公共物品和私人物品之间的配置

假定公共物品或劳务和私人物品或劳务的支出效益曲线 M 和 N 均是向右下方倾斜的。当用于公共物品或劳务资金支出为 OA，而用于私人物品或劳务的资金支出为 OB，且 OA 和 OB 的边际效益恰好相等，即 $OA=OB$ 时，资源配置处于最佳状态，这时的预算决策就是最有效率的；如果用于公共物品或劳务的资金支出仅为 OA'，而用于私人物品或劳务的资金支出为 OB'，OA'的边际效益大于 OB'的边际效益，即 $OA'>OB'$，且 $OA+OB=OA'+OB'$=全国可用资源时，增加公共部门支出的预算决策就是具有效率的。因为，如果这样的话，整个社会的总效益可望获得增加，沿着这个方向调整，最终将会出现资源配置的最佳状态。即每一货币单位无论花在公共物品或劳务上，还是花在私人物品或劳务上，所带来的边际效益都相等。由此可将整个社会资源的最佳配置条件用公式表示为

$$\frac{\text{公共物品或劳务的边际效益}}{\text{公共物品或劳务的边际支出}}=\frac{\text{私人物品或劳务的边际效益}}{\text{私人物品或劳务的边际支出}} \tag{10-5}$$

一旦整个社会的资源(资金)配置满足了上述条件，则不仅资源配置状态是最优的，与此有关的预算决策也是最优的。

二、预算决策的经济分析：成本—效益分析

对预算决策所作的成本—效益分析，是从微观的角度，就某一项目或方案的预算决策对社会资源配置的影响进行的分析。它通常按照下列步骤进行：计算出各个项目或方案的效益和成本，计算各个项目或方案的效益和成本的比率，确定各个项目或方案的优劣次序，进行各个项目或方案的选择和决策。在这一分析过程中，应当将时间因素考虑在内，将发生在若干年间的与所分析项目或方案有关的“成本流”和“效益流”折算成

现值。在此基础上，才能对公共支出项目的成本和效益相加或相减，进行比较和分析。

(一)成本—效益分析的含义

对预算决策进行成本—效益分析，就是把预算资金的使用划分为若干项目或方案，分别就每个项目或方案核算其效益和成本。在此基础上，对不同项目和不同方案之间进行比较，确定其优先采用的次序，并摒弃那些社会边际成本超过社会边际效益的项目或方案。

(二)成本—效益分析的步骤

这里以一个具体事例来说明。

假定某一地区洪水经常泛滥，给该地区造成很大损失。为了治理洪水，政府拟建设一座防洪设施。其成本和效益如表 10-1 所示。

对类似防洪设施这样的公共支出项目的成本—效益分析通常按照下列步骤进行。

表 10-1　防洪工程的成本—效益分析

项目(方案)	效益 B	成本 C	$B-C$	B/C	$(B-C)/C$	次序
A	40 000	20 000	20 000	2.0	1.0	2
B	19 500	15 000	4 500	1.3	0.3	4
C	12 000	10 000	2 000	1.2	0.2	5
D	12 500	5 000	7 500	2.5	1.5	1
E	45 000	30 000	15 000	1.5	0.5	3
F	12 500	12 500	0	1.0	0.0	6
G	27 000	30 000	-3 000	0.9	-0.1	7

第一步，计算各个项目或方案的效益和成本。

这是一项比较复杂的工作。无论效益和成本，都可以区分为：该项目直接的效益和成本，与该项目有关的、由此引起的间接的效益和成本。前者较为具体，是该项目本身的。后者较为复杂，也不那么具体，是该项目对整个经济社会所造成的影响，可以称作该项目的社会效益和社会成本。如果仅仅考虑前者而完全忽略后者，则对该项目的效益就不能作出正确的分析。而如果要完整地、毫不遗漏地计算一个项目的社会效益和社会成本，不仅难以做到，而且也会使分析工作实际上难于进行。因此，实际的做法是：详尽地计算每一项目的直接成本和效益，适当地计算其社会成本和效益。至于哪些社会成本和效益应当计算，在各个项目之间应当有一个统一的标准。但这种标准也是可以调整的。

另外，无论效益还是成本，都可以区分为两种。一种是所谓实际的成本和效益。如由于建设防洪工程而实际耗费的人力和物料及对社会、经济和人民生活造成的实际损失，是该项防洪工程的实际成本。由于建设防洪工程而更多地生产出的社会财富，以及由此而带来的社会的发展和人民生活水平的提高，是该项防洪工程的实际效益。另一种是所谓金钱的成本和效益。如由于防洪工程的建设，邻近地区的地价抬高，这既增大了这个项目的金钱上的效益，也由于工程造价上升而加大了该项目的金钱上的成本。这种效益显然与航运的增加、农产量的增长等实际的效益性质不同，这种成本显然也与工程费用、设备费用的性质不同。一个显而易见的道理是，甲方之所得或所失，即为乙方之所失或所得，整个社会的总成本与总效益的对比，并无变化。因此，这种成本和效益又称虚假的成本和效益，是应在经济分析中加以剔除的。

再有，每一项目的效益和成本，也有有形和无形之分。有形的成本和效益，指的是可以用市场价格计算的且按惯例应计入会计账目的一切成本和效益；无形的成本或效益，则指的是不能经由市场估价的，因而也不能入账的一切成本和效益。很显然，预算决策的经济分析也是要将无形的成本和效益计算在内的。

防洪工程的效益和成本的计算如表 10-1 中的 B、C 栏所列。

第二步，计算各个项目或方案的效益和成本的比率。

如果对每个项目或方案都核算出效益和成本的总金额，那就可以随之计算出成本和效益的比率。通常使用的是两种比率：

其一，B/C (即效益/成本)比率。其值的最低限是 1，凡低于 1 的项目在经济上都是不可行的。

其二，$(B-C)/C$ (即(效益－成本)/效益)比率。其值的最低应是零，凡是低于零，即负值的项目在经济上都是不可行的。

第三步，确定各个项目或方案的优劣次序。

计算出效益和成本的比率之后，就可以据此确定各个项目或方案的优劣次序。无论 B/C 比率还是 $(B-C)/C$ 比率，都是值越大越好，因而优劣次序的确定可以按照数值的大小进行。

第四步，进行各个项目或方案的选择和决策。

选择和决策，要以上列次序作为一种根据，并要看限制情况而定。以本例来说，如果是七个不同的项目，如何选择就要看公共支出总额是既定的，还是可变的。公共支出总额既定，如既定不得超过 7 亿美元，那就是一个限制条件。

第四节 公共部门的经济职能

公共部门从事经济活动的目的是弥补市场缺陷，在经济活动中公共部门具有哪些功能，从市场经济运行的角度，可将公共经济职能概括为参与资源配置、协调收入分配和促进经济稳定。

一、参与资源配置

(一)资源配置的目标

所谓参与资源配置，是指社会以何种方式来支配和使用有限的经济资源，生产更多的产品，以满足社会成员的各种需要。资源配置问题是由资源的稀缺性与人们欲望的无限性这一矛盾所引起的。

资源配置的目标是高效率，经济学家们通常以 Pareto 最优状态作为衡量资源配置高效率的标准。Pareto 最优是指资源配置应达到这样一种状况，无论发生任何改变都不可能使一部分人收益而不使其他人受损。也就是说，经济运行所达到的效率已经使一部分人处境改善必须以另一些人的处境恶化为代价。

经济学家关于 Pareto 最优实现条件的分析，主要在一般均衡的框架下展开的，主要满足三个方面的最优：交换的 Pareto 最优(交换契约线上各点都代表两经济人边际替代率相等的点)，生产的 Pareto 最优(生产契约线上各点都代表两个企业边际技术替代率相等的点)；产品组合的 Pareto 最优(边际转换率等于边际替代率)。

(二)公共部门参与资源配置的理由

Pareto 最优的三个边际条件在什么情况下才能具备呢？福利经济学认为，在完全竞争市场条件下，市场均衡的结果是 Pareto 最优的。

然而，现实生活中的市场体系都不是完全竞争的。也就是说，单靠市场机制的作用，难以使资源配置达到 Pareto 最优状态。因此，公共部门参与资源配置是由市场缺陷的存在所决定的。

具体说来，公共部门参与资源配置主要有以下三个理由。

1. 私人部门不愿提供公共产品

私人产品是具有竞争性和排他性的产品或劳务。竞争性意味着新增一个消费者的边际成本大于零，因而供给者必须以收费的方式来供给；排他性意味着供给者在技术上很容易将“免费搭车者”排除在外。这两个特征使私人部门供给私人产品的成本得到补偿，而且还可能盈利。然而，公共产品具有非竞争性和非排他性这样两个基本特征，非竞争性意味着新增一个消费者的边际成本等于零，因而供给者必须以免费的方式来供给；非排他性则意味着供给者在技术上很难把“免费搭车者”排除在外。很显然，如果私人部门供给公共产品，那么供给成本就无法得到补偿，更谈不上盈利了。可见，公共产品的本质特征决定私人部门不愿提供公共产品。但是，公共产品与私人产品一样，都是满足社会成员的需要所不可或缺的，因而只能由公共部门来提供。

2. 私人部门不愿矫正外部效应

如果说在公共产品的供给中市场处于无效状态，那么在有外部效应的领域市场就处于低效状态。外部效应的存在使得作为资源配置信号的市场价格不能真实地反映社会边际成本和社会边际收益，在追求利润最大化的动机支配下，生产者只考虑私人的成本和收益。而仅仅以私人边际成本或私人边际收益为基础形成的价格，是一种扭曲的价格。这是因为，如果存在负外部效应，说明产品的私人边际成本小于社会边际成本，这时会使产量过多；如果存在正外部效应，说明产品的私人边际收益小于社会边际收益，这时会使产量不足。无论产量过多还是不足，都是资源配置低效率的表现。既然生产者自已不愿使外部效应内在化，那么，外部效应的矫正也必须依赖于公共部门。

3. 规模报酬递增所导致的垄断

规模报酬递增是指某一行业或产品的净收益超过其生产规模的扩张程度。充分和完全的市场竞争，只存在于规模报酬固定或递减的状态下。规模报酬递增必将导致垄断。这是因为，在规模报酬递增条件下，越来越大的生产规模会产生越来越高的收益率和回报率，大企业生产经营规模大，在竞争中处于明显有利的地位，从而以较低的市场价格不断地排挤中小企业，由此会形成垄断局面。经济学家们认为，能够达到效用最大化的价格，是由边际成本等于边际收益的均衡点所决定的，而在规模报酬递增条件下，即使竞争性市场存在，边际成本曲线始终低于平均成本曲线，无法产生市场均衡点。这样，如果按边际成本定价，企业就会亏损。如果由企业自主定价，必然形成垄断价格，这种垄断价格形成以后就会引起资源配置的低效率。

公共部门参与资源配置的方式，一是通过预算拨款直接提供纯公共产品，或通过发放补贴与私人部门共同提供优值品和混合产品(准公共产品)；二是开征矫正性税收实现外部边际成本内在化，或者发放矫正性补贴实现外部边际收益内在化；三是在基础产业、基础设施、高新技术产业等领域安排公共投资，或对自然垄断领域的企业实行政府规制。

二、参与收入分配

所谓参与收入分配，是指公共部门运用各种政策手段对由市场体系所决定的收入分配状况进行调节，解决收入分配的不公平问题。

(一)收入分配的目标

即使市场经济运行已处于 Pareto 最优状态，公共部门的干预仍是不可或缺的，因为帕累托最优只说明资源配置的效率，并不说明已实现收入的公平分配。收入的公平分配之所以成为追求的目标，一来因为一定程度的公平是实现效率的必要条件，过大的收入差距会破坏实现效率所必需的运行规则；二是因为收入分配会影响社会福利水平，追求效率和公平都能使社会福利得到改善。

(二)公共部门协调收入分配的理由

市场机制所决定的收入分配是一种初次分配，初次分配的结果不能体现公平，还需要通过公共部门建立起再分配机制对这种初次分配结果进行协调。

收入的功能性分配，实际上就是各种生产要素的价格及数量如何决定的问题。垄断因素的存在，必然导致收入分配的不公平。事实上，导致收入分配不公平的不止垄断一个因素。因为每个社会成员拥有的生产要素数量和质量往往不相同。这意味着收入分配的起点并不相同，即便分配过程是合理的，分配结果也难以公平。与此同时，每个社会成员提供生产要素的机会也不相同。这就面临极不相同的就业机会，由此也会形成较大的收入差距，这种收入分配结果当然也是不公平的。

公共部门协调收入分配的手段，一是征收累进的个人所得税、高税率的消费税和遗产税，分别从收入的取得、使用和转移等不同环节，降低高收入者的过高收入水平；二是安排社会保险支出、社会救济支出和社会福利支出，提高低收入者的过低收入水平；三是增加公共投资，创造更多的受教育机会和就业机会；四是颁布劳动者权益保护法等法规以反对歧视；五是扶持工会等制约垄断的组织。

三、促进经济稳定

所谓促进经济稳定，是指公共部门运用宏观经济政策有意识地干预经济运行，尽可能地实现充分就业和物价稳定基础上的经济增长。

(一)经济稳定的涵义

经济稳定就是伴随较低失业水平和通货膨胀水平的经济增长。也就是说，在充分就业和物价稳定这两个目标同时实现条件下的经济增长就是经济稳定。充分就业是指在既定的工资水平和工作条件下，所有想要工作的人都没有多大困难便能找到一份职业的经济状况。实现充分就业，主要是要消灭非自愿性失业。物价稳定是指整体物价水平不出现持续而显著的上涨。物价稳定并不意味着物价涨幅为零，只是使物价涨幅处于社会可以容忍的范围内。

如前所述，公共部门追求的终极目标是社会福利的最大化，而社会福利最大化的关键在于效率与公平。既然如此，那么为什么把稳定也作为公共经济活动的准则呢？这是因为，稳定与效率和公平之间存在密切的关系。从稳定与效率的关系来看，非自愿性失业的存在，会使产量减少，表明资源没有得到充分的利用；严重的通货膨胀会使价格受到扭曲，从而可能导致资源配置失误。从稳定与公平的关系来看，高失业率的存在，使低收入者大量增加，贫富分化日趋严重；高通货膨胀率会导致收入和财富的再分配，而这种再分配往往是不公平的。

这里所说的稳定还包含了增长的含义，而增长与效率和公平之间同样存在密切的关系，从增长与效率的关系来看，为了实现经济的增长，需要以最小的投入获得最大的产出，这里就包含着效率因素；获得产出之后，还需要把现期的国民收入分成现期消费和现期储蓄两部分，以期在未来获得更多的产出，这里又包含着效率因素。从增长与公平的关系来看，收入分配实质就是如何把现期的产量合理地分割，但实现公平的根本途径还是如何增加产量，也就是人们所说的，把“蛋糕”做得更大一些。

问题在于，在现实生活中，充分就业和物价稳定这两个目标很难同时实现，常见的现象总是：或者是高通胀低失业，或者低通胀高失业。

(二)公共部门促进经济稳定的理由

之所以要通过公共部门的活动促进经济稳定，是因为在失业和通货膨胀的背后，存在一个市场缺陷，即依靠市场机制自身的调节，必然会使宏观经济的运行呈周期性波动状态。那么，为什么市场经济的运行总是呈周期性波动呢？对此存在种种不同的解释，在众多的理论中，“乘数与加速数交互作用原理”被认为是较有说服力的经济波动理论，因为这个理论说明经济体系本身具有产生周期性波动的功能，且经济波动的原动力来自外界的冲击。

从长期观察结果看，消费与国民收入之间的关系大致是稳定的，但投资与国民收入之间的关系具有不稳定的性质。投资乘数理论用来说明投资的变动会引起国民收入若干倍的变动。反过来，国民收入的变动也会引起投资的变动，加速原理就说明国民收入的变动会引起投资若干倍的变动。正是投资与国民收入之间的这种不稳定的关系，使乘数和加速数发生交互作用，才引起经济的周期性波动。

公共部门可以采取多种手段促进经济稳定，在众多的手段中，财政政策的地位举足轻重。财政政策包括扩张性财政政策和紧缩性财政政策两种类型，前者是指在经济萧条时，减少收入增加支出，以消除通货紧缩缺口；后者是指在经济繁荣时，增加收入减少支出，以消除通货膨胀缺口。此外，公共部门还可启动货币政策促进经济稳定，但是两大宏观经济政策必须密切配合才能达到满意的效果。

第五节　社会成本—收益分析

公共支出实质上是将私人部门的部分资源归公共部门支配使用，因而公共支出同样要讲究效率。尤其是对公共工程等支出项目进行可行性分析时，必须了解该项目建成后可能产生的收益，以及为此付出的成本费用，从而判断收益是否大于成本。这样，成本—收益分析法方法就被引入到公共支出决策之中。本节阐述社会成本与收益分析的基本原理。

一、社会成本—收益分析的特点

私人成本—收益分析是一种经济决策方法，首先确定一系列备选的方案或项目，然后分别核算各个方案或项目的全部预期收益和全部预期成本的现值，通过比较确定优劣顺序，选择出净收益现值最大的方案或项目。如以 PV 表示全部预期收益和全部预期成本的现值，NR_f 为 t 时期的净收益，r 为利息率，n 为方案或项目持续的年数，则有以下公式：

$$PV = \frac{NR_0}{(1+r)^0} + \frac{NR_1}{(1+r)^1} + \frac{NR_2}{(1+r)^2} + \cdots + \frac{NR_n}{(1+r)^n} = \sum_{t=0}^{n} \frac{NR_t}{(1+r)^t} \qquad (10\text{-}6)$$

根据由这一公式计算出来的数值，便可判断最优的方案或项目。

社会成本—收益分析也是一种经济决策方法，它要解决的问题是，在最优公共支出规模既定的前提下，如何以社会收益最大化为目标，确保公共部门的资源在可选择的方案或项目之间有效分配。这里所谓的社会收益最大化，既包括平均收益最大化，也包括总收益最大化，还包括净收益最大化。

对于私人部门而言，确定成本和收益比较容易；对于公共部门而言，成本和收益的度量就很复杂。这种复杂性决定了社会成本—收益分析具有与私人成本—收益分析不同的两个特点。

(一)公共支出决策要以社会收益最大化为目标

私人决策以私人净收益为标准，而公共决策以社会净收益为标准。用公式表示，即

私人净收益＝内在收益－内在成本＝私人总收益－私人总成本　　(10-7)

社会净收益＝(内在收益＋外在效益)－(内在成本＋外在成本)　　(10-8)

＝社会总收益－社会总成本

当然，公共部门在考虑成本与收益时，会因级次的不同而产生范围上的差别。上级决策者往往根据公共支出项目对全社会产生的影响，来权衡该项目的合理性和可行性，而下级决策者往往考虑公共支出项目对本辖区产生的影响，来权衡该项目的合理性和可行性。但不论哪一级公共部门，决策的依据都是社会收益最大化。

(二)公共支出项目的成本和收益无法以市场价格来估计

可能市场价格根本不存在，如纯净的空气、优美的环境等可能不存在市场价格；即

使存在也未必能真实地反映社会边际成本或社会边际收益。因为市场缺陷的存在使价格不能真实地反映社会边际成本或社会边际收益。公共决策所依据的“价格”必须是经过矫正的价格。比如政府关心失业问题，它就不会以个人工资作为劳动力的社会边际成本；同样，政府认为资本市场不完善，它就不会以市场利率作为贴现率去折现未来的成本和收益。

尽管如此，社会成本—收益分析在方法上仍与私人成本—收益分析有相似之处。

二、社会成本—收益的类型

公共部门所要考虑的社会成本和收益是多方面的，归纳起来主要包括以下五方面。

(一)真实的成本和收益与财务的成本和收益

真实的成本和收益是指公共支出项目实际产生的成本和收益，反映了社会福利总量的减少或者增加；财务的成本和收益是指受市场相对价格变化的影响而产生的成本和收益，其结果是某方之所得即为他方之所失，社会福利总量并未发生变化。如由于公路的建造，沿路地价上涨，卖方从土地中得益，买方却受损，这就是财务的成本和收益。

(二)直接的成本和收益与间接的成本和收益

直接的成本和收益是指与该项目本身密切相关的成本和收益，间接的成本和收益是指该项目附带的成本和收益。比如义务教育计划的实施，提高了青少年明辨是非的能力，减少犯罪的可能性，这是间接的收益；但教育又会提高青少年的犯罪技能，这是间接的成本。

(三)有形的成本和收益与无形的成本和收益

有形的成本和收益是指能够通过市场价格计算且应入会计账簿的成本和收益，无形的成本和收益是指无法通过市价直接估计且不能入账的成本和收益。比如公路拓宽会使输送的水产品保鲜度大大提高，旅客的舒适度也明显提高，这些都是无形的收益，但却是实质性的，理应计入收益之中。

(四)中间的成本和收益与最终的成本和收益

中间的成本和收益是指项目作为中间产品而产生的成本和收益，最终的成本和收益是指项目作为最终产品而产生的成本和收益。比如天气预报，对于航运业来说是中间收益，但对于旅游者而言是最终收益。

(五)内部的成本和收益与外部的成本和收益

内部的成本和收益是指项目所在辖区范围内产生的成本和收益，外部的成本和收益是指项目所在辖区范围外产生的成本和收益。比如一项防洪工程，可能产生某种外溢性效果。

三、社会成本—收益的度量

(一)影子价格

在社会成本—收益分析中，使用的成本概念不是会计成本，而是机会成本，这两者在成本的价格和成本的范围上存在差别：会计成本采用市场价格以反映内在成本，不一定反映外在成本；机会成本采用影子价格，不仅反映内在成本，而且反映外在成本。

如果公共支出项目的投入品都在完全竞争的市场上采购，那么就可以用市场价格衡量公共项目的成本。问题是，当市场不存在或者市场存在但并非完全竞争，这种情况下如何衡量公共项目的成本?解决的办法是“设计”出一种新的能反映产品实际价值的“价格”，这就是前面提到的所谓的“影子价格”。

如何确定影子价格呢?首先假定经济处于完全竞争条件下,经济理论表明在此假定下的所有投入和产出均可以市场价格衡量;然后分析现实经济与完全竞争条件的偏离程度,从而确定影子价格。下面分别探讨两种情况下的影子价格。

1. 需求变动的影子价格

如图 10-3 所示，纵、横轴分别是价格和数量，在原需求曲线 D 上，均衡点为 E_1，价格和数量分别为 P_1 和 Q_1。在新需求曲线 D'上，有以下两种可能。

第一种可能：在完全竞争市场中，供给曲线不变，需求量增加引起涨价，均衡点变为 E_3，价格和数量分别为 P_3 和 Q_3。

第二种可能：在不完全竞争市场中政府实行价格规制，限价于 P_1。这时，如果政府发放票证，那么市场供给缺口为 Q_1Q_2；如果不限量供应，而是通过政府补贴差价增加供给，则数量可增加到 Q_2，但价格也提高到 P_2。

这里存在三种价格：限价 P_1、理论均衡价格 P_3、补贴生产的实际价格 P_2。在成本—收益分析中究竟采用哪种价格？既然 P_3 是理论价格，就不应被采用。P_1 是实际价格但也不应被采用，因为以它为依据计算投资报酬率，会压低收益成本的比值，从而使合理项目成为不合理。以 P_2 作为影子价格是合适的，因为它反映了供求关系。

2. 成本变动的影子价格

如图 10-4 所示，纵、横轴仍为价格和数量，原供给曲线 S 与需求曲线 D 形成均衡点 E_4，价格和产量分别为 P_4 和 Q_4。假设由于某种原因生产成本增加，在需求曲线不变的情况下，供给曲线由 S 提高到 S'，从而形成新的均衡点 E_5，价格和产量分别为 P_5 和 Q_5。这时如果政府干预使产量和价格均维持在 Q_4 和 P_4，则必须补贴 FE_4，因为 Q_4 数量的生产成本已高达 P_6。在这种情况下，成本—收益分析中究竟采用哪种价格？P_5 是理论价格，故不应被采用。P_4 是实际价格，但不反映现实的成本，故也不应被采用。只有 P_6 反映供求关系，适宜于作为影子价格。

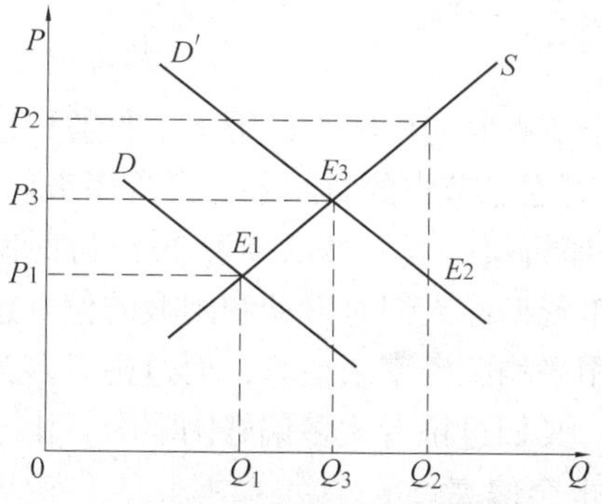

图 10-3 需求变动的影子价格

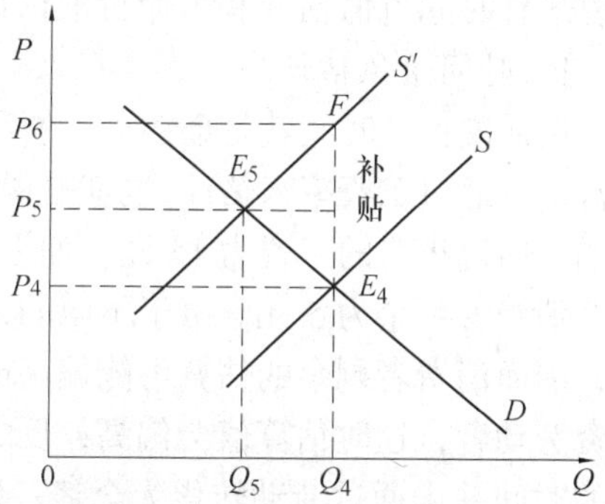

图 10-4 成本变动的影子价格

(二)消费者剩余

公共支出项目的社会收益可用消费者剩余来度量。消费者剩余是指消费者为某种商品或劳务愿意支付的价格总额与实际支付的价格总额之差额。由于消费者剩余没有市场价格可供计算，因而只能借助于补偿需求曲线来度量。补偿需求曲线表示人们为使用一定数量的公共产品所愿意支付的价格。比如政府建桥的补偿需求曲线是这样形成的：询问居民过桥一次愿意支付多少价格，过桥两次又愿意支付多少价格……直到某个次数居民愿意支付的价格为零，这些价格是居民对桥梁这种公共工程在不同需求情况下的边际收益评价，将这些价格—数量关系联结起来，就形成一条补偿需求曲线。补偿需求曲线与一般需求曲线的区别在于价格变化所引起的需求量的变化仅仅表现为替代效应所产生的影响，而不考虑收入效应所产生的影响。补偿需求曲线以下的面积为消费者剩余，它表明桥梁所产生的社会收益，如图 10-5 所示。图中纵、横轴分别表示价格和数量，若补偿需求曲线为 $P=f(Q)$，则消费者剩余为

$$CS=\int_{0}^{Q_1} f(Q)\mathrm{d}Q-P_1Q_1 \tag{10-9}$$

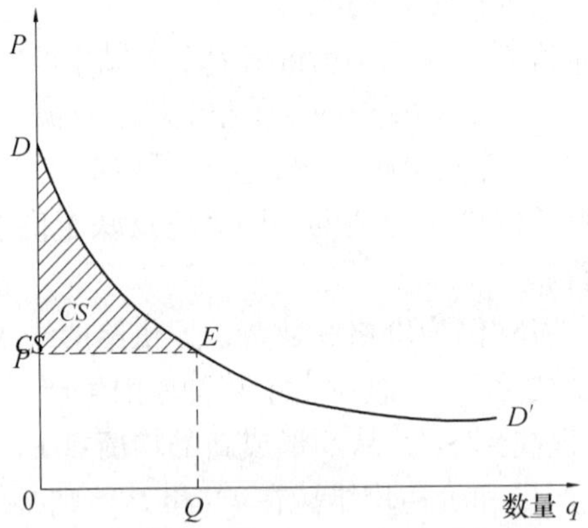

图 10-5　补偿需求曲线与消费者剩余

在多数场合，消费者剩余难以直接观察到，这就要根据可观察到的数据来推断。具体说来有时间价值估计和生命价值估计两种方法。

1. 时间价值估计法

俗话说：“时间就是金钱”。便利的交通由于节省时间而给人们带来了收益，这种收益可以通过工资率来估计，也就是说消费者剩余可通过节省的时间乘上工资率来估算。假如人们每小时的工资为 15 元，如果政府修建一座桥梁，人们可以节省 20 分钟时间，那么消费者剩余为 5 元。由于不同的人有不同的工资率，人们对劳动和闲暇的偏好也不同，因而消费者剩余的估算可能偏高或偏低。如用平均工资率来估算，而过桥者多为低工资劳动者，这时估算值会偏高；反之，则偏低。又如过桥者大多偏好闲暇时，由于节省的时间并未通过劳动转化为金钱，这时估算值也会偏高。

2. 生命价值估计法

由于公共支出的某些项目有助于减少交通事故或提高人们的健康水平，因而可用生

命周期来估算公共支出所带来的消费者剩余。一般说来，人们退休之后不再创造国民收入，很显然，当社会成员的平均寿命低于60岁时，公共支出所带来的收益会递增；反之，则会递减。另外，还可通过人们所要求的风险补偿来估计生命的价值。比如从事采煤等危险职业的人，要求有较高的劳动报酬，以补偿较高的死亡风险。如果公共支出有助于减少伤亡事故或死亡风险，那么所避免或减少的经济损失也就成了消费者剩余。

(三)社会贴现率

像防洪工程这样的公共支出项目，其建设周期和使用周期往往跨越若干年，这样，所谓成本和收益事实上都是“成本流”和“收益流”。由于货币时间价值因素的存在，不同时期发生的成本和收益不能直接相加或相减，因而在比较之前必须将“成本流”和“收益流”折算成现值。用公式表示为

$$P=\frac{A}{(1+i)^n} \tag{10-10}$$

式中 A——终值；

P——现值；

i——年利率；

n——年限。

很显然，无论是成本现值还是收益现值，其大小都与社会贴现率 r 有关。因此，社会贴现率的确定至关重要。社会贴现率过低，低效率的项目也会被批准；社会贴现率过高，高效率的项目也会被否决。社会贴现率的确定有多种方法，这里介绍两种方法。

1. 以私人部门的税前投资收益率为社会贴现率

这种方法实际上是以公共投资的机会成本作为确定社会贴现率的依据。公共投资的机会成本是指同一笔资金若不用于公共支出项目，而投入私人部门所能创造的社会收益。设私人部门的投资为 P，一年后的收益率为 r；现政府为实现某项计划，将投资 P 从私人部门抽出，转为公共投资，则公共投资的机会成本就是私人部门的收益率 r。私人部门收益率 r 的高低与税收的关系很密切，如果政府对投资收益征税，那么收益率就偏低。一般用税前的收益率来表示，这样比较准确。

2. 以私人部门的税前储蓄收益率为社会贴现率

以上的假设是政府把私人投资转为公共投资，但在多数情况下，公共投资来源于私人的消费资金。当公共投资来源于私人的消费资金时，其机会成本就是私人部门放弃消费所获得的收益率，即储蓄收益率。由于政府通常对私人储蓄收益征收所得税，这时，若以税后收益率为社会贴现率，则明显偏低。一般用税前的收益率来表示，这样比较准确。

(四)收益期望值

人们在进行社会成本—收益分析时所用的资料都是预计性的，这种资料的准确度如何呢？这就涉及公共支出项目的风险和不确定性。项目风险是指在进行经济决策时，人们对于未来的成本和收益难以确切知道，但又能计算出未来每一种结果发生的概率。项目不确定性是指在进行经济决策时，并不知道项目未来可能出现的结果。

为了将社会成本—收益分析与项目风险联系起来，有必要分析项目未来结果的期望

值。比如，某公共工程在某年所获得的收益，可能是若干个收益中的一个，如 B_1、B_2、…、B_n，而出现这些结果的概率分别为 P_1、P_2、…、P_n，那么，该工程在该年所可能获得的收益的期望值 $E(B)$ 为

$$E(B)=\sum_{i=1}^{n}P_i\cdot B_i \qquad (\sum_{i=1}^{n}P_i=1) \tag{10-11}$$

对于不确定性项目的选择，一个简单的处理办法是，将同样的概率运用到每个可能发生的结果及其相应的数值中去。

对于不确定性项目的选择，还有一个办法是把每个备选项目中净收益现值最小的那个结果挑选出来，罗列在一起进行比较，然后把最坏的结果一一排除掉。

四、社会成本—收益的评价标准

(一)净收益标准

净收益标准是将公共支出项目未来各年的成本和收益折算成现值，然后就净收益进行比较，优胜劣汰。若以 B 表示收益，以 C 表示成本，以 PVB 表示项目“收益流”的“总现值”，以 PVC 表示项目“成本流”的“总现值”，以 NPV 表示项目“净收益流”的“净现值”，以 r 表示贴现率，i 表示年份，则有以下计算公式。

项目“净收益流”的“净现值”计算公式为

$$NPV=PVB-PVC=\sum_{i=1}^{n}\frac{B_i}{(1+r)^i}-\sum_{i=1}^{n}\frac{C_i}{(1+r)^i}=\sum_{i=1}^{n}\frac{B_i-C_i}{(1+r)^i} \tag{10-12}$$

如果 $NPV>0$，说明此项目获利水平高，可以实施；如果 $NPV<0$，说明此项目获利水平低，此项目不宜实施；如果 $NPV=0$，说明此项目获利水平恰好合理。

(二)内在报酬率标准

内在报酬率是使未来各年收益现值之和与成本现值之和相等的那个贴现率。换言之，内在报酬率能使 $NPV=0$。

内在报酬率越高，表示此项目获利水平越高，大于国家规定的基准折现率标准后可以实施。

公益型项目的基准折现率。如何合理确定公益型项目的基准折现率是一个颇有争议的问题。这方面的典型意见有两种：一种主张采用较之盈利性项目为低的折现率，其理由是公益型项目不以盈利为目的，过高的折现率将导致多数公益型项目被轻易否决，这不利于公益型项目的发展；另一种主张采用与盈利性项目同样高的折现率，这种折现率反映项目的资金的机会成本，即该资金用于盈利性投资可以获得的收益率，并认为这样做有利于投资资金的优化配置，促使公益型项目提高效益要求，防止低效益公益型项目轻易投建。

社会折现率是用以衡量资金时间价值的重要参数，代表社会资金被占用应获得的最低收益率，也用做不同年份资金价值换算的折现率。社会折现率是根据国民经济发展多种因素综合测定，由国家统一发布。各类投资项目的经济评价都应采用统一发布的社会折现率作为计算经济(社会)净现值的折现率，也作为经济内部收益率的判据。

(三)益本比标准

益本比就是指收益现值与成本现值之比。这是一个沿用时间很长、应用范围很广的评价标准，计算公式为

$$\frac{B}{C}=\frac{\sum_{i=1}^{n}\frac{B_i}{(1+r)^i}}{\sum_{i=1}^{n}\frac{C_i}{(1+r)^i}} \tag{10-13}$$

如果 $B/C>1$，则项目获利水平高，可以实施；如果 $B/C<1$，则项目获利水平低，不宜实施。

益本比标准在两个或多个同等规模的项目进行比较时是有用的，但在不同规模的项目进行比较时就有缺陷。在两个不同规模的项目中，小规模项目可能有较高的益本比，但净收益较低。

第六节　公益型项目的成本与收益

项目评价就是对项目收益与项目成本的比较评价，要正确地评价项目，就需要对项目的成本与收益予以正确的识别与计量。

在成本与收益的识别与计量上，公益型项目较之盈利性的企业项目具有很多不同之处。盈利性项目投资以追求利润为基本目的，因而，其成本与收益的识别是以利润减少或增加为原则，识别的基本方法是追踪项目的货币流动，凡是流入项目之内的货币就被视做收益——现金流入(如销售收入)，凡是流出项目的货币就被视做支出——现金流出(如投资、经营成本、税金等)。由于这些财务收益或支出仅是流入或流出项目的货币，且都可以借助价格系统进行货币计量，故其识别与计量就相对简单和容易。公益型项目投资的基本目的是追求社会利益，而非项目利润，收益与成本是指广泛的社会收益和社会成本，而且这些收益与成本又往往由于缺乏市场价格而难以用货币计量，这都使得公益型项目的成本与收益的识别和计量相对复杂与困难。

一、公益型项目的成本与收益类别

(一)直接收益与成本、间接收益与成本

直接收益与成本是在项目的投资经营中直接产生的收益与成本。例如，灌溉工程可直接提供灌溉用水，增加农作物产量，水污染治理项目可直接减少污水排放量，这些都是直接收益，而这些项目的投资与运营支出都是直接成本。

间接收益与成本又称次级收益与成本，是直接收益与成本以外的收益与成本。间接收益与成本是由直接收益与成本引发生成的，例如，灌溉工程除具有增加农田产出的直接收益外，可能还有促进当地食品加工业发展；污水治理项目除了具有改善生态环境的直接收益外，它还可能由于生态环境改善而降低沿河周围居民发病率，由此带来医药支出的节省和劳动收入增加的间接收益。

公益型项目通常能同时带来直接的和间接的收益和成本，这是这类项目的一个基本

属性。因此，在公益型项目评价中，除了考察直接收益与成本外，有时还需要考察间接收益与成本，特别是在间接收益与成本较大的时候就更是如此。

(二)内部收益与成本、外部收益与成本

内部收益是由项目投资经营主体获得的收益，内部成本是由项目经营主体承担的成本。

外部收益与外部成本系指落在项目之外的收益与成本。

由公益型项目产出的公共品性和外部性强的特点所决定，这类项目的外部收益常会很大，甚至远远超出内部收益。因此，在评价工作中要特别注意对其识别与计量。

需要说明的是，公益型项目的直接收益(或成本)并不一定等于内部收益(或成本)，间接收益(或成本)也不一定等同于外部收益 (或成本)，尽管它们之间在有些情况下可能重合，但并非所有项目都能重合，二者之间在概念上的差异不能混淆。一般而言，间接收益与成本包含在外部收益与成本之内，内部收益与成本包含在直接收益与成本之内。因此，在对项目的成本与收益进行分类识别和计量时，或者按“内部”和“外部”的方式分类，而不能交叉分类，以避免收益与成本的遗漏或重复。

(三)有形收益与成本、无形收益与成本

有形收益与成本是指可以采用货币计量单位(价格)或实物计量单位予以计量的收益与成本。由于公益型项目评价是用经济分析方法对项目的社会经济效益状况进行评价，所以，如果可能的话，应当尽量把项目的收益与成本予以货币化，使收益与成本具有同一经济价值量纲，以便直接比较。这就需要寻求项目产出物和投入物的价格，以便计算它们各自的货币价值。一般而言，公益型项目的投入物(内部成本)的货币价值是较易计算的，如投资和经营支出等，而其产出收益则常常由于缺乏市场价格而不易计量其货币价值。在对无市场价格的产出收益的货币化计量方面，通常可有两种可供选择的方法：方法之一是将可以获得同样收益的替代项目方案的最小成本费用作为该项目方案的收益(即替代方案的成本费用的节省)；方法之二是将消费者愿意为项目产出的所支付的货币——消费者支付意愿作为收益的估价，而对项目产出所带来的外部损失，则可以用被损害者愿意接受的最低补偿收入作为外部成本或负收益的估价。前一方法的局限性在于，要对某一项目方案进行评价，必须要有替代方案，把替代方案的成本费用作为待评价方案的收益，其实质是把收益与成本的比较变成两个方案之间的成本费用之间的比较，评价结论仅仅是两个方案之间的相对比较结论，不反映方案自身的经济性。因此，这种方法只适用于互斥方案间相对择优评价时使用，且要求各互斥方案提供同样的产出或服务(收益相同)。后一方法的目的在于能够对项目方案自身的收益与成本进行货币化计量，以便通过收益与成本的比较去评价项目方案自身的经济性。这种方法的实际困难在于，在调查消费者的支付意愿的时候，被调查者在不对项目产出做任何实际支付的情况下，他们可能出于各种不同的动机(如有意压低真实的支付意愿以图免费或廉价地获得产品或服务，或者不认真地报高价)降低或高报他们的支付意愿。而在损害补偿意愿的调查中，人们可能会有意夸大损害成本而报高价。

在上述方法难以实行的情况下，则有必要采用实物量纲计量的有形收益与成本。

无形收益与成本是一些既不存在市场价格(难以货币化计量)又难以用其他计量单位

度量的收益与成本。有的公益型项目，其无形收益与成本可能并不重要，对其忽略不计，但是有的项目，无形收益很可能是其根本性收益，就不能够对其忽略不计。因此，对需要考察的无形收益与成本，如果无法货币化，也无法采用其他量纲计量，则应采用图片、音像、文字等各种形式予以描述和阐释。

二、成本、收益识别与计量中的注意事项

(一)明确项目基本目标是识别成本与收益的基本前提

成本与收益是相对于目标而言的，收益是对目标的贡献，成本是为实现目标所付出的代价。因此，明确项目的基本目标，是识别成本与收益的基本前提。

公益型项目常常具有多目标性，这也是造成识别复杂性的重要原因。例如，一个大型水利枢纽工程项目，它所要实现的目标并不单一，除了提供电力供给外，还追求防洪、灌溉、航运和游览等其他目标。明确了基本目标，就可以围绕这些目标进行必要的情景分析，进而可对项目的成本与收益进行正确识别和计量。

(二)成本与收益的识别与计量范围要保持一致性

项目的成本与收益的发生具有时间性与空间性，在考察项目成本与收益时，须遵循成本与收益在空间分布和时间分布上的一致性原则，否则就会多估或少估收益与成本，使项目的收益与成本失去可比性。

成本与收益的空间分布包括两类分布——地域分布和人群分布，空间分布一致性系指在相同地域和相同人群中同时考察收益与成本。合理确定空间范围，是正确识别、计量项目成本与收益的基本要求。因为在实践中，有时会有意无意地扩大或缩小识别范围，或者对成本与收益的考察空间不一致。例如，从国家角度去分析一个由当地政府出资的家用煤气项目的收益，这就不恰当地扩大了收益考察空间；而一个主要由中央财政拨款修建的水利工程，如果仅出于地区利益考虑，在投资成本上仅计入地区出资而将中央财政支出视作“免费”，就会造成低估成本的后果。

成本与收益在时间分布上的一致性，系指在同一时域内考察项目的成本与收益。由于它的合理性不言而喻，这里不再赘述。

(三)成本、收益识别与计量的增量原则

项目的成本与收益，是指项目的增量成本和增量收益，即有项目较之无项目所增加的成本和收益。因此，在识别和计量项目的成本与收益时，最终落脚点是分析预测项目本身所引起的成本收益变化。一个灌溉项目能够增加农作物产出，但若没有此项目，由于种植技术和种子的不断改良，也可能会使农作物产出逐年增加，若将项目完成后的农作物产出的全部增加都视作灌溉项目的收益而未作相应扣除，就高估了项目的收益。因此，在成本与收益的识别和计量上，应该将与项目无关的因素的影响作用剔除。

(四)识别与计量的非重复性原则

公益型项目的成本与收益通常具有内部性和外部性的双重特征，这种特征加剧了内部效果与外部效果的非重复性识别与计量的难度，稍有不慎，就容易导致成本或收益的重复计算。

第七节　社会成本—效能评价法

公益型项目的经济评价是建立在项目收益与项目成本比较的基础上，如果项目的成本与收益都采用货币单位来计算，相应的方法就是前面介绍的社会成本—收益分析法。如果成本与收益(主要是收益)不采用货币单位来计量，就是下面介绍的社会成本—效能评价法。

一、基本概念与应用范围

就公益型项目的成本与收益的计量而言，项目的成本(如投资支出、运营费用等)常常表现为货币性成本，但其产出或收益却常常不是货币性收益。其中，有的项目产出或提供的服务，不但缺乏市场价格，而且还由于哲学、伦理或技术性困难，难以将其产出或收益货币化。因此，当项目的产出收益难以或不宜进行货币化计量时，社会成本—收益评价法就失去了应用前提，而应该采用社会成本—效能评价法。

在成本—效能评价中，成本是用货币单位计量的，效能(或称效果、效用)是用非货币单位计量的，这样的效能是对项目目标的直接或间接性度量。

在社会成本—效能评价法中，由于成本与效能的计量单位不同，不具有统一量纲，致使社会成本—效能评价法不能像社会成本—收益评价法那样用于项目方案的绝对效果评价，即它不能判定某一方案自身的经济性如何，不能判定单一方案是应该接受还是应该拒绝，因为人们无法给出评价准则，也就不存在可行与否的判定准则。

社会成本—效能评价法的应用须满足以下三个基本条件：①待评价的项目方案数目不少于两个，且所有方案都是相互排斥的方案；②各方案具有共同的目标或目的，即各方案是为实现同一目标而设置的；③各方案的成本采用货币单位计量，各方案的收益采用非货币的同一计量单位。

二、社会成本—效能评价法的基本程序与方法

基本程序与方法主要有以下几个方面：

(1)定义项目所要实现的预期目标或目的。项目的目标可能是单一的，也可能是多目标。单一目标的项目评价相对简单，多目标的项目评价相对复杂，应对项目的预期目标合理界定，防止目标追求的过多过滥。

(2)制定达到目标要求的任务要求。随着项目目标的确定，需要进一步确定实现目标的任务要求。确定任务要求的过程，既是明确如何实现目标的过程，又是检验能否实现目标的过程。因此，目标对制定任务要求具有规定性，任务要求对目标的合理制定具有反馈调整作用。

(3)构想并提出完成预定目标和任务的备选方案。备选方案的构想与提出，不仅取决于技术实现的可能性，而且也取决于相关人员的知识、经验和创造性思维的发挥。且不要在项目的初始阶段就把方案的构思限制在一个狭窄的思路上，要尽可能地发挥创新精神，集思广益，多提可供选择的方案，然后再通过分析比较进行筛选。

(4)对项目方案的成本与收益(效能)予以正确的识别与计量。有关成本与收益的识别

与计量问题前面已有所述，这里须着重指出的是，不同项目具有不同的目标，收益的性质千差万别，在效能计量单位的选择上，既要方便于计量，又要能够切实度量项目目标的实现程度。

(5)方案间的比较评价。采用社会成本—效能评价法比选方案，其基本做法是计算各方案的效能成本比，并按效能成本比最大准则进行比选，即单位成本之效能越大者相对越优。

这一比较原理及准则，在不同的项目目标要求和约束条件下，可以有不同的变通方式，通常可在下述三种方式中选择其一：

第一种：最大效用成本比法。此法直接按效用成本比最大准则比选方案，即单位成本之效能最大的方案是最优方案。此法通常适用于各供选方案的目标要求和(或)成本要求没有严格限制、允许有一定变动范围的情况。

第二种：固定成本法。此法是在各方案具有相同成本的基础上，按效能最大准则进行方案比选。此法是最大效能成本比法的变通方式，因为各方案若成本相同，效能最大的方案，其效能成本比必然最大。固定成本法通常适用于项目成本有严格限定的情况。

第三种：固定效能法。此法是在各方案具有相同效能的基础上，按成本最小准则进行方案比选。此法是最大效能成本比法的另一种变通方式，因为各方案若效能相同，成本最小的方案，其效能成本必然最大。固定效能法通常适用于有固定目标要求的情况。

上述三种方法，在如何选用上应视项目的具体要求和特点而定。

有的情况下，项目目标不是一个而是多个，且各目标的效能计量不具有同一物理或其他量纲，无法使用同一计量单位度量效能。这种情况下，可在专家调查的基础上，对项目的不同目标赋予不同权重(各目标的权重之和等于1.0)，对方案实现各自目标的满意程度赋予分值(主观效能)，再将方案取得的各目标分值分别乘以各目标权重后求和，即为方案预期获得的总效能。之后，就可进行方案间的社会成本—效能评价。这种多目标的项目方案评价，在主观效能(分值)的最终计量上，常用方法有模糊矩阵法、层次分析法等，它们的基本思想都属于对目标实现的满意程度(分值)加权求和一类，只是处理手段不同，有兴趣的读者可以参阅有关书籍。

(6)进一步分析比较候选方案，进行必要的补充研究和深化研究，各供选方案经过上一步骤比较评价后，可以大致排出方案之间的优劣次序，淘汰那些明显较差的方案，保留两个或三个相对较优的方案，供进一步分析比较。这一阶段，可对项目的目标及其必要性进一步修正和认定，对保留下来的候选方案，进行必要的补充研究，加深关键问题的研究，提高数据质量，然后进行方案比较评价。

(7)进行敏感性分析或其他不确定性分析。在敏感性分析中，在对原有的基本假设作出修正的基础上，对因素变动下的评价指标值进行计算，由此确定各影响因素变动对项目目标的影响程度，对可以控制的因素制定控制措施，对无法独自控制的因素，寻找防范措施与对策。

其他不确性分析方法有情景分析法(设想内外环境变动下的未来各种可能情景，估算每一情景下的评价指标值)、概率分析或风险分析法等。

(8)写出分析或研究报告。包括项目背景，问题与任务的提出，目标确定及依据，推荐方案与候选方案的技术特征与可行性，资源的可得性及资金来源与筹集，项目的组织与管理，成本、收益的识别与计量及其有关假设与依据，不确定性分析的有关结论。比较评价分析，提出推荐方案或少数候选方案，分析评述有关方案优点与缺点，供最终决策参考。

第八节　政府举办公益型项目的必然性

市场经济是以个人利益、个人自由经营为核心的经济体制，维护个人利益，是市场经济中政府的主要任务。市场作用的充分发挥可以在一定程度上自发地调整投资方向和投资规模，市场本身具备建设项目自发控制的能力。

一、市场自发控制机制

如果投资者希望通过直接投资活动获得资金的增值，就需要进行投资方向的选择。投资的目的在于获得资金增值。因此，报酬率必然会成为投资者追逐的目标，报酬率越高就越会吸引投资者进入，而报酬率越低则越会排斥投资者。投资者主要是根据预期报酬率的高低决定投资方向的，在将其自身的经营能力包括在内以后，将所有可能的项目报酬率进行排序，按这一排序安排投资，直至投资安排完，同时直接投资的报酬率高于其他形式投资的报酬率。

投资数额的多少取决于投资所带来的内部报酬率与资金市场利息率的对比。资本边际报酬递减规律表明随着投资规模的增大，即企业积累的资本量增加，企业获得的边际资本报酬不断下降。如果这一报酬率大于资金市场利息率，企业不会把资金用于为其他人提供融资，而会自己进行投资，直到这一报酬下降到等于市场的利息率为止。这时的投资规模是企业的最大利润下的投资规模。就全社会而言，投资规模也取决于平均资本边际报酬率与资金利息率的关系，因为企业的投资规模加总，应是生产性投资的总额。

在企业的投资规模确定以后，企业还要将这一投资分配到不同的方向上，如固定资产与流动资产，以确定企业的投资比例。对企业来说，投资比例的确定也要遵从最大利润原则，即投资比例的变动应保证企业获得最大利润。只要投资分配用于购买企业生产要素，它们就应对企业产出做出贡献；同时，在其他要素不变时，仅一种要素的增加会导致要素的边际收益递减。因此，只有当各种投资分配的边际收益均相等时，才可使企业的收益或利润达到最大。

如果资金市场上的资金供给量不变，那么，每个企业都增加投资，使资金需求量增加的结果会提高资金价格——利息率。利息率的增加，使企业投资提早停止，缩小投资规模，资金需求量减少，最后，使利息率与投资规模稳定在一个特定的均衡点上。

在资金市场利息率一致的情况下，行业和地区间的报酬率差异便成为改变投资方向的重要影响因素。一般地说，低报酬率的部门投资比例较小，其积累起来的资金增值还要向高报酬率部门转移；而高报酬率的部门投资比例大、积累能力较强，又能够被保留在本部门之内，这会使部门间的资金存量差别呈加速扩大，造成经济结构的失衡，形成过剩和短缺。当然，在市场的作用下，过剩产品会出现出售困难，而短缺产品则会价格上涨，这又使得报酬率向相反的方向变化，阻止投资和资金的失衡流动，使投资保持均衡。前述的地区间的资金转移也大体上呈现出这种变化，即先游向优势地区，后优势地区优势挖尽，劣势地区优势显露出来，资金回游。

总之，市场具有评价投资决策水平的能力，这种评价能力也正是对投资控制的最有力的工具。如果投资错误，投资项目不能反映需求，产品不能为需求接受，则会在竞争中居于劣势，出现经营失败，不能收回投资；如果投资正确，则可以满足需求，甚至可以引导需求升级，不仅资金可以得到超额的增值，社会资源也可以得到充分的利用。正因为如此，运用市场对投资活动进行评价和约束是最为有力的，投资者在市场引导下做出对自己最有利的选择，避免不利的选择；同时，也在完成着对国民经济总体资源的优化配置。因此，各种评价在本质上都在某种程度上反映市场的评价标准。

二、市场控制失效

以个别资金利润率和平均资金利润率，即以项目投资报酬率和利息率为中心的项目投资控制，立足于市场机制的灵活运转。对整个经济来说，它起着对投资的基础性控制作用，它可以使资源在控制范围内趋近于优化配置，从宏观上看是有效的。但事实上，市场并不能对所有的投资活动产生有效配置，主要表现在以下几个方面：

(1)微观趋于均衡的过程是一个宏观经济的波动过程，甚至有时这一波动不能收敛、导致国民经济总体失效。投资的趋利性使经济繁荣时的资金需求量猛增和利率升高，这要提高资金成本，遏制投资增长，甚至使投资负增长，经济总量在投资频繁增减的变动中呈现剧烈的波动。虽然，资金市场上利率在均衡利率左右摆动，但却使宏观经济蒙受损失。

(2)外部性也是市场难以克服的障碍，它也会导致市场对投资控制的失效。趋利性使投资者尽可能减少成本，这会诱使投资者将成本外部化，增加社会成本。显然，边际社会成本与边际社会收益相等的位置与项目投资者的个别边际成本与边际收益的位置并不一致。导致社会出现效率损失，例如污染日益严重。

(3)公共产品项目等非生产性投资不能由市场的利益诱导解决。因为公共产品具有非排他性和非竞争性，使增加一个消费者的边际成本等于零，这就决定了公共产品的最有效的边际成本与边际收益相等位置应使边际成本等于零。这是个人投资者无法接受的，只能依赖于政府投资，而非市场投资。

(4)产业结构和投资布局也是市场难以有效调节的。瓶颈产业因其所在的行业多为基础性行业，其利润率较低，不为个人投资者所重视，需要政府进行投资；新兴产业因其风险较大，也很难吸引私人投资者进入，政府的适当投资诱导也是十分必要的。落后地区存在着一些初级资源的闲置，但却因为高级要素缺乏而利润率较低，使得投资者不能进入，政府进行适度的投资改变高级要素组成结构，可以起到引导投资向落后地区转移的作用。

从宏观效率考虑，上述这些市场控制的失效，需要有政府进行必要补充性控制。也就是说，如果仅用市场来控制项目投资则会出现上述低效率的现象，避免降低效率的途径只能是以市场控制为基础，以政府控制作为补充，并使政府成为最后的总体效率把关者。

三、政府对建设项目的控制行为

政府对建设项目投资的控制起源于市场对投资控制的失效，政府是市场控制方式的必要补充，是立足于宏观经济效率对微观投资活动的干预。

政府对投资的控制主要有两种基本类型：一种是政府直接进行的投资活动和政府运用行政手段直接规定企业投资的活动，这被称为直接控制；另一种是政府通过改变市场参数，引导企业投资活动按政府意愿行事，这被称为间接控制。从狭义角度理解，政府引导市场是通过货币量、财政收支的变化来影响利率、税率、汇率价格和工资的。但实际上，几乎政府的所有行为都会对市场产生影响。例如，直接投资将改变产品的供求分布，改变资源的供求状况，产生一系列的关联影响和外部性，这就不能不说政府对市场有所影响。因此，从广义角度理解，政府的所有经济行为都是对市场的影响和控制，都要引起个人投资者的行为变化。政府是让市场起基础作用、自己成为调控者，还是让自己成为经济行为的直接执行者的关键，在于政府在形成经济行为时目标是什么。如果目标是通过政府的行为在市场产生联动效应，那么，就应将政府的经济行为视为对市场的调控；而如果政府的目标在于自己直接去从事某项经济活动，直接从事财富的创造，就应视政府没有让市场机制发挥作用。

狭义的政府间接控制是通过改变市场参数实现的，这些市场参数就是利率、税率、汇率、价格和工资，对投资的控制主要是通过利率的改变来实现的。政府拥有货币的发行控制权，可以根据自己的判断来决定货币量投放的数量。当投资总规模过少时，政府可以放宽对发行的控制，增大资金供给量，降低市场利率水平，刺激投资增长；相反，如果政府认为投资规模过大，则要控制货币发行，减少资金供给，提高利率，增加资金使用成本，限制投资量增长。显然，政府只能通过总量的控制改变一般意义上的利率水平，产生对投资规模的调节，这对项目投资者来说，只反映了一种市场信号，而没有多少实质性意义。

政府的直接控制是项目投资控制的主要手段。它又可以进一步划分为直接投资、差别政策、行政审批和惩罚控制。

直接投资即是指政府出资兴建项目，其目的在于改变市场供求结构、对市场产生外部经济性以降低投资者的风险和成本。例如公共产品的供给需要政府进行投资，否则由企业投资具有不经济性；瓶颈性基础产业因其利润率低而限制了供给总量，政府出面投资可以缓解供给压力，释放一般性产业的供给能力；对新兴产业和落后地区的先行投资可以产生外部经济性，引导个人投资者进行投资。总之，政府出面的直接投资是对市场空白的补充和对市场只能在长期中才能发挥作用的加速，在一定程度上说，也是通过市场来表现政府控制力的方法。

差别政策是指政府运用行政手段对市场参数加以强制性规定，再通过市场参数的改变去诱使企业投资行为的变化。包括差别利率、差别税率、差别价格等，也就是说所有能够改变企业利益的市场参数均可以成为政府规定的对象。这些市场参数可以分为两类，一类是影响投资者预期收入的参数，主要是产品价格，政府对鼓励性的投资项目给予高于市场均衡价格的价格规定，而对于限制性投资项目则放任由市场定价或者给予低于市场均衡价格的定价规定。这种方式工作程序复杂，存在着一定的负作用，所以一般不采用这种方法。另一类是对影响投资者预期成本参数的控制，利率、税率、要素价格均是这类的影响因素。这些参数的提高会增加投资者的预期成本，而这些参数的降低则会减少预期成本。如果政府希望鼓励某类产业的供给能力，则应对此类的项目投资降低这些参数，例如，新兴产业、高科技产业、瓶颈产业、对落后地区的投资等，以降低成本，提高利润率；而对那些将要淘汰的产业和产品，则采取提高参数，以增加投资者的成本，降低投资的预期利润率。总之，差别政策是调整经济结构、控制不同类别投资项目的重要方法，也是宏观总量控制的重要补充。

行政审批控制是指运用行政法规和计划管理方法，对项目的范围、收益状况做出规定，并利用行政审批手段决定是否能够进行投资。一个投资项目需要由一系列的生产要素，有一些生产要素无法从市场中获得，如土地、资金、劳动力等。对这些受到管制的生产要素进行控制，就可能达到对投资的控制目的。在行政控制中多以一定的行政程序的完成作为获得这些要素的前提，投资者欲获得这些要素需要满足这些审批条件，并依次完成这些报批程序。

惩罚控制手段是一种事后的行政控制方式，但它也可以起到预期的控制作用，特别是在预先明确惩罚的目标和内容的条件下更是如此。惩罚的最主要的方法就是罚款，如污染罚款。因罚款是企业的支出，要减少企业的净收入，所以可以起到限制投资的作用。惩罚性行政管理与审批行政管理相比具有弹性，因为项目投资者被惩罚的数量多少取决于投资规模和投资类别，以及惩罚计算方法和惩罚执行的松紧程度，如果投资者希望减少损失，他既可以不进行此类投资，也可以减少此类投资，形成自我约束。但这种方式的事后控制性决定了有可能造成投资者的既成事实，既不利于国民经济也不利于投资者，所以不应成为主要的控制方法。

第九节　某公益型综合利用水利枢纽经济评价

一、概述

XJX 水利枢纽开发任务以生态环境供水与农田灌溉供水为主，结合防洪，兼顾水力发电，工程总库容为 16 565 万 m^3，为大Ⅱ型工程，工程总工期为 5 年 9 个月，第 6 年只有一些尾工，第 6 年初工程即能全部生效发挥效益。XJX 工程建成后共发展灌溉面积 45 万亩，其中 XJ 乡生态草原灌溉面积 0.67 万 hm^2 和 DLH 灌区生态草原灌溉面积 1.33 万 hm^2，DLH 灌区农田生态防护林 0.13 万 hm^2，DLH 市城市防护林 0.067 万 hm^2，DLH 灌区农田灌溉 0.8 万 hm^2；将 BYH 河中下游 DLH 河段现状防洪标准由 7 年一遇提高到 20 年一遇；结合生态环境供水与农田灌溉供水进行水力发电，装机容量 30MW，年发电量 9 783 万 kW · h。

因为该水利枢纽的产品或服务的排他性权利及相应定价制度的建立和运行的成本太高，以盈利为基本驱动力的市场机制就难以发挥作用，它将导致对这类产品或服务项目的有效供给和(或)有效需求不足，即使它的社会效益远远大于社会成本时也是如此。一种替代性的制度安排——将提供这类产品或服务的项目安排为政府出资的公益型项目，就是必要的。这类项目不以盈利为目的，而以社会利益为基本追求，它的产品或服务或者被免费享用，或者为了维持项目的正常运行而实行低价收费，享用者从免费中获得了公共品，从低价收费中获得了项目产出的外部收益——消费者剩余。因此，应按公益型项目进行国民经济评价研究。

二、国民经济评价

(一)主要评价参数及评价指标

国民经济评价涉及的主要参数有下列几个。

1. 社会折现率

社会折现率是建设项目经济评价的通用参数，是建设项目经济可行性的主要判断依据。社会折现率是用以衡量资金时间价值的重要参数，代表社会资金被占用应获得的最低收益率，也用做不同年份资金价值换算的折现率。社会折现率是根据国民经济发展多种因素综合测定，由国家统一发布，根据目前我国国民经济运行的实际情况、投资收益水平、资金供求状况、资金机会成本及国家宏观调控目标取向等因素综合分析，根据有关规定，本例中社会折现率采用10%。

2. 价格

为了正确计算项目对国民经济所作的净贡献，在进行国民经济评价时原则上应该使用影子价格。在不影响评价结论的前提下，产出物中的农作物均以当地市场价格代替其影子价格。为简化计算，工程投资中只剔除投资估算中属于国民经济内部转移支付部分。价格水平为2003年第一季度。

3. 经济计算期

经济计算期包括工程建设期和经济使用期，工程全部生效建设期为5年，经济使用期取30年，则经济计算期为35年。

4. 经济计算基准年及基准点

资金时间价值计算的基准年为工程建设期的第一年，基准点为建设期第一年年初，投入物和产出物均按年末发生。

5. 国民经济评价指标

在效益、费用分析基础上，计及资金时间价值，采用动态分析方法，国民经济评价主要计算经济内部收益率(EIRR)和经济净现值(ENPV)。

(二)费用分析

费用主要包括工程投资和年运行费。

1. 工程投资

根据项目投资估算结果，工程静态总投资为110 369万元。

扣除投资估算中属于国民经济内部转移支付的计划利润和税金，调整后的国民经济评价投资为103 319万元。

2. 年运行费

年运行费指工程运行期每年所需支出的全部运行管理费用，包括材料费、工资及福利费、维护费和其他费用等。经分析年运行费为1 573万元。

3. 流动资金

根据估算，项目正常运行期需要流动资金150万元。

(三)效益分析

XJX水利枢纽建成后产生的经济效益主要包括生态环境供水、农田灌溉供水、防洪和水力发电等经济效益。国民经济评价的效益只分析计算由项目产生的可定量计算的经济效益。

1. 生态环境供水经济效益

生态环境建设是关系到 DLH 社会经济环境可持续发展的重大问题。生态环境供水量主要用于人工林草灌溉用水，其经济效益主要指生态草地灌溉供水经济效益和生态防护林灌溉供水经济效益两个方面。

1)生态草地灌溉供水经济效益

(1)计算方法。

生态草地灌溉供水经济效益主要是指草原通过灌溉所获得的经济效益，按年畜产品增产效益计算。本次按每亩灌溉草场供水量增加的标准羊产出计算，并考虑供水与牧业措施之间的效益分摊，采用分摊系数法计算供水经济效益。

(2)计算参数。

增加的灌溉草场面积有蓄集乡草灌面积 0.67 万 hm^2，DLH 灌区草灌面积 1.33 万 hm^2，共计 2 万 hm^2。

根据调查分析，灌溉草场平均亩产鲜草 3 800 kg 左右，灌溉前天然草场亩产鲜草 150 kg，亩增鲜草 3 650 kg，按一只羊日需 4 kg 鲜草计算，灌溉后单位面积草场增加载畜量为标准羊 37.5 只/hm^2。

羊肉每公斤取 12 元，每只羊按产肉 20 kg，皮毛价每只按 60 元计，这样每只标准羊经济价值 300 元/只。

根据分析，在牧业措施与灌溉措施之间灌溉供水经济效益分摊比例约为 0.7，灌溉渠系等工程与 XJX 枢纽获得的灌溉供水经济效益 XJX 枢纽分摊比例约为 0.7，这样生态草地灌溉后，XJX 枢纽供水经济效益分摊系数采用 0.5。XJX 枢纽分摊灌溉供水经济效益 150 元/只，单位面积供水经济效益 3 625 元/hm^2。

(3)供水经济效益。

根据增加的草场灌溉面积、单位面积的灌溉经济效益和多年平均供水量，计算草场生态环境年供水经济效益 10 687.5 万元。

2)生态防护林灌溉供水经济效益

(1)计算方法。

生态防护林灌溉供水效益应按种植林木的类型分别计算，因供水后增加的经济果林所占比重较小，目前暂不考虑该部分效益，林业效益只按生态防护林所产生的经济效益计算。防护林主要用来防风固沙，保护农田与城市，对防护林效益计算方法采取有、无工程对比法，以有灌溉时增加的木材年产出量价值考虑供水分摊后作为灌溉供水经济效益。

(2)计算参数。

新增防护林面积为 DLH 灌区防护林 0.133 万 hm^2，DHL 城市防护林 0.067 万 hm^2。

根据有关成果资料，灌溉后亩均年木材蓄积量增加值取为 22.5m^3/hm^2。

参考市场价格，综合取木材价格为 250 元/m^3。

根据分析，在林业措施与灌溉措施之间灌溉供水经济效益分摊比例约为 0.7，在灌溉渠系等工程与 XJX 枢纽之间的灌溉供水经济效益，XJX 枢纽分摊比例约为 0.7，这样生态防护林灌溉后，XJX 枢纽供水经济效益分摊系数采用 0.5。

(3)林业供水效益：

根据以上方法和参数，结合多年平均供水量，计算生态防护林灌溉供水经济效益为 534.4 万元。

2. 农田灌溉供水经济效益

XJX 农田灌溉受水区主要指 DHL 灌区，以种植业为代表计算其灌溉经济效益。

1)计算方法

灌溉供水经济效益采用分摊系数法，按有、无 XJX 项目对比灌溉和农业技术措施共同作用获得的总增产值，乘以灌溉供水效益 XJX 枢纽分摊系数计算。

2)计算参数

(1)农作物种植结构。DLH 灌区 0.8 万 hm^2 耕地面积，复种指数为 1，主要种植小麦、青稞、油料、豆类、洋芋，种植比例分别为 35%、10%、35%、10%、10%。

(2)农作物产量。根据附近已建灌区统计资料，分析预测 XJX 建成后，灌区各种农作物灌溉亩均单产为：小麦 350 kg、青稞 220 kg、油料为 130 kg、豆类 350 kg、洋芋 1 500 kg。DLH 属没有灌溉就没有农业的地区，在无灌溉条件下，农田灌区农作物产出很小，可忽略不计。

(3)价格。参考有关市场价格拟定：小麦 1.0 元/kg、青稞 1.3 元/kg、油料 2.0 元/kg、豆类 1.2 元/kg、洋芋 0.6 元/kg。

(4)分摊系数。农作物增产是灌溉和农业技术措施综合作用的结果，灌溉效益分摊系数反映水在农业生产中的作用，分摊系数主要根据已(在)建灌区资料及规划研究成果分析拟定。

根据分析，在农业措施与灌溉措施之间灌溉供水经济效益分摊比例约为 0.7，灌溉渠系等工程与 XJX 枢纽获得的灌溉供水经济效益 XJX 枢纽分摊比例约为 0.7，这样农田灌溉后，XJX 枢纽供水经济效益分摊系数采用 0.5。

3)灌溉供水经济效益

灌溉供水经济效益按有、无项目对比灌溉和农业技术措施可获得总增产值乘灌溉供水效益枢纽分摊系数计算为 2 132 万元。

3. 防洪经济效益

1)防洪作用

DLH 市是某州政府所在地，是当地的政治、文化、交通等中心，经济发展迅速。目前 DLH 市设防流量为 DLH 水文站 200 m^3/s，防洪标准约相当于 7 年一遇，XJX 水库修建后，DLH 市防洪标准由 7 年一遇提高到 20 年一遇。防洪保护区范围为所在河流下游段，面积 37.71 km^2，其中居民区面积 6.18 km^2。

2)防洪经济效益计算

XJX 水库的防洪经济效益是指有 XJX 水库情况下，与无 XJX 水库相比减免的 DLH 市洪灾经济损失，采用频率法计算。

分析不同频率洪水一次决口的洪水淹没范围、成灾状况、受灾区各类财产总量和洪灾损失率等指标，计算不同频率洪水一次决口的洪灾经济损失。20 年一遇的洪水将使约

4 000 人、耕地 3.93 万 hm^2、草场 2.99 万 hm^2 受到洪水影响，淹没区内固定资产总值约 7 000 万元(2000 年水平)，淹没 DLH 市的自来水厂、一座小型电站、抽水站、公路等设施，初步估算其潜在洪灾经济损失 3 419 万元。

根据 DLH 市堤防状况，分析发生不同频率洪水情况下，有无 XJX 水库该段堤防的决口几率、一次决口的洪灾经济损失，计算有无 XJX 水库不同频率洪水决堤后的洪灾经济损失值见表 10-2。

表 10-2　XJX 水库多年平均防洪效益计算表　(单位：万元)

洪水频率	洪灾损失（万元）		有无工程洪灾损失差值	两级洪水平均减少损失	两级洪水频率差	多年平均防洪效益
	无工程	有工程				
14.3%	0	0	0			
10.0%	1 961	0	1 961	980	4.3%	42
6.7%	2 735	0	2 735	2 348	3.3%	78
5.0%	3 419	0	3 419	3 077	1.7%	52
合计	172					

采用频率法计算 2000 年水平多年平均防洪效益为 172 万元。综合分析防洪保护区财产结构及经济发展等因素，拟定洪水淹没区洪灾损失增长率为 3%。分析 2015 年工程生效时防洪经济效益为 268 万元，工程运行期的第 30 年防洪经济效益达到 631 万元，工程运行期的前 30 年防洪经济效益年均值 425 万元。

4. 水力发电经济效益

XJX 水利枢纽结合灌溉供水过程进行水力发电，可获得一定的水力发电经济效益。

1)计算方法

水力发电经济效益计算采用影子电价法。该法的关键是合理确定影子电价，且其应由主管部门根据长远电力发展规划统一进行预测，并定期公布，但目前缺乏该参数。在资料缺乏的情况下，本次按成本分解法，计算其最优等效替代方案(基荷火电)在计算期内电量平均边际成本，作为 XJX 水电站影子电价。

2)增加电能指标

XJX 水电站装机容量 30 MW，其年发电量为 9 783 万 kW · h。

3)计算参数

替代火电站投资 4 600 元/kW，火电站工期 3 年，各年投资比例分别为 30%、40%、30%。标准煤价格 240 元/t，标准煤耗 330 g/(kW · h)。固定运行费率 4.5%。结合该省电网实际，基荷火电站年发电利用小时数拟定为 5 500 h。

4)水力发电经济效益

基于上述方法与参数，计算其平均边际成本为 0.25 元/(kW · h)作为其影子电价，考虑 0.5%的厂用电率，则年水力发电经济效益为 2 434 万元。

(四)国民经济盈利能力分析

国民经济盈利能力分析，主要是在工程项目建成后产生的经济效益和需要的费用分析基础上，编制项目经济效益费用流量表，计算其评价指标，评价项目经济合理性。

编制项目国民经济效益费用流量表，并对方案进行国民经济盈利能力分析。其经济内部收益率 10.83%，大于社会折现率 10%；经济净现值 6 835 万元，大于零，说明 XJX 工程在经济上是合理的。

三、国民经济评价敏感性分析

项目国民经济评价所采用的数据，大部分来自预测和估算，存在一定程度的不确定性。为了分析这些不确定性因素对国民经济评价指标的影响，需进行不确定性分析，以估计项目可能承担的风险，分析其经济指标可靠性。目前只进行敏感性分析，并主要就以下敏感性因素变化分析其对经济评价指标和方案经济合理性的影响：

(1)投资增加 5%、10%。

(2)效益减少 5%、10%。

(3)投资增加 5%的同时效益减少 5%、投资增加 10%的同时效益减少 10%。

国民经济评价敏感性分析方案指标计算结果见表 10-3。

表 10-3　国民经济评价敏感性分析指标

分析方案	经济内部收益率(%)	分析方案	经济内部收益率(%)
基本方案	10.83	效益–10%	9.67
投资+5%	10.30	投资+5%的同时效益–5%	9.73
投资+10%	9.79	投资+10%的同时效益–10%	8.67
效益–5%	10.26		

敏感性分析表明：在敏感性因素向不利方向发生一定变化时，投资增加 5%和效益减少 5%敏感性方案的经济内部收益率均大于 10%；投资增加 10%、效益减少 10%、投资增加 5%的同时效益减少 5%，三个敏感性方案的经济内部收益率小于 10%，但也非常接近 10%；投资增加 10%同时效益减少 10%的经济内部收益率为 8.67%，显然小于 10%，但大于水利项目最低要求的社会折现率 7%，当属可行。

四、国民经济评价结论

通过国民经济评价得到以下主要结论：

(1)XJX 实施后，可获得较大的生态环境供水、农田灌溉供水、防洪和水力发电经济效益。

(2)在工程效益、费用分析计算的基础上，编制国民经济效益费用流量表，计算项目经济内部收益率为 10.83%，经济净现值 6 835 万元，表明项目经济上是合理的。

(3)XJX 项目属于社会公益性质的建设项目，有些效益如政治效益、社会效益、环境效益、地区经济发展的效益等很难用货币表示，使得项目中用货币表示的效益比它实际发挥的效益要小。

第十一章　中外合资经营项目经济评价

第一节　概　述

一、利用外资的作用和意义

利用外资是指吸收和引进国外资金，解决本国资金不足的困难，为本国经济建设服务和从事对外经济活动。利用外资不仅可以弥补经济建设中的资金不足，而且还可以引进国外的先进技术、设备和管理经验，加速国民经济的发展，增强自力更生能力。

由于各国资金、物质资源分布不均，技术发展不平衡，世界上几乎没有一个国家能够拥有发展本国经济所需要的一切资金、资源和最先进的技术，所以无论是发达国家还是发展中国家，都要不同程度地利用国外的资金、物质和技术。特别是发达国家和落后国家经济发展不平衡的状况长期存在，各国之间进行资金、物质和技术的交流和利用，是国际社会经济发展的必然规律。

利用外资是对外经济交往的一个方面，是一个国家实行对外开放的一项经济政策和显著标志。第二次世界大战以后，资本输出发展很快，一些发展中国家都在寻求解决在技术和资金方面面临的严重困难，各国闭关自守状况已被它们之间的相互关系和相互依赖代替了。当代世界是开放的世界，发展对外经济关系已成为世界各国国民经济的有机组成部分。世界上许多国家都把利用外资、引进外国先进技术作为加速本国经济发展的重要途径之一。

改革开放以来，我国发生了巨大的变化，利用外资对推动国民经济发展起到了显著作用，经济建设取得了举世瞩目的成就。利用外资的作用归纳起来主要有以下几点：

(1)弥补了我国建设资金的不足，加强了一些能源、交通等薄弱环节和一批重点项目的建设，为国民经济的长期发展奠定了基础，并为整个经济带来了显著效益。

(2)通过举办中外合资的合作企业，增强了企业的出口创汇能力，开辟了新的创汇渠道，同时也扩大了利税来源，增加了建设资金的积累。

(3)引进了先进技术和经营管理经验，加快了我国企业的技术改造和产品的升级换代。

(4)扩大了就业门路，培养了人才。通过兴建利用外资项目和利用外资企业，为人们提供了许多就业机会。并且，这些项目和企业对职工素质要求较高，一般对招收的职工进行业务、技术、技能、管理要求方面的培训，提高了职工的业务能力和技术水平。同时，通过利用外资事业的发展，也为我国培养了一大批外资项目管理人才。

二、利用外资的主要方式

利用外资的方式有许多种，归纳起来可分为国外投资、外国贷款、国际证券投资和其他利用外资方式等几类。国外投资包括中外合资经营企业、中外合作经营企业、外商独资经营企业三种利用外资方式；外国贷款包括外国政府贷款、商业银行国际贷款、国际金融组织贷款等利用外资方式；国际证券投资包括欧洲债券、外国债券、国际股权投资等利用外资方式；其他利用外资方式包括外国政府出口信贷、对外加工装配业务、补偿贸易和国际租赁等利用外资方式。此外，利用外资的方式还包括无偿援助，主要是指外国政府、国际组织和私人的捐赠及赞助，既有货币形式，也有物资、技术援助形式。下面主要介绍国外投资这种方式的中外合资经营企业和中外合作经营企业。

国外投资是指外国经济组织或国外投资者的直接投资，是国际间长期资本流动的一种方式。一国的经济组织或投资者直接在别国采用各种形式对工矿、商业、金融服务等企业投资以及利润再投资，并取得该企业的部分直至全部管理控制权。我国的中外合资经营企业、中外合作经营企业等就属于这类投资。

(一)中外合资经营企业

1. 中外合资经营企业的概念

合资经营是国际上常见的一种经济合作形式。中外合资经营企业已成为我国与外国经济合作的一种重要形式。中外合资经营企业是依照《中华人民共和国中外合资经营企业法》及《中华人民共和国中外合资经营企业法实施条例》建立起来的企业，是外国公司、企业和其他经济组织或个人根据平等互利原则，经中国政府批准，按照中国的法律，在中国境内设立的与中国的公司、企业或其他经济组织以联合投资方式组成的有限责任公司。经中国政府批准和登记的中外合资经营企业是在中国的法人，受中国法律的管辖和保护。

中外合资经营企业属于股权式合营企业。中外合资各方以现金、实物、工业产权(专利或商标)、场地使用权等进行投资，各种形式的投资都要以同一货币单位计算股权。按照现行规定，外国合资者的投资比例不得低于25%，合营各方的权利和义务按照各自的投资比例进行分担。合资各方委派董事，并聘请一定数量的经营管理负责人组成董事会，决定企业的各种重大问题，成立经营管理机构根据合资企业章程、协议和规定共同负责企业的生产和管理。合资各方按照股权分享企业的利润，分担企业的亏损。允许合资各方追加投资，增加注册资本，但不允许减少注册资本；允许股东转让股权，但须征得合营者的认可，合营者有优先购买权；如果向第三方转让，其转让条件不得优于向合营者转让的条件。合资各方对合资企业的责任，以各自投入注册资本为限，合资企业仅以本企业的资产对其经营活动负责，合资各方不属于本企业范围的财产，不对合资企业的债务负连带责任。中外合资企业是在中国境内登记设立的独立的法人经济组织，依法享受充分的经营自主权。合营期限可按不同行业和项目的具体情况，由合营各方商定，一般项目的合营期限为10～30年，投资大、建设周期长、资金利润率低的项目和由外国合营提供先进技术(或关键技术)、生产尖端产品的项目以及生产在国际上有竞争能力产品的项目，合营期限可延长到50年。

2. 中外合资经营企业的优点

中外合资经营企业的优点主要有以下几个方面：

(1)通过举办中外合资企业，能在我国外汇比较紧缺的情况下引进所需的技术。由于投资和效益直接挂钩，合营外方对企业经营好坏、成败甚为关心，能够引进一些在一般的技术贸易中外方不愿转让的先进技术，并在合营期内不断提供能有利的新技术，促进产品升级换代和提高质量。

(2)合资经营企业适用范围广，投资稳妥可靠。一般的工农业项目、生产性或非生产性项目均可采用这种方式。

(3)可以利用外商的销售渠道和经验，扩大产品出口。外资企业合同中，通常要规定产品的外销比例，外商负责这部分产品的出口，以换取外汇。这对提高我国出口商品在国际上的竞争能力、促进产品出口、为国家多创外汇收入具有经济意义。

(4)加快经济发展速度，促进国民经济部门结构调整。举办合营企业，吸收了外国投资，引进了先进技术和设备，会进一步促进经济的发展。特别是我国制定了一些优惠政策，鼓励外国投资者兴办先进技术型企业和出口产品企业，这可以在一定程度上，使我国现存的经济结构得到一定的调整。

(5)在同外商的共同经营管理中，可以学到国外先进的管理方法和经验，提高企业技术人员、管理人员的业务素质和管理水平。

(6)合资企业一般可通过产品出口创汇，保持自身的外汇收支平衡，不形成国家的直接负债。

(7)由于合资企业与国际市场有着密切的联系，通过这一信息窗口，有利于我国了解国际上新技术的发展、管理科学的进步、国际市场的变化等。

3. 中外合资经营企业的缺点

中外合资经营企业的缺点主要有以下几个方面：

(1)合资企业产品出口赚取的外汇，要支付其进口原材料、原器件和外方红利、外方人员工资等所需的外汇。

(2)对合营对象要求资本相当、技术先进、信誉良好，并有真诚合作的愿望和行动，寻找合营对象有时存在一定困难。

(3)合资企业在举办和经营管理上程序比较复杂。从申请到领取营业执照要经过若干烦琐的审批手续。

(4)对引进设备的价格、购进原材料的价格以及外销产品的价格不易做到公平合理，容易造成我方的损失。

(二)中外合作经营企业

1. 中外合作经营企业的概念

中外合作经营企业是外国企业、其他经济组织或个人，与中国的企业或其他经济组织，按照中国有关法律在中国境内设立的、依据共同签订的合作经营合同，分配权力和义务的合作经济组织。这类企业的最基本的法律文件是合作经营合同。合营各方的投资内容、合作条件、经营管理权、责任、风险、收益分配、亏损分担以及合作经营企业终止时财产的归属等事项都是由合作双方共同签署的合同作出规定，而不像合资经营企业那样根据合营各方的投资比例来确定。

中外合作经营的组织形式可以是设立具有独立的中间法人资格的合作企业，也可以是不设立具有法人资格的企业，而只是各方有合同的合作项目。作为契约式的合作企业，一般中方提供土地、自然资源、厂房以及可以利用的设施和劳务，而外方提供资金、技术和设备。无论是法人式还是非法人式的中外合作经营企业，双方出资的方式和金额可不受限制，由合同规定。法人式的中外合作经营企业，其各方的投资归独立的法人所有；非法人式的中外合作经营企业，其财产所有权归合作者各方自有，而只将合作者的财产管理和使用权交给联合管理机构。

合作经营双方根据合同所订立的分配方式分享利润或产品，承担风险、债务和责任。中外合作经营企业的合作双方对企业风险损失负连带责任。合作期满后，在保持正常生产和经营的情况下，全部财产不再作价，不以任何方式支付给外商任何费用，企业的资产无偿地、不附任何条件地转为中方所有。如果合作期满而企业收不回投资，有的采取延长合作期限的办法解决。合作企业的经营期限通常短于合资企业，但根据项目的不同，期限长短相差极大。中外合作经营的一方转让其在合作经营企业合同中的全部或者部分权利、义务的，必须经他方同意，并报审批机关批准。

2. 中外合作经营企业的优点

中外合作经营企业的优点主要有以下几个方面：

(1)合作经营方式灵活、简便、易行，中外各方并非按一定比例进行共同投资，而是按合约规定各提供一定的投资条件进行合作经营，双方易达成协议。

(2)对中方来说，一般不投入或只投入很少的现金，只需拿出一块土地、现有厂房和设备即可，在经营期间机器设备和投资已清偿，合作期满全部财产归中方所有。

(3)中方提供的土地可以不收租金，场地、设施也可不作价，而是将土地使用权作为投资或作为提供的合作条件，此可避免双方因经济体制不同而带来的在租金、作价等问题上的麻烦。

(4)可以通过外方提供的外汇引进先进设备、工艺和技术，并可学习国外先进的管理技术和经验。

(5)合作经营不按股金比例分红。合作各方的出资方式、出资数额、双方承担的责任、利益的分配都在合同中指明。投资额回收的方式与年限即利润分配比例均在合同中按年度作具体规定。合作各方易于估算合作经营给自己带来的利益和风险。

(6)由于中方不投入资金，可减少中方所承担的投资风险。

(7)合作经营企业的外商投资手续简便，易于办理。

3. 中外合作经营企业的缺点

中外合作经营企业的缺点主要有以下几个方面：

(1)合作经营各方权力、义务的划分和组织形式不如合资经营方式严格，工业行业采用较少，主要用于服务行业和农牧渔业。

(2)中方在合作初期收入较少，除国家税收外，往往只能收到土地使用费。

(3)合作经营工业最基本的法律文件是合作经营合同，合作的所有事项都应签订清楚。如果合同的有关条款不够严密，就会给合作经营带来问题，甚至产生纠纷。

(三)中外合资经营企业的特点

中外合资经营企业，是根据《中华人民共和国中外合资经营企业法》，经中国政府批准，由外国公司、企业和其他经济组织或个人按照平等互利的原则，在中国境内同中国的公司、企业或其他经济组织共同投资建立的具有中国法人地位的企业。

合资企业可以是生产型的，也可以是非生产型的，其特点归纳如下。

1. 合营企业为股权式企业

合营各方按其在注册资本中的出资比例，分享利润，分担风险及亏损。

2. 合营企业为有限责任公司

根据《中华人民共和国中外合资经营企业法》，合营企业的组织形式只有一种——有限责任公司。有限责任，指合营各方对于合营企业的债务承担责任的范围。按此组织形式，合营各方对合营企业的债务所承担的责任，是以各自认缴的注册资本为限，或者合营企业以其全部资产对其债务承担责任。

按现行法律规定，合营企业尚不能设立股份有限公司。

3. 合营外方的出资比例不得低于25%

合营外方在合营企业注册资本中的出资比例不得低于25%。对外方的出资比例，只规定了下限，没有规定上限。外方，可以由好几家外商组成。

4. 投资方的出资方式

合营各方可以用现金、实物、工业产权及专有技术等资产进行投资。中方还可以用场地使用权投资。对合营各方不同形式的出资，都要用共同约定的币种作价，以计算各方的出资比例。

5. 合营期内不得减少其注册资本

为保证合营企业出现风险而需合营各方兑现其承担的有限责任，注册资本应一直保留在合营企业，而不允许以任何方式抽走。那种把企业折旧费视作利润进行分配的做法，是一种减少注册资本的行为，政策上不允许。只是在合营终止并进行清算时，折旧费方可按出资比例分配给合营各方。

6. 应依法纳税

合营企业做为一个法人，依照《中华人民共和国外商投资企业和外国企业所得税法》的规定缴纳所得税。

7. 合营企业采取税后还贷

合营企业的债务偿还，在经营期采取税后还贷方式。贷款利息作为财务费用计入总成本。

8. 董事会是合营企业的最高权力机构

董事会决定合营企业的一切重大问题。董事名额的分配参照合营各方的出资比例由合营各方协商确定，具体人选由各方自己选定。

9. 关于合营期限的约定

属于国家规定鼓励和允许投资项目的，合营各方可以约定，也可以不约定合营期限。对于从事服务行业、土地开发及房地产经营、资源勘查开发、国家限制投资的项目，合营各方应当按照有关规定约定合营期限。

10. 清算方式

合营企业合营期满或提前终止合同，需进行清算。合营企业以其全部资产对其债务承担责任。合营各方将按各自的出资比例，分配企业的剩余资产，但合营协议、合同、章程另有规定的除外。

(四)中外合资经营企业的几个重要比例

1. 注册资本与投资总额的比例

注册资本代表合营各方对企业承担责任的限度，自然地，为减少这一责任，投资者通常希望注册资本越少越好。为了减少债务风险，确定合营企业的外方应负的责任，必须对外商认缴的注册资本金额有明确规定。

国家工商行政管理局于 1987 年 3 月 1 日公布了《关于中外合资经营企业注册资本与投资总额比例的暂行规定》。据此，各方可按其投资比例确定认缴的那一部分注册资本金额。

以上规定除了减少中方的风险外，还起到另一作用：对合营企业将贷款作为财务杠杆，提高自有资本的盈利能力加以限制。由于企业借款利息可以计入总生产成本，借款多，所得税前列支的借款利息就多，而且建设期利息，可计入固定资产原值，加大折旧，从而会减少企业应向国家缴纳的所得税。这样，企业通过增加借款数量，减少注册资本，提高了企业自有资本的投资收益率。

2. 外国合营者的投资在注册资本中的比例

在合营企业的注册资本中，外国合营者的投资比例一般不低于 25%。但只规定了下限，没有规定上限。

至于外国合营者在注册资本中以占多大比例为宜，不好一概而论。提出几条原则供中方决策时综合考虑。

1)有利于实现中方举办合营企业的目标

中方举办合营企业的目标，概括地说是实现“三个引进”，即引进外资、引进先进的技术和引进先进的管理经验。外方占大股，国家就可以多利用一些外资，外商就会把自身利益与合资企业更加密切地连在一起，有助于外方带来先进的技术和管理经验(当然合营外方要确实拥有我国需要的先进技术和管理经验)。

2)中方的出资能力

按规定，外国合营者在注册资本中所占的比例不得低于 25%，则中方出资所占有的比例可高达 75%。但是若中方的出资能力有限，承担不了这样大的投资比例，自然应让外方多占一些比例。

3)经济的投资规模

项目的规模应符合规模经济的原则。只有这样，才能使投资节约，生产成本降低。每一种产品在特定的经济环境下，都有一个最佳的经济规模，据此可确定生产该产品的项目的投资总额。若中方想以有限的资本，在合营企业注册资本中占较大比例，可在不违反经济规模的原则下缩小项目的投资规模，减小项目投资总额。实在不能缩小投资规模，中方应量力而行，把中方不能占有的投资比例让给外方。

4)合营项目从外部筹措资金的可能性

合营项目投资的资金来源，一是各方认缴的注册资本，二是从外部(如银行)筹措的资金。如果欲以有限的资本在注册资本中占大股，在允许的范围内尽可能增加外部筹集的资金，以满足项目投资的需要。若中方筹措资金能力有限，自然应让外方多投资。

5)创汇能力

外方在一般的情况下，要求从合营企业分得的利润是外汇。外方的投资比例大，则分得的利润多，企业的外汇负担增加。外方投资比例大，固然会给合营企业在“三个引进”方面带来好处，若外方应分利润不能用外汇兑现，则缺乏让外方占大股的物质基础。企业的创汇能力主要与产品外销比例有关。外方若想占大股，则应要求外方承担较大的外销比例，至少应承担为保持企业的外汇平衡对应的外销比例。

6)合营企业的风险和利润的均衡

在西方国家流行一句话：“没有风险，就没有利润”。企业的风险是与利润共存的。对于投资风险较大的合营企业，不妨让外方占大股，相应地外方应多分利润。否则，你不让他赚钱，他怎么能多承担风险呢。对于盈利能力大而风险不大的项目，中方应争取多占一些股权，而把外方的股权限制在它既可接受又可激发其经营管理热情的水平上。

3. 外国合营者技术作价入股的比例

有些发展中国家规定，在吸引外商投资时不允许技术资本化，即不允许将技术作价投资。因为一旦将技术作价入股，技术被资本化而固定其价值，就要按其在注册资本中占有的比例在整个合营期间分红，从而加重合营企业的负担。此外，任何一门技术都具有时效性，随着时间的推移，其价值递减，这一点与货币使用正相反。鉴于我国引进先进技术的需要，允许以技术作价投资，但这是有限制的。外商以技术作为投资的比例，不能超过该合营企业注册资本的某一比例，同时还需伴以等值以上的现金或实物作为投资。这样的规定既可鼓励引进外国先进技术，又保证了合营企业投资所需现金或实物的来源。

三、利用外资的国际贸易理论基础

在现实世界中，完全封闭的经济是不存在的。因此，任何一国经济都在不同程度上是所谓的开放经济。利用外资，建立中外合资经营企业、中外合作经营企业等就是充分利用国际市场上的资本和商品，加强其流动，其实质是国际贸易。下面分析利用外资的国际贸易理论基础，并主要介绍以下几个方面的理论。

(一)绝对优势理论

亚当·斯密在《国富论》中提出了绝对优势理论，用以解释国际分工产生的原因、方式及其效果。斯密认为，国际间的自由贸易能促进国际分工，而国际分工的基础是自然条件，即各国先天所有的地理自然条件(如气候、资源、人口等)以及后天所有的生产条件(如资本、技能、劳动生产率等)。如果每个国家都按自己最有利的条件分工生产并交换，将使资源、资本和劳动力得到最有效的利用。各国分工生产劳动成本比其他国家绝对低的商品，在自由贸易条件下，各国才能享受分工的利益，劳动生产率得到提高，财富不断增加。

比如，一国在劳动力上比较廉价，而另一国家在技术和机器上先进，这样二者结合可以发挥他们的绝对优势。

(二)比较优势理论

在斯密绝对优势理论的基础上，英国另一经济学家李嘉图提出了比较优势的理论。比较优势理论认为，国际贸易的基础并不限于生产技术绝对差别，只要各国之间存在着生产技术上的相对差别，就会出现生产成本和产品价格的相对差别，从而使各国在不同的产品上具有比较优势，使国际分工和国际贸易成为可能。也就是说，每个国家不仅可以生产具有绝对优势的商品，而且可以生产具有相对优势的商品。

假定有 X、Y 两国，生产 A、B 两种产品。X 国处于生产两种产品的全面劣势，1 单位劳动只能生产 10 单位 A 产品或 5 单位 B 产品，而 Y 国则处于全面优势，1 单位劳动能生产 20 单位 A 产品或 60 单位 B 产品。因 X 国生产 A 产品的相对劣势较小，可以专业生产 A 产品；Y 国生产 B 产品的相对优势更大，可以专业生产 B 产品。如果两个国家建立以 A、B 两种产品作为要素投入的合资经营企业，可以发挥两国的比较优势。

如果一个国家在本国生产一种产品的机会成本(用其他产品来衡量)低于在其他国家生产该产品的机会成本的话，则这个国家在生产该种产品上就拥有比较优势。上述例子较清楚地阐述了比较优势和国际贸易的基本原理，即，如果每个国家都出口本国具有比较优势的商品，则两国间的贸易能使两国都受益。比较优势理论不仅在理论上更广泛地论证了国际贸易的基础,在实践上也部分地解释了先进国家与落后国家之间贸易的原因。

(三)要素禀赋理论

该理论是进一步从生产要素比例的差别来阐述贸易的基础，认为生产商品中的某些局限性，认为生产商品需要不同的生产要素而不仅仅是劳动力、资本、土地以及其他生产要素也都在生产中起了重要作用并影响到生产率和生产成本。

不同的商品生产需要不同的生产要素配置。有些产品的生产技术性较高，需要大量的机器设备和资本投入。这种产品被称为资本密集型产品。有些产品的生产则主要是手工操作，需要大量的劳动力，这种产品被称为劳动密集型产品。另外，各国生产要素的储备比例也是不同的、有的国家资本相对雄厚，有的国家劳动力相对充足。因此，产品生产的相对成本，不仅可以由技术差别决定，也可以由要素比例和稀缺程度的不同而决定。一般来说，劳动力相对充裕的国家，劳动力价格会偏低，因此劳动密集型产品的生产成本相对低一些。而在资本相对充足的国家，资本的价格会偏低，生产资本密集型产品可能会有利。因此，各国应该集中生产并出口那些能够充分利用本国充裕要素的产品，以换取那些需要密集使用其稀缺要素的产品。国际贸易的基础是生产资源配置或要素储备比例上的差别。

要素禀赋理论有狭义和广义之分。狭义的要素禀赋理论，论证各国要素禀赋的不同导致生产产品的要素比率(密集度)和产品价格的不同，从而产生了国际贸易。参加贸易的国家均出口那些含有本国供应充裕且价格低廉的生产要素多的产品，进口那些含有本国供应稀缺且价格昂贵的生产要素多的产品，其结果就能获得比较利益。广义的要素禀赋理论，则除此之外还包括要素价格均等化定理。要素价格均等化定理的研究国际贸易对要素价格的反作用。因为产品的国际间转移实质上是生产要素的国际间转移，所以国际间的自由贸易不仅仅使各国产品的价格趋于均等化，而且使各国生产要素的价格也趋于均等。

(四)相互需求理论

该理论说明商品交换比率取决于两国对彼此商品的需求程度，这一理论将供求均衡分析法运用于国际商品交换领域，实质是供求均衡国际价格理论。

相互需求理论认为，两国的两种产品的国内交换比率或比较优势，决定两国间这两种产品交换比率的上下限，实际的国际交换比率必定介于由两国国内交换比率所确定的界限之内。而实际的交换比率大小，是由两国对对方产品的需求强度所决定的。外国对本国商品的需求强度越是大于本国对外国商品的需求强度，国际交换比率越是接近于外国的国内两种商品的交换比率，这个比率对本国就越是有利。

(五)规模经济理论

为了解释相似资源储备国家之间和同类工业产品之间的双向贸易，就提出了规模经济的贸易学说，并形成了当代贸易理论。传统贸易理论都假定产品的规模报酬不变，而规模经济贸易学说认为这一假设是不完全的。在现代化社会大生产中，许多产品的生产具有规模报酬递增的特点，即扩大生产规模，每单位生产要素的投入会有更多的产出。尤其是现代化的工业，大规模的生产反而降低单位产品成本，另外，传统贸易理论假设各国生产的产品都是同质的，国际市场是完全竞争的。但其实工业产品类似但不是同质的。因此，大多数工业产品的市场是所谓不完全竞争市场，更多情况下表现为垄断竞争市场。这样，作为规模经济的结果，互利的贸易使得各国可以用比以往更有效的规模来专业化生产有限类别的产品；同时，它们之间的相互贸易又使消费所有产品成为可能。

四、兴办中外合资经营企业的目标

中外合资企业有两个显著的特点：一方面，中外双方的投资目标差异很大，中外双方各自谋求自身的利益，并且双方的利益在一定程度上是冲突的；另一方面，中外双方必须共同投资，共同经营，共担风险，共负盈亏。一个合资企业的成功，必须依靠合资各方团结合作，共同努力。我国兴办中外合资经营企业的目标主要有宏观目标和微观目标两个方面。

(一)兴办中外合资经营企业的宏观目标

改革开放以来，党和政府将利用外资、举办中外合资经营企业作为加快我国经济发展的战略措施。我国举办中外合资经营企业的宏观目标主要包括以下三个方面：

(1)吸引海外资金以弥补国内建设资金的不足。

(2)引进先进技术，缩短国内外技术发展的差距。

(3)扩大产品出口，增加外汇收入。

(二)兴办中外合资经营企业的微观目标

改革开发以来，我国企业经营自主权逐步扩大，相当一批企业热心于寻找举办中外合资经营企业的机会，虽然具体情况不同，但主要是出于下述几种动机与目标。

(1)利用外资进行企业技术改造，摆脱经营困境。

(2)利用外方的优势，拓宽产品销路。

(3)利用合营，充实资金，扩大规模。

(4)通过合资，利用政策，享受各种优惠条件。

第二节　中外合资经营项目经济评价的特点和原则

我国目前一般国内项目经济评价方法与中外合资经营项目的经济评价方法开始趋

于一致，但中外合资经营项目经济评价方法特别是财务评价方法仍有一些独特之处。这些特点主要取决于中外合资经营企业的性质及国家对合资企业的特殊政策。

一、中外合资经营项目经济评价的特点

为适应建立我国社会主义市场经济的需要，1993年进行了财会制度的改革，财政部制定了《企业会计准则》，适用于我国境内的所有企业，包括合资企业。但合资企业有特殊的产权关系和经营方式，有不同的分配办法，还有一些配套的法规。国家为鼓励外商投资，也出台了很多优惠政策，所有这些都使合资企业的经济评价具有其独特性。与一般国内经济评价比较，有以下的特点和差别：

(1)经济评价中更注重财务评价。财务评价主要是站在投资者的立场考察企业的盈利能力和债务清偿能力。外国投资者看准中国廉价的自然资源和人力资源来中国投资，主要目的是获取在其国内难以达到的丰厚利润，一旦财务评价可行，即有钱可赚便愿意投资。但中国政府出于对资源开发的统筹考虑，也为了考察国内投资部分对国民经济的净贡献，需要审查项目国民经济评价结果。

(2)经济评价计算期不同。计算期包括建设期和生产经营期，合资项目的生产经营期年限取项目经济寿命期和合资生产期限中较短者。比如，对水利水电项目来说，其经济寿命期一般较长(30～50年)，故一般取合资生产期作为生产经营期进行项目经济评价。

合营期限从合营企业营业执照颁发之日算起，包括建设期、生产经营期，生产经营期又可分为投产期及达产期。根据有关规定，属于国家鼓励和允许投资项目的，除某些另有规定者外，合营各方可以在合同中约定合营期限，也可以不约定合营期限。对于不约定合营期限的，应取经济寿命期。建设期的长短按照项目实施进度，视项目大小及工程复杂程度而定。某些项目合营期、经济寿命期均较长，在满足投资决策的前提下，项目评价人员可与合营各方商定一个短于合营期和经济寿命期的计算期，进行项目经济评价。

(3)合理确定投入物和产出物的价格。需通过调查和预测合理确定价格。合资经营的项目需要进口部分设备，作为外国投资者的资本投入，有时还可能以技术、咨询服务等形式作为资本金投入，需要做好国内外市场研究和价格调查和预测，确定其合理价格。产出物按其是内销还是出口，进行合理确定。

(4)投资估算由中外双方共同完成。外方一般由外国投资者雇请外国咨询机构进行，中方一般由中方投资者雇请中方设计单位或咨询机构进行。中外方编制办法在项目分类和费用构成中存在有差异。

(5)财务评价方法基本相同，只是一些具体问题的处理上有所差异，主要表现在外方注重资本金的财务内部收益率和由此确定的资本金利润率。

(6)国民经济评价需要作两套，并单独成册上报中国审批机关。一套是假定全部投资均由国内提供，经济评价方法与一般国内项目相同。另一套是以中方投资部分为基础，偿还外资本息作为费用进行国民经济评价。

二、中外合资经营项目经济评价的原则

中外合资经营项目经济评价的原则主要包括以下几个方面。

(一)经济评价要符合我国有关法规和政策

合资项目的经济评价特别是财务评价政策性强是人所共知的。合资项目的可行性研究报告一旦被批准，就将着手正式进行合同章程的谈判。可行性研究和经济评价所涉及的许多问题都是合同章程起草的基础，也可以说涉及合营各方利益的许多重要问题在可行性研究阶段就应确定，且此后不宜作太多的变动，以免影响我方的信誉。因此在可行性研究阶段的经济评价不仅要注意符合一般性的法规政策，还要了解项目所在地的一些特殊规定。这些法规和政策是兴办合资企业的立足点，是合营各方谈判、签约的依据。在经济评价中要正确运用。

(二)经济评价要适应合营各方的要求

合资企业的特点决定了合营各方对项目的共同利益。由于合资项目是合营各方按照平等互利的原则合资兴办的，所以有关项目经济评价所需要的重要数据须由合营各方共同商定，共同确认。合资项目的可行性研究和经济评价有的由合营各方分别委托中外咨询公司分别或合作完成，也有的共同委托中国的咨询公司进行，经济评价的方法和指标要适应各方的要求，得到各方的认可。

(三)经济评价要符合我国审批机构的要求

对投资者来说，项目财务评价的结论足以作为投资决策的依据。因而在合营各方共同确认的可行性研究报告中只需进行财务评价。但对我国的决策部门而言，还需从国家角度来考察项目，以判断合资项目给国家所带来的效益是否能满足要求。因此，合资项目还应进行国家收益分析，计算国内投资财务内部收益率等指标。另外，视项目具体情况，按审批机构要求，有时还需进行国民经济评价。国家收益分析和国民经济评价部分应单独成册，报送主管部门。

(四)坚持宏观效益与微观效益相统一

一个项目的成功必须依赖于整个社会的支持。因此，中外合资企业的成立，不仅要求它能够给中外投资者带来收益，而且必须对社会有贡献。在资本主义国家，产生公害的项目是要受到严格限制的，更不允许只顾企业利益而不顾社会利益。一个好的中外合资企业，除了给中外投资者带来利润以外，还能增加国家税收，满足国内需求，减少进口以节省外汇或者增加出口以创造外汇，增加劳动就业机会，改善人民生活条件，或者减少国内资源耗费，提高资源利用率，等等。每建设一个中外合资项目，国家也总要付出一定的代价。例如，交通、通信等基础设施的建设，社会资金的占用，“三废”的防治和处理等。如果一个中外合资企业的社会得益大于社会所付出的代价，也就是说，企业有较好的社会效益，那么这个企业就会对国家作出积极的贡献，同时也会得到国家和社会的积极支持。如果一个中外合资企业对社会产生负效应，也就是社会所付出的代价大于社会的收益，当然它就不可能得到国家和社会的赞同。因此，中外合资企业的经济评价必须坚持宏观效益与微观效益相统一。

(五)坚持定性分析与定量分析相结合

企业经济评价是以定量分析为基础的。在中外合资项目的前期研究阶段，定性分析较多，定量分析较少，特别是投资环境的研究，许多因素难以用数量进行表述和衡量，因而只能采用定性分析的方法。但是，要实现投资决策的科学化，提高中外合资企业的成功率，投资者对项目的分析研究就不仅要采取定性的方法，而且要采用定量的方法。

投资条件审查、资金成本计算以及资产结构分析，都应该尽可能地数量化，用数据说明问题。只有掌握了各方面的基本数据，投资者才可能对企业进行综合的经济评价。经济评价实质上是对企业费用和收益的计算、比较，它的结果又是通过一系列指标反映出来的，因此，整个经济评价的过程就是对项目的定量分析过程。

(六)坚持动态分析与静态分析相结合

企业经济评价是建立在一系列的经营预测数据基础上的。要使评价结果相对准确，不仅要充分利用各种信息渠道，掌握大量第一手资料，对投资条件和经营成果作出切合实际的分析。同时，还要对投资条件的变化和合资企业的经营发展趋势作出正确的预测。一方面，投资条件是不断变化的。国家政策的调整，地区发展规划的更改，甚至交通、通信等基础设施的建设，都会改善投资环境，增加发展机遇，或者促进市场竞争。另一方面，企业的生产经营能力是不断提高的。随着产量的增加和内部管理的加强，企业的技术水平和开发能力会随之提高，产品质量也会随之得到改善，单位产品的原材料消耗相应降低，工时及其他费用进一步节省，从而带来产品成本的下降，企业盈利能力的增强。经济评价必须采用动态分析与静态分析相结合的方法，也就是在分析评价一个中外合资投资项目时，必须充分考虑这些因素的变化及其发展趋势。

三、中外合资经营项目经济评价在前期工作中的作用

中外合资经营项目的经济评价是项目建议书(预可行性研究报告)和可行性研究报告的重要组成部分。其中的财务评价是在国家现行财税制度和价格体系基础上，对项目进行财务效益分析，考察项目的盈利能力、清偿能力和外汇平衡状况，以此作为投资决策的依据。其中的国家收益分析和国民经济评价又是国家批准项目的依据。同时，财务评价在配合中外合资各方的协议、合同、章程谈判，促进合营各方在平等互利基础上的经济合作等方面也起着重要作用。

由于合资项目经济评价政策性强，涉及面广，既要满足合营各方要求，又要符合各种法规政策，满足审批机构的要求，且在合资项目前期工作中起着重要的作用，所以经济评价人员应从项目发起阶段，特别是从与外商开始接触起就应参与工作。经济评价人员应在前期工作的各个阶段的合营各方的接触和谈判中起到把握政策，说明方法、各方的要求，协商确定基础数据的作用，使经济评价工作从一开始就能符合前述各种要求，促进前期工作的顺利进行。

第三节　中外合资经营项目的财务评价

随着经济体制改革的深化，世界经济一体化进程的发展，我国在会计制度、财税制度等方面逐步与国际接轨。尽管如此，合资项目经济评价方法特别是财务评价方法仍有一些独特之处。这些特点主要是取决于中外合资经营企业(简称合资企业)的性质，它有特殊的产权关系和经营方式，有不同的分配办法，还有不少独立配套的法规和会计核算方法以及国家对合资企业的特殊政策。

一、中外合资经营项目的资金筹措

(一)中外合资经营项目的资金来源

合资项目的资金主要来源于两个方面：①注册资本，即合营各方认缴的出资额之和；②以合资企业名义向银行和其他单位的借款。

在资金筹措过程中需明确两个比例，即注册资本占投资总额的比例和注册资本中合营各方的出资比例。这两个比例要在符合我国有关法规和政策的前提下，由合营各方协商确定。

合资项目的投资总额(含合资企业借款)是按合资企业合同、章程规定的生产规模和建设内容投入的建设投资、生产流动资金和建设期利息的总和。按国家工商行政管理局《关于中外合资经营企业注册资本与投资总额比例的暂行规定》，注册资本应与生产经营的规模、范围相适应，并具体规定了中外合资经营企业的注册资本与投资总额的比例。合资项目的经济评价，应当遵守这些规定。

注册资本中合营各方的出资比例，是各方分享利润并分担风险和亏损的依据，反映各方责、权、利的大小。我国《中外合资经营企业法》规定，注册资本中，外国合营者的投资比例一般不低于25%。

(二)中外合资经营项目的出资方式

中外合资项目合营各方出资方式。按照《中外合资经营企业法》对出资方式的规定，合营者可以用货币出资，也可以用建筑物、厂房、机器设备或其他物料、工业产权、专有技术、场地使用权等作价出资。以建筑物、厂房、机器设备或其他物料、工业产权、专有技术作为出资的，其作价由合营各方按照公平合理的原则协商确定，或聘请合营各方同意的第三者评定。在合资项目财务评价时，应按此规定，并由中外合营者根据具体情况协商确定。

二、中外合资经营项目盈利能力分析

(一)财务评价报表

中外合资项目盈利性分析要从全部投资、自有资金、中方投资者、外方投资者四个不同角度分析获利能力，编制的报表有基本报表和辅助报表。

1. 基本报表

基本报表包括财务现金流量表(全部投资)、财务现金流量表(自有资金)、财务现金流量表(中方投资)、财务现金流量表(外方投资)、损益表。

全部投资财务现金流量表：将全部投资作为自有资金，计算税前和税后的财务指标，考察全部投资的盈利能力。当各项指标达到合资各方设定目标值时，表示项目值得进一步研究。

自有资金财务现金流量表：该表反映合资项目还清借款本息后自有资金的盈利能力。自有资金财务内部收益率和投资回收期优于国家设定的目标值是项目可行的必要条件。这是为了适应社会主义市场经济的发展和投资体制改革的需要。随着资本金制度的建立，必然要求从投资者角度出发，考察项目的盈利能力，为投资者的投资决策提供依据，自有资金财务现金流量表就是从投资者角度看问题，以投资者的出资额作为计算基础，将借款本金和利息作为现金流出。随着投资体制改革的深入和资本金制度的付诸实施，该表的重要性将会越来越为人们所认识。

中方、外方投资财务现金流量表：反映合资各方投入资本的盈利能力，计算目的是将各自的财务内部收益率与各自设定的财务目标收益率和合资对方的财务内部收益率相比较，寻求平等互利的投资方案，并据此判断是否参加投资。这是因为各方资金来源可能不同，在相同产出物价格条件下，各自的财务内部收益率是不会相同的。

利润表：该表反映销售收入、税金缴纳、利润分配等情况。

2. 辅助报表

辅助报表有建设投资估算表，流动资金估算表，投资总额和资金筹措表，借款还本付息估算表，产品销售收入和销售税金估算表，生产成本和费用估算表，原材料、燃料、动力消耗成本表，人员及年工资估算表，各项费用估算表，固定资产折旧费估算表，无形资产及其他资产摊销费估算表。

(二)盈利能力分析指标及其可行性判断

中外合资项目的财务评价是对项目整个计算期的盈利情况和财务状况进行测算分析，特别是由于财务评价方法中要求编制中、外方投资现金流量表，计算相应的内部收益率指标。

财务内部收益率最为重要，外方一般只关心外国投资者实际投入的资本金内部收益率，只要满足要求就可以投资。在我国，公有制的体制和有限的资金决定着要按全部投资测算内部收益率，以决定资金的正确投向，在社会主义市场经济条件下，一些项目，尤其是合资项目，已不再由国家全额拨款投资，企业资本金的内部收益率也成为重要指标。按我国目前规定，在利用外资项目中，这两项指标都要考察。

根据财务报表可以计算下列盈利能力指标。

(1)财务内部收益率：全部投资财务内部收益率(分别计算所得税前、所得税后)、自有资金财务内部收益率(只计算所得税后)、中方投资财务内部收益率和外方投资财务内部收益率。

(2)财务净现值：与财务内部收益率一样，亦要从四个不同角度分别计算财务净现值。

(3)投资回收期：只计算全部投资回收期。

(4)投资利润率。

(5)投资利税率。

(6)资本净利润率。

当全部投资所得税前内部收益率和投资回收期优于行业基准值，且所得税后内部收益率、投资回收期达到设定的目标值时，表示该项目在整体盈利能力方面达到了要求。其他三个不同角度的内部收益率，即自有资金内部收益率、中方投资内部收益率和外方投资内部收益率，要分别与投资者设定目标值进行比较，中外双方的指标值相互间也要进行比较平衡，以体现平等互利的原则。只有这样，才能全面说明项目的可行性。

1. 内部收益率

就其本质而论，内部收益率反映资金的投入产出比。按在同一项目中资本投入的类型、资金产出的环节及其计算价格，可以计算出一组内部收益率。对于合营项目，有 4 种型式的资本投入，对应 4 个内部收益率。

项目全投资内部收益率。所谓项目全投资，指项目总投资全部为企业的自有资金，项目无来源于外部的资金(西方国家称为 100%的股本投资)。对应这一类型的资本投入，是项目全投资内部收益率，它反映投入项目的全部资金在项目的盈利能力。

项目自有资本内部收益率。项目的自有资本，为举办合营项目按规定合营各方认缴的资本总和，是项目总投资的一个来源(另一来源是金融机构的贷款)。对应项目自有资本的投入，是项目自有资本内部收益率，它反映项目总投资中属于自有资本那一部分资本投入的盈利能力。此项指标，包含了贷款杠杆作用对盈利能力的改善结果。只要项目借款的利率低于前述项目全投资内部收益率，则项目自有资本的内部收益率一定会大于项目全投资收益率，且随借款在总投资所占份额的加大而结果改善愈显著。

中方股本及外方股本内部收益率。合营项目的自有资本，由合营的中方及外方认缴的股本构成。对应中方股本及外方股本的投入，分别有中方股本的内部收益率及外方股本的内部收益率，反映中方(或外方)单位股本出资额在所选测算期内每年所获的平均利润额。

需要强调一下，在分析项目时，无论是自已计算或是评价他人提供的内部收益率，一定要弄清楚针对的是哪一种资本投入、资金产出的环节及其计算价格，切不可只停留在百分比的计算上，而不管其计算参照物及计算条件。

2. 投资回收期

以项目所得到的现金净收益(即净现金流量)的现值，抵偿项目初始投资的现值所需要的时间，称为投资回收期，记为 P_t 。一般，投资回收期自初始投资的第一笔资金投入的年份为起点(记为零年)算起。

投资回收期分类。同一个项目，针对在该项目不同类型的资本投入，可以算出好几个投资回收期。对于中外合资经营项目，至少应算出 4 个投资回收期：

项目全投资的投资回收期。针对项目全投资(仅包括项目的建设投资和流动资金)的投入，可以算出回收项目全部投资所需的时间。在此种情况下，作为回收全投资的净收益(或净现金流量，等于提取的折旧和摊销费与税后利润(已扣除职工奖励及福利基金)之和。

项目自有资本(数量上相当于项目注册资本)的投资回收期。针对项目自有资本的投入，可以算出回收项目自有资本的时间。在此种情况下，作为回收自有资本投资的净收益(或净现金流量)等于提取的折旧和摊销费与税后利润(已扣除职工奖励及福利基金)之和减去应偿还的贷款本金后的余值。

中方股本金的投资回收期。针对中方在合营项目中的股本投入，可以算出回收中方股本的时间。在此种情况下，作为回收股本的净收益(或净现金流量)为中方按合同规定每年应分得的利润及其他收入。

外方股本金的投资回收期。针对外方在合营项目中的股本投入，还可以算出回收外方股本的时间。在此种情况下，作为回收股本的净收益(或净现金流量)为外方按合同规定每年应分得的利润及其他收入。要注意，外方投入的股本是外汇，回收股本的净收益，也应该用外汇表示。这里就存在着汇率风险对外方股本回收期的影响。

这里要强调一下，中方和外方股本投资的回收在概念上有别于抽资。中外方回收投入的股本，是用他们分得的利润，而作为他们当初的股本投入，仍以固定资产和折旧费的形式留在企业，只发生股本形态的转变而无数量的变化。抽资就是另一回事，在经营过程中，若中外方分走折旧费，实属抽走其投入的股本，法律不容许，只容许企业清算时按投资比例分配。

在讨论投资回收期时，一定要弄清楚投入资本的类型和可供回收投资的净收益构成的合理性。确认资本投入与资本回收的对应关系十分重要。切不可把不能作为资本回收的现金收入项，有意或无意地渗入回收投资的净收益之中。正如前面提到的，在计算中方和外方的投资回收期时，就不能把企业当年余留的折旧费也当做利润计入回收股本的净收益之中。

投资回收期，还可按是否包含建设期来划分。有时，需要知道项目投产后需要几年就收回投资，此时就应该采用不含建设期的投资回收期。

使用投资回收期这一指标的局限性。这一指标特别适用于风险性投资项目或在风险较大地区的投资项目。由于计算简便，几乎所有的项目决策分析都要使用它。但是，这个指标也有其局限性。它只强调投入资本的回收快慢，而忽视了投入资本的盈利能力，不能回答资本投入后的盈利状况。因此，还要结合其他指标，各显其能为决策者提供较完整的依据。

一个可以被投资者接受的投资回收期，通常是根据同类项目过去的经验确定的。

需要指出的是，这些动态指标有时会发生互相排斥的现象。即使对同样的初始投资规模，由于投产后净现金流量在各年度的分布状况不同，当分别用这些指标作为比选判据时，则会得出矛盾的结论。

三、中外合资经营项目清偿能力分析

(一)清偿能力分析的含义

中外合资经营项目清偿能力分析要求计算的主要指标有资产负债率、流动比率及速动比率。这三个指标可根据资产负债表中有关数据逐年计算(一般计算 10 年)，以考察项目计算期内偿债能力的变化趋势，项目资产、负债和所有者权益三者间的关系，资本结构是否合理。不要求计算贷款偿还期指标。这是因为：国内借款偿还期指标的设立是为了满足国内贷款机构的要求，并照顾到多年来国内的习惯，为借贷双方和主管部门决策所用。国外贷款通用的方法是，首先提出贷款条件，然后测算在满足贷款条件下项目的财务状况，分析其清偿能力，以作为借贷双方决策的依据。中外合资经营项目的可行性研究和财务评价一般由中外双方共同进行，应适应中外双方的需要，所以在清偿能力分析方面采用了国际上通行的做法，不计算借款偿还期指标，只根据预先确定的贷款条件(含指定的还款期)进行借款偿还平衡计算。

(二)清偿能力分析的基本报表

资金来源与运用表。该表反映项目计算期内各年资金的余缺情况，用于选择筹措方案，制定适宜的借款及偿还计划，进行清偿能力分析，并为编制资产负债表提供依据。

资产负债表。该表综合反映项目各年末的资产、负债和投资人权益的增减变化及对应关系，以检查项目资产、负债和投资人权益的结构是否合理，据以计算资产负债率、流动比率及速动比率，反映项目的清偿能力。

第四节　中外合资经营项目的国民经济评价

一、中外合资经营项目国民经济评价的原则和方法

根据项目具体情况，视审批机关要求，合资项目有时仍需要进行国民经济评价。

中外合资经营项目的国民经济评价原则和方法与国内投资项目基本相同，差异主要在于效益与费用的计算范围不同，即效益费用流量表中计算项目不同。

合资项目国民经济评价的原则和方法，包括效益和费用的识别、货物分类、影子价格的确定原则以及在财务评价基础上的各项调整都与国内项目基本相同，评价指标的计算方法、社会折现率、影子汇率等参数，与国内项目相同。

合资项目国民经济评价与国内项目的不同之处在于效益与费用的范围不完全相同，这反映在效益费用流量表的科目设置上。合资项目国民经济评价的主要表格是国内投资效益费用流量表。该表反映合资项目为国民经济创造的净效益，外方合营者的各项收入均作为费用体现在表中。表中效益流量包括产品销售收入、回收固定资产余值、回收流动资金和项目外部效益等；费用流量为建设投资中国内资金、流动资金中国内资金、经营费用、国外借款本金和利息的偿付、外方股利、外方资产清理分配所得及项目外部费用等。由该表计算的国内投资经济内部收益率和经济净现值作为国民经济评价的主要指标。

以国内投资为基础，计列国内投资财务现金流量表，进行国家收益分析，以考察国内各方建设项目的财政收入，协调国家、地方和中方合资者之间的利益分配，为项日决策服务。现金流入包括国家收入、地方收入、中方合营者收入等，国家收入包括所得税、其他税收和国内贷款本息回收等。

另外，合资项目的国民经济评价不进行外汇效果分析。

合资项目的国民经济评价应由中方单独进行，另行成册，报送中国有关主管部门。

二、中外合资经营项目国民经济评价的报表

进行中外合资经营项目国民经济评价，编制的报表主要有以下几种。

(一)国内投资国民经济效益费用流量表

该表是以合资项目的国内投资为计算基础，反映合资项目对国民经济的净贡献。外方合资者的各项收入在该表中被视为流出。

(二)全部投资国民经济效益费用流量表

该表是假定全部投资均由国内提供，计算相应的评价指标，考察项目不使用国外资金时的盈利水平，以与国内其他类似的项目进行对比，作为项目是否利用外资的决策参考。该表内容设置与利用国内资金的一般项目相同。

(三)国内投资财务现金流量表

该表视各项税收、中方合资者收入、国内银行收回的贷款本息等为国内现金流入，将国内实际投入的资金，包括中方投资、国内银行贷款等作为现金流出，计算国内投资

的财务内部收益率，反映国内投资的财务盈利能力。

第五节　某中外合资铝电联营项目经济评价

一、中外合资铝电联营项目概况

某铝业公司为1995年成立的中外合资企业，中方占公司股份的49%；外方占公司股份的51%。1995、1996年铝锭产量分别为13 974.238 t和10 442.483 t。目前该公司三期扩建工程已竣工，扩建后年生产能力将达3万t，需用电负荷达64 MW，年用电量约5亿kW·h。

1995年公司所在地某县用电最高负荷达70 MW，用电量5.3亿kW·h，而电网供电能力仅为40 MW，电量为3.3亿kW·h，因此铝业公司扩建后，靠该县电网供电缺口很大，供需矛盾十分突出。

某公司是该地区的利税大户，1995年销售收入为25 306万元(含税)，利润为5 015万元，上交税金1 518万元，大大增加了地方财政收入。1996年由于缺电严重，电价上涨，加之铝产品价格下跌，全年完成销售收入16 859万元，上缴税金只有346万元，公司亏损2 314万元(其中因电价上涨造成铝产品成本上涨约2 000多万元)，不但使铝业公司发展受到严重影响，而且对该县财政收入及经济发展带来十分不利的影响。

为了充分发挥某铝业公司的投资效益，并带动该县经济和社会的全面发展，迫切要求解决公司的供电问题。

二、自备电厂经济评价

为解决某铝业公司的供电问题，拟建一座自备电厂，并分析其财务上的可行性。

(一)工程投资及资金筹措

本电站装机2×50 MW，从主厂房基础开挖至第一台机组发电共16个月；6个月之后，第二台机组投产发电。按照1996年价格水平估算，本工程固定资产投资43 456万元(含配套输变电工程投资1 160万元)。本电站为中外合资企业，注册资本为18 078万元，其中中方占49%，外方占51%；从国内银行贷款25 378万元，年利率为12.42%，贷款按机组正常投产后5年还清。

按年贷款利率12.42%计算，本电站的建设期利息为1 576万元。按分项法估算，本电站的流动资金为943.4万元，其中30%为自有流动资金，70%为借款，利息计入发电成本。计入建设期利息和流动资金，本电站的总投资为45 975.4万元。

(二)成本费用计算的主要参数

成本费用计算的主要参数有：设计年利用小时数7 000 h；厂用电率10%；线损率3.5%；综合煤价200元/t；煤耗22.3 t/h(一台炉)；材料费5.46元/(10^3kW·h)；工资及福利费15 000元/人·年；修理费率按固定资产原值的2.5%；其他费用10元/(10^3kW·h)；折旧费率6.4%；净残值率4%。

根据上述基本参数测算，本电站正常运行后，年发电生产成本9 603.1～15 832.8万元，售电单位成本 158.0～260.4 元/(10^3kW·h)，发电单位成本 136.2～177.4 元/(10^3kW·h)(不含财务费用)，年总经营成本 9 536.5 万元。

(三)售电收入、税金、利润

1. 电价

本电站建成后年售电量 6.08 亿 kW·h，经测算，为满足电站还贷及盈利要求，上网电价为 320 元/(10^3kW·h) (不含税)。

2. 增值税

根据规定，发电销项税按售电收入的 17%计算，进项税由煤价、材料费、修理费等组成，合计为 14.18 元/(10^3kW·h)。销项税与进项税相减后，增值税为 40.22 元/(10^3kW·h)。

3. 地方税

包括城市建设维护税和教育费附加，由于本电站为中外合资经营，故免征地方税。

4. 企业所得税

本电站为中外合资经营，根据《中华人民共和国外商投资企事业和外国企业所得税法》，企业所得税率为 30%，机组投产后前 2 年免税，以后 3 年减半征收，其余年份按 30%计征。根据《河南省鼓励外商投资条例》，中外合资企业免征地方所得税。

5. 三项基金

即储备基金、生产发展基金、职工奖励及福利基金，合计按税后利润的 15%提取。

6. 利润及其分配

税后利润扣除盈余公积金、上年度亏损、短期借款及未分配利润后，即为自有资金的股利分配，中外双方按注册资本比例进行股利分配。在还贷期，年销售利润 259.0 万～6 134.6 万元，股利分配利润 0～1 028.9 万元。贷款还完后，年销售利润 6 950.3 万～9 851.3 万元，股利分配利润 3 947.0 万～5 861.5 万元。

(四)还本付息计算

贷款年利率 12.42%，按等额偿还本金和利息总额方式进行还本付息计算。电站正常投产后 5 年还清贷款，每年偿还本金和利息总额为 7 555.2 万元。建设期利息计入固定资产，投产期部分利息和生产期利息计入成本。还贷期折旧费全部用于偿还本金，不足部分用未分配利润来偿还，仍不够时，用短期借款偿还，短贷年利率为 10.08%。

(五)财务评价

(1)根据全部投资的财务现金流量分析，本工程的财务内部收益率为 17.70%，大于规定的基准收益率(12%)；财务净现值 13 766.7 万元，大于零；投资回收期 6.53 年，可在电站投产后 5 年内收回全部投资。

(2)根据资本金(或自有资金)的财务现金流量分析，从投资者角度出发，资本金的财务内部收益率为 19.38%，财务净现值为 12 169.4 万元，投资回收期为 8.39 年。

(3)根据中、外方资金财务现金流量分析，从投资者角度出发，中外双方财务内部收益率分别为 15.28%和 15.61%，财务净现值分别为 2 917.8 万元和 3 262.3 万元，投资回收期分别为 9.89 年和 9.75 年。

(4)根据资金来源与运用分析，本电站从投产的第一年起即开始有盈余资金，且各年能收支平衡。

(5)根据资产负债分析，本电站的资产负债率在整个计算期为2.99%～60.13%，流动比率和速动比率逐年增加，各年均大于 1，这表明本项目的资产可以抵补负债，有很强的清偿能力。

(6)由于电站投资来源和销售收入中无外汇，本次财务评价中暂不作外汇平衡分析。

(六)不确定性分析

为了考察本项目的抗风险能力，分别对投资、电价、煤价、发电量的变化对财务盈利指标的影响进行敏感性分析。敏感性分析表明项目风险不大。

(七)财务评价主要指标及结论

财务评价主要指标见表 11-1。

表 11-1　财务评价主要指标一览

装机容量(MW)	2×50	投资利税率(%)	21.00
项目总投资(万元)	45 975.4	财务内部收益率(%)	17.70(全部投资)
单位投资(元/kW)	4 597.5	财务净现值(万元)	13 766.7
流动资金(万元)	943.4	售电单位成本(元/(10^3kW・h))	188.26
投资回收期(年)	6.53	售电价格(元/(10^3kW・h))	320.00
投资利润率(%)	15.68	含税售电价格(元/(10^3kW・h))	360.22

从所列的各项经济效益指标看，本电站的财务效益较好;从敏感性分析看，本项目具有一定的抗风险能力。因此，本项目在财务上是可行的。

三、某铝业公司财务分析

(一)解决某铝业公司生产用电的主要方案

1. 主要供电方案

为了满足某铝业公司年产 3 万 t 铝锭的用电要求，根据该地区的能源条件及电力发展规划，可考虑以下三种方案：

1)第一种方案：某铝业公司建自备电厂

根据某铝业公司铝锭生产用电要求，自备电厂的规模为2×50 MW。自备电厂建成后年发电量约 7 亿 kW·h，售电量为 6.08 亿 kW·h，其中供永和铝业公司售电量 4.69 亿 kW·h，剩余电量 1.39 亿 kW·h 供地方电网，以缓解当地电力供需矛盾。

YC 县现已探明的煤炭储量为 25.6 亿 t，大部分为优质无烟煤。根据自备电厂的可行性研究报告，在当地建自备电厂是可行的。自备电厂工期约 2 年，根据投资估算结果，建自备电厂需投资 43 456 万元(包括价差预备费，不包括建设期利息)。某铝业公司董事会就建厂的融资问题达成协议，建电厂注册资本占总投资的50%左右，中外双方比例分别为49%和51%，其余部分由设备贷款及银行贷款解决。因此，建自备电厂的资金是有保证的。

建自备电厂的最大优点是工期短，见效快，不但可解决某铝业公司的用电问题，而且可缓解该地区的电力供需矛盾。

2)第二种方案：依靠拟建的 YC 火电厂(2×300 MW)供电

拟建的 YC 火电厂(2×300 MW)正在进行可行性研究阶段的补充工作。由于 YC 电厂需水量大，当地地下水资源不十分丰富，难以满足大电厂的用水要求。为解决该电厂的用水问题，有关方面正组织有关地质部门深入开展YC水文地质勘探工作，以摸清该地区地下水资源量及分布情况。若水源有保证，建设YC火电厂(2×300 MW)也是可行的。YC火电厂作为河南省“九五”末开工项目，预计在21世纪初建成(2002年前后)。

依靠YC火电厂建成后解决某铝业公司的供电问题，主要问题是近期内铝业公司供电问题得不到解决，难以发挥其作用。

3)第三种方案：依靠大电网供电

1995年，该省电网缺电较严重。当地电网位于该省电网末端，区内无大电源支撑，缺电更为严重。该公司为当地电网的直供企业，虽然享受用电优先权，但因全网缺电，近两年电网供电不能满足该公司年产1.4万t铝的用电要求。该公司三期工程已扩建完毕，年产铝锭3万t，年用电量约5亿kW·h，当地电网将更不能满足其用电要求。除了供电无保障外，大电网售电价格太高，达465元/(10^3kW·h)，将直接影响铝业公司的财务效益。

2. 电价对铝业公司盈利的影响

根据该铝业公司财务分析，该公司铝锭产品的成本构成主要有铝粉、氟化盐、阴极糊、辅料、动力(指用电)、工资及附加、制造费用等，其单位成本构成数值分别为3 660.03元、284.73元、748.69元、86.43元、5 062.78元、324.52元、436.84元。

可以看出，铝锭产品成本构成中，动力费用是最多的，占总成本费用的50%左右。因此，电价的高低对该铝业公司的盈利情况有着很重要的影响。电价上涨将造成铝产品生产成本的直接上涨，在铝锭产品销售价格不变的情况下，铝业公司的销售收入及销售利润则会下降。当电价上升到一定的价位后，铝业公司将会出现亏损。通过对铝业公司成本及损益情况的分析计算，可以看出:当购电价为394.6元/(10^3kW·h)，铝锭产品销售价格低于13 500元/t时，公司的销售利润为零；当铝锭产品销售价格低于14 500元/t，而购电价高于457.4元/(10^3 kW·h)，则公司将会出现亏损。若购电价为465元/(10^3 kW·h)时，则铝锭销售价格应高于15 000元/t时，铝业公司才会有一定的盈利。

铝业公司采用何种供电方式，直接关系到铝业公司的盈利能力。从前面拟定的三个供电方案来看，第一个方案(自备电厂)的供电价320元/(10^3kW·h) (不含税，含税为360.22元/(10^3kW·h))是有利于铝业公司的，对于第二、第三个方案，即永城火电厂方案及大电网供电方案，若供电价不低于465元/(10^3kW·h)，而铝锭销售价格又不能超过15 000元/t，则后两个方案是不可行的。

(二)铝业公司不同供电方案财务分析

各方案财务分析的基准年取1998年(即自备电厂建成年份)，计算期为20年。

1. 建自备电厂方案

铝业公司建自备电厂，该自备电厂可以两种方式进行财务核算。第一，自备电厂财务独立核算，自备电厂以售电的方式向铝业公司供电，自备电厂向铝业公司供电的电价为其上网电价，电站的还本付息由自备电厂自己承担。第二，自备电厂作为铝业公司的一个分厂，不单独进行财务核算，即电厂成本计入铝产品成本中，电厂的还本付息任务由铝业公司承担，而电厂销售到大电网的多余电量收入亦做为铝业公司的销售收入之一纳入铝业公司的经济效益中。

第一种：自备电厂独立核算方案

自备电厂的上网电价：自备电厂装机 2×50 MW，从开工至第一台机组发电共 16 个月，按照 1996 年价格水平，本工程固定资产投资 43 456 万元(不含建设期利息)，其中注册资本为 18 078 万元。本电站建成后年售电量 6.08 亿 kW·h，其中供该铝业公司 4.69 亿 kW·h，剩余电量供地方电网。经测算，为满足自备电厂的成本、还贷及盈利要求，电厂的平均上网电价为 320 元/(10^3kW·h)，含税为 360.22 元/(10^3kW·h)。

该铝业公司成本计算：根据公司提供的资料，目前公司总资产为 3.88 亿元，其中流动资产 1.12 亿元，固定资产为 2.76 亿元。

根据该公司提供的成本参数，经计算得出，若年产铝锭 3 万 t，则年需耗用的总成本费用为 36 314.1 万元，其中动力费为 15 008.0 万元，铝锭单位成本为 12 104.7 元/t。

铝产品销售收入、税金、利润：该公司年产铝锭 3 万 t，铝锭销售价格按 13 500 元/t 计算。增值税按销售收入的 17%计征，地方税按增值税的 10%计征，则该公司年销售利润为 3 497.4 万元。本公司为中外合资企业，可申请享受优惠税收政策，投产后前两年免征所得税，以后三年减半征收，其余年份应纳税额为 33%，若按年纳所得税 33%计算，年纳所得税 1 049.2 万元，税后利润为 2 448.2 万元。扣除三项基金(奖励及福利基金、储备基金、企业发展基金)367.2 万元后，年可供分配利润为 2 080.9 万元。

第二种方案：自备电厂与铝业公司一起核算方案

自备电厂还本付息分析：自备电厂与铝业公司财务统一核算，则自备电厂的还本付息将由铝业公司偿还。自备电厂建设工期两年，需固定资产投资 43 456 万元，除公司注册资本 18 078 万元外，还需贷款 25 378 万元。整个电厂运营期间年需流动资金 943.4 万元，其中需贷款 660.4 万元。自备电厂还贷期 7 年，自正常运行后开始还款。

铝业公司成本计算：该方案成本核算中，自备电厂投产第一年仅能发电 2.54 亿 kW·h，不能满足铝业公司需电要求，因此铝业公司需向电网购电，购电价格按 465 元/(10^3kW·h) 计算，其余年份需由自备电厂供电，不发生动力费，但需计入发电厂的所有生产成本。经计算，铝业公司在自备电厂还贷期年耗用总成本为 33 823.6 万 ~ 37 072.2 万元，其中发电厂成本 12 418.4 万元，在自备电厂贷款还清后，年生产总成本为 33 724.6 万元，平均每吨铝锭耗用成本 11 241.5 万元。

铝产品销售收入、税金、利润：该方案铝业公司的销售收入中，除了有铝锭的销售收入外，还有自备电厂售电收入。自备电厂除向铝业公司供电外，每年还可向地方电网售电 1.39 亿 kW·h，售电价按上网电价 32 元/(10^3kW·h)计。铝锭销售价格按 13 500 元/t 计算。扣除总成本费用及 10%的地方税后，自备电厂还本付息结束后，公司年销售利润达 10 479.1 万元。

可以看出，该方案无论销售收入、税金及可供分配利润等各项财务指标均较自备电厂独立核算方案优越。

铝业公司资产负债分析：铝业公司在自备电厂还贷期间资产负债率较高，达 62.09%，随着贷款的逐年偿还后，资产负债率下降，长期贷款还完后，资产负债率降至 10%左右，说明铝业公司偿债能力较强。

2. YC 火电厂(2×300 MW)供电方案

根据《YC 火电厂一期工程可行性研究报告》，该电厂投产后的不含税电价为 390 元/(10^3kW·h)，含税电价为 456 元/(10^3kW·h)。在该火电厂建成之前，铝业公司的供电仍由大电网供电。

铝业公司成本计算：该方案成本分年计算中，其他项目计算同自备电厂独立核算方案，动力费一项的计算为 2002 年以前购电价采用目前商丘电网供电价 465 元/(10^3kW·h)，2002 年后购电价采用 YC 火电厂的不含税电价 390 元/(10^3kW·h)。

铝业公司销售利润、税金：从分析计算可知，当铝业公司购电价超过 457.4 元/10^3 kW·h，而铝产品销售价格低于 14 500 元/t，则铝业公司的销售利润为零，企业甚至可能出现亏损。2002 年以前，铝业公司向大电网购电价为 465 元(10^3 kW·h)，若铝产品销售价格按 13 500 元/t 计算，则铝业公司连年亏损，难以为继；2002 年以后，从大电厂购电价按不含税计算，铝业公司基本不盈利，国家及地方得不到税收，投资方也无股利分配。因此，该方案对铝业公司的发展及地方经济的发展不利。

3. 依靠大电网供电方案

若铝业公司一直依靠大电网供电，即使大电网有能力供电，铝业公司的年总成本费用达 43 114.6 万元，其中动力费达 21 808.5 万元，即平均每吨铝耗用成本 14 371.5 元，其中耗用动力费达 7 269.5 元，动力费成本费用占总成本费用的 50.58%。铝业公司在如此高的成本消耗情况下，铝产品的销售价格若按 13 500 元/t 计算，则铝业公司每年亏损 3 303 万元，根本无法生存，只有停产。如此发展下去，不但铝业公司无法生存，而且会使该地区背上沉重的负担，最终导致铝业公司破产。

四、综合评价结论

以上分别对某铝业公司自备电厂和某铝业公司不同供电方案进行了财务分析(见表 11-2)，其结论如下。

表 11-2　不同供电方案铝业公司损益对比表　（单位：万元）

项目		方案一		方案二	方案三
		独立核算	统一核算		
销售收入	还贷期	45 000	49 948	45 000	45 000
	还贷后	45 000	49 948	45 000	45 000
销售税金附加		8 415	9 030	8 415	8 415
总成本费用	还贷期	36 314	34 559 ~ 37 072	42 692.5	43 115
	还贷后	36 314	33 724	42 692.5	43 115
销售利润	还贷期	7 921	8 852 ~ 14 068	1 542.5	1 120.4
	还贷后	7 921	14 902	1 542.5	1 120.4
所得税	还贷期	2 376.3	0.0 ~ 4 220	462.7	336.1
	还贷后	2 376.3	4 471	462.7	336.1
三项基金	还贷期	673.3	1 026 ~ 1 477	162	117.6
	还贷后	673.3	1 564.8	162	117.6
可供分配利润	还贷期	6 059.5	7 525 ~ 10 339	917.8	666.6
	还贷后	6 059.5	8 867	917.8	666.6

(一)建设自备电厂在财务上是可行的

(1)自备电厂装机容量2×50 MW，工程总投资45 975万元，其中固定资产投资(不含利息)43 456万元，单位投资4 345.6元/kW。由于该电厂为铝业公司的扩建工程，灰厂占地已征，一些生活福利设施和办公设施已建，故电厂投资比新建的同类工程低。

(2)自备电厂年售电量6.08亿kW·h，除满足铝业公司年产3万t铝用电外，还可向当地电网售电1.39亿kW·h，将缓解该县的缺电问题。经测算，本电厂平均上网电价为320元/(千kW·h)时(不含增值税)，不但能够按期偿还贷款，而且有很强的盈利能力，财务内部收益率，全部投资为17.7%，全部自有资金为19.38%，中方资金为15.28%，外方资金为15.61%。不但投资方有足额的股利分配，而且国家和地方均增加税收。本电厂的上网电价为320元/(10^3kW·h)，低于当地目前电网售电价。因此，在电价上具有一定的竞争力。

(3)自备电厂若作为一独立核算企业，其本身的财务分析结果表明，建设自备电厂在财务上是完全可行的。

(二)建自备电厂是解决某铝业公司供电问题的最好方案

(1)解决铝业公司的供电问题有三个方案，建自备电厂方案是最好的方案。依靠大电网供电，电价达465元/(10^3kW·h)，造成铝生产成本太高，只有当铝锭价格超过15 000元/t时，铝业公司才能盈利，否则将连年亏损，无法生存。1996年电价上涨，铝价下跌，铝业公司严重亏损，已充分说明这一点。依靠拟建的永城大电厂2×300MW供电，虽然其上网电价为390元/(10^3kW·h)，含税电价为456元/(10^3kW·h)，低于大电网电价，但只有铝锭价格超过14 500元/t时，铝业公司才能盈利，且该电厂最早能在2002年建成，2002年前的6年内还需从大电网购电，铝业公司还可能一直亏损。建自备电厂，无论自备电厂在财务上独立核算与否，只要铝锭价格不低于12 314元/t，铝业公司均具有一定的盈利能力。

(2)就铝业公司对自备电厂财务核算方式而言，自备电厂作为铝业公司的分公司，财务上不独立核算，电厂成本计入铝生产成本，对降低铝生产成本，提高铝业公司的盈利能力是非常有利的。

(3)某铝业公司为中外合资企业，能否盈利，涉及到合资的前途及能否进一步合资的大问题，建自备电厂不但其本身财务可行，而且对铝业公司的发展、增加地方财政收入及促进该地区经济发展均十分有利。因此，应尽快开工建设自备电厂，早上早有利，早上早得益。

参考文献

[1] 国家计委，建设部.建设项目经济评价方法与参数[M].北京：中国计划出版社，1993.

[2] 于守法。建设项目经济评价方法与参数应用讲座[M].北京：中国计划出版社，1995.

[3] 王彤，等。建设项目经济评价方法实用问答[M].北京：中国统计出版社，1994.

[4] 于守法.建设项目经济评价方法与参数实物全书[M].北京：中国建材工业出版社，1995.

[5] 国家计划委员会投资司。建设项目经济评价方法与参数参考资料[M].北京：中国统计出版社，1993.

[6] 张金锁，陈立文.技术经济学原理与方法[M].北京：机械工业出版社，2001.

[7] 付家骥，仝允桓.工业技术经济学[M].北京：清华大学出版社，1996.

[8] 吴泽宁，张超，赵仁荣，等.工程项目系统评价[M].郑州：黄河水利出版社，2002.

[9] 邵颖红，黄渝祥.工程经济学概论[M].北京：电子工业出版社，2003.

[10] 投资项目可行性研究指南编写组.投资项目可行性研究指南(试用版) [M].北京：中国电力出版社，2002.

[11] 孙光国.企业资金筹集与财务策略[M].大连：东北财经大学出版社，1997.

[12] 刘宝碇，赵瑞清.随机规划与模糊规划[M].北京：清华大学出版社，1998.

[13] 徐寿波.技术经济学[M].南京：江苏人民出版社，1988.

[14] 刘新梅.工程经济分析[M].西安：西安交通大学出版社，2003.

[15] 杨君昌，应勤俭，刘积辉.管理经济学[M].上海：上海财经大学出版社，2002.

[16] 沈大军，梁瑞驹，王浩 等 水价理论与实践[M].北京：科学出版社，1999.

[17] 王武龙.投资项目经济咨询评估指南[M].北京：中国经济出版社，1998.

[18] 郭功佺，李宗祥，王兆奎，等.给水排水工程概预算与经济评价手册[M].北京：中国建筑工业出版社，1993.

[19] 朱柏铭.公共经济学[M].杭州：浙江大学出版社，2002.

[20] 黎安田，邱钟恩，王忠法.大型水利水电工程综合经济评价理论与实践. 北京：科学出版社，1997.

[21] 林文俏.项目投资经济评价与风险分析[M].广州：中山大学出版社，1995.

[22] 高鸿业.西方经济学[M].北京：中国人民大学出版社，2000.

[23] 陶树人.技术经济学[M].北京：经济管理出版社，1999.

[24] 赵国杰.建设项目经济评价[M].天津：天津科技翻译出版公司，1989.

[25] 黎诣远.西方经济学[M].北京：高等教育出版社，1999.

[26] 陈章武.管理经济学[M].北京：清华大学出版社，1996.

[27] 黎诣远，李明志.微观经济分析[M].北京：清华大学出版社，2003.

[28] 聂鸣，陈君宁.管理经济学[M].武汉：华中科技大学出版社，1998.

[29] 施熙灿，蒋水心 赵宝璋.水利工程经济[M].北京：中国水利水电出版社，1997.

[30] 马中.环境与资源经济学概论[M].北京：高等教育出版社，1999.

[31] 夏新平.公司财务管理[M].武汉：华中科技大学出版社，1995.

[32] 胡运权，郭耀煌.运筹学教程[M].北京：清华大学出版社，1998.

[33] 沈大军，梁瑞驹 王浩，等.水价理论与实践[M].北京：科学出版社，1999.

[34] L.D.詹姆斯 R.R.李. 水资源规划经济学[M]. 常锡厚，赵宝璋，谢安周，等，译. 北京：水利电力出版社，1984.
[35] 沈大军.我国城镇居民家庭生活需水函数的推求及分析[J].水利学报.1999(12).
[36] 沈大军.工业用水数量经济分析.水利学报[J].2000(8).
[37] 温鹏.对城市供水效益计算方法的初步研究. 水利经济[J].1997(3).
[38] 温善章.黄河水资源影子价格研究. 人民黄河[J].1993(3).
[39] 王梅.灌溉系统灌溉效益优化分析[D].郑州工学院, 1992.12.
[40] 石玉波.区域水资源系统管理理论及其应用研究[D]. 河海大学，1995.6.
[41] 罗泽华 邱忠恩 向明，等.三峡工程经济研究[M].武汉：湖北科学技术出版社，1997.
[42] 阮本清，梁瑞驹，王浩，等. 流域水资源管理[M].北京：科学出版社，2001.
[43] 李景宗.电源优化扩展规划模型在抽水蓄能电站经济评价中的应用研究[D]. 武汉大学, 2001.6.
[44] 王海政.水资源大系统多目标风险型群决策研究[D]. 郑州大学，2002.7.
[45] 郑垂勇，岳金桂，许长新.项目分析技术经济学[M].南京：河海大学出版社，1994.
[46] 梁小民.高级宏观经济学[M].北京：北京大学出版社，2000.
[47] 何清波，邢建平.企业财务策划[M].北京：经济日报出版社，1998.
[48] 张金昌.现代企业财务分析[M].北京：经济管理出版社，1997.
[49] 刘圆，林肇福.最新财务会计与财务分析[M].北京：经济管理出版社，1998.
[50] 郭永清，刘国胜.企业财务报表编制与分析[M].大连：东北财经大学出版社，1997.
[51] 刘志远.企业财务战略[M].大连：东北财经大学出版社，1997.
[52] 黄渝祥，邢爱芳.工程经济学[M].上海：同济大学出版社，1994.
[53] 郑伯坤.工程经济学[M].北京：中国水利水电出版社，1998.
[54] 周建华.中外合资经营企业投资决策[M].北京：企业管理出版社，1993.
[55] 侯普，陈崇仁.利用外资项目经济评价[M].南京：河海大学出版社，1992.
[56] 蒲明书.中外合资项目投资效益分析[M].北京：中信出版社，1994.
[57] 黄志中，周之豪.水电工程投资的多目标风险决策.水利经济[J]，1994(2).
[58] 许晓峰.技术经济学[M].北京：中国发展出版社，1996.
[59] 蔡继明.微观经济学[M].北京：人民出版社，2002.
[60] 杨君昌，曾军平.公共定价理论[M].上海：上海财经大学出版社，2002.
[61] 郭仲伟.风险分析与决策[M].北京：机械工业出版社，1986.
[62] 蓝伯雄，程佳惠，陈秉正.管理数学——运筹学[M].北京：清华大学出版社，1997.
[63] 赵国杰.技术经济学[M].天津：天津大学出版社，1996.
[64] 许志方，沈佩君.水利工程经济学[M].北京：水利电力出版社，1990.
[65] 水利部.水利建设项目经济评价规范[M].北京：水利电力出版社，1994.
[66] 陈珽.决策分析[M].北京：科学出版社，1987.
[67] 许新宜，王浩，甘泓，等.华北地区宏观经济水资源规划理论与方法[M].郑州：黄河水利出版社，1997.
[68] 胡毓达，杨雷.多目标随机规划的遗传算法[R]. 上海交通大学学报，2000(11).
[69] 宋红霞，谭浩瑜，王海政.城镇供水经济效益计算的影子水价法研究[J].水利建设与管理，2000(4).

[70] 王海政，周丽，贺北方.水利水电投资方案排序与选择的模型研究[R].郑州工业大学学报，2001(1).
[71] 李景宗，王海政.黄河中游骨干工程开发次序的初步研究[J]. 水利水电科技进展，2001(5).
[72] 王海政，崔荃，王延红，等.基于经济比较的南水北调西线工程开发次序研究[J].人民黄河，2001(10).
[73] 贺北方，周丽，王海政，等.交互式多目标决策方法及其应用[R]. 郑州工业大学学报，2001(3).
[74] 王祥辉.大型水利水电工程经济风险分析方法研究[D]. 河海大学，1996.
[75] 王忠法.蒙特卡洛方法在水利工程项目风险分析中的应用[J]. 人民长江，1989(5).
[76] 韩振强，王海政，崔荃，等. 跨流域调水工程规划方案优选及排序的研究[J]. 吉林水利，1997(6).
[77] 王海政，杨振立，丁大发，等. 西霞院反调节水库工程规模论证[J]. 人民黄河，2000(5).
[78] 刘刚，王海政，等.影子水价法在南水北调西线城镇供水中的应用[R]：黄河水利职业技术学院学报，2000(3).
[79] 屠晓峰，王海政，丁大发.南水北调西线第一期工程经济效益分析和调水成本初步测算[J]. 人民黄河，2001(10).
[80] 王海政.大型跨流域调水工程经济风险分析研究[R]. 全国水利经济科学技术信息网 2000 年学术交流会论文，2000.
[81] 王海政.水利水电改扩建项目财务评价方法与实践[R]. 全国水利经济科学技术信息网 2000 年学术交流会论文[G]，2000.
[82] 苗东升.系统科学精要[M].北京：中国人民大学出版社，1998.
[83] 吴泽宁，于鲁冀，王震，等.工程经济原理及应用[M].北京：气象出版社，1996.
[84] 何建坤，江道琪，陈松华.实用线性规划及计算机程序[M].北京：清华大学出版社，1985.
[85] 姚志勇，等.环境经济学[M].北京：中国发展出版社，2002.
[86] 厉以宁.西方经济学[M].北京：高等教育出版社，2000.
[87] 万景文.黄河下游断流原因及其对策[J].西北水电.1997(4).
[88] 李维涛.黄河下游断流初步分析及缓解对策[J].海河水利.1998(2).
[89] 程进豪.黄河断流问题分析[J].水利学报.1998(5).
[90] 施诊.黄河断流的环境经济评估浅析[J].水利经济.1999(1).
[91] 林银平.黄河断流的不良影响及水资源利用对策[J].西北水资源与水工程.1997(3).
[92] 中国科学院地学部.关于缓解黄河断流的对策与建议[J].地球科学进展.1999(1).
[93] 张坤民.可持续发展论[M].北京：中国环境科学出版社.1999..
[94] 多恩布什・费希尔. 斯塔兹观经济学[M]. 范家骧，等，译. 北京：中国人民大学出版社，2000.
[95] 平狄克 鲁宾费尔德.微观经济学[M]. 张军，等，译.北京：中国人民大学出版社，2000.
[96] 胡运权.运筹学基础及应用[M].哈尔滨：哈尔滨工业大学出版社，1998.
[97] 盛绪美，肃国泉.技术经济学[M].北京：水利电力出版社，1992.
[98] 周明，孙树栋.遗传算法原理及应用[M].北京：国防工业出版社，1999.
[99] 罗高荣.水利工程经济评价风险分析方法[M].杭州：浙江大学出版社，1989.
[100] 严武，程振源，李海东.风险统计与决策分析[M].北京：经济管理出版社，1999.
[101] 赵纯均，杨炘，王永县.优化与决策[M].北京：中国科学技术出版社，1988.
[102] 于九如，韦少敏.投资项目风险分析[M].北京：机械工业出版社，1999.
[103] 赵毓昆，袁定远.中国水力发电工程——规划经济卷[M].北京：中国电力出版社，2000.

[104] 陈有安，王学军，尉维斌，等.项目融资与风险管理[M].北京：中国计划出版社，2000.
[105] 韩芝隆，闫家杰.概率统计[M].郑州：河南科学技术出版社，1992.
[106] 张礼卿.国际贸易概论[M].北京：中国财政经济出版社，1998.
[107] 王传纶 高培勇.当代西方财政经济理论[M].北京：商务印书馆，1995.
[108] 张守一，等.市场经济与经济预测[M].北京：社会科学文献出版社，2000.
[109] 姜文来.水资源价值论[M].北京：科学出版社，1998.
[110] 姚汝祥，廖松，张超，等.水资源系统分析及应用[M].北京：清华大学出版社，1987.
[111] 钱颂迪，等.运筹学[M].北京：清华大学出版社，1990.
[112] 陈梦玉，徐明.水价格学[M].北京：中国水利水电出版社，2000.
[113] 约翰・拉夫特里.项目管理风险分析[M]. 李清立，译. 北京：机械工业出版社，2003.
[114] 毕梦林.技术经济学[M].沈阳：东北大学出版社，1999.
[115] 邱菀华.管理决策与应用熵学[M].北京：机械工业出版社，2002.
[116] 吴建春.数学规划[M].北京：中国水利水电出版社，1996.
[117] 王永县.运筹学[M].北京：清华大学出版社，1993.
[118] 顾培亮.系统分析与协调[M].天津：天津大学出版社，1998.
[119] 杨培岭，任树梅，李云开.水资源经济[M].北京：中国水利水电出版社，2003.
[120] 彭德琳.新制度经济学[M].武汉：湖北人民出版社，2002.
[121] 刘凡，刘允斌.产权经济学[M].武汉：湖北人民出版社，2002.
[122] 吴恒安，谢安周，沈佩君，等. 实用水利经济学[M].北京：水利电力出版社，1988.
[123] 纪玉山，曹志强，等. 现代技术创新经济学[M].长春：长春出版社，2001.
[124] 徐国华，张德，赵平.管理学[M].北京：清华大学出版社，1998.
[125] 高健磊，吴泽宁，左其亭，等.水资源保护规划理论方法与实践[M].郑州：黄河水利出版社，2002.
[126] Y.巴泽尔.费方域.产权的经济分析[M]. 段毅才，译. 上海. 上海人民出版社，1997.
[127] 荆新，王化成，刘俊彦.财务管理学[M].北京：中国人民大学出版社，1998.
[128] 张卫东，钟熙维.现代企业理论[M].武汉：湖北人民出版社，2002.
[129] 吴德庆，马月才.管理经济学[M].北京：中国人民大学出版社，2003.
[130] 王晓刚，王则柯.信息经济学[M].武汉：湖北人民出版社，2002.
[131] 胡振鹏，傅春，王先甲.水资源产权配置与管理[M].北京：科学出版社，2003.
[132] 胡大锵.建设项目环境损益评估方法[M].北京：中国计划出版社，1996.
[133] 李强，等. 当代中国投入产出实践与研究[M].北京：中国统计出版社，1999.
[134] 张金水，张研.应用宏观经济学[M].北京：清华大学出版社，2001.
[135] 张金水，张研.应用微观经济学[M].北京：清华大学出版社，2001.
[136] 张金水.应用国际经济学[M].北京：清华大学出版社，2003.
[137] 魏埙，蔡继明，刘骏民，等.现代西方经济学教程[M].天津：南开大学出版社，2001.
[138] 张金水.应用国际贸易学[M].北京：清华大学出版社，2002.
[139] 黄有亮，徐向阳，谈飞，等. 工程经济学[M].南京：东南大学出版社，2002.
[140] 李子奈.计量经济学[M].北京：高等教育出版社，2000.
[141] 蒋水心，吴泽宁，徐光先.农村水利水电经济运行[M].北京：水利电力出版社，1995.

[142] 冯尚友.水资源持续利用与管理导论[M].北京：科学出版社.2000.
[143] 席家治.黄河水资源[M].郑州：黄河水利出版社.1996.
[144] 黎诣远.西方经济学(上)——微观经济分析[M].北京：清华大学出版社.1987.
[145] 黎诣远.西方经济学(下)——宏观经济分析[M].北京：清华大学出版社.1992.
[146] 胡维松.水利经济研究[M].南京：河海大学出版社.1995.
[147] 冯尚友.水资源系统工程[M].武汉：湖北科学技术出版社.1991.
[148] 许新宜.华北地区宏观经济水资源规划理论与方法[M].郑州：黄河水利出版社.1997.
[149] 雷鸣.绿色投入产出核算——理论与应用[M].北京：北京大学出版社.2000.
[150] 甘泓.水资源合理配置理论与实践研究[D].中国水利水电科学研究院，2000.7.
[151] 傅湘，王丽萍，纪昌明.防洪减灾中的多目标风险决策优化模型[J].水电能源科学，2001(3).
[152] 王忠法，黄建和，邱忠恩.风险分析方法与三峡工程投资风险分析[J].人民长江，1997(7).
[153] 李树良，郭耀煌.风险分析计算机模拟方法论[R].西南交通大学学报，1994(4).
[154] 赵仪娜，经济评价中概率风险分析的研究[R].西安石油学院学报，1998(11).
[155] 赵仪娜.经济评价中概率风险分析的一种新方法[J]. 预测，1998(5).
[156] 缪秋波，罗高荣.相关状态下水电工程多目标决策风险分析系统模型[J]. 水电能源科学，1999(6).
[157] 吴秉勤，李仲明，姚广义.信息分析与风险决策方法探析[J]. 情报科学，2001(4).
[158] 阮本清，梁瑞驹，陈韶君.一种供用水系统的风险分析与评价方法[J]. 水利学报，2000(9).
[159] 陈立文.一种项目投资多元风险决策方法[J]. 系统工程学报，1997(2).
[160] 邱林，谷慧林，胡中兴.水文水资源系统模糊集分析理论及应用[M].郑州：黄河水利出版社，1995.
[161] 冯尚友.多目标决策理论方法与应用[M].武汉：华中理工大学出版社，1990.
[162] 朱道立.大系统优化理论和应用[M].上海：上海交通大学出版社，1987.
[163] 席酉民.大型工程决策[M].贵阳：贵州人民出版社，1988.
[164] 曾珍香，顾培亮.可持续发展的系统分析与评价[M].北京：科学出版社，2000.
[165] 张尧庭，陈慧玉.效用函数及优化[M].北京：科学出版社，2000.
[166] 张尧庭.指标量化、序化的理论和方法[M].北京：科学出版社，1999.
[167] 张尧庭.信息与决策[M].北京：科学出版社，2000.
[168] 闫家杰，赵万忠，迟风起.模糊数学基础及应用初阶[M].郑州：河南教育出版社，1993.
[169] 曹利军.可持续发展评价理论与方法[M].北京：科学出版社，1999.
[170] 许树柏.层次分析法原理[M].天津：天津大学出版社，1988.
[171] 胡永宏，贺思辉.综合评价方法[M].北京：科学出版社，2000.
[172] 汪应洛.系统工程理论、方法与应用[M].北京：高等教育出版社，1992.
[173] 冯尚友.水资源系统工程[M].武汉：湖北科学技术出版社，1991.
[174] 王本德.水电系统规划、管理决策方法论[M].北京：中国电力出版社，1997.
[175] 罗伯特 S.平狄克，丹尼尔 L.鲁宾费尔德.计量经济模型与经济预测[M].北京：机械工业出版社，1999.
[176] 李晓林.精算学原理——风险统计[M].北京：经济科学出版社，1999.
[177] 王丽萍，傅湘.洪灾风险及经济分析[M].武汉：武汉水利电力大学出版社，1999.
[178] 吴易风，刘凤良，吴汉洪.西方经济学[M].北京：中国人民大学出版社，1999.
[179] 陈仕亮，周宜波.风险管理[M].成都：西南财经大学出版社，1994.

[180] 段建新，韩菊红.经济预测理论与实务[M].北京：中国商业出版社，1995.
[181] 何文炯.风险管理[M].大连：东北财经大学出版社，1999.
[182] 林延江，陆昌甫，朱光熙，等.水利土木工程系统分析方法[M].北京：水利电力出版社，1983.
[183] 詹姆斯.R.埃文斯，戴维.L.奥尔森.模拟与风险分析[M].上海：上海人民出版社，2001.
[184] 马鸣家，郑文平，傅安平,等.金融风险管理全书[M].北京：中国金融出版社，1994.
[185] 叶秉如.水资源系统优化规划和调度[M].北京：中国水利水电出版社，2001.
[186] 胡维松，徐明，黄涛珍,等.水利经济研究[M].南京：河海大学出版社，1995.
[187] 裴鹿成，王仲奇.蒙特卡罗方法及其应用[M].北京：海洋出版社，1998.
[188] 彭勇行.管理决策分析[M].北京：科学出版社，2000.
[189] 邵东国.跨流域调水工程规划调度决策理论与应用[M].武汉：武汉大学出版社，2001.
[190] 袁宏源，邵东国，郭宗楼.水资源系统分析理论与应用[M].武汉：武汉水利电力大学出版社，2000.
[191] 中国水科院水资源研究所.水资源大系统优化规划与优化调度经验汇编[G].北京：中国科学技术出版社，1995.
[192] 方乐润.水资源工程系统分析[M].北京：水利电力出版社，1988.
[193] 厉以宁.环境经济学[M].北京：中国计划出版社，1995.
[194] 徐光先，吴泽宁，王博.水资源系统分析理论与实践[M].北京：气象出版社，1994.
[195] 盛昭翰.主从递阶决策论[M].北京：科学出版社，1998.
[196] 汪培庄.应用模糊数学[M].北京：北京经济学院出版社，1989.
[197] 张跃,等.模糊数学方法及应用[M].北京：煤炭工业出版社，1992.
[198] 黄孟藩.决策的科学方法[M].北京：海洋出版社，1983.
[199] 姜圣阶.决策学引论[M].北京：中国科学技术大学出版社，1987.
[200] 陈家琦，王浩.水资源学概论[M].北京：中国水利水电出版社，1996.
[201] 黄奕妙，樊永廉.资源经济学[M].北京：北京农业大学出版社，1988.
[202] 李金昌.资源核算论[M].北京：海洋出版社，1991.
[203] 唐德善.大流域水资源多目标优化分配模型研究[J]，河海大学学报，1992(6).
[204] 石春先.小浪底水利枢纽减淤经济效益风险分析[J]，人民黄河，1993(4).
[205] 华士乾.水资源系统分析指南[M].北京：水利电力出版社，1988.
[206] 王道席.黄河下游水资源调度管理研究[D]，河海大学，2000.
[207] 傅春.胡振鹏,等.水资源价值及其定量分析.资源科学[J].1998(6).
[208] 胡毓达.实用多目标最优化技术[M].上海：上海科学技术出版社，1990.
[209] EUGENE L.GRANT.Principle of Engineering Economy.John Wiley & Sons，1976.
[210] JOHN A. WHITE，MARVINH.AGEE etal，Principle of engineering economic ananlysis.John Wiley & Sons，1984.
[211] PAUL A.SAMUELSON，WILLIAM D.NORDHAUS.ECONOMICS.MC Graw Hill，1999
[212] WILLIAM F.SHARPE，GORDON J.ALEXANDER.INVESTMENTS.Prentice-Hall International，Inc.
[213] Anthony J.Tarquin，Leland T.Blank，Engineering Economy.
[214] H.G.Thuesen，W.J.Fabrycky，Engineering Economy.
[215] Norman N.Barish，Economic Analysis for Engineering and Managerial Decision Making.

[216] John A. WHITE，Principles of Engineering Economy Analysis.

[217] Robert S.Pindyck，Daniel L.Rubinfeld，Microeconomics，Prentice Hall，Inc.

[218] Bussey.L.E，The Economic Analysis of Industrial Project.Prentice Hall，1978.

[219] Churchman.C.W.Ackoff.E.L，Introduction to Operations Research. John Willey & Sons，1957.

[220] Smith.G.W.Engineering Economy Analysis of Capital Expenditure，The Iowa State University Press，1979.